Drehsteife Kreuzwerke

Drehsteife Kreuzwerke

Ein Handbuch für den Brückenbau

Von

Dr.-Ing. Hellmut Homberg und Dr.-Ing. Karl Trenks

Hagen/Westfalen

Mit 50 Abbildungen

Springer-Verlag

Berlin / Göttingen / Heidelberg

1962

© by Springer-Verlag OHG., Berlin/Göttingen/Heidelberg 1962
Library of Congress Catalog Card Number 62-14125
ISBN 978-3-642-50272-9   ISBN 978-3-642-50271-2 (eBook)
DOI 10.1007/978-3-642-50271-2
Softcover reprint of the hardcover 1st edition 1962

Vorwort

Die Tragwerke des Brückenbaus sind in den letzten Jahrzehnten erheblich verbessert worden. Neue Bauelemente wurden entwickelt, von denen besonders Spannbetonträger und -platte, Verbundträger und Stahlfahrbahntafel zu nennen sind. Diese ermöglichten es, die Fahrbahnplatten der Brücken fugenlos auszubilden und mit den sie unterstützenden Trägern fest zu verbinden. Durch das Zusammenwirken aller tragenden Teile einer Brücke wurden in wirtschaftlicher und konstruktiver Hinsicht große Vorteile erzielt. Die bewußte Ausnutzung der Drehsteifigkeit von Traggliedern und deren Erhöhung durch Ausbildung von ein- und mehrzelligen Hohlstäben und Hohlplatten bewirkte eine weitere Gütesteigerung.

Der wachsende Verkehr verlangt heute immer breitere Straßen und entsprechend breitere Brücken; dies führte dazu, daß auch bei großen Stützweiten das Haupttragwerk nur selten noch als Balken angesehen werden darf, sondern fast immer als Flächentragwerk berechnet werden muß. Es handelt sich wegen der Mannigfaltigkeit der Tragglieder und der Diskontinuität in der Anordnung der Träger um *gegliederte Flächentragwerke*.

Je nach Art ihrer Gliederung und Wirkungsweise werden diese als Kreuzwerke, Plattenkreuzwerke, Plattenrippenwerke, Zellwerke und orthotrope Platten bezeichnet.

Eine genaue Berechnung der gegliederten Flächentragwerke des Brückenbaus ist nur nach der Kreuzwerktheorie möglich, die allein von allen bekannten Verfahren in der Lage ist, den sowohl diskontinuierlichen wie auch kontinuierlichen Charakter solcher Tragwerke zu erfassen.

Die Theorie und genaue Lösungen zur Berechnung drehsteifer Kreuzwerke wurden schon vor längerer Zeit vom erstgenannten Verfasser[1] veröffentlicht. Obwohl die Berechnung durch das verwendete Orthogonalisierungsverfahren wesentlich erleichtert wird, war der Arbeitsaufwand zur Erfassung dieser hochgradig statisch unbestimmten Systeme noch groß. Es bestand daher ein dringendes Bedürfnis nach einem Tafelwerk, mit dessen Hilfe eine genaue Berechnung vereinfacht und abgekürzt werden kann.

Das vorliegende Buch enthält gebrauchsfertige Formeln und Zahlentafeln zur Ermittlung sämtlicher Schnittkräfte und Formänderungen von drehsteifen Kreuzwerken. Es umfaßt ferner neben einem ausführlichen Beispiel auch Näherungsverfahren zur Berechnung von Zellwerken

---

[1] HOMBERG: Kreuzwerke, Statik der Trägerroste und Platten (Forschungshefte aus dem Gebiete des Stahlbaues, Heft 8). 1951, vergriffen; Ersatz durch HOMBERG: Statik im Brückenbau (in Vorbereitung).

und von durchlaufenden oder schiefwinkligen drehsteifen Kreuzwerken. Ebenfalls wird die Berechnung von gegliederten Fahrbahntafeln sowie orthotropen und isotropen Platten behandelt.

Auf theoretische Ableitungen wurde bewußt verzichtet, da das Buch hauptsächlich für die Praxis bestimmt ist. Es enthält neben ausführlichen Erläuterungen eine reine Formel- und Wertesammlung und kann ohne Kenntnis der Theorie benutzt werden. Die Erläuterungen sind weitgehend durch Abbildungen veranschaulicht, so daß sie auch für den Ingenieur, der nicht die deutsche Sprache beherrscht, verständlich sind. Die Zahlentafeln wurden elektronisch errechnet.

Hagen in Westfalen, Weihnachten 1961

H. Homberg   K. Trenks

Inhaltsverzeichnis

A. Erläuterungen zum Aufbau und Gebrauch der Lösungen

1. Einführung

Der Teil A enthält Erläuterungen zum Aufbau und Gebrauch der in den übrigen Teilen enthaltenen Lösungen und Tafeln. Die Lösungen gelten für Kreuzwerke mit drehsteifen Hauptträgern, deren Drehsteifigkeit beliebig groß, also auch gleich Null sein kann. Eine Drehsteifigkeit der Querträger bleibt unberücksichtigt. Es wird allgemein vorausgesetzt, daß drehsteife Hauptträger entweder durch unendlich steife Endquerträger oder durch Anordnung von Doppellagern an den Auflagerlinien in bezug auf Verdrehen starr eingespannt sind. Für einfeldrige Kreuzwerke werden gebrauchsfertige Lösungen angegeben. Lösungen zur Berechnung durchlaufender Kreuzwerke lassen sich daraus entwickeln. Ferner werden zwei Näherungsverfahren zur Berücksichtigung der Durchlaufwirkung angegeben. Die Lösungen gelten für rechtwinklige Systeme. Sie können auch näherungsweise für die Berechnung von Kreuzwerken mit geringer Schiefe verwendet werden. Die Berechnung von gegliederten Fahrbahntafeln, Plattenkreuzwerken, Plattenrippenwerken, orthotropen und isotropen Platten als Kreuzwerke wird behandelt und ein Näherungsverfahren zur Berechnung von Zellwerken, Abb. 1, angegeben.

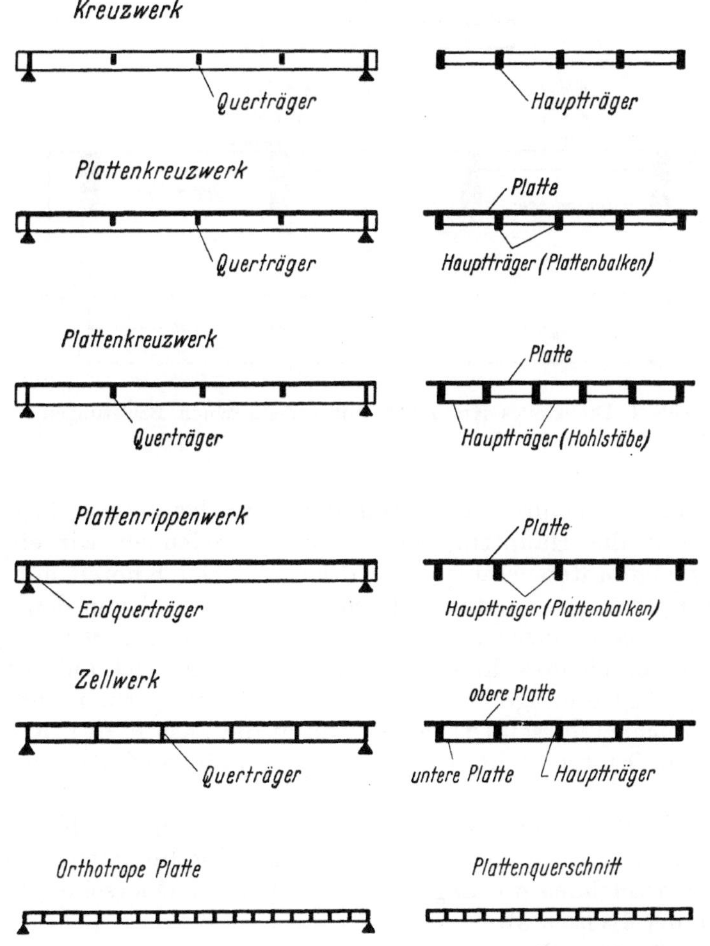

Abb. 1. Bezeichnung der gegliederten Flächentragwerke im Brückenbau

2. Bezeichnungen am Kreuzwerk

Die m Hauptträger einer Brücke werden nach Abb. 2 mit den Buchstaben a, b, c, ..., i, k, ..., m; die t lastverteilenden Querträger mit den Zahlen 1, 2, 3, ..., h, j, ..., t, die Endquerträger mit 0 und l benannt. Die allgemeine Bezeichnung eines Hauptträgers ist i oder k, die eines Querträgers h oder j. Jeder Ort am Kreuzwerk muß wegen der Flächenwirkung des Tragwerkes durch zwei Zeichen (Zeiger) bestimmt werden.

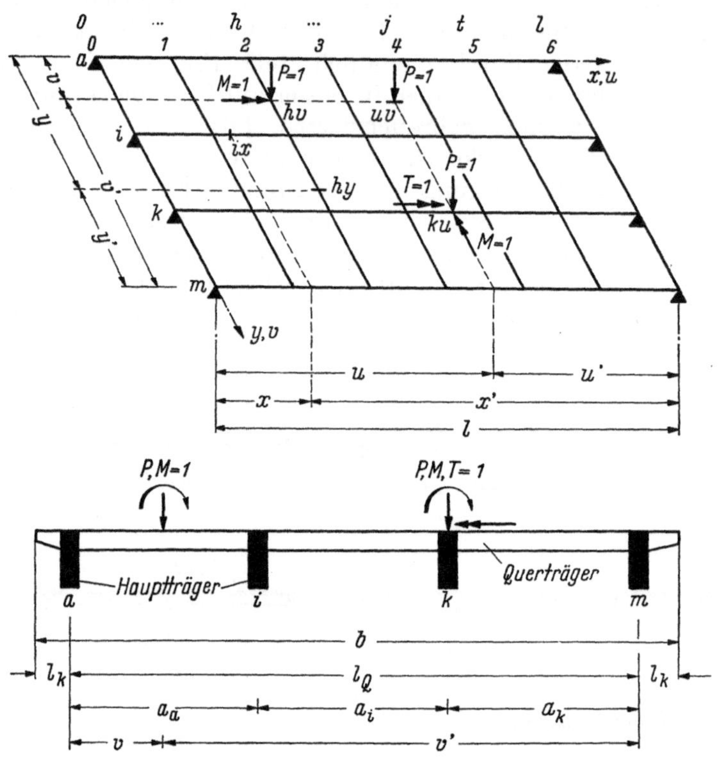

Abb. 2. Drehsteifes Kreuzwerk mit verschiedenen Belastungen

Bei der Ortsbestimmung kennzeichnet stets der erste der beiden Zeiger das untersuchte Konstruktionsglied. Für die Hauptträgerberechnung bezeichnen wir einen Knoten daher mit ih, für die Querträgeruntersuchung jedoch den gleichen Knoten mit hi. Ein beliebiger Schnitt an einem Hauptträger i hat die Entfernungen x und x' von den Auflagern; er wird ix genannt. Ein Schnitt am Querträger h hat die Entfernungen y und y' von den Randträgern; er wird mit hy bezeichnet. Eine Einzellast $P = 1$, die sich auf der Kreuzwerkgrundfläche bewegt, hat die Entfernungen u und u' von den Auflagern, v und v' von den Randhauptträgern. Wir bezeichnen diesen Ort mit uv. Steht die Last $P = 1$ in u auf einem Hauptträger k, so heißt dieser Ort ku, steht sie jedoch in v auf einem Querträger j, so heißt dieser Ort jv.

Jede statische Größe S — Durchbiegung w, Tangentenneigung der Biegelinie φ, Biegemoment M, Querkraft Q, Hauptträgerverdrehung ϑ und Drehmoment T — erhält vier Zeiger, die ersten beiden bezeichnen die Lage des untersuchten Querschnitts oder Knotens, die letzten zwei den Ort der Last, z. B.

$$M_{ix,\,ku}; \quad M_{hy,\,ku} \quad \text{usw.}$$

Zu diesen vier Zeigern kann noch ein fünfter treten, der angibt, daß die statische Größe am Hauptsystem auftritt, z. B. $M^0_{ix,\,ku}$, sprich $M\ ix\ ku$ Null.

Streckenlasten auf Haupt- oder Querträgern bezeichnen wir mit p_k oder p_h, die statischen Wirkungen hieraus mit $S_{ix,\,p_k}$ oder $S_{ix,\,p_h}$.

Da außer dem Lastangriff $P = 1$ auch Belastungen durch Biegemomente $M = 1$ und Torsionsmomente $T = 1$ in den Lösungen berücksichtigt werden, unterscheiden wir diese von den obengenannten Lösungen durch Anfügen eines Momenten- bzw. Vektorenzeichens, z. B.

$$M_{ix,\,\overset{\backslash}{ku}} \quad sprich \quad M\ ix\ ku\ M \quad \text{bzw.}$$

$$M_{ix,\,\overset{\leftrightarrow}{ku}} \quad sprich \quad M\ ix\ ku\ T.$$

3. Orthogonalisierung der Unbekannten

Drehsteife Kreuzwerke sind hochgradig statisch unbestimmt. Das frei aufliegende Kreuzwerk mit m drehsteifen Haupt- und t lastverteilenden Querträgern ohne Drehsteifigkeit ist $2t\,(m-1)$-fach statisch unbestimmt. Durch Orthogonalisierung der Unbekannten erhält man statt einer einzigen, $2t\,(m-1)$-gliedrigen Matrix t unabhängige Matrizen mit je $2\,(m-1)$ Gleichungen und Unbekannten. Die Teilmatrizen haben die Form von Sechsmomentengleichungen. Bei diesen Teilmatrizen handelt es sich um solche für ein einfaches statisches Hilfssystem zur Kreuzwerkberechnung. Es ist dies der Balken auf elastisch senk- und drehbaren Stützen. Die Orthogonalisierung ist bei symmetrischen Kreuzwerken mit zwei Querträgern stets leicht möglich. Bei frei aufliegenden Kreuzwerken mit beliebig vielen drehsteifen Hauptträgern, die konstante Trägheitsmomente J und J_T aufweisen, und mit einander gleichen Querträgern, die in gleichen Abständen angeordnet sind, ist auch bei beliebig großer Anzahl der Querträger eine Orthogonalisierung durch Ansatz von solchen Last- und Momentengruppen möglich, deren Größen Ordinaten von sinus-Funktionen sind.

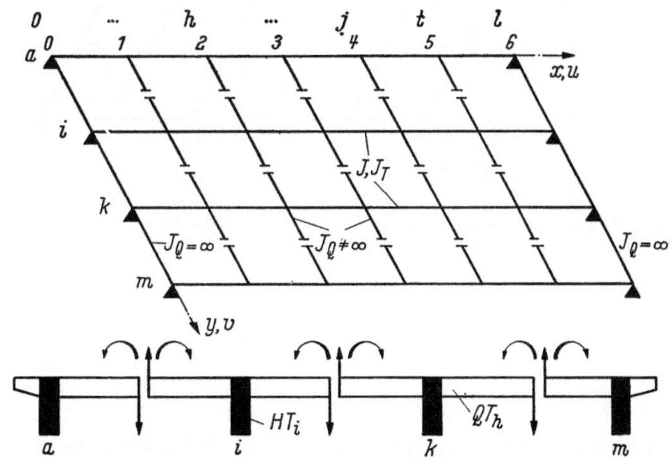

Abb. 3. Statisch bestimmtes Hauptsystem und statisch überzählige Größen am Querträger

In Abb. 2 ist ein Kreuzwerk mit $m = 4$ Haupt- und $t = 5$ lastverteilenden Querträgern dargestellt. Zur Bildung eines statisch bestimmten Hauptsystems werden nach Abb. 3 die nur biegesteifen Querträger 1 bis t an je $(m-1)$ Stellen durchschnitten. An jedem Schnitt werden je zwei statisch überzählige Schnittgrößen, Biegemoment und Querkraft, angebracht.

Abb. 4 und 5 zeigen den Angriff der Größen $\alpha_{h(n)}$, der angesetzten Last- und Momentengruppen. Die Hauptträger werden durch die exzentrisch angreifenden Gruppenlasten nach Abb. 4 auf Biegung und Torsion beansprucht, durch die Gruppenmomente nach Abb. 5 dagegen nur auf Torsion.

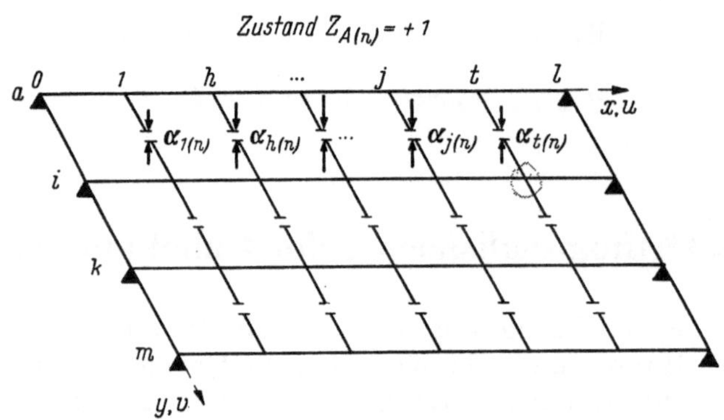

Abb. 4. Gruppenlasten am statisch bestimmten Hauptsystem

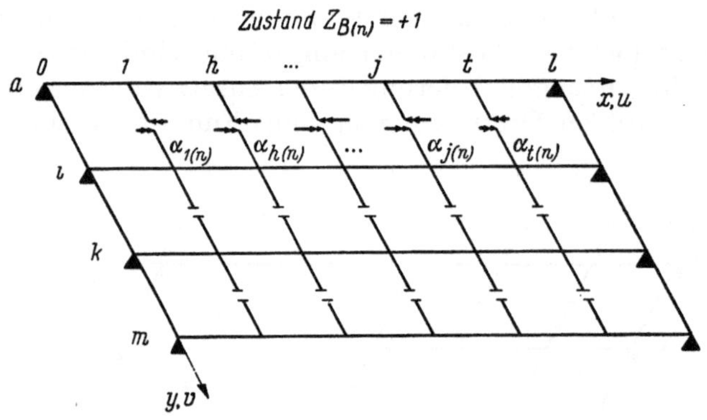

Abb. 5. Gruppenmomente am statisch bestimmten Hauptsystem

Die einzelnen Gruppengrößen $\alpha_{h(n)}$ gehorchen dem Bildungsgesetz

$$\alpha_{h(n)} = \alpha_{(n)}^0 \sin n\pi x_h/l, \quad 0 \leqq x_h \leqq l,$$

worin $h = 1, 2, \ldots, t$ der Ort eines Querträgers und

$n = 1, 2, \ldots, t$ die Ordnungszahl der Reihenglieder ist.

Der Koeffizient $\alpha_{(n)}^0$ wird so gewählt, daß nach Abb. 6 für jedes Reihenglied (n) die maximale Gruppengröße gleich Eins ist.

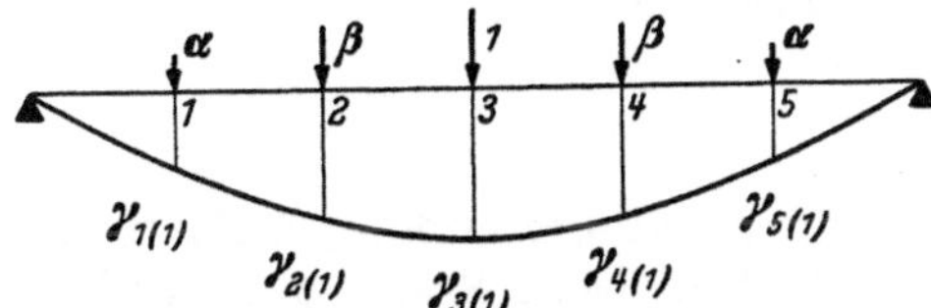

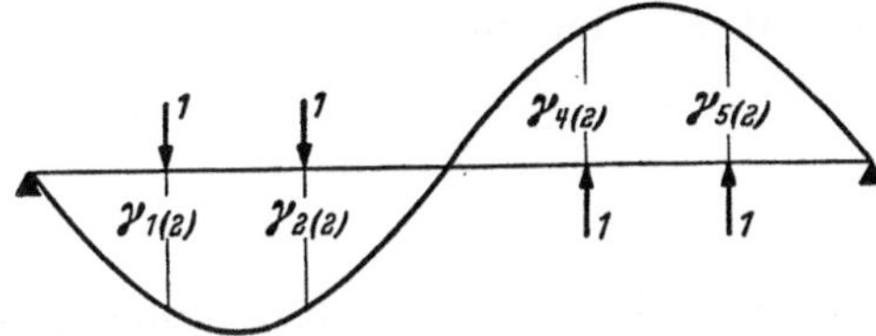

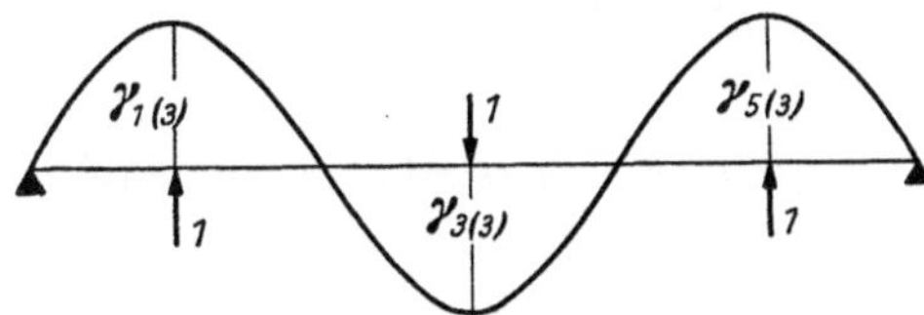

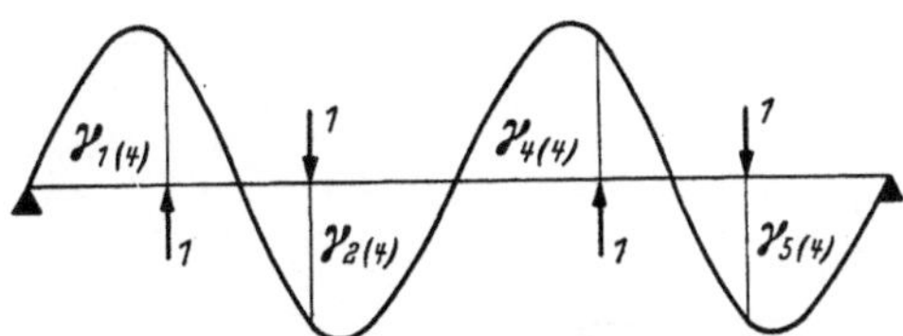

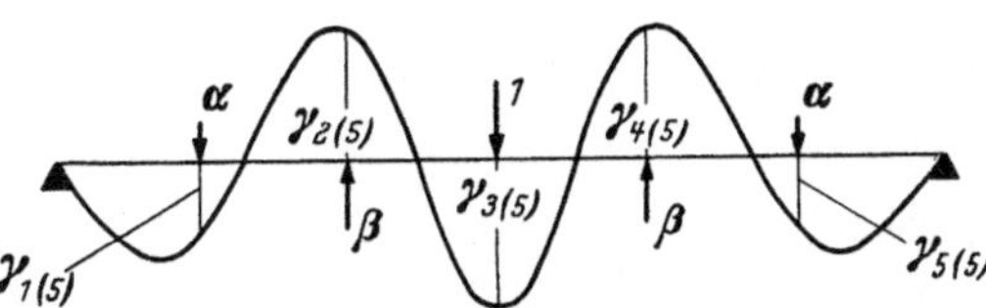

Abb. 6. Gruppenlasten und Einheitsbiegelinien beim Kreuzwerk mit 5 Querträgern. Es ist $\alpha = 0{,}5000$ und $\beta = 0{,}8660$

Gruppenfaktor

$$\mu_{(n)} = 1 : \sum_h \alpha^2_{h(n)}; \quad h, n = 1, \ldots, t.$$

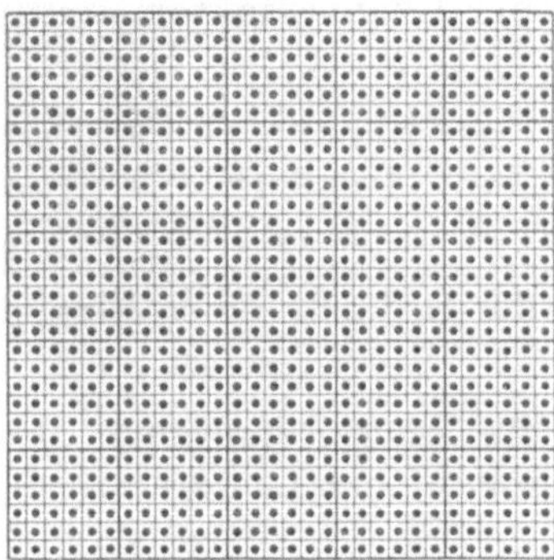

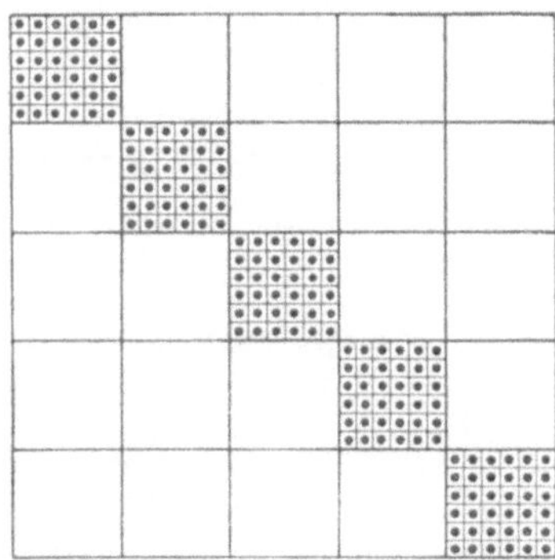

Abb. 7. Matrix der Elastizitätsgleichungen vor und nach der Orthogonalisierung

In Abb. 7 ist die unterteilte Matrix der Elastizitätsgleichungen für das Kreuzwerk in Abb. 2 schematisch dargestellt. Die Lösungen für die Einflußflächen gewinnen wir durch Überlagerung der Ergebnisse der t Teilmatrizen.

4. Statische Größen des vom Kreuzwerk losgelösten Hauptträgers i

In den Gleichungen der Einflußflächen der Kreuzwerke ist

$\left.\begin{array}{l} S^0_{ix,\,iu}, \\[2pt] S^0_{ix,\,i\overset{2}{u}} \\[2pt] \text{bzw.} \\[2pt] S^0_{ix,\,\overset{\rightarrow}{iu}} \end{array}\right\}$ eine statische Größe am losgelösten Hauptträger i, infolge äußerer Belastung P, M und T, Abb. 8 (*sprich S ix iu Null, S ix iu M Null bzw. S ix iu T Null*),

$\alpha_{h(n)}$ die Gruppenlast bzw. das Gruppendrehmoment an der Stelle x_h, Abb. 9 und 10

$\mu_{(n)}$ der Gruppenfaktor,

$S_{ix,\,i(n)}$ eine statische Größe (*sprich S ix in*) infolge einer Last- oder Drehmomentgruppe, Abb. 11 und 12,

$\gamma_{u(n)}$ die Ordinate einer Einheitsbiegelinie (*sprich γ u n*) und

$\gamma^{2}_{u(n)}$ die Tangentenneigung dieser Einheitsbiegelinie (*sprich γ u n M*) an der Stelle u infolge einer Lastgruppe, Abb. 13,

$\gamma_{u\overset{\rightarrow}{(n)}}$ die Ordinate einer Einheitsverdrehungslinie (*sprich γ u n T*) an der Stelle u infolge einer Drehmomentengruppe, Abb. 14.

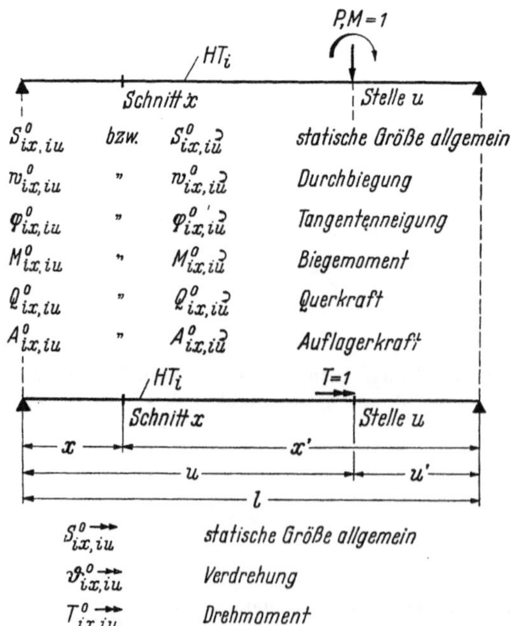

Abb. 8. Äußere Belastungen durch Vertikallasten, Biege- und Drehmomente am losgelösten Hauptträger i

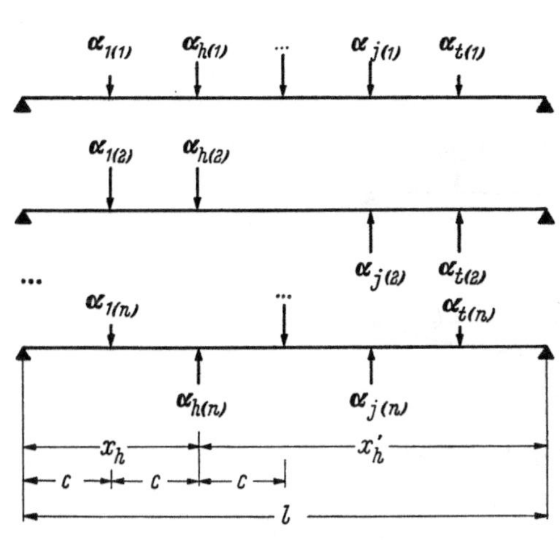

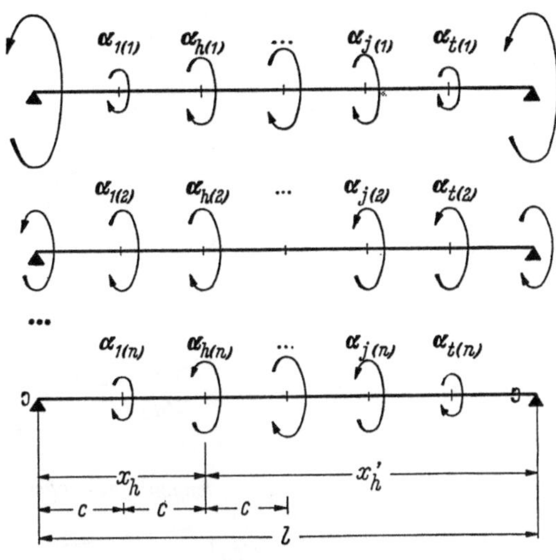

Abb. 9
Lastgruppen am losgelösten Hauptträger i

Abb. 10
Drehmomentengruppen am losgelösten Hauptträger i

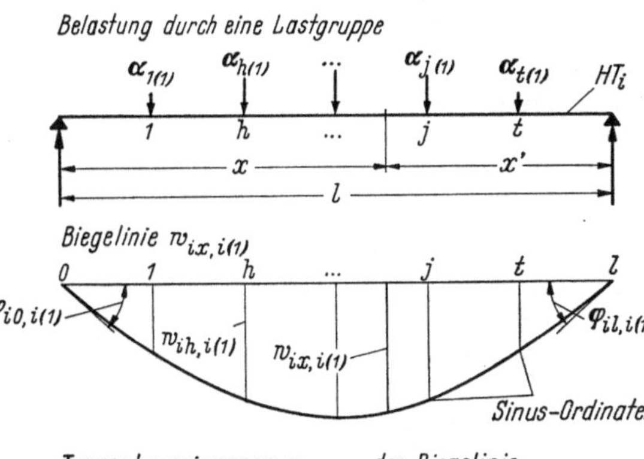

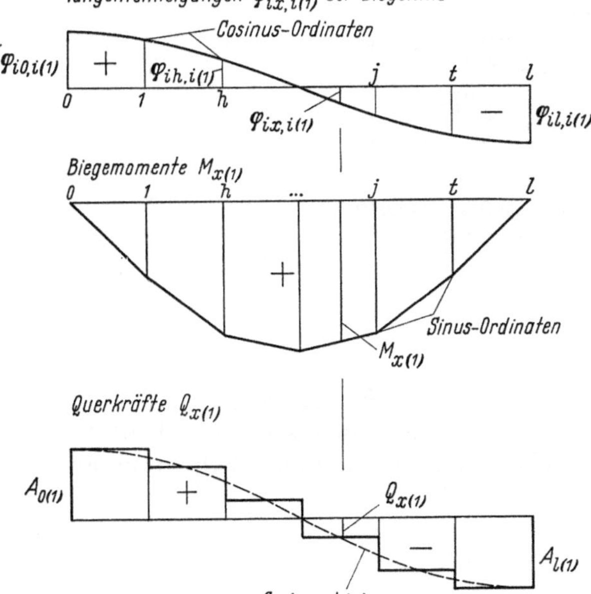

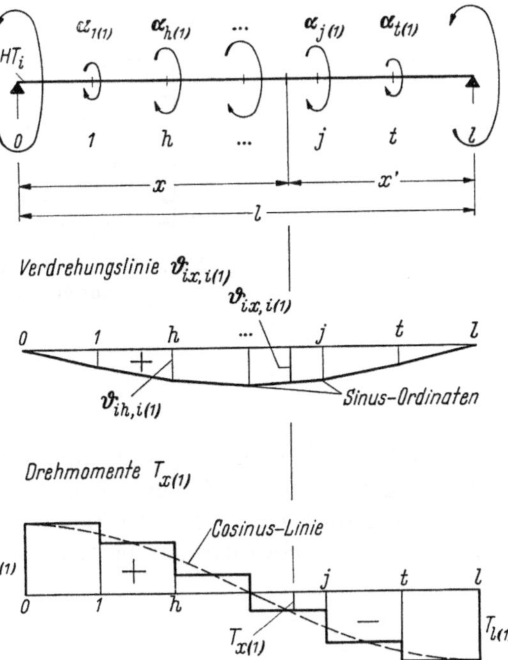

Abb. 11. Statische Größen infolge Belastung
durch eine Lastgruppe

Abb. 12. Statische Größen infolge Belastung durch
eine Drehmomentengruppe

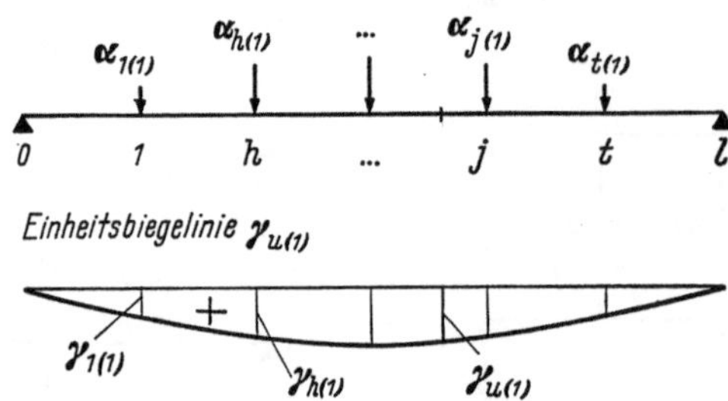

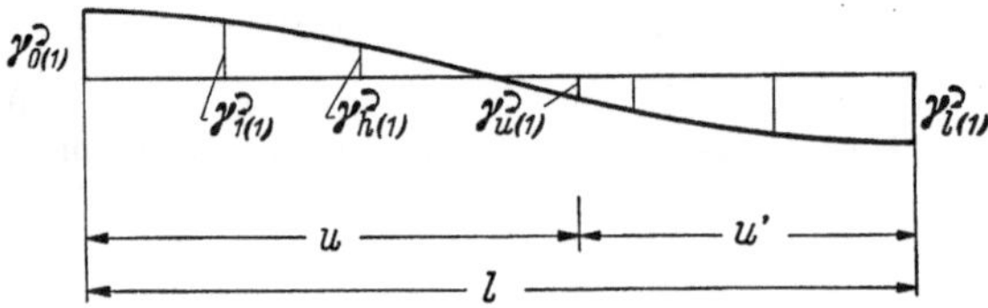

Abb. 13. Einheitsbiegelinie und Linie der Tangentenneigungen
infolge Belastung durch eine Lastgruppe

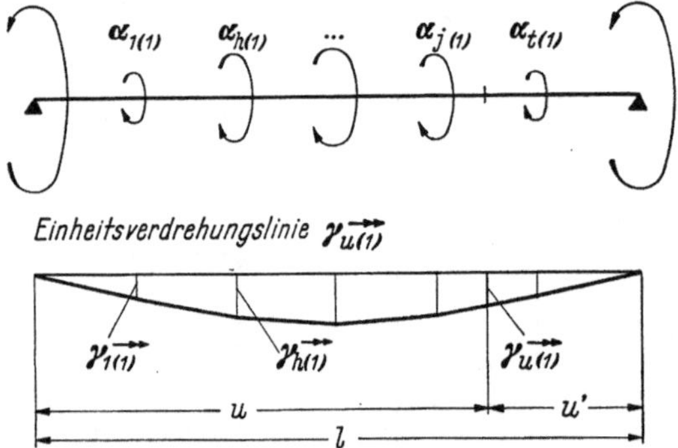

Abb. 14. Einheitsverdrehungslinie infolge Belastung
durch eine Drehmomentengruppe

In Teil C, S. 61 bis 97, sind die statischen Größen, die Einheitsbiege- und Einheits-
verdrehungslinien usw. infolge von Gruppenbelastungen für die losgelösten Hauptträger
von 36 verschiedenen Kreuzwerksystemen angegeben. Hierbei werden auch veränderliche
Steifigkeiten der Hauptträger berücksichtigt.

5. Statische Größen des Balkens auf elastisch senk- und drehbaren Stützen als Hilfssystem in Kreuzwerkquerrichtung

Es ist nach Abb. 15

$B_{iv(n)}$ bzw. $B_{ik(n)}$ die Auflagerkraft (*sprich B iv n*),

$D_{iv(n)}$ bzw. $D_{ik(n)}$ das Auflagereinspannmoment und

$S_{yv(n)}$ bzw. $S_{yk(n)}$ die statische Größe des Balkens auf elastisch senk- und drehbaren Stützen infolge einer Last $P = 1$ in v bzw. in k am Balken, Abb. 16,

$C_{ik(n)}$ der Auflagerdruck, infolge einer Last $P = 1$ an der Stütze k selbst

mit $C_{ii(n)} = B_{ii(n)} - 1$

und $C_{ik(n)} = B_{ik(n)}$ für $i \neq k$, $i = a, \ldots, m$.

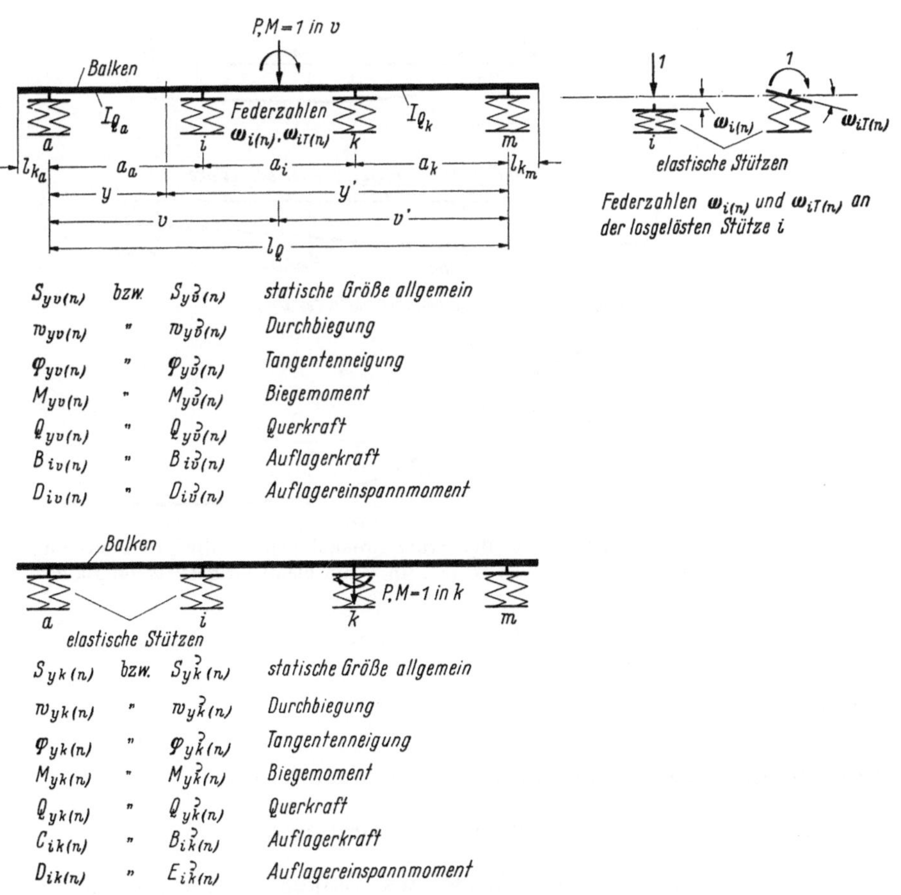

$S_{yv(n)}$	bzw.	$S_{yv(n)}^{2}$	statische Größe allgemein
$w_{yv(n)}$	"	$w_{yv(n)}^{2}$	Durchbiegung
$\varphi_{yv(n)}$	"	$\varphi_{yv(n)}^{2}$	Tangentenneigung
$M_{yv(n)}$	"	$M_{yv(n)}^{2}$	Biegemoment
$Q_{yv(n)}$	"	$Q_{yv(n)}^{2}$	Querkraft
$B_{iv(n)}$	"	$B_{iv(n)}^{2}$	Auflagerkraft
$D_{iv(n)}$	"	$D_{iv(n)}^{2}$	Auflagereinspannmoment

$S_{yk(n)}$	bzw.	$S_{yk(n)}^{2}$	statische Größe allgemein
$w_{yk(n)}$	"	$w_{yk(n)}^{2}$	Durchbiegung
$\varphi_{yk(n)}$	"	$\varphi_{yk(n)}^{2}$	Tangentenneigung
$M_{yk(n)}$	"	$M_{yk(n)}^{2}$	Biegemoment
$Q_{yk(n)}$	"	$Q_{yk(n)}^{2}$	Querkraft
$C_{ik(n)}$	"	$B_{ik(n)}^{2}$	Auflagerkraft
$D_{ik(n)}$	"	$E_{ik(n)}^{2}$	Auflagereinspannmoment

Abb. 15. Zusammenstellung der Bezeichnungen für den Balken
auf elastisch senk- und drehbaren Stützen

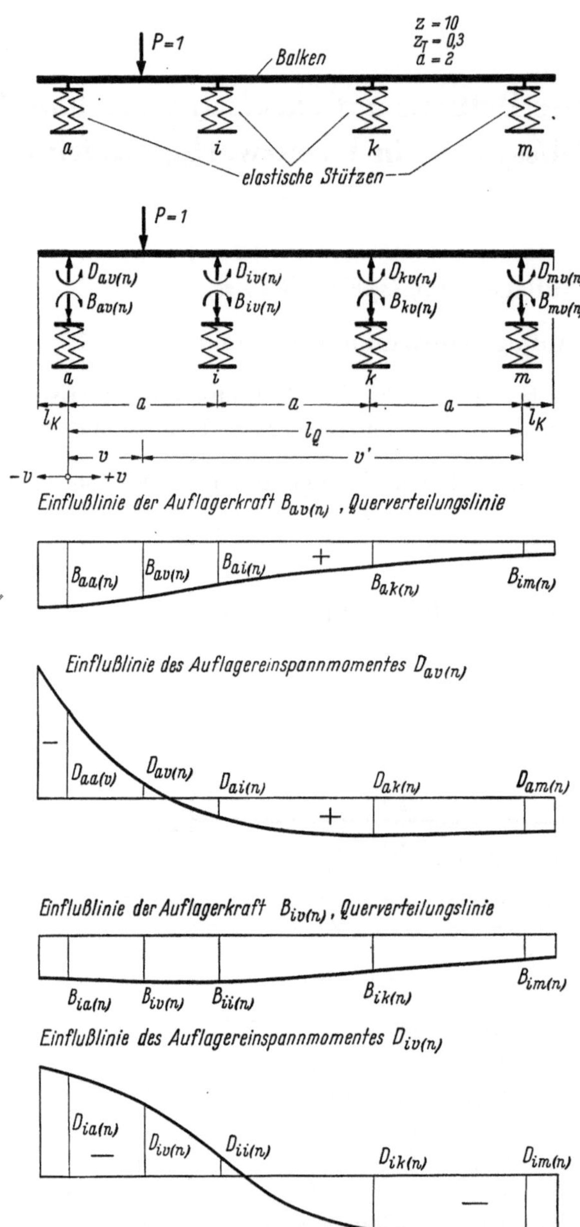

Abb. 16. Einflußlinien der Stützenreaktionen für direkte Belastung durch eine Vertikallast $P = 1$ in v am elastisch gestützten Balken

Es ist ferner

$B_{iv(n)}^{2}$ bzw. $B_{ik(n)}^{2}$ die Auflagerkraft (*sprich B iv n M*),

$D_{iv(n)}^{2}$ bzw. $D_{ik(n)}^{2}$ das Auflagereinspannmoment und

$S_{yv(n)}^{2}$ bzw. $S_{yk(n)}^{2}$ die statische Größe des Balkens auf elastisch senk- und drehbaren Stützen, infolge eines Biegemomentes $M = 1$ in v bzw. in k am Balken, Abb. 17,

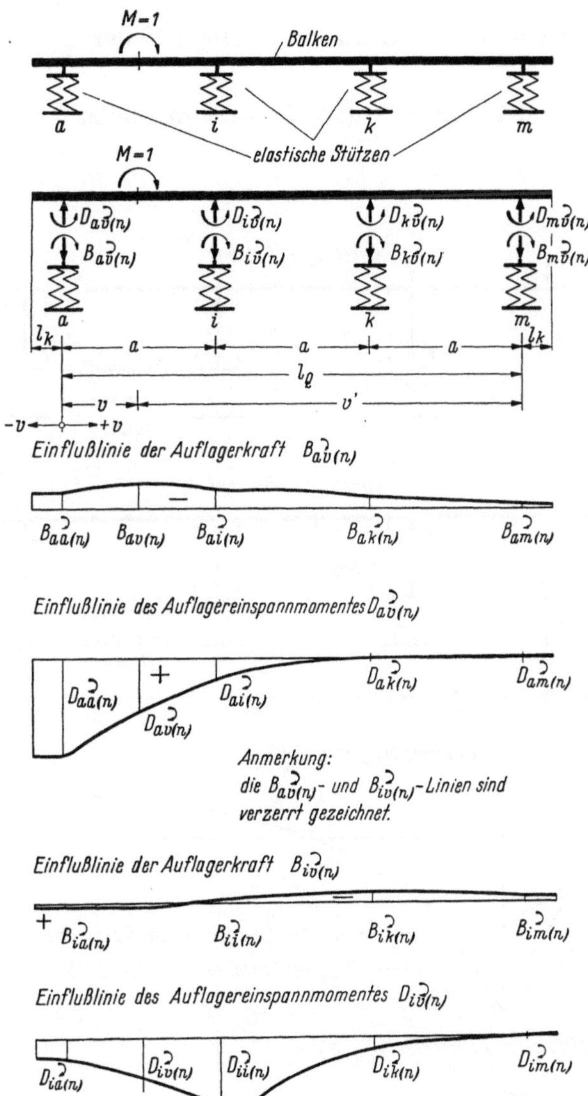

Abb. 17. Einflußlinien der Stützenreaktionen für direkte Belastung
durch ein Moment $M = 1$ in v am elastisch gestützten Balken

$E_{i\vec{k}(n)}$ das Auflagereinspannmoment, infolge eines Momentes $M = 1$ an der
Stütze k selbst

mit $E_{ii(n)}^{} = D_{ii(n)}^{} - 1$

und $E_{i\vec{k}(n)} = D_{i\vec{k}(n)}$ für $i \neq k, \quad i = a, \ldots, m.$

In Abb. 18a und b sind einige Einflußlinien für Momente und Querkräfte des Balkens angegeben, wobei der Unterschied zwischen direkter und indirekter Belastung herausgestellt ist.
  Weiter ist

$\omega_{i(n)}$ die Einsenkung der elastischen Stütze i — Doppelfeder — infolge einer Last $P = 1$ und

$\omega_{i\,T(n)}$ die Verdrehung der elastischen Stütze i — Doppelfeder — infolge eines Momentes $M = 1$, Abb. 15.

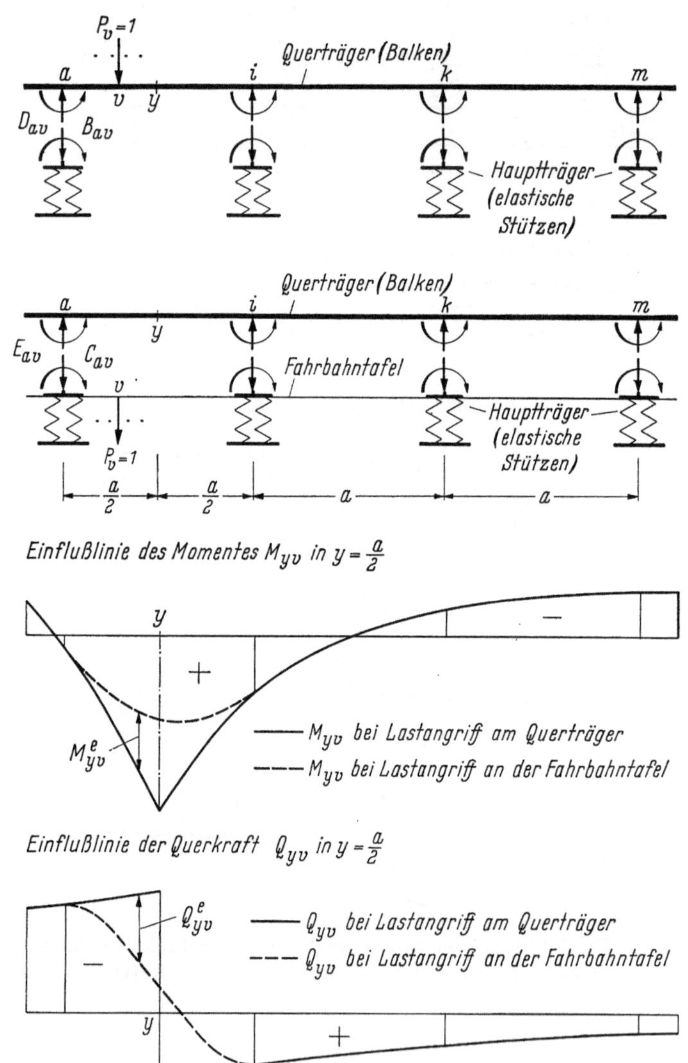

Abb. 18a. Einflußlinien für das Moment M_{yv} und die Querkraft Q_{yv} des elastisch gestützten Balkens in $y = a/2$ bei direkter und indirekter Querträgerbelastung infolge $P = 1$ in v. Die Differenzwerte M_{yv}^e und Q_{yv}^e sind gleich den Ordinaten der Einflußlinien für die entsprechenden Schnittkräfte am beiderseits starr eingespannten Balken mit der Stützweite a

Bei t Querträgern treten t verschiedene Systeme von Balken auf elastisch senk- und drehbaren Stützen mit den Federzahlen $\omega_{i(n)}$ und $\omega_{i\,T(n)}$, $n = 1, 2, \ldots, t$, auf.

Bei vielen Brücken sind die Hauptträger untereinander gleich, ihre Federzahlen sind dann $\omega_{(n)}$ und $\omega_{T(n)}$. Die Biegesteifigkeit EJ_Q der Querträger sowie den Hauptträgerabstand a verknüpfen wir dann mit den Federzahlen zu den Kennwerten der Gruppen-belastungszustände. Es ist

$$z_{(n)} = \frac{6\,E\,J_Q}{a^3}\,\omega_{(n)} \quad \text{die Biegekreuzsteifigkeit und}$$

$$z_{T\,(n)} = \frac{E\,J_Q}{2\,a}\,\omega_{T\,(n)} \quad \text{die Drehkreuzsteifigkeit der Gruppenbelastungszustände}$$

mit $\quad n = 1, 2, \ldots, t$.

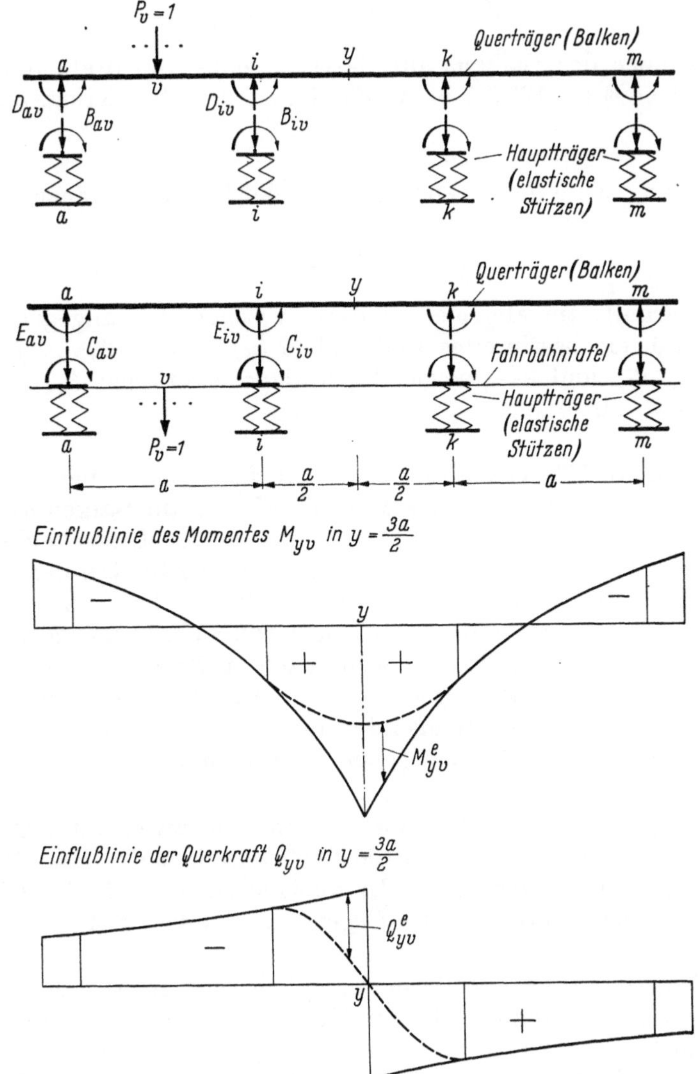

Abb. 18b. Einflußlinien für das Moment M_{yv} und die Querkraft Q_{yv} des elastisch gestützten Balkens in $y = 3a/2$ bei direkter und indirekter Querträgerbelastung infolge $P = 1$ in v (Erläuterungen wie in Abb. 18a)

Beim beidseitig frei aufliegenden Kreuzwerk mit einem Querträger in $l/2$ erhalten wir mit den Formänderungen

$$\omega = \frac{l^3}{48\,E\,J} \quad \text{und} \quad \omega_T = \frac{l}{4\,G\,J_T}$$

infolge von $P, T = 1$ in $l/2$ die Ausgangswerte für die Formeln des Buches

$$z = \left(\frac{l}{2a}\right)^3 \frac{J_Q}{J} \quad \text{Biegekreuzsteifigkeit und}$$

$$z_T = \frac{l}{8a} \frac{E J_Q}{G J_T} \quad \text{Drehkreuzsteifigkeit;}$$

wir nennen sie allgemeine Kreuzsteifigkeiten.

Haben einzelne Hauptträger des Kreuzwerkes, z. B. die Randträger, eine größere Steifigkeit als die Mittelträger, so berücksichtigen wir dies durch Einführung der Größen

$$r = J_R : J \quad \text{und} \quad r_T = J_{TR} : J_T.$$

Die Auflagerreaktionen des Balkens auf elastisch senk- und drehbaren Stützen sind aus den Zahlentafeln in Teil E (S. 123 ff.) in Abhängigkeit von den Kreuzsteifigkeiten z und z_T zu entnehmen.

Die Tafeln gelten für 2 bis 6 und unendlich viele gleiche Hauptträger, die Größen z und z_T wurden mit

$$0 < z, z_T \leqq \infty$$

in weiten Grenzen variiert. Im allgemeinen darf zwischen den angegebenen Werten linear interpoliert werden. Für ein bestimmtes Reihenglied (n), $n = 1, 2, \ldots, t$, sind die zugehörigen Kreuzsteifigkeiten $z_{(n)}$ und $z_{T(n)}$ sowie die Auflagerreaktionen $B_{ik(n)}$, $D_{ik(n)}$, $B_{ik(n)}^2$ und $D_{ik(n)}^2$ zu ermitteln bzw. abzulesen.

Die Tafeln in Teil E (S. 123) enthalten nur die Auflagerreaktionen B_{ik}, D_{ik} und B_{ik}^2, D_{ik}^2 für den Fall, daß die Last $P = 1$ bzw. das Moment $M = 1$ am Balken *an den Orten der Stützen in k* angreift. Werden, wie z. B. für die Bestimmung der Lastscheiden oder für die Ermittlung der statischen Größen der Querträger, auch die Ordinaten der Einflußlinien für die Auflagerreaktionen B_{iv}, D_{iv} und B_{iv}^2, D_{iv}^2 infolge $P = 1$ bzw. $M = 1$ in v am Balken angreifend benötigt, so können diese nach Abschnitt D 2.8 (S. 110) ermittelt werden.

Im allgemeinen dürfte es ausreichend sein, nach Auftragung der Werte B_{ik}, D_{ik} usw. die Zwischenordinaten B_{iv}, D_{iv} usw. graphisch zu ermitteln oder nur in einigen wenigen Punkten zu errechnen, z. B. an den Kragenden und mittig zwischen je zwei Stützen. Einen Anhalt für den Verlauf der Einflußlinien geben Abb. 16 und 17.

Eine größere Sorgfalt ist aber bei Kreuzwerken mit nur zwei, unter Umständen auch drei Hauptträgern geboten, insbesondere, wenn die Drehsteifigkeit der Hauptträger groß und die Biegesteifigkeit der Querträger gering ist. In solchem Falle sind nämlich die Einflußlinien stark gekrümmt und weisen beträchtliche Gegenkrümmungen auf.

Werden die Auflagerreaktionen in Ausnahmefällen sehr genau oder für ungebräuchliche z- und z_T-Werte benötigt, so können sie mit Hilfe der in Teil D (S. 98 ff.) angegebenen gebrauchsfertigen Formeln errechnet werden. Das gleiche gilt für den Fall, daß einzelne Stützen andere elastische Eigenschaften aufweisen als die übrigen (Teil D 3, S. 113) — wie z. B. bei Kreuzwerken mit verstärkten oder schwächeren Randhauptträgern — oder daß die Hauptträger als drehsteife Hohlkästen ausgebildet sind (Teil D 4, S. 115).

Zahlentafeln für Balken auf nur elastisch senkbaren Stützen, mit 3 bis 8 untereinander gleichen Stützen und mit verstärkten Randstützen sind von HOMBERG/WEINMEISTER[1], solche für Balken auf 2 bis 5 elastisch senk- und drehbaren Stützen, mit gleichen Stützen und mit

---

[1] HOMBERG, H., u. J. WEINMEISTER: Einflußflächen für Kreuzwerke. Berlin/Göttingen/Heidelberg: Springer 1956.

stärkeren oder schwächeren Randstützen sind von TROST[1] angegeben worden. Diese Werte können für die Berechnung von Kreuzwerken ohne und mit Drehsteifigkeit unter Verwendung der Lösungen der Abschnitte B und C Verwendung finden.

(Die Zusammenhänge zwischen den Bezeichnungen und Parametern von TROST und diesem Buch sind folgende:

$$L = l, \quad 2b = a; \quad L \text{ und } b \text{ nach TROST,}$$

Biegekennziffer nach TROST und Biegekreuzsteifigkeit

$$\gamma_1 \quad \text{bzw.} \quad \gamma_{QR} = \frac{1}{4z}; \quad \gamma_P = \gamma_P(n) = \frac{1}{4z_{(n)}},$$

Drillkennziffer nach TROST und Verhältnis Drehkreuzsteifigkeit zu Biegekreuzsteifigkeit

$$\beta \quad \text{bzw.} \quad \beta_R = 3\frac{z_T}{z}; \quad \beta_P = \beta_P(n) = 3\frac{z_{T(n)}}{z_{(n)}}.$$

Die Balkenschnittkräfte $\varkappa_1$, $\varkappa_2$, $\varkappa_5$, $\varkappa_6$ usw. in den Tafeln von TROST entsprechen den Größen X_1, Y_1, X_2, Y_2 usw. des Abschnitts D 2.5 (S. 102) dieses Buches.

Für die Kreuzwerkberechnung ist stets der Kennwert γ_2 gleich ∞ anzunehmen; es können nur die Werte in den stark umrahmten Zahlenkästen von TROST Verwendung finden.) —

Von den Auflagerkräften B_{ik} ist die Lastverteilung in Querrichtung abhängig. Sie werden daher häufig auch als Querverteilungszahlen bezeichnet. Bei großen z-Werten ist der Einsenkungswiderstand der Stützen klein im Vergleich zur Biegesteifigkeit des Balkens, so daß eine gute Lastverteilung auftritt. Die Auflagerkraft B_{ii} ist relativ klein und somit die Entlastung des belasteten Hauptträgers i, für die der Ausdruck $C_{ii} = B_{ii} - 1$ bei der Kreuzwerkberechnung kennzeichnend ist, groß. Bei kleinen z-Werten ist die Lastverteilung gering, so daß für $z \to 0$ der Grenzwert $B_{ii} = 1$ erreicht wird.

Der Verdrehwiderstand der Stützen, der bei kleinen z_T-Werten groß und bei großen z_T-Werten klein ist, beeinflußt die Lastverteilung. Er muß aber schon ein bestimmtes Maß erreichen, um von größerem Einfluß zu sein. Die Erhöhung des Verdrehwiderstandes über ein bestimmtes Maß hinaus bringt keine nennenswerten Vorteile mehr, da nach Abb. 19a und b die Werte B_{ii} mit $z = $ const sowohl für $z_T \to \infty$ wie auch für $z_T \to 0$ jeweils einem bestimmten Grenzwert zustreben.

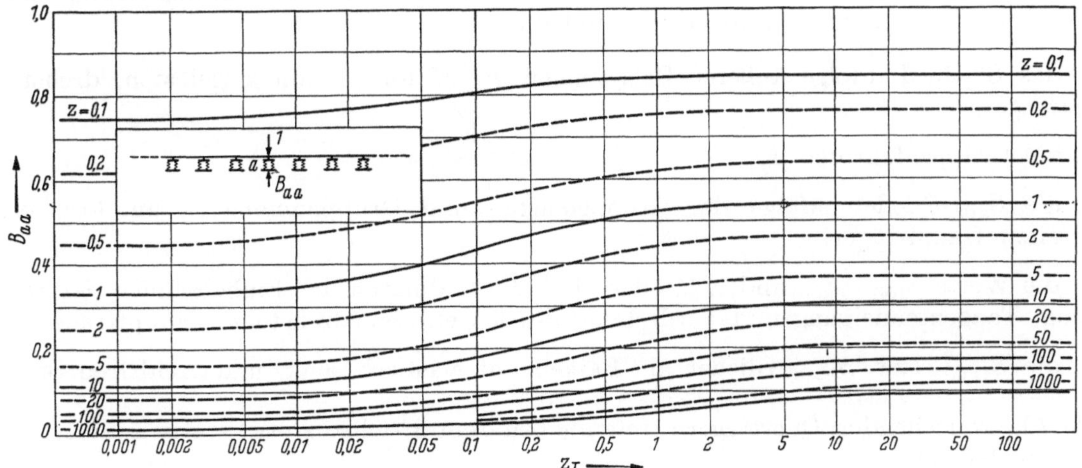

Abb. 19a. Auflagerkraft B_{aa} beim beidseitig unendlich langen Balken in Abhängigkeit von z und z_T

---

[1] TROST: Die Lastverteilung bei Plattenbalkenbrücken. Düsseldorf 1961. Behandelt genau nur frei aufliegende Kreuzwerke mit einem bzw. mit unendlich vielen, unendlich schmalen Querträgern, näherungsweise auch Kreuzwerke mit mehreren Querträgern und solche Systeme, bei denen eine Fahrbahnplatte und ein einzelner Querträger als lastverteilende Querverbindungen zusammenarbeiten. Der Schubeffekt in der Platte wird vernachlässigt.

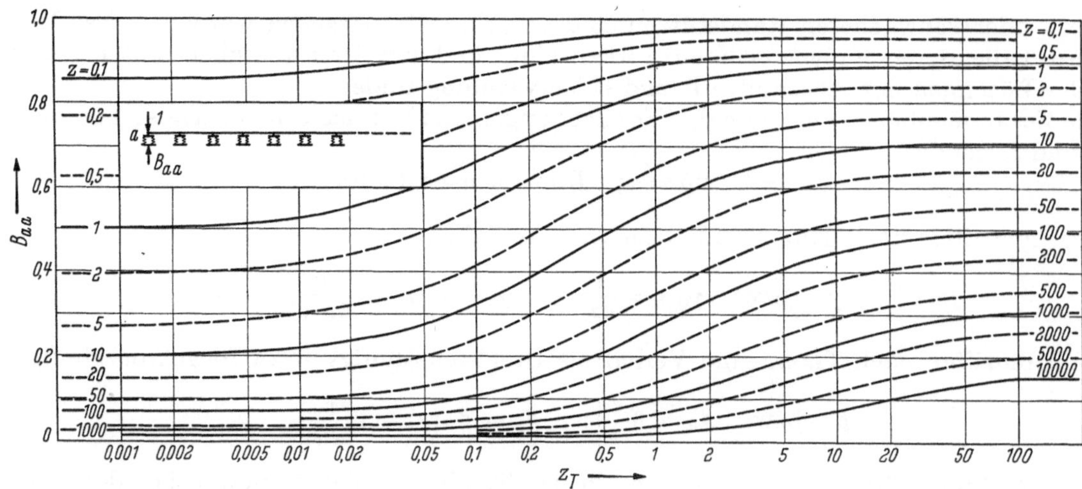

Abb. 19b. Auflagerkraft B_{aa} der Randstütze des einseitig unendlich langen Balkens in Abhängigkeit von z und z_T

Zur Bemessung der Querträger des Kreuzwerkes werden auch die maßgebenden *statischen Größen des Balkens* S_{yk} bzw. S_{yv} benötigt. Diese lassen sich nach Kenntnis der Auflagerreaktionen leicht nach Abschnitt D 2.9 (S. 112) bestimmen. Für den beidseitig unendlich langen Balken sind in Teil F (S. 309ff.) auch Zahlentafeln enthalten, aus denen die Biegemomente M_{ak} und M_{ak}^2 des Balkens an der Stütze a in Abhängigkeit von z und z_T direkt entnommen werden können.

6. Statische Größen des Kreuzwerkes bei verschiedenen Lastangriffen an Haupt- und Querträgern

Die Lösungen für die statischen Größen des Kreuzwerkes setzen sich aus relativ einfach zu berechnenden Größen zusammen. Es sind dies

1. das S^0-Glied infolge äußerer Belastungen P, M und T am losgelösten, drehsteifen Hauptträger,

2. die Gruppenfaktoren $\mu_{(n)}$,

3. die $S_{x(n)}$-Glieder infolge der Gruppenlasten und Gruppenmomente am losgelösten, drehsteifen Hauptträger,

4. die Werte $\gamma_{u(n)}$, $\gamma_{u(n)}^2$ und $\overrightarrow{\gamma_{u(n)}}$, das sind die Ordinaten der Einheitslinien der Durchbiegung, Tangentenneigung und Verdrehung des losgelösten, drehsteifen Hauptträgers, und

5. die $B_{ik(n)}$- bzw. $S_{yk(n)}$-Glieder am Balken auf elastisch senk- und drehbaren Stützen.

Bei t lastverteilenden Querträgern treten neben dem S^0-Glied stets t statisch unbestimmte Reihenglieder auf.

Die Lösungen haben alle den gleichen Aufbau. Die verschiedenen Belastungen P, M in Längs- und Querrichtung des Kreuzwerkes und T machen sich nur in zwei Gliedern der Gleichungen bemerkbar.

Variiert man in den Lösungen die Stellung ku der Last, so erhält man die *Einflußflächen*. Hält man die Last in ku fest und variiert man den Schnitt ix, so erhält man die *Zustandsflächen*.

a) Belastung durch eine Last $P = 1$ am Hauptträger k in u

Statische Größen der Hauptträger

In bezug auf Biegung der Hauptträger:

α) Allgemeine Lösung

$$k \neq i: \quad S_{ix,ku} = \sum_{n=1}^{t} \mu_{(n)} S_{ix,i(n)} \gamma_{u(n)} B_{ik(n)},$$

$$k = i: \quad S_{ix,iu} = S^0_{ix,iu} + \sum_{n=1}^{t} \mu_{(n)} S_{ix,i(n)} \gamma_{u(n)} (B_{ii(n)} - 1).$$

β) Spezielle Lösung für die praktische Berechnung[1]

$$S_{ix,ku} = S^0_{ix,ku} + \sum_{n=1}^{t} \mu_{(n)} S_{ix,i(n)} \gamma_{u(n)} C_{ik(n)}.$$

$i, k = a, b, \ldots, m; \quad 0 \leq x, u \leq l.$

Für $k \neq i$ ist $S^0_{ix,ku} = 0$ und $C_{ik(n)} = B_{ik(n)}$,

für $k = i$ ist $S^0_{ix,ku} = S^0_{ix,iu}$ und $C_{ii(n)} = B_{ii(n)} - 1$.

$S = w, \varphi, M$ und $Q = $ Durchbiegung, Tangentenneigung der Biegelinie, Biegemoment und Querkraft.

In bezug auf Verdrehung der Hauptträger:

$$S_{ix,ku} = \sum_{n=1}^{t} \mu_{(n)} S_{ix,i(n)} \gamma_{u(n)} D_{ik(n)}.$$

$S = \vartheta$ und $T = $ Verdrehung und Torsionsmoment.

Statische Größen der Querträger

$$S_{hy,ku} = \sum_{n=1}^{t} \mu_{(n)} \alpha_{h(n)} \gamma_{u(n)} S_{yk(n)}$$

$h = 1, 2, \ldots, t; \quad 0 \leq y \leq l_Q.$
$S = w, \varphi, M$ und $Q = $ Durchbiegung, Tangentenneigung, Biegemoment und Querkraft.

Statische Größen der Knoten

Knotenkraft:
$$K_{ih,ku} = \sum_{n=1}^{t} \mu_{(n)} \alpha_{h(n)} \gamma_{u(n)} C_{ik(n)},$$

Knoteneinspannmoment:
$$M_{ih,ku} = \sum_{n=1}^{t} \mu_{(n)} \alpha_{h(n)} \gamma_{u(n)} D_{ik(n)},$$

b) Belastung durch eine Last $P = 1$ am Querträger j in v

Statische Größen der Hauptträger

In bezug auf Biegung der Hauptträger:

$$S_{ix,jv} = \sum_{n=1}^{t} \mu_{(n)} S_{ix,i(n)} \gamma_{j(n)} B_{iv(n)}$$

$i = a, b, \ldots, m; \quad 0 \leq x \leq l;$

$j = 1, 2, \ldots, t; \quad -l_K \leq v \leq l_Q + l_K.$

---

[1] Diese Gleichung ist für die Hauptträgerberechnung zu verwenden.

$S = w,\ \varphi,\ M$ und $Q =$ Durchbiegung, Tangentenneigung der Biegelinie, Biegemoment und Querkraft.

In bezug auf Verdrehung der Hauptträger:

$$S_{ix,\,jv} = \sum_{n=1}^{t} \mu_{(n)}\, S_{ix,\,i(n)}\, \gamma_{j(n)}\, D_{iv(n)}$$

$S = \vartheta$ und $T =$ Verdrehung und Torsionsmoment.

Statische Größen der Querträger[1]

$$S_{hy,\,jv} = \sum_{n=1}^{t} \mu_{(n)}\, \alpha_{h(n)}\, \gamma_{j(n)}\, S_{yv(n)}$$

$h,\, j = 1, 2, \ldots, t;\quad 0 \leqq y \leqq l_Q$.

$S = w,\ \varphi,\ M$ und $Q =$ Durchbiegung, Tangentenneigung, Biegemoment und Querkraft.

Statische Größen der Knoten

Knotenkraft:
$$K_{hi,\,jv} = \sum_{n=1}^{t} \mu_{(n)}\, \alpha_{h(n)}\, \gamma_{j(n)}\, B_{iv(n)},$$

Knoteneinspannmoment:
$$M_{hi,\,jv} = \sum_{n=1}^{t} \mu_{(n)}\, \alpha_{h(n)}\, \gamma_{j(n)}\, D_{iv(n)}.$$

c) Belastung durch ein Drehmoment $T = 1$ am Hauptträger k in u

Statische Größen der Hauptträger

In bezug auf Biegung der Hauptträger:

$$S_{ix,\,\overrightarrow{ku}} = \sum_{n=1}^{t} \mu_{(n)}\, S_{ix,\,i(n)}\, \gamma_{u\overrightarrow{(n)}}\, B_{ik(n)}^{\,\flat}.$$

$S = w,\ \varphi,\ M$ und $Q =$ Durchbiegung, Tangentenneigung der Biegelinie, Biegemoment und Querkraft.

In bezug auf Verdrehung der Hauptträger:

α) Allgemeine Lösung

$k \neq i:$
$$S_{ix,\,\overrightarrow{ku}} = \sum_{n=1}^{t} \mu_{(n)}\, S_{ix,\,i(n)}\, \gamma_{u\overrightarrow{(n)}}\, D_{ik(n)}^{\,\flat},$$

$k = i:$
$$S_{ix,\,\overrightarrow{ku}} = S_{ix,\,\overrightarrow{iu}}^{0} + \sum_{n=1}^{t} \mu_{(n)}\, S_{ix,\,i(n)}\, \gamma_{u\overrightarrow{(n)}}\, (D_{ii(n)}^{\,\flat} - 1).$$

β) Spezielle Lösung für die praktische Berechnung

$$S_{ix,\,\overrightarrow{ku}} = S_{ix,\,\overrightarrow{ku}}^{0} + \sum_{n=1}^{t} \mu_{(n)}\, S_{ix,\,i(n)}\, \gamma_{u\overrightarrow{(n)}}\, E_{ik(n)}^{\,\flat}.$$

$i,\, k = a, b, \ldots, m;\quad 0 \leqq x,\, u \leqq l$.

Für $k \neq i$ ist $S_{ix,\,\overrightarrow{ku}}^{0} = 0$ und $E_{ik(n)}^{\,\flat} = D_{ik(n)}^{\,\flat}$,

für $k = i$ ist $S_{ix,\,\overrightarrow{ku}}^{0} = S_{ix,\,\overrightarrow{iu}}^{0}$ und $E_{ii(n)}^{\,\flat} = D_{ii(n)}^{\,\flat} - 1$.

$S = \vartheta$ und $T =$ Verdrehung und Torsionsmoment.

---

[1] Diese Gleichung ist für die Querträgerberechnung zu verwenden.

Statische Größen der Querträger

$$S_{hy,\,\overrightarrow{ku}}^{0} = \sum_{n=1}^{t} \mu_{(n)}\,\alpha_{h(n)}\,\gamma_{u\overrightarrow{(n)}}\,S_{y\overrightarrow{k}(n)}^{0}.$$

$h = 1, 2, \ldots, t; \quad 0 \leq y \leq l_Q.$

$S = w, \varphi, M$ und $Q = $ Durchbiegung, Tangentenneigung, Biegemoment und Querkraft.

Statische Größen der Knoten

Knotenkraft: $\qquad K_{ih,\,\overrightarrow{ku}} = \sum_{n=1}^{t} \mu_{(n)}\,\alpha_{h(n)}\,\gamma_{u\overrightarrow{(n)}}\,B_{ik(n)}^{0},$

Knoteneinspannmoment: $\qquad M_{ih,\,\overrightarrow{ku}} = \sum_{n=1}^{t} \mu_{(n)}\,\alpha_{h(n)}\,\gamma_{u\overrightarrow{(n)}}\,E_{ik(n)}^{0}.$

d) Belastung durch ein Biegemoment $M = 1$ am Hauptträger k in u

Statische Größen der Hauptträger

In bezug auf Biegung der Hauptträger:

$$S_{ix,\,k\overset{\circ}{u}} = S_{ix,\,k\overset{\circ}{u}}^{0} + \sum_{n=1}^{t} \mu_{(n)}\,S_{ix,\,i(n)}\,\gamma_{u(n)}^{\circ}\,C_{ik(n)},$$

$i, k = a, b \ldots, m; \quad 0 \leq x, u \leq l.$

Für $k \neq i$ ist $S_{ix,\,k\overset{\circ}{u}}^{0} = 0$ und $C_{ik(n)} = B_{ik(n)},$

für $k = i$ ist $S_{ix,\,k\overset{\circ}{u}}^{0} = S_{ix,\,i\overset{\circ}{u}}^{0}$ und $C_{ii(n)} = B_{ii(n)} - 1.$

$S = w, \varphi, M$ und $Q = $ Durchbiegung, Tangentenneigung der Biegelinie, Biegemoment und Querkraft.

In bezug auf Verdrehung der Hauptträger:

$$S_{ix,\,k\overset{\circ}{u}} = \sum_{n=1}^{t} \mu_{(n)}\,S_{ix,\,i(n)}\,\gamma_{u(n)}^{\circ}\,D_{ik(n)}.$$

$S = \vartheta$ und $T = $ Verdrehung und Torsionsmoment.

Statische Größen der Querträger

$$S_{hy,\,k\overset{\circ}{u}} = \sum_{n=1}^{t} \mu_{(n)}\,\alpha_{h(n)}\,\gamma_{u(n)}^{\circ}\,S_{yk(n)}.$$

$h = 1, 2, \ldots, t; \quad 0 \leq y \leq l_Q.$

$S = w, \varphi, M$ und $Q = $ Durchbiegung, Tangentenneigung der Biegelinie, Biegemoment und Querkraft.

Statische Größen der Knoten

Knotenkraft: $\qquad K_{ih,\,k\overset{\circ}{u}} = \sum_{n=1}^{t} \mu_{(n)}\,\alpha_{h(n)}\,\gamma_{u(n)}^{\circ}\,C_{ik(n)},$

Knoteneinspannmoment: $\qquad M_{ih,\,k\overset{\circ}{u}} = \sum_{n=1}^{t} \mu_{(n)}\,\alpha_{h(n)}\,\gamma_{u(n)}^{\circ}\,D_{ik(n)}.$

e) Belastung durch ein Biegemoment $M = 1$ am Querträger j in v

Statische Größen der Hauptträger

In bezug auf Biegung der Hauptträger:

$$S_{ix,\overrightarrow{jv}} = \sum_{n=1}^{t} \mu_{(n)} S_{ix,\,i(n)}\, \gamma_{j\overrightarrow{(n)}}\, B_{i\overrightarrow{v}(n)}^{\,\prime}$$

$$i = a,\, b,\, \ldots,\, m; \qquad 0 \leqq x \leqq l;$$

$$j = 1,\, 2,\, \ldots,\, t; \qquad -l_K \leqq v \leqq l_Q + l_K\,.$$

$S = w,\, \varphi,\, M$ und $Q =$ Durchbiegung, Tangentenneigung der Biegelinie, Biegemoment und Querkraft.

In bezug auf Verdrehung der Hauptträger:

$$S_{ix,\overrightarrow{jv}} = \sum_{n=1}^{t} \mu_{(n)} S_{ix,\,i(n)}\, \gamma_{j\overrightarrow{(n)}}\, D_{i\overrightarrow{v}(n)}^{\,\prime}\,.$$

$S = \vartheta$ und $T =$ Verdrehung und Torsionsmoment.

Statische Größen der Querträger

$$S_{hy,\overrightarrow{jv}} = \sum_{n=1}^{t} \mu_{(n)} \alpha_{h(n)}\, \gamma_{j\overrightarrow{(n)}}\, S_{y\overrightarrow{v}(n)}^{\,\prime}\,.$$

$$h,\, j = 1,\, 2,\, \ldots,\, t; \quad 0 \leqq y \leqq l_Q\,.$$

$S = w,\, \varphi,\, M$ und $Q =$ Durchbiegung, Tangentenneigung, Biegemoment und Querkraft.

Statische Größen der Knoten

Knotenkraft:

$$K_{hi,\overrightarrow{jv}} = \sum_{n=1}^{t} \mu_{(n)} \alpha_{h(n)}\, \gamma_{j\overrightarrow{(n)}}\, B_{i\overrightarrow{v}}^{\,\prime}\,,$$

Knoteneinspannmoment:

$$M_{hi,\overrightarrow{jv}} = \sum_{n=1}^{t} \mu_{(n)} \alpha_{h(n)}\, \gamma_{j\overrightarrow{(n)}}\, D_{i\overrightarrow{v}}^{\,\prime}\,.$$

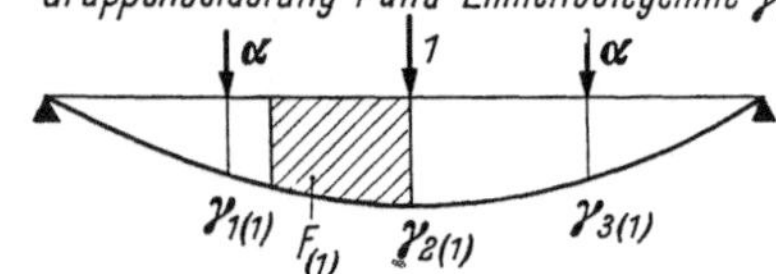

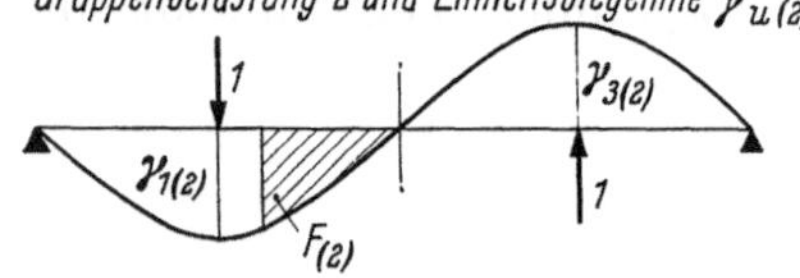

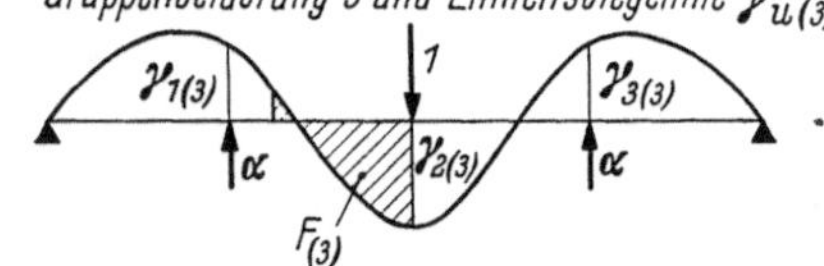

Abb. 20
Belastung durch eine Kurzstreckenlast

f) Belastung durch eine Streckenlast $p_k = 1$ am Hauptträger k

Die Lösungen sind die gleichen wie in A 6a, an Stelle von $\gamma_{u(n)}$ sind jedoch die Flächen $F_{(n)}$, $n = 1 \ldots t$, der Einheitsbiegelinien, Abb. 20, in die Formeln einzuführen.

g) Belastung durch ein Streckendrehmoment $t_k = 1$ am Hauptträger k

Die Lösungen sind die gleichen wie in A 6c, an Stelle von $\gamma_{u\overrightarrow{(n)}}$, sind jedoch die Flächen $F_{\overrightarrow{(n)}}$ der Einheitsverdrehungslinie, $n = 1 \ldots t$, in die Formeln einzuführen.

h) Belastung durch Wärmeänderungen, Stützensenkungen und -verdrehungen

Zur Berücksichtigung von Belastungen, die nicht durch Einflußflächen erfaßt werden können, müssen wir die Werte $\gamma_{u(n)}$ durch die nachstehenden Größen ersetzen.

Bei ungleicher Wärmeänderung T des Hauptträgers k gegenüber den übrigen Hauptträgern, Abb. 21,

$$\frac{1}{\omega_{k(n)}} \sum_{j=1}^{t} w_{kj,\,kT}\,\alpha_{j(n)},$$

bei einer bekannten Auflagersenkung $\varDelta$ des Hauptträgers k,

$$\frac{1}{\omega_{k(n)}} \sum_{j=1}^{t} w_{kj,\,k\varDelta}\,\alpha_{j(n)},$$

bei einer bekannten Auflagerverdrehung $\varTheta$ des Hauptträgers k

$$\frac{1}{\omega_{k(n)}} \sum_{j=1}^{t} \vartheta_{kj,\,k\varTheta}\,\alpha_{j(n)}.$$

Darin sind die Durchbiegungen w bzw. Verdrehungen ϑ Formänderungen der losgelösten Hauptträger.

7. Lastangriff
zwischen Haupt- und Querträgern

Im Teil A 6 (S. 16) sind fertige Lösungen für die Kreuzwerkberechnung bei verschiedenen Lastangriffen an Haupt- und Querträgern angegeben worden. Es soll hier gezeigt werden, wie vorzugehen ist, wenn eine Last $P = 1$ in u, v zwischen Haupt- und Querträgern an der Fahrbahntafel angreift.

Bei den heute üblichen Brückentragwerken liegt die Fahrbahntafel als Platte auf den Haupt- und Querträgern auf und ist, wenn die Hauptträger drehsteif sind, auch in diese eingespannt.

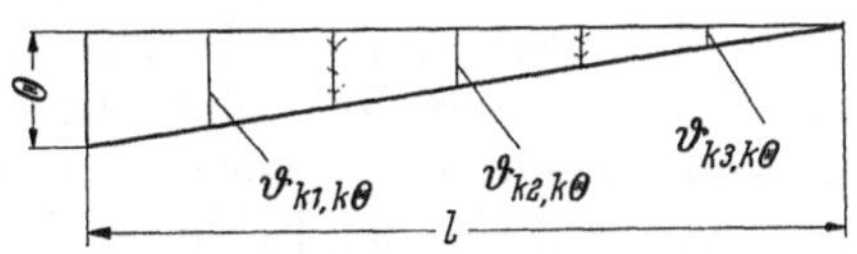

Abb. 21

Belastung durch ungleiche Wärmeänderung, Stützensenkung und Stützenverdrehung

Unter diesen Voraussetzungen erhält man theoretisch exakte Ergebnisse, wenn man zunächst die Haupt- und Querträger als unverschieblich und die Hauptträger außerdem als unverdrehbar annimmt und die Auflagerkräfte sowie Einspannmomente der Fahrbahntafel an den Orten der Träger infolge einer vorgegebenen Belastung nach der Plattentheorie ermittelt. Im zweiten Schritt ist dann die Kreuzwerkberechnung mit diesen Auflagerkräften und Momenten als äußere Belastung an den Orten der Haupt- und Querträger nach den in Teil A 6 (S. 16) angegebenen Formeln durchzuführen. Werden auch Schnittkräfte der Fahrbahntafel benötigt, so sind die sich im ersten Schritt ergebenden mit denen des zweiten Schrittes zu überlagern.

Da die Ermittlung von Auflagerkräften und Einspannmomenten einer Platte sehr aufwendig ist und die sich so ergebende Belastung des Kreuzwerkes nur durch komplizierte Funktionen dargestellt werden kann, wird ein solches Vorgehen nur in Sonderfällen anwendbar sein. Auch ist ein solcher Genauigkeitsgrad selten erforderlich.

Für die *Hauptträgerberechnung* ist es in jedem Fall zweckmäßig, die Lasten grundsätzlich — d. h. auch, wenn sie über einem Querträger stehen — zunächst auf die Hauptträgerachsen abzutragen. Ein Vergleich der Lösungen im Teil A 6 (S. 16) für P und T am Hauptträger k mit denen für P und M am Querträger j angreifend zeigt, daß sich bei ersteren in bezug auf Biegung der Hauptträger infolge P und in bezug auf Verdrehung der Hauptträger infolge T durch Einführung der Größen

$$C_{ii} = B_{ii} - 1 \quad \text{bzw.} \quad E_{ii}^{\;2} = D_{ii}^{\;2} - 1$$

jeweils ein S^0-Glied abspalten läßt, wodurch die betreffenden Lösungen besonders gut konvergieren.

Für die Lastabtragung wird in sehr guter Näherung die Fahrbahntafel als eine Schar dicht nebeneinander liegender, schmaler Träger angenommen, die an den Orten der Achsen der Hauptträger unverschieblich gelagert und starr eingespannt sind. Die vorliegende beidseitig eingespannte Platte wird also durch eine Schar beidseitig eingespannter Balken ersetzt.

Die weitere Rechnung erfolgt dann entsprechend Abschnitt D 2.8 (S. 110), indem die Auflagerreaktionen dieser Balken infolge einer bestimmten Belastung des Kreuzwerkes an den Hauptträgern angesetzt werden.

Wenn die Biegesteifigkeit der Querträger nicht sonderlich klein bei gleichzeitig großer Drehsteifigkeit der Hauptträger ist, so kann bei mehreren Hauptträgern die Lastabtragung auf die Hauptträger statt am beidseitig eingespannten Balken, am starr gestützten Durchlaufträger ermittelt werden, wobei die Hauptträgerachsen die Orte der Stützung darstellen. Diese Näherung ist *für die Praxis am meisten zu empfehlen*, da sie im allgemeinen genügend genaue Ergebnisse liefert und nicht zu aufwendig ist.

Die eigentliche Kreuzwerkberechnung ist dann mit den Auflagerkräften des starr gestützten Durchlaufträgers als Belastung durchzuführen. Da der Durchlaufträger aber keine Momente in die Hauptträger einleitet, sich also keine Werte $S^0_{ix,\,\overline{ku}}$ ergeben würden, ist für diese Werte bei der Ermittlung der statischen Größen in bezug auf Verdrehung der Hauptträger eine geeignete Annahme zu machen.

Die einfachste Näherung zur Ermittlung der Lastabtragung auf die Hauptträger ist die Verteilung nach dem Hebelgesetz. Sie liefert jedoch nur brauchbare Ergebnisse bei sehr biegesteifen Querträgern, also sehr guter Querverteilung. Ein Kriterium dafür, ob eine Lastabtragung nach dem Hebelgesetz gerechtfertigt ist, liefert der Verlauf der Einflußlinien B_{iv}, D_{iv}, $B_{iv}^{\;2}$ und $D_{iv}^{\;2}$. Sind diese Linien nur schwach gekrümmt, ist ihr Verlauf also annähernd gleich dem zwischen den Einflußwerten B_{ik}, D_{ik}, $B_{ik}^{\;2}$ bzw. $D_{ik}^{\;2}$ eingeschalteten Polygonzug, so ist der Fehler gering und eine Lastabtragung nach dem Hebelgesetz statthaft.

Für die *Querträgerberechnung* sind Flächenlasten unter der üblichen Annahme einer unter einem Winkel von 45° zu den Querträgern verlaufenden Lastscheide zwischen Haupt- und Querträgern auf diese zu verteilen, wobei die sich hierbei ergebenden Trapez- und Dreieckslasten im allgemeinen in Gleichstreckenlasten umgewandelt werden können.

Einzellasten stehen meist über dem zu untersuchenden Querträger oder in unmittelbarer Nähe. Sind die Abstände der Hauptträger groß und die der Querträger klein, so empfiehlt sich eine Lastabtragung auf die Querträger unter Annahme einer parallel zu den Hauptträgern verlaufenden Schar von Durchlaufträgern, die an den Orten der Querträger starr gestützt sind.

Bei größeren Querträgerabständen liegt man mit dieser Annahme auf der sicheren Seite. Will man die Lastabtragung genau erfassen, so sind die auf den zu untersuchenden Querträger wirkenden Lasten durch Auswertung von vorliegenden Einflußflächen nach der Plattentheorie zu ermitteln.

8. Auswertung der Einflußflächen

Zur Auswertung von Einflußflächen können zwei Verfahren angewendet werden:

1. Die Ordinaten einer Einflußfläche unterhalb der Haupt- oder Querträger werden berechnet. Die räumlich gekrümmte Fläche wird bildlich in Längs- und Querschnitten dargestellt, wobei die Art des Belastungsangriffs berücksichtigt wird. Die Auswertung für Einzellasten erfolgt zeichnerisch, indem solche Quer- oder Längsschnitte durch die Fläche gelegt werden, daß in diesen die aufgebrachten Lasten liegen. Diese Methode gibt einen sehr guten Überblick, sie eignet sich besonders für die Auswertung unübersichtlicher Einflußflächen.

2. Einfacher ist jedoch eine rechnerische Ermittlung. Wollen wir z. B. die Gleichung der Einflußfläche

$$M_{ix,\,ku} = M^0_{ix,\,ku} + \sum_{n=1}^{t} \mu_{(n)}\,M_{x(n)}\,\gamma_{u(n)}\,C_{ik(n)},$$

$$\text{mit}\quad M^0_{ix,\,ku} = 0 \quad \text{für}\quad k \neq i$$

für die Belastung durch einen SLW mit 6 Rädern auswerten, so summieren wir unter Berücksichtigung eines Lastangriffs zwischen den Hauptträgern nach Teil A 7 (S. 21) über die Einzelteile der Lösung. Veränderlich sind mit dem Ort ku der Last die Größen

$$M^0_{ix,\,iu},\ \gamma_{u(n)}\quad\text{und}\quad C_{ik(n)}.$$

Wir schreiben dann

$$M_{ix,\,\Sigma P_{ku}} = \sum_{u} P_{iu}\,M^0_{ix,\,iu} + \sum_{n} \mu_{(n)}\,M_{x(n)} \sum_{u}\gamma_{u(n)} \sum_{k} P_k\,C_{ik(n)}.$$

Ähnlich gehen wir bei der Auswertung für Flächenbelastungen p_k, $k = a,\ldots,m$, vor. An Stelle der Größen $\gamma_{u(n)}$ führen wir ihre Flächenintegrale $F_{(n)}$ nach Abb. 20 in die Gleichungen ein und erhalten die Lösung

$$M_{ix,\,\Sigma p_k} = p_i\,M^0_{ix,\,p} + \sum_{n} \mu_{(n)}\,M_{x(n)}\,F_{(n)} \sum_{k} p_k\,C_{ik(n)}.$$

Für Vollast p sind die Werte $F_{(n)}$ in Teil C angegeben.

9. Durchlaufende Kreuzwerke

a) Genaue Lösungsansätze

Die Berechnung des durchlaufenden Kreuzwerkes mit $\ddot{o}$ Öffnungen erfolgt mit Hilfe statisch unbestimmter Hauptsysteme. Das durchlaufende System wird über den $\ddot{o} - 1$ Zwischenstützen durchgeschnitten gedacht. An diesen Stellen werden $m(\ddot{o} - 1)$ unbekannte Stützmomente $X_{i\ddot{o}}$, $i = a,\ldots,m$, $\ddot{o} = \mathrm{I},\ldots,(\ddot{o}-1)$ als überzählige Größen angebracht.

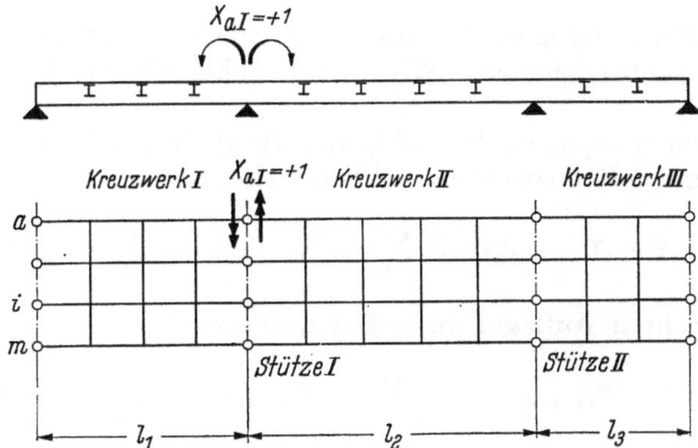

Abb. 22. Durchlaufendes Kreuzwerk über 3 Öffnungen und Ansatz einer statisch unbestimmten Größe

Bezeichnet seien nach Abb. 22

die Öffnungen mit $\mathrm{I, II, III},\ldots,\ddot{o}$,
und die Zwischenstützen mit $\mathrm{I, II, III},\ldots,\ddot{o}-1$.

Berechnung der Formänderungsgrößen

$$\text{Zustand}\ X_{aI} = 1$$

$$1\,\delta_{aI,\,aI} = \varphi^{I}_{al,\,al} + \varphi^{II}_{a0,\,a0}\quad\text{(s. Abschnitt A 6d, S. 19).}$$

Darin bedeutet

$\varphi^{\mathrm{I}}_{al,\,al}$ die Tangentenneigung des Einfeldkreuzwerkes der Öffnung I an der Stütze I,
$\varphi^{\mathrm{II}}_{a0,\,a0}$ die Tangentenneigung des Einfeldkreuzwerkes der Öffnung II an der Stütze I.

Ferner ist an der Zwischenstütze I

$$1\,\delta_{i\,\mathrm{I},\,a\,\mathrm{I}} = \varphi^{\mathrm{I}}_{il,\,al} + \varphi^{\mathrm{II}}_{i0,\,a0}, \qquad 1\,\delta_{m\,\mathrm{I},\,a\,\mathrm{I}} = \varphi^{\mathrm{I}}_{ml,\,al} + \varphi^{\mathrm{II}}_{m0,\,a0}$$

und an der Zwischenstütze II

$$1\,\delta_{a\,\mathrm{II},\,a\mathrm{II}} = \varphi^{\mathrm{II}}_{al,\,a0}, \qquad 1\,\delta_{i\,\mathrm{II},\,a\,\mathrm{I}} = \varphi^{\mathrm{II}}_{il,\,a0}, \qquad 1\,\delta_{m\,\mathrm{II},\,a\,\mathrm{I}} = \varphi^{\mathrm{II}}_{ml,\,a0}.$$

$$\text{Zustände } X_{b\,\mathrm{I}} \text{ bis } X_{m\,\mathrm{II}} = 1$$

Die statischen Größen entwickeln sich sinngemäß.

Berechnung der Belastungsglieder

$$\text{Zustand } X_{i\ddot{o}} = 0, \quad \ddot{o} = \mathrm{I},\,\mathrm{II},\,\mathrm{III},\,\ldots,$$

1. $P = 1$ in der Öffnung I in ku:

$$1\,\delta_{i\,\mathrm{I},\,o} = \varphi^{\mathrm{I}}_{il,\,ku}, \qquad i = a,\ldots,m.$$

2. $P = 1$ in der Öffnung II in ku:

$$1\,\delta_{i\,\mathrm{I},\,o} = \varphi^{\mathrm{II}}_{i0,\,ku}, \qquad 1\,\delta_{i\,\mathrm{II},\,o} = \varphi^{\mathrm{II}}_{il,\,ku}.$$

3. $P = 1$ in der Öffnung III in ku:

Die Größen erhalten wir sinngemäß.

Die Matrix

Beim durchlaufenden Kreuzwerk mit m Hauptträgern und $\ddot{o}$ Öffnungen hat die Matrix $m(\ddot{o} - 1)$ Glieder. Sie wird nach den üblichen Methoden aufgelöst.

Die Wirkungen der m statisch unbestimmten Größen X_k über einer Zwischenstütze

Die statisch überzähligen Größen $X_{k\ddot{o}}$ über den Zwischenstützen treten stets in ebenso großer Anzahl wie die Hauptträger auf. Wir wollen daher die Wirkung dieser gleichartigen Größen summieren.

Die statischen Größen $S = w,\,\varphi,\,M$ und Q der Hauptträger infolge $X_{k\,\mathrm{I}}$ am linken Auflager eines frei aufliegenden Kreuzwerkes ergeben sich zu

$$S_{ix,\,\Sigma k\mathrm{I}} = S^0_{ix,\,k0}\,X_{k\,\mathrm{I}} + \sum_{n=1}^{t} \mu_{(n)}\,S_{ix,\,i(n)}\,\gamma_{0(n)} \sum_{k=a}^{m} C_{ik(n)}\,X_{k\,\mathrm{I}},$$

bzw. infolge $X_{k\,\mathrm{II}}$ am rechten Auflager eines frei aufliegenden Kreuzwerkes zu

$$S_{ix,\,\Sigma k\mathrm{II}} = S^0_{ix,\,kl}\,X_{k\,\mathrm{II}} + \sum_{n=1}^{t} \mu_{(n)}\,S_{ix,\,i(n)}\,\gamma_{l(n)} \sum_{k=a}^{m} C_{ik(n)}\,X_{k\,\mathrm{II}},$$

mit $i, k = a,\ldots,m$ und $S^0_{ix,\,k0} = 0$ bzw. $S^0_{ix,\,kl} = 0$ für $i \neq k$.

Dies gilt für jede Öffnung. Die statischen Größen $S = \vartheta$ und T der Hauptträger erhält man nach Abschnitt A 6d (S. 19) entsprechend.

Die endgültigen statischen Größen $S_{ix,\,ku}$ am durchlaufenden Kreuzwerk, Abb. 22

1. Öffnung I

$$S_{ix,\,ku} = S^{\mathrm{I}}_{ix,\,ku} + S^{\mathrm{I}}_{ix,\,\Sigma k\mathrm{I}}, \qquad 0 \leqq x,\,u \leqq l_1.$$

2. Öffnung II

$$S_{ix,\,ku} = S^{\mathrm{II}}_{ix,\,ku} + S^{\mathrm{II}}_{ix,\,\Sigma k\mathrm{I}} + S^{\mathrm{II}}_{ix,\,\Sigma k\mathrm{II}}, \qquad 0 \leqq x,\,u \leqq l_2.$$

Darin ist

$S^{\mathrm{I}}_{ix,\,ku}$ die statische Größe in ix am frei aufliegenden Kreuzwerk der Öffnung I infolge $P = 1$ in ku,

$S^{\mathrm{I}}_{ix,\,\Sigma k\mathrm{I}}$ die statische Größe in ix am frei aufliegenden Kreuzwerk der Öffnung I infolge der statisch überzähligen Größen X_k, $k = a \ldots m$, an der Stütze I, usw. nach Abschnitt A 6d (S. 19).

Bei weiteren Öffnungen ist sinngemäß vorzugehen.

b) Ungleiche Stützung der Hauptträger

Durchlaufende Kreuzwerke, bei denen zwar alle Hauptträger an den Endstützen, dagegen nur wenige Hauptträger *an den Innenstützen* unverschieblich gelagert sind, werden im allgemeinen durch Einführung der Auflagerkräfte an den Innenstützen als statisch Unbestimmte berechnet. Als Hauptsystem dient hierbei das nur an den Enden gestützte Kreuzwerk. Entsprechendes gilt auch, wenn einzelne Hauptträger an den Innenstützen elastisch gelagert sind.

Falls *an den Endstützen* einige Hauptträger nicht unverschieblich gelagert sind, so ist dieser Einfluß durch eine Zusatzrechnung mit Hilfe der in Abschnitt A 6h, Seite 21, angegebenen Formeln zu berücksichtigen.

c) Näherungsweise Berechnung durchlaufender Kreuzwerke

Eine näherungsweise Berechnung durchlaufender Kreuzwerke kann auf zwei verschiedene Arten erfolgen; entweder durch Ermittlung von Einspanngraden an den Orten der Zwischenstützen der Hauptträger oder durch Bestimmung von Lastverteilungsfaktoren.

Eine *Berechnung mit Hilfe von Einspanngraden* ist genauer, aber auch entsprechend aufwendiger. Sie ist für Kreuzwerke ohne Drehsteifigkeit bei beliebiger Querträgerzahl durchführbar, für Kreuzwerke mit drehsteifen Hauptträgern z. Z. jedoch nur bei einem Querträger in den Endfeldern und 1 bis 2 Querträgern in den Innenfeldern, da Lösungen für eingespannte drehsteife Kreuzwerke mit mehr als 1 bzw. 2 Querträgern noch nicht vorliegen (s. Teil B 1, Tafel 1, S. 46 und Teil B 2, Tafel 1a, S. 50).

Zunächst wird feldweise der Grad der elastischen Einspannung an jeder der beiden angrenzenden Stützen an einem vom Kreuzwerk losgelösten Hauptträger, also am durchlaufenden Balken, bestimmt. Unter dem Einspanngrad ε sei das Verhältnis des am durchlaufenden Balken gefundenen Stützenmomentes M_D zum Moment an gleicher Stelle bei Annahme starrer Einspannung M_E verstanden, also

$$\varepsilon = M_D / M_E .$$

Der Einspanngrad ist vom Ort u der Last auf dem durchlaufenden Balken abhängig. Bei genauerem Vorgehen ist also ε in Abhängigkeit von $P = 1$ in u für einige ausgezeichnete Laststellungen zu errechnen. Für die Ermittlung der größten Feld- und Stützenmomente steht die Last P in Feldmitte bzw. nicht sehr weit davon entfernt. In vielen Fällen genügt es daher, den Einspanngrad ε nur für $P = 1t$ in $u = l/2$ und für $p = 1t/m$ als Gleichlast über l zu bestimmen.

Im allgemeinen Fall sind die Einspanngrade an der linken Stütze ε_l und an der rechten Stütze ε_r eines Feldes nicht einander gleich. Um die Wirkungen am durchlaufenden Kreuzwerk bestimmen zu können, sind je Feld drei einfeldrige Kreuzwerke zu berechnen, und zwar

    1. das beidseitig frei aufliegende,

    2. das einseitig starr eingespannte,

    3. das beidseitig starr eingespannte Kreuzwerk.

Die Wirkungen an diesen drei Systemen sind unter Berücksichtigung der zum betrachteten Feld und zur betreffenden Laststellung zugehörigen Einspanngrade zu überlagern. Bezeichnet man mit

$S^{FF}_{ix,\,ku}$ eine Schnittkraft am beidseitig frei aufliegenden Kreuzwerk,

$S^{FE}_{ix,\,ku}$ eine Schnittkraft am links frei aufliegenden und rechts starr eingespannten Kreuzwerk,

$S^{EE}_{ix,\,ku}$ eine Schnittkraft am beidseitig starr eingespannten Kreuzwerk sowie mit ε_l und ε_r die zur betreffenden Laststellung zugehörigen Einspanngrade des betrachteten Feldes an der linken bzw. rechten Stütze, so ergibt sich für den Fall, daß

$$\varepsilon_r \geqq \varepsilon_l$$

ist, die gesuchte Schnittkraft am durchlaufenden Kreuzwerk zu

$$S_{ix,\,ku} = (1 - \varepsilon_r)\, S^{FF}_{ix,\,ku} + (\varepsilon_r - \varepsilon_l)\, S^{FE}_{ix,\,ku} + \varepsilon_l S^{EE}_{ix,\,ku}.$$

Für den Fall, daß

$$\varepsilon_l > \varepsilon_r$$

ist, sind die Indices l und r miteinander zu vertauschen, wobei

$$S^{FE}_{ix,\,ku} \quad \text{durch} \quad S^{EF}_{ix,\,ku}$$

(Einspannung links) zu ersetzen ist.

In der Praxis gilt für die Endfelder im allgemeinen $\varepsilon_l = 0$ bzw. $\varepsilon_r = 0$ und für die Innenfelder oft $\varepsilon_l = \varepsilon_r$, so daß der Arbeitsaufwand mit 2 Kreuzwerkberechnungen je Feld erträglich ist.

Bei mehreren ungleichen Feldern und bei nicht zu großen Anforderungen an den Genauigkeitsgrad ist eine *Berechnung mit Hilfe von Lastverteilungsfaktoren* zweckmäßiger. Die Näherungsrechnung besteht darin, daß je Feld an einem ideellen einfeldrigen und frei aufliegenden Kreuzwerk durch Vergleich einiger ausgezeichneter Momente der Kreuzwerkhauptträger mit den Momenten eines beidseitig frei aufliegenden Balkens gleicher Stützweite Lastverteilungsfaktoren ermittelt werden. Da die Kreuzwerkberechnung jeweils unter Annahme frei aufliegender Hauptträger durchgeführt wird, ist das Verfahren auch bei drehsteifen Hauptträgern für beliebige Querträgerzahl durchführbar.

Die Lastverteilung ist abhängig von der Durchbiegung der losgelösten Hauptträger. Beim ideellen einfeldrigen Kreuzwerk soll daher ein losgelöster Hauptträger die gleiche Mittendurchbiegung infolge der Last $P = 1$ in Trägermitte aufweisen wie ein losgelöster Hauptträger des wirklichen durchlaufenden Kreuzwerkes. Beim ideellen Kreuzwerk ist also entweder die Stützweite entsprechend zu verringern oder die Biegesteifigkeit der Hauptträger zu vergrößern. Weist das Kreuzwerk drehsteife Hauptträger auf, so ist stets letzteres zu wählen, da dann die Verformungslänge der Hauptträger bezüglich Verdrehung durch die Idealisierung des Kreuzwerkes nicht beeinflußt wird. Ein weiterer Vorzug ist, daß die Abstände der Querträger von den Auflagern beibehalten werden können.

Die Lastverteilungsfaktoren q sind je Feld für einige ausgezeichnete Punkte jedes Hauptträgers zu errechnen. Sie sind im allgemeinen vom Ort der Last und vom Ort der Schnittkraft abhängig.

Die Berechnung der endgültigen Momente eines Hauptträgers i erfolgt dann weiterhin am durchlaufenden Balken unter den durch die Lastverteilungsfaktoren reduzierten Belastungen.

Die Berechnung von Querkräften und Torsionsmomenten der Hauptträger erfolgt analog. Die Schnittkräfte der Querträger können genau genug am ideellen einfeldrigen Kreuzwerk ermittelt und direkt auf das durchlaufende Kreuzwerk übertragen werden.

10. Schiefe Kreuzwerke

Ein Kreuzwerk wird als schief bezeichnet, wenn die Achsen der Hauptträger unter einem schiefen Winkel zur Auflagerlinie verlaufen. Sind Haupt- und Querträger eines schiefen Kreuzwerkes nicht drehsteif, so kann dieses ganz exakt wie ein gerades Kreuzwerk berechnet werden, sofern man die Querträger parallel zu den Auflagerlinien anordnet.

Bei schiefen drehsteifen Kreuzwerken treten infolge der Schiefe erhebliche Torsionsmomente und in den stumpfen Ecken große negative Biegemomente der Haupt- und Querträger auf. Diese lassen sich nicht nach den hier für gerade Kreuzwerke angegebenen Formeln ermitteln.

Im *Stahlbrückenbau* werden schiefe Kreuzwerke im allgemeinen nicht drehsteif ausgeführt. Von Bedeutung ist neben dem schief gelagerten Hohlstab lediglich ein System mit zwei durch wenige Querträger verbundenen Hohlstäben, das sich auch ohne Anwendung der Kreuzwerktheorie durch Einführung statisch unbestimmter Schnittkräfte an den Orten der Querträger gut berechnen läßt. Da bei drehsteifen Stahlbrücken auch im Eigengewichtszustand der Einfluß der Schiefe voll zur Wirkung kommt, ist eine Kontrolle der rechnerischen Auflagerkräfte am fertigen Bauwerk zu empfehlen. Schon geringe Abweichungen der Werkstattform von der Sollform bezüglich der Höhenlage an den Orten der Lager können große Zwängungsspannungen zur Folge haben.

Im *Spannbeton-Brückenbau* sind die Verhältnisse günstiger. Das Tragwerk wird an Ort und Stelle hergestellt, so daß sich gewisse Fehler in der Höhenlage der Lagerkörper gar nicht auswirken können. Oft wird die Längsvorspannung in den Hauptträgern so gewählt, daß die Umlenkkräfte der Spannglieder dem Eigengewicht etwa gleich sind, aber entgegen wirken, womit die Wirkung der Schiefe im Gebrauchszustand für die Summe aller ständigen Lasten entfällt. Zur Aufnahme der Zusatzbeanspruchungen, die durch die Schiefe bei Verkehrsbelastung hervorgerufen werden, genügt es, bis zu einem Kreuzungswinkel von 60° konstruktive Sicherheitsmaßnahmen zu treffen bzw. Näherungsansätze für die Rechnung zu machen. Hierbei ist folgendes zu beachten:

1. Es muß eine zusätzliche Torsionsbewehrung der Hauptträger angeordnet werden. Die Größe derselben bestimmt man, indem man am schiefwinklig gelagerten Einzelstab mit den Steifigkeiten

$$E\,J = \sum_{i=a}^{m} E\,J_i \quad \text{und} \quad G\,J_T = \sum_{i=a}^{m} G\,J_{Ti}$$

für die Gesamtbelastung g, p, P die maximalen Torsionsmomente ermittelt. Diese verteilt man im Verhältnis der Lastquerverteilung auf die einzelnen Kreuzwerk-Hauptträger.

2. Die Vorspannung der Hauptträger ist so nach oben zu führen, daß die erheblichen Momentenspitzen in den stumpfen Ecken aufgenommen werden können.

3. Die drehsteifen lastverteilenden Querträger und Endquerträger sind durch Anordnung von starker Vorspannung oder Torsionsbewehrung gegen Schubrisse zu sichern.

4. Bei schiefen Spannbeton-Kreuzwerken ist der Bruchsicherheitsnachweis am geraden Kreuzwerk *ohne* Drehsteifigkeit zu führen. Dies gelingt bei richtig bemessenen Brücken fast immer ohne Mehraufwand an Spannstählen.

5. Die Beton-Fahrbahnplatte ist in den stumpfen Ecken zusätzlich oben und unten kreuzweise zu bewehren.

11. Gegliederte Fahrbahntafeln

Gegliederte Fahrbahntafeln werden üblicherweise als „orthotrope Platten" bezeichnet, wenn auch diese Bezeichnung wegen der meist erheblichen Diskontinuität nur selten zu Recht besteht.

Im *Betonbrückenbau* werden die Tafeln als Plattenrippenwerke oder auch als Plattenkreuzwerke ausgebildet, die an den Orten der Stege des Haupttragwerkes gelagert und meist auch eingespannt sind. Die Berechnung erfolgt entsprechend Teil A 12 (S. 31) wie beim normalen drehsteifen Kreuzwerk unter Berücksichtigung der Einspannung bzw. Durchlaufwirkung nach Abschnitt A 9 c (S. 25).

Im *Stahlbrückenbau* weisen stählerne Fahrbahntafeln im allgemeinen ein ebenes Deckblech auf, das in engen Abständen durch Längsträger und in größeren Abständen durch Querträger unterstützt ist. Die Längsträger können entweder Flacheisen bzw. Wulsteisen oder auch drehsteife Hohlsteifen sein. Die Querträger sind auf den Hauptträgern gelagert.

Die Berechnung solcher Fahrbahntafeln als Flächentragwerke nach der Theorie orthogonal anisotroper Platten setzt eine genügend kontinuierliche Struktur voraus, die nur selten gegeben ist. Es ist daher einer *Berechnung als Diskontinuum* nach der Kreuzwerktheorie stets der Vorzug zu geben.

Um bei der Kreuzwerkberechnung die elastische Stützung bzw. lastverteilende Wirkung aller Tragglieder nacheinander getrennt erfassen zu können, wird von einem bekannten Prinzip Gebrauch gemacht. Man berechnet ein elastisch gestütztes System genau, wenn man in einem ersten Schritt bei Ausschluß der Elastizität der Stützungen die Auflagerreaktionen an den Orten der Stützungen infolge der gegebenen Belastung ermittelt, diese Auflagerreaktionen in einem zweiten Schritt als äußere Belastung des elastisch gestützten Systems ansetzt und anschließend die sich beim ersten Schritt ergebenden Schnittkräfte mit den beim zweiten Schritt gefundenen überlagert.

Für die Berechnung einer eingangs beschriebenen Stahl-Fahrbahntafel ergibt sich damit eine Unterteilung in folgende 4 Systeme:

System IV:

Starr gestütztes Fahrbahnblech,

System III:

Starr gestützte Längsträger im Zusammenwirken mit dem Fahrbahnblech,

System II:

Starr gestützte Querträger im Zusammenwirken mit den Längsträgern,

System I:

Hauptträger im Zusammenwirken mit den Querträgern.

Die Berechnung beginnt mit dem System IV. Bei den folgenden Systemen III, II und I sind als Belastung jeweils die Auflagerkräfte des Systems nächst höherer Systemzahl anzusetzen. Wie die Systeme im einzelnen zu behandeln sind, sei nachstehend angegeben.

System IV

Das Fahrbahnblech ist als durchlaufende, an den Orten aller unterstützenden Stege der Längs-, Quer- und Hauptträger unverschieblich gelagerte Platte anzunehmen. Die Berechnung erfolgt nach der Plattentheorie, und zwar zweckmäßigerweise mit Hilfe von vorliegenden Einflußflächen oder Momententafeln für die Einfeldplatte, wobei die Durchlaufwirkung durch geeigneten Ansatz von Einspanngraden nach BITTNER [1][1] zu erfassen ist.

System III

Die Fahrbahnlängsträger bilden im Zusammenwirken mit dem Fahrbahnblech ein Kreuzwerk mit unendlich vielen, unendlich schmalen Querträgern, wobei die Fahrbahnlängsträger die Kreuzwerk-Hauptträger und das Fahrbahnblech die Summe der Kreuzwerkquerträger darstellen.

Die Fahrbahnlängsträger sind Durchlaufträger, die hier als an den Orten der Fahrbahnquerträger starr gestützt anzunehmen sind. Eine entsprechende genaue Berechnung des Systems als durchlaufendes Kreuzwerk ist zu aufwendig und auch nicht sinnvoll, da die Lastverteilung durch das Fahrbahnblech gering ist. Es ist für die Praxis hinreichend genau, an einem ideellen einfeldrigen und frei drehbar gelagerten Kreuzwerk nach Abschnitt A 9 c Lastverteilungsfaktoren zu ermitteln und mit Hilfe dieser Faktoren die weitere Berechnung am durchlaufenden Balken durchzuführen.

Als Belastung des Kreuzwerkes sind die Auflagerkräfte des Systems IV anzusetzen, also theoretisch die der durchlaufenden Platte auf starren Rändern (vgl. Teil A 7, S. 21). Es ist jedoch einfacher und genau genug, für die Ermittlung der Auflasten des Systems III das Fahrbahnblech als eine Schar sehr schmaler, in Querrichtung durchlaufender Träger auf unendlich vielen starren Stützen nach Abb. 23 aufzufassen. Es genügt, die Auflagerkräfte an den Orten der Längsträgerstege im Bereich der Radaufstandsfläche sowie der Stege unmittelbar daneben zu berücksichtigen, wobei die letzteren (P_c, $P_{c'}$ bzw. P_3, $P_{3'}$) sich aus der Bedingung ergeben, daß die Summe der Auflagerkräfte gleich der Auflast P sein muß. Bei doppelstegigen Hohlsteifen sind die so gewonnenen Auflagerkräfte an den Orten der Stege noch nach Abb. 23 in eine axial in $k = a, b, b'$ angreifende Last P_k und ein an gleicher Stelle angreifendes Moment M_k umzurechnen.

---

[1] Siehe Literaturverzeichnis (S. 30).

Werden die in Querrichtung Spannungen erzeugenden *Momente des Fahrbahnbleches* infolge Elastizität der Fahrbahnlängsträger benötigt, so können sie ebenfalls am ideellen Kreuzwerk ermittelt werden. Sie ergeben sich als Momente der Kreuzwerkquerträger. Bei der Berechnung ist eine genügend große Anzahl von Reihengliedern zu berücksichtigen.

Eine *Berechnung* des Systems III *als Kontinuum* nach der Theorie orthotroper Platten [2][1] ist nur dann zulässig, wenn der Längsträgerabstand sehr klein ist im Verhältnis zum Abstand der Fahrbahnquerträger [3]. Bei der Ermittlung der Drehsteifigkeit darf lediglich der dem Längsträgerprofil eigene Torsionswiderstand J_T in Ansatz gebracht werden [4].

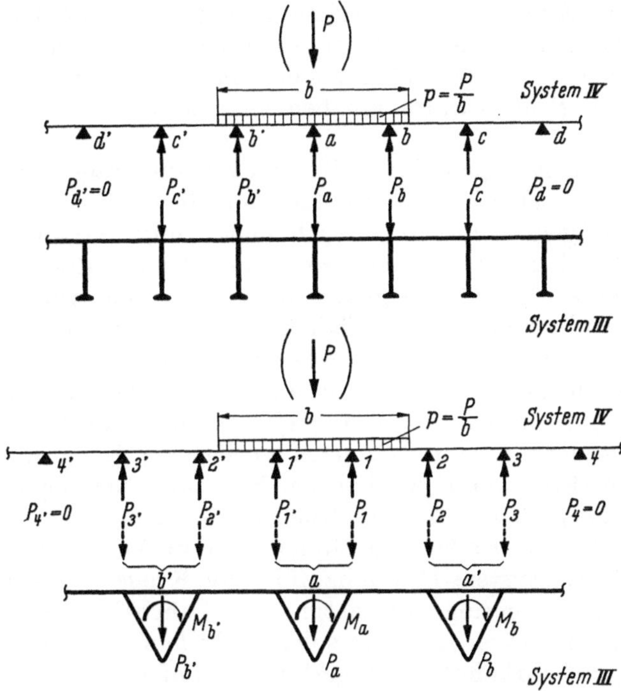

Abb. 23. Hilfssysteme zur Ermittlung der Belastung der Längsträger von Stahl-Fahrbahntafeln

Bei Hohlsteifen ist dieser noch entsprechend der Größe der Querverbiegungen des Fahrbahnbleches und der Steifenwandungen abzumindern [5].

Bei üblicher Ausführung einer Stahl-Fahrbahntafel mit einem 12 mm dicken Fahrbahnblech, einem Abstand der Längsträgerstege von 30 cm und einem Abstand der Fahrbahnquerträger bis zu 3 m ist die Lastverteilung wegen der geringen Biegesteifigkeit des Fahrbahnbleches sehr schlecht. Es ist daher für die *praktische Berechnung* des Systems III zu empfehlen, die Schnittkräfte der Fahrbahnlängsträger grundsätzlich unter Vernachlässigung der Biegesteifigkeit des Fahrbahnbleches wie auch der Drehsteifigkeit der Längsträger an einem an den Orten der Fahrbahnquerträger starr gestützten, durchlaufenden Balken zu ermitteln.

Die bei Anordnung von Hohlsteifen vorhandene große Drehsteifigkeit der Längsträger wird deshalb nicht wirksam, weil der betrachtete Längsträger zentrisch mit einer Radlast zu belasten ist, deren Aufstandsbreite nur wenig größer oder sogar kleiner als der Achsabstand der Hohlsteifen ist. Der betrachtete Längsträger wird daher ohnehin nicht auf Torsion beansprucht. Wegen der geringen Biegesteifigkeit des Fahrbahnbleches vermag dieses nur sehr kleine Kräfte auf die Stege der benachbarten Längsträger zu übertragen, so daß auch deren Drehsteifigkeit nicht genutzt werden kann.

Die Schubsteifigkeit des Fahrbahnbleches bewirkt eine Vergrößerung der mitwirkenden Blechbreite der Längsträger über das Maß des Trägerabstandes hinaus [6]. Beim *Spannungsnachweis* der Fahrbahnlängsträger darf daher die mitwirkende Blechbreite um 25% gegenüber dem Trägerabstand vergrößert werden, wenn kein genauerer Nachweis erfolgt [3], [7].

---

[1] Siehe Literaturverzeichnis (S. 30).

Es sei darauf hingewiesen, daß eine solche Vergrößerung der mittragenden Breite nur für den Spannungsnachweis mit dem Anteil der Schnittkräfte gerechtfertigt ist, den die Längsträger im System III erhalten. Im System II ergibt sich bei Mitwirkung der Brückenquerträger eine große „Durchbiegungsmulde" in Querrichtung, also eine nur wenig unterschiedliche Beanspruchung nebeneinander liegender Längsträger und somit auch keine nennenswerte Vergrößerung der mitwirkenden Blechbreite.

System II

Die Fahrbahnquerträger bilden zusammen mit den Fahrbahnlängsträgern ein Kreuzwerk, wobei die Fahrbahnquerträger die Kreuzwerkhauptträger und die Fahrbahnlängsträger die Kreuzwerkquerträger darstellen. Die Zahl der letzteren kann im allgemeinen als unendlich groß angenommen werden; d. h. die Steifigkeit der Fahrbahnlängsträger ist auf die Längeneinheit zu beziehen, ihre Schnittkräfte ergeben sich entsprechend auf die Längeneinheit bezogen.

Als Belastung der Fahrbahnquerträger (Kreuzwerkhauptträger) sind die Auflagerkräfte des Systems III, also der als Durchlaufträger über unendlich vielen starren Stützen anzunehmenden Fahrbahnlängsträger, anzusetzen. Auch hier genügt es wie beim System III, nur die Auflagerkräfte im Bereich der Auflasten sowie unmittelbar daneben zu berücksichtigen, wobei die Summe dieser Auflagerkräfte gleich der Summe der Auflasten sein muß.

Eine gegebenenfalls vorhandene Drehsteifigkeit der Fahrbahnlängsträger ist bei der Kreuzwerkberechnung zu vernachlässigen. Diese Vernachlässigung, die auf der sicheren Seite liegt, bringt keine nennenswerten Nachteile. Die Fahrbahnquerträger sind im allgemeinen nicht drehsteif. Da für das einseitig sowie beidseitig eingespannte Kreuzwerk ohne Drehsteifigkeit mit unendlich vielen Querträgern genaue Lösungen vorliegen [*8*], kann die Durchlaufwirkung bzw. Wirkung elastischer Einspannungen bei den Fahrbahnquerträgern auch nach Teil A 9 c (S. 25) mit Hilfe von Einspanngraden berücksichtigt werden.

In vielen Fällen, z. B. bei großen Abständen und kleinen Stützweiten der Fahrbahnquerträger, ergibt die für das System II durchzuführende Kreuzwerkberechnung eine schlechte Lastverteilung, d. h. eine nur geringe Entlastung der Fahrbahnquerträger durch die Biegesteifigkeit der Fahrbahnlängsträger. Auch in solchem Falle sind aber stets noch die Momente der Kreuzwerkquerträger (Fahrbahnlängsträger) zu bestimmen, da selbst bei schlechter Lastverteilung der Einfluß der Elastizität der Fahrbahnquerträger auf die Momente der Fahrbahnlängsträger nur selten vernachlässigbar ist.

Bei einer *Berechnung* des Systems II *als Kontinuum* muß die Diskontinuität im Bereich des Aufpunktes auf einer Breite von mindestens einem Querträgerabstand nach beiden Seiten hin berücksichtigt werden [*9*]. Es können auch vorliegende Einflußflächen für orthotrope Platten mit Aufpunktsordinaten, die die Diskontinuität berücksichtigen, benutzt werden [*10*].

Beim *Spannungsnachweis* der Längs- und Querträger mit den Momentenanteilen aus System II ist die mitwirkende Blechbreite nach DIN 1078 anzusetzen. Eine Vergrößerung derselben über den Trägerabstand hinaus ist nur bei genauem Nachweis zulässig [*7*].

System I

Wenn die Querträger der Fahrbahntafel als Lastverteilungsglieder im Haupttragwerk mitwirken, so sind die hierdurch erzeugten Schnittkräfte der Querträger zu ermitteln und mit den Schnittkräften aus System II infolge zugehöriger Laststellung zu überlagern. Eine Mitwirkung im Haupttragwerk ist stets dann gegeben, wenn keine besonderen Brückenquerträger bzw. Querscheiben in genügend engen Abständen angeordnet sind.

Literaturverzeichnis

[*1*] BITTNER: Momententafeln und Einflußflächen für kreuzweise bewehrte Eisenbetonplatten. Wien: Springer 1938, S. 8 u. 14.

[*2*] HOMBERG: Kreuzwerke. Forschungshefte Stahlbau, Heft 8. Berlin 1951, § 15.

[*3*] SCHUMANN: Zur Berechnung orthogonal anisotroper Rechteckplatten unter Berücksichtigung der diskontinuierlichen Anordnung der Rippen. Stahlbau 29 (1960) S. 302.

[*4*] TRENKS: Beitrag zur Berechnung orthogonal anisotroper Rechteckplatten. Bauingenieur 29 (1954) S. 375.

[5] Pelikan/Esslinger: Die Stahlfahrbahn. MAN-Forschungsheft Nr. 7/1957, S. 119ff.
[6] Homberg: Über die Lastverteilung durch Schubkräfte. Stahlbau 21 (1952) S. 42.
[7] Pelikan/Esslinger: [5] S. 174 u. 196.
[8] Homberg/Weinmeister: Einflußflächen für Kreuzwerke, 2. Aufl. Berlin/Göttingen/Heidelberg: Springer 1956, S. 62 u. 64.
[9] Mader: Die Berücksichtigung der Diskontinuität bei der Berechnung orthotroper Platten. Stahlbau 26 (1957) S. 283ff.
[10] Homberg/Weinmeister: [8], Teil C.

12. Kreuzwerke mit drehsteifen Querträgern, Plattenkreuzwerke und Plattenrippenwerke

Kreuzwerke mit drehsteifen Haupt- und Querträgern können schrittweise berechnet werden. In diesem Falle wird das Kreuzwerk mit drehsteifen Hauptträgern als statisch unbestimmtes Hauptsystem in die Berechnung eingeführt. Die Querträgerdrehmomente werden als statisch unbestimmte Größen angesetzt. Die Formänderungen des Hauptsystems, insbesondere die Tangentenneigungen der Biegelinien der Hauptträger, infolge der statisch unbestimmten Größen und der äußeren Lasten können mit Hilfe der angegebenen Lösungen leicht ermittelt werden. Eine Orthogonalisierung der unbekannten Querträgerdrehmomente mit Hilfe von cosinus-Funktionen ist in denjenigen Fällen möglich, in denen sinus-Ordinaten als Gruppengrößen zur Berechnung des Hauptsystems verwendet wurden.

Ein solches Vorgehen ist aber meist nicht erforderlich; es genügt oft, für einige Lastfälle die Tangentenneigungen der Biegelinien der Hauptträger zu ermitteln und hieraus auf die Drehbeanspruchung der Querträger und zusätzliche Biegebeanspruchung der Hauptträger zu schließen.

Plattenkreuzwerke und Plattenrippenwerke sind Kreuzwerke mit einer auf den Trägern liegenden und mit diesen fest verbundenen Platte (Abb. 1). Sie unterscheiden sich untereinander nur dadurch, daß beim Plattenrippenwerk die biegesteife Platte die Wirkung der hier fehlenden lastverteilenden Querträger übernimmt. Statisch ist es ein Plattenkreuzwerk mit unendlich vielen und schmalen Querträgern.

In seiner Wirkungsweise ist das Plattenkreuzwerk mit einem normalen Kreuzwerk identisch, wenn die Abstände der Haupt- und Querträger größer sind als die mitwirkenden Plattenbreiten dieser Träger. Sind sie kleiner, so kann sich infolge der Schubsteifigkeit der als Scheibe beanspruchten Platte eine Vergrößerung der mitwirkenden Plattenbreite des belasteten Trägers ergeben.

Eine nennenswerte Vergrößerung tritt aber nur bei konzentrierter Belastung und gleichzeitiger geringer Lastquerverteilung auf. Da außerdem eine entsprechende Vergrößerung der mitwirkenden Plattenbreite für die Bemessung meist ohne Bedeutung ist, können Plattenkreuzwerke und Plattenrippenwerke stets wie normale Kreuzwerke behandelt werden. Eine genaue Rechnung nach der Theorie der Plattenkreuzwerke[1] ist nur in Sonderfällen sinnvoll.

Es sei noch darauf hingewiesen, daß die Platte von Plattenrippenwerken nicht nur lastverteilend wirkt, sondern auch entsprechend große Beanspruchungen infolge ihrer Mitwirkung im Haupttragwerk erhält, die den Beanspruchungen infolge örtlicher Direktbelastung zu überlagern sind. Die für die Summe dieser beiden Wirkungen maßgebende Laststellung ist durch Vergleichsrechnungen zu ermitteln.

13. Zellwerke

Zellwerke sind Kreuzwerke mit einer auf den Trägern liegenden Deckplatte und einer unter den Trägern angeordneten Bodenplatte (Abb. 1). Infolge der exzentrischen Lage der beiden Platten und ihrer, wie vorausgesetzt sei, schubfesten Verbindung mit den Kreuzwerkträgern tritt ein in den Wandungen der Zellen umlaufender Schubfluß auf, der bei genügender Steifigkeit der Querträger eine sehr gute Lastquerverteilung bewirkt.

---

[1] Homberg: Über die Lastverteilung durch Schubkräfte, Theorie des Plattenkreuzwerkes. Stahlbau 21 (1952).

Näherungsweise können Zellwerke wie Kreuzwerke mit drehsteifen Hauptträgern berechnet werden. Die Drehsteifigkeit eines Hauptträgers erhält man genau genug, indem man die Drehsteifigkeit des Gesamtquerschnittes unter Außerachtlassung der inneren Stege nach der BREDTschen Formel ermittelt und durch die Zahl der Hauptträger teilt.

Die Berechnung der Biegemomente der Hauptträger erfolgt in üblicher Weise nach den für drehsteife Kreuzwerke angegebenen Formeln. Bei der Ermittlung des Schubflusses und der Beanspruchung der Querträger ist jedoch zu berücksichtigen, daß die Drehsteifigkeit eines Zellwerkes nicht in den Stegen der Hauptträger, sondern in den Zellen wirksam ist. Die am Kreuzwerk gewonnenen Torsionsmomente der Hauptträger sind daher auf die jeweils benachbarten Zellen aufzuteilen.

Eine solche näherungsweise Berechnung von Zellwerken ist anwendbar, wenn mindestens zwei lastverteilende Querträger angeordnet werden, deren Steifigkeit nicht zu klein sein darf. Man erhält dann die Biegemomente der Hauptträger in sehr guter Näherung. Die Schubspannungen und die Beanspruchungen der Querträger ergeben sich weniger genau.

14. Orthotrope und isotrope Platten

Durch einen Grenzübergang zu unendlich vielen und unendlich schmalen Haupt- und Querträgern erhält man ein drehsteifes Kreuzwerk, das mit einer orthotropen Platte — bzw. bei gleicher Biegesteifigkeit in Längs- und Querrichtung und entsprechend großer Drehsteifigkeit — mit einer isotropen Platte identisch ist.[1]

Als Hilfssystem in Querrichtung ist bei *unendlich schmalen Hauptträgern* statt des Balkens auf elastisch senk- und drehbaren Stützen der Balken auf elastisch senk- und drehbarer Bettung einzuführen. Die sich nach der Kreuzwerktheorie ergebenden Lösungen für Verformungen und Schnittkräfte stimmen auch formal mit den Lösungen nach der Plattentheorie überein.

Eine näherungsweise Berechnung von Platten ist aber auch an Kreuzwerken mit *Hauptträgern endlicher Breite* möglich, wobei der Genauigkeitsgrad um so besser ist, je schmaler die Hauptträger gewählt werden. Der Genauigkeitsgrad kann also beliebig gesteigert werden. Ein weiterer Vorteil ist, daß bei einer Kreuzwerkberechnung mit Hauptträgern endlicher Breite ein S^0-Glied abgespalten werden kann, wodurch die Reihen der Lösungen erheblich besser konvergieren.

Eine solche Näherungsrechnung ist zweckmäßigerweise dann durchzuführen, wenn keine Einflußflächen fertig vorliegen, wie z. B. bei einer einfeldrigen Platte mit zwei freien verstärkten Rändern, die als Haupttragwerk bei Brücken häufig vorkommt.

Orthotrope Platten treten häufig bei gegliederten Fahrbahnplatten auf, s. A 11.

15. Beispiel zur Berechnung drehsteifer Kreuzwerke

Gegeben:

Kreuzwerk mit vier Haupt- und zwei lastverteilenden Querträgern in $3l/8$ und $5l/8$ der Stützweite, 12fach statisch unbestimmt, Abb. 24.

$$l = 40,0 \text{ m}, \quad a = 5,0 \text{ m},$$

$$J_a = J_b = J_c = J_d = J = \text{const}, \qquad J_Q : J = 0,45,$$

$$J_{Ta} = J_{Tb} = J_{Tc} = J_{Td} = J_T = \text{const}, \quad J_Q : J_T = 2,65.$$

---

[1] HOMBERG: Kreuzwerke, Statik der Trägerroste und Platten. Forschungshefte Stahlbau, Heft 8. Berlin 1951, § 13.

Gesucht:

1. Einflußfläche des Hauptträgermomentes $M_{a\,l/2,\,ku}$.

2. Querschnitt durch die Einflußfläche des Querträgermomentes $M_{1\,l_Q/2,\,ku}$ unter Berücksichtigung indirekter und direkter Belastung.

3. Zustandsflächen verschiedener Schnittgrößen bei Belastung durch ein Kragmoment $m_a = -1$ [tm/m] am Hauptträger a.

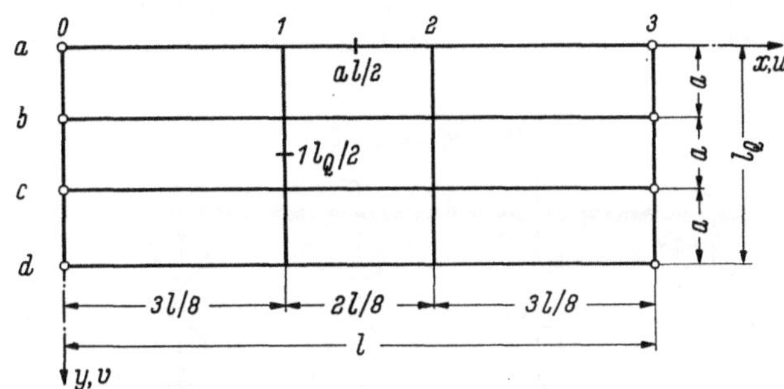

Abb. 24. Beispiel, Kreuzwerk mit vier Hauptträgern und zwei lastverteilenden Querträgern

Die Lösungen sind in Teil B 2 (S. 50) angegeben. Tafel 1a und 1b, Abschnitt 4, S. 50, entnehmen wir als *Ausgangsgrößen für die Kreuzwerkberechnung* die Kreuzsteifigkeiten $z_{(n)}$ und $z_{T(n)}$, die Gruppenlasten bzw. -momente $\alpha_{1\,(n)}$ und $\alpha_{2\,(n)}$ sowie die Werte $\mu_{(n)}$.

n	$z_{(n)} : z$	$z_{T(n)} : z_T$	$\alpha_{1\,(n)}$	$\alpha_{2\,(n)}$	$\mu_{(n)}$
1	1,688	1,5	1	1	0,5
2	0,071	0,375	1	—1	0,5

Es ist

$$z = \left(\frac{l}{2a}\right)^3 \frac{J_Q}{J} = \left(\frac{40}{2\cdot 5}\right)^3 \cdot 0,45 = 28,8,$$

$$z_T = \frac{l}{8a}\frac{E\,J_Q}{G\,J_T} = \frac{40}{8\cdot 5}\cdot 2,5\cdot 2,65 = 6,625$$

mit $E/G = 2(1 + \nu) = 2(1 + 0,25) = 2,5$ bei Beton B 450.

Wir errechnen weiter

$$z_{(1)} = 1,688z = 48,6 \quad \sim 50,$$

$$z_{T(1)} = 1,5z_T = 9,94 \sim 10,$$

$$z_{(2)} = 0,071z = 2,04 \sim 2,$$

$$z_{T(2)} = 0,375z = 2,48 \sim 2,5.$$

Die $z_{(n)}$- und $z_{T(n)}$-Werte dürfen stets etwas abgerundet werden, da die Lösungen unempfindlich in bezug auf diese Größen sind.

Die Größen S^0 können mit Hilfe einfacher statischer Ansätze berechnet werden; sie sind nicht in diesem Buch enthalten.

Die Größen $S_{x(n)}$ sind in Teil C, Tafel 14 (S. 78), angegeben, desgleichen die Ordinaten der Einheitslinien $\gamma_{u(n)}$, $\gamma'_{u(n)}$ und $\gamma_{u(n)}^{\rightarrow}$. Für das vorliegende System mit 2 Querträgern in $3l/8$ und $5l/8$ sind diese Werte für $n = 1$ in Abb. 30 (Teil B 2, S. 74) dargestellt.

Bevor wir an die Ermittlung der gesuchten Größen gehen, werden die $\gamma_{u(n)}$-Größen zusammengestellt und die Werte $B_{ik(n)}$, $D_{ik(n)}$, $B_{ik(n)}^{\lambda}$ und $D_{ik(n)}^{\lambda}$, Abb. 25, ermittelt.

u/l	1/8	2/8	3/8	4/8	5/8	6/8	7/8
$\gamma_{u(1)}$	0,407	0,759	1	1,083	1	0,759	0,407
$\gamma_{u(2)}$	0,777	1,222	1	0	—1	—1,222	—0,777

Die Größen $B_{ik(1)}$ und $D_{ik(1)}^{\lambda}$ für $z = 50$ und $z_T = 10$ können Teil E (S. 141) unmittelbar entnommen werden. Die Größen $D_{ik(1)}$ und $B_{ik(1)}^{\lambda}$ gewinnen wir durch Multiplikation

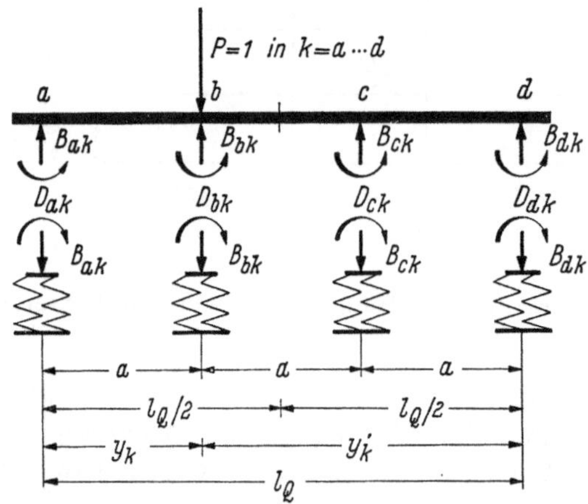

Abb. 25. Wirkung der Auflagerreaktionen am Balken auf elastisch senk- und drehbaren Stützen

bzw. Division der Tafelwerte mit dem Hauptträgerabstand $a = 5$ m. Für $n = 2$, d. h. $z = 2$ und $z_T = 2,5$, sind die gesuchten Größen durch Interpolation zu bestimmen. Besonders zu beachten ist, daß

$$\text{für } i \neq k: \quad C_{ik(n)} = B_{ik(n)} \qquad \text{und } \ E_{ik(n)}^{\lambda} = D_{ik(n)}^{\lambda},$$
$$\text{für } i = k: \quad C_{ii(n)} = B_{ii(n)} - 1 \ \text{ und } \ E_{ii(n)}^{\lambda} = D_{ii(n)}^{\lambda} - 1$$

gilt.

Tafel der Größen $B_{ik(n)}$ und $D_{ik(n)}$ als Auflagerreaktionen des Balkens auf elastisch senk- und drehbaren Stützen nach Teil E (S. 141)

k	a	b	c	d	
$B_{ak(1)}$	0,5992	0,3514	0,1263	—0,0770	[—]
$B_{bk(1)}$	0,3514	0,3019	0,2204	0,1263	[—]
$D_{ak(1)}$	—0,5200	—0,0865	0,1965	0,4100	[m]
$D_{bk(1)}$	—0,4960	—0,1345	0,1905	0,4400	[m]
$B_{ak(2)}$	0,7982	0,2553	0,0034	—0,0569	[—]
$B_{bk(2)}$	0,2553	0,4756	0,2658	0,0036	[—]
$D_{ak(2)}$	—0,2280	0,1225	0,0929	0,0128	[m]
$D_{bk(2)}$	—0,1660	—0,0004	0,1158	0,0506	[m]

Es ist $B_{ik} = B_{ki}$, jedoch gilt

$$D_{ca} = -D_{bd}, \quad D_{da} = -D_{ad},$$
$$D_{cb} = -D_{bc}, \quad D_{db} = -D_{ac}.$$

Tafel der Größen $B_{ik(n)}^{\lambda}$ und $D_{ik(n)}^{\lambda}$ als Auflagerreaktionen des Balkens auf elastisch senk- und drehbaren Stützen nach Teil E (S. 144 u. 145)

k	a	b	c	d	
$B_{ak(1)}^{\lambda}$	$-0{,}0499$	$-0{,}0476$	$-0{,}0423$	$-0{,}0394$	[1/m]
$B_{bk(1)}^{\lambda}$	$-0{,}0083$	$-0{,}0129$	$-0{,}0183$	$-0{,}0188$	[1/m]
$D_{ak(1)}^{\lambda}$	$0{,}1069$	$0{,}0685$	$0{,}0470$	$0{,}0401$	[—]
$D_{bk(1)}^{\lambda}$	$0{,}0685$	$0{,}0779$	$0{,}0547$	$0{,}0470$	[—]
$B_{ak(2)}^{\lambda}$	$-0{,}1151$	$-0{,}0819$	$-0{,}0242$	$-0{,}0056$	[1/m]
$B_{bk(2)}^{\lambda}$	$0{,}0622$	$0{,}0004$	$-0{,}0574$	$-0{,}0473$	[1/m]
$D_{ak(2)}^{\lambda}$	$0{,}1488$	$0{,}0143$	$-0{,}0157$	$-0{,}0151$	[—]
$D_{bk(2)}^{\lambda}$	$0{,}0143$	$0{,}0678$	$-0{,}0054$	$-0{,}0157$	[—]

Es ist $D_{ik}^{\lambda} = D_{ki}^{\lambda}$, jedoch gilt

$$B_{ca}^{\lambda} = -B_{bd}^{\lambda}, \quad B_{da}^{\lambda} = -B_{ad}^{\lambda},$$
$$B_{cb}^{\lambda} = -B_{bc}^{\lambda}, \quad B_{db}^{\lambda} = -B_{ac}^{\lambda}.$$

Nach Teil B 2, Tafel 2 (S. 52), erhalten wir die *Einflußfläche für das Biegemoment des Hauptträgers* i in x zu

$$M_{ix,\,ku} = M_{ix,\,ku}^0 + \mu_{(1)} M_{x(1)} \gamma_{u(1)} C_{ik(1)} + \mu_{(2)} M_{x(2)} \gamma_{u(2)} C_{ik(2)}.$$

Für $x = l/2$ ist nach Teil C, Tafel 14 (S. 78), Zeile 5 und 6

$$M_{x(1)} = 0{,}375\,l = 0{,}375 \cdot 40\,\text{m} = 15\,\text{m}; \quad \mu_{(1)} M_{x(1)} = 7{,}5\,\text{m}$$
$$M_{x(2)} = 0.$$

Die Gleichung der gesuchten Einflußfläche lautet somit

$$M_{al/2,\,ku} = M_{al/2,\,ku}^0 + \mu_{(1)} M_{l/2(1)} \gamma_{u(1)} C_{ik(1)} = \frac{u}{2} + 7{,}5\,\gamma_{u(1)} C_{ik(1)}.$$

Das Glied $M_{al/2,\,ku}^0 = \dfrac{u}{2}$, $0 \leqq u \leqq l/2$,
verschwindet für $k \neq a$.

Einflußfläche $M_{al/2,\,ku}$

1	k	a	b	c	d
2	$C_{ak(1)}$	$-0{,}4008$	$0{,}3514$	$0{,}1263$	$-0{,}0770$
3	$\mu_{(1)} M_{l/2(1)} C_{ak(1)}$	$-3{,}006$	$2{,}636$	$0{,}947$	$-0{,}578$
4	$M_{al/2,\,al/8}^0$	$2{,}5$			
5	Zeile 3 $\cdot \gamma_{l/8(1)}$	$-1{,}223$	$1{,}073$	$0{,}385$	$-0{,}235$
6	$M_{al/2,\,kl/8}$	$1{,}277$	$1{,}073$	$0{,}385$	$-0{,}235$
7	$M_{al/2,\,a2l/8}^0$	$5{,}0$			
8	Zeile 3 $\cdot \gamma_{2l/8(1)}$	$-2{,}282$	$2{,}001$	$0{,}719$	$-0{,}439$
9	$M_{al/2,\,k2l/8}$	$2{,}718$	$2{,}001$	$0{,}719$	$-0{,}439$
10	$M_{al/2,\,a3l/8}$	$7{,}5$			
11	Zeile 3 $\cdot \gamma_{3l/8(1)}$	$-3{,}006$	$2{,}636$	$0{,}947$	$-0{,}578$
12	$M_{al/2,\,k3l/8}$	$4{,}494$	$2{,}636$	$0{,}947$	$-0{,}578$
13	$M_{al/2,\,al/2}^0$	$10{,}0$			
14	Zeile 3 $\cdot \gamma_{l/2(1)}$	$-3{,}255$	$2{,}855$	$1{,}026$	$-0{,}626$
15	$M_{al/2,\,kl/2}$	$6{,}745$	$2{,}855$	$1{,}026$	$-0{,}626$

Die Fläche ist nach Abb. 26 zur Feldmitte symmetrisch. Die Dimension der Momente ist [tm/t].

Nach Teil B 2, Tafel 3 (S. 52), erhalten wir die *Einflußfläche für das Biegemoment des Querträgers 1* in $y = l_Q/2$ infolge Lastangriff an den Orten der Hauptträger $v = k$ zu

$$M_{1\,l_Q/2,\,jk} = \mu_{(1)}\,\alpha_{1(1)}\,\gamma_{j(1)}\,M_{l_Q/2,\,k(1)} + \mu_{(2)}\,\alpha_{1(2)}\,\gamma_{j(2)}\,M_{l_Q/2,\,k(2)}.$$

Wir suchen den Schnitt durch die Fläche in der Ebene des Querträgers 1, es ist also $j = 1$ zu setzen.

Mit

$$\alpha_{1(1)} = \alpha_{1(2)} = \gamma_{1(1)} = \gamma_{1(2)} = 1 \quad \text{und} \quad \mu_{(1)} = \mu_{(2)} = 0{,}5$$

erhalten wir

$$M_{1\,l_Q/2,\,1k} = 0{,}5\,[M_{l_Q/2,\,k(1)} + M_{l_Q/2,\,k(2)}],$$

$k = a, b, c, d$.

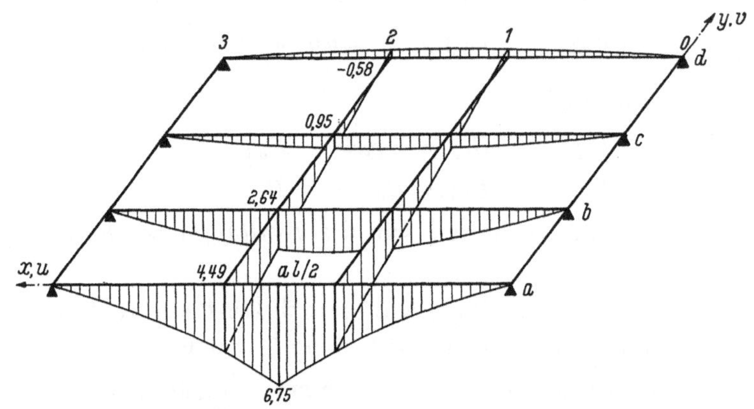

Abb. 26. Einflußfläche des Hauptträgermomentes $M_{a\,l/2,\,k\,u}$

Wir müssen nun die Größen $M_{l_Q/2,\,k(n)}$ als Biegemomente des Balkens auf elastischen Stützen in $y = l_Q/2$ infolge $P = 1$ in $v = k$ berechnen. Dies geschieht nach Abb. 25. Es ist

$$M_{l_Q/2,\,a(1)} = 7{,}5 \cdot (-1 + 0{,}5992) + 2{,}5 \cdot 0{,}3514 -$$
$$- (-0{,}5200) - (-0{,}4960) = -1{,}1115\ \text{tm/t} = M_{l_Q/2,\,d(1)};$$

$$M_{l_Q/2,\,a(2)} = 7{,}5 \cdot (-1 + 0{,}7982) + 2{,}5 \cdot 0{,}2553 -$$
$$- (-0{,}2280) - (-0{,}1660) = -0{,}4815\ \text{tm/t} = M_{l_Q/2,\,d(2)};$$

$$M_{l_Q/2,\,b(1)} = 7{,}5 \cdot 0{,}3514 + 2{,}5 \cdot (-1 + 0{,}3019) -$$
$$- (-0{,}0865) - (-0{,}1345) = 1{,}1115\ \text{tm/t} = M_{l_Q/2,\,c(1)};$$

$$M_{l_Q/2,\,b(2)} = 7{,}5 \cdot 0{,}2553 + 2{,}5\,(-1 + 0{,}4756) -$$
$$- 0{,}1225 - (-0{,}0004) = 0{,}4815\ \text{tm/t} = M_{l_Q/2,\,c(2)}.$$

Die gesuchten Momente des Querträgers 1 in $y = l_Q/2$ infolge $P = 1$ in $k = a, b, c, d$ erhält man damit zu

$$M_{1\,l_Q/2,\,1a} = 0{,}5\,(-1{,}1115 - 0{,}4815) = -0{,}7965\ \text{tm/t} = M_{1\,l_Q/2,\,1d};$$

$$M_{1\,l_Q/2,\,1b} = 0{,}5\,(1{,}1115 + 0{,}4815) = 0{,}7965\ \text{tm/t} = M_{1\,l_Q/2,\,1c}.$$

Es sollen noch die Ordinaten der Einflußlinie $M_{1\,l_Q/2,\,1v}$ in der Mitte zwischen je 2 Hauptträgern bestimmt werden. Zunächst sei eine genaue Berechnung unter Einführung des beidseitig starr eingespannten Balkens zur Lastabtragung auf die Knotenpunkte des Kreuzwerkes durchgeführt. Vgl. hierzu Abschnitt D 2.8 (S. 110) und D 2.9 (S. 112) sowie auch Teil A 7 (S. 21).

Bezeichnet man mit

M_{yv} das endgültige Moment des Balkens auf elastischen Stützen in y infolge $P = 1$ in v,
M_{yv}^{I} das Moment des starr gestützten und starr eingespannten Balkens mit der Stützweite a
in y infolge $P = 1$ in v,
M_{yv}^{II} das Moment des Balkens auf elastischen Stützen in y infolge der Auflagerreaktionen
des Systems I,
so ist für jedes Reihenglied (n)

$$M_{yv(n)} = M_{yv}^{\mathrm{I}} + M_{yv(n)}^{\mathrm{II}}.$$

Das gesuchte Moment des Querträgers 1 in $y = l_Q/2$ infolge $P = 1$ in v am gleichen Querträger ergibt sich dann nach vorstehendem zu

$$M_{1l_Q/2,\,1v} = 0{,}5[M_{l_Q/2,\,v(1)} + M_{l_Q/2,\,v(2)}] = M_{l_Q/2,\,v}^{\mathrm{I}} + 0{,}5[M_{l_Q/2,\,v(1)}^{\mathrm{II}} + M_{l_Q/2,\,v(2)}^{\mathrm{II}}].$$

Es sei variiert

$$v = 0{,}5a;\quad v = 1{,}3a;\quad v = 1{,}5a = l_Q/2.$$

Am System I erhält man nach Abschnitt D 2.8 (S. 110) für

$$v = 0{,}5a:\ M_{l_Q/2,\,v}^{\mathrm{I}} = 0;\quad P_{av} = P_{bv} = 0{,}5000\ \mathrm{t/t};$$

$$M_{av} = -M_{bv} = 0{,}1250 \cdot 5{,}0 = 0{,}6250\ \mathrm{tm/t};$$

$$v = 1{,}3a:\ M_{l_Q/2,\,v}^{\mathrm{I}} = 0{,}0450 \cdot 5{,}0 = 0{,}2250\ \mathrm{tm/t};$$

$$P_{bv} = 0{,}7840\ \mathrm{t/t};\quad P_{cv} = 0{,}2160\ \mathrm{t/t};$$

$$M_{bv} = 0{,}1470 \cdot 5{,}0 = 0{,}7350;$$

$$M_{cv} = -0{,}0630 \cdot 5{,}0 = -0{,}3150\ \mathrm{tm/t};$$

$$v = 1{,}5a:\ M_{l_Q/2,\,v}^{\mathrm{I}} = 0{,}1250 \cdot 5{,}0 = 0{,}6250\ \mathrm{tm/t};$$

$$P_{bv} = P_{cv} = 0{,}5000\ \mathrm{t/t};$$

$$M_{bv} = -M_{cv} = 0{,}1250 \cdot 5{,}0 = 0{,}6250\ \mathrm{tm/t}.$$

Um die Größen $M_{l_Q/2,\,v}^{\mathrm{II}}$ bestimmen zu können, sind noch die Biegemomente $M_{l_Q/2,\,\overset{\curvearrowright}{k}(n)}$ des elastisch gestützten Balkens infolge über den Orten der Stützen k angreifender Momente $M = 1$ zu ermitteln.
Entsprechend Abb. 25 erhält man mit $M = 1$ statt $P = 1$ und $B_{ik}^{\curvearrowright}, D_{ik}^{\curvearrowright}$ statt B_{ik}, D_{ik}

$$M_{l_Q/2,\,\overset{\curvearrowright}{a}(1)} = 7{,}5(-0{,}0499) + 2{,}5(-0{,}0083) +$$
$$+ 1 - 0{,}1069 - 0{,}0685 = 0{,}4296\ \mathrm{tm/tm} = -M_{l_Q/2,\,\overset{\curvearrowright}{d}(1)};$$

$$M_{l_Q/2,\,\overset{\curvearrowright}{a}(2)} = 7{,}5(-0{,}1151) + 2{,}5 \cdot 0{,}0622 +$$
$$+ 1 - 0{,}1488 - 0{,}0143 = 0{,}1291\ \mathrm{tm/tm} = -M_{l_Q/2,\,\overset{\curvearrowright}{d}(2)};$$

$$M_{l_Q/2,\,\overset{\curvearrowright}{b}(1)} = 7{,}5(-0{,}0476) + 2{,}5(-0{,}0129) +$$
$$+ 1 - 0{,}0685 - 0{,}0779 = 0{,}4643\ \mathrm{tm/tm} = -M_{l_Q/2,\,\overset{\curvearrowright}{c}(1)};$$

$$M_{l_Q/2,\,\overset{\curvearrowright}{b}(2)} = 7{,}5(-0{,}0819) + 2{,}5 \cdot 0{,}0004 +$$
$$+ 1 - 0{,}0143 - 0{,}0678 = 0{,}3046\ \mathrm{tm/tm} = -M_{l_Q/2,\,\overset{\curvearrowright}{c}(2)}.$$

Die gesuchten Momente des Querträgers 1 in $y = l_Q/2$ infolge $P = 1$ in $v = 0{,}5a$, $v = 1{,}3a$ und $v = 1{,}5a$ lassen sich damit nach vorstehendem leicht errechnen.

Es ist für

$v = 0,5\,a$:

$$M_{l_Q/2,\,v(1)}^{\mathrm{II}} = 0,5000\,(-1,1115 + 1,1115) + 0,6250\,(0,4296 - 0,4643) = -0,0217 \text{ tm/t},$$

$$M_{l_Q/2,\,v(2)}^{\mathrm{II}} = 0,5000\,(-0,4815 + 0,4815) + 0,6250\,(0,1291 - 0,3046) = -0,1097 \text{ tm/t},$$

$$M_{1\,l_Q/2,\,1v} = 0 + 0,5\,(-0,0217 - 0,1097) = -0,066 \text{ tm/t};$$

$v = 1,3\,a$:

$$M_{l_Q/2,\,v(1)}^{\mathrm{II}} = (0,7840 + 0,2160) \cdot 1,1115 + (0,7350 + 0,3150) \cdot 0,4643 = 1,5990 \text{ tm/t},$$

$$M_{l_Q/2,\,v(2)}^{\mathrm{II}} = (0,7840 + 0,2160) \cdot 0,4815 + (0,7350 + 0,3150) \cdot 0,3046 = 0,8014 \text{ tm/t},$$

$$M_{1\,l_Q/2,\,1v} = 0,2250 + 0,5\,(1,5990 + 0,8014) = 1,425 \text{ tm/t};$$

$v = 1,5\,a$:

$$M_{l_Q/2,\,v(1)}^{\mathrm{II}} = 0,5000\,(1,1115 + 1,1115) + 0,6250\,(0,4643 + 0,4643) = 1,6919 \text{ tm/t},$$

$$M_{l_Q/2,\,v(2)}^{\mathrm{II}} = 0,5000\,(0,4815 + 0,4815) + 0,6250\,(0,3046 + 0,3046) = 0,8623 \text{ tm/t},$$

$$M_{1\,l_Q/2,\,1v} = 0,6250 + 0,5\,(1,6919 + 0,8623) = 1,902 \text{ tm/t}.$$

Die Ordinaten für indirekte Belastung, d. h. durch Lasten auf einer vom Querträger getrennten Fahrbahntafel, erhält man, indem man das Glied M_{yv}^{I} gleich Null setzt, zu

$$M_{1\,l_Q/2,\,1v} = 1,425 - 0,225 = 1,200 \text{ tm/t} \quad \text{für} \quad v = 1,3\,a$$

$$\text{bzw.} = 1,902 - 0,625 = 1,277 \text{ tm/t} \quad \text{für} \quad v = 1,5\,a.$$

Die Ergebnisse sind in Abb. 27 dargestellt.

Da im vorliegenden Fall die Biegesteifigkeit der Querträger im Verhältnis zur Drehsteifigkeit der Hauptträger recht groß ist und ferner die Anzahl der Hauptträger mehr als drei beträgt, kann in guter Näherung statt des beidseitig starr eingespannten Balkens zur Lastabtragung auf die Knotenpunkte des Kreuzwerkes der an diesen Knoten starr gestützte Durchlaufträger eingeführt werden.

Die Rechnung vereinfacht sich hierdurch wesentlich, da keine an den Knotenpunkten angreifende Momente berücksichtigt zu werden brauchen. Auch hier ist mit

$$M_{yv} = M_{yv}^{\mathrm{I}} + M_{yv}^{\mathrm{II}}$$

das Moment in y am System I

(starr gestützter Durchlaufträger mit den Stützweiten a, belastet durch $P = 1$ in v) mit dem am System II

(elastisch gestütztes System, belastet mit den Auflagerdrücken des Systems I) zu überlagern.

Als System II kann wie zuvor der Balken auf elastisch senk- und drehbaren Stützen angesetzt werden. Man erhält dann zunächst die $M_{yv(n)}$-Linien mit

$$M_{yv(n)} = M_{yv}^{\mathrm{I}} + M_{yv(n)}^{\mathrm{II}}$$

und durch entsprechende Überlagerung der einzelnen Reihenglieder (n) die Einflußlinie für das Querträgermoment zu

$$M_{hy,\,hv} = \sum_n \mu_{(n)}\, \alpha_{h(n)}\, \gamma_{h(n)}\, M_{yv(n)}.$$

Man kann aber auch, da mit $j = h$ stets

$$\sum_n \mu_{(n)}\, \alpha_{h(n)}\, \gamma_{h(n)} = 1$$

ist, das von (n) unabhängige Glied M_{yv}^{I} aus der Summe abspalten und

$$M_{hy,\,hv} = M_{hy,\,hv}^{\mathrm{I}} + \sum_n \mu_{(n)}\, \alpha_{h(n)}\, \gamma_{h(n)}\, M_{yv(n)}^{\mathrm{II}} = M_{hy,\,hv}^{\mathrm{I}} + M_{hy,\,hv}^{\mathrm{II}}$$

schreiben. Das bedeutet, daß als System II auch gleich das vorliegende Kreuzwerk angesetzt werden kann, das mit den Auflagerkräften des Systems I zu belasten ist.

Da die Einflußwerte $M_{hy,\,hk}$ — d. h. hier mit $h = 1$ und $y = l_Q/2$ die Werte $M_{1\,l_Q/2,\,1k}$ — bereits errechnet wurden, sei jetzt die letztere Art des Vorgehens gewählt. Die Momente

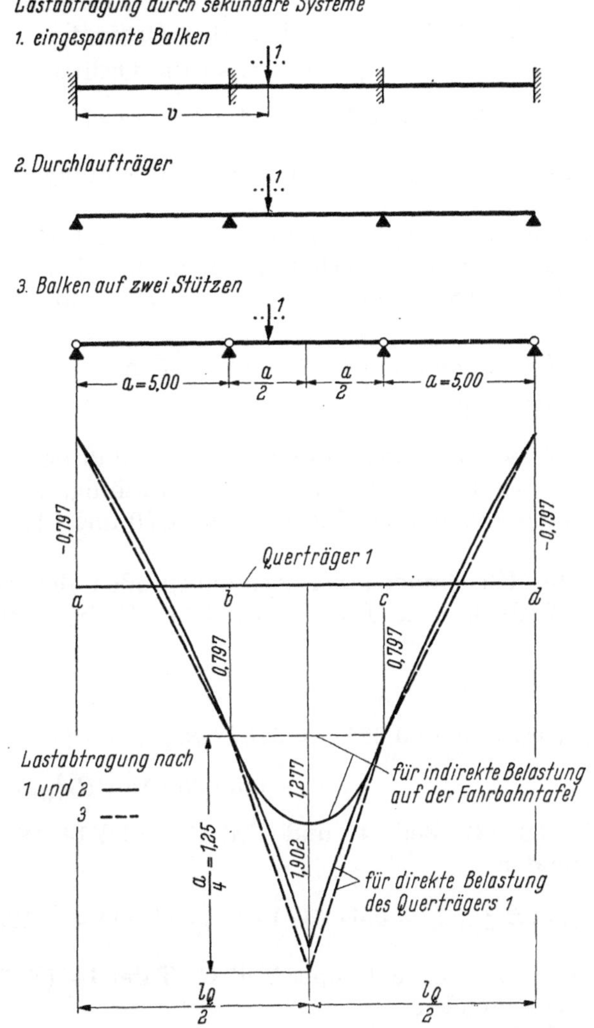

Abb. 27. Querschnitt $M_{1\,l_Q/2,\,1v}$ durch die Einflußfläche des Querträgermomentes

und Auflagerkräfte des Systems I sind den Tafeln von Anger[1] direkt entnommen. Es ist für $v = 0,5\,a$:

$$M_{1\,l_Q/2,\,1v} = -0,0375 \cdot 5,0 + 0,7965\,(-0,4000 + 0,7250 - 0,1500 - 0,0250) =$$
$$= -0,068\ \text{tm/m}\ (-0,066\ \text{tm/m});$$

$v = 1,3\,a$:

$$M_{1\,l_Q/2,\,1v} = 0,0870 \cdot 5,0 + 0,7965\,(0,0770 + 0,8050 + 0,3210 + 0,0490) =$$
$$= 1,432\ \text{tm/m}\ (1,425\ \text{tm/m});$$

$v = 1,5\,a$:

$$M_{1\,l_Q/2,\,1v} = 0,1750 \cdot 5,0 + 0,7965\,(0,0750 + 0,5750 + 0,5750 + 0,0750) =$$
$$= 1,910\ \text{tm/m}\ (1,902\ \text{tm/m}).$$

---

[1] Anger: Zehnteilige Einflußlinien für durchlaufende Träger. Berlin: Ernst & Sohn.

Die Werte der zuvor durchgeführten genauen Rechnung sind in Klammern hinter die Ergebnisse gesetzt. Die Übereinstimmung ist so gut, daß die geringen Abweichungen in Abb. 27 nicht darstellbar sind.

Als zweite Näherung sei zur Lastabtragung auf die Knotenpunkte des Kreuzwerkes der beidseitig gelenkig gelagerte Balken mit der Stützweite a eingeführt. Dies entspricht einer Lastabtragung nach dem Hebelgesetz und ergibt nach Abb. 27 für indirekte Belastung einen linearen Verlauf der $M_{1l_Q/2,\,1v}$-Einflußlinie zwischen den Ordinaten $M_{1l_Q/2,\,1k}$ an den Orten der Hauptträger k. Für direkte Belastung erhält man die Ordinate im Aufpunkt zu

$$M_{1l_Q/2,\,1l_Q/2} = M_{1l_Q/2,\,1b} + a/4 = 0{,}7965 + 5{,}0/4 = 2{,}047 \text{ tm/t} \quad (1{,}902 \text{ tm/t}).$$

Diese Näherung ist recht grob. Sie ist jedoch für manche Rechnungen genau genug und liegt auf der sicheren Seite.

Die *Zustandsflächen infolge eines Kragmomentes* $m_a = -1$ tm/t, das sich am Hauptträger a angreifend über die Stützweite l erstreckt, erhalten wir nach Teil B 2, Tafel 4 (S. 53).

An Stelle von $\gamma_{u(1)}^{\rightarrow}$ und $\gamma_{u(2)}^{\rightarrow}$ treten hier die Flächen $F_{(1)}^{\rightarrow}$ und $F_{(2)}^{\rightarrow}$. Es ist nach Teil C, Tafel 14 (S. 78), Zeile 19

$$F_{(1)}^{\rightarrow} = 0{,}625\,l = 0{,}625 \cdot 40 = 25 \text{ m}$$
$$F_{(2)}^{\rightarrow} = 0.$$

Die Zustandsflächen sind zwischen den Auflagerpunkten und den Kreuzungspunkten der Haupt- und Querträger, den Knoten des Kreuzwerkes, geradlinig. Es genügt daher bei vorliegender Symmetrie, die statischen Größen für die Punkte $i\,0$ und $i\,1$, $i = a \ldots d$, des Kreuzwerkes zu ermitteln.

Wir schreiben zuerst die Gleichungen der Zustandsgrößen der Hauptträger an. Nach Teil B 2, Tafel 4 (S. 53), Zeile 3, und Teil C, Tafel 14 (S. 78), Zeile 5, sind die Biegemomente

$$M_{i0,\,\overrightarrow{m_a}} = 0,$$

$$M_{i1,\,\overrightarrow{m_a}} = \mu_{(1)} F_{(1)}^{\rightarrow} M_{1(1)} B_{i\,a(1)}^{\lambda} m_a = 0{,}5 \cdot 0{,}625\,l \cdot 0{,}375\,l \cdot B_{i\,a(1)}^{\lambda} \cdot (-1) =$$
$$= -0{,}5 \cdot 25 \cdot 15 \cdot B_{i\,a(1)}^{\lambda} = -187{,}5\,B_{i\,a(1)}^{\lambda} \quad [\text{tm}].$$

Nach Teil B 2, Tafel 4 (S. 53), Zeile 4, und Teil C, Tafel 14 (S. 78), Zeile 7, sind die Querkräfte an den Trägerenden

$$Q_{i0,\,\overrightarrow{m_a}} = \mu_{(1)} F_{(1)}^{\rightarrow} Q_{0(1)} B_{i\,a(1)}^{\lambda} m_a = 0{,}5 \cdot 25 \cdot 1 \cdot B_{i\,a(1)}^{\lambda} \cdot (-1) = -12{,}5\,B_{i\,a(1)}^{\lambda} \quad [\text{t}].$$

Nach Teil B 2, Tafel 4 (S. 53), Zeile 7, und Teil C, Tafel 14 (S. 78), Zeile 11, sind die Torsionsmomente an den Trägerenden

$$T_{i0,\,\overrightarrow{m_a}} = T_{i0,\,\overrightarrow{m_a}}^{0} + \mu_{(1)} F_{(1)}^{\rightarrow} T_{0(1)} E_{i\,k(1)}^{\lambda} m_a = T_{i0,\,\overrightarrow{m_a}}^{0} + 0{,}5 \cdot 25 \cdot 1 \cdot E_{i\,k(1)}^{\lambda} \cdot (-1) = T_{i0,\,\overrightarrow{m_a}}^{0} + 12{,}5\,E_{i\,k(1)}^{\lambda} \; [\text{tm}].$$

Für Punkt 1 links gilt, da dort $T_{1(1)} = T_{0(1)}$ ist,

$$T_{i1,\,\overrightarrow{m_a}} = T_{i1,\,\overrightarrow{m_a}}^{0} - 12{,}5\,E_{i\,k(1)}^{\lambda} \quad [\text{tm}].$$

Für Punkt 1 rechts wird $T_{1(1)} = 0$ und daher $T_{i1,\,\overrightarrow{m_a}} = T_{i1,\,\overrightarrow{m_a}}^{0}$.

Die Werte $T_{ix,\,\overrightarrow{m_a}}^{0}$ existieren nur für $i = a$. Man erhält sie am statisch bestimmten System zu

$$T_{a0,\,\overrightarrow{m_a}}^{0} m_a l/2 = -1 \cdot 40/2 = -20 \quad \text{tm},$$

$$T_{a1,\,\overrightarrow{m_a}}^{0} = -20/4 = -5 \quad \text{tm}, \qquad T_{a\,l/2,\,\overrightarrow{m_a}}^{0} = 0.$$

Die Lösungen für die statischen Größen des Querträgers 1 lauten nach Teil B 2, Tafel 4 (S. 53), Zeile 8

$$S_{hy,\,\overrightarrow{m_a}} = \mu_{(1)} F_{(1)}^{\rightarrow} \alpha_{h(1)} S_{y\,a(1)}^{\lambda} m_a, \qquad S_{1y,\,\overrightarrow{m_a}} = 0{,}5 \cdot 25 \cdot 1 \cdot S_{y\,a(1)}^{\lambda} \cdot (-1) = -12{,}5\,S_{y\,a(1)}^{\lambda}, \qquad 0 \leqq y \leqq l_Q.$$

Zustandsgrößen der Hauptträger infolge Belastung durch ein Kragmoment $m_a = -1\,\mathrm{tm/m}$, Abb. 28

HT	a	b	c	d	
$B_{i\,a(1)}^{\;\;\;\rangle}$	$-0{,}0499$	$-0{,}0083$	$0{,}0188$	$0{,}0394$	[1/m]
$M_{i1,\,\overrightarrow{m_a}}$	$9{,}36$	$1{,}56$	$-3{,}53$	$-7{,}39$	[tm]
$Q_{i0,\,\overrightarrow{m_a}}$	$0{,}62$	$0{,}10$	$-0{,}24$	$-0{,}49$	[t]
$D_{i\,a(1)}^{\;\;\;\rangle}$	$0{,}1069$	$0{,}0685$	$0{,}0470$	$0{,}0401$	[—]
$E_{i\,a(1)}^{\;\;\;\rangle}$	$-0{,}8931$	$0{,}0685$	$0{,}0470$	$0{,}0401$	[—]
$T_{i0,\,\overrightarrow{m_a}}^{0}$	$-20{,}0$	—	—	—	[tm]
$T_{i1,\,\overrightarrow{m_a}}^{0}$	$-5{,}0$	—	—	—	[tm]
$-12{,}5\,E_{i\,a(1)}^{\;\;\;\rangle}$	$11{,}16$	$-0{,}86$	$-0{,}59$	$-0{,}50$	[tm]
$T_{i0,\,\overrightarrow{m_a}}$	$-8{,}84$	$-0{,}86$	$-0{,}59$	$-0{,}50$	[tm]
$T_{i1,\,\overrightarrow{m_a}}\,\text{links}$	$6{,}16$	$-0{,}86$	$-0{,}59$	$-0{,}50$	[tm]
$T_{i1,\,\overrightarrow{m_a}}\,\text{rechts}$	$-5{,}0$	—	—	—	[tm]

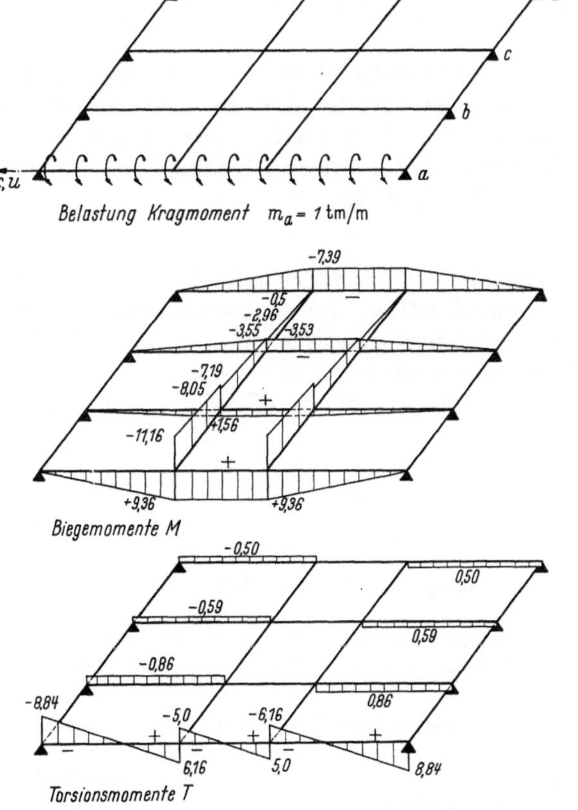

Abb. 28. Biege- und Drehmomente infolge Belastung durch ein Kragmoment m_a

Die Größen $S_{y\,a\,(1)}^{\lambda}$ berechnen wir am Balken auf elastisch senk- und drehbaren Stützen entsprechend Abb. 25 mit $M = 1$ in a statt $P = 1$ in k und $B_{i\,a}^{\lambda}$, $D_{i\,a}^{\lambda}$ statt $B_{i\,k}$, $D_{i\,k}$.
Es ist

$$M_{a\,a}^{\lambda\,\text{rechts}} = +1 - 0{,}1069 = 0{,}8931 \; [\text{—}],$$

$$M_{b\,a}^{\lambda\,\text{links}} = 0{,}8931 - 0{,}0499 \cdot 5{,}0 = 0{,}6436 \; [\text{—}],$$

$$M_{b\,a}^{\lambda\,\text{rechts}} = 0{,}6436 - 0{,}0685 = 0{,}5751 \; [\text{—}],$$

$$M_{c\,a}^{\lambda\,\text{links}} = 0{,}2371 + 0{,}0470 = 0{,}2841 \; [\text{—}],$$

$$M_{c\,a}^{\lambda\,\text{rechts}} = 0{,}0401 + 0{,}0394 \cdot 5{,}0 = 0{,}2371 \; [\text{—}],$$

$$M_{d\,a}^{\lambda\,\text{links}} = 0{,}0401 \; [\text{—}],$$

$$Q_{a\,a}^{\lambda\,\text{rechts}} = -0{,}0499 \; [1/\text{m}],$$

$$Q_{b\,a}^{\lambda\,\text{rechts}} = -0{,}0499 - 0{,}0083 = -0{,}0582 \; [1/\text{m}],$$

$$Q_{c\,a}^{\lambda\,\text{rechts}} = -0{,}0582 + 0{,}0188 = -0{,}0394 \; [1/\text{m}],$$

$$Q_{d\,a}^{\lambda\,\text{links}} = -0{,}0394 \; [1/\text{m}].$$

Zustandsgrößen des Querträgers 1 infolge Belastung durch ein Kragmoment $m_a = 1\,\text{tm/m}$, Abb. 28

$H\,T$	a^{rechts}	b^{links}	b^{rechts}	c^{links}	c^{rechts}	d^{links}	
$M_{i\,a\,(1)}^{\lambda}$	0,8931	0,6436	0,5751	0,2841	0,2371	0,0401	[—]
$M_{1\,i,\,\overrightarrow{m_a}}$	−11,16	−8,05	−7,19	−3,55	−2,96	−0,50	[tm]
$Q_{i\,a\,(1)}^{\lambda}$	−0,0499	−0,0499	−0,0582	−0,0582	−0,0394	−0,0394	[1/m]
$Q_{1\,i,\,\overrightarrow{m_a}}$	0,62	0,62	0,73	0,73	0,49	0,49	[t]

Das vorstehende Beispiel wurde entwickelt, um den Gebrauch der in diesem Buch enthaltenen Formeln und Tafeln zu erläutern. Wie die Berechnung von Brücken im einzelnen nach der Kreuzwerktheorie durchzuführen ist, wurde schon anderweitig[1] gezeigt. Zweckmäßig ist, die Zahlenrechnungen möglichst in Tabellenform anzuschreiben. Eine Anleitung hierfür gibt die nachstehende Tafel, S. 43.

Gegeben:

Abmessungen wie bei Beispiel auf S. 32ff., jedoch $J_a \neq J_b \neq J_c \neq J_d$.

In diesem Falle ist es zweckmäßig, die Auflagerreaktionen und Wirkungen des Hilfssystems, des Balkens auf ungleichen elastisch senk- und drehbaren Stützen, mittels eines programmgesteuerten Rechenautomaten zu ermitteln.

Wir benötigen für diese Rechnung die Größe der Federkonstanten $c_{i\,(n)}$ und $C_{i\,(n)}$ nach FALK[2]. Es ist

$$c_{i\,(n)} = \frac{1}{\omega_{i\,(n)}} \quad \text{und} \quad C_{i\,(n)} = \frac{1}{\omega_{i\,T\,(n)}}.$$

Die Größen $\omega_{i\,(n)} = w_{i\,h,\,i\,(n)}$ bzw.

$$\omega_{i\,T\,(n)} = \vartheta_{i\,h,\,i\,(n)} \quad \text{für} \quad \alpha_{h\,(n)} = 1$$

können Teil C (S. 78) entnommen werden. Diese Werte sind in den entsprechenden Zeilen hervorgehoben. Im Falle, daß $\alpha_{h\,(n)} = -1$ ist, muß der Absolutwert genommen werden.

---

[1] HOMBERG/WEINMEISTER: Einflußflächen für Kreuzwerke. Berlin/Göttingen/Heidelberg: Springer 1956, Teil A 15.

[2] FALK: Die Berechnung des beliebig gestützten Durchlaufträgers nach dem Reduktionsverfahren. Ingenieur-Archiv 24, Bd. 1956, S. 216ff. — Die Berechnung von Rahmentragwerken nach dem Reduktionsverfahren. Ingenieur-Archiv 26, Bd. 1958, S. 61ff. u. 96ff.

Ermittlung der statischen Größe S_{ix} des Kreuzwerkes

	k $C_{ik(1)}$	Eigengewicht		Umlenkungskräfte der Vorspannung der		Verkehrslasten	
				HT	QT		
		g_{1k}	g_{2k}	v_k	V_k	p_k	P_k
1	a —	—	—	—	—	—	—
2	b —	—	—	—	—	—	—
3	$\ldots$ —	—	—	—	—	—	—
4	m —	—	—	—	—	—	—
5	$\sum_k C_{ik(1)} P_k, \quad \sum_k C_{ik(1)} p_k$	—	—	—		—	
6	$\mu_{(1)} S_{x(1)} \sum_u \gamma_{u(1)}$	0	0	0	—	0	—
7	$\mu_{(1)} S_{x(1)} F_{(1)}$	—	—	—	0	—	0
8	1. Reihenglied Zeile 5 · Zeile 6 bzw. Zeile 5 · Zeile 7	—	—	—	—	—	—
9 bis 16	Wie Zeilen 1 bis 8, jedoch mit (2) statt (1) 2. Reihenglied	—	—	—	—	—	—
$\ldots$		$\ldots$					$\ldots$
$\ldots$ bis $\ldots$	Wie Zeilen 1 bis 8, jedoch mit (t) statt (1) t. Reihenglied	—	—	—	—	—	—
$\ldots$	S_{ix}^0-Glied	—	—	—	—	—	—
$\ldots$	Ergebnis: $S_{ix} =$ $\sum$ 1., 2., … t. Reihenglied $+ S_{ix}^0$-Glied	—	—	—	—	—	—

Erläuterung: Im dargestellten Falle ist $S = w, \varphi$, M und Q. Für die Ermittlung von $S = \vartheta$ und T sind die Größen $D_{ik(n)}$ an Stelle von $C_{ik(n)}$ einzuführen.

Ist S eine statische Größe eines Querträgers, so sind die Größen $C_{ik(n)}$ und $S_{x(n)}$ durch $S_{yk(n)}$ und $\alpha_{h(n)}$ zu ersetzen. An Stelle des Gliedes S_{ix}^0 tritt der Wert S_{hy}^{I} als statische Größe am Balken (Querträger) auf starren Stützen.

Benennung der Hauptträger:

$$i, k = a, b, c, \ldots m; \quad 0 \leqq x \leqq l.$$

Benennung der Querträger:

$$h, j = 1, 2, 3, \ldots t; \quad 0 \leqq y \leqq l_Q.$$

In Zeile 5 ist zu variieren

$$P = V, P; \quad p = g_1, g_2, v, p.$$

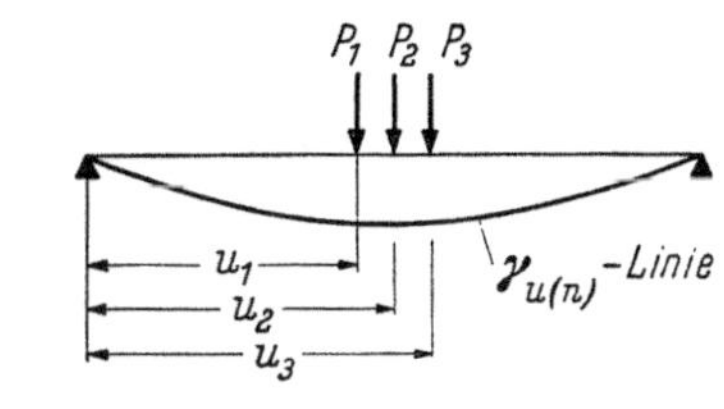

$$\sum_u \gamma_{u(n)} = \gamma_{u_1(n)} + \gamma_{u_2(n)} + \cdots, \qquad F_{(n)} = \int_0^l \gamma_{u(n)}\, du.$$

Im vorliegenden Beispiel gilt für Balken (1)

$$c_{i(1)} = \frac{1000\,E\,J_i}{30{,}864\,l^3}, \qquad C_{i(1)} = \frac{3\,G\,J_{Ti}}{l}$$

und für Balken (2)

$$c_{i(2)} = \frac{1000\,E\,J_i}{2{,}058\,l^3}, \qquad C_{i(2)} = \frac{9\,G\,J_{Ti}}{l}$$

mit $i = a, b, c, d$.

Mit einem Rechenautomaten lassen wir dann Einflußlinien der

Auflagerreaktionen sowie der Biegemomente und Querkräfte des Balkens links und rechts der elastischen Stützen

berechnen.

Die weitere Berechnung geht dann wie bei Beispiel auf S. 32ff. vor sich.

B. Formeln zur Ermittlung der Einfluß- und Zustandsflächen von Kreuzwerken mit drehsteifen Hauptträgern

1. Kreuzwerke mit einem Querträger

Allgemeine Kreuzsteifigkeiten bei gleichen Hauptträgerabständen a:

Biegekreuzsteifigkeit $$z = \left(\frac{l}{2a}\right)^3 \frac{J_Q}{J},$$

Drehkreuzsteifigkeit $$z_T = \frac{l}{8a}\,\frac{E J_Q}{G J_T}.$$

Bei Hauptträgern mit veränderlichen Steifigkeiten sind stets die Größen $J_{\min}$ und $J_{T\min}$ in obige Gleichungen einzusetzen. J_Q ist das Trägheitsmoment des Querträgers.

Die Größen ω_i und ω_{iT} sind in Teil C zu finden, sie werden nur bei unregelmäßigem Aufbau des Kreuzwerkes in Querrichtung benötigt.

Tafel 1. Zusammenstellung der behandelten Systeme sowie der Kreuzsteifigkeiten $z_{(1)}$ und $z_{T(1)}$

	Art des Kreuzwerkes		Kreuzsteifigkeiten $z_{(1)}$ und $z_{T(1)}$	Werte: $w_{(1)}, \ldots, M_{(1)}, \ldots, \gamma_{u(1)}$ s. Teil C (S. 62)
	J, J_T-Verhältnis	J, J_T-Verlauf		
1.	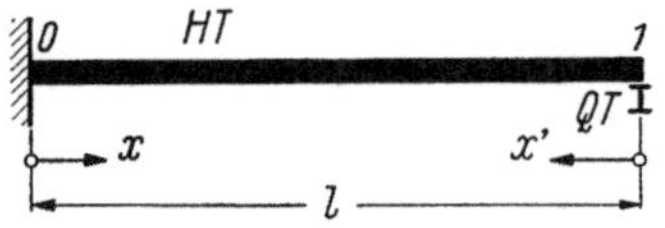			
	$J_0 : J_1 = 1$ $J_{T0} : J_{T1} = 1$	$J, J_T = \text{const}$	$z_{(1)} = 16 z$ $z_{T(1)} = 4 z_T$	Tafel 1
2.	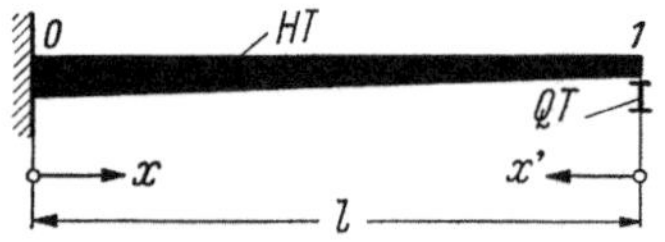			
	$J_0 : J_1 = 5$ $J_{T0} : J_{T1} = 1{,}7100$	$J_x = J_1\,[1 + 0{,}7100\,x'/l]^3$ $J_{Tx} = J_{T1}[1 + 0{,}7100\,x'/l]$	$z_{(1)} = 4{,}704\,z$ $z_{T(1)} = 3{,}022\,z_T$	Tafel 2a
	$J_0 : J_1 = 10$ $J_{T0} : J_{T1} = 2{,}1544$	$J_x = J_1\,[1 + 1{,}1544\,x'/l]^3$ $J_{Tx} = J_{T1}[1 + 1{,}1544\,x'/l]$	$z_{(1)} = 2{,}762\,z$ $z_{T(1)} = 2{,}660\,z_T$	Tafel 2b
	$J_0 : J_1 = 20$ $J_{T0} : J_{T1} = 2{,}7144$	$J_x = J_1\,[1 + 1{,}7144\,x'/l]^3$ $J_{Tx} = J_{T1}[1 + 1{,}7144\,x'/l]$	$z_{(1)} = 1{,}606\,z$ $z_{T(1)} = 2{,}330\,z_T$	Tafel 2c
3.	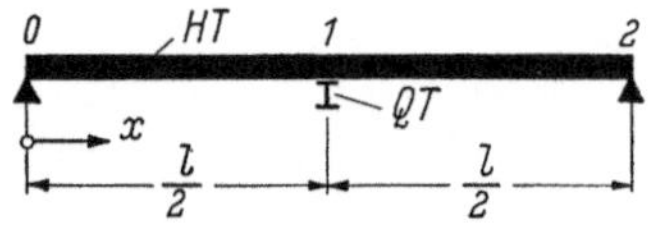			
	$J_0 : J_1 = 1$ $J_{T0} : J_{T1} = 1$	$J, J_T = \text{const}$	$z_{(1)} = z$ $z_{T(1)} = z_T$	Tafel 3

Tafel 1 (Fortsetzung)

	Art des Kreuzwerkes: J, J_T-Verhältnis	Art des Kreuzwerkes: J, J_T-Verlauf	Kreuzsteifigkeiten $z_{(1)}$ und $z_{T(1)}$	Werte: $w_{(1)}, \ldots, M_{(1)}, \ldots, \gamma_{u(1)}$ s. Teil C (S. 62)
4.	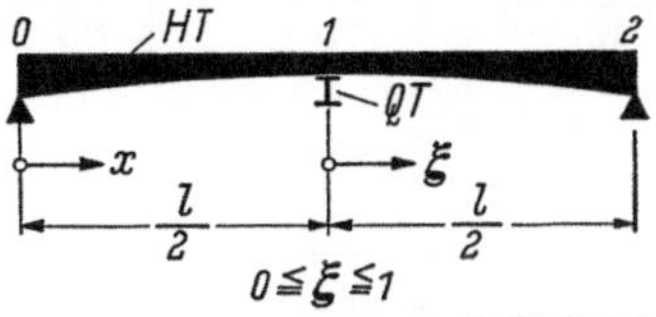			
	$J_0 \;: J_1 \;= 5$ $J_{T0} : J_{T1} = 1{,}7100$	$J_\xi \;= J_1 \;[1 + 0{,}7100\,\xi^2]^3$ $J_{T\xi} = J_{T1}[1 + 0{,}7100\,\xi^2]$	$z_{(1)} \;= 0{,}842\,z$ $z_{T(1)} = 0{,}832\,z_T$	Tafel 4a
	$J_0 \;: J_1 \;= 10$ $J_{T0} : J_{T1} = 2{,}1544$	$J_\xi \;= J_1 \;[1 + 1{,}1544\,\xi^2]^3$ $J_{T\xi} = J_{T1}[1 + 1{,}1544\,\xi^2]$	$z_{(1)} \;= 0{,}778\,z$ $z_{T(1)} = 0{,}765\,z_T$	Tafel 4b
	$J_0 \;: J_1 \;= 20$ $J_{T0} : J_{T1} = 2{,}7144$	$J_\xi \;= J_1 \;[1 + 1{,}7144\,\xi^2]^3$ $J_{T\xi} = J_{T1}[1 + 1{,}7144\,\xi^2]$	$z_{(1)} \;= 0{,}718\,z$ $z_{T(1)} = 0{,}702\,z$	Tafel 4c
5.	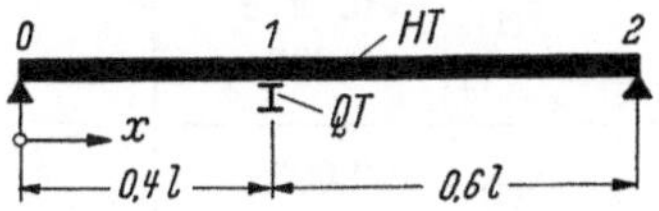			
	$J_0 \;: J_1 \;= 1$ $J_{T0} : J_{T1} = 1$	$J, J_T = \text{const}$	$z_{(1)} \;= 0{,}922\,z$ $z_{T(1)} = 0{,}960\,z_T$	Tafel 5
6.	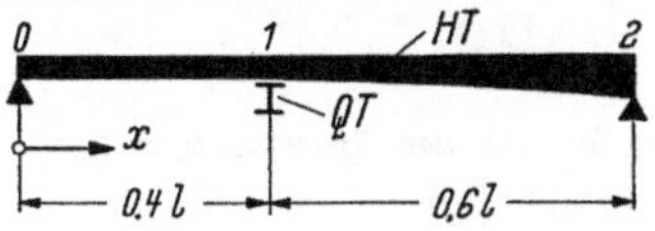			
	$J_2 \;: J_0 \;= 5$ $J_{T2} : J_{T0} = 1{,}710$	$J_x \;= J_0 \;[1 + 0{,}7100(x/l)^2]^3$ $J_{Tx} = J_{T0}[1 + 0{,}7100(x/l)^2]$	$z_{(1)} \;= 0{,}616\,z$ $z_{T(1)} = 0{,}827\,z_T$	Tafel 6a
	$J_2 \;: J_0 \;= 10$ $J_{T2} : J_{T0} = 2{,}1544$	$J_x \;= J_0 \;[1 + 1{,}1544(x/l)^2]^3$ $J_{Tx} = J_{T0}[1 + 1{,}1544(x/l)^2]$	$z_{(1)} \;= 0{,}506\,z$ $z_{T(1)} = 0{,}764\,z_T$	Tafel 6b
	$J_2 \;: J_0 \;= 20$ $J_{T2} : J_{T0} = 2{,}7144$	$J_x \;= J_0 \;[1 + 1{,}7144(x/l)^2]^3$ $J_{Tx} = J_{T0}[1 + 1{,}7144(x/l)^2]$	$z_{(1)} \;= 0{,}409\,z$ $z_{T(1)} = 0{,}700\,z_T$	Tafel 6c
7.	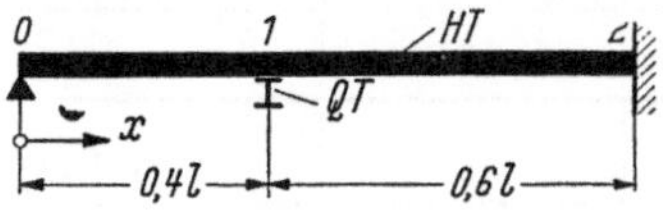			
	$J_0 \;: J_1 \;= 1$ $J_{T0} : J_{T1} = 1$	$J, J_T = \text{const}$	$z_{(1)} \;= 0{,}470\,z$ $z_{T(1)} = 0{,}960\,z_T$	Tafel 7
8.	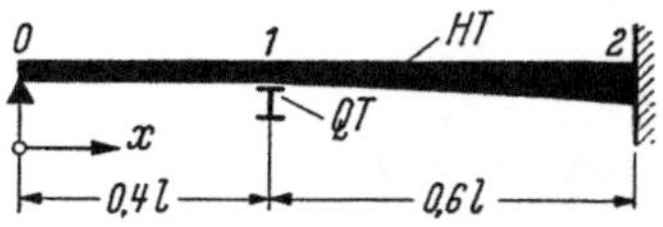			
	$J_2 \;: J_0 \;= 5$ $J_{T2} : J_{T0} = 1{,}7100$	$J_x \;= J_0 \;[1 + 0{,}7100(x/l)^2]^3$ $J_{Tx} = J_{T0}[1 + 0{,}7100(x/l)^2]$	$z_{(1)} \;= 0{,}248\,z$ $z_{T(1)} = 0{,}827\,z_T$	Tafel 8a
	$J_2 \;: J_0 \;= 10$ $J_{T2} : J_{T0} = 2{,}1544$	$J_x \;= J_0 \;[1 + 1{,}1544(x/l)^2]^3$ $J_{Tx} = J_{T0}[1 + 1{,}1544(x/l)^2]$	$z_{(1)} \;= 0{,}180\,z$ $z_{T(1)} = 0{,}764\,z_T$	Tafel 8b
	$J_2 \;: J_0 \;= 20$ $J_{T2} : J_{T0} = 2{,}7144$	$J_x \;= J_0 \;[1 + 1{,}7144(x/l)^2]^3$ $J_{Tx} = J_{T0}[1 + 1{,}7144(x/l)^2]$	$z_{(1)} \;= 0{,}126\,z$ $z_{T(1)} = 0{,}700\,z_T$	Tafel 8c

Tafel 1 (Fortsetzung)

Art des Kreuzwerkes		Kreuzsteifigkeiten $z_{(1)}$ und $z_{T(1)}$	Werte: $w_{(1)},\ldots, M_{(1)},\ldots, \gamma_{u(1)}$ s. Teil C (S. 62)
J, J_T-Verhältnis	J, J_T-Verlauf		
9.			
$J_0\ :J_1\ =1$ $J_{T0}:J_{T1}=1$	$J, J_T = \text{const}$	$z_{(1)}\ =0{,}250\,z$ $z_{T(1)}=z_T$	Tafel 9
10.			
$J_0\ :J_1\ =5$ $J_{T0}:J_{T1}=1{,}7100$	$J_\xi\ =J_1\,[1+0{,}7100\,\xi^2]^3$ $J_{T\xi}=J_{T1}[1+0{,}7100\,\xi^2]$	$z_{(1)}\ =0{,}127\,z$ $z_{T(1)}=0{,}832\,z_T$	Tafel 10a
$J_0\ :J_1\ =10$ $J_{T0}:J_{T1}=2{,}1544$	$J_\xi\ =J_1\,[1+1{,}1544\,\xi^2]^3$ $J_{T\xi}=J_{T1}[1+1{,}1544\,\xi^2]$	$z_{(1)}\ =0{,}093\,z$ $z_{T(1)}=0{,}765\,z_T$	Tafel 10b
$J_0\ :J_1\ =20$ $J_{T0}:J_{T1}=2{,}7144$	$J_\xi\ =J_1\,[1+1{,}7144\,\xi^2]^3$ $J_{T\xi}=J_{T1}[1+1{,}7144\,\xi^2]$	$z_{(1)}\ =0{,}067\,z$ $z_{T(1)}=0{,}702\,z_T$	Tafel 10c

Tafel 2. Einflußflächen für wandernde Einzellast $P=1$ am Hauptträger k in u
Statische Größen der Hauptträger i

Faktor für Biegung			$\cdot\,\gamma_{u(1)}\,C_{ik(1)}$
Durchbiegung	$w_{ix,ku}=$	$w^0_{ix,ku}$	$+\,w_{ix,i(1)}$
Tangentenneigung der Biegelinie ..	$\varphi_{ix,ku}=$	$\varphi^0_{ix,ku}$	$+\,\varphi_{ix,i(1)}$
Biegemoment	$M_{ix,ku}=$	$M^0_{ix,ku}$	$+\,M_{x(1)}$
Querkraft	$Q_{ix,ku}=$	$Q^0_{ix,ku}$	$+\,Q_{x(1)}$
Knotenkraft	$K_{ih,ku}=$	—	1
Faktor für Torsion			$\cdot\,\gamma_{u(1)}\,D_{ik(1)}$
Verdrehung	$\vartheta_{ix,ku}=$	—	$\vartheta_{ix,i(1)}$
Drehmoment	$T_{ix,ku}=$	—	$T_{x(1)}$
Knoteneinspannmoment	$M_{ih,ku}=$	—	1

Statische Größen des Querträgers h

Faktor			$\cdot\,\gamma_{u(1)}$
Statische Größen $S=w,\varphi,M$ und Q	$S_{hy,ku}=$	—	$S_{yk(1)}$

$$i, k = a\ldots m;\quad h=1;\quad 0\leqq x, u\leqq l;\quad 0\leqq y\leqq l_Q.$$

Tafeln der Werte $w_{ix,i(1)},\ldots, M_{x(1)},\ldots, \gamma_{u(1)}$ s. Teil C (S. 62).
Lösungen und Tafeln der Werte $B_{ik(1)}, D_{ik(1)}$ s. Teil D und E (S. 98 u. 123).
Für $k \neq i$ ist $S^0_{ix,ku}=0$ und $C_{ik(1)}=B_{ik(1)}$, für $k=i$ ist $S^0_{ix,ku}=S^0_{ix,iu}$ und $C_{ii(1)}=B_{ii(1)}-1$.

Tafel 3. Einflußflächen für wandernde Einzellast $P = 1$ am Querträger j in v
Statische Größen der Hauptträger i

Faktor für Biegung		$\cdot\, B_{iv(1)}$
Statische Größen $S = w, \varphi,\ M$ und Q ..	$S_{ix,\,jv} =$	$S_{ix,\,i(1)}$
Faktor für Torsion		$\cdot\, D_{iv(1)}$
Statische Größen $S = \vartheta$ und T	$S_{ix,\,jv} =$	$S_{ix,\,i(1)}$

Statische Größen des Querträgers h

Durchbiegung	$w_{hy,\,jv} =$	$w_{yv(1)}$
Tangentenneigung der Biegelinie	$\varphi_{hy,\,jv} =$	$\varphi_{yv(1)}$
Biegemoment	$M_{hy,\,jv} =$	$M_{yv(1)}$
Querkraft	$Q_{hy,\,jv} =$	$Q_{yv(1)}$
Knotenkraft	$K_{hi,\,jv} =$	$B_{iv(1)}$
Knoteneinspannmoment	$M_{hi,\,jv} =$	$D_{iv(1)}$

$$i, k = a \ldots m; \quad h, j = 1; \quad 0 \leqq x, u \leqq l; \quad 0 \leqq y \leqq l_Q; \quad -l_K \leqq v \leqq l_Q + l_K.$$

Tafeln der Werte $w_{ix,\,i(1)}, \ldots, M_{x(1)}, \ldots, \gamma_{j(1)}$ s. Teil C (S. 62).
Lösungen und Tafeln der Werte $B_{iv(1)}, D_{iv(1)}$ s. Teil D und E (S. 110 u. 123).

Tafel 4. Einflußflächen für ein wanderndes Drehmoment $T = 1$ am Hauptträger k in u
Statische Größen der Hauptträger i

Faktor für Biegung			$\cdot\, \gamma_{\overrightarrow{u(1)}}\, B_{i\overrightarrow{k}(1)}^2$
Durchbiegung	$w_{ix,\,\overrightarrow{ku}} =$	—	$w_{ix,\,i(1)}$
Tangentenneigung der Biegelinie ..	$\varphi_{ix,\,\overrightarrow{ku}} =$	—	$\varphi_{ix,\,i(1)}$
Biegemoment	$M_{ix,\,\overrightarrow{ku}} =$	—	$M_{x(1)}$
Querkraft	$Q_{ix,\,\overrightarrow{ku}} =$	—	$Q_{x(1)}$
Knotenkraft	$K_{ih,\,\overrightarrow{ku}} =$	—	1
Faktor für Torsion			$\cdot\, \gamma_{\overrightarrow{u(1)}}\, E_{i\overrightarrow{k}(1)}^2$
Verdrehung	$\vartheta_{ix,\,\overrightarrow{ku}} =$	$\vartheta^0_{ix,\,\overrightarrow{ku}}$	$+\, \vartheta_{ix,\,i(1)}$
Drehmoment	$T_{ix,\,\overrightarrow{ku}} =$	$T^0_{ix,\,\overrightarrow{ku}}$	$+\, T_{x(1)}$
Knoteneinspannmoment	$M_{ih,\,\overrightarrow{ku}} =$	—	1

Statische Größen des Querträgers h

Faktor			$\cdot\, \gamma_{\overrightarrow{u(1)}}$
Statische Größen $S = w, \varphi, M$ und Q	$S_{hy,\,\overrightarrow{ku}} =$	—	$S_{y\overrightarrow{k}(1)}^2$

$$i, k = a \ldots m; \quad h = 1; \quad 0 \leqq x, u \leqq l; \quad 0 \leqq y \leqq l_Q.$$

Tafeln der Werte $w_{ix,\,i(1)}, \ldots, M_{x(1)}, \ldots, \gamma_{\overrightarrow{u(1)}}$ s. Teil C (S. 62).
Lösungen und Tafeln der Werte $B_{i\overrightarrow{k}(1)}^2$ und $D_{i\overrightarrow{k}(1)}^2$ s. Teil D und E (S. 98 u. 123).
Für $k \neq i$ ist $S^0_{ix,\,ku} = 0$ und $E_{i\overrightarrow{k}(1)}^2 = D_{i\overrightarrow{k}(1)}^2$, für $k = i$ ist $S^0_{ix,\,ku} = S^0_{ix,\,iu}$ und $E_{ii(1)}^2 = D_{ii(1)}^2 - 1$.

2. Kreuzwerke mit zwei Querträgern

Allgemeine Kreuzsteifigkeiten bei gleichen Hauptträgerabständen a:

Biegekreuzsteifigkeit $$z = \left(\frac{l}{2a}\right)^3 \frac{J_Q}{J},$$

Drehkreuzsteifigkeit $$z_T = \frac{l}{8a} \frac{E J_Q}{G J_T}.$$

Bei Hauptträgern mit veränderlichen Steifigkeiten sind stets die Größen $J_{\min}$ und $J_{T\min}$ in obige Gleichungen einzuführen. J_Q ist das Trägheitsmoment eines Querträgers.

Tafel 1a. Zusammenstellung der behandelten Systeme sowie der Kreuzsteifigkeiten $z_{(n)}$ und $z_{T(n)}$

	Art des Kreuzwerkes		Kreuzsteifigkeiten $z_{(n)}$ und $z_{T(n)}$	Werte: $w_{(n)}, \ldots, M_{(n)}, \ldots, \gamma_{u(n)}$ s. Teil C (S. 74)
	J, J_T-Verhältnis	J, J_T-Verlauf		
1.	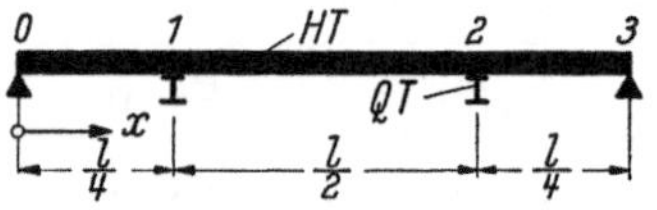			
	$J_0 : J_1 = 1$ $J_{T0} : J_{T1} = 1$	$J, J_T = \text{const}$	$z_{(1)} = z$ $z_{(2)} = 0{,}125\,z$ $z_{T(1)} = z_T$ $z_{T(2)} = 0{,}500\,z_T$	Tafel 11
2.	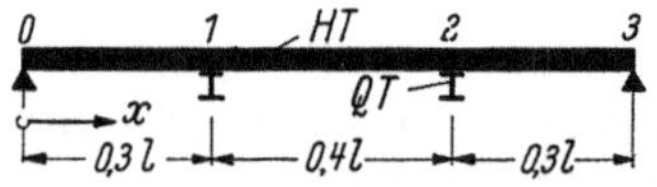			
	$J_0 : J_1 = 1$ $J_{T0} : J_{T1} = 1$	$J, J_T = \text{const}$	$z_{(1)} = 1{,}296\,z$ $z_{(2)} = 0{,}115\,z$ $z_{T(1)} = 1{,}200\,z_T$ $z_{T(2)} = 0{,}480\,z_T$	Tafel 12
3.	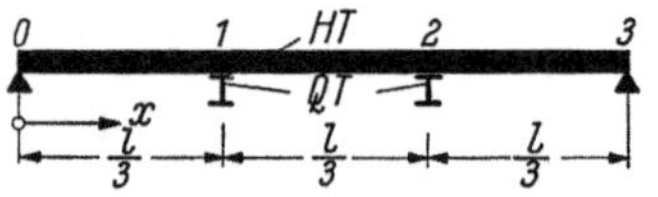			
	$J_0 : J_1 = 1$ $J_{T0} : J_{T1} = 1$	$J, J_T = \text{const}$	$z_{(1)} = 1{,}481\,z$ $z_{(2)} = 0{,}099\,z$ $z_{T(1)} = 1{,}333\,z_T$ $z_{T(2)} = 0{,}444\,z_T$	Tafel 13
4.	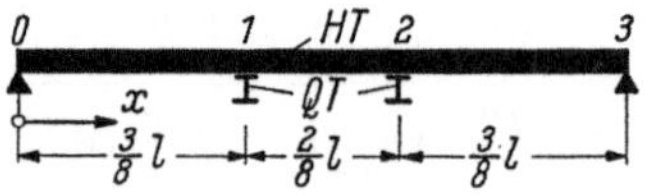			
	$J_0 : J_1 = 1$ $J_{T0} : J_{T1} = 1$	$J, J_T = \text{const}$	$z_{(1)} = 1{,}688\,z$ $z_{(2)} = 0{,}070\,z$ $z_{T(1)} = 1{,}500\,z_T$ $z_{T(2)} = 0{,}375\,z_T$	Tafel 14
5.	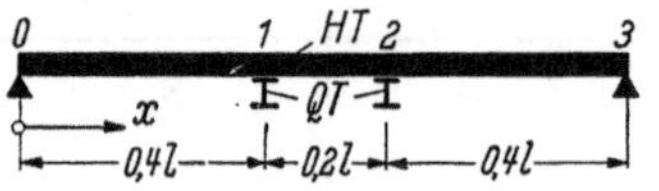			
	$J_0 : J_1 = 1$ $J_{T0} : J_{T1} = 1$	$J, J_T = \text{const}$	$z_{(1)} = 1{,}792\,z$ $z_{(2)} = 0{,}051\,z$ $z_{T(1)} = 1{,}600\,z_T$ $z_{T(2)} = 0{,}320\,z_T$	Tafel 15

Tafel 1a (Fortsetzung)

	Art des Kreuzwerkes		Kreuzsteifigkeiten $z_{(n)}$ und $z_{T(n)}$	Werte: $w_{(n)}, \ldots, M_{(n)}, \ldots, \gamma_{u(n)}$ s. Teil C (S. 74)
	J, J_T-Verhältnis	J, J_T-Verlauf		
6.	$J_0 : J_m = 5$ $J_{T0} : J_{Tm} = 1{,}7100$	$J_\xi = J_m\,[1 + 0{,}7100\,\xi^2]^3$ $J_{T\xi} = J_{Tm}[1 + 0{,}7100\,\xi^2]$	$z_{(1)} = 1{,}480\,z$ $z_{(2)} = 0{,}039\,z$ $z_{T(1)} = 1{,}266\,z_T$ $z_{T(2)} = 0{,}302\,z_T$	Tafel 16a
	$J_0 : J_m = 10$ $J_{T0} : J_{Tm} = 2{,}1544$	$J_\xi = J_m\,[1 + 1{,}1544\,\xi^2]^3$ $J_{T\xi} = J_{Tm}[1 + 1{,}1544\,\xi^2]$	$z_{(1)} = 1{,}356\,z$ $z_{(2)} = 0{,}034\,z$ $z_{T(1)} = 1{,}135\,z_T$ $z_{T(2)} = 0{,}293\,z_T$	Tafel 16b
	$J_0 : J_m = 20$ $J_{T0} : J_{Tm} = 2{,}7144$	$J_\xi = J_m\,[1 + 1{,}7144\,\xi^2]^3$ $J_{T\xi} = J_{Tm}[1 + 1{,}7144\,\xi^2]$	$z_{(1)} = 1{,}238\,z$ $z_{(2)} = 0{,}030\,z$ $z_{T(1)} = 1{,}011\,z_T$ $z_{T(2)} = 0{,}283\,z_T$	Tafel 16c
7.	$J_0 : J_1 = 1$ $J_{T0} : J_{T1} = 1$	$J, J_T = \text{const}$	$z_{(1)} = 0{,}369\,z$ $z_{(2)} = 0{,}043\,z$ $z_{T(1)} = 1{,}500\,z_T$ $z_{T(2)} = 0{,}375\,z_T$	Tafel 17
8.	$J_0 : J_1 = 1$ $J_{T0} : J_{T1} = 1$	$J, J_T = \text{const}$	$z_{(1)} = 0{,}410\,z$ $z_{(2)} = 0{,}033\,z$ $z_{T(1)} = 1{,}600\,z_T$ $z_{T(2)} = 0{,}320\,z_T$	Tafel 18
9.	$J_0 : J_m = 5$ $J_{T0} : J_{Tm} = 1{,}7100$	$J_\xi = J_m\,[1 + 0{,}7100\,\xi^2]^3$ $J_{T\xi} = J_{Tm}[1 + 0{,}7100\,\xi^2]$	$z_{(1)} = 0{,}193\,z$ $z_{(2)} = 0{,}022\,z$ $z_{T(1)} = 1{,}266\,z_T$ $z_{T(2)} = 0{,}302\,z_T$	Tafel 19a
	$J_0 : J_m = 10$ $J_{T0} : J_{Tm} = 2{,}1544$	$J_\xi = J_m\,[1 + 1{,}1544\,\xi^2]^3$ $J_{T\xi} = J_{Tm}[1 + 1{,}1544\,\xi^2]$	$z_{(1)} = 0{,}134\,z$ $z_{(2)} = 0{,}018\,z$ $z_{T(1)} = 1{,}135\,z_T$ $z_{T(2)} = 0{,}293\,z_T$	Tafel 19b
	$J_0 : J_m = 20$ $J_{T0} : J_{Tm} = 2{,}7144$	$J_\xi = J_m\,[1 + 1{,}7144\,\xi^2]^3$ $J_{T\xi} = J_{Tm}[1 + 1{,}7144\,\xi^2]$	$z_{(1)} = 0{,}092\,z$ $z_{(2)} = 0{,}015\,z$ $z_{T(1)} = 1{,}011\,z_T$ $z_{T(2)} = 0{,}283\,z_T$	Tafel 19c

Tafel 1b. Gruppenlasten bzw. -momente $\alpha_{h(n)}$
und Größen $\mu_{(n)}$ *für alle 9 Systeme*

n	$\alpha_{1(n)}$	$\alpha_{2(n)}$	$\mu_{(n)}$
1	1	1	0,5
2	1	-1	0,5

Tafel 2. Einflußflächen für wandernde Einzellast $P = 1$ *am Hauptträger* k *in* u

Statische Größen der Hauptträger i

Faktor für Biegung			$\cdot\,\mu_{(1)}\,\gamma_{u(1)}\,C_{ik(1)}$	$\cdot\,\mu_{(2)}\,\gamma_{u(2)}\,C_{ik(2)}$
Durchbiegung	$w_{ix,\,ku} =$	$w^0_{ix,\,ku}$	$+\,w_{ix,\,i(1)}$	$+\,w_{ix,\,i(2)}$
Tangentenneigung der Biegelinie ...	$\varphi_{ix,\,ku} =$	$\varphi^0_{ix,\,ku}$	$+\,\varphi_{ix,\,i(1)}$	$+\,\varphi_{ix,\,i(2)}$
Biegemoment	$M_{ix,\,ku} =$	$M^0_{ix,\,ku}$	$+\,M_{x(1)}$	$+\,M_{x(2)}$
Querkraft	$Q_{ix,\,ku} =$	$Q^0_{ix,\,ku}$	$+\,Q_{x(1)}$	$+\,Q_{x(2)}$
Knotenkraft	$K_{ih,\,ku} =$	$-$	$\alpha_{h(1)}$	$+\,\alpha_{h(2)}$
Faktor für Torsion			$\cdot\,\mu_{(1)}\,\gamma_{u(1)}\,D_{ik(1)}$	$\cdot\,\mu_{(2)}\,\gamma_{u(2)}\,D_{ik(2)}$
Verdrehung	$\vartheta_{ix,\,ku} =$	$-$	$\vartheta_{ix,\,i(1)}$	$+\,\vartheta_{ix,\,i(2)}$
Drehmoment	$T_{ix,\,ku} =$	$-$	$T_{x(1)}$	$+\,T_{x(2)}$
Knoteneinspannmoment	$M_{ih,\,ku} =$	$-$	$\alpha_{h(1)}$	$+\,\alpha_{h(2)}$

Statische Größen der Querträger h

Faktor			$\cdot\,\mu_{(1)}\,\gamma_{u(1)}\,\alpha_{h(1)}$	$\cdot\,\mu_{(2)}\,\gamma_{u(2)}\,\alpha_{h(2)}$
Statische Größen $S = w, \varphi, M$ und Q	$S_{hy,\,ku} =$	$-$	$S_{yk(1)}$	$+\,S_{yk(2)}$

$$i, k = a \dots m; \quad h = 1 \text{ und } 2; \quad 0 \leqq x, u \leqq l; \quad 0 \leqq y \leqq l_Q.$$

Tafeln der Werte $w_{ix,\,i(n)}, \dots, M_{x(n)}, \dots, \gamma_{u(n)}$ s. Teil C (S. 74).
Lösungen und Tafeln der Werte $B_{ik(n)}, D_{ik(n)}$ s. Teil D und E (S. 98 u. 123).
Für $k \neq i$ ist $S^0_{ix,\,ku} = 0$ und $C_{ik(n)} = B_{ik(n)}$, für $k = i$ ist $S^0_{ix,\,ku} = S^0_{ix,\,iu}$ und $C_{ii(n)} = B_{ii(n)} - 1$.

Tafel 3. Einflußflächen für wandernde Einzellast $P = 1$ *am Querträger* j *in* v

Statische Größen der Hauptträger i

Faktor für Biegung		$\cdot\,\mu_{(1)}\,\gamma_{j(1)}\,B_{iv(1)}$	$\cdot\,\mu_{(2)}\,\gamma_{j(2)}\,B_{iv(2)}$
Statische Größen $S = w, \varphi, M$ und Q ..	$S_{ix,\,jv} =$	$S_{ix,\,i(1)}$	$+\,S_{ix,\,i(2)}$
Faktor für Torsion		$\cdot\,\mu_{(1)}\,\gamma_{j(1)}\,D_{iv(1)}$	$\cdot\,\mu_{(2)}\,\gamma_{j(2)}\,D_{iv(2)}$
Statische Größen $S = \vartheta$ und T	$S_{ix,\,jv} =$	$S_{ix,\,i(1)}$	$+\,S_{ix,\,i(2)}$

Tafel 3 (Fortsetzung)

Statische Größen der Querträger h

Faktor		$\cdot\,\mu_{(1)}\,\gamma_{j(1)}\,\alpha_{h(1)}$	$\cdot\,\mu_{(2)}\,\gamma_{j(2)}\,\alpha_{h(2)}$
Durchbiegung	$w_{hy,jv} =$	$w_{yv(1)}$	$+\,w_{yv(2)}$
Tangentenneigung der Biegelinie	$\varphi_{hy,jv} =$	$\varphi_{yv(1)}$	$+\,\varphi_{yv(2)}$
Biegemoment	$M_{hy,jv} =$	$M_{yv(1)}$	$+\,M_{yv(2)}$
Querkraft	$Q_{hy,jv} =$	$Q_{yv(1)}$	$+\,Q_{yv(2)}$
Knotenkraft	$K_{hi,jv} =$	$B_{iv(1)}$	$+\,B_{iv(2)}$
Knoteneinspannmoment	$M_{hi,jv} =$	$D_{iv(1)}$	$+\,D_{iv(2)}$

$$i,k = a\ldots m;\quad h,j = 1 \text{ und } 2;\quad 0 \leqq x, u \leqq l;\quad 0 \leqq y \leqq l_Q;\quad -l_K \leqq v \leqq l_Q + l_K.$$

Tafeln der Werte $w_{ix,i(n)},\ldots, M_{x(n)},\ldots, \gamma_{j(n)}$ $\qquad$ s. Teil C (S. 74).
Lösungen und Tafeln der Werte $B_{iv(n)}, D_{iv(n)}$ $\qquad$ s. Teil D und E (S. 110 u. 123).

Tafel 4. Einflußflächen für ein wanderndes Drehmoment $T = 1$ am Hauptträger k in u

Statische Größen der Hauptträger i

Faktor für Biegung			$\cdot\,\mu_{(1)}\,\gamma_{u\overrightarrow{(1)}}\,B_{i\vec{k}(1)}$	$\cdot\,\mu_{(2)}\,\gamma_{u\overrightarrow{(2)}}\,B_{i\vec{k}(2)}$
Durchbiegung	$w_{ix,\overrightarrow{ku}} =$	—	$w_{ix,i(1)}$	$+\,w_{ix,i(2)}$
Tangentenneigung der Biegelinie ..	$\varphi_{ix,\overrightarrow{ku}} =$	—	$\varphi_{ix,i(1)}$	$+\,\varphi_{ix,i(2)}$
Biegemoment	$M_{ix,\overrightarrow{ku}} =$	—	$M_{x(1)}$	$+\,M_{x(2)}$
Querkraft	$Q_{ix,\overrightarrow{ku}} =$	—	$Q_{x(1)}$	$+\,Q_{x(2)}$
Knotenkraft	$K_{ih,\overrightarrow{ku}} =$	—	$\alpha_{h(1)}$	$+\,\alpha_{h(2)}$
Faktor für Torsion			$\cdot\,\mu_{(1)}\,\gamma_{u\overrightarrow{(1)}}\,E_{i\vec{k}(1)}$	$\cdot\,\mu_{(2)}\,\gamma_{u\overrightarrow{(2)}}\,E_{i\vec{k}(2)}$
Verdrehung	$\vartheta_{ix,\overrightarrow{ku}} =$	$\vartheta^0_{ix,\overrightarrow{ku}}$	$+\,\vartheta_{ix,i(1)}$	$+\,\vartheta_{ix,i(2)}$
Drehmoment	$T_{ix,\overrightarrow{ku}} =$	$T^0_{ix,\overrightarrow{ku}}$	$+\,T_{x(1)}$	$+\,T_{x(2)}$
Knoteneinspannmoment	$M_{ih,\overrightarrow{ku}} =$	—	$\alpha_{h(1)}$	$+\,\alpha_{h(2)}$

Statische Größen der Querträger h

Faktor			$\cdot\,\mu_{(1)}\,\gamma_{u\overrightarrow{(1)}}\,\alpha_{h(1)}$	$\cdot\,\mu_{(2)}\,\gamma_{u\overrightarrow{(2)}}\,\alpha_{h(2)}$
Statische Größen $S = w, \varphi, M$ und Q	$S_{hy,\overrightarrow{ku}} =$	—	$S_{y\vec{k}(1)}$	$+\,S_{y\vec{k}(2)}$

$$i,k = a\ldots m;\quad h = 1 \text{ und } 2;\quad 0 \leqq x, u \leqq 0;\quad 0 \leqq y \leqq l_Q.$$

Tafeln der Werte $w_{ix,i(n)},\ldots, M_{x(n)},\ldots, \gamma_{u\overrightarrow{(n)}}$ $\qquad$ s. Teil C (S. 74).
Lösungen und Tafeln der Werte $B_{i\vec{k}(n)}$ und $D_{i\vec{k}(n)}$ s. Teil D und E (S. 98 u. 123).
Für $k \neq i$ ist $S^0_{ix,ku} = 0$ und $E_{i\vec{k}(n)} = D_{i\vec{k}(n)}$, für $k = i$ ist $S^0_{ix,ku} = S^0_{ix,iu}$ und $E_{ii(n)} = D_{ii(n)} - 1$.

3. Frei aufliegendes Kreuzwerk mit drei Querträgern

Allgemeine Kreuzsteifigkeiten bei gleichen Hauptträgerabständen a:

Biegekreuzsteifigkeit
$$z = \left(\frac{l}{2a}\right)^3 \frac{J_Q}{J},$$

Drehkreuzsteifigkeit
$$z_T = \frac{l}{8a}\,\frac{E J_Q}{G J_T}.$$

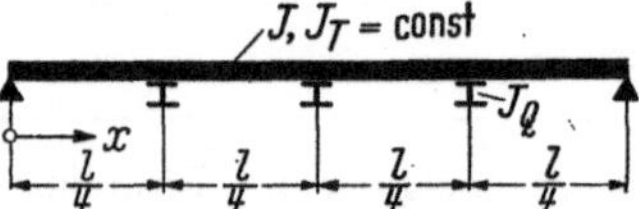

Die Hauptträger-Trägheitsmomente J und J_T sind im Bereich der Stützweite l konstant. Die Steifigkeit der Hauptträger untereinander kann verschieden, die der Querträger muß dagegen einander gleich sein. Die Anzahl der Hauptträger ist beliebig. J_Q ist das Trägheitsmoment eines Querträgers.

Tafel 1. Gruppenlasten bzw. -momente $\alpha_{h(n)}$, Größen $\mu_{(n)}$ sowie Kreuzsteifigkeiten $z_{(n)}$ und $z_{T(n)}$

n	$\alpha_{1(n)}$	$\alpha_{2(n)}$	$\alpha_{3(n)}$	$\mu_{(n)}$	$z_{(n)} : z$	$z_{T(n)} : z_T$
1	0,707107	1	0,707107	0,5	1,9722	1,7071
2	1	0	-1	0,5	0,1250	0,5
3	$-0,707107$	1	$-0,707107$	0,5	0,0277	0,2929

Tafel 2. Einflußflächen für wandernde Einzellast $P = 1$ am Hauptträger k in u

Statische Größen der Hauptträger i

Faktor für Biegung			$\cdot\,\mu_{(1)}\,\gamma_{u(1)}\,C_{ik(1)}$	$\cdot\,\mu_{(2)}\,\gamma_{u(2)}\,C_{ik(2)}$	$\cdot\,\mu_{(3)}\,\gamma_{u(3)}\,C_{ik(3)}$
Durchbiegung	$w_{ix,\,ku} =$	$w^0_{ix,\,ku}$	$+w_{ix,\,i(1)}$	$+w_{ix,\,i(2)}$	$+w_{ix,\,i(3)}$
Tangentenneigung der Biegelinie	$\varphi_{ix,\,ku} =$	$\varphi^0_{ix,\,ku}$	$+\varphi_{ix,\,i(1)}$	$+\varphi_{ix,\,i(2)}$	$+\varphi_{ix,\,i(3)}$
Biegemoment	$M_{ix,\,ku} =$	$M^0_{ix,\,ku}$	$+M_{x(1)}$	$+M_{x(2)}$	$+M_{x(3)}$
Querkraft	$Q_{ix,\,ku} =$	$Q^0_{ix,\,ku}$	$+Q_{x(1)}$	$+Q_{x(2)}$	$+Q_{x(3)}$
Knotenkraft	$K_{ih,\,ku} =$	$-$	$\alpha_{h(1)}$	$+\alpha_{h(2)}$	$+\alpha_{h(3)}$
Faktor für Torsion			$\cdot\,\mu_{(1)}\,\gamma_{u(1)}\,D_{ik(1)}$	$\cdot\,\mu_{(2)}\,\gamma_{u(2)}\,D_{ik(2)}$	$\cdot\,\mu_{(3)}\,\gamma_{u(3)}\,D_{ik(3)}$
Verdrehung	$\vartheta_{ix,\,ku} =$	$-$	$\vartheta_{ix,\,i(1)}$	$+\vartheta_{ix,\,i(2)}$	$+\vartheta_{ix,\,i(3)}$
Drehmoment	$T_{ix,\,ku} =$	$-$	$T_{x(1)}$	$+T_{x(2)}$	$+T_{x(3)}$
Knoteneinspannmoment	$M_{ih,\,ku} =$	$-$	$\alpha_{h(1)}$	$+\alpha_{h(2)}$	$+\alpha_{h(3)}$

Statische Größen der Querträger h

Faktor			$\cdot\,\mu_{(1)}\,\gamma_{u(1)}\,\alpha_{h(1)}$	$\cdot\,\mu_{(2)}\,\gamma_{u(2)}\,\alpha_{h(2)}$	$\cdot\,\mu_{(3)}\,\gamma_{u(3)}\,\alpha_{h(3)}$
Statische Größen $S = w, \varphi, M$ und Q	$S_{hy,\,ku} =$		$-$	$S_{yk(1)}$	$+S_{yk(2)}$	$+S_{yk(3)}$

$$i, k = a \ldots m; \quad h = 1, 2 \text{ und } 3; \quad 0 \leqq x, u \leqq l; \quad 0 \leqq y \leqq l_Q.$$

Tafeln der Werte $w_{ix,\,i(n)}, \ldots, M_{x(n)}, \ldots, \gamma_{u(n)}$ s. Teil C (S. 90).
Lösungen und Tafeln der Werte $B_{ik(n)}, D_{ik(n)}$ s. Teil D und E (S. 98 u. 123).
Für $k \neq i$ ist $S^0_{ix\,ku} = 0$ und $C_{ik(n)} = B_{ik(n)}$, für $k = i$ ist $S^0_{ix,\,ku} = S^0_{ix,\,iu}$ und $C_{ii(n)} = B_{ii(n)} - 1$.

Tafel 3. Einflußflächen für wandernde Einzellast $P = 1$ am Querträger j in v

Statische Größen der Hauptträger i

Faktor für Biegung		$\cdot \mu_{(1)} \gamma_{j(1)} B_{iv(1)}$	$\cdot \mu_{(2)} \gamma_{j(2)} B_{iv(2)}$	$\cdot \mu_{(3)} \gamma_{j(3)} B_{iv(3)}$
Statische Größen $S = w, \varphi, M, Q$ und K	$S_{ix,jv} =$	$S_{ix,i(1)}$	$+S_{ix,i(2)}$	$+S_{ix,i(3)}$
Faktor für Torsion		$\cdot \mu_{(1)} \gamma_{j(1)} D_{iv(1)}$	$\cdot \mu_{(2)} \gamma_{j(2)} D_{iv(2)}$	$\cdot \mu_{(3)} \gamma_{j(3)} D_{iv(3)}$
Statische Größen $S = \vartheta$ und T	$S_{ix,jv} =$	$S_{ix,i(1)}$	$+S_{ix,i(2)}$	$+S_{ix,i(3)}$

Statische Größen der Querträger h

Faktor		$\cdot \mu_{(1)} \gamma_{j(1)} \alpha_{h(1)}$	$\cdot \mu_{(2)} \gamma_{j(2)} \alpha_{h(2)}$	$\cdot \mu_{(3)} \gamma_{j(3)} \alpha_{h(3)}$
Durchbiegung	$w_{hy,jv} =$	$w_{yv(1)}$	$+w_{yv(2)}$	$+w_{yv(3)}$
Tangentenneigung der Biegelinie	$\varphi_{hy,jv} =$	$\varphi_{yv(1)}$	$+\varphi_{yv(2)}$	$+\varphi_{yv(3)}$
Biegemoment	$M_{hy,jv} =$	$M_{yv(1)}$	$+M_{yv(2)}$	$+M_{yv(3)}$
Querkraft	$Q_{hy,jv} =$	$Q_{yv(1)}$	$+Q_{yv(2)}$	$+Q_{yv(3)}$
Knotenkraft	$K_{hi,jv} =$	$B_{iv(1)}$	$+B_{iv(2)}$	$+B_{iv(3)}$
Knoteneinspannmoment	$M_{hi,jv} =$	$D_{iv(1)}$	$+D_{iv(2)}$	$+D_{iv(3)}$

$$i, k = a \ldots m; \quad h, j = 1, 2 \text{ und } 3; \quad 0 \leqq x, u \leqq l; \quad 0 \leqq y \leqq l_Q; \quad -l_K \leqq v \leqq l_Q + l_K.$$

Tafeln der Werte $w_{ix,i(n)}, \ldots, M_{x(n)}, \ldots, \gamma_{j(n)}$ s. Teil C (S. 90).

Lösungen und Tafeln der Werte $B_{iv(n)}, D_{iv(n)}$ s. Teil D und E (S. 110 u. 123).

Tafel 4. Einflußflächen für ein wanderndes Drehmoment $T = 1$ am Hauptträger k in u

Statische Größen der Hauptträger i

Faktor für Biegung			$\cdot \mu_{(1)} \gamma_{u\overrightarrow{(1)}} B_{ik(1)}$	$\cdot \mu_{(2)} \gamma_{u\overrightarrow{(2)}} B_{ik(2)}$	$\cdot \mu_{(3)} \gamma_{u\overrightarrow{(3)}} B_{ik(3)}$
Durchbiegung	$w_{ix,\overrightarrow{ku}} =$	—	$w_{ix,i(1)}$	$+w_{ix,i(2)}$	$+w_{ix,i(3)}$
Tangentenneigung der Biegelinie	$\varphi_{ix,\overrightarrow{ku}} =$	—	$\varphi_{ix,i(1)}$	$+\varphi_{ix,i(2)}$	$+\varphi_{ix,i(3)}$
Biegemoment	$M_{ix,\overrightarrow{ku}} =$	—	$M_{x(1)}$	$+M_{x(2)}$	$+M_{x(3)}$
Querkraft	$Q_{ix,\overrightarrow{ku}} =$	—	$Q_{x(1)}$	$+Q_{x(2)}$	$+Q_{x(3)}$
Knotenkraft	$K_{ih,\overrightarrow{ku}} =$	—	$\alpha_{h(1)}$	$+\alpha_{h(2)}$	$+\alpha_{h(3)}$
Faktor für Torsion			$\cdot \mu_{(1)} \gamma_{u\overrightarrow{(1)}} E_{ik(1)}$	$\cdot \mu_{(2)} \gamma_{u(2)} E_{ik(2)}$	$\cdot \mu_{(3)} \gamma_{u(3)} E_{ik(3)}$
Verdrehung	$\vartheta_{ix,\overrightarrow{ku}} =$	$\vartheta^0_{ix,\overrightarrow{ku}}$	$+\vartheta_{ix,i(1)}$	$+\vartheta_{ix,i(2)}$	$+\vartheta_{ix,i(3)}$
Drehmoment	$T_{ix,\overrightarrow{ku}} =$	$T^0_{ix,\overrightarrow{ku}}$	$+T_{x(1)}$	$+T_{x(2)}$	$+T_{x(3)}$
Knoteneinspannmoment	$M_{ih,\overrightarrow{ku}} =$	—	$\alpha_{h(1)}$	$+\alpha_{h(2)}$	$+\alpha_{h(3)}$

Statische Größen der Querträger h

Faktor			$\cdot \mu_{(1)} \gamma_{u\overrightarrow{(1)}} \alpha_{h(1)}$	$\cdot \mu_{(2)} \gamma_{u\overrightarrow{(2)}} \alpha_{h(2)}$	$\cdot \mu_{(3)} \gamma_{u\overrightarrow{(3)}} \alpha_{h(3)}$
Statische Größen $S = w, \varphi, M$ und Q	$S_{hy,\overrightarrow{ku}} =$	—	$S_{yk(1)}$	$+S_{yk(2)}$	$+S_{yk(3)}$

$$i, k = a \ldots m; \quad h = 1, 2 \text{ und } 3; \quad 0 \leqq x, u \leqq 0; \quad 0 \leqq y \leqq l_Q.$$

Tafeln der Werte $w_{ix,i(n)}, \ldots, M_{x(n)}, \ldots, \gamma_{u\overrightarrow{(n)}}$ s. Teil C (S. 90).

Lösungen und Tafeln der Werte $B_{ik(n)}$ und $D_{ik(n)}$ s. Teil D und E (S. 98 u. 123).

Für $k \neq i$ ist $S^0_{ix,ku} = 0$ und $E_{ik(n)} = D_{ik(n)}$, für $k = i$ ist $S^0_{ix,ku} = S^0_{ix,iu}$ und $E_{ii(n)} = D_{ii(n)} - 1$.

4. Frei aufliegendes Kreuzwerk mit vier Querträgern

Allgemeine Kreuzsteifigkeiten bei gleichen Hauptträgerabständen a:

Biegekreuzsteifigkeit $$z = \left(\frac{l}{2a}\right)^3 \frac{J_Q}{J},$$

Drehkreuzsteifigkeit $$z_T = \frac{l}{8a} \frac{E J_Q}{G J_T}.$$

Die Hauptträger-Trägheitsmomente J und J_T sind im Bereich der Stützweite l konstant. Die Steifigkeit der Hauptträger untereinander kann verschieden, die der Querträger muß dagegen einander gleich sein. Die Anzahl der Hauptträger ist beliebig. J_Q ist das Trägheitsmoment eines Querträgers.

Tafel 1. Gruppenlasten bzw. -momente $\alpha_{h(n)}$, Größen $\mu_{(n)}$ sowie Kreuzsteifigkeiten $z_{(n)}$ und $z_{T(n)}$

n	$\alpha_{1(n)}$	$\alpha_{2(n)}$	$\alpha_{3(n)}$	$\alpha_{4(n)}$	$\mu_{(n)}$	$z_{(n)} : z$	$z_{T(n)} : z_T$
1	0,618034	1	1	0,618034	0,3618	2,4644	2,0944
2	1	0,618034	−0,618034	−1	0,3618	0,1548	0,5788
3	−1	0,618034	0,618034	−1	0,3618	0,0316	0,3056
4	−0,618034	1	−1	0,618034	0,3618	0,0116	0,2211

Tafel 2. Einflußflächen für wandernde Einzellast $P = 1$ am Hauptträger k in u

Statische Größen der Hauptträger i

Faktor für Biegung			$\cdot \mu_{(1)} \gamma_{u(1)} C_{ik(1)}$	$\cdot \mu_{(2)} \gamma_{u(2)} C_{ik(2)}$	$\cdot \mu_{(3)} \gamma_{u(3)} C_{ik(3)}$	$\cdot \mu_{(4)} \gamma_{u(4)} C_{ik(4)}$
Durchbiegung	$w_{ix,ku} =$	$w^0_{ix,ku}$	$+w_{ix,i(1)}$	$+w_{ix,i(2)}$	$+w_{ix,i(3)}$	$+w_{ix,i(4)}$
Neigung der Biegelinie...	$\varphi_{ix,ku} =$	$\varphi^0_{ix,ku}$	$+\varphi_{ix,i(1)}$	$+\varphi_{ix,i(2)}$	$+\varphi_{ix,i(3)}$	$+\varphi_{ix,i(4)}$
Biegemoment	$M_{ix,ku} =$	$M^0_{ix,ku}$	$+M_{x(1)}$	$+M_{x(2)}$	$+M_{x(3)}$	$+M_{x(4)}$
Querkraft	$Q_{ix,ku} =$	$Q^0_{ix,ku}$	$+Q_{x(1)}$	$+Q_{x(2)}$	$+Q_{x(3)}$	$+Q_{x(4)}$
Knotenkraft	$K_{ih,ku} =$	—	$\alpha_{h(1)}$	$+\alpha_{h(2)}$	$+\alpha_{h(3)}$	$+\alpha_{h(4)}$
Faktor für Torsion			$\cdot \mu_{(1)} \gamma_{u(1)} D_{ik(1)}$	$\cdot \mu_{(2)} \gamma_{u(2)} D_{ik(2)}$	$\cdot \mu_{(3)} \gamma_{u(3)} D_{ik(3)}$	$\cdot \mu_{(4)} \gamma_{u(4)} D_{ik(4)}$
Verdrehung	$\vartheta_{ix,ku} =$	—	$\vartheta_{ix,i(1)}$	$+\vartheta_{ix,i(2)}$	$+\vartheta_{ix,i(3)}$	$+\vartheta_{ix,i(4)}$
Drehmoment	$T_{ix,ku} =$	—	$T_{x(1)}$	$+T_{x(2)}$	$+T_{x(3)}$	$+T_{x(4)}$
Knoteneinspannmoment	$M_{ih,ku} =$	—	$\alpha_{h(1)}$	$+\alpha_{h(2)}$	$+\alpha_{h(3)}$	$+\alpha_{h(4)}$

Statische Größen der Querträger h

Faktor			$\cdot \mu_{(1)} \gamma_{u(1)} \alpha_{h(1)}$	$\cdot \mu_{(2)} \gamma_{u(2)} \alpha_{h(2)}$	$\cdot \mu_{(3)} \gamma_{u(3)} \alpha_{h(3)}$	$\cdot \mu_{(4)} \gamma_{u(4)} \alpha_{h(4)}$
Statische Größen $S = w, \varphi, M$ und Q	$S_{hy,ku} =$	—	$S_{yk(1)}$	$+S_{yk(2)}$	$+S_{yk(3)}$	$+S_{yk(4)}$

$$i, k = a \ldots m; \quad h = 1, 2, 3 \text{ und } 4; \quad 0 \leq x, u \leq l; \quad 0 \leq y \leq l_Q.$$

Tafeln der Werte $w_{ix,i(n)}, \ldots, M_{x(n)}, \ldots, \gamma_{u(n)}$ s. Teil C (S. 93).
Lösungen und Tafeln der Werte $B_{ik(n)}, D_{ik(n)}$ s. Teil D und E (S. 98 u. 123).
Für $k \neq i$ ist $S^0_{ix,ku} = 0$ und $C_{ik(n)} = B_{ik(n)}$, für $k = i$ ist $S^0_{ix,ku} = S^0_{ix,iu}$ und $C_{ii(n)} = B_{ii(n)} - 1$.

Tafel 3. Einflußflächen für wandernde Einzellast $P = 1$ am Querträger j in v

Statische Größen der Hauptträger i

Faktor für Biegung		$\cdot\mu_{(1)}\gamma_{j(1)}B_{iv(1)}$	$\cdot\mu_{(2)}\gamma_{j(2)}B_{iv(2)}$	$\cdot\mu_{(3)}\gamma_{j(3)}B_{iv(3)}$	$\cdot\mu_{(4)}\gamma_{j(4)}B_{iv(4)}$
Statische Größen $S = w, \varphi, M, Q$ und K ..	$S_{ix,jv} =$	$S_{ix,i(1)}$	$+S_{ix,i(2)}$	$+S_{ix,i(3)}$	$+S_{ix,i(4)}$
Faktor für Torsion		$\cdot\mu_{(1)}\gamma_{j(1)}D_{iv(1)}$	$\cdot\mu_{(2)}\gamma_{j(2)}D_{iv(2)}$	$\cdot\mu_{(3)}\gamma_{j(3)}D_{iv(3)}$	$\cdot\mu_{(4)}\gamma_{j(4)}D_{iv(4)}$
Statische Größen $S = \vartheta$ und T	$S_{ix,jv} =$	$S_{ix,i(1)}$	$+S_{ix,i(2)}$	$+S_{ix,i(3)}$	$+S_{ix,i(4)}$

Statische Größen der Querträger h

Faktor		$\cdot\mu_{(1)}\gamma_{j(1)}\alpha_{h(1)}$	$\cdot\mu_{(2)}\gamma_{j(2)}\alpha_{h(2)}$	$\cdot\mu_{(3)}\gamma_{j(3)}\alpha_{h(3)}$	$\cdot\mu_{(4)}\gamma_{j(4)}\alpha_{h(4)}$
Durchbiegung	$w_{hy,jv} =$	$w_{yv(1)}$	$+w_{yv(2)}$	$+w_{yv(3)}$	$+w_{yv(4)}$
Tangentenneigung der Biegelinie	$\varphi_{hy,jv} =$	$\varphi_{yv(1)}$	$+\varphi_{yv(2)}$	$+\varphi_{yv(3)}$	$+\varphi_{yv(4)}$
Biegemoment	$M_{hy,jv} =$	$M_{yv(1)}$	$+M_{yv(2)}$	$+M_{yv(3)}$	$+M_{yv(4)}$
Querkraft	$Q_{hy,jv} =$	$Q_{yv(1)}$	$+Q_{yv(2)}$	$+Q_{yv(3)}$	$+Q_{yv(4)}$
Knotenkraft	$K_{hi,jv} =$	$B_{iv(1)}$	$+B_{iv(2)}$	$+B_{iv(3)}$	$+B_{iv(4)}$
Knoteneinspannmoment	$M_{hi,jv} =$	$D_{iv(1)}$	$+D_{iv(2)}$	$+D_{iv(3)}$	$+D_{iv(4)}$

$$i, k = a \ldots m; \qquad h, j = 1, 2, 3 \text{ und } 4; \qquad 0 \leqq x, u \leqq l; \qquad 0 \leqq y \leqq l_Q; \qquad -l_K \leqq v \leqq l_Q + l_K.$$

Tafeln der Werte $w_{ix,i(n)}, \ldots, M_{x(n)}, \ldots, \gamma_{j(n)}$ s. Teil C (S. 93).

Lösungen und Tafeln der Werte $B_{iv(n)}, D_{iv(n)}$ s. Teil D und E (S. 110 u. 123).

Tafel 4. Einflußflächen für ein wanderndes Drehmoment $T = 1$ am Hauptträger k in u

Statische Größen der Hauptträger i

Faktor für Biegung			$\cdot\mu_{(1)}\gamma_{u\overrightarrow{(1)}}B_{i\overrightarrow{k}(1)}$	$\cdot\mu_{(2)}\gamma_{u\overrightarrow{(2)}}B_{i\overrightarrow{k}(2)}$	$\cdot\mu_{(3)}\gamma_{u\overrightarrow{(3)}}B_{i\overrightarrow{k}(3)}$	$\cdot\mu_{(4)}\gamma_{u\overrightarrow{(4)}}B_{i\overrightarrow{k}(4)}$
Durchbiegung	$w_{ix,\overrightarrow{ku}} =$	$-$	$w_{ix,i(1)}$	$+w_{ix,i(2)}$	$+w_{ix,i(3)}$	$+w_{ix,i(4)}$
Neigung der Biegelinie ..	$\varphi_{ix,\overrightarrow{ku}} =$	$-$	$\varphi_{ix,i(1)}$	$+\varphi_{ix,i(2)}$	$+\varphi_{ix,i(3)}$	$+\varphi_{ix,i(4)}$
Biegemoment	$M_{ix,\overrightarrow{ku}} =$	$-$	$M_{x(1)}$	$+M_{x(2)}$	$+M_{x(3)}$	$+M_{x(4)}$
Querkraft	$Q_{ix,\overrightarrow{ku}} =$	$-$	$Q_{x(1)}$	$+Q_{x(2)}$	$+Q_{x(3)}$	$+Q_{x(4)}$
Knotenkraft	$K_{ih,\overrightarrow{ku}} =$	$-$	$\alpha_{h(1)}$	$+\alpha_{h(2)}$	$+\alpha_{h(3)}$	$+\alpha_{h(4)}$
Faktor für Torsion			$\cdot\mu_{(1)}\gamma_{u\overrightarrow{(1)}}E_{i\overrightarrow{k}(1)}$	$\cdot\mu_{(2)}\gamma_{u\overrightarrow{(2)}}E_{i\overrightarrow{k}(2)}$	$\cdot\mu_{(3)}\gamma_{u\overrightarrow{(3)}}E_{i\overrightarrow{k}(3)}$	$\cdot\mu_{(4)}\gamma_{u\overrightarrow{(4)}}E_{i\overrightarrow{k}(4)}$
Verdrehung	$\vartheta_{ix,\overrightarrow{ku}} =$	$\vartheta^0_{ix,\overrightarrow{ku}}$	$+\vartheta_{ix,i(1)}$	$+\vartheta_{ix,i(2)}$	$+\vartheta_{ix,i(3)}$	$+\vartheta_{ix,i(4)}$
Drehmoment	$T_{ix,\overrightarrow{ku}} =$	$T^0_{ix,\overrightarrow{ku}}$	$+T_{x(1)}$	$+T_{x(2)}$	$+T_{x(3)}$	$+T_{x(4)}$
Knoteneinspannmoment	$M_{ih,\overrightarrow{ku}} =$	$-$	$\alpha_{h(1)}$	$+\alpha_{h(2)}$	$+\alpha_{h(3)}$	$+\alpha_{h(4)}$

Statische Größen der Querträger h

Faktor			$\cdot\mu_{(1)}\gamma_{u\overrightarrow{(1)}}\alpha_{h(1)}$	$\cdot\mu_{(2)}\gamma_{u\overrightarrow{(2)}}\alpha_{h(2)}$	$\cdot\mu_{(3)}\gamma_{u\overrightarrow{(3)}}\alpha_{h(3)}$	$\cdot\mu_{(4)}\gamma_{u\overrightarrow{(4)}}\alpha_{h(4)}$
Statische Größen $S = w, \varphi, M$ und Q	$S_{hy,\overrightarrow{ku}} =$	$-$	$S_{y\overrightarrow{k}(1)}$	$+S_{y\overrightarrow{k}(2)}$	$+S_{y\overrightarrow{k}(3)}$	$+S_{y\overrightarrow{k}(4)}$

$$i, k = a \ldots m; \qquad h = 1, 2, 3 \text{ und } 4; \qquad 0 \leqq x, u \leqq 0; \qquad 0 \leqq y \leqq l_Q.$$

Tafeln der Werte $w_{ix,i(n)}, \ldots, M_{x(n)}, \ldots, \gamma_{u\overrightarrow{(n)}}$ s. Teil C (S. 93).

Lösungen und Tafeln der Werte $B_{i\overrightarrow{k}(n)}$ und $D_{i\overrightarrow{k}(n)}$ s. Teil D und E (S. 98 u. 123.

Für $k \neq i$ ist $S^0_{ix,ku} = 0$ und $E_{i\overrightarrow{k}(n)} = D_{i\overrightarrow{k}(n)}$, für $k = i$ ist $S^0_{ix,ku} = S^0_{ix,iu}$ und $E_{ii(n)} = D_{ii(n)} - 1$.

5. Frei aufliegendes Kreuzwerk mit unendlich vielen, unendlich schmalen Querträgern

Die Hauptträger-Trägheitsmomente J und J_T sind im Bereich der Stützweite l konstant. Die Hauptträgerzahl ist beliebig, die Steifigkeit der Hauptträger untereinander kann verschieden sein. Das Trägheitsmoment J_Q der Querträger, das ebenfalls im Bereich der Stützweite l konstant sein muß, ist für die Rechnung, auf einen Streifen mit der Breite der Längeneinheit zu beziehen.

An Stelle der Gruppenlasten und Gruppenmomente $\alpha_{h(n)}$ treten beim System mit unendlich vielen Querträgern nach Abb. 33 die Eigenbelastungsfunktionen

$$\alpha_{x(n)} = \sin n\pi x/l, \quad n = 1, 2, 3, \ldots, \quad 0 \leq x \leq l.$$

Allgemeine Kreuzsteifigkeiten:

Biegekreuzsteifigkeit $$z = \left(\frac{l}{2a}\right)^3 \frac{J_Q}{J},$$

Drehkreuzsteifigkeit $$z_T = \frac{l}{8a}\frac{E J_Q}{G J_T}$$

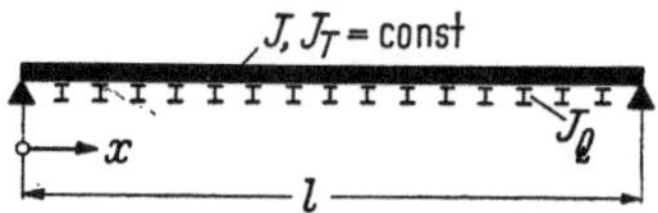

mit J_Q in [m⁴/m] bzw. [cm⁴/cm] und J, J_T in [m⁴] bzw. [cm⁴].

Kreuzsteifigkeiten der Eigenbelastungszustände:

$$z_{(n)} = \frac{48l}{n^4 \pi^4} z = 0{,}4928\,\frac{l}{n^4}\,z,$$

$$z_{T(n)} = \frac{4l}{n^2 \pi^2} z_T = 0{,}4053\,\frac{l}{n^2}\,z_T, \quad n = 1, 2, 3, \ldots$$

Tafel 1. Einflußflächen für wandernde Einzellast $P = 1$ am Hauptträger k in u

Statische Größen der Hauptträger

Durchbiegung	$w_{ix,\,ku} =$	$w^0_{ix,\,ku}$	$+\dfrac{2l^3}{\pi^4 E J_i} \displaystyle\sum_{n=1,2\,3,\ldots} \dfrac{1}{n^4} \sin n\pi x/l \cdot \sin n\pi u/l \cdot C_{ik(n)}$
Tangentenneigung der Biegelinie ..	$\varphi_{ix,\,ku} =$	$\varphi^0_{ix,\,ku}$	$+\dfrac{2l^2}{\pi^3 E J_i} \displaystyle\sum_{n=1,2,3,\ldots} \dfrac{1}{n^3} \cos n\pi x/l \cdot \sin n\pi u/l \cdot C_{ik(n)}$
Biegemoment	$M_{ix,\,ku} =$	$M^0_{ix,\,ku}$	$+\dfrac{2l}{\pi^2} \displaystyle\sum_{n=1,2,3,\ldots} \dfrac{1}{n^2} \sin n\pi x/l \cdot \sin n\pi u/l \cdot C_{ik(n)}$
Querkraft	$Q_{ix,\,ku} =$	$Q^0_{ix,\,ku}$	$+\dfrac{2}{\pi} \displaystyle\sum_{n=1,2,3,\ldots} \dfrac{1}{n} \cos n\pi x/l \cdot \sin n\pi u/l \cdot C_{ik(n)}$
Knotenkraft	$K_{ix,\,ku} =$	—	$\dfrac{2}{l} \displaystyle\sum_{n=1,2,3,\ldots} \sin n\pi x/l \cdot \sin n\pi u/l \cdot C_{ik(n)}$
Verdrehung	$\vartheta_{ix,\,ku} =$	—	$\dfrac{2l}{\pi^2 G J_{Ti}} \displaystyle\sum_{n=1,2,3,\ldots} \dfrac{1}{n^2} \sin n\pi x/l \cdot \sin n\pi u/l \cdot D_{ik(n)}$
Drehmoment	$T_{ix,\,ku} =$	—	$\dfrac{2}{\pi} \displaystyle\sum_{n=1,2,3,\ldots} \dfrac{1}{n} \cos n\pi x/l \cdot \sin n\pi u/l \cdot D_{ik(n)}$
Knoteneinspannmoment	$M_{ix,\,ku} =$	—	$\dfrac{2}{l} \displaystyle\sum_{n=1,2,3,\ldots} \sin n\pi x/l \cdot \sin n\pi u/l \cdot D_{ik(n)}$

Statische Größen der Querträger

Statische Größen $S = w, \varphi, M$ und Q	$S_{xy,\,ku} =$	—	$\dfrac{2}{l} \displaystyle\sum_{n=1,2,3,\ldots} \sin n\pi x/l \cdot \sin n\pi u/l \cdot S_{yk(n)}$

$$i, k = a \ldots m; \quad 0 \leq x, u \leq l; \quad 0 \leq y \leq l_Q. \quad S^0_{ix,\,ku} = 0 \quad \text{für} \quad k \neq i.$$

Tafel der Werte $\sin n\pi x/l$ und $\cos n\pi x/l$ s. Teil C, Tafeln 22 und 23 (S. 96).
Lösungen und Tafeln der Werte $B_{ik(n)}$ und $D_{ik(n)}$ s. Teil D und E (S. 98 u. 123).
Es ist $C_{ik(n)} = B_{ik(n)}$ für $i \neq k$; $C_{ii(n)} = B_{ii(n)} - 1$.

Tafel 2. *Einflußflächen für wandernde Einzellast $P = 1$ am Querträger in uv*
Statische Größen der Hauptträger

Durchbiegung	$w_{ix,\,uv} =$	$\dfrac{2\,l^3}{\pi^4\,E\,J_i}\displaystyle\sum_{n=1,2,3,\dots}\dfrac{1}{n^4}\sin n\pi x/l\cdot\sin n\pi u/l\cdot B_{iv(n)}$
Tangentenneigung der Biegelinie	$\varphi_{ix,\,uv} =$	$\dfrac{2\,l^2}{\pi^3\,E\,J_i}\displaystyle\sum_{n=1,2,3,\dots}\dfrac{1}{n^3}\cos n\pi x/l\cdot\sin n\pi u/l\cdot B_{iv(n)}$
Biegemoment	$M_{ix,\,uv} =$	$\dfrac{2\,l}{\pi^2}\displaystyle\sum_{n=1,2,3,\dots}\dfrac{1}{n^2}\sin n\pi x/l\cdot\sin n\pi u/l\cdot B_{iv(n)}$
Querkraft	$Q_{ix,\,uv} =$	$\dfrac{2}{\pi}\displaystyle\sum_{n=1,2,3,\dots}\dfrac{1}{n}\cos n\pi x/l\cdot\sin n\pi u/l\cdot B_{iv(n)}$
Knotenkraft	$K_{ix,\,uv} =$	$\dfrac{2}{l}\displaystyle\sum_{n=1,2,3,\dots}\sin n\pi x/l\cdot\sin n\pi u/l\cdot B_{iv(n)}$
Verdrehung	$\vartheta_{ix,\,uv} =$	$\dfrac{2\,l}{\pi^2\,G\,J_{Ti}}\displaystyle\sum_{n=1,2,3,\dots}\dfrac{1}{n^2}\sin n\pi x/l\cdot\sin n\pi u/l\cdot D_{iv(n)}$
Drehmoment	$T_{ix,\,uv} =$	$\dfrac{2}{\pi}\displaystyle\sum_{n=1,2,3,\dots}\dfrac{1}{n}\cos n\pi x/l\cdot\sin n\pi u/l\cdot D_{iv(n)}$
Knoteneinspannmoment	$M_{ix,\,uv} =$	$\dfrac{2}{l}\displaystyle\sum_{n=1,2,3,\dots}\sin n\pi x/l\cdot\sin n\pi u/l\cdot D_{iv(n)}$

Statische Größen der Querträger

Statische Größen $S = w,\ \varphi,\ M$ und Q	$S_{xy,\,uv} =$	$\dfrac{2}{l}\displaystyle\sum_{n=1,2,3,\dots}\sin n\pi x/l\cdot\sin n\pi u/l\cdot S_{yv(n)}$

$$i,\,k = a\dots m;\qquad 0\leqq x,\,u\leqq l;\qquad 0\leqq y\leqq l_Q;\qquad -l_K\leqq v\leqq l_Q+l_K.$$

Tafel der Werte $\sin n\pi x/l$ und $\cos n\pi x/l$ s. Teil C, Tafeln 22 und 23 (S. 96).
Die Werte $B_{iv(n)}$ und $D_{iv(n)}$ sind nach Abschnitt D 2.8 (S. 110) zu berechnen.

Tafel 3. *Einflußflächen für wanderndes Drehmoment $T = 1$ am Hauptträger k in u*
Statische Größen der Hauptträger

Durchbiegung	$w_{ix,\,\overrightarrow{ku}} =$	$-$	$\dfrac{2\,l^3}{\pi^4\,E\,J_i}\displaystyle\sum_{n=1,2,3,\dots}\dfrac{1}{n^4}\sin n\pi x/l\cdot\sin n\pi u/l\cdot B_{ik(n)}^{\,\flat}$
Tangentenneigung der Biegelinie	$\varphi_{ix,\,\overrightarrow{ku}} =$	$-$	$\dfrac{2\,l^2}{\pi^3\,E\,J_i}\displaystyle\sum_{n=1,2,3,\dots}\dfrac{1}{n^3}\cos n\pi x/l\cdot\sin n\pi u/l\cdot B_{ik(n)}^{\,\flat}$
Biegemoment	$M_{ix,\,\overrightarrow{ku}} =$	$-$	$\dfrac{2\,l}{\pi^2}\displaystyle\sum_{n=1,2,3,\dots}\dfrac{1}{n^2}\sin n\pi x/l\cdot\sin n\pi u/l\cdot B_{ik(n)}^{\,\flat}$
Querkraft	$Q_{ix,\,\overrightarrow{ku}} =$	$-$	$\dfrac{2}{\pi}\displaystyle\sum_{n=1,2,3,\dots}\dfrac{1}{n}\cos n\pi x/l\cdot\sin n\pi u/l\cdot B_{ik(n)}^{\,\flat}$
Knotenkraft	$K_{ix,\,\overrightarrow{ku}} =$	$-$	$\dfrac{2}{l}\displaystyle\sum_{n=1,2,3,\dots}\sin n\pi x/l\cdot\sin n\pi u/l\cdot B_{ik(n)}^{\,\flat}$
Verdrehung	$\vartheta_{ix,\,\overrightarrow{ku}} =$	$\vartheta_{ix,\,\overrightarrow{ku}}^{0}$	$+\dfrac{2\,l}{\pi^2\,G\,J_{Ti}}\displaystyle\sum_{n=1,2,3,\dots}\dfrac{1}{n^2}\sin n\pi x/l\cdot\sin n\pi u/l\cdot E_{ik(n)}^{\,\flat}$
Drehmoment	$T_{ix,\,\overrightarrow{ku}} =$	$T_{ix,\,\overrightarrow{ku}}^{0}$	$+\dfrac{2}{\pi}\displaystyle\sum_{n=1,2,3,\dots}\dfrac{1}{n}\cos n\pi x/l\cdot\sin n\pi u/l\cdot E_{ik(n)}^{\,\flat}$
Knoteneinspannmoment	$M_{ix,\,\overrightarrow{ku}} =$	$-$	$\dfrac{2}{l}\displaystyle\sum_{n=1,2,3,\dots}\sin n\pi x/l\cdot\sin n\pi u/l\cdot E_{ik(n)}^{\,\flat}$

Statische Größen der Querträger

Statische Größen $S = w, \varphi, M$ und Q	$S_{ix,\,\overrightarrow{ku}} =$	$-$	$\dfrac{2}{l}\displaystyle\sum_{n=1,2,3,\dots}\sin n\pi x/l\cdot\sin n\pi u/l\cdot S_{yk(n)}^{\,\flat}$

$$i,\,k = a\dots m;\qquad 0\leqq x,\,u\leqq l;\qquad 0\leqq y\leqq l_Q.\qquad S_{ix,\,ku}^{0} = 0\ \text{ für }\ k\neq i.$$

Tafel der Werte $\sin n\pi x/l$ und $\cos n\pi x/l$ s. Teil C, Tafeln 22 und 23 (S. 96).
Lösungen und Tafeln der Werte $B_{ik(n)}^{\,\flat}$ und $D_{ik(n)}^{\,\flat}$ s. Teil D und E (S. 98 u. 123).
Es ist $E_{ik(n)}^{\,\flat} = D_{ik(n)}^{\,\flat}$ für $k\neq i$; $E_{ii(n)}^{\,\flat} = D_{ii(n)}^{\,\flat} - 1$.

Tafel 4. Einflußflächen für wanderndes Einzelmoment $M = 1$ am Hauptträger k in u
Statische Größen der Hauptträger

Durchbiegung	$w_{ix,\,k\overset{\smile}{u}} =$	$w^0_{ix,\,k\overset{\smile}{u}}$	$+\dfrac{2\,l^2}{\pi^3 E J_i} \sum\limits_{n=1,2,3,\ldots} \dfrac{1}{n^3} \sin n\pi x/l \cdot \cos n\pi u/l \cdot C_{ik\,(n)}$
Tangentenneigung der Biegelinie	$\varphi_{ix,\,k\overset{\smile}{u}} =$	$\varphi^0_{ix,\,k\overset{\smile}{u}}$	$+\dfrac{2\,l}{\pi^2 E J_i} \sum\limits_{n=1,2,3,\ldots} \dfrac{1}{n^2} \cos n\pi x/l \cdot \cos n\pi u/l \cdot C_{ik\,(n)}$
Biegemoment	$M_{ix,\,k\overset{\smile}{u}} =$	$M^0_{ix,\,k\overset{\smile}{u}}$	$+\dfrac{2}{\pi} \sum\limits_{n=1,2,3,\ldots} \dfrac{1}{n} \sin n\pi x/l \cdot \cos n\pi u/l \cdot C_{ik\,(n)}$
Querkraft	$Q_{ix,\,k\overset{\smile}{u}} =$	$Q^0_{ix,\,k\overset{\smile}{u}}$	$+\dfrac{2}{l} \sum\limits_{n=1,2,3,\ldots} \cos n\pi x/l \cdot \cos n\pi u/l \cdot C_{ik\,(n)}$
Knotenkraft	$K_{ix,\,k\overset{\smile}{u}} =$	$-$	$\dfrac{2\pi}{l^2} \sum\limits_{n=1,2,3,\ldots} n \cdot \sin n\pi x/l \cdot \cos n\pi u/l \cdot C_{ik\,(n)}$
Verdrehung	$\vartheta_{ix,\,k\overset{\smile}{u}} =$	$-$	$\dfrac{2}{\pi G J_{Ti}} \sum\limits_{n=1,2,3,\ldots} \dfrac{1}{n} \sin n\pi x/l \cdot \cos n\pi u/l \cdot D_{ik\,(n)}$
Drehmoment	$T_{ix,\,k\overset{\smile}{u}} =$	$-$	$\dfrac{2}{l} \sum\limits_{n=1,2,3,\ldots} \cos n\pi x/l \cdot \cos n\pi u/l \cdot D_{ik\,(n)}$
Knoteneinspannmoment	$M_{ix,\,k\overset{\smile}{u}} =$	$-$	$\dfrac{2\pi}{l^2} \sum\limits_{n=1,2,3,\ldots} n \cdot \sin n\pi x/l \cdot \cos n\pi u/l \cdot D_{ik\,(n)}$

Statische Größen der Querträger

Statische Größen $S = w, \varphi, M$ und Q	$S_{xy,\,k\overset{\smile}{u}} =$	$-$	$\dfrac{2\pi}{l^2} \sum\limits_{n=1,2,3,\ldots} n \cdot \sin n\pi x/l \cdot \cos n\pi u/l \cdot S_{yk\,(n)}$

$i, k = a \ldots m; \quad 0 \leqq x, u \leqq l; \quad 0 \leqq y \leqq l_Q. \quad S^0_{ix,\,ku} = 0 \quad \text{für} \quad k \neq i.$
Tafel der Werte $\sin n\pi x/l$ und $\cos n\pi x/l$ s. Teil C, Tafeln 22 und 23 (S. 96).
Lösungen und Tafeln der Werte $B_{ik\,(n)}$ und $D_{ik\,(n)}$ s. Teil D und E (S. 98 u. 123).
Es ist $C_{ik\,(n)} = B_{ik\,(n)}$ für $i \neq k; \quad C_{ii\,(n)} = B_{ii\,(n)} - 1.$

Tafel 5. Einflußflächen für wanderndes Biegemoment $M = 1$ am Querträger in uv
Statische Größen der Hauptträger

Durchbiegung	$w_{ix,\,\overrightarrow{uv}} =$	$\dfrac{2\,l^3}{\pi^4 E J_i} \sum\limits_{n=1,2,3,\ldots} \dfrac{1}{n^4} \sin n\pi x/l \cdot \sin n\pi u/l \cdot B^{\smile}_{iv(n)}$
Tangentenneigung der Biegelinie	$\varphi_{ix,\,\overrightarrow{uv}} =$	$\dfrac{2\,l^2}{\pi^3 E J_i} \sum\limits_{n=1,2,3,\ldots} \dfrac{1}{n^3} \cos n\pi x/l \cdot \sin n\pi u/l \cdot B^{\smile}_{iv(n)}$
Biegemoment	$M_{ix,\,\overrightarrow{uv}} =$	$\dfrac{2\,l}{\pi^2} \sum\limits_{n=1,2,3,\ldots} \dfrac{1}{n^2} \sin n\pi x/l \cdot \sin n\pi u/l \cdot B^{\smile}_{iv(n)}$
Querkraft	$Q_{ix,\,\overrightarrow{uv}} =$	$\dfrac{2}{\pi} \sum\limits_{n=1,2,3,\ldots} \dfrac{1}{n} \cos n\pi x/l \cdot \sin n\pi u/l \cdot B^{\smile}_{iv(n)}$
Knotenkraft	$K_{ix,\,\overrightarrow{uv}} =$	$\dfrac{2}{l} \sum\limits_{n=1,2,3,\ldots} \sin n\pi x/l \cdot \sin n\pi u/l \cdot B^{\smile}_{iv(n)}$
Verdrehung	$\vartheta_{ix,\,\overrightarrow{uv}} =$	$\dfrac{2\,l}{\pi^2 G J_{Ti}} \sum\limits_{n=1,2,3,\ldots} \dfrac{1}{n^2} \sin n\pi x/l \cdot \sin n\pi u/l \cdot D^{\smile}_{iv(n)}$
Drehmoment	$T_{ix,\,\overrightarrow{uv}} =$	$\dfrac{2}{\pi} \sum\limits_{n=1,2,3,\ldots} \dfrac{1}{n} \cos n\pi x/l \cdot \sin n\pi u/l \cdot D^{\smile}_{iv(n)}$
Knoteneinspannmoment	$M_{ix,\,\overrightarrow{uv}} =$	$\dfrac{2}{l} \sum\limits_{n=1,2,3,\ldots} \sin n\pi x/l \cdot \sin n\pi u/l \cdot D^{\smile}_{iv(n)}$

Statische Größen der Querträger

Statische Größen $S = w, \varphi, M$ und Q	$S_{xy,\,\overrightarrow{uv}} =$	$\dfrac{2}{l} \sum\limits_{n=1,2,3,\ldots} \sin n\pi x/l \cdot \sin n\pi u/l \cdot S^{\smile}_{yv(n)}$

$i, k = a \ldots m; \quad 0 \leqq x, u \leqq l; \quad 0 \leqq y \leqq l_Q.$
Tafel der Werte $\sin n\pi x/l$ und $\cos n\pi x/l$ s. Teil C, Tafeln 22 und 23 (S. 96).
Die Werte $B^{\smile}_{iv(n)}$ und $D^{\smile}_{iv(n)}$ sind nach Abschnitt D 2.8 (S. 110) zu berechnen.

C. Statische Größen infolge von Gruppenbelastungen am losgelösten Hauptträger

$$w_{i\,x,\,i\,(n)},\quad \varphi_{i\,x,\,i\,(n)},\quad M_{x\,(n)},\quad Q_{x\,(n)},\quad \vartheta_{i\,x,\,i\,(n)},\quad T_{x\,(n)},\quad \gamma_{u\,(n)},\quad \overset{\backprime}{\gamma}_{u\,(n)},\quad \gamma_{u\,\overrightarrow{(n)}},\quad F_{(n)}\ \text{ und }\ F_{\overrightarrow{(n)}}$$

Die halbfett gesetzten Größen in den Zeilen $w_{i\,x,\,i\,(n)}$ und $\vartheta_{i\,x,\,i\,(n)}$ sind die Größen $\omega_{i\,(n)}$ und $\omega_{i\,T\,(n)}$.

1. Kreuzwerke mit einem Querträger

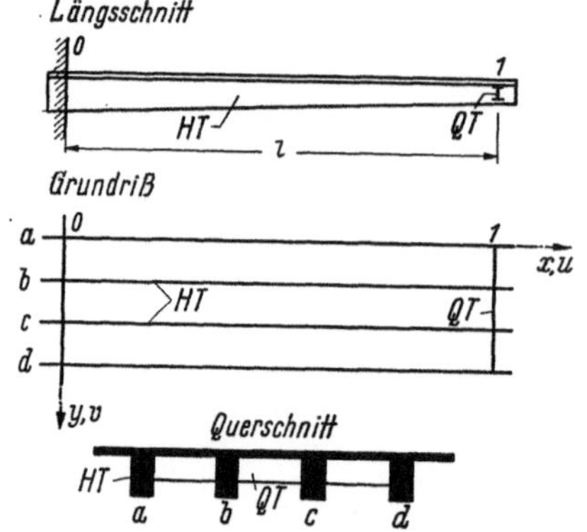

a Belastung durch die Last 1

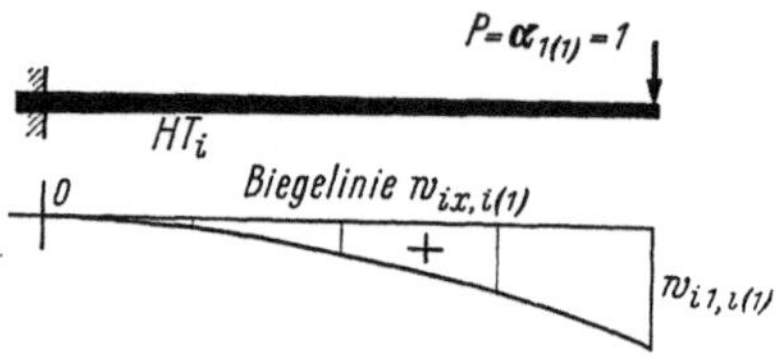

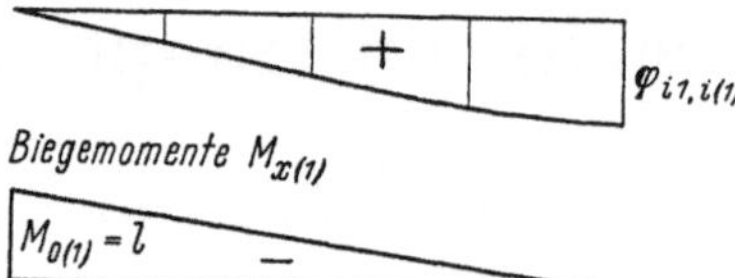

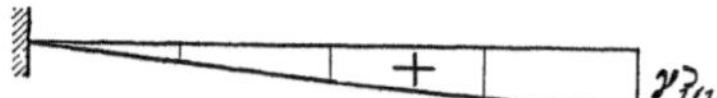

b Belastung durch das Drehmoment 1

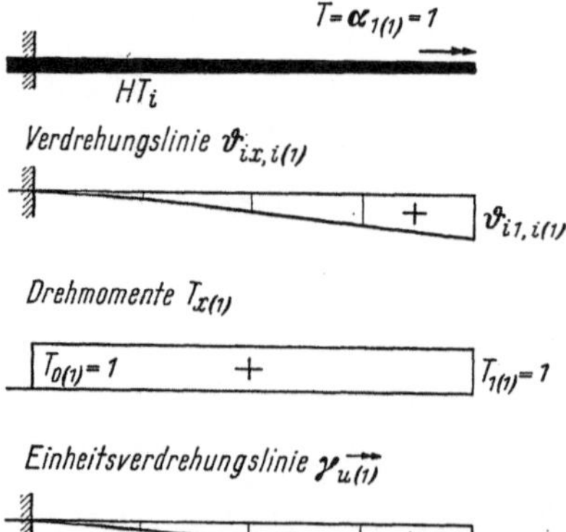

Abb. 29. Auskragendes Kreuzwerk mit veränderlichem J und J_T der Hauptträger. Wirkungen infolge von Belastungen P und $T = 1$ im Punkt 1

Tafel 1

j												1	
	x/l bzw. u/l	0	0,1	0,2	0,3	0,4	0,5	0,6	0,7	0,8	0,9	1	Faktor
1.	$w_{ix,\,i(1)}$	0	4,83	18,67	40,50	69,33	104,17	144,00	187,83	234,67	283,50	**333,33**	$\cdot\,l^3/1000\,E\,J_{i1}$
2.	$\varphi_{ix,\,i(1)}$	0	95	180	255	320	375	420	455	480	495	500	$\cdot\,l^2/1000\,E\,J_{i1}$
3.	$M_{x(1)}$	-1	$-0,9$	$-0,8$	$-0,7$	$-0,6$	$-0,5$	$-0,4$	$-0,3$	$-0,2$	$-0,1$	0	$\cdot\,l$
4.	$Q_{x(1)}$	1	1	1	1	1	1	1	1	1	1	1	
5.	$\vartheta_{ix,\,i(1)}$	0	0,1	0,2	0,3	0,4	0,5	0,6	0,7	0,8	0,9	1	$\cdot\,l/GJ_{Ti1}$
6.	$T_{x(1)}$	1	1	1	1	1	1	1	1	1	1	1	
7.	$\gamma_{u(1)}$	0	0,0145	0,0560	0,1215	0,2080	0,3125	0,4320	0,5635	0,7040	0,8505	1	
8.	$\gamma_{u(1)}^2$	0	0,285	0,540	0,765	0,960	1,125	1,260	1,365	1,440	1,485	1,500	$\cdot\,1/l$
9.	$\gamma_{\overrightarrow{u(1)}}$	0	0,1	0,2	0,3	0,4	0,5	0,6	0,7	0,8	0,9	1	
10.					$F_{(1)}=0,375\,l,$		$F_{\overrightarrow{(1)}}=0,500\,l$							
11.					$z_{(1)}=16z,$		$z_{T(1)}=4\,z_T$							

Tafel 2a

$J_0:J_1=5$

j												1	
	x/l bzw. u/l	0	0,1	0,2	0,3	0,4	0,5	0,6	0,7	0,8	0,9	1	Faktor
1.	$w_{ix.\,i(1)}$	0	0,95	4,00	9,15	16,35	25,62	36,84	50,06	64,86	81,06	**98,00**	$\cdot\,l^3/1000\,EJ_{i1}$
2.	$\varphi_{ix.\,i(1)}$	0	20,22	40,84	61,67	82,46	102,90	122,46	140,39	155,65	166,63	170,98	$\cdot\,l^2/1000\,EJ_{i1}$
3.	$M_{x(1)}$	-1	$-0,9$	$-0,8$	$-0,7$	$-0,6$	$-0,5$	$-0,4$	$-0,3$	$-0,2$	$-0,1$	0	$\cdot\,l$
4.	$Q_{x(1)}$	1	1	1	1	1	1	1	1	1	1	1	
5.	$\vartheta_{ix,\,i(1)}$	0	0,0597	0,1221	0,1874	0,2558	0,3277	0,4035	0,4837	0,5686	0,6590	**0,7556**	$\cdot\,l/GJ_{Ti1}$
6.	$T_{x(1)}$	1	1	1	1	1	1	1	1	1	1	1	
7.	$\gamma_{u(1)}$	0	0,0097	0,0408	0,0934	0,1668	0,2614	0,3759	0,5108	0,6618	0,8271	1	
8.	$\gamma_{u(1)}^2$	0	0,206	0,417	0,629	0,841	1,050	1,250	1,433	1,588	1,700	1,745	$\cdot\,1/l$
9.	$\gamma_{\overrightarrow{u(1)}}$	0	0,079	0,162	0,248	0,339	0,434	0,534	0,640	0,753	0,872	1	
10.					$F_{(1)}=0,343\,l,$		$F_{\overrightarrow{(1)}}=0,456\,l$							
11.					$z_{(1)}=4,704z,$		$z_{T(1)}=3,022\,z_T$							

Tafel 2 b

$J_0 : J_1 = 10$

j											1	
x/l bzw. u/l	0	0,1	0,2	0,3	0,4	0,5	0,6	0,7	0,8	0,9	1	Faktor
1. $w_{ix,\,i(1)}$	0	0,52	2,11	4,83	8,73	13,86	20,28	27,97	36,89	46,87	**57,55**	$\cdot\, l^3/1000\,EJ_{i1}$
2. $\varphi_{ix,\,i(1)}$	0	10,31	21,24	32,78	44,90	57,49	70,32	82,96	94,65	103,94	108,16	$\cdot\, l^2/1000\,EJ_{i1}$
3. $M_{x(1)}$	-1	$-0,9$	$-0,8$	$-0,7$	$-0,6$	$-0,5$	$-0,4$	$-0,3$	$-0,2$	$-0,1$	0	$\cdot\, l$
4. $Q_{x(1)}$	1	1	1	1	1	1	1	1	1	1	1	
5. $\vartheta_{ix,\,i(1)}$	0	0,0477	0,0982	0,1518	0,2090	0,2702	0,3360	0,4073	0,4849	0,5703	**0,6649**	$\cdot\, l/GJ_{T\,i1}$
6. $T_{x(1)}$	1	1	1	1	1	1	1	1	1	1	1	
7. $\gamma_{u(1)}$	0	0,0091	0,0367	0,0839	0,1516	0,2409	0,3524	0,4861	0,6411	0,8145	1	
8. $\gamma_{u(1)}^2$	0	0,179	0,369	0,570	0,780	0,999	1,222	1,442	1,645	1,806	1,879	$\cdot\, 1/l$
9. $\gamma_{u(1)}^{\rightarrow}$	0	0,072	0,148	0,228	0,314	0,406	0,505	0,613	0,729	0,858	1	
10.					$F_{(1)} = 0{,}330\,l,$		$F_{(1)}^{\rightarrow} = 0{,}437\,l$					
11.					$z_{(1)} = 2{,}762\,z,$		$z_{T\,(1)} = 2{,}660\,z_T$					

Tafel 2 c

$J_0 : J_1 = 20$

j											1	
x/l bzw. u/l	0	0,1	0,2	0,3	0,4	0,5	0,6	0,7	0,8	0,9	1	Faktor
1. $w_{ix,\,i(1)}$	0	0,27	1,08	2,50	4,57	7,37	10,95	15,37	20,65	26,76	**33,46**	$\cdot\, l^3/1000\,EJ_{i1}$
2. $\varphi_{ix,\,i(1)}$	0	5,23	10,96	17,24	24,12	31,61	39,71	48,254	56,828	64,38	68,28	$\cdot\, l^2/1000\,EJ_{i1}$
3. $M_{x(1)}$	-1	$-0,9$	$-0,8$	$-0,7$	$-0,6$	$-0,5$	$-0,4$	$-0,3$	$-0,2$	$-0,1$	0	$\cdot\, l$
4. $Q_{x(1)}$	1	1	1	1	1	1	1	1	1	1	1	
5. $\vartheta_{ix,\,i(1)}$	0	0,0380	0,0788	0,1226	0,1699	0,2214	0,2778	0,3404	0,4105	0,4902	**0,5824**	$\cdot\, l/GJ_{T\,i1}$
6. $T_{x(1)}$	1	1	1	1	1	1	1	1	1	1	1	
7. $\gamma_{u(1)}$	0	0,0080	0,0323	0,0747	0,1367	0,2204	0,3274	0,4595	0,6174	0,7998	1	
8. $\gamma_{u(1)}^2$	0	0,156	0,328	0,515	0,721	0,945	1,187	1,442	1,699	1,924	2,041	$\cdot\, 1/l$
9. $\gamma_{u(1)}^{\rightarrow}$	0	0,065	0,135	0,211	0,292	0,380	0,477	0,584	0,705	0,842	1	
10.					$F_{(1)} = 0{,}316\,l,$		$F_{(1)}^{\rightarrow} = 0{,}418\,l$					
11.					$z_{(1)} = 1{,}606\,z,$		$z_{T\,(1)} = 2{,}330\,z_T$					

Tafel 3

j — x/l bzw. u/l	0	0,1	0,2	0,3	0,4	1 — 0,5	0,6	0,7	0,8	0,9	1	Faktor
1. $w_{ix,i(1)}$	0	6,167	11,833	16,500	19,667	**20,833**	1,9667	16,500	11,833	6,167	0	$\cdot\, l^3/1000\,EJ_i$
2. $\varphi_{ix,i(1)}$	62,50	60,00	52,50	40,00	22,50	0	−22,50	−40,00	−52,50	−60,00	−62,50	$\cdot\, l^2/1000\,EJ_i$
3. $M_{x(1)}$	0	0,050	0,100	0,150	0,200	0,250	0,200	0,150	0,100	0,050	0	$\cdot\, l$
4. $Q_{x(1)}$	0,5	0,5	0,5	0,5	0,5	0,5 / −0,5	−0,5	−0,5	−0,5	−0,5	−0,5	
5. $\vartheta_{ix,i(1)}$	0	0,050	0,100	0,150	0,200	**0,250**	0,200	0,150	0,100	0,050	0	$\cdot\, l/GJ_{Ti}$
6. $T_{x(1)}$	0,5	0,5	0,5	0,5	0,5	0,5 / −0,5	−0,5	−0,5	−0,5	−0,5	−0,5	
7. $\gamma_{u(1)}$	0	0,296	0,568	0,792	0,944	1	0,944	0,792	0,568	0,296	0	
8. $\gamma^2_{u(1)}$	3,000	2,880	2,520	1,920	1,080	0	−1,080	−1,920	−2,520	−2,880	−3,000	$\cdot\, 1/l$
9. $\overrightarrow{\gamma_{u(1)}}$	0	0,2	0,4	0,6	0,8	1	0,8	0,6	0,4	0,2	0	
10.	$F_{(1)} = 0,625\,l,$			$\overrightarrow{F_{(1)}} = 0,5\,l$								
11.	$z_{(1)} = z,$			$z_{T(1)} = z_T$								

Tafel 4a

$J_0 : J_1 = 5$

j — x/l bzw. u/l	0	0,1	0,2	0,3	0,4	1 — 0,5	0,6	0,7	0,8	0,9	1	Faktor
1. $w_{ix,i(1)}$	0	4,771	9,362	13,427	16,391	**17,533**	16,391	13,427	9,362	4,771	0	$\cdot\, l^3/1000\,EJ_{i1}$
2. $\varphi_{ix,i(1)}$	47,919	47,279	44,216	36,560	22,028	0	−22,028	−36,560	−44,216	−47,279	−47,919	$\cdot\, l^2/1000\,EJ_{i1}$
3. $M_{x(1)}$	0	0,050	0,100	0,150	0,200	0,250	0,200	0,150	0,100	0,050	0	$\cdot\, l$
4. $Q_{x(1)}$	0,5	0,5	0,5	0,5	0,5	0,5 / −0,5	−0,5	−0,5	−0,5	−0,5	−0,5	
5. $\vartheta_{ix,i(1)}$	0	0,0318	0,0688	0,1113	0,1583	**0,2080**	0,1583	0,1113	0,0688	0,0318	0	$\cdot\, l/GJ_{Ti1}$
6. $T_{x(1)}$	0,5	0,5	0,5	0,5	0,5	0,5 / −0,5	−0,5	−0,5	−0,5	−0,5	−0,5	
7. $\gamma_{u(1)}$	0	0,2721	0,5340	0,7658	0,9349	1	0,9349	0,7658	0,5340	0,2721	0	
8. $\gamma^2_{u(1)}$	2,733	2,697	2,522	2,085	1,256	0	−1,256	−2,085	−2,522	−2,697	−2,733	$\cdot\, 1/l$
9. $\overrightarrow{\gamma_{u(1)}}$	0	0,153	0,331	0,535	0,761	1	0,761	0,535	0,331	0,153	0	
10.			$F_{(1)} = 0,606\,l,$		$\overrightarrow{F_{(1)}} = 0,455\,l$							
11.			$z_{(1)} = 0,842\,z,$		$z_{T(1)} = 0,832\,z_T$							

Tafel 4b

$J_0 : J_1 = 10$

j		0	0,1	0,2	0,3	0,4	1 0,5	0,6	0,7	0,8	0,9	1	Faktor
	x/l bzw. u/l												
1.	$w_{ix.i(1)}$	0	4,277	8,445	12,231	15,087	**16,214**	15,087	12,231	8,445	4,277	0	$\cdot\, l^3/1000\,EJ_{i1}$
2.	$\varphi_{ix,i(1)}$	42,889	42,544	40,590	34,747	21,738	0	−21,738	−34,747	−40,590	−42,544	−42,889	$\cdot\, l^2/1000\,EJ_{i1}$
3.	$M_{x(1)}$	0	0,050	0,100	0,150	0,200	0,250	0,200	0,150	0,100	0,050	0	$\cdot\, l$
4.	$Q_{x(1)}$	0,5	0,5	0,5	0,5	0,5	0,5 −0,5	−0,5	−0,5	−0,5	−0,5	−0,5	
5.	$\vartheta_{ix,i(1)}$	0	0,0258	0,0578	0,0966	0,1419	**0,1913**	0,1419	0,0966	0,0578	0,0258	0	$\cdot\, l/GJ_{Ti1}$
6.	$T_{x(1)}$	0,5	0,5	0,5	0,5	0,5	0,5 −0,5	−0,5	−0,5	−0,5	−0,5	−0,5	
7.	$\gamma_{u(1)}$	0	0,2638	0,5208	0,7543	0,9305	1	0,9305	0,7543	0,5208	0,2638	0	
8.	$\gamma^2_{u(1)}$	2,645	2,624	2,503	2,143	1,341	0	−1,341	−2,143	−2,503	−2,624	−2,645	$\cdot\, 1/l$
9.	$\gamma_{\overrightarrow{u(1)}}$	0	0,135	0,302	0,505	0,742	1	0,742	0,505	0,302	0,135	0	
10.		$F_{(1)} = 0,598\,l,\quad \overrightarrow{F_{(1)}} = 0,435\,l$											
11.		$z_{(1)} = 0,778\,z,\quad z_{T(1)} = 0,765\,z_T$											

Tafel 4c

$J_0 : J_1 = 20$

j		0	0,1	0,2	0,3	0,4	1 0,5	0,6	0,7	0,8	0,9	1	Faktor
	x/l bzw. u/l												
1.	$w_{ix,i(1)}$	0	3,837	7,609	11,114	13,848	**14,956**	13,848	11,114	7,609	3,837	0	$\cdot\, l^3/1000\,EJ_{i1}$
2.	$\varphi_{ix,i(1)}$	38,434	38,251	37,047	32,760	21,381	0	−21,381	−32,760	−37,047	−38,251	−38,434	$\cdot\, l^2/1000\,EJ_{i1}$
3.	$M_{x(1)}$	0	0,050	0,100	0,150	0,200	0,250	0,200	0,150	0,100	0,050	0	$\cdot\, l$
4.	$Q_{x(1)}$	0,5	0,5	0,5	0,5	0,5	0,5 −0,5	−0,5	−0,5	−0,5	−0,5	−0,5	
5.	$\vartheta_{ix.i(1)}$	0	0,0209	0,0481	0,0831	0,1264	**0,1756**	0,1264	0,0831	0,0481	0,0209	0	$\cdot\, l/GJ_{Ti1}$
6.	$T_{x(1)}$	0,5	0,5	0,5	0,5	0,5	0,5 −0,5	−0,5	−0,5	−0,5	−0,5	−0,5	
7.	$\gamma_{u(1)}$	0	0,2566	0,5087	0,7431	0,9259	1	0,9259	0,7431	0,5087	0,2566	0	
8.	$\gamma^2_{u(1)}$	2,570	2,558	2,477	2,190	1,430	0	−1,430	−2,190	−2,477	−2,558	−2,570	$\cdot\, 1/l$
9.	$\gamma_{\overrightarrow{u(1)}}$	0	0,119	0,274	0,473	0,720	1	0,720	0,473	0,274	0,119	0	
10.		$F_{(1)} = 0,591\,l,\quad \overrightarrow{F_{(1)}} = 0,415\,l$											
11.		$z_{(1)} = 0,718\,z,\quad z_{T(1)} = 0,702\,z_T$											

Tafel 5

j					1							Faktor
x/l bzw. u/l	0	0,1	0,2	0,3	0,4	0,5	0,6	0,7	0,8	0,9	1	
1. $w_{ix \cdot i\,(1)}$	0	6,300	12,000	16,500	**19,200**	19,667	18,133	15,000	10,667	5,533	0	$\cdot\, l^3/1000\,EJ_i$
2. $\varphi_{ix,\,i\,(1)}$	64	61	52	37	16	-6	-24	-38	-48	-54	-56	$\cdot\, l^2/1000\,EJ_i$
3. $M_{x\,(1)}$	0	0,060	0,120	0,180	0,240	0,200	0,160	0,120	0,080	0,040	0	$\cdot\, l$
4. $Q_{x\,(1)}$	0,6	0,6	0,6	0,6	0,6 / $-0,4$	$-0,4$	$-0,4$	$-0,4$	$-0,4$	$-0,4$	$-0,4$	
5. $\vartheta_{ix,\,i\,(1)}$	0	0,060	0,120	0,180	**0,240**	0,200	0,160	0,120	0,080	0,040	0	$\cdot\, l/GJ_{Ti}$
6. $T_{x\,(1)}$	0,6	0,6	0,6	0,6	0,6 / $-0,4$	$-0,4$	$-0,4$	$-0,4$	$-0,4$	$-0,4$	$-0,4$	
7. $\gamma_{u\,(1)}$	0	0,3281	0,6250	0,8594	1	1,0243	0,9444	0,7812	0,5556	0,2882	0	
8. $\gamma_{u\,(1)}^2$	3,333	3,177	2,708	1,927	0,833	$-0,312$	$-1,250$	$-1,979$	$-2,500$	$-2,813$	$-2,917$	$\cdot\, 1/l$
9. $\overrightarrow{\gamma_{u\,(1)}}$	0	0,250	0,500	0,750	1	0,833	0,667	0,500	0,333	0,167	0	
10.		$F_{(1)} = 0{,}646\,l,$		$\overrightarrow{F_{(1)}} = 0{,}500\,l$								
11.		$z_{(1)} = 0{,}922\,z,$		$z_{T\,(1)} = 0{,}960\,z_T$								

Tafel 6a

$J_2 : J_0 = 5$

j					1							Faktor
x/l bzw. u/l	0	0,1	0,2	0,3	0,4	0,5	0,6	0,7	0,8	0,9	1	
1. $w_{ix \cdot i\,(1)}$	0	4,558	8,535	11,421	**12,825**	12,616	11,174	8,914	6,156	3,132	0	$\cdot\, l^3/1000\,EJ_{i0}$
2. $\varphi_{ix,\,i\,(1)}$	46,570	43,586	35,004	21,836	5,484	$-9,219$	$-19,260$	$-25,633$	$-29,282$	$-31,015$	$-31,467$	$\cdot\, l^2/1000\,EJ_{i0}$
3. $M_{x\,(1)}$	0	0,06	0,12	0,18	0,24	0,2	0,16	0,12	0,08	0,04	0	$\cdot\, l$
4. $Q_{x\,(1)}$	0,6	0,6	0,6	0,6	0,6 / $-0,4$	$-0,4$	$-0,4$	$-0,4$	$-0,4$	$-0,4$	$-0,4$	
5. $\vartheta_{ix,\,i\,(1)}$	0	0,0535	0,1062	0,1575	**0,2067**	0,1661	0,1279	0,0922	0,0590	0,0283	0	$\cdot\, l/GJ_{Ti0}$
6. $T_{x\,(1)}$	0,536	0,536	0,536	0,536	0,536 / $-0,464$	$-0,464$	$-0,464$	$-0,464$	$-0,464$	$-0,464$	$-0,464$	
7. $\gamma_{u\,(1)}$	0	0,3554	0,6655	0,8905	1	0,9837	0,8712	0,6950	0,4800	0,2442	0	
8. $\gamma_{u\,(1)}^2$	3,631	3,398	2,729	1,703	0,428	$-0,719$	$-1,502$	$-1,999$	$-2,283$	$-2,418$	$-2,454$	$\cdot\, 1/l$
9. $\overrightarrow{\gamma_{u\,(1)}}$	0	0,259	0,514	0,762	1	0,804	0,619	0,446	0,285	0,137	0	
10.				$F_{(1)} = 0{,}624\,l,$		$\overrightarrow{F_{(1)}} = 0{,}482\,l$						
11.				$z_{(1)} = 0{,}616\,z,$		$z_{T\,(1)} = 0{,}827\,z_T$						

Tafel 6b

$J_2 : J_0 = 10$

	j	0	0,1	0,2	0,3	1 0,4	0,5	0,6	0,7	0,8	0,9	1	Faktor
	x/l bzw. u/l	0	0,1	0,2	0,3	0,4	0,5	0,6	0,7	0,8	0,9	1	
1.	$w_{ix.\,i\,(1)}$	0	3,906	7,243	9,549	**10,553**	10,175	8,868	6,986	4,782	2,421	0	$\cdot\, l^3/1000\,EJ_{i0}$
2.	$\varphi_{ix,\,i\,(1)}$	40,049	37,074	28,741	16,57	2,448	$-9,267$	$-16,596$	$-20,847$	$-23,076$	$-24,049$	$-24,283$	$\cdot\, l^2/1000\,EJ_{i0}$
3.	$M_{x\,(1)}$	0	0,060	0,120	0,180	0,240	0,200	0,160	0,120	0,080	0,040	0	$\cdot\, l$
4.	$Q_{x\,(1)}$	0,6	0,6	0,6	0,6	0,6 / $-0,4$	$-0,4$	$-0,4$	$-0,4$	$-0,4$	$-0,4$	$-0,4$	
5.	$\vartheta_{ix.\,i\,(1)}$	0	0,0504	0,0997	0,1468	**0,1911**	0,1511	0,1440	0,0812	0,0512	0,0242	0	$\cdot\, l/GJ_{T\,i0}$
6.	$T_{x\,(1)}$	0,506	0,506	0,506	0,506	0,506 / $-0,494$	$-0,494$	$-0,494$	$-0,494$	$-0,494$	$-0,494$	$-0,494$	
7.	$\gamma_{u\,(1)}$	0	0,3708	0,6876	0,9065	1	0,9659	0,8419	0,6632	0,454	0,2298	0	
8.	$\gamma_{u\,(1)}^{\jmath}$	3,802	3,520	2,729	1,573	0,232	$-0,880$	$-1,576$	$-1,979$	$-2,191$	$-2,283$	$-2,305$	$\cdot\, 1/l$
9.	$\gamma_{u\overrightarrow{(1)}}$	0	0,264	0,522	0,768	1	0,790	0,599	0,425	0,268	0,127	0	
10.				$F_{(1)} = 0,617\,l,$		$\overrightarrow{F}_{(1)} = 0,476\,l$							
11.				$z_{(1)} = 0,506\,z,$		$z_{T\,(1)} = 0,764\,z_T$							

Tafel 6c

$J_2 : J_0 = 20$

	j	0	0,1	0,2	0,3	1 0,4	0,5	0,6	0,7	0,8	0,9	1	Faktor
	x/l bzw. u/l	0	0,1	0,2	0,3	0,4	0,5	0,6	0,7	0,8	0,9	1	
1.	$w_{ix.\,i\,(1)}$	0	3,316	6,078	7,878	**8,524**	8,085	6,943	5,411	3,679	1,855	0	$\cdot\, l^3/1000\,EJ_{i0}$
2.	$\varphi_{ix.\,i\,(1)}$	34,151	31,189	23,155	12,102	0,249	$-8,750$	$-13,889$	$-16,620$	$-17,939$	$-18,474$	$-18,595$	$\cdot\, l^2/1000\,EJ_{i0}$
3.	$M_{x\,(1)}$	0	0,06	0,12	0,18	0,24	0,20	0,16	0,12	0,08	0,04	0	$\cdot\, l$
4.	$Q_{x\,(1)}$	0,6	0,6	0,6	0,6	0,6 / $-0,4$	$-0,4$	$-0,4$	$-0,4$	$-0,4$	$-0,4$	$-0,4$	
5.	$\vartheta_{ix.\,i\,(1)}$	0	0,0473	0,0929	0,1358	**0,1750**	0,1360	0,1014	0,0709	0,0441	0,0206	0	$\cdot\, l/GJ_{T\,i0}$
6.	$T_{x\,(1)}$	0,474	0,474	0,474	0,474	0,474 / $-0,526$	$-0,526$	$-0,526$	$-0,526$	$-0,526$	$-0,526$	$-0,526$	
7.	$\gamma_{u\,(1)}$	0	0,3891	0,7131	0,9242	1	0,9485	0,8146	0,6349	0,4316	0,2177	0	
8.	$\gamma_{u\,(1)}^{\jmath}$	4,007	3,659	2,717	1,420	0,029	$-1,027$	$-1,630$	$-1,950$	$-2,105$	$-2,167$	$-2,182$	$\cdot\, 1/l$
9.	$\gamma_{u\overrightarrow{(1)}}$	0	0,270	0,531	0,776	1	0,777	0,579	0,405	0,252	0,118	0	
10.				$F_{(1)} = 0,613\,l,$		$\overrightarrow{F}_{(1)} = 0,470\,l$							
11.				$z_{(1)} = 0,409\,z,$		$z_{T\,(1)} = 0,700\,z_T$							

Tafel 7

j					1							Faktor
x/l bzw. u/l	0	0,1	0,2	0,3	0,4	0,5	0,6	0,7	0,8	0,9	1	Faktor
1. $w_{ix.i(1)}$	0	3,528	6,624	8,856	**9,792**	9,167	7,381	5,004	2,603	0,745	0	$\cdot\, l^3/1000\,EJ_i$
2. $\varphi_{ix.i(1)}$	36,000	33,840	27,360	16,560	1,440	−13,000	−21,760	−24,840	−22,240	−13,960	0	$\cdot\, l^2/1000\,EJ_i$
3. $M_{x(1)}$	0	0,0432	0,0864	0,1296	0,1728	0,1160	0,0592	0,0024	−0,0544	−0,1112	−0,1680	$\cdot\, l$
4. $Q_{x(1)}$	0,4320	0,4320	0,4320	0,4320	0,4320 −0,5680	−0,5680	−0,5680	−0,5680	−0,5680	−0,5680	−0,5680	
5. $\vartheta_{ix.i(1)}$	0	0,060	0,120	0,180	**0,240**	0,200	0,160	0,120	0,080	0,040	0	$\cdot\, l/GJ_{Ti}$
6. $T_{x(1)}$	0,6	0,6	0,6	0,6	0,6 −0,4	−0,4	−0,4	−0,4	−0,4	−0,4	−0,4	
7. $\gamma_{u(1)}$	0	0,3603	0,6765	0,9044	1	0,9361	0,7538	0,5110	0,2658	0,0761	0	
8. $\gamma^2_{u(1)}$	3,6765	3,4558	2,7941	1,6912	0,1471	−1,3276	−2,2222	−2,5368	−2,2712	−1,4257	0	$\cdot\, 1/l$
9. $\overrightarrow{\gamma_{u(1)}}$	0	0,250	0,500	0,750	1	0,833	0,667	0,500	0,333	0,167	0	
10.	$F_{(1)} = 0{,}551\,l,\quad \overrightarrow{F}_{(1)} = 0{,}500\,l$											
11.	$z_{(1)} = 0{,}470\,z,\quad z_{T(1)} = 0{,}960\,z_T$											

Tafel 8a

$J_2 : J_0 = 5$

j					1							Faktor
x/l bzw. u/l	0	0,1	0,2	0,3	0,4	0,5	0,6	0,7	0,8	0,9	1	Faktor
1. $w_{ix.i(1)}$	0	2,097	3,848	4,951	**5,173**	4,480	3,295	2,027	0,956	0,251	0	$\cdot\, l^3/1000\,EJ_{i0}$
2. $\varphi_{ix.i(1)}$	21,559	19,784	14,680	6,850	−2,874	−10,263	−12,843	−12,020	−9,014	−4,778	0	$\cdot\, l^2/1000\,EJ_{i0}$
3. $M_{x(1)}$	0	0,0357	0,0714	0,1070	0,1427	0,0784	0,0141	−0,0502	−0,1146	−0,1789	−0,2432	$\cdot\, l$
4. $Q_{x(1)}$	0,3568	0,3568	0,3568	0,3568	0,3568 −0,6432	−0,6432	−0,6432	−0,6432	−0,6432	−0,6432	−0,6432	
5. $\vartheta_{ix.i(1)}$	0	0,0535	0,1062	0,1575	**0,2067**	0,1661	0,1279	0,0922	0,0590	0,0283	0	$\cdot\, l/GJ_{Ti0}$
6. $T_{x(1)}$	0,536	0,536	0,536	0,536	0,536 −0,464	−0,464	−0,464	−0,464	−0,464	−0,464	−0,464	
7. $\gamma_{u(1)}$	0	0,4053	0,7439	0,9571	1	0,8661	0,6370	0,3919	0,1848	0,0485	0	
8. $\gamma^2_{u(1)}$	4,168	3,825	2,838	1,324	−0,556	−1,984	−2,483	−2,324	−1,743	−0,924	0	$\cdot\, 1/l$
9. $\overrightarrow{\gamma_{u(1)}}$	0	0,259	0,514	0,762	1	0,804	0,619	0,446	0,285	0,137	0	
10.	$F_{(1)} = 0{,}527\,l,\quad \overrightarrow{F}_{(1)} = 0{,}482\,l$											
11.	$z_{(1)} = 0{,}248\,z,\quad z_{T(1)} = 0{,}827\,z_T$											

Tafel 8b

$J_2 : J_0 = 10$

j						1							
x/l bzw. u/l	0	0,1	0,2	0,3	0,4	0,5	0,6	0,7	0,8	0,9	1	Faktor
1. $w_{ix,i(1)}$	0	1,615	2,927	3,688	**3,744**	3,123	2,206	1,304	0,593	0,151	0	$\cdot\, l^3/1000\,EJ_{i0}$
2. $\varphi_{ix,i(1)}$	16,683	15,094	10,644	4,145	−3,396	−8,41	−9,478	−8,21	−5,765	−2,885	0	$\cdot\, l^2/1000\,EJ_{i0}$
3. $M_{x(1)}$	0	0,0320	0,0641	0,0961	0,1282	0,0602	−0,0078	−0,0757	−0,1437	−0,2116	−0,2796	$\cdot\, l$
4. $Q_{x(1)}$	0,3204	0,3204	0,3204	0,3204	0,3204 −0,6796	−0,6796	−0,6796	−0,6796	−0,6796	−0,6796	−0,6796	
5. $\vartheta_{ix,i(1)}$	0	0,0504	0,997	0,1468	**0,1911**	0,1511	0,1144	0,0812	0,0512	0,0242	0	$\cdot\, l/GJ_{Ti0}$
6. $T_{x(1)}$	0,506	0,506	0,506	0,506	0,506 −0,494	−0,494	−0,494	−0,494	−0,494	−0,494	−0,494	
7. $\gamma_{u(1)}$	0	0,4315	0,7819	0,9852	1	0,8343	0,5892	0,3483	0,1583	0,0403	0	
8. $\gamma^2_{u(1)}$	4,456	4,032	2,843	1,107	−0,907	−2,247	−2,532	−2,193	−1,540	−0,771	0	$\cdot\, 1/l$
9. $\overrightarrow{\gamma_{u(1)}}$	0	0,264	0,522	0,768	1	0,790	0,598	0,425	0,268	0,127	0	
10.		$F_{(1)} = 0,521l,$		$\overrightarrow{F}_{(1)} = 0,476l$									
11.		$z_{(1)} = 0,180z,$		$z_{T(1)} = 0,764z_T$									

Tafel 8c

$J_2 : J_0 = 20$

j						1							
x/l bzw. u/l	0	0,1	0,2	0,3	0,4	0,5	0,6	0,7	0,8	0,9	1	Faktor
1. $w_{ix,i(1)}$	0	1,215	2,169	2,669	**2,625**	2,106	1,429	0,814	0,358	0,089	0	$\cdot\, l^3/1000\,EJ_{i0}$
2. $\varphi_{ix,i(1)}$	12,615	11,219	7,432	2,223	−3,364	−6,523	−6,681	−5,390	−3,571	−1,702	0	$\cdot\, l^2/1000\,EJ_{i0}$
3. $M_{x(1)}$	0	0,0283	0,0566	0,0848	0,1131	0,0414	−0,0303	−0,1021	−0,1738	−0,2455	−0,3172	$\cdot\, l$
4. $Q_{x(1)}$	0,2828	0,2828	0,2828	0,2828	0,2828 −0,7172	−0,7172	−0,7172	−0,7172	−0,7172	−0,7172	−0,7172	
5. $\vartheta_{ix,i(1)}$	0	0,0473	0,0929	0,1358	**0,1750**	0,1360	0,1014	0,0709	0,0441	0,0206	0	$\cdot\, l/GJ_{Ti0}$
6. $T_{x(1)}$	0,474	0,474	0,474	0,474	0,474 −0,526	−0,526	−0,526	−0,526	−0,526	−0,526	−0,526	
7. $\gamma_{u(1)}$	0	0,4628	0,8261	1,0167	1	0,8024	0,5443	0,3100	0,1363	0,0338	0	
8. $\gamma^2_{u(1)}$	4,806	4,274	2,831	0,847	−1,281	−2,485	−2,545	−2,053	−1,360	−0,649	0	$\cdot\, 1/l$
9. $\overrightarrow{\gamma_{u(1)}}$	0	0,270	0,531	0,776	1	0,777	0,579	0,405	0,252	0,118	0	
10.			$F_{(1)} = 0,517l,$		$\overrightarrow{F}_{(1)} = 0,470l$								
11.			$z_{(1)} = 0,126z,$		$z_{T(1)} = 0,700z_T$								

Tafel 9

	j						1						
	x/l bzw. u/l	0	0,1	0,2	0,3	0,4	0,5	0,6	0,7	0,8	0,9	1	Faktor
1.	$w_{ix,i(1)}$	0	0,542	1,833	3,375	4,667	**5,208**	4,667	3,375	1,833	0,542	0	$\cdot l^3/1000\,EJ_i$
2.	$\varphi_{ix,i(1)}$	0	10	15	15	10	0	−10	−15	−15	−10	0	$\cdot l^2/1000\,EJ_i$
3.	$M_{x(1)}$	−0,125	−0,075	−0,25	0,25	0,075	0,125	0,075	0,25	−0,25	−0,075	−0,125	$\cdot l$
4.	$Q_{x(1)}$	0,5	0,5	0,5	0,5	0,5	0,5 / −0,5	−0,5	−0,5	−0,5	−0,5	−0,5	
5.	$\vartheta_{ix,i(1)}$	0	0,050	0,100	0,150	0,200	**0,250**	0,200	0,150	0,100	0,050	0	$\cdot l/GJ_{Ti}$
6.	$T_{x(1)}$	0,5	0,5	0,5	0,5	0,5	0,5 / −0,5	−0,5	−0,5	−0,5	−0,5	−0,5	
7.	$\gamma_{u(1)}$	0	0,1041	0,3520	0,6480	0,8961	1	0,8961	0,6480	0,3520	0,1041	0	
8.	$\gamma^2_{u(1)}$	0	1,920	2,880	2,880	1,920	0	−1,920	−2,880	−2,880	−1,920	0	$\cdot 1/l$
9.	$\gamma_{u(1)}^{\rightarrow}$	0	0,2	0,4	0,6	0,8	1	0,8	0,6	0,4	0,2	0	
10.		$F_{(1)} = 0,5l,$		$F_{(1)}^{\rightarrow} = 0,5l$										
11.		$z_{(1)} = 0,250z,$		$z_{T(1)} = z_T$										

Tafel 10a

$J_0 : J_1 = 5$

	j						1						
	x/l bzw. u/l	0	0,1	0,2	0,3	0,4	0,5	0,6	0,7	0,8	0,9	1	Faktor
1.	$w_{ix,i(1)}$	0	0,177	0,692	1,471	2,270	**2,652**	2,270	1,471	0,692	0,177	0	$\cdot l^3/1000\,EJ_{i1}$
2.	$\varphi_{ix,i(1)}$	0	3,334	6,611	8,465	6,827	0	−6,827	−8,465	−6,611	−3,334	0	$\cdot l^2/1000\,EJ_{i1}$
3.	$M_{x(1)}$	−0,1553	−0,1053	−0,0553	−0,0053	0,0447	0,0947	0,0447	−0,0053	−0,0553	−0,1053	−0,1553	$\cdot l$
4.	$Q_{x(1)}$	0,5	0,5	0,5	0,5	0,5	0,5 / −0,5	−0,5	−0,5	−0,5	−0,5	−0,5	
5.	$\vartheta_{ix,i(1)}$	0	0,0318	0,0688	0,1113	0,1583	**0,2080**	0,1583	0,1113	0,0688	0,0318	0	$\cdot l/GJ_{Ti1}$
6.	$T_{x(1)}$	0,5	0,5	0,5	0,5	0,5	0,5 / −0,5	−0,5	−0,5	−0,5	−0,5	−0,5	
7.	$\gamma_{u(1)}$	0	0,0669	0,2608	0,5546	0,8559	1	0,8559	0,5546	0,2608	0,0669	0	
8.	$\gamma^2_{u(1)}$	0	1,257	2,493	3,192	2,574	0	−2,574	−3,192	−2,493	−1,257	0	$\cdot 1/l$
9.	$\gamma_{u(1)}^{\rightarrow}$	0	0,153	0,331	0,535	0,761	1	0,761	0,535	0,331	0,153	0	
10.				$F_{(1)} = 0,448l,$		$F_{(1)}^{\rightarrow} = 0,455l$								
11.				$z_{(1)} = 0,127z,$		$z_{T(1)} = 0,832z_T$								

Tafel 10b

$J_0 : J_1 = 10$

j						1						Faktor
x/l bzw. u/l	0	0,1	0,2	0,3	0,4	0,5	0,6	0,7	0,8	0,9	1	Faktor
1. $w_{ix,i(1)}$	0	0,103	0,429	0,979	1,607	**1,929**	1,607	0,979	0,429	0,103	0	$\cdot\, l^3/1000\,EJ_{i1}$
2. $\varphi_{ix,i(1)}$	0	1,953	4,338	6,279	5,649	0	−5,649	−6,279	−4,338	−1,953	0	$\cdot\, l^2/1000\,EJ_{i1}$
3. $M_{x(1)}$	−0,1665	−0,1165	−0,0665	−0,0165	0,0335	0,0835	0,0335	−0,0165	−0,0665	−0,1165	−0,1665	$\cdot\, l$
4. $Q_{x(1)}$	0,5	0,5	0,5	0,5	0,5	0,5 −0,5	−0,5	−0,5	−0,5	−0,5	−0,5	
5. $\vartheta_{ix,i(1)}$	0	0,0258	0,0578	0,0966	0,1419	**0,1913**	0,1419	0,0966	0,0578	0,0258	0	$\cdot\, l/GJ_{Ti1}$
6. $T_{x(1)}$	0,5	0,5	0,5	0,5	0,5	0,5 −0,5	−0,5	−0,5	−0,5	−0,5	−0,5	
7. $\gamma_{u(1)}$	0	0,0534	0,2224	0,5075	0,8331	1	0,8331	0,5075	0,2224	0,0534	0	
8. $\gamma^2_{u(1)}$	0	1,012	2,249	3,255	2,928	0	−2,928	−3,255	−2,249	−1,012	0	$\cdot\, 1/l$
9. $\gamma_{u\overrightarrow{(1)}}$	0	0,135	0,302	0,505	0,742	1	0,742	0,505	0,302	0,135	0	
10.	$F_{(1)} = 0,424\,l, \quad F^{\rightarrow}_{(1)} = 0,435\,l$											
11.	$z_{(1)} = 0,093\,z, \quad z_{T(1)} = 0,765\,z_T$											

Tafel 10 c

$J_0 : J_1 = 20$

j						1						
x/l bzw. u/l	0	0,1	0,2	0,3	0,4	0,5	0,6	0,7	0,8	0,9	1	Faktor
1. $w_{ix,\,i(1)}$	0	0,059	0,258	0,635	1,118	**1,388**	1,118	0,635	0,258	0,059	0	$\cdot\, l^3/1000\,EJ_{i1}$
2. $\varphi_{ix,\,i(1)}$	0	1,112	2,741	4,508	4,607	0	−4,607	−4,508	−2,741	−1,112	0	$\cdot\, l^2/1000\,EJ_{i1}$
3. $M_{x(1)}$	−0,1765	−0,1265	−0,0765	−0,0265	0,0235	0,0735	0,0235	−0,0265	−0,0765	−0,1265	−0,1765	$\cdot\, l$
4. $Q_{x(1)}$	0,5	0,5	0,5	0,5	0,5	0,5 / −0,5	−0,5	−0,5	−0,5	−0,5	−0,5	
5. $\vartheta_{ix,\,i(1)}$	0	0,0209	0,0481	0,0831	0,1264	**0,1756**	0,1264	0,0831	0,0481	0,0209	0	$\cdot\, l/GJ_{Ti1}$
6. $T_{x(1)}$	0,5	0,5	0,5	0,5	0,5	0,5 / −0,5	−0,5	−0,5	−0,5	−0,5	−0,5	
7. $\gamma_{u(1)}$	0	0,0423	0,1859	0,4575	0,8055	1	0,8055	0,4575	0,1859	0,0423	0	
8. $\gamma^2_{u(1)}$	0	0,801	1,976	3,249	3,320	0	−3,320	−3,249	−1,976	−0,801	0	$\cdot\, 1/l$
9. $\gamma_{u(1)}^{\rightarrow}$	0	0,119	0,274	0,473	0,720	1	0,720	0,473	0,274	0,119	0	
10.				$F_{(1)} = 0,399\,l, \quad F^{\rightarrow}_{(1)} = 0,415\,l$								
11.				$z_{(1)} = 0,067\,z, \quad z_{T(1)} = 0,702\,z_T$								

2. Kreuzwerke mit 2 Querträgern

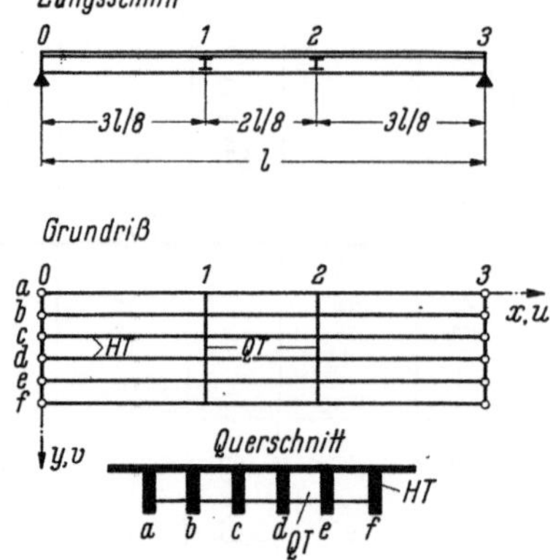

a Belastung durch die Lastgruppe (1)

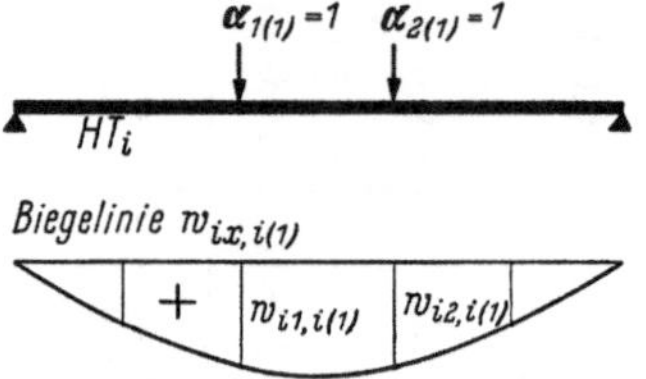

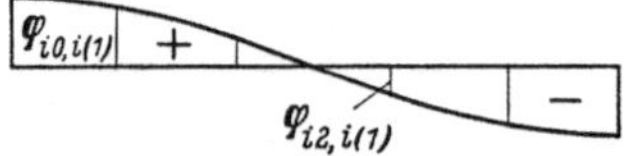

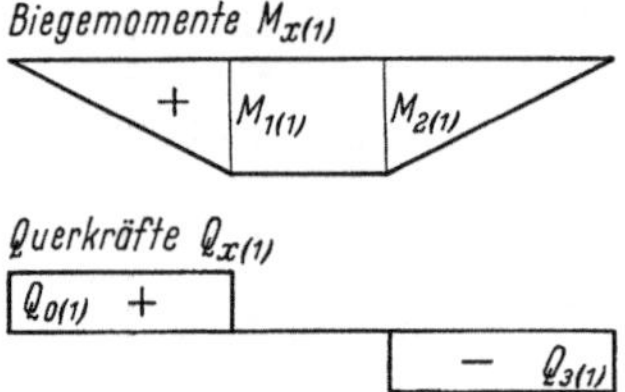

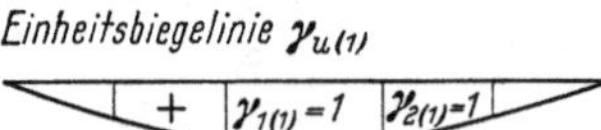

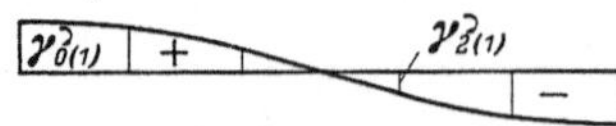

b Belastung durch die Drehmomentengruppe (1)

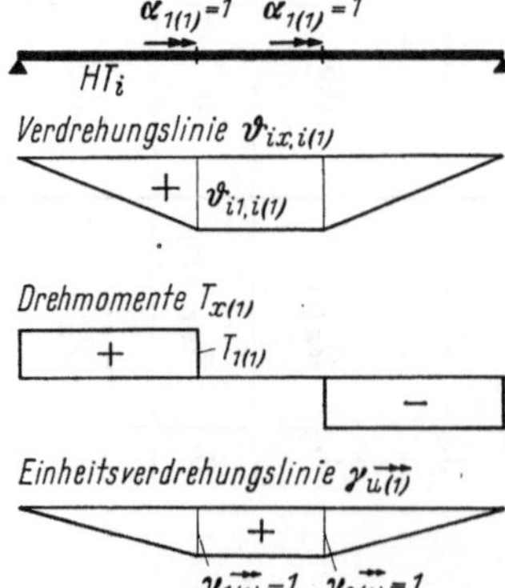

Abb. 30

Kreuzwerk mit zwei Querträgern in $3\,l/8$ und $5\,l/8$. Wirkungen infolge der Belastung durch die Last- und Momentgruppen (1)

Tafel 11

	j			1				2			
	x/l bzw. u/l	0	1/8	1/4	3/8	1/2	5/8	3/4	7/8	1	Faktor
1.	$w_{ix,i(1)}$	0	11,393	**20,833**	26,693	28,646	26,693	20,833	11,393	0	$\cdot l^3/1000\,EJ_i$
2.	$w_{ix,i(2)}$	0	1,790	**2,604**	1,79	0	1,79	2,604	1,790	0	$\cdot l^3/1000\,EJ_i$
3.	$\varphi_{ix,i(1)}$	93,750	85,937	62,500	31,250	0	−31,250	−62,500	−85,937	−93,750	$\cdot l^2/1000\,EJ_i$
4.	$\varphi_{ix,i(2)}$	15,625	11,719	0	−11,719	−15,625	−11,719	0	11,719	15,625	$\cdot l^2/1000\,EJ_i$
5.	$M_{x(1)}$	0	0,1250	0,2500	0,2500	0,2500	0,2500	0,2500	0,1250	0	$\cdot l$
6.	$M_{x(2)}$	0	0,0625	0,1250	0,0625	0	−0,0625	−0,1250	−0,0625	0	$\cdot l$
7.	$Q_{x(1)}$	1	1	1 0	0	0	0	0 −1	−1	−1	
8.	$Q_{x(2)}$	0,5	0,5	0,5 −0,5	−0,5	−0,5	−0,5	−0,5 0,5	0,5	0,5	
9.	$\vartheta_{ix,i(1)}$	0	0,1250	**0,2500**	0,2500	0,2500	0,2500	0,2500	0,2500	0	$\cdot l/GJ_{Ti}$
10.	$\vartheta_{ix,i(2)}$	0	0,0625	**0,1250**	0,0625	0	−0,0625	−0,1250	−0,0625	0	$\cdot l/GJ_{Ti}$
11.	$T_{x(1)}$	1	1	1 0	0	0	0	0 −1	−1	−1	
12.	$T_{x(2)}$	0,5	0,5	0,5 −0,5	−0,5	−0,5	−0,5	−0,5 0,5	0,5	0,5	
13.	$\gamma_{u(1)}$	0	0,5469	1	1,2813	1,375	1,2813	1	0,5469	0	
14.	$\gamma_{u(2)}$	0	0,6875	1	0,6875	0	−0,6875	−1	−0,6875	0	
15.	$\gamma^2_{u(1)}$	4,500	4,125	3,000	1,500	0	−1,500	−3,000	−4,125	−4,500	$\cdot 1/l$
16.	$\gamma^2_{u(2)}$	6,00	4,50	0	−4,50	−6,00	−4,50	0	4,50	6,00	$\cdot 1/l$
17.	$\overrightarrow{\gamma}_{u(1)}$	0	0,5	1	1	1	1	1	0,5	0	
18.	$\overrightarrow{\gamma}_{u(2)}$	0	0,5	1	0,5	0	−0,5	−1	−0,5	0	
19.		$F_{(1)} = 0,891\,l$, $\quad F_{(2)} = 0$, $\quad\quad \overrightarrow{F}_{(1)} = 0,750\,l$, $\quad \overrightarrow{F}_{(2)} = 0$										
20.		$z_{(1)} = z$, $\quad\quad z_{(2)} = 0,125\,z$, $\quad z_{T(1)} = z_T$, $\quad z_{T(2)} = 0,500\,z_T$										

Tafel 12

	j				1				2				
	x/l bzw. u/l	0	0,1	0,2	0,3	0,4	0,5	0,6	0,7	0,8	0,9	1	Faktor
1.	$w_{ix,\,i\,(1)}$	0	10,333	19,667	**27,000**	31,500	33,000	31,500	27,000	19,667	10,333	0	$\cdot\,l^3/1000\,EJ_i$
2.	$w_{ix,\,i\,(2)}$	0	1,333	2,267	**2,400**	1,500	0	$-1,500$	$-2,400$	$-2,267$	$-1,333$	0	$\cdot\,l^3/1000\,EJ_i$
3.	$\varphi_{ix,\,i\,(1)}$	105,0	100	85	60	30	0	-30	-60	-85	-100	-105	$\cdot\,l^2/1000\,EJ_i$
4.	$\varphi_{ix,\,i\,(2)}$	14	12	6	-4	-13	-16	-13	-4	6	12	14	$\cdot\,l^2/1000\,EJ_i$
5.	$M_{x\,(1)}$	0	0,1	0,2	0,3	0,3	0,3	0,3	0,3	0,2	0,1	0	$\cdot\,l$
6.	$M_{x\,(2)}$	0	0,040	0,080	0,120	0,060	0	$-0,060$	$-0,120$	$-0,080$	$-0,040$	0	$\cdot\,l$
7.	$Q_{x\,(1)}$	1	1	1	1 / 0	0	0	0	0 / -1	-1	-1	-1	
8.	$Q_{x\,(2)}$	0,4	0,4	0,4	0,4 / $-0,6$	$-0,6$	$-0,6$	$-0,6$	$-0,6$ / 0,4	0,4	0,4	0,4	
9.	$\vartheta_{ix,\,i\,(1)}$	0	0,10	0,2	**0,3**	0,3	0,3	0,3	0,3	0,2	0,1	0	$\cdot\,l/GJ_{Ti}$
10.	$\vartheta_{ix,\,i\,(2)}$	0	0,040	0,080	**0,120**	0,060	0	$-0,060$	$-0,120$	$-0,080$	$-0,040$	0	$\cdot\,l/GJ_{Ti}$
11.	$T_{x\,(1)}$	1	1	1	1 / 0	0	0	0	0 / -1	-1	-1	-1	
12.	$T_{x\,(2)}$	0,4	0,4	0,4	0,4 / $-0,6$	$-0,6$	$-0,6$	$-0,6$	$-0,6$ / 0,4	0,4	0,4	0,4	
13.	$\gamma_{u\,(1)}$	0	0,3827	0,7284	1	1,1667	1,2222	1,1667	1	0,7284	0,3827	0	
14.	$\gamma_{u\,(2)}$	0	0,5556	0,9444	1	0,6250	0	$-0,6250$	-1	$-0,9444$	$-0,5556$	0	
15.	$\gamma_{u\,(1)}^{\lambda}$	3,889	3,704	3,148	2,222	1,111	0	$-1,111$	$-2,222$	$-3,148$	$-3,704$	$-3,889$	$\cdot\,1/l$
16.	$\gamma_{u\,(2)}^{\lambda}$	5,833	5,000	2,500	$-1,667$	$-5,410$	$-6,667$	$-5,417$	$-1,667$	2,500	5,000	5,833	$\cdot\,1/l$
17.	$\gamma_{u\,\overrightarrow{(1)}}$	0	0,333	0,667	1	1	1	1	1	0,667	0,333	0	
18.	$\gamma_{u\,\overrightarrow{(2)}}$	0	0,333	0,667	1	0,5	0	$-0,5$	-1	$-0,667$	$-0,333$	0	
19.		$F_{(1)} = 0,784\,l,\quad F_{(2)} = 0,\qquad \overrightarrow{F}_{(1)} = 0,700,\qquad \overrightarrow{F}_{(2)} = 0$											
20.		$z_{(1)} = 1,296\,z,\quad z_{(2)} = 0,115\,z,\quad z_{T\,(1)} = 1,200\,z_T,\quad z_{T\,(2)} = 0,480\,z_T$											

Tafel 13

	j					1					2				
	x/l bzw. u/l	0	1/12	1/6	1/4	1/3	5/12	1/2	7/12	2/3	3/4	5/6	11/12	1	Faktor
1.	$w_{ix,i(1)}$	0	9,163	17,747	25,174	**30,864**	34,336	35,494	34,336	30,864	25,174	17,747	9,163	0	$\cdot l^3/1000\,EJ_i$
2.	$w_{ix,i(2)}$	0	0,997	1,800	2,218	**2,058**	1,222	0	−1,222	−2,058	−2,218	−1,800	−0,997	0	$\cdot l^3/1000\,EJ_i$
3.	$q_{ix,i(1)}$	111,111	107,639	97,222	79,861	55,556	27,778	0	−27,778	−55,556	−79,861	−97,222	−107,639	−111,111	$\cdot l^2/1000\,EJ_i$
4.	$q_{ix,i(2)}$	12,346	11,188	7,716	1,929	−6,173	−13,117	−15,432	−13,117	−6,173	1,929	7,716	11,188	12,346	$\cdot l^2/1000\,EJ_i$
5.	$M_{x(1)}$	0	0,0833	0,1667	0,2500	0,3333	0,3333	0,3333	0,3333	0,3333	0,2500	0,1667	0,0833	0	$\cdot l$
6.	$M_{x(2)}$	0	0,0278	0,0556	0,0833	0,1111	0,0556	0	−0,0556	−0,1111	−0,0833	−0,0556	−0,0278	0	$\cdot l$
7.	$Q_{x(1)}$	1	1	1	1	1 0	0	0	0	0 −1	−1	−1	−1	−1	
8.	$Q_{x(2)}$	0,3333	0,3333	0,3333	0,3333	0,3333 −0,6667	−0,6667	−0,6667	−0,6667	−0,6667 0,3333	0,3333	0,3333	0,3333	0,3333	
9.	$\vartheta_{ix,i(1)}$	0	0,0833	0,1667	0,2500	**0,3333**	0,3333	0,3333	0,3333	0,3333	0,2500	0,1667	0,0833	0	$\cdot l/GJ_{Ti}$
10.	$\vartheta_{ix,i(2)}$	0	0,0278	0,0556	0,0833	**0,1111**	0,0556	0	−0,0556	−0,1111	−0,0833	−0,0556	−0,0278	0	$\cdot l/GJ_{Ti}$
11.	$T_{x(1)}$	1	1	1	1	1 0	0	0	0	0 −1	−1	−1	−1	−1	
12.	$T_{x(2)}$	0,3333	0,3333	0,3333	0,3333	0,3333 −0,6667	−0,6667	−0,6667	−0,6667	−0,6667 0,3333	0,3333	0,3333	0,3333	0,3333	
13.	$\gamma_{u(1)}$	0	0,2969	0,5750	0,8156	1	1,1125	1,1500	1,1125	1	0,8156	0,575	0,2969	0	
14.	$\gamma_{u(2)}$	0	0,4844	0,875	1,0781	1	0,5937	0	−0,5937	−1	−1,0781	−0,875	−0,4844	0	
15.	$\gamma^2_{u(1)}$	3,600	3,488	3,150	2,588	1,800	0,900	0	−0,900	−1,800	−2,588	−3,150	−3,488	−3,600	$\cdot 1/l$
16.	$\gamma^2_{u(2)}$	6,000	5,438	3,75	0,937	−3,000	−6,375	−7,500	−6,375	−3,000	0,937	3,750	5,438	6,000	$\cdot 1/l$
17.	$\overrightarrow{\gamma_{u(1)}}$	0	0,250	0,500	0,750	1	1	1	1	1	0,750	0,500	0,250	0	
18.	$\overrightarrow{\gamma_{u(2)}}$	0	0,250	0,500	0,750	1	0,500	0	−0,500	−1	−0,750	−0,500	−0,250	0	
19.		$F_{(1)} = 0,733\,l$,		$F_{(2)} = 0$,			$\overrightarrow{F}_{(1)} = 0,667\,l$,			$\overrightarrow{F}_{(2)} = 0$					
20.		$z_{(1)} = 1,481\,z$,		$z_{(2)} = 0,099\,z$,		$z_{T(1)} = 1,333\,z_T$,		$z_{T(2)} = 0,444\,z_T$							

j							1	
x/l bzw. u/l	0	1/16	1/8	3/16	1/4	5/16	3/8	7/16
1. $w_{ix,\,i\,(1)}$	0	7,284	14,323	20,874	26,693	31,539	**35,156**	37,354
2. $w_{ix,\,i\,(2)}$	0	0,600	1,139	1,556	1,790	1,780	**1,465**	0,824
3. $\varphi_{ix,\,i\,(1)}$	117,188	115,234	109,375	99,609	85,938	68,359	46,875	23,438
4. $\varphi_{ix,\,i\,(2)}$	9,766	9,277	7,813	5,371	1,953	−2,441	−7,813	−12,207
5. $M_{x\,(1)}$	0	0,0625	0,1250	0,1875	0,2500	0,3125	0,3750	0,3750
6. $M_{x\,(2)}$	0	0,0156	0,0313	0,0469	0,0625	0,0781	0,0938	0,0469
7. $Q_{x\,(1)}$	1	1	1	1	1	1	$\begin{matrix}1\\0\end{matrix}$	0
8. $Q_{x\,(2)}$	0,250	0,250	0,250	0,250	0,250	0,250	$\begin{matrix}0,250\\−0,750\end{matrix}$	−0,750
9. $\vartheta_{ix,\,i\,(1)}$	0	0,0625	0,1250	0,1875	0,2500	0,3125	**0,3750**	0,3750
10. $\vartheta_{ix,\,i\,(2)}$	0	0,0156	0,0313	0,0469	0,0625	0,0781	**0,0938**	0,0469
11. $T_{x\,(1)}$	1	1	1	1	1	1	$\begin{matrix}1\\0\end{matrix}$	0
12. $T_{x\,(2)}$	0,250	0,250	0,250	0,250	0,250	0,250	$\begin{matrix}0,250\\−0,750\end{matrix}$	−0,750
13. $\gamma_{u\,(1)}$	0	0,2072	0,4074	0,5938	0,7593	0,8971	1	1,0625
14. $\gamma_{u\,(2)}$	0	0,4096	0,7775	1,0621	1,2218	1,2150	1	0,5625
15. $\gamma'_{u\,(1)}$	3,333	3,278	3,111	2,833	2,444	1,944	1,333	0,667
16. $\gamma'_{u\,(2)}$	6,667	6,333	5,333	3,667	1,333	−1,667	−5,333	−8,333
17. $\gamma_{u\,\overrightarrow{(1)}}$	0	0,167	0,333	0,500	0,667	0,833	1	1
18. $\gamma_{u\,\overrightarrow{(2)}}$	0	0,167	0,333	0,500	0,667	0,833	1	0,5
19.	$F_{(1)} = 0,686\,l,\quad F_{(2)} = 0,\qquad F_{\overrightarrow{(1)}} = 0,625\,l,\qquad F_{\overrightarrow{(2)}} = 0$							
20.	$z_{(1)} = 1,688\,z,\quad z_{(2)} = 0,070\,z,\quad z_{T\,(1)} = 1,500\,z_T,\quad z_{T'(2)} = 0,375\,z_T$							

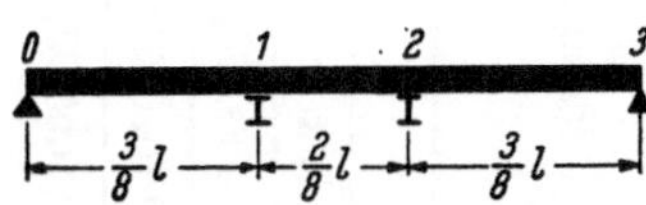

		2							
1/2	9/16	5/8	11/16	3/4	13/16	7/8	15/16	1	Faktor
38,086	37,354	35,156	31,539	26,693	20,874	14,323	7,284	0	$\cdot l^3/1000\,EJ_i$
0	$-$0,824	$-$1,465	$-$1,780	$-$1,790	$-$1,556	$-$1,139	$-$0,600	0	$\cdot l^3/1000\,EJ_i$
0	$-$23,438	$-$46,875	$-$68,359	$-$85,938	$-$99,609	$-$109,375	$-$115,234	$-$117,188	$\cdot l^2/1000\,EJ_i$
$-$13,672	$-$12,207	$-$7,813	$-$2,441	1,953	5,371	7,813	9,277	9,766	$\cdot l^2/1000\,EJ_i$
0,3750	0,3750	0,3750	0,3125	0,2500	0,1875	0,1250	0,0625	0	$\cdot l$
0	$-$0,0469	$-$0,0938	$-$0,0781	$-$0,0625	$-$0,0469	$-$0,0313	$-$0,0156	0	$\cdot l$
0	0	0 $-$1	$-$1	$-$1	$-$1	$-$1	$-$1	$-$1	
$-$0,750	$-$0,750	$-$0,750 0,250	0,250	0,250	0,250	0,250	0,250	0,250	
0,3750	0,3750	0,3750	0,3125	0,2500	0,1875	0,1250	0,0625	0	$\cdot l/GJ_{Ti}$
0	$-$0,0469	$-$0,0938	$-$0,0781	$-$0,0625	$-$0,0469	$-$0,0313	$-$0,0156	0	$\cdot l/GJ_{Ti}$
0	0	0 $-$1	$-$1	$-$1	$-$1	$-$1	$-$1	$-$1	
$-$0,750	$-$0,750	$-$0,750 0,250	0,250	0,250	0,250	0,250	0,250	0,250	
1,0833	1,0625	1	0,8971	0,7593	0,5938	0,4074	0,2072	0	
0	$-$0,5625	$-$1	$-$1,2150	$-$1,2218	$-$1,0621	$-$0,7775	$-$0,4096	0	
0	$-$0,667	$-$1,333	$-$1,944	$-$2,444	$-$2,833	$-$3,111	$-$3,278	$-$3,333	$\cdot 1/l$
$-$9,333	$-$8,333	$-$5,333	$-$1,667	1,333	3,667	5,333	6,333	6,667	$\cdot 1/l$
1	1	1	0,833	0,667	0,500	0,333	0,167	0	
0	$-$0,5	$-$1	$-$0,833	$-$0,667	$-$0,500	$-$0,333	$-$0,167	0	

Tafel 15

	j					1		2					Faktor
	x/l bzw. u/l	0	0,1	0,2	0,3	0,4	0,5	0,6	0,7	0,8	0,9	1	Faktor
1.	$w_{ix,\,i(1)}$	0	11,833	22,667	31,500	**37,333**	39,333	37,333	31,500	22,667	11,833	0	$\cdot l^3/1000\,EJ_i$
2.	$w_{ix,\,i(2)}$	0	0,767	1,333	1,500	**1,067**	0	−1,067	−1,500	−1,333	−0,767	0	$\cdot l^3/1000\,EJ_i$
3.	$\varphi_{ix,\,i(1)}$	120	115	100	75	40	0	−40	−75	−100	−115	−120	$\cdot l^2/1000\,EJ_i$
4.	$\varphi_{ix,\,i(2)}$	8	7	4	−1	−8	−12	−8	−1	4	7	8	$\cdot l^2/1000\,EJ_i$
5.	$M_{x(1)}$	0	0,1	0,2	0,3	0,4	0,4	0,4	0,3	0,2	0,1	0	$\cdot l$
6.	$M_{x(2)}$	0	0,020	0,040	0,060	0,080	0	−0,080	−0,060	−0,040	−0,020	0	$\cdot l$
7.	$Q_{x(1)}$	1	1	1	1	1 0	0	0 −1	−1	−1	−1	−1	
8.	$Q_{x(2)}$	0,2	0,2	0,2	0,2	0,2 −0,8	−0,8	−0,8 0,2	0,2	0,2	0,2	0,2	
9.	$\vartheta_{ix,\,i(1)}$	0	0,1	0,2	0,3	**0,4**	0,4	0,4	0,3	0,2	0,1	0	$\cdot l/GJ_{Ti}$
10.	$\vartheta_{ix,\,i(2)}$	0	0,020	0,040	0,060	**0,080**	0	−0,080	−0,060	−0,040	−0,020	0	$\cdot l/GJ_{Ti}$
11.	$T_{x(1)}$	1	1	1	1	1 0	0	0 −1	−1	−1	−1	−1	
12.	$T_{x(2)}$	0,2	0,2	0,2	0,2	0,2 −0,8	−0,8	−0,8 0,2	0,2	0,2	0,2	0,2	
13.	$\gamma_{u(1)}$	0	0,3170	0,6071	0,8438	1	1,0536	1	0,8438	0,6071	0,3170	0	
14.	$\gamma_{u(2)}$	0	0,7188	1,2500	1,4063	1	0	−1	−1,4063	−1,2500	−0,7188	0	
15.	$\gamma^2_{u(1)}$	3,214	3,080	2,679	2,009	1,071	0	−1,071	−2,009	−2,679	−3,080	−3,214	$\cdot 1/l$
16.	$\gamma^2_{u(2)}$	7,500	6,563	3,750	−0,938	−7,500	−11,250	−7,500	−0,938	3,750	6,563	7,500	$\cdot 1/l$
17.	$\gamma_{u\,\overrightarrow{(1)}}$	0	0,250	0,500	0,750	1	1	1	0,750	0,500	0,250	0	
18.	$\gamma_{u\,\overrightarrow{(2)}}$	0	0,250	0,500	0,750	1	0	−1	−0,750	−0,500	−0,250	0	
19.		$F_{(1)} = 0{,}664\,l,\quad F_{(2)} = 0,\qquad \overrightarrow{F}_{(1)} = 0{,}600\,l,\qquad \overrightarrow{F}_{(2)} = 0$											
20.		$z_{(1)} = 1{,}792\,z,\quad z_{(2)} = 0{,}051\,z,\quad z_{T(1)} = 1{,}600\,z_T,\quad z_{T(2)} = 0{,}320\,z_T$											

$J_0 : J_m = 5$

	j					1		2					
	x/l bzw. u/l	0	0,1	0,2	0,3	0,4	0,5	0,6	0,7	0,8	0,9	1	Faktor
1.	$w_{ix,i(1)}$	0	9,052	17,746	25,385	**30,823**	32,781	30,823	25,385	17,746	9,052	0	$\cdot\, l^3/1000\,EJ_{im}$
2.	$w_{ix,i(2)}$	0	0,473	0,874	1,065	**0,815**	0	−0,815	−1,065	−0,874	−0,473	0	$\cdot\, l^3/1000\,EJ_{im}$
3.	$\varphi_{ix,i(1)}$	90,942	89,663	83,538	68,225	39,160	0	−39,160	−68,225	−83,538	−89,663	−90,942	$\cdot\, l^2/1000\,EJ_{im}$
4.	$\varphi_{ix,i(2)}$	4,815	4,559	3,334	0,271	−5,542	−9,458	−5,542	0,271	3,334	4,559	4,815	$\cdot\, l^2/1000\,EJ_{im}$
5.	$M_{x(1)}$	0	0,1	0,2	0,3	0,4	0,4	0,4	0,3	0,2	0	0	$\cdot\, l$
6.	$M_{x(2)}$	0	0,02	0,04	0,06	0,08	0	−0,08	−0,06	−0,04	−0,02	0	$\cdot\, l$
7.	$Q_{x(1)}$	1	1	1	1	1 0	0	0 −1	−1	−1	−1	−1	
8.	$Q_{x(2)}$	0,2	0,2	0,2	0,2	0,2 −0,8	−0,8	−0,8 0,2	0,2	0,2	0,2	0,2	
9.	$\vartheta_{ix,i(1)}$	0	0,0635	0,1377	0,2226	**0,3166**	0,3166	0,3166	0,2226	0,1377	0,0635	0	$\cdot\, l/GJ_{Tim}$
10.	$\vartheta_{ix,i(2)}$	0	0,0152	0,0329	0,0532	**0,0756**	0	−0,0756	−0,0532	−0,0329	−0,0152	0	$\cdot\, l/GJ_{Tim}$
11.	$T_{x(1)}$	1	1	1	1	1 0	0	0 −1	−1	−1	−1	−1	
12.	$T_{x(2)}$	0,239	0,239	0,239	0,239	0,239 −0,761	−0,761	−0,761 0,239	0,239	0,239	0,239	0,239	
13.	$\gamma_{u(1)}$	0	0,2937	0,5757	0,8236	1	1,0635	1	0,8236	0,5757	0,2937	0	
14.	$\gamma_{u(2)}$	0	0,5802	1,0726	1,3063	1	0	−1	−1,3063	−1,0726	−0,5802	0	
15.	$\gamma^2_{u(1)}$	2,950	2,909	2,710	2,213	1,270	0	−1,270	−2,213	−2,710	−2,909	−2,950	$\cdot\, 1/l$
16.	$\gamma^2_{u(2)}$	5,906	5,592	4,090	0,333	−6,798	−11,601	−6,798	0,333	4,090	5,592	5,906	$\cdot\, 1/l$
17.	$\overrightarrow{\gamma}_{u(1)}$	0	0,201	0,435	0,703	1	1	1	0,703	0,435	0,201	0	
18.	$\overrightarrow{\gamma}_{u(2)}$	0	0,201	0,435	0,703	1	0	−1	−0,703	−0,435	−0,201	0	
19.		$F_{(1)} = 0,650\,l,\quad F_{(2)} = 0,\quad F_{(1)}^{\rightarrow} = 0,566\,l,\quad F_{(2)}^{\rightarrow} = 0$												
20.		$z_{(1)} = 1,480\,z,\quad z_{(2)} = 0,039\,z,\quad z_{T(1)} = 1,266\,z_T,\quad z_{T(2)} = 0,302\,z_T$												

Tafel 16b

$J_0 : J_m = 10$

No.	j	0	0,1	0,2	0,3	1 0,4	0,5	2 0,6	0,7	0,8	0,9	1	Faktor
1.	$w_{ix,i(1)}$	0	8,072	15,924	23,013	**28,241**	30,173	28,241	23,013	15,924	8,072	0	$\cdot\, l^3/1000\,EJ_{im}$
2.	$w_{ix,i(2)}$	0	0,382	0,719	0,905	**0,717**	0	−0,717	−0,905	−0,719	−0,382	0	$\cdot\, l^3/1000\,EJ_{im}$
3.	$\varphi_{ix,i(1)}$	80,947	80,257	76,349	64,665	38,646	0	−38,646	−64,665	−76,349	−80,257	−80,947	$\cdot\, l^2/1000\,EJ_{im}$
4.	$\varphi_{ix,i(2)}$	3,863	3,725	2,943	0,606	−4,598	−8,462	−4,598	−0,606	−2,943	−3,725	−3,863	$\cdot\, l^2/1000\,EJ_{im}$
5.	$M_{x(1)}$	0	0,1	0,2	0,3	0,4	0,4	0,4	0,3	0,2	0	0	$\cdot\, l$
6.	$M_{x(2)}$	0	0,02	0,04	0,06	0,08	0	−0,08	−0,06	−0,04	−0,02	0	$\cdot\, l$
7.	$Q_{x(1)}$	1	1	1	1	1 0	0	0 −1	−1	−1	−1	−1	
8.	$Q_{x(2)}$	0,2	0,2	0,2	0,2	0,2 −0,8	−0,8	−0,8 0,2	0,2	0,2	0,2	0,2	
9.	$\vartheta_{ix,i(1)}$	0	0,0517	0,1156	0,1932	**0,2837**	0,2837	0,2837	0,1932	0,1156	0,0517	0	$\cdot\, l/GJ_{Tim}$
10.	$\vartheta_{ix,i(2)}$	0	0,0134	0,0299	0,0499	**0,0733**	0	−0,0733	−0,0499	−0,0299	−0,0134	0	$\cdot\, l/GJ_{Tim}$
11.	$T_{x(1)}$	1	1	1	1	1 0	0	0 −1	−1	−1	−1	−1	
12.	$T_{x(2)}$	0,258	0,258	0,258	0,258	0,258 −0,742	−0,742	−0,742 0,258	0,258	0,258	0,258	0,258	
13.	$\gamma_{u(1)}$	0	0,2858	0,5639	0,8149	1	1,0684	1	0,8149	0,5639	0,2858	0	
14.	$\gamma_{u(2)}$	0	0,5320	1,0027	1,2609	1	0	−1	−1,2609	−1,0027	−0,5320	0	
15.	$\gamma_{u(1)}^{\rangle}$	2,866	2,842	2,703	2,290	1,368	0	−1,368	−2,290	−2,703	−2,842	−2,866	$\cdot\, 1/l$
16.	$\gamma_{u(2)}^{\rangle}$	5,384	5,192	4,102	0,845	−6,409	−11,796	−6,409	0,845	4,102	5,192	5,384	$\cdot\, 1/l$
17.	$\gamma_{u(1)}^{\rightarrow}$	0	0,182	0,407	0,681	1	1	1	0,681	0,407	0,182	0	
18.	$\gamma_{u(2)}^{\rightarrow}$	0	0,182	0,407	0,681	1	0	−1	−0,681	−0,407	−0,182	0	
19.		$F_{(1)} = 0,645l$,		$F_{(2)} = 0$,		$F_{(1)}^{\rightarrow} = 0,551l$,		$F_{(2)}^{\rightarrow} = 0$					
20.		$z_{(1)} = 1,356z$,		$z_{(2)} = 0,034z$,		$z_{T(1)} = 1,135z_T$,		$z_{T(2)} = 0,293z_T$					

Tafel 16c

$J_0 : J_m = 20$

	j	0	0,1	0,2	0,3	1 (0,4)	0,5	2 (0,6)	0,7	0,8	0,9	1	Faktor
1.	$w_{ix,\,i\,(1)}$	0	7,200	14,268	20,802	**25,795**	27,695	25,795	20,802	14,268	7,200	0	$\cdot\, l^3/1000\,EJ_{im}$
2.	$w_{ix,\,i\,(2)}$	0	0,307	0,587	0,761	**0,626**	0	−0,626	−0,761	−0,587	−0,307	0	$\cdot\, l^3/1000\,EJ_{im}$
3.	$\varphi_{ix,\,i\,(1)}$	72,117	71,751	69,343	60,768	38,011	0	−38,011	−60,768	−69,343	−71,751	−72,117	$\cdot\, l^2/1000\,EJ_{im}$
4.	$\varphi_{ix,\,i\,(2)}$	3,092	3,019	2,537	0,822	−3,729	−7,530	−3,729	0,822	2,537	3,019	3,092	$\cdot\, l^2/1000\,EJ_{im}$
5.	$M_{x\,(1)}$	0	0,1	0,2	0,3	0,4	0,4	0,4	0,3	0,2	0,1	0	$\cdot\, l$
6.	$M_{x\,(2)}$	0	0,020	0,040	0,060	0,080	0	−0,080	−0,060	−0,040	−0,020	0	$\cdot\, l$
7.	$Q_{x\,(1)}$	1	1	1	1	1 0	0	0 −1	−1	−1	−1	−1	
8.	$Q_{x\,(2)}$	0,2	0,2	0,2	0,2	0,2 −0,8	−0,8	−0,8 0,2	0,2	0,2	0,2	0,2	
9.	$\vartheta_{ix,\,i\,(1)}$	0	0,0419	0,0962	0,1662	**0,2528**	0,2528	0,2528	0,1662	0,0962	0,0419	0	$\cdot\, l/GJ_{Tim}$
10.	$\vartheta_{ix,\,i\,(2)}$	0	0,0117	0,0269	0,0465	**0,0708**	0	−0,0708	−0,0465	−0,0269	−0,0117	0	$\cdot\, l/GJ_{Tim}$
11.	$T_{x\,(1)}$	1	1	1	1	1 0	0	0 −1	−1	−1	−1	−1	
12.	$T_{x\,(2)}$	0,280	0,280	0,280	0,280	0,280 −0,720	−0,720	−0,720 0,280	0,280	0,280	0,280	0,280	
13.	$\gamma_{u\,(1)}$	0	0,2791	0,5531	0,8064	1	1,0737	1	0,8064	0,5531	0,2791	0	
14.	$\gamma_{u\,(2)}$	0	0,4897	0,9375	1,2148	1	0	−1	−1,2148	−0,9375	−0,4897	0	
15.	$\gamma^{\flat}_{u\,(1)}$	2,796	2,782	2,688	2,356	1,474	0	−1,474	−2,356	−2,688	−2,782	−2,796	$\cdot\, 1/l$
16.	$\gamma^{\flat}_{u\,(2)}$	4,936	4,819	4,050	1,313	−5,954	−12,023	−5,954	1,313	4,050	4,819	4,936	$\cdot\, 1/l$
17.	$\gamma_{\overrightarrow{u\,(1)}}$	0	0,166	0,381	0,657	1	1	1	0,657	0,381	0,166	0	
18.	$\gamma_{\overrightarrow{u\,(2)}}$	0	0,166	0,381	0,657	1	0	−1	−0,657	−0,381	−0,166	0	
19.	$F_{(1)} = 0,640\,l, \quad F_{(2)} = 0, \qquad \overrightarrow{F}_{(1)} = 0,537\,l, \qquad \overrightarrow{F}_{(2)} = 0$												
20.	$z_{(1)} = 1,238\,z, \quad z_{(2)} = 0,030\,z, \quad z_{T\,(1)} = 1,011\,z_T, \quad z_{T\,(2)} = 0,283\,z_T$												

6*

j		0	1/16	1/8	3/16	1/4	5/16	1 3/8	7/16
	$x/l\,\text{bzw.}\,u/l$								
1.	$w_{ix,\,i\,(1)}$	0	0,417	1,506	3,021	4,720	6,358	**7,690**	8,514
2.	$w_{ix,\,i\,(2)}$	0	0,010	0,338	0,627	0,875	0,993	**0,893**	0,524
3.	$\varphi_{ix,\,i\,(1)}$	0	12,695	21,484	26,367	27,344	24,414	17,578	8,789
4.	$\varphi_{ix,\,i\,(2)}$	0	2,945	4,456	4,532	3,174	0,382	$-3,845$	$-7,553$
5.	$M_{x\,(1)}$	$-0,2344$	$-0,1719$	$-0,1094$	$-0,0469$	0,0156	0,0781	0,1406	0,1406
6.	$M_{x\,(2)}$	$-0,0586$	$-0,0356$	$-0,0127$	$-0,0103$	0,0332	0,0562	0,0791	0,0396
7.	$Q_{x\,(1)}$	1	1	1	1	1	1	1 0	0
8.	$Q_{x\,(2)}$	0,3672	0,3672	0,3672	0,3672	0,3672	0,3672	0,3672 $-0,6328$	$-0,6328$
9.	$\vartheta_{ix,\,i\,(1)}$	0	0,0625	0,1250	0,1875	0,2500	0,3125	**0,3750**	0,3750
10.	$\vartheta_{ix,\,i\,(2)}$	0	0,0156	0,0313	0,0469	0,0625	0,0781	**0,0938**	0,0469
11.	$T_{x\,(1)}$	1	1	1	1	1	1	1 0	0
12.	$T_{x\,(2)}$	0,250	0,250	0,250	0,250	0,250	0,250	0,250 $-0,750$	$-0,750$
13.	$\gamma_{u\,(1)}$	0	0,0542	0,1372	0,3928	0,6138	0,8268	1	1,1072
14.	$\gamma_{u\,(2)}$	0	0,011	0,378	0,702	0,980	1,112	1	0,587
15.	$\gamma^{}_{u\,(1)}$	0	1,651	2,793	3,429	3,555	3,174	2,286	1,143
16.	$\gamma^{}_{u\,(2)}$	0	3,300	4,992	5,077	3,556	0,428	$-4,308$	$-8,462$
17.	$\gamma_{u\overrightarrow{(1)}}$	0	0,167	0,333	0,500	0,667	0,833	1	1
18.	$\gamma_{u\overrightarrow{(2)}}$	0	0,167	0,333	0,500	0,667	0,833	1	0,500
19.		$F_{(1)} = 0,590\,l,$ $F_{(2)} = 0,$ $F_{\overrightarrow{(1)}} = 0,625\,l,$ $F_{\overrightarrow{(2)}} = 0$								
20.		$z_{(1)} = 0,369\,z,$ $z_{(2)} = 0,043\,z,$ $z_{T\,(1)} = 1,500\,z_T,$ $z_{T\,(2)} = 0,375\,z_T$								

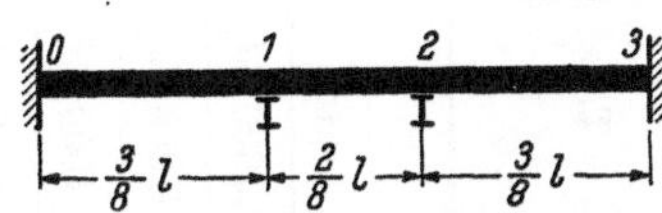

1/2	9/16	2 · 5/8	11/16	3/4	13/16	7/8	15/16	1	Faktor
8,789	8,514	7,690	6,358	4,720	3,021	1,506	0,417	0	$\cdot\,l^3/1000\,EJ_i$
0	−0,524	−0,893	−0,993	−0,875	−0,627	−0,338	−0,010	0	$\cdot\,l^3/1000\,EJ_i$
0	−8,789	−17,578	−24,414	−27,344	−26,367	−21,484	−12,695	0	$\cdot\,l^2/1000\,EJ_i$
−8,789	−7,553	−3,845	0,382	3,174	4,532	4,456	2,945	0	$\cdot\,l^2/1000\,EJ_i$
0,1406	0,1406	0,1406	0,0781	0,0156	−0,0469	−0,1094	−0,1719	−0,2344	$\cdot\,l$
0	−0,0396	−0,0791	−0,0562	−0,0332	0,0103	0,0127	0,0356	0,0586	$\cdot\,l$
0	0	0 −1	−1	−1	−1	−1	−1	−1	
−0,6328	−0,6328	−0,6328 0,3672	0,3672	0,3672	0,3672	0,3672	0,3672	0,3672	
0,3750	0,3750	0,3750	0,3125	0,2500	0,1875	0,1250	0,0625	0	$\cdot\,l/GJ_{T\,i}$
0	−0,0469	−0,0938	−0,0781	−0,0625	−0,0469	−0,0313	−0,0156	0	$\cdot\,l/GJ_{T\,i}$
0	0	0 −1	−1	−1	−1	−1	−1	−1	
−0,750	−0,750	−0,750 0,250	0,250	0,250	0,250	0,250	0,250	0,250	
1,1429	1,1072	1	0,8268	0,6138	0,3928	0,1372	0,0542	0	
0	−0,587	−1	−1,112	−0,980	−0,702	−0,378	−0,011	0	
0	−1,143	−2,286	−3,174	−3,555	−3,429	−2,793	−1,651	0	$\cdot\,1/l$
−9,847	−8,462	−4,308	0,428	3,556	5,077	4,992	3,300	0	$\cdot\,1/l$
1	1	1	0,833	0,667	0,500	0,333	0,167	0	
0	−0,5	−1	−0,833	−0,667	−0,500	−0,333	−0,167	0	

C. Statische Größen infolge von Gruppenbelastungen

Tafel 18

	j					1		2					
	x/l bzw. u/l	0	0,1	0,2	0,3	0,4	0,5	0,6	0,7	0,8	0,9	1	Faktor
1.	$w_{ix,i(1)}$	0	1,033	3,467	6,300	**8,533**	9,333	8,533	6,300	3,467	1,033	0	$\cdot\, l^3/1000\,EJ_i$
2.	$w_{ix,i(2)}$	0	0,191	0,565	0,828	**0,683**	0	—0,683	—0,828	—0,565	—0,191	0	$\cdot\, l^3/1000\,EJ_i$
3.	$\varphi_{ix,i(1)}$	0	19,0	28,0	27,0	16,0	0	—16,0	—27,0	—28,0	—19,0	0	$\cdot\, l^2/1000\,EJ_i$
4.	$\varphi_{ix,i(2)}$	0	3,320	3,680	1,080	—4,480	—8,000	—4,480	1,080	3,680	3,320	0	$\cdot\, l^2/1000\,EJ_i$
5.	$M_{x(1)}$	—0,240	—0,140	—0,040	0,060	0,160	0,160	0,160	0,060	—0,040	—0,140	—0,240	$\cdot\, l$
6.	$M_{x(2)}$	—0,0480	—0,0184	0,0112	0,048	0,0704	0	—0,0704	—0,048	—0,0112	0,0184	0,0480	$\cdot\, l$
7.	$Q_{x(1)}$	1	1	1	1	1 / 0	0	0 / —1	—1	—1	—1	—1	
8.	$Q_{x(2)}$	0,296	0,296	0,296	0,296	0,296 / —0,704	—0,704	—0,704 / 0,296	0,296	0,296	0,296	0,296	
9.	$\vartheta_{ix,i(1)}$	0	0,1	0,2	0,3	**0,4**	0,4	0,4	0,3	0,2	0,1	0	$\cdot\, l/GJ_{Ti}$
10.	$\vartheta_{ix,i(2)}$	0	0,020	0,040	0,060	**0,080**	0	—0,080	—0,060	—0,040	—0,020	0	$\cdot\, l/GJ_{Ti}$
11.	$T_{x(1)}$	1	1	1	1	1 / 0	0	0 / —1	—1	—1	—1	—1	
12.	$T_{x(2)}$	0,2	0,2	0,2	0,2	0,2 / —0,8	—0,8	—0,8 / 0,2	0,2	0,2	0,2	0,2	
13.	$\gamma_{u(1)}$	0	0,1211	0,4063	0,7383	1	1,0948	1	0,7383	0,4063	0,1211	0	
14.	$\gamma_{u(2)}$	0	0,2793	0,8281	1,2129	1	0	—1	—1,2129	—0,8281	—0,2793	0	
15.	$\gamma^{\supset}_{u(1)}$	0	2,227	3,281	3,164	1,875	0	—1,875	—3,164	—3,281	—2,227	0	$\cdot\, 1/l$
16.	$\gamma^{\supset}_{u(2)}$	0	4,863	5,391	1,582	—6,563	—11,719	—6,563	1,582	5,391	4,863	0	$\cdot\, 1/l$
17.	$\gamma_{u(1)}^{\rightarrow}$	0	0,25	0,5	0,75	1	1	1	0,75	0,5	0,25	0	
18.	$\gamma_{u(2)}^{\rightarrow}$	0	0,25	0,5	0,75	1	0	—1	—0,75	—0,5	—0,25	0	
19.		$F_{(1)} = 0{,}563\,l,\quad F_{(2)} = 0,\qquad F_{(1)}^{\rightarrow} = 0{,}600\,l,\qquad F_{(2)}^{\rightarrow} = 0$											
20.		$z_{(1)} = 0{,}410\,z,\quad z_{(2)} = 0{,}033\,z,\quad z_{T(1)} = 1{,}600\,z_T,\quad z_{T(2)} = 0{,}320\,z_T$											

Tafel 19a

$J_0 : J_m = 5$

j				1		2						
x/l bzw. u/l	0	0,1	0,2	0,3	0,4	0,5	0,6	0,7	0,8	0,9	1	Faktor
1. $w_{ix,\,i\,(1)}$	0	0,334	1,290	2,695	**4,025**	4,540	4,025	2,695	1,290	0,334	0	$\cdot\, l^3/1000\,EJ_{im}$
2. $w_{ix,\,i\,(2)}$	0	0,079	0,278	0,4867	**0,4614**	0	$-0,4614$	$-0,4867$	$-0,278$	$-0,079$	0	$\cdot\, l^3/1000\,EJ_{im}$
3. $\varphi_{ix,\,i\,(1)}$	0	6,261	12,169	14,906	10,311	0	$-10,311$	$-14,906$	$-12,169$	$-6,261$	0	$\cdot\, l^2/1000\,EJ_{im}$
4. $\varphi_{ix,\,i\,(2)}$	0	1,436	2,311	1,499	$-2,483$	$-5,680$	$-2,483$	1,499	2,311	1,436	0	$\cdot\, l^2/1000\,EJ_{im}$
5. $M_{x\,(1)}$	$-0,2947$	$-0,1947$	$-0,0947$	0,0053	0,1053	0,1053	0,1053	0,0053	$-0,0947$	$-0,1947$	$-0,2947$	$\cdot\, l$
6. $M_{x\,(2)}$	$-0,0735$	$-0,0388$	$-0,0041$	0,0306	0,0653	0	$-0,0653$	$-0,0306$	0,0041	0,0388	0,0735	$\cdot\, l$
7. $Q_{x\,(1)}$	1	1	1	1	1 / 0	0	0 / -1	-1	-1	-1	-1	
8. $Q_{x\,(2)}$	0,3469	0,3469	0,3469	0,3469	0,3469 / $-0,6531$	$-0,6531$	$-0,6531$ / 0,3469	0,3469	0,3469	0,3469	0,3469	
9. $\vartheta_{ix,\,i\,(1)}$	0	0,0635	0,1377	0,2226	**0,3166**	0,3166	0,3166	0,2226	0,1377	0,0635	0	$\cdot\, l/GJ_{Tim}$
10. $\vartheta_{ix,\,i\,(2)}$	0	0,0152	0,0329	0,0532	**0,0756**	0	$-0,0756$	$-0,0532$	$-0,0329$	$-0,0152$	0	$\cdot\, l/GJ_{Tim}$
11. $T_{x\,(1)}$	1	1	1	1	1 / 0	0	0 / -1	-1	-1	-1	-1	
12. $T_{x\,(2)}$	0,239	0,239	0,239	0,239	0,239 / $-0,761$	$-0,761$	$-0,761$ / 0,239	0,239	0,239	0,239	0,239	
13. $\gamma_{u\,(1)}$	0	0,0831	0,3205	0,6695	1	1,1281	1	0,6695	0,3205	0,0831	0	
14. $\gamma_{u\,(2)}$	0	0,1717	0,6033	1,0546	1	0	-1	$-1,0546$	$-0,6033$	$-0,1717$	0	
15. $\gamma_{u\,(1)}^{2}$	0	1,556	3,024	3,703	2,562	0	$-2,562$	$-3,703$	$-3,024$	$-1,556$	0	$\cdot\, 1/l$
16. $\gamma_{u\,(2)}^{2}$	0	3,113	5,009	3,249	$-5,382$	$-12,309$	$-5,382$	3,249	5,009	3,113	0	$\cdot\, 1/l$
17. $\gamma_{u\,(1)}^{\rightarrow}$	0	0,201	0,435	0,703	1	1	1	0,703	0,435	0,201	0	
18. $\gamma_{u\,(2)}^{\rightarrow}$	0	0,201	0,435	0,703	1	0	-1	$-0,703$	$-0,435$	$-0,201$	0	
19.	$F_{(1)} = 0,527\,l,\quad F_{(2)} = 0,\qquad F_{(1)}^{\rightarrow} = 0,566\,l,\qquad F_{(2)}^{\rightarrow} = 0$											
20.	$z_{(1)} = 0,193\,z,\quad z_{(2)} = 0,022\,z,\quad z_{T\,(1)} = 1,266\,z_T,\quad z_{T\,(2)} = 0,302\,z_T$											

Tafel 19b

$J_0 : J_m = 10$

j					1		2					Faktor
x/l bzw. u/l	0	0,1	0,2	0,3	0,4	0,5	0,6	0,7	0,8	0,9	1	Faktor
1. $w_{ix,i(1)}$	0	0,194	0,794	1,776	**2,799**	3,213	2,799	1,776	0,794	0,194	0	$\cdot l^3/1000\,EJ_{im}$
2. $w_{ix,i(2)}$	0	0,052	0,195	0,372	**0,379**	0	−0,379	−0,372	−0,195	−0,052	0	$\cdot l^3/1000\,EJ_{im}$
3. $\varphi_{ix,i(1)}$	0	3,648	7,929	10,934	8,280	0	−8,280	−10,934	−7,929	−3,648	0	$\cdot l^2/1000\,EJ_{im}$
4. $\varphi_{ix,i(2)}$	0	0,949	1,763	1,471	−1,782	−4,801	−1,782	1,471	1,763	0,949	0	$\cdot l^2/1000\,EJ_{im}$
5. $M_{x(1)}$	−0,3143	−0,2143	−0,1143	−0,0143	0,0857	0,0857	0,0857	−0,0143	−0,1143	−0,2143	−0,3143	$\cdot l$
6. $M_{x(2)}$	−0,0875	−0,04500	−0,0125	0,0250	0,0625	0	−0,0625	−0,0250	0,0125	0,0450	0,0875	$\cdot l$
7. $Q_{x(1)}$	1	1	1	1	1 0	0	0 −1	−1	−1	−1	−1	
8. $Q_{x(2)}$	0,3750	0,3750	0,3750	0,3750	0,3750 −0,6250	−0,6250	−0,6250 0,3750	0,3750	0,3750	0,3750	0,3750	
9. $\vartheta_{ix,i(1)}$	0	0,0517	0,1156	0,1932	**0,2837**	0,2837	0,2837	0,1932	0,1156	0,0517	0	$\cdot l/GJ_{Tim}$
10. $\vartheta_{ix,i(2)}$	0	0,0134	0,0299	0,0499	**0,0733**	0	−0,0733	−0,0499	−0,0299	−0,0134	0	$\cdot l/GJ_{Tim}$
11. $T_{x(1)}$	1	1	1	1	1 0	0	0 −1	−1	−1	−1	−1	
12. $T_{x(2)}$	0,258	0,258	0,258	0,258	0,258 −0,742	−0,742	−0,742 0,258	0,258	0,258	0,258	0,258	
13. $\gamma_{u(1)}$	0	0,0693	0,2838	0,6347	1	1,1480	1	0,6347	0,2838	0,0693	0	
14. $\gamma_{u(2)}$	0	0,1364	0,5152	0,9798	1	0	−1	−0,9798	−0,5152	−0,1364	0	
15. $\gamma^2_{u(1)}$	0	1,303	2,833	3,906	2,958	0	−2,958	−3,906	−2,833	−1,303	0	$\cdot 1/l$
16. $\gamma^2_{u(2)}$	0	2,500	4,646	3,876	−4,695	−12,652	−4,695	3,876	4,646	2,500	0	$\cdot 1/l$
17. $\gamma_{u(1)}^{\rightarrow}$	0	0,182	0,407	0,681	1	1	1	0,681	0,407	0,182	0	
18. $\gamma_{u(2)}^{\rightarrow}$	0	0,182	0,407	0,681	1	0	−1	−0,681	−0,407	−0,182	0	
19.	$F_{(1)} = 0,512\,l,\quad F_{(2)} = 0,\qquad F_{(1)}^{\rightarrow} = 0,551\,l,\quad F_{(2)}^{\rightarrow} = 0$											
20.	$z_{(1)} = 0,134\,z,\quad z_{(2)} = 0,018\,z,\quad z_{T(1)} = 1,135\,z_T,\quad z_{T(2)} = 0,293\,z_T$											

Tafel 19c

$J_0 : J_m = 20$

j		0	0,1	0,2	0,3	1 0,4	0,5	2 0,6	0,7	0,8	0,9	1	Faktor
	x/l bzw. u/l	0	0,1	0,2	0,3	0,4	0,5	0,6	0,7	0,8	0,9	1	
1.	$w_{ix,i(1)}$	0	0,109	0,474	1,140	**1,908**	2,235	1,908	1,140	0,474	0,109	0	$\cdot\, l^3/1000\,EJ_{im}$
2.	$w_{ix,i(2)}$	0	0,033	0,133	0,277	**0,307**	0	$-0,307$	$-0,277$	$-0,133$	$-0,033$	0	$\cdot\, l^3/1000\,EJ_{im}$
3.	$\varphi_{ix,i(1)}$	0	2,063	4,972	7,758	6,536	0	$-6,536$	$-7,758$	$-4,972$	$-2,063$	0	$\cdot\, l^2/1000\,EJ_{im}$
4.	$\varphi_{ix,i(2)}$	0	0,609	1,289	1,347	$-1,188$	$-4,007$	$-1,188$	1,347	1,289	0,609	0	$\cdot\, l^2/1000\,EJ_{im}$
5.	$M_{x(1)}$	$-0,3312$	$-0,2312$	$-0,1312$	$-0,0312$	0,0688	0,0688	0,0688	$-0,0312$	$-0,1312$	$-0,2312$	$-0,3312$	$\cdot\, l$
6.	$M_{x(2)}$	$-0,1034$	$-0,0627$	$-0,0220$	0,0187	0,0593	0	$-0,0593$	$-0,0187$	0,0220	0,0627	0,1034	$\cdot\, l$
7.	$Q_{x(1)}$	1	1	1	1	1 / 0	0	0 / -1	-1	-1	-1	-1	
8.	$Q_{x(2)}$	0,4067	0,4067	0,4067	0,4067	0,4067 / $-0,5933$	$-0,5933$	$-0,5933$ / 0,4067	0,4067	0,4067	0,4067	0,4067	
9.	$\vartheta_{ix,i(1)}$	0	0,0419	0,0962	0,1662	**0,2528**	0,2528	0,2528	0,1662	0,0962	0,0419	0	$\cdot\, l/GJ_{Tim}$
10.	$\vartheta_{ix,i(2)}$	0	0,0117	0,0269	0,0465	**0,0708**	0	$-0,0708$	$-0,0465$	$-0,0269$	$-0,0117$	0	$\cdot\, l/GJ_{Tim}$
11.	$T_{x(1)}$	1	1	1	1	1 / 0	0	0 / -1	-1	-1	-1	-1	
12.	$T_{x(2)}$	0,280	0,280	0,280	0,280	0,280 / $-0,720$	$-0,720$	$-0,720$ / 0,280	0,280	0,280	0,280	0,280	
13.	$\gamma_{u(1)}$	0	0,0573	0,2486	0,5971	1	1,1713	1	0,5971	0,2486	0,0573	0	
14.	$\gamma_{u(2)}$	0	0,1074	0,4346	0,9023	1	0	-1	$-0,9023$	$-0,4346$	$-0,1074$	0	
15.	$\gamma_{u(1)}^2$	0	1,081	2,605	4,065	3,425	0	$-3,425$	$-4,065$	$-2,605$	$-1,081$	0	$\cdot\, 1/l$
16.	$\gamma_{u(2)}^2$	0	1,986	4,203	4,391	$-3,874$	$-1,306$	$-3,874$	4,391	4,203	1,986	0	$\cdot\, 1/l$
17.	$\gamma_{u(1)}^{\rightarrow}$	0	0,166	0,381	0,657	1	1	1	0,657	0,381	0,166	0	
18.	$\gamma_{u(2)}^{\rightarrow}$	0	0,166	0,381	0,657	1	0	-1	$-0,657$	$-0,381$	$-0,166$	0	
19.		$F_{(1)} = 0,497\,l,\quad F_{(2)} = 0,\qquad F_{(1)}^{\rightarrow} = 0,537\,l,\qquad F_{(2)}^{\rightarrow} = 0$												
20.		$z_{(1)} = 0,092\,z,\quad z_{(2)} = 0,015\,z,\quad z_{T(1)} = 1,011\,z_T,\quad z_{T(2)} = 0,283\,z_T$												

3. Frei aufliegendes Kreuzwerk mit 3 Querträgern

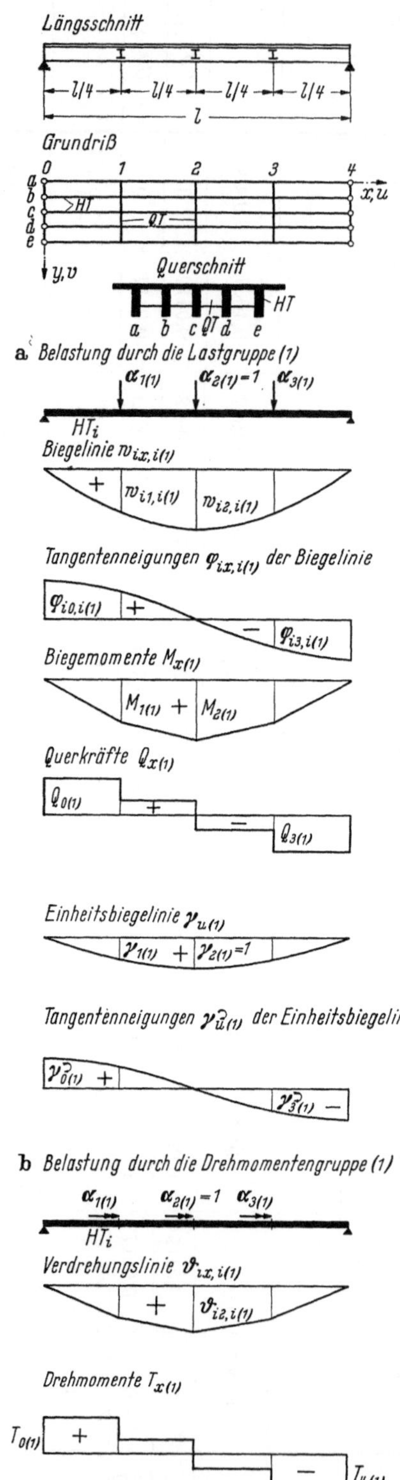

Abb. 31. Kreuzwerk mit drei Querträgern. Wirkungen infolge der Belastung durch die Last- und Momentgruppen (1)

Tafel 20

j				1			2			3				
x/l bzw. u/l	0	1/12	1/6	1/4	1/3	5/12	1/2	7/12	2/3	3/4	5/6	11/12	1	Faktor
1. $w_{ix,\,i\,(1)}$	0	10,617	20,534	29,054	35,547	39,655	**41,089**	39,655	35,547	29,054	20,534	10,617	0	$\cdot\, l^3/1000\,EJ_i$
2. $w_{ix,\,i\,(2)}$	0	1,254	2,218	**2,604**	2,218	1,254	0	—1,254	—2,218	—2,604	—2,218	—1,254	0	$\cdot\, l^3/1000\,EJ_i$
3. $w_{ix,\,i\,(3)}$	0	—0,296	—0,472	—0,408	—0,054	0,372	**0,578**	0,372	—0,054	—0,408	—0,472	—0,296	0	$\cdot\, l^3/1000\,EJ_i$
4. $\varphi_{ix,\,i\,(1)}$	128,791	124,600	112,026	91,069	64,185	33,829	0	—33,829	—64,185	—91,069	—112,026	—124,600	128,791	$\cdot\, l^2/1000\,EJ_i$
5. $\varphi_{ix,\,i\,(2)}$	15,625	13,889	8,681	0	—8,681	—13,889	—15,625	—13,889	—8,681	0	8,681	13,889	15,625	$\cdot\, l^2/1000\,EJ_i$
6. $\varphi_{ix,\,i\,(3)}$	—3,791	—3,072	—0,915	2,681	5,259	4,366	0	—4,366	—5,259	—2,681	0,915	3,072	3,791	$\cdot\, l^2/1000\,EJ_i$
7. $M_{x\,(1)}$	0	0,1006	0,2012	0,3018	0,3434	0,3851	0,4268	0,3851	0,3434	0,3018	0,2012	0,1006	0	$\cdot\, l$
8. $M_{x\,(2)}$	0	0,0417	0,0833	0,125	0,0833	0,0417	0	—0,0417	—0,0833	—0,125	—0,0833	—0,0417	0	$\cdot\, l$
9. $M_{x\,(3)}$	0	—0,0173	—0,0345	—0,0518	—0,0101	0,0316	0,0732	0,0316	—0,0101	—0,0518	—0,0345	—0,0173	0	$\cdot\, l$
10. $Q_{x\,(1)}$	1,2071	1,2071	1,2071	1,2071 0,5	0,5	0,5	0,5 —0,5	—0,5	—0,5	—0,5 —1,2071	—1,2071	—1,2071	—1,2071	
11. $Q_{x\,(2)}$	0,5	0,5	0,5	0,5 —0,5	—0,5	—0,5	—0,5	—0,5	—0,5	—0,5 0,5	0,5	0,5	0,5	
12. $Q_{x\,(3)}$	—0,2071	—0,2071	—0,2071	—0,2071 0,5	0,5	0,5	0,5 —0,5	—0,5	—0,5	—0,5 0,2071	0,2071	0,2071	0,2071	
13. $\vartheta_{ix,\,i\,(1)}$	0	0,1006	0,2012	0,3018	0,3435	0,3851	**0,4268**	0,3851	0,3435	0,3018	0,2012	0,1006	0	$\cdot\, l/GJ_{Ti}$
14. $\vartheta_{ix,\,i\,(2)}$	0	0,0417	0,0833	**0,1250**	0,0833	0,0417	0	—0,0417	—0,0833	—0,1250	—0,0833	—0,0417	0	$\cdot\, l/GJ_{Ti}$

	j				1			2			3				
	x/l bzw. u/l	0	1/12	1/6	1/4	1/3	5/12	1/2	7/12	2/3	3/4	5/6	11/12	1	Faktor
15.	$\vartheta_{ix,\,i(3)}$	0	−0,0173	−0,0345	−0,0518	−0,0101	0,0316	**0,0732**	0,0316	−0,0101	−0,0518	−0,0345	−0,0173	0	$\cdot l/GJ_{Ti}$
16.	$T_{x(1)}$	1,207	1,207	1,207	1,207 0,500	0,500	0,500	0,500 −0,500	−0,500	−0,500	−0,500 −1,207	−1,207	−1,207	−1,207	
17.	$T_{x(2)}$	0,5	0,5	0,5	0,5 −0,5	−0,5	−0,5	−0,5	−0,5	−0,5	−0,5 0,5	0,5	0,5	0,5	
18.	$T_{x(3)}$	−0,207	−0,207	−0,207	−0,207 0,500	0,500	0,500	0,500 −0,500	−0,500	−0,500	−0,500 0,207	0,207	0,207	0,207	
19.	$\gamma_{u(1)}$	0	0,2584	0,4997	0,7071	0,8651	0,9651	1	0,9651	0,8651	0,7071	0,4997	0,2584	0	
20.	$\gamma_{u(2)}$	0	0,4815	0,8519	1	0,8519	0,4815	0	−0,4815	−0,8519	−1	−0,8519	−0,4815	0	
21.	$\gamma_{u(3)}$	0	−0,5123	−0,8172	−0,7071	−0,0927	0,6434	1	0,6434	−0,0927	−0,7071	−0,8172	−0,5123	0	
22.	$\gamma^2_{u(1)}$	3,134	3,032	2,726	2,216	1,562	0,823	0	−0,823	−1,562	−2,216	−2,726	−3,032	−3,134	$\cdot 1/l$
23.	$\gamma^2_{u(2)}$	6,0	5,333	3,333	0	−3,333	−5,333	−6,0	−5,333	−3,333	0	3,333	5,333	6,0	$\cdot 1/l$
24.	$\gamma^2_{u(3)}$	−6,563	−5,318	−1,584	4,640	9,105	7,558	0	−7,558	−9,105	−4,640	1,584	5,318	6,563	$\cdot 1/l$
25.	$\overrightarrow{\gamma}_{u(1)}$	0	0,236	0,471	0,707	0,805	0,902	1	0,902	0,805	0,707	0,471	0,236	0	
26.	$\overrightarrow{\gamma}_{u(2)}$	0	0,333	0,667	1	0,667	0,333	0	−0,333	−0,667	−1	−0,667	−0,333	0	
27.	$\overrightarrow{\gamma}_{u(3)}$	0	−0,236	−0,471	−0,707	−0,138	0,431	1	0,431	−0,138	−0,707	−0,471	−0,236	0	

28. $\quad F_{(1)} = 0{,}636\,l, \quad F_{(2)} = 0, \quad F_{(3)} = -0{,}174\,l, \quad \overrightarrow{F}_{(1)} = 0{,}604\,l, \quad \overrightarrow{F}_{(2)} = 0, \quad \overrightarrow{F}_{(3)} = -0{,}104\,l$

29. $\quad z_{(1)} = 1{,}972\,z, \quad z_{(2)} = 0{,}125\,z, \quad z_{(3)} = 0{,}028\,z, \quad z_{T(1)} = 1{,}707\,z_T, \quad z_{T(2)} = 0{,}500\,z_T, \quad z_{T(3)} = 0{,}293\,z_T$

4. Frei aufliegendes Kreuzwerk mit 4 Querträgern

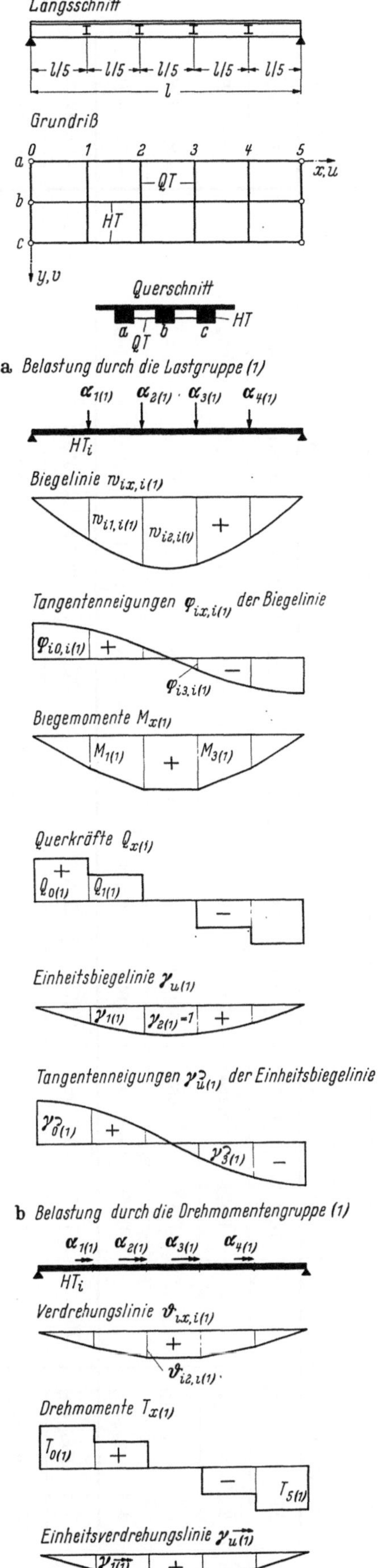

Abb. 32
Kreuzwerk mit vier Querträgern. Wirkungen infolge der Belastung durch die Last- und Momentgruppen (1)

Tafel 21

	j			1		2		3		4			
	x/l bzw. u/l	0	0,1	0,2	0,3	0,4	0,5	0,6	0,7	0,8	0,9	1	Faktor
1.	$w_{ix,\,i\,(1)}$	0	16,675	31,731	43,655	**51,342**	53,960	51,342	43,655	31,731	16,675	0	$\cdot\, l^3/1000\,EJ_i$
2.	$w_{ix,\,i\,(2)}$	0	1,974	**3,224**	3,194	1,993	0	$-1,993$	$-3,194$	$-3,224$	$-1,974$	0	$\cdot\, l^3/1000\,EJ_i$
3.	$w_{ix,\,i\,(3)}$	0	$-0,520$	**$-0,658$**	$-0,020$	0,406	0,642	0,406	$-0,020$	$-0,658$	$-0,520$	0	$\cdot\, l^3/1000\,EJ_i$
4.	$w_{ix,\,i\,(4)}$	0	$-0,160$	$-0,150$	0,099	**0,243**	0	$-0,243$	$-0,099$	0,150	0,160	0	$\cdot\, l^3/1000\,EJ_i$
5.	$\varphi_{ix,\,i\,(1)}$	169,44	161,35	137,08	99,72	52,36	0	$-52,36$	$-99,72$	$-137,08$	$-161,35$	$-169,44$	$\cdot\, l^2/1000\,EJ_i$
6.	$\varphi_{ix,\,i\,(2)}$	20,944	17,326	6,472	$-6,618$	$-16,944$	$-21,416$	$-16,944$	$-6,618$	6,472	17,326	20,944	$\cdot\, l^2/1000\,EJ_i$
7.	$\varphi_{ix,\,i\,(3)}$	$-5,836$	$-3,926$	1,803	6,353	4,721	0	$-4,721$	$-6,353$	$-1,803$	3,926	5,836	$\cdot\, l^2/1000\,EJ_i$
8.	$\varphi_{ix,\,i\,(4)}$	$-1,889$	$-1,034$	1,528	2,708	$-0,584$	$-3,348$	$-0,584$	2,708	1,528	$-1,034$	$-1,889$	$\cdot\, l^2/1000\,EJ_i$
9.	$M_{x\,(1)}$	0	0,1618	0,3236	0,4236	0,5236	0,5236	0,5236	0,4236	0,3236	0,1618	0	$\cdot\, l$
10.	$M_{x\,(2)}$	0	0,0724	0,1447	0,1171	0,0894	0	$-0,0894$	$-0,1171$	$-0,1447$	$-0,0724$	0	$\cdot\, l$
11.	$M_{x\,(3)}$	0	$-0,0382$	$-0,0764$	$-0,0146$	0,0472	0,0472	0,0472	$-0,0146$	$-0,0764$	$-0,0382$	0	$\cdot\, l$
12.	$M_{x\,(4)}$	0	$-0,0171$	$-0,0342$	0,0106	0,0553	0	$-0,0553$	$-0,0106$	0,0342	0,0171	0	$\cdot\, l$
13.	$Q_{x\,(1)}$	1,6180	1,6180	1,6180 1	1	1 0	0	0 -1	-1	-1 $-1,6180$	$-1,6180$	$-1,6180$	
14.	$Q_{x\,(2)}$	0,7236	0,7236	0,7236 $-0,2764$	$-0,2764$	$-0,2764$ $-0,8944$	$-0,8944$	$-0,8944$ $-0,2764$	$-0,2764$	$-0,2764$ 0,7236	0,7236	0,7236	
15.	$Q_{x\,(3)}$	$-0,3820$	$-0,3820$	$-0,3820$ 0,6180	0,6180	0,6180 0	0	0 $-0,6180$	$-0,6180$	$-0,6180$ 0,3820	0,3820	0,3820	
16.	$Q_{x\,(4)}$	$-0,1708$	$-0,1708$	$-0,1708$ 0,4472	0,4472	0,4472 $-0,5528$	$-0,5528$	$-0,5528$ 0,4472	0,4472	0,4472 $-0,1708$	$-0,1708$	$-0,1708$	

17.	$\vartheta_{ix,\,i(1)}$	0	0,1618	0,3236	0,4236	**0,5236**	0,5236	0,5236	0,4236	0,3236	0,1618	0	$\cdot\,l/GJ_{Ti}$
18.	$\vartheta_{ix,\,i(2)}$	0	0,0724	**0,1447**	0,1171	0,0894	0	−0,0894	−0,1171	−0,1447	−0,0724	0	$\cdot\,l/GJ_{Ti}$
19.	$\vartheta_{ix,\,i(3)}$	0	−0,0382	**−0,0764**	−0,0146	0,0472	0,0472	0,0472	−0,0146	−0,0764	−0,0382	0	$\cdot\,l/GJ_{Ti}$
20.	$\vartheta_{ix,\,i(4)}$	0	−0,0171	−0,0342	0,0106	**0,0553**	0	−0,0553	−0,0106	0,0342	0,0171	0	$\cdot\,l/GJ_{Ti}$
21.	$T_{x(1)}$	1,618	1,618	1,618 1	1	1 0	0	0 −1	−1	−1 −1,618	−1,618	−1,618	
22.	$T_{x(2)}$	0,724	0,724	0,724 −0,276	−0,276	−0,276 −0,894	−0,894	−0,894 −0,276	−0,276	−0,276 0,724	0,724	0,724	
23.	$T_{x(3)}$	−0,382	−0,382	−0,382 0,618	0,618	0,618 0	0	0 −0,618	−0,618	−0,618 0,382	0,382	0,382	
24.	$T_{x(4)}$	−0,171	−0,171	−0,171 0,447	0,447	0,447 −0,553	−0,553	−0,553 0,447	0,447	0,447 −0,171	−0,171	−0,171	
25.	$\gamma_{u(1)}$	0	0,3248	0,6180	0,8503	1	1,0510	1	0,8503	0,6180	0,3248	0	
26.	$\gamma_{u(2)}$	0	0,6122	1	0,9906	0,6180	0	−0,6180	−0,9906	−1	−0,6122	0	
27.	$\gamma_{u(3)}$	0	−0,7903	−1	−0,3019	0,6180	0,9768	0,6180	−0,3019	−1	−0,7903	0	
28.	$\gamma_{u(4)}$	0	−0,6611	−0,6180	0,4085	1	0	−1	−0,4085	0,6180	0,6611	0	
29.	$\gamma^{2}_{u(1)}$	3,300	3,143	2,670	1,942	1,020	0	−1,020	−1,942	−2,670	−3,143	−3,300	$\cdot\,1/l$
30.	$\gamma^{2}_{u(2)}$	6,496	5,374	2,007	−2,053	−5,256	−6,643	−5,256	−2,053	2,007	5,374	6,496	$\cdot\,1/l$
31.	$\gamma^{2}_{u(3)}$	−8,871	−5,968	2,741	9,656	7,176	0	−7,176	−9,656	−2,741	5,968	8,871	$\cdot\,1/l$
32.	$\gamma^{2}_{u(4)}$	−7,784	−4,264	6,297	11,162	−2,405	−13,797	−2,405	11,162	6,297	−4,264	−7,784	$\cdot\,1/l$
33.	$\gamma_{\overrightarrow{u}(1)}$	0	0,309	0,618	0,809	1	1	1	0,809	0,618	0,309	0	
34.	$\gamma_{\overrightarrow{u}(2)}$	0	0,500	1	0,809	0,618	0	−0,618	−0,809	−1	−0,500	0	
35.	$\gamma_{\overrightarrow{u}(3)}$	0	−0,500	−1	−0,192	0,618	0,618	0,618	−0,192	−1	−0,500	0	
36.	$\gamma_{\overrightarrow{u}(4)}$	0	−0,309	−0,618	0,192	1	0	−1	−0,192	0,618	0,309	0	

37. $F_{(1)} = 0,669\,l,\quad F_{(2)} = 0,\quad F_{(3)} = -0,212\,l,\quad F_{(4)} = 0,\quad \overrightarrow{F}_{(1)} = 0,647\,l,\quad \overrightarrow{F}_{(2)} = 0,\quad \overrightarrow{F}_{(3)} = -0,153\,l,\quad \overrightarrow{F}_{(4)} = 0$

38. $z_{(1)} = 2,464\,z,\quad z_{(2)} = 0,155\,z,\quad z_{(3)} = 0,032\,z,\quad z_{(4)} = 0,012\,z,\quad z_{T(1)} = 2,094\,z_T,\quad z_{T(2)} = 0,579\,z_T,\quad z_{T(3)} = 0,306\,z_T,\quad z_{T(4)} = 0,221\,z_T$

5. Tafeln der Werte sin $n\pi u/l$ und cos $n\pi u/l$

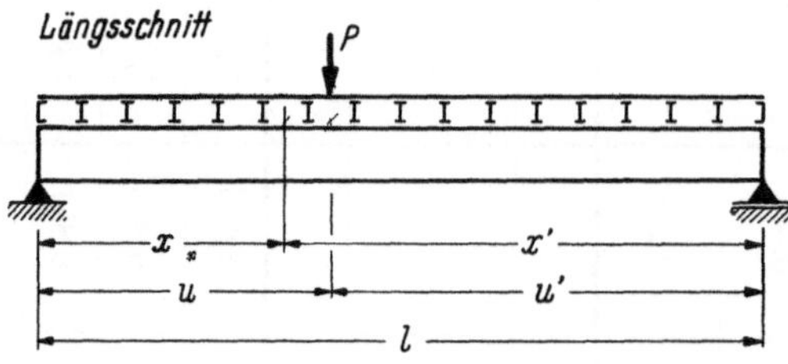

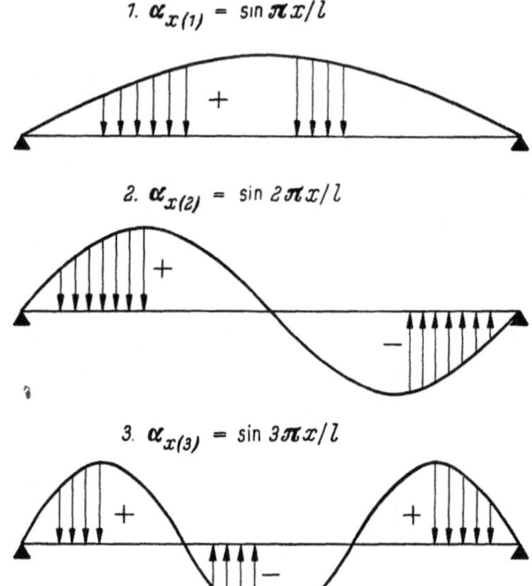

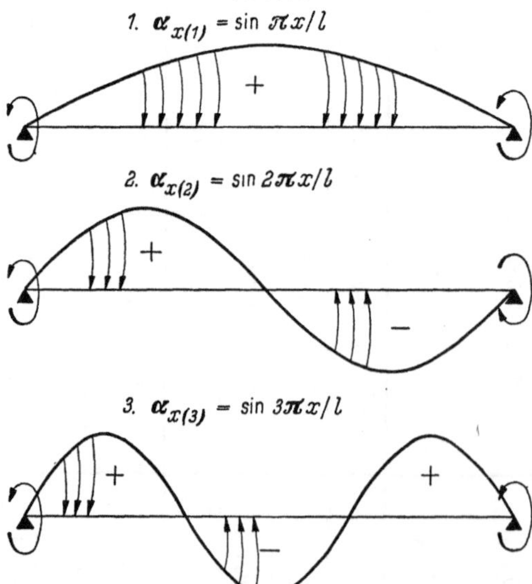

Abb. 33. Kreuzwerk mit unendlich vielen, unendlich schmalen Querträgern. Eigenbelastungsfunktionen für die Lastgruppen (1) bis (3) und für die Drehmomentengruppen (1) bis (3)

Tafel der Werte sin $n\pi u/l$

Tafel 22

u/l	0	0,1	0,2	0,3	0,4	0,5	0,6	0,7	0,8	0,9	1
sin $\pi u/l$	0	0,30902	0,58779	0,80902	0,95106	1	0,95106	0,80902	0,58779	0,30902	0
sin $2\pi u/l$	0	0,58779	0,95106	0,95106	0,58779	0	−0,58779	−0,95106	−0,95106	−0,58779	0
sin $3\pi u/l$	0	0,80902	0,95106	0,30902	−0,58779	−1	−0,58779	0,30902	0,95106	0,80902	0
sin $4\pi u/l$	0	0,95106	0,58779	−0,58779	−0,95106	0	0,95106	0,58779	−0,58779	−0,95106	0
sin $5\pi u/l$	0	1	0	−1	0	1	0	−1	0	1	0
sin $6\pi u/l$	0	0,95106	−0,58779	−0,58779	0,95106	0	−0,95106	0,58779	0,58779	−0,95106	0
sin $7\pi u/l$	0	0,80902	−0,95106	0,30902	0,58779	−1	0,58779	0,30902	−0,95106	0,80902	0
sin $8\pi u/l$	0	0,58779	−0,95106	0,95106	−0,58779	0	0,58779	−0,95106	0,95106	−0,58779	0
sin $9\pi u/l$	0	0,30902	−0,58779	0,80902	−0,95106	1	−0,95106	0,80902	−0,58779	0,30902	0

Tafel der Werte cos $n\pi u/l$

Tafel 23

u/l	0	0,1	0,2	0,3	0,4	0,5	0,6	0,7	0,8	0,9	1
cos $\pi u/l$	1	0,95106	0,80902	0,58779	0,30902	0	−0,30902	−0,58779	−0,80902	−0,95106	−1
cos $2\pi u/l$	1	0,80902	0,30902	−0,30902	−0,80902	−1	−0,80902	−0,30902	0,30902	0,80902	1
cos $3\pi u/l$	1	0,58779	−0,30902	−0,95106	−0,80902	0	0,80902	0,95106	0,30902	−0,58779	−1
cos $4\pi u/l$	1	0,30902	−0,80902	−0,80902	0,30902	1	0,30902	−0,80902	−0,80902	0,30902	1
cos $5\pi u/l$	1	0	−1	0	1	0	−1	0	1	0	−1
cos $6\pi u/l$	1	−0,30902	−0,80902	0,80902	0,30902	−1	0,30902	0,80902	−0,80902	−0,30902	1
cos $7\pi u/l$	1	−0,58779	−0,30902	0,95106	−0,80902	0	0,80902	−0,95106	0,30902	0,58779	−1
cos $8\pi u/l$	1	−0,80902	0,30902	0,30902	−0,80902	1	−0,80902	0,30902	0,30902	−0,80902	1
cos $9\pi u/l$	1	−0,95106	0,80902	−0,58779	0,30902	0	−0,30902	0,58779	−0,80902	0,95106	−1

$$F_{(n)} = F_{\overrightarrow{(n)}} = \frac{2}{n\pi}, \qquad n = 1, 3, 5, 7, \ldots$$

$$F_{(n)} = F_{\overrightarrow{(n)}} = 0, \qquad n = 2, 4, 6, \ldots$$

D. Formeln zur Ermittlung der Auflagerreaktionen und Schnittkräfte von Balken auf beliebig vielen elastisch senk- und drehbaren Stützen

1. Einführung

1.1 Übersicht

Im folgenden werden Formeln zur Ermittlung der Auflagerreaktionen und Schnittkräfte von Balken auf elastisch senk- und drehbaren Stützen angegeben; d. h. von Balken auf solchen elastischen Stützen, die sowohl gegenüber Vertikalverschiebungen wie auch gegenüber Verdrehungen elastisch Widerstand leisten. Diese Lösungen werden nach Teil A 3 (S. 3), wie auch anderweitig nachgewiesen wurde[1], als maßgebende Teillösungen bei der Berechnung drehsteifer Kreuzwerke benötigt, wenn man darin nach Orthogonalisierung durch Ansatz von Lastgruppen in Längsrichtung den Balken auf elastisch senk- und drehbaren Stützen als „Hilfssystem in Querrichtung" einführt.

Für den Fall, daß der Balken an jeder Stütze punktförmig gelagert und eingespannt ist, sowie daß der Balken konstante Steifigkeit auf ganzer Länge aufweist und die Stützen in gleichen Abständen angeordnet sind, werden bei 2, 3 und 4 Stützen geschlossene Lösungen in Abhängigkeit von den Kreuzsteifigkeiten z und z_T zur Bestimmung der Auflagerkräfte und Einspannmomente angegeben.

Bei fünf und mehr elastischen Stützen würden solche Lösungen zu komplizierte Formen annehmen. Es werden daher Gleichungssysteme zur Ermittlung statisch unbestimmter Schnittkräfte des Balkens sowie die Beziehungen zwischen diesen Unbestimmten und den gesuchten Auflagerreaktionen angegeben. Beim Sonderfall unendlich vieler Stützen wurden durch Rekursion der Unbekannten geschlossene Lösungen der Gleichungssysteme gefunden.

Wenn eine der Stützen andere elastische Eigenschaften aufweist als die übrigen Stützen, so kann dies leicht mit Hilfe angegebener einfacher Beziehungen durch eine nachträgliche Zusatzrechnung berücksichtigt werden. Weisen mehrere Stützen andere elastische Eigenschaften auf, so ist schrittweise nacheinander die abweichende Elastizität jeweils einer dieser Stützen zusätzlich zu berücksichtigen.

Bei Kreuzwerken mit Hauptträgern, welche als Hohlkästen ausgebildet sind, erfolgt die Lagerung der Querträger an den Orten der Hauptträgerstege. Da beim Hilfssystem in Querrichtung die Querträger durch den Balken und die Hauptträger durch die elastischen Stützen ersetzt werden, muß hier die Lagerung des Balkens durch ein Doppellager je Stütze erfolgen. Für den je Stütze doppelt gelagerten Balken auf zwei, drei und unendlich vielen Stützen werden Formeln zur Ermittlung statisch unbestimmter Schnittkräfte des Balkens sowie die Beziehungen zwischen diesen Unbestimmten und den gesuchten Auflagerreaktionen angegeben. Die Lösungen gelten auch für den Fall, daß bei 2 Stützen diese unterschiedliche elastische Eigenschaften aufweisen und daß bei 3 Stützen die elastischen Eigenschaften der beiden Randstützen andere sind als die der Mittelstütze.

1.2 Bezeichnungen

Die wichtigsten Bezeichnungen sind folgende:

$E\,J_Q$ Biegesteifigkeit des Balkens bzw. eines Kreuzwerkquerträgers,

a gegenseitiger Abstand der Stützen bzw. der Kreuzwerkhauptträger,

ω Einsenkung einer vom Balken losgelösten Stütze infolge der Vertikallast „1",

---

[1] HOMBERG: Kreuzwerke, Forschungshefte a. d. Gebiet d. Stahlbaus, Heft 8, Berlin 1951, § 8

ω_T Verdrehwinkel einer vom Balken losgelösten Stütze infolge des Momentes „1",

ω_r, ω_{Tr} desgleichen bei einer Stütze mit abweichender Elastizität,

B_{ik}, D_{ik} Auflagerkraft bzw. Einspannmoment an der Stütze i infolge einer am Balken über der Stütze k angreifenden Vertikallast „1",

$B_{ik}^{\flat}$, $D_{ik}^{\flat}$ Auflagerkraft bzw. Einspannmoment an der Stütze i infolge eines am Balken über der Stütze k angreifenden Momentes „1".

Ferner möge abgekürzt geschrieben werden:

$$z = 6 E J_Q \, \omega/a^3, \qquad z_T = E J_Q \, \omega_T/2a,$$
$$r = \omega/\omega_r, \qquad r_T = \omega_T/\omega_{Tr},$$
$$\varkappa = \omega/\omega_T = a^2 z/12 z_T.$$

Als Symbol für eine elastisch senk- und drehbare Stütze sei in den Abbildungen ein gekoppeltes Paar nebeneinanderstehender Federn gewählt.

2. Der Balken auf elastisch senk- und drehbaren Stützen gleicher Elastizität

2.1 Allgemeines

Bei Kreuzwerken mit Hauptträgern, welche als *drehsteife Stäbe* ausgebildet werden, sind die Querträger an den Orten der Hauptträgerachsen gelagert und eingespannt. Da im allgemeinen die Breite der Hauptträger gegenüber ihrem gegenseitigen Abstand klein ist, kann beim Hilfssystem in Querrichtung, dem Balken auf elastisch senk- und drehbaren Stützen, genau genug eine punktförmige Lagerung und Einspannung des Balkens an jeder Stütze angenommen werden.

Die Steifigkeit des Balkens ist auf ganzer Länge konstant. Sein Trägheitsmoment wird mit J_Q bezeichnet. Alle Stützen sind in gleichen Abständen a angeordnet.

Die elastischen Eigenschaften sind bei allen Stützen gleich. Sie werden mit

ω Einsenkung einer vom Balken losgelösten Stütze infolge der Vertikallast „1",

ω_T Verdrehwinkel einer vom Balken losgelösten Stütze infolge des Momentes „1"

beschrieben. Der Zusammenhang zwischen den Kreuzsteifigkeiten z und z_T und den Federzahlen ω und ω_T ist durch die Beziehungen

$$z = \frac{6 E J_Q}{a^3} \, \omega \quad \text{und} \quad z_T = \frac{E J_Q}{2a} \, \omega_T$$

gegeben.

Weisen die Hauptträger ausnahmsweise eine größere Breite auf, so ist näherungsweise in den Formeln für die Kreuzsteifigkeiten z und z_T für J_Q ein Mittelwert der Trägheitsmomente eines Querträgers im Bereich des Abstandes a der Hauptträgerachsen anzunehmen.

2.2 Der Balken auf zwei elastischen Stützen

Einflußwerte für	infolge $P_k = 1$	Faktor $\cdot\, z$	Nenner	infolge $M_k = 1$	Faktor $\cdot\, z_T$	Nenner
Auflagerkraft	$B_{aa} - 1 =$	-2	$:N_1$	$a B_{aa}^{\flat} =$	-12	$:N_1$
B_{ak} bzw. $B_{ak}^{\flat}$	$B_{ab} \quad =$	$+2$	$:N_1$	$a B_{ab}^{\flat} =$	-12	$:N_1$
Einspannmoment	$\dfrac{1}{a} D_{aa} \;=$	-1	$:N_1$	$D_{aa}^{\flat} - 1 = \left\{\vphantom{\begin{matrix}1\\1\end{matrix}}\right.$	$\begin{matrix}-6\\-2\end{matrix}$	$\begin{matrix}:N_1\\:N_2\end{matrix}$
D_{ak} bzw. $D_{ak}^{\flat}$	$\dfrac{1}{a} D_{ab} \;=$	$+1$	$:N_1$	$D_{ab}^{\flat} \quad = \left\{\vphantom{\begin{matrix}1\\1\end{matrix}}\right.$	$\begin{matrix}-6\\+2\end{matrix}$	$\begin{matrix}:N_1\\:N_2\end{matrix}$

Nenner: $\quad N_1 = 4z + 12 z_T + 1$
$\qquad\qquad N_2 = 4 z_T + 1$

2.3 Der Balken auf drei elastischen Stützen

Einflußwerte für	infolge $P_k = 1$		· z z_T	· z	Nenner	infolge $M_k = 1$		· z z_T	· z_T²	· z_T	Nenner
Auflagerkraft B_{ak} bzw. B_{ak}^2	$B_{aa} - 1 = \begin{cases}+\\+\end{cases}$	$B_{ac} = \begin{cases}+\\-\end{cases}$	-2 -6	-1 -1	$:N_1$ $:N_2$	$aB_{aa}^2 = \begin{cases}+\\+\end{cases}$	$aB_{ac}^2 = \begin{cases}-\\+\end{cases}$		-48	-6 -6	$:N_1$ $:N_2$
	$B_{ab} = +$		$+4$	$+2$	$:N_1$	$aB_{ab}^2 = +$			-48	-12	$:N_2$
Auflagerkraft B_{bk} bzw. B_{bk}^2	$B_{ba} = +$	$B_{bc} = +$	$+4$	$+2$	$:N_1$	$aB_{ba}^2 = +$	$aB_{bc}^2 = -$			$+12$	$:N_1$
	$B_{bb} - 1 = +$		-8	-4	$:N_1$	$aB_{bb}^2 = +$				0	—
Einspannmoment D_{ak} bzw. D_{ak}^2	$\frac{1}{a}D_{aa} = \begin{cases}+\\+\end{cases}$	$\frac{1}{a}D_{ac} = \begin{cases}+\\-\end{cases}$	-4	$-1/2$ $-1/2$	$:N_1$ $:N_2$	$D_{aa}^2 - 1 = \begin{cases}+\\+\end{cases}$	$D_{ac}^2 = \begin{cases}-\\+\end{cases}$	-6 -2	-48	-4 -4	$:N_1$ $:N_2$
	$\frac{1}{a}D_{ab} = +$			$+1$	$:N_1$	$D_{ab}^2 = +$		$+4$		-4	$:N_2$
Einspannmoment D_{bk} bzw. D_{bk}^2	$\frac{1}{a}D_{ba} = +$	$\frac{1}{a}D_{bc} = -$	-4	-1	$:N_2$	$D_{ba}^2 = +$	$D_{bc}^2 = +$	$+4$		-4	$:N_2$
	$\frac{1}{a}D_{bb} = +$			0	—	$D_{bb}^2 - 1 = +$		-8	-96	-16	$:N_2$

Nenner: $N_1 = 12 z z_T + 8 z_T + 6 z + 1$
$N_2 = 12 z z_T + 96 z_T^2 + 24 z_T + 2 z + 1$

2.4 Der Balken auf vier elastischen Stützen

$P_k=1\ (k=a,b,c,d)$ — Stützen a, b, c, d; $D_{ak}, D_{bk}, D_{ck}, D_{dk}$; $B_{ak}, B_{bk}, B_{ck}, B_{dk}$; Felder a.

$M_k=1\ (k=a,b,c,d)$ — Stützen a, b, c, d; $D_{ak}^{2}, D_{bk}^{2}, D_{ck}^{2}, D_{dk}^{2}$; $B_{ak}^{2}, B_{bk}^{2}, B_{ck}^{2}, B_{dk}^{2}$; Felder a.

In den Faktor-Spalten der linken Tafelhälfte (infolge $P_k=1$) stehen $\cdot z^2 z_T$, $\cdot z z_T^2$, $\cdot z z_T$, $\cdot z^2$, $\cdot z$; in der rechten Hälfte (infolge $M_k=1$) stehen $\cdot z^2 z_T$, $\cdot z z_T^2$, $\cdot z z_T$, $\cdot z_T^2$, $\cdot z_T$.

Einflußwerte für	infolge $P_k=1$		$\cdot z^2 z_T$	$\cdot z z_T^2$	$\cdot z z_T$	$\cdot z^2$	$\cdot z$	Nenner	infolge $M_k=1$		$\cdot z^2 z_T$	$\cdot z z_T^2$	$\cdot z z_T$	$\cdot z_T^2$	$\cdot z_T$	Nenner
Auflagerkraft B_{ak} bzw. B_{ak}^2	$B_{aa}-1=\{\,+$	$B_{ad}=\{\,+$	-4	-4	-4	-1	$-1/2$	$:N_1$	$aB_{aa}^2=\{\,+$	$aB_{ad}^2=\{\,-$		-36	-6	-24	-3	$:N_1$
	$+$	$-$		-6	-4		$-1/4$	$:N_2$	$+$	$+$				-24	$-3/2$	$:N_2$
	$B_{ab}=\{\,+$	$B_{ac}=\{\,+$		$+4$	$+4$		$+1/2$	$:N_1$	$aB_{ab}^2=\{\,+$	$aB_{ac}^2=\{\,-$		-36	-12	-12	-3	$:N_1$
	$+$	$-$		$+18$	$+7$		$+1/4$	$:N_2$	$+$	$+$				-6	$-3/2$	$:N_2$
Auflagerkraft B_{bk} bzw. B_{bk}^2	$B_{ba}=\{\,+$	$B_{bd}=\{\,+$		$+4$	$+4$		$+1/2$	$:N_1$	$aB_{ba}^2=\{\,+$	$aB_{bd}^2=\{\,-$		-12		$+24$	$+3$	$:N_1$
	$+$	$-$		$+18$	$+7$		$+1/4$	$:N_2$	$+$	$+$				$+36$	$+3/2$	$:N_2$
	$B_{bb}-1=\{\,+$	$B_{bc}=\{\,+$	-4	-4	-4	-1	$-1/2$	$:N_1$	$aB_{bb}^2=\{\,+$	$aB_{bc}^2=\{\,-$		-12	-6	$+12$	$+3$	$:N_1$
	$+$	$-$		-54	-18		$-3/4$	$:N_2$	$+$	$+$				-18	$-3/2$	$:N_2$
Einspannmoment D_{ak} bzw. D_{ak}^2	$\frac{1}{a}D_{aa}=\{\,+$	$\frac{1}{a}D_{ad}=\{\,+$	-3		-2	$-1/2$	$-1/4$	$:N_1$	$D_{aa}^2-1=\{\,+$	$D_{ad}^2=\{\,-$	-2	-8	-2	-20	-2	$:N_1$
	$+$	$-$			-2		$-1/8$	$:N_2$	$+$	$+$		-60	-5	-18	-1	$:N_2$
	$\frac{1}{a}D_{ab}=\{\,+$	$\frac{1}{a}D_{ac}=\{\,+$	-1		$+2$		$+1/4$	$:N_1$	$D_{ab}^2=\{\,+$	$D_{ac}^2=\{\,-$	$+2$			$+2$	-1	$:N_1$
	$+$	$-$			$+3$		$+1/8$	$:N_2$	$+$	$+$				-4	$-1/2$	$:N_2$
Einspannmoment D_{bk} bzw. D_{bk}^2	$\frac{1}{a}D_{ba}=\{\,+$	$\frac{1}{a}D_{bd}=\{\,+$	-3		-1	-1	$-1/4$	$:N_1$	$D_{ba}^2=\{\,+$	$D_{bd}^2=\{\,-$	$+2$			$+2$	-1	$:N_1$
	$+$	$-$			$-1/2$		$-1/8$	$:N_2$	$+$	$+$				-4	$-1/2$	$:N_2$
	$\frac{1}{a}D_{bb}=\{\,+$	$\frac{1}{a}D_{bc}=\{\,+$	-1		$+1$	$-1/2$	$+1/4$	$:N_1$	$D_{bb}^2-1=\{\,+$	$D_{bc}^2=\{\,-$	-2	-8	-6	-20	-3	$:N_1$
	$+$	$-$			$-3/2$		$-1/8$	$:N_2$	$+$	$+$		-60	-17	-18	$-5/2$	$:N_2$

Nenner: $N_1 = 16\,z\,z_T^2 + 40\,z_T^2 + 16\,z\,z_T + 10\,z_T + 2\,z + 1/2$

$N_2 = 8\,z^2 z_T + 120\,z\,z_T^2 + 44\,z\,z_T + 2\,z^2 + 36\,z_T^2 + 2\,z + 7\,z_T + 1/4$

2.5 Der Balken auf fünf und mehr elastischen Stützen

Bei fünf und mehr elastischen Stützen ist es nicht mehr sinnvoll, die gesuchten Auflagerreaktionen direkt in Abhängigkeit von z und z_T anzugeben, da solche Ausdrücke mit wachsender Stützenzahl immer komplizierter werden.

Die Ermittlung der Auflagerreaktionen erfolgt hier bequemer durch Lösen von Matrizen zur Bestimmung statisch unbestimmter Schnittkräfte des Balkens. Aus diesen ergeben sich dann die Auflagerkräfte und Einspannmomente an den Stützen in einfacher Weise.

Als statisch unbestimmte Größen seien nach Abb. 34

die Querkräfte X_s und Biegemomente Y_s;

$s = 1, 2, 3 \ldots n$

des Balkens in der Mitte zwischen je zwei Stützen eingeführt. Die Zahl der Unbekannten beträgt also $2n$, wobei n die Zahl der Felder des elastisch gestützten Balkens ist.

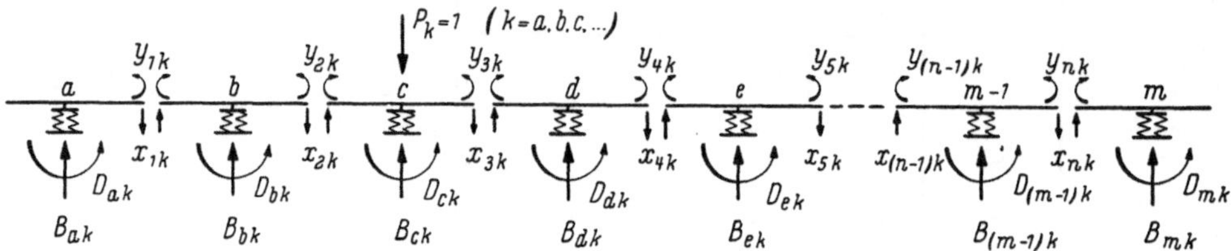

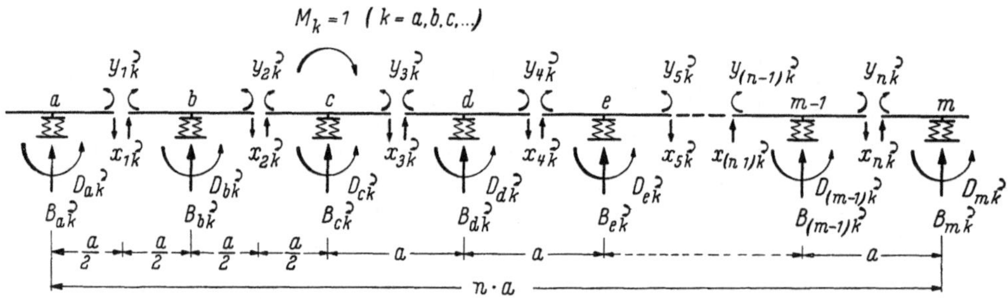

Abb. 34. Statisch Unbestimmte und Auflagerreaktionen bei fünf und mehr Stützen

Durch Elimination[1] gelang es, die zur Lösung benötigten Elastizitätsgleichungen in zwei Teilmatrizen mit je n fünfgliedrigen Gleichungen aufzuspalten, aus denen getrennt die Unbekannten X und Y ermittelt werden können.

In den nachstehend angegebenen Matrizen wird abgekürzt bezeichnet

$$\varphi = -4 + \frac{1}{z} - \frac{1}{2z_T}, \qquad \tau = 6 + \frac{4}{z} + \frac{1}{z_T} + \frac{1}{4z\,z_T},$$

$$\alpha = \frac{4z_T}{4z_T + 1}, \qquad \beta = \frac{4z - 12z_T}{4z + 12z_T + 1},$$

$$\varrho = 3 + \frac{1}{2z_T}, \qquad \varrho^{\scriptscriptstyle)} = \frac{1}{a}\frac{3}{z}, \qquad \sigma = \frac{a}{2}, \qquad \sigma^{\scriptscriptstyle)} = 3 + \frac{1}{2z}.$$

Ferner ist

X_{sk} die Balkenquerkraft im Feld s infolge $P_k = 1$,
Y_{sk} das Balkenmoment im Feld s infolge $P_k = 1$,
$X_{sk}^{\scriptscriptstyle)}$ die Balkenquerkraft im Feld s infolge $M_k = 1$,
$Y_{sk}^{\scriptscriptstyle)}$ das Balkenmoment im Feld s infolge $M_k = 1$,
    mit $s = 1, 2, \ldots n$ und $k = a, b, \ldots m$.

---

[1] Trenks: Bauingenieur 31 (1956) S. 238.

X_{sk}-Matrix	$P_k = 1$ in				
	$k = a$	b	c	d	e
$(\tau + \alpha\varphi + 1) X_{1k} + (\varphi + \alpha) X_{2k} + X_{3k}$	$-1-(1-\alpha)\varrho$	$-\alpha+\varrho$	-1	0	0
$\varphi X_{1k} + \tau X_{2k} + \varphi X_{3k} + X_{4k}$	$+1$	$-\varrho$	$+\varrho$	-1	0
$X_{1k} + \varphi X_{2k} + \tau X_{3k} + \varphi X_{4k} + X_{5k}$	0	$+1$	$-\varrho$	$+\varrho$	-1
$X_{2k} + \varphi X_{3k} + \tau X_{4k} + \varphi X_{5k} + X_{6k}$	0	0	$+1$	$-\varrho$	$+\varrho$
$X_{3k} + \varphi X_{4k} + \tau X_{5k} + \varphi X_{6k} + X_{7k}$	0	0	0	$+1$	$-\varrho$
$X_{4k} + \varphi X_{5k} + \tau X_{6k} + \varphi X_{7k} + X_{8k}$	0	0	0	0	$+1$
$X_{5k} + \varphi X_{6k} + \tau X_{7k} + \varphi X_{8k} + X_{9k}$	0	0	0	0	0
$\cdots$					
$X_{(n-4)k} + \varphi X_{(n-3)k} + \tau X_{(n-2)k} + \varphi X_{(n-1)k} + X_{nk}$	0	0	0	0	0
$X_{(n-3)k} + \varphi X_{(n-2)k} + \tau X_{(n-1)k} + \varphi X_{nk}$	0	0	0	0	0
$X_{(n-2)k} + (\varphi + \alpha) X_{(n-1)k} + (\tau + \alpha\varphi + 1) X_{nk}$	0	0	0	0	0

Y_{sk}-Matrix	$P_k = 1$ in				
	$k = a$	b	c	d	e
$(\tau + \beta\varphi + 1) Y_{1k} + (\varphi + \beta) Y_{2k} + Y_{3k}$	$\beta\sigma$	$(1-\beta)\sigma$	$-\sigma$	0	0
$\varphi Y_{1k} + \tau Y_{2k} + \varphi Y_{3k} + Y_{4k}$	$-\sigma$	$+\sigma$	$+\sigma$	$-\sigma$	0
$Y_{1k} + \varphi Y_{2k} + \tau Y_{3k} + \varphi Y_{4k} + Y_{5k}$	0	$-\sigma$	$+\sigma$	$+\sigma$	$-\sigma$
$Y_{2k} + \varphi Y_{3k} + \tau Y_{4k} + \varphi Y_{5k} + Y_{6k}$	0	0	$-\sigma$	$+\sigma$	$+\sigma$
$Y_{3k} + \varphi Y_{4k} + \tau Y_{5k} + \varphi Y_{6k} + Y_{7k}$	0	0	0	$-\sigma$	$+\sigma$
$Y_{4k} + \varphi Y_{5k} + \tau Y_{6k} + \varphi Y_{7k} + Y_{8k}$	0	0	0	0	$-\sigma$
$Y_{5k} + \varphi Y_{6k} + \tau Y_{7k} + \varphi Y_{8k} + Y_{9k}$	0	0	0	0	0
$\cdots$					
$Y_{(n-4)k} + \varphi Y_{(n-3)k} + \tau Y_{(n-2)k} + \varphi Y_{(n-1)k} + Y_{nk}$	0	0	0	0	0
$Y_{(n-3)k} + \varphi Y_{(n-2)k} + \tau Y_{(n-1)k} + \varphi Y_{nk}$	0	0	0	0	0
$Y_{(n-2)k} + (\varphi + \beta) Y_{(n-1)k} + (\tau + \beta\varphi + 1) Y_{nk}$	0	0	0	0	0

X_{sk}^{2}-Matrix	$M_k = 1$ in				
	$k = a$	b	c	d	e
$(\tau + \alpha\varphi + 1) X_{1k}^{2} + (\varphi + \alpha) X_{2k}^{2} + X_{3k}^{2}$	$-(1+\alpha)\varrho^{2}$	$-\varrho^{2}$	0	0	0
$\varphi X_{1k}^{2} + \tau X_{2k}^{2} + \varphi X_{3k}^{2} + X_{4k}^{2}$	0	$-\varrho^{2}$	$-\varrho^{2}$	0	0
$X_{1k}^{2} + \varphi X_{2k}^{2} + \tau X_{3k}^{2} + \varphi X_{4k}^{2} + X_{5k}^{2}$	0	0	$-\varrho^{2}$	$-\varrho^{2}$	0
$X_{2k}^{2} + \varphi X_{3k}^{2} + \tau X_{4k}^{2} + \varphi X_{5k}^{2} + X_{6k}^{2}$	0	0	0	$-\varrho^{2}$	$-\varrho^{2}$
$X_{3k}^{2} + \varphi X_{4k}^{2} + \tau X_{5k}^{2} + \varphi X_{6k}^{2} + X_{7k}^{2}$	0	0	0	0	$-\varrho^{2}$
$X_{4k}^{2} + \varphi X_{5k}^{2} + \tau X_{6k}^{2} + \varphi X_{7k}^{2} + X_{8k}^{2}$	0	0	0	0	0
$X_{5k}^{2} + \varphi X_{6k}^{2} + \tau X_{7k}^{2} + \varphi X_{8k}^{2} + X_{9k}^{2}$	0	0	0	0	0
$\cdots$					
$X_{(n-4)k}^{2} + \varphi X_{(n-3)k}^{2} + \tau X_{(n-2)k}^{2} + \varphi X_{(n-1)k}^{2} + X_{nk}^{2}$	0	0	0	0	0
$X_{(n-3)k}^{2} + \varphi X_{(n-2)k}^{2} + \tau X_{(n-1)k}^{2} + \varphi X_{nk}^{2}$	0	0	0	0	0
$X_{(n-2)k}^{2} + (\varphi + \alpha) X_{(n-1)k}^{2} + (\tau + \alpha\varphi + 1) X_{nk}^{2}$	0	0	0	0	0

$Y_{s\,k}^2$-Matrix	$M_k = 1$ in				
	$k = a$	b	c	d	e
$(\tau + \beta\,\varphi + 1)\,Y_{1k}^2 + (\varphi + \beta)\,Y_{2k}^2 + Y_{3k}^2$	$+1 + (1 - \beta)\,\sigma^2$	$\beta - \sigma^2$	$+1$	0	0
$\varphi\,Y_{1k}^2 + \tau\,Y_{2k}^2 + \varphi\,Y_{3k}^2 + Y_{4k}^2$	-1	$+\sigma^2$	$-\sigma^2$	$+1$	0
$Y_{1k}^2 + \varphi\,Y_{2k}^2 + \tau\,Y_{3k}^2 + \varphi\,Y_{4k}^2 + Y_{5k}^2$	0	-1	$+\sigma^2$	$-\sigma^2$	$+1$
$X_{2k}^2 + \varphi\,Y_{3k}^2 + \tau\,Y_{4k}^2 + \varphi\,Y_{5k}^2 + Y_{6k}^2$	0	0	-1	$+\sigma^2$	$-\sigma^2$
$Y_{3k}^2 + \varphi\,Y_{4k}^2 + \tau\,Y_{5k}^2 + \varphi\,Y_{6k}^2 + Y_{7k}^2$	0	0	0	-1	$+\sigma^2$
$Y_{4k}^2 + \varphi\,Y_{5k}^2 + \tau\,Y_{6k}^2 + \varphi\,Y_{7k}^2 + Y_{8k}^2$	0	0	0	0	-1
$Y_{5k}^2 + \varphi\,Y_{6k}^2 + \tau\,Y_{7k}^2 + \varphi\,Y_{8k}^2 + Y_{9k}^2$	0	0	0	0	0
$\cdots$					
$\cdots$					
$Y_{(n-4)k}^2 + \varphi\,Y_{(n-3)k}^2 + \tau\,Y_{(n-2)k}^2 + \varphi\,Y_{(n-1)k}^2 + Y_{nk}^2$	0	0	0	0	0
$Y_{(n-3)k}^2 + \varphi\,Y_{(n-2)k}^2 + \tau\,Y_{(n-1)k}^2 + \varphi\,Y_{nk}^2$	0	0	0	0	0
$Y_{(n-2)k}^2 + (\varphi + \beta)\,Y_{(n-1)k}^2\,(\tau + \beta\,\varphi + 1)\,Y_{nk}^2$	0	0	0	0	0

Da bei voraussetzungsgemäß gleichen Stützenabständen und gleicher Elastizität aller Stützen das System stets zur Balkenmitte symmetrisch ist, kann durch Umordnung der Belastungsglieder in einen symmetrischen und einen antisymmetrischen Teil jede der angegebenen Matrizen noch in zwei kleinere aufgespalten werden. Da es jedoch mit Hilfe elektrischer Rechenmaschinen bzw. elektronischer Rechenautomaten keine großen Schwierigkeiten bereitet, Gleichungssysteme mit einer größeren Anzahl von Unbekannten zu lösen, sei hier zugunsten einer möglichst allgemeinen und einfachen Darstellung darauf verzichtet.

Infolge der Symmetrie des Systems genügt es in jedem Fall, die Last $P_k = 1$ bzw. das Moment $M_k = 1$ nur bis zur Balkenmitte wandern zu lassen und mittels der sich aus den Gleichungssystemen ergebenden Unbekannten X und Y die zugehörigen Auflagerreaktionen zu ermitteln. Diese ergeben sich nach Abb. 34 aus den Gleichgewichtsbedingungen.

Auflagerkräfte B_{ik}

Für $k = i$ gilt

$$B_{aa} = 1 + X_{1a}, \quad B_{bb} = 1 + X_{2b} - X_{1b}, \quad B_{cc} = 1 + X_{3c} - X_{2c} \quad \text{usw.}$$

und allgemein für $k \neq i$

$$B_{ak} = X_{1k}, \quad B_{bk} = X_{2k} - X_{1k}, \quad B_{ck} = X_{3k} - X_{2k}, \ldots,$$
$$B_{(m-1)k} = X_{nk} - X_{(n-1)k}, \quad B_{mk} = -X_{nk}.$$

Einspannmomente D_{ik}

Für alle k gilt allgemein

$$D_{ak} = -Y_{1k} + X_{1k}\,a/2, \quad D_{bk} = Y_{1k} - Y_{2k} + [X_{1k} + X_{2k}]\,a/2,$$
$$D_{ck} = Y_{2k} - Y_{3k} + [X_{2k} + X_{3k}]\,a/2, \ldots,$$
$$D_{(m-1)k} = Y_{(n-1)k} - Y_{nk} + [X_{(n-1)k} + X_{nk}]\,a/2, \quad D_{mk} = Y_{nk} + X_{nk}\,a/2.$$

Auflagerkräfte B_{ik}^2

Für alle k gilt allgemein

$$B_{ak}^2 = X_{1k}^2, \quad B_{bk}^2 = X_{2k}^2 - X_{1k}^2, \quad B_{ek}^2 = X_{3k}^2 + X_{2k}^2, \ldots,$$
$$B_{(m-1)k}^2 = X_{nk}^2 - X_{(n-1)k}^2, \quad B_{mk}^2 - X_{nk}^2.$$

Einspannmomente D_{ik}^2

Für $k = i$ gilt

$$D_{aa}^2 = 1 - Y_{1a}^2 + X_{1a}^2\,a/2, \quad D_{bb}^2 = 1 + Y_{1b}^2 - Y_{2b}^2 + [X_{1b}^2 + X_{2b}^2]\,a/2,$$
$$D_{cc}^2 = 1 + Y_{2c}^2 - Y_{3c}^2 + [X_{2c}^2 + X_{3c}^2]\,a/2 \quad \text{usw.}$$

und allgemein für $k \neq i$

$$D_{ak}^{\lambda} = -Y_{1k}^{\lambda} + X_{1k}^{\lambda}\, a/2, \quad D_{bk}^{\lambda} = Y_{1k}^{\lambda} - Y_{2k}^{\lambda} + [X_{1k}^{\lambda} + X_{2k}^{\lambda}]\, a/2,$$

$$D_{ck}^{\lambda} = Y_{2k}^{\lambda} - Y_{3k}^{\lambda} + [X_{2k}^{\lambda} + X_{3k}^{\lambda}]\, a/2, \ldots,$$

$$D_{(m-1)k}^{\lambda} = Y_{(n-1)k}^{\lambda} - Y_{nk}^{\lambda} + [X_{(n-1)k}^{\lambda} + X_{nk}^{\lambda}]\, a/2, \quad D_{mk}^{\lambda} = Y_{nk}^{\lambda} + X_{nk}^{\lambda}\, a/2.$$

Nach vorstehendem erhält man zunächst die *Zustandswerte* für die Auflagerreaktionen

$$B_{ia}, \quad D_{ia}, \quad B_{ia}^{\lambda}, \quad D_{ia}^{\lambda} \quad \text{infolge } P_a = 1 \text{ bzw. } M_a = 1,$$

$$B_{ib}, \quad D_{ib}, \quad B_{ib}^{\lambda}, \quad D_{ib}^{\lambda} \quad \text{infolge } P_b = 1 \text{ bzw. } M_b = 1,$$

$$B_{ic}, \quad D_{ic}, \quad B_{ic}^{\lambda}, \quad D_{ic}^{\lambda} \quad \text{infolge } P_c = 1 \text{ bzw. } M_c = 1 \text{ usw.}$$

an den Orten der Stützen $i = a, b, \ldots, m$.

Die *Einflußwerte* für die Auflagerreaktionen

$$B_{ak}, \quad D_{ak}, \quad B_{ak}^{\lambda}, \quad D_{ak}^{\lambda} \quad \text{an der Stütze } a,$$

$$B_{bk}, \quad D_{bk}, \quad B_{bk}^{\lambda}, \quad D_{bk}^{\lambda} \quad \text{an der Stütze } b,$$

$$B_{ck}, \quad D_{ck}, \quad B_{ck}^{\lambda}, \quad D_{ck}^{\lambda} \quad \text{an der Stütze } c \quad \text{usw.}$$

infolge $P_k = 1$ bzw. $M_k = 1$ in $k = a, b, \ldots, m$ angreifend erhält man bei voraussetzungsgemäß gleicher Elastizität der Stützen aus den Zustandswerten mit Hilfe der Beziehungen[1]

$$B_{ik} = B_{ki}, \qquad D_{ik} = \varkappa\, B_{ki}^{\lambda},$$

$$B_{ik}^{\lambda} = D_{ki}/\varkappa, \qquad D_{ik}^{\lambda} = D_{ki}^{\lambda},$$

worin

$$\varkappa = \frac{a^2}{12}\, \frac{z}{z_T}$$

bedeutet.

Man kann die Einflußwerte B_{ik}, D_{ik}, B_{ik}^{λ} und D_{ik}^{λ} ($k = a, b, \ldots, m$) nach Ermittlung der Zustandswerte auch unter Ausnutzung der Symmetrie des Systems direkt anschreiben.

Es ist

$$B_{aa} = B_{mm}, \qquad\qquad B_{ba} = B_{(m-1)m},$$

$$B_{ab} = B_{m(m-1)}, \qquad\qquad B_{bb} = B_{(m-1)(m-1)},$$

$$B_{ac} = B_{m(m-2)}, \qquad\qquad B_{bc} = B_{(m-1)(m-2)},$$

$$\text{usw.,} \qquad\qquad\qquad \text{usw.,}$$

$$D_{aa} = -D_{mm}, \qquad\qquad D_{ba} = -D_{(m-1)m},$$

$$D_{ab} = -D_{m(m-1)}, \qquad\qquad D_{bb} = -D_{(m-1)(m-1)},$$

$$D_{ac} = -D_{m(m-2)}, \qquad\qquad D_{bc} = -D_{(m-1)(m-2)},$$

$$\text{usw.,} \qquad\qquad\qquad \text{usw.,}$$

$$B_{aa}^{\lambda} = -B_{mm}^{\lambda}, \qquad\qquad B_{ba}^{\lambda} = -B_{(m-1)m}^{\lambda},$$

$$B_{ab}^{\lambda} = -B_{m(m-1)}^{\lambda}, \qquad\qquad B_{bb}^{\lambda} = -B_{(m-1)(m-1)}^{\lambda},$$

$$B_{ac}^{\lambda} = -B_{m(m-2)}^{\lambda}, \qquad\qquad B_{bc}^{\lambda} = -B_{(m-1)(m-2)}^{\lambda},$$

$$\text{usw.,} \qquad\qquad\qquad \text{usw.,}$$

$$D_{aa}^{\lambda} = D_{mm}^{\lambda}, \qquad\qquad D_{ba}^{\lambda} = D_{(m-1)m}^{\lambda},$$

$$D_{ab}^{\lambda} = D_{m(m-1)}^{\lambda}, \qquad\qquad D_{bb}^{\lambda} = D_{(m-1)(m-1)}^{\lambda},$$

$$D_{ac}^{\lambda} = D_{m(m-2)}^{\lambda}, \qquad\qquad D_{bc}^{\lambda} = D_{(m-1)(m-2)}^{\lambda},$$

$$\text{usw.,} \qquad\qquad\qquad \text{usw.,}$$

---

[1] TRENKS: Bauingenieur 31 (1956) S. 241.

Für den Balken auf fünf elastischen Stützen erhält man zum Beispiel:

B_{ik}	$i=a$	b	c	d	e
$k=a$	B_{aa}	B_{ba}	B_{ca}	B_{da}	B_{ea}
b	$B_{ab}=B_{ba}$	B_{bb}	B_{cb}	B_{db}	$B_{eb}=B_{da}$
c	$B_{ac}=B_{ca}$	$B_{bc}=B_{cb}$	B_{cc}	$B_{dc}=B_{bc}$	$B_{ec}=B_{ac}$
d	$B_{ad}=B_{eb}$	$B_{bd}=B_{db}$	$B_{cd}=B_{cb}$	$B_{dd}=B_{bb}$	$B_{ed}=B_{ab}$
e	$B_{ae}=B_{ea}$	$B_{be}=B_{da}$	$B_{ce}=B_{ca}$	$B_{de}=B_{ba}$	$B_{ee}=B_{aa}$

D_{ik}	$i=a$	b	c	d	e
$k=a$	D_{aa}	D_{ba}	D_{ca}	D_{da}	D_{ea}
b	D_{ab}	D_{bb}	D_{cb}	D_{db}	D_{eb}
c	D_{ac}	D_{bc}	$D_{cc}=0$	$D_{dc}=-D_{bc}$	$D_{ec}=-D_{ac}$
d	$D_{ad}=-D_{eb}$	$D_{bd}=-D_{db}$	$D_{cd}=-D_{cb}$	$D_{dd}=-D_{bb}$	$D_{ed}=-D_{ab}$
e	$D_{ae}=-D_{ea}$	$D_{be}=-D_{da}$	$D_{ce}=-D_{ca}$	$D_{de}=-D_{ba}$	$D_{ee}=-D_{aa}$

B'_{ik}	$i=a$	b	c	d	e
$k=a$	B'_{aa}	B'_{ba}	B'_{ca}	B'_{da}	B'_{ea}
b	B'_{ab}	B'_{bb}	B'_{cb}	B'_{db}	B'_{eb}
c	B'_{ac}	B'_{bc}	$B'_{cc}=0$	$B'_{dc}=-B'_{bc}$	$B'_{ec}=-B'_{ac}$
d	$B'_{ad}=-B'_{eb}$	$B'_{bd}=-B'_{db}$	$B'_{cd}=-B'_{cb}$	$B'_{dd}=-B'_{bb}$	$B'_{ed}=-B'_{ab}$
e	$B'_{ae}=-B'_{ea}$	$B'_{be}=-B'_{da}$	$B'_{ce}=-B'_{ca}$	$B'_{de}=-B'_{ba}$	$B'_{ee}=-B'_{aa}$

D'_{ik}	$i=a$	b	c	d	e
$k=a$	D'_{aa}	D'_{ba}	D'_{ca}	D'_{da}	D'_{ea}
b	$D'_{ab}=D'_{ba}$	D'_{bb}	D'_{cb}	D'_{db}	$D'_{eb}=D'_{da}$
c	$D'_{ac}=D'_{ca}$	$D'_{bc}=D'_{cb}$	D'_{cc}	$D'_{dc}=D'_{bc}$	$D'_{ec}=D'_{ac}$
d	$D'_{ad}=D'_{eb}$	$D'_{bd}=D'_{db}$	$D'_{cd}=D'_{cb}$	$D'_{dd}=D'_{bb}$	$D'_{ed}=D'_{ab}$
e	$D'_{ae}=D'_{ea}$	$D'_{be}=D'_{da}$	$D'_{ce}=D'_{ca}$	$D'_{de}=D'_{ba}$	$D'_{ee}=D'_{aa}$

2.6 Der einseitig unendlich lange Balken auf elastischen Stützen

Ist die Zahl der elastischen Stützen unendlich groß, so lassen sich für die in Abschnitt 2.5 (S. 102) angegebenen Gleichungssysteme durch Rekursion der Unbekannten[1] einfache Lösungen in geschlossener Form angeben.

Bezeichnet man mit U eine der Unbekannten X, Y bzw. X', Y' oder auch eine der Auflagerreaktionen B, D bzw. B', D' infolge $P=1$ bzw. $M=1$ an der Stütze k angreifend, so gilt für den Bereich von der Stütze $k+2$ an nach dem unendlich weit entfernten Balkenende hin allgemein

$$U_p = \mu\, U_{(p-1)} + \nu\, U_{(p-2)},$$

wobei mit p die Ziffer der Unbekannten bezeichnet sei.

Mit der Hilfsgröße

$$\eta = -\frac{1}{2}(\tau-2) - \sqrt{\frac{1}{4}(\tau-2)^2 + 2\tau - \varphi^2}$$

erhält man die Fortpflanzungsziffern μ und ν zu

$$\nu = \frac{1}{2}\eta + \sqrt{\frac{1}{4}\eta^2 - 1}; \qquad \mu = \varphi\,\frac{\nu}{1-\nu}.$$

---

[1] Trenks: Bauingenieur 31 (1956) S. 238.

Es wird wieder abgekürzt bezeichnet

$$\varphi = -4 + \frac{1}{z} - \frac{1}{2z_T}, \qquad \tau = 6 + \frac{4}{z} + \frac{1}{z_T} + \frac{1}{4z\,z_T},$$

$$\alpha = \frac{4z_T}{4z_T + 1}, \qquad \beta = \frac{4z - 12z_T}{4z + 12z_T + 1},$$

$$\varrho = 3 + \frac{1}{2z_T}, \qquad \varrho^{\jmath} = \frac{1}{a}\frac{3}{z}, \qquad \sigma = \frac{a}{2}, \qquad \sigma^{\jmath} = 3 + \frac{1}{2z}.$$

Bei Angriff der Last $P = 1$ an der Randstütze a erhält man mit

$$X_1 = -\frac{1 + (1-\alpha)\,\varrho - \mu - \alpha\,v}{1 + (\alpha\,\mu - 1)/v}, \qquad X_2 = \mu\,X_1 - v,$$

$$Y_1 = -\sigma\,\frac{\beta\,(v-1) + \mu}{1 + (\beta\,\mu - 1)/v}, \qquad\qquad Y_2 = \mu\,Y_1 + \sigma\,v$$

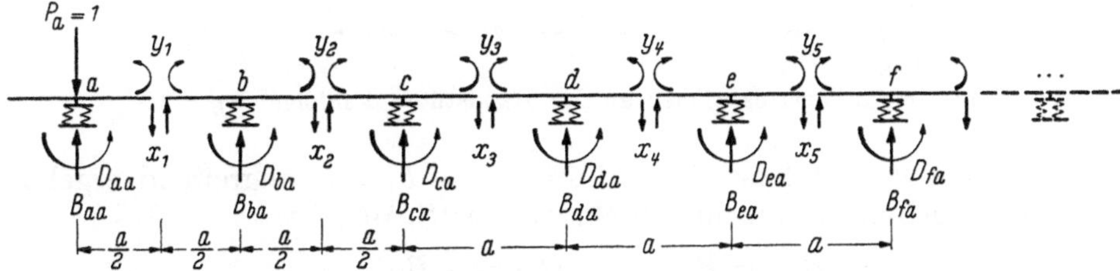

Abb. 35. Statisch Unbestimmte und Auflagerreaktionen infolge $P = 1$ an der Randstütze des einseitig unendlich langen Balkens

die Auflagerreaktionen nach Abb. 35 zu

$$B_{aa} = 1 + X_1, \qquad B_{ba} = X_2 - X_1,$$
$$B_{ca} = \mu\,B_{ba} + v\,B_{aa}, \qquad B_{da} = \mu\,B_{ca} + v\,B_{ba} \qquad \text{usw.,}$$
$$D_{aa} = -Y_1 + \sigma\,X_1, \qquad D_{ba} = Y_1 - Y_2 + \sigma\,(X_1 + X_2),$$
$$D_{ca} = \mu\,D_{ba} + v\,D_{aa}, \qquad D_{da} = \mu\,D_{ca} + v\,D_{ba} \qquad \text{usw.,}$$

und bei Angriff des Momentes $M = 1$ an der Randstütze a mit

$$X_1^{\jmath} = \frac{-\varrho^{\jmath}\,(1+\alpha)}{1 + (\alpha\,\mu - 1)/v}, \qquad\qquad X_2^{\jmath} = \mu\,X_1^{\jmath},$$

$$Y_1^{\jmath} = \frac{1 + (1-\beta)\,\sigma^{\jmath} - \mu - \beta\,v}{1 + (\beta\,\mu - 1)/v}, \qquad Y_2^{\jmath} = \mu\,Y_1^{\jmath} + v$$

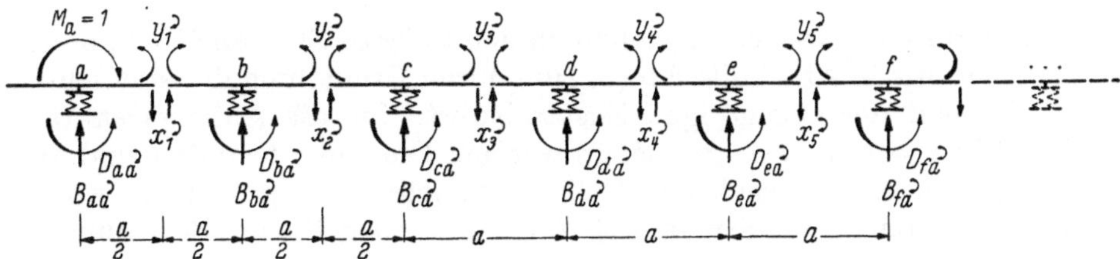

Abb. 36. Statisch Unbestimmte und Auflagerreaktionen infolge $M = 1$ an der Randstütze des einseitig unendlich langen Balkens

die Auflagerreaktionen nach Abb. 36 zu

$$B_{aa}^{\jmath} = X_1^{\jmath}, \qquad B_{ba}^{\jmath} = X_2^{\jmath} - X_1^{\jmath},$$
$$B_{ca}^{\jmath} = \mu\,B_{ba}^{\jmath} + v\,B_{aa}^{\jmath}, \qquad B_{da}^{\jmath} = \mu\,B_{ca}^{\jmath} + v\,B_{ba}^{\jmath} \qquad \text{usw.,}$$
$$D_{aa}^{\jmath} = 1 - Y_1^{\jmath} + \sigma\,X_1^{\jmath}, \qquad D_{ba}^{\jmath} = Y_1^{\jmath} - Y_2^{\jmath} + \sigma\,(X_1^{\jmath} + X_2^{\jmath}),$$
$$D_{ca}^{\jmath} = \mu\,D_{ba}^{\jmath} + v\,D_{aa}^{\jmath}, \qquad D_{da}^{\jmath} = \mu\,D_{ca}^{\jmath} + v\,D_{ba}^{\jmath} \qquad \text{usw.}$$

Die *Einflußwerte* für die in Abb. 37 bzw. 38 dargestellten Auflagerreaktionen

$$B_{ak},\ D_{ak},\ B_{ak}^{\,?},\ D_{ak}^{\,?}$$

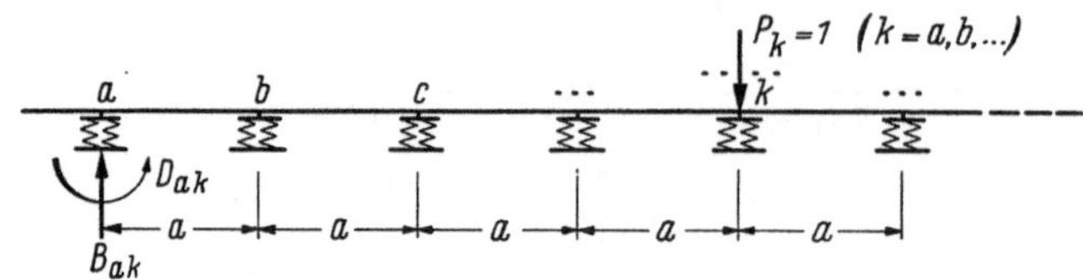

Abb. 37. Auflagerreaktionen an der Randstütze a infolge $P_k = 1$

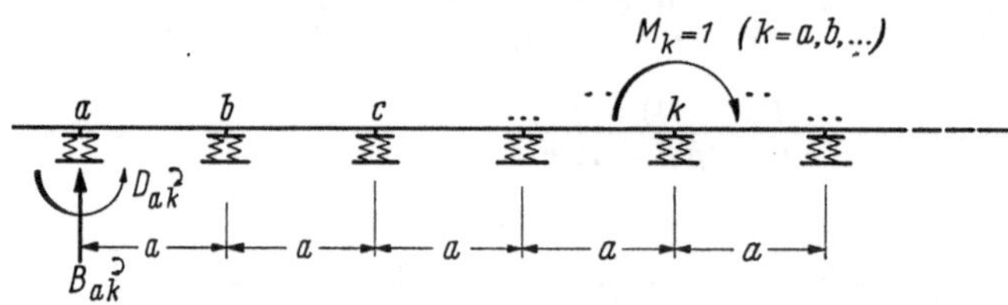

Abb. 38. Auflagerreaktionen an der Randstütze a infolge $M_k = 1$

an der Stütze a infolge $P_k = 1$ bzw. $M_k = 1$ in $k = a, b, c \dots$ angreifend ergeben sich mit Hilfe der gleichen Beziehungen wie in Abschnitt 2.5 (S. 102)

$$B_{ak} = B_{ka}, \qquad D_{ak} = \varkappa\, B_{ka}^{\,?},$$
$$B_{ak}^{\,?} = D_{ka}/\varkappa, \qquad D_{ak}^{\,?} = D_{ka}^{\,?}$$

mit

$$\varkappa = \frac{a^2}{12}\,\frac{z}{z_T}$$

zu

$$B_{aa} = 1 + X_1, \quad B_{ab} = X_2 - X_1,$$
$$B_{ac} = \mu\, B_{ab} + \nu\, B_{aa}, \quad B_{ad} = \mu\, B_{ac} + \nu\, B_{ab} \quad \text{usw.,}$$
$$D_{aa} = \varkappa\, X_1^{?}, \quad D_{ab} = \varkappa(X_2^{?} - X_1^{?}),$$
$$D_{ac} = \mu\, D_{ab} + \nu\, D_{aa}, \quad D_{ad} = \mu\, D_{ac} + \nu\, D_{ab} \quad \text{usw.}$$
$$B_{aa}^{\,?} = (-Y_1 + \sigma X_1)/\varkappa, \quad B_{ab}^{\,?} = (Y_1 - Y_2 + \sigma X_1 + \sigma X_2)/\varkappa,$$
$$B_{ac}^{\,?} = \mu\, B_{ab}^{\,?} + \nu\, B_{aa}^{\,?}, \quad B_{ad}^{\,?} = \mu\, B_{ac}^{\,?} + \nu\, B_{ab}^{\,?} \quad \text{usw.,}$$
$$D_{aa}^{\,?} = 1 - Y_1^{?} + \sigma X_1^{?}, \quad D_{ab}^{\,?} = Y_1^{?} - Y_2^{?} + \sigma(X_1^{?} + X_2^{?}),$$
$$D_{ac}^{\,?} = \mu\, D_{ab}^{\,?} + \nu\, D_{aa}^{\,?}, \quad D_{ad}^{\,?} = \mu\, D_{ac}^{\,?} + \nu\, D_{ab}^{\,?} \quad \text{usw.}$$

Die Einflußwerte für die Auflagerreaktionen an den *weiteren* Stützen $i = b, c, d, \dots$ können bei gleichem Vorgehen wie in Abschnitt 2.5 (S. 102) durch Ermittlung der statisch Unbestimmten $X, Y, X^{?}, Y^{?}$ und der zugehörigen Zustandswerte für die Auflagerreaktionen infolge $P = 1$ bzw. $M = 1$ in $k = b, c, d \dots$ gewonnen werden. Die Unbestimmten sind durch Lösung der in Abschnitt 2.5 (S. 102) angegebenen Gleichungssysteme zu errechnen, wobei die zuvor angegebene, für den Bereich von Stütze $k + 2$ bis $k + \infty$ geltende Beziehung

$$U_p = \mu\, U_{(p-1)} + \nu\, U_{(p-2)}$$

zu berücksichtigen ist.

Für $P = 1$ in $k = b$ ist somit

$$X_4 = \mu\, X_3 + \nu\, X_2, \qquad X_5 = \mu\, X_4 + \nu\, X_3 \quad \text{usw.,}$$
$$Y_4 = \mu\, Y_3 + \nu\, Y_2, \qquad Y_5 = \mu\, Y_4 + \nu\, Y_3 \quad \text{usw.}$$

und entsprechend

$$B_{db} = \mu\, B_{cb} + \nu\, B_{bb}, \quad B_{eb} = \mu\, B_{db} + \nu\, B_{cb} \quad \text{usw.,}$$
$$D_{db} = \mu\, D_{cb} + \nu\, D_{bb}, \quad D_{eb}' = \mu\, D_{db} + \nu\, D_{cb} \quad \text{usw.}$$

Entsprechendes gilt für $M = 1$ in $k = b$. Die angegebenen Matrizen gehen so in Systeme mit je 3 Gleichungen über, aus denen die Unbekannten

$$X_1, X_2, X_3; \quad Y_1, Y_2, Y_3; \quad X_1^2, X_2^2, X_3^2; \quad Y_1^2, Y_2^2, Y_3^2$$

zu ermitteln sind.

Für $P = 1$ in $k = c$ erhält man mit

$$X_5 = \mu X_4 + \nu X_3, \quad X_6 = \mu X_5 + \nu X_4 \quad \text{usw.},$$
$$Y_5 = \mu Y_4 + \nu Y_3, \quad Y_6 = \mu Y_5 + \nu Y_4 \quad \text{usw.}$$

aus jeder Matrix ein Gleichungssystem mit den 4 Unbekannten

$$X_1, X_2, X_3, X_4 \quad \text{bzw.} \quad Y_1, Y_2, Y_3, Y_4.$$

Mit wachsender Ziffer k erhöht sich also die Zahl der aus einem Gleichungssystem zu ermittelnden Unbekannten um jeweils eine.

2.7 Der beidseitig unendlich lange Balken auf elastischen Stützen

Mit den gleichen Bezeichnungen wie in Abschnitt 2.6 (S. 106) erhält man bei Angriff der Last $P = 1$ an der Mittelstütze a mit

$$X_1 = \frac{\varrho - (\mu - \nu)}{(\mu - \nu) + (\mu + 1)/\nu}, \quad X_2 = (\mu - \nu) X_1 - \nu,$$
$$Y_1 = \sigma \frac{1 - (\mu + \nu)}{(\mu + \nu) + (\mu - 1)/\nu}, \quad Y_2 = (\mu + \nu) Y_1 + \sigma \nu$$

die Auflagerreaktionen nach Abb. 39 zu

$$B_{aa} = 1 + 2X_1, \quad B_{ba} = X_2 - X_1,$$
$$B_{ca} = \mu B_{ba} + \nu B_{aa}, \quad B_{da} = \mu B_{ca} + \nu B_{ba} \quad \text{usw.},$$
$$D_{aa} = 0, \quad D_{ba} = Y_1 - Y_2 + \sigma(X_1 + X_2), \quad D_{ca} = \mu D_{ba},$$
$$D_{da} = \mu D_{ca} + \nu D_{ba}, \quad D_{ea} = \mu D_{da} + \nu D_{ca} \quad \text{usw.},$$

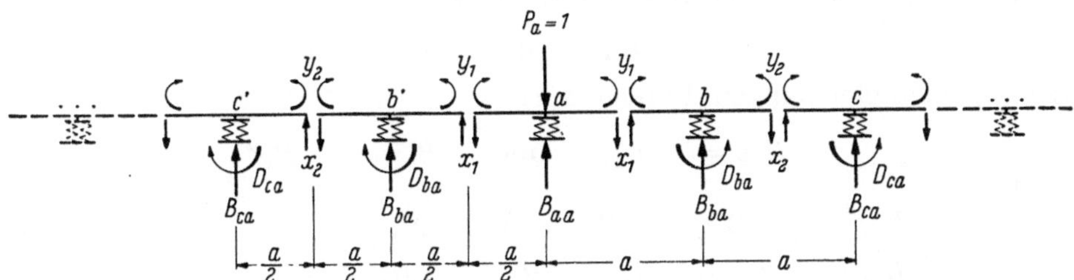

Abb. 39. Statisch Unbestimmte und Auflagerreaktionen infolge $P = 1$ an der Mittelstütze des beidseitig unendlich langen Balkens

und bei Angriff des Momentes $M = 1$ an der Mittelstütze a mit

$$X_1^2 = \frac{-\varrho^2}{(\mu + \nu) + (\mu - 1)/\nu}, \quad X_2^2 = (\mu + \nu) X_1^2,$$
$$Y_1^2 = \frac{-\sigma^2 + (\mu - \nu)}{(\mu - \nu) + (\mu + 1)/\nu}, \quad Y_2^2 = (\mu - \nu) Y_1^2 + \nu$$

die Auflagerreaktionen nach Abb. 40 zu

$$B_{aa}^2 = 0, \quad B_{ba}^2 = X_2^2 - X_1^2, \quad B_{ca}^2 = \mu B_{ba}^2,$$
$$B_{da}^2 = \mu B_{ca}^2 + \nu B_{ba}^2, \quad B_{ea}^2 = \mu B_{da}^2 + \nu B_{ca}^2 \quad \text{usw.},$$
$$D_{aa}^2 = 1 - 2Y_1^2 + 2\sigma X_1^2, \quad D_{ba}^2 = Y_1^2 - Y_2^2 + \sigma(X_1^2 + X_2^2),$$
$$D_{ca}^2 = \mu D_{ba}^2 + \nu D_{aa}^2, \quad D_{da}^2 = \mu D_{ca}^2 + \nu D_{ba}^2 \quad \text{usw.}$$

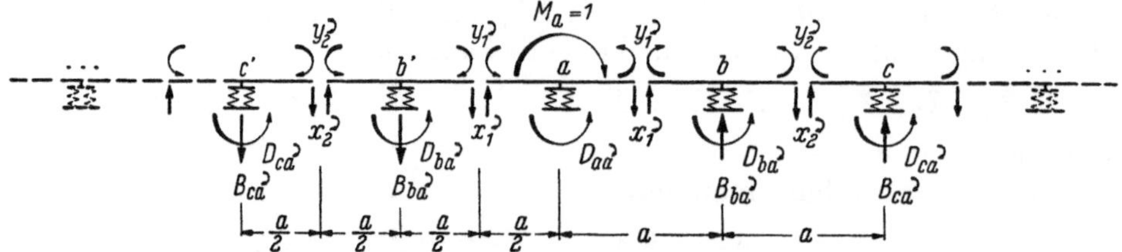

Abb. 40. Statisch Unbestimmte und Auflagerreaktionen infolge $M = 1$ an der Mittelstütze des beidseitig unendlich langen Balkens

Die *Einflußwerte* für die in Abb. 41 bzw. 42 dargestellten Auflagerreaktionen

$$B_{ak}, \quad D_{ak}, \quad B_{ak}^{\,2}, \quad D_{ak}^{\,2}$$

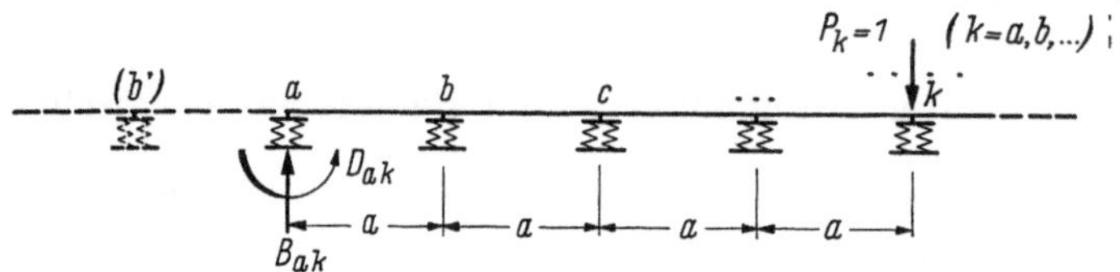

Abb. 41. Auflagerreaktionen an der Mittelstütze a infolge $P_k = 1$ (rechts von a)

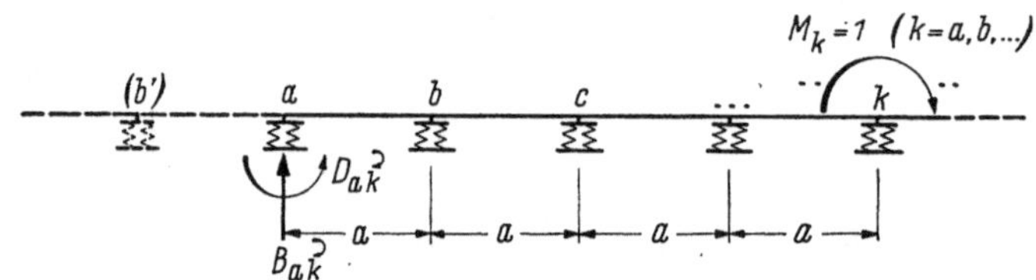

Abb. 42. Auflagerreaktionen an der Mittelstütze a infolge $M_k = 1$ (rechts von a)

an der Mittelstütze a infolge $P_k = 1$ bzw. $M_k = 1$ in $k = a, b, c, \ldots$ angreifend erhält man in einfacher Weise unter Berücksichtigung, daß neben

$$B_{ak} = B_{ka} \quad \text{und} \quad D_{ak}^{\,2} = D_{ka}^{\,2}$$

beim beidseitig unendlich langen Balken auch

$$D_{ak} = -D_{ka} \quad \text{und} \quad B_{ak}^{\,2} = -B_{ka}^{\,2}$$

sein muß, zu

$$B_{aa} = 1 + 2X_1, \qquad B_{ab} = X_2 - X_1$$
$$B_{ac} = \mu B_{ab} + \nu B_{aa}, \qquad B_{ad} = \mu B_{ac} + \nu B_{ab} \qquad \text{usw.,}$$
$$D_{aa} = 0, \qquad D_{ab} = Y_2 - Y_1 - \sigma(X_1 + X_2), \qquad D_{ac} = \mu D_{ab},$$
$$D_{ad} = \mu D_{ac} + \nu D_{ab}, \qquad D_{ae} = \mu D_{ad} + \nu D_{ac} \qquad \text{usw.,}$$
$$B_{aa}^{\,2} = 0, \qquad B_{ab}^{\,2} = X_1^{\,2} - X_2^{\,2}, \qquad B_{ac}^{\,2} = \mu B_{ab}^{\,2},$$
$$B_{ad}^{\,2} = \mu B_{ac}^{\,2} + \nu B_{ab}^{\,2}, \qquad B_{ae}^{\,2} = \mu B_{ad}^{\,2} + \nu B_{ac}^{\,2} \qquad \text{usw.,}$$
$$D_{aa}^{\,2} = 1 - 2\sigma Y_1^{\,2} + 2\sigma X_1^{\,2}, \qquad D_{ab}^{\,2} = Y_1^{\,2} - Y_2^{\,2} + \sigma(X_1^{\,2} + X_2^{\,2}),$$
$$D_{ac}^{\,2} = \mu D_{ab}^{\,2} + \nu D_{aa}^{\,2}, \qquad D_{ad}^{\,2} = \mu D_{ac}^{\,2} + \nu D_{ab}^{\,2} \qquad \text{usw.}$$

2.8 Lastangriff am Balken zwischen den Stützen

In allen vorstehend genannten Fällen werden Lösungen bzw. Lösungswege zur Bestimmung von Einflußwerten und Zustandswerten für die Auflagerreaktionen an den Orten der Stützen infolge einer wandernden, am Balken über jeweils einer Stütze angreifenden Einzellast $P_k = 1$ bzw. eines Momentes $M_k = 1$ angegeben.

Benötigt man die Auflagerreaktionen infolge einer am Balken zwischen 2 Stützen angreifenden Einzellast $P_v = 1$ bzw. eines Momentes $M_v = 1$, so sind zunächst die Auflagerkräfte und Einspannmomente eines beiderseits starr eingespannten und unverschieblich gelagerten Balkens mit einer Stützweite, die gleich dem Abstand der elastischen Stützen ist, zu ermitteln. Diese Auflagerreaktionen sind dann als äußere Belastung am Balken auf elastisch senk- und drehbaren Stützen an den Orten der Stützen anzusetzen.

Belastung des elastisch gestützten Balkens infolge $P_v = 1$:

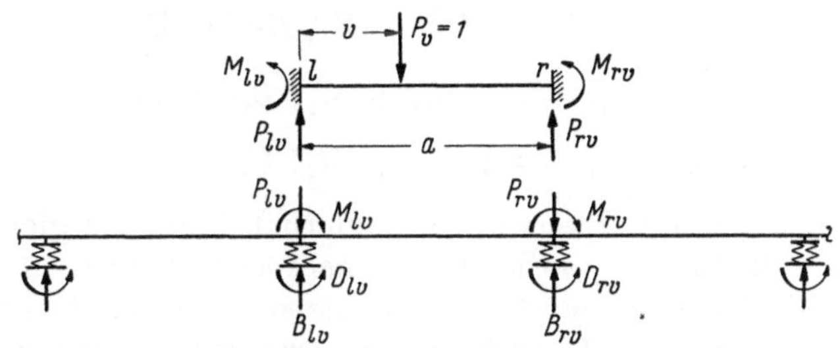

v/a	P_{lv}	P_{rv}	$\dfrac{1}{a} M_{lv}$	$\dfrac{1}{a} M_{rv}$
0	1	0	0	0
0,1	0,9720	0,0280	0,0810	$-0,0090$
0,2	0,8960	0,1040	0,1280	$-0,0320$
0,3	0,7840	0,2160	0,1470	$-0,0630$
0,4	0,6480	0,3520	0,1440	$-0,0960$
0,5	0,5000	0,5000	0,1250	$-0,1250$
0,6	0,3520	0,6480	0,0960	$-0,1440$
0,7	0,2160	0,7840	0,0630	$-0,1470$
0,8	0,1040	0,8960	0,0320	$-0,1280$
0,9	0,0280	0,9720	0,0090	$-0,0810$
1	0	1	0	0

Belastung des elastisch gestützten Balkens infolge $M_v = 1$:

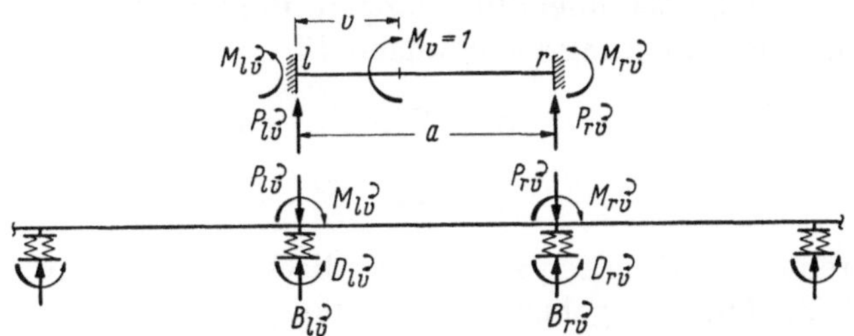

v/a	$a P_{lv}^{\circ}$	$a P_{rv}^{\circ}$	M_{lv}°	M_{rv}°
0	0	0	1	0
0,1	$-0,540$	0,540	0,630	$-0,170$
0,2	$-0,960$	0,960	0,320	$-0,280$
0,3	$-1,260$	1,260	0,070	$-0,330$
0,4	$-1,440$	1,440	$-0,120$	$-0,320$
0,5	$-1,500$	1,500	$-0,250$	$-0,250$
0,6	$-1,440$	1,440	$-0,320$	$-0,120$
0,7	$-1,260$	1,260	$-0,330$	0,070
0,8	$-0,960$	0,960	$-0,280$	0,320
0,9	$-0,540$	0,540	$-0,170$	0,630
1	0	0	0	1

Für Einzellastangriff erhält man durch Auswertung der Einflußwerte B_{ik} und $B_{ik}^{\,2}$ mit den Auflagerreaktionen P_{lv}, P_{rv}, M_{lv} und M_{rv} des beiderseits starr eingespannten Balkens, wobei $k = l,\,r$ ist, die gesuchte Ordinate der Einflußlinie für die Auflagerkraft B_{iv} an der Stütze i infolge $P = 1$ in v und durch Auswertung der Einflußwerte D_{ik} und $D_{ik}^{\,2}$ die der Einflußlinie für das Einspannmoment D_{iv}. Für Momentenangriff gilt entsprechendes mit $P_{lv}^{\,2}$, $P_{rv}^{\,2}$, $M_{lv}^{\,2}$ und $M_{rv}^{\,2}$ für $B_{iv}^{\,2}$ und $D_{iv}^{\,2}$.

Somit ist für $P_v = 1$

$$B_{iv} = P_{lv}\,B_{il} + P_{rv}\,B_{ir} + M_{lv}\,B_{il}^{\,2} + M_{rv}\,B_{ir}^{\,2},$$

$$D_{iv} = P_{lv}\,D_{il} + P_{rv}\,D_{ir} + M_{lv}\,D_{il}^{\,2} + M_{rv}\,D_{ir}^{\,2}$$

und für $M_v = 1$

$$B_{iv}^{\,2} = P_{lv}^{\,2}\,B_{il} + P_{rv}^{\,2}\,B_{ir} + M_{lv}^{\,2}\,B_{il}^{\,2} + M_{rv}^{\,2}\,B_{ir}^{\,2},$$

$$D_{iv}^{\,2} = P_{lv}^{\,2}\,D_{il} + P_{rv}^{\,2}\,D_{ir} + M_{lv}^{\,2}\,D_{il}^{\,2} + M_{rv}^{\,2}\,D_{ir}^{\,2}.$$

Wenn die Biegesteifigkeit des Balkens nicht sonderlich klein bei gleichzeitig großer Drehsteifigkeit der elastischen Stützen ist, so kann bei mehreren Stützen (mindestens 3, besser 4) die Lastabtragung auf die Orte der elastischen Stützen statt am beiderseits eingespannten Balken auch näherungsweise an einem Durchlaufträger erfolgen, der an den Orten der elastischen Stützen als starr gestützt anzunehmen ist. Dem genauen Verfahren entsprechend sind hier zunächst die Auflagerkräfte P_{kv} des starr gestützten Durchlaufträgers zu ermitteln, die dann als äußere Belastung des elastisch gestützten Balkens an den Orten der Stützen k anzusetzen sind.

2.9 Schnittkräfte des Balkens

Die Schnittkräfte des Balkens S_{yk} bzw. S_{yv} lassen sich nach Ermittlung der Auflagerkräfte und Einspannmomente an den Orten der Stützen leicht aus den Gleichgewichtsbedingungen bestimmen. Es konnte daher darauf verzichtet werden, solche Beziehungen formelmäßig anzuschreiben.

Bei fünf und mehr elastischen Stützen ist es zweckmäßiger, sofern man nicht die Auflagerreaktionen direkt aus Teil E (S. 123) entnehmen kann, die Balkenschnittkräfte mit Hilfe der statisch Unbestimmten X und Y am statisch bestimmten Hauptsystem zu ermitteln. Mit X und Y sind die Querkräfte und Biegemomente des Balkens in der Mitte zwischen je 2 Stützen bereits bekannt.

Beim einseitig bzw. beidseitig unendlich langen Balken sind in Abschnitt 2.6 bzw. 2.7 (S. 106 bzw. S. 109) nur Bestimmungsgleichungen für

$$X_1,\ X_2,\ Y_1,\ Y_2,$$

$$X_1^{\,2},\ X_2^{\,2},\ Y_1^{\,2},\ Y_2^{\,2},$$

angegeben. Die weiteren Unbestimmten mit den Indices $s = 3,\,4$ usw. gewinnt man leicht mit der in Abschnitt 2.6 (S. 106) angegebenen Beziehung

$$U_p = \mu\,U_{(p-1)} + \nu\,U_{(p-2)}$$

zu

$$X_3 = \mu\,X_2 + \nu\,X_1, \qquad X_4 = \mu\,X_3 + \nu\,X_2 \qquad \text{usw.,}$$

$$Y_3 = \mu\,Y_2 + \nu\,Y_1, \qquad Y_4 = \mu\,Y_3 + \nu\,Y_2 \qquad \text{usw.,}$$

$$X_3^{\,2} = \mu\,X_2^{\,2} + \nu\,X_1^{\,2}, \qquad X_4^{\,2} = \mu\,X_3^{\,2} + \nu\,X_2^{\,2} \qquad \text{usw.,}$$

$$Y_3^{\,2} = \mu\,Y_2^{\,2} + \nu\,Y_1^{\,2}, \qquad Y_4^{\,2} = \mu\,Y_3^{\,2} + \nu\,Y_2^{\,2} \qquad \text{usw.}$$

Für den beidseitig unendlich langen Balken sind in Teil F (S. 309) Einflußwerte M_{ak} bzw. $M_{ak}^{\,2}$ für das Moment dés Balkens an der Mittelstütze bei Variation von z und z_T zahlenmäßig angegeben.

Diese Einflußwerte ergeben sich bei Lastangriff $P_k = 1$ in $k = a, b, c, \ldots$ entsprechend Abb. 39 für das Moment im Schnitt unmittelbar links von Punkt a zu

$$M_{aa} = Y_1 - \frac{a}{2} X_1, \qquad M_{ab} = Y_2 - \frac{a}{2} X_2,$$

$$M_{ac} = Y_3 - \frac{a}{2} X_3 = \mu M_{ab} + \nu M_{aa},$$

$$M_{ad} = Y_4 - \frac{a}{2} X_4 = \mu M_{ac} + \nu M_{ab}$$

usw. mit X und Y nach Abschnitt 2.7 (S. 109). Bei Momentenangriff $M_k = 1$ in $k = a, b, c, \cdots$ erhält man entsprechend Abb. 40

$$M_{aa}^{\prime} = -Y_1^{\prime} + \frac{a}{2} X_1^{\prime}, \qquad M_{ab}^{\prime} = -Y_2^{\prime} + \frac{a}{2} X_2^{\prime},$$

$$M_{ac}^{\prime} = -Y_3^{\prime} + \frac{a}{2} X_3^{\prime} = \mu M_{ab}^{\prime} + \nu M_{aa}^{\prime},$$

$$M_{ad}^{\prime} = -Y_4^{\prime} + \frac{a}{2} X_4^{\prime} = \mu M_{ac}^{\prime} + \nu M_{ab}^{\prime}$$

usw. mit $X^{\prime}$ und $Y^{\prime}$ nach Abschnitt 2.7 (S. 109).

Bei Lastangriff $P_v = 1$ bzw. Momentenangriff $M_v = 1$ am Balken zwischen 2 Stützen ist nach Abschnitt 2.8 (S. 110) vorzugehen. Außer den Auflagerreaktionen sind jedoch am beidseitig starr eingespannten Balken [bzw. am starr gestützten Durchlaufträger bei Verwendung der in Abschnitt 2.8 (S. 110) angegebenen Näherung] noch die Schnittkräfte im interessierenden Schnitt zu ermitteln, die den entsprechenden Schnittkräften des elastisch gestützten Balkens infolge Belastung an den Orten der Stützen durch die Auflagerreaktionen des eingespannten Balkens (bzw. des starr gestützten Durchlaufträgers) zu überlagern sind.

3. Berücksichtigung von Stützen mit abweichender Elastizität

3.1 Abweichende Elastizität einer Stütze

Es wird zunächst der Fall untersucht, daß die Randstütze a nach Abb. 43 andere elastische Eigenschaften aufweist als die übrigen Stützen, wobei die Anzahl der Stützen beliebig ist. Ihre Elastizität sei durch ihre Einsenkung infolge der Last $P = 1$

$$\omega_a = \omega_r = \omega/r$$

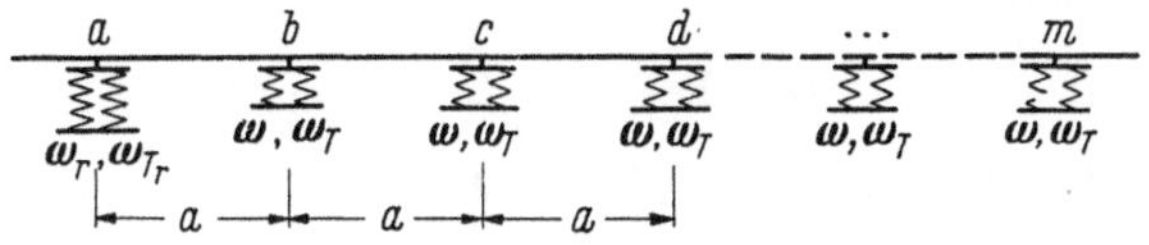

Abb. 43. System und Bezeichnungen bei abweichender Elastizität der Randstütze

und ihren Verdrehwinkel infolge des Momentes $M = 1$

$$\omega_{Ta} = \omega_{Tr} = \omega_T/r_T$$

gekennzeichnet, wobei

$$0 \leqq r \leqq \infty \quad \text{und} \quad 0 \leqq r_T \leqq \infty$$

sein kann.

Zweckmäßigerweise wird so vorgegangen, daß man sich nach Abb. 44 die Randstütze aus 2 Stützen in unendlich kleinem Abstand nebeneinander vorstellt. Die eine von beiden (Stütze a) besitze dann die gleiche Elastizität wie die übrigen Stützen des Balkens, die andere

(Stütze $\bar{a}$) eine solche Elastizität, daß die Summe der elastischen Eigenschaften beider Stützen gleich den Eigenschaften der vorhandenen Stütze ist. Für die ideelle Stütze $\bar{a}$ muß somit gelten.

$$\omega_{\bar{a}} = \omega/(r - 1) \quad \text{und} \quad \omega_{T\bar{a}} = \omega_T/(r_T - 1)$$

Die Reaktionskräfte zwischen den beiden ideellen Stützen a und $\bar{a}$ ergeben sich durch eine zweifach statisch unbestimmte Rechnung[1], wobei als statisch unbestimmtes Hauptsystem der

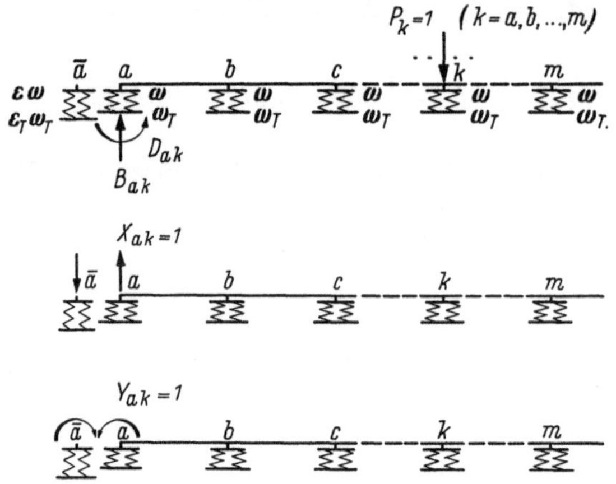

Abb. 44. Statisch unbestimmte Größen bei abweichender Elastizität der Randstütze

zuvor behandelte Balken auf Stützen gleicher Elastizität dient, mit den Abkürzungen

$$\varepsilon = 1/(r - 1), \quad \varepsilon_T = 1/(r_T - 1) \quad \text{und} \quad N = (B_{aa} + \varepsilon)(D_{a\bar{a}}^{\,\prime} + \varepsilon_T) - D_{aa}\, B_{a\bar{a}}^{\,\prime}$$

für Einzellastangriff $P_k = 1$ zu

$$X_{ak} = [(D_{a\bar{a}}^{\,\prime} + \varepsilon_T)\, B_{ak} - B_{a\bar{a}}^{\,\prime}\, D_{ak}]/N,$$
$$Y_{ak} = [(B_{aa} + \varepsilon)\, D_{ak} - D_{aa}\, B_{ak}]/N$$

und für Momentenangriff $M_k = 1$ zu

$$X_{ak}^{\,\prime} = [(D_{a\bar{a}}^{\,\prime} + \varepsilon_T)\, B_{ak}^{\,\prime} - B_{a\bar{a}}^{\,\prime}\, D_{ak}^{\,\prime}]/N,$$
$$Y_{ak}^{\,\prime} = [(B_{aa} + \varepsilon)\, D_{ak}^{\,\prime} - D_{aa}\, B_{ak}^{\,\prime}]/N.$$

Die gesuchten Einflußwerte für die Auflagerreaktionen infolge $P = 1$ bzw. $M = 1$ in $k = a, b, c \dots$ erhält man dann an der Randstütze zu

$$B_{ak,\,R} = (1 + \varepsilon)\, X_{ak}, \quad D_{ak,\,R} = (1 + \varepsilon_T)\, Y_{ak}$$

und

$$B_{ak,\,R}^{\,\prime} = (1 + \varepsilon)\, X_{ak}^{\,\prime}, \quad D_{ak,\,R}^{\,\prime} = (1 + \varepsilon_T)\, Y_{ak}^{\,\prime}$$

und an den übrigen Stützen $i = b, c, \dots$ zu

$$B_{ik,\,R} = B_{ik} - B_{ia}\, X_{ak} - B_{ia}^{\,\prime}\, Y_{ak}, \quad D_{ik,\,R} = D_{ik} - D_{ia}\, X_{ak} - D_{ia}^{\,\prime}\, Y_{ak}$$

und

$$B_{ik,\,R}^{\,\prime} = B_{ik}^{\,\prime} - B_{ia}\, X_{ak}^{\,\prime} - B_{ia}^{\,\prime}\, Y_{ak}^{\,\prime}, \quad D_{ik,\,R}^{\,\prime} = D_{ik}^{\,\prime} - D_{ia}\, X_{ak}^{\,\prime} - D_{ia}^{\,\prime}\, Y_{ak}^{\,\prime}.$$

Vorstehende Beziehungen gelten analog, wenn nicht die Randstütze sondern irgendeine andere Stütze abweichende elastische Eigenschaften aufweist. In den angegebenen Gleichungen ist dann lediglich statt des Index a der den Ort der betreffenden Stütze kennzeichnende Index (b oder c oder d usw.) einzusetzen.

3.2 Abweichende Elastizität mehrerer Stützen

Weisen mehrere Stützen andere elastische Eigenschaften auf als die übrigen Stützen, so wird zweckmäßigerweise zunächst wieder vom Balken auf Stützen gleicher Elastizität ausgegangen. Um die zuvor in Abschnitt 3.1 (S. 113) angegebenen Beziehungen benutzen zu können,

[1] TRENKS: Bauingenieur 31 (1956) S. 242.

wird dann schrittweise nacheinander die abweichende Elastizität jeweils einer dieser Stützen zusätzlich berücksichtigt.

Ist also die abweichende Elastizität der Stützen $a, b, c, \ldots$ durch

$$\omega_a = \omega/r_a, \qquad \omega_b = \omega/r_b, \qquad \omega_c = \omega/r_c \qquad \text{usw.,}$$
$$\omega_{Ta} = \omega_T/r_{Ta}, \qquad \omega_{Tb} = \omega_T/r_{Tb}, \qquad \omega_{Tc} = \omega_T/r_{Tc} \qquad \text{usw.}$$

gekennzeichnet, so setzt man zunächst $r_b = r_{Tb} = 1$, $r_c = r_{Tc} = 1$ usw. und erhält beim 1. Schritt mit r_a und r_{Ta} nach Abschnitt 3.1 (S. 113) die Einflußwerte

$$\widetilde{B}_{ik,\,R(a)}, \quad D_{ik,\,R(a)}, \quad B_{ik,\,R(a)}^{\,2}, \quad D_{ik,\,R(a)}^{\,2}$$

für die Auflagerreaktionen an den Stützen $i = a, b, c, \ldots$

Beim 2. Schritt setzt man $r_c = r_{Tc} = 1$, $r_d = r_{Td} = 1$ usw. und berücksichtigt zusätzlich r_b und r_{Tb}, indem man in den Gleichungen in Abschnitt 3.1 (S. 114) den Index a durch den Index b ersetzt und statt der Auflagerreaktionen des Balkens auf Stützen gleicher Elastizität

$$B_{ik}, \quad D_{ik}, \quad B_{ik}^{\,2}, \quad D_{ik}^{\,2}$$

die im 1. Schritt errechneten

$$B_{ik,\,R(a)}, \quad D_{ik,\,R(a)}, \quad B_{ik,\,R(a)}^{\,2}, \quad D_{ik,\,R(a)}^{\,2}$$

einführt, und erhält die Einflußwerte

$$B_{ik,\,R(a,\,b)}, \quad D_{ik,\,R(a,\,b)}, \quad B_{ik,\,R(a,\,b)}^{\,2}, \quad D_{ik,\,R(a,\,b)}^{\,2}$$

für die Auflagerreaktionen an der Stütze $i = a, b, c, \ldots$ bei Berücksichtigung der abweichenden Elastizität der Stützen a und b.

Die weiteren Schritte erfolgen analog zum 2. Schritt.

4. Der je Stütze doppelt gelagerte Balken auf elastisch senk- und drehbaren Stützen

4.1 Allgemeines

Bei Kreuzwerken mit Hauptträgern, welche als *drehsteife Hohlkästen* ausgebildet sind, werden die Querträger an den Orten der Hauptträgerstege gelagert. Da die Biegesteifigkeit der Hohlkastenwandungen im allgemeinen klein gegenüber der der Querträger ist, sei eine frei drehbare Lagerung angenommen.

Diese besondere Art der Querträgerlagerung bei Hohlkästen ist beim Hilfssystem in Querrichtung, dem Balken auf elastisch senk- und drehbaren Stützen, zu berücksichtigen. Dies erfolgt dadurch, daß nach Abb. 45 die bisherige punktförmige Lagerung und Einspannung je Stütze durch ein Doppellager mit gelenkigen Anschlüssen ersetzt wird.

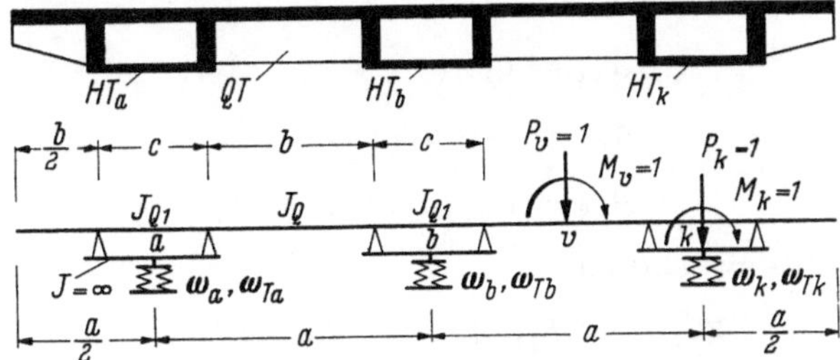

Abb. 45. System und Bezeichnungen bei doppelter Lagerung des Balkens je Stütze. Lastangriff über den Stützen in k bzw. am Balken in v

Die Stützen sind wieder in gleichen Abständen a angeordnet. Der gegenseitige Abstand der beiden Lager einer Stütze sei mit c bezeichnet, so daß sich der Lagerabstand zwischen zwei benachbarten Stützen zu

$$b = a - c$$

ergibt.

Das Trägheitsmoment des Balkens sei im Bereich des Abstandes b mit J_Q, im Bereich des Abstandes c mit J_{Q1} bezeichnet.

Der Zusammenhang zwischen den Kreuzsteifigkeiten z und z_T und den in Abschnitt 2 (S. 99) definierten Federzahlen ω und ω_T ist auch hier durch die Beziehungen

$$z = \frac{6\,E\,J_Q}{a^3}\,\omega \quad \text{und} \quad z_T = \frac{E\,J_Q}{2\,a}\,\omega_T$$

gegeben.

Bezüglich der Belastung wird nach Abb. 45 zwischen Lastangriff über den Stützen in $= a, b, c, \ldots$ und am Balken in v unterschieden.

4.2 Der Balken auf zwei elastischen Stützen

Die beiden elastischen Stützen mögen nach Abb. 46 unterschiedliche elastische Eigenschaften haben, die durch die Federzahlen

$$\omega_a = \omega_r = \omega/r, \qquad \omega_{Ta} = \omega_{Tr} = \omega_T/r_T,$$

$$\omega_b = \omega, \qquad\qquad \omega_{Tb} = \omega_T$$

gekennzeichnet seien.

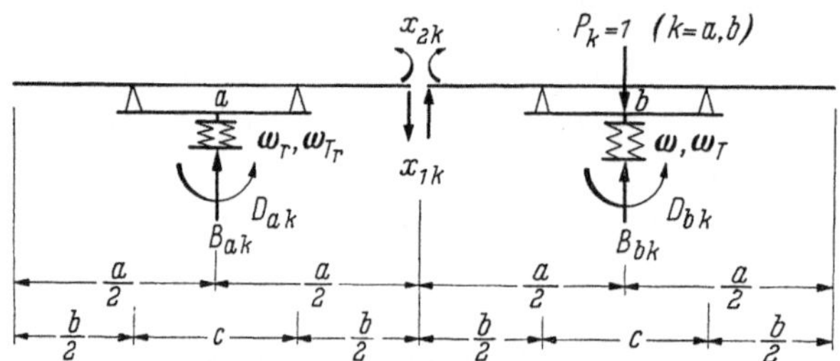

Abb. 46. Statisch Unbestimmte und Auflagerreaktionen infolge $P_k = 1$ bei 2 Stützen mit Doppellagern

Zunächst sind die in Abb. 46 dargestellten statisch unbestimmten Schnittkräfte X_1 und X_2 des Balkens in der Mitte zwischen beiden Stützen zu bestimmen. Man erhält sie mit den Abkürzungen

$$\beta = \frac{b}{a} \quad \text{und} \quad k = \frac{1}{2}\,\frac{c}{b}\,\frac{J_Q}{J_{Q1}}$$

sowie mit

$$a_{11} = (1 + 1/r)\,z + 3\,(1 + 1/r_T)\,z_T + (2k + 1/2)\,\beta^3,$$

$$a_{22} = [12\,(1 + 1/r_T)\,z_T + (8k + 6)\,\beta]\,/a^2,$$

$$a_{12} = 6\,(1 - 1/r_T)\,z_T/a$$

und

$$A_{11} = a_{11}/(a_{11}\,a_{22} - a_{12}^2),$$

$$A_{22} = a_{22}/(a_{11}\,a_{22} - a_{12}^2),$$

$$A_{12} = a_{12}/(a_{11}\,a_{22} - a_{12}^2)$$

bei Lastangriff $P_k = 1$ in $k = a, b$ zu

$$X_{1k} = -b_{1k}\,A_{22}, \qquad X_{2k} = b_{1k}\,A_{12}$$

und bei Momentenangriff $M_k = 1$ in $k = a, b$ zu

$$X_{1k}^? = -b_{1k}^?\,A_{22} + b_{2k}^?\,A_{12}, \qquad X_{2k}^? = b_{1k}^?\,A_{12} - b_{2k}^?\,A_{11}.$$

Für die Belastungsglieder b_{1k}, $b_{1k}^?$ und $b_{2k}^?$ ist hierin zu setzen

$$b_{1a} = z/r, \qquad b_{1a}^? = 6\,z_T/a\,r_T, \qquad b_{2a}^? = -12\,z_T/a^2\,r_T,$$

$$b_{1b} = -z, \qquad b_{1b}^? = 6\,z_T/a, \qquad b_{2b}^? = 12\,z_T/a^2.$$

Die Auflagerreaktionen an den elastischen Stützen in $i = a, b$ ergeben sich aus den Gleichgewichtsbedingungen. Für Lastangriff $P_k = 1$ in $k = a, b$ erhält man die Auflagerkräfte zu

$$B_{aa} = 1 + X_{1a}, \qquad B_{ba} = -X_{1a},$$
$$B_{ab} = X_{1b}, \qquad B_{bb} = 1 - X_{1b}$$

und die Einspannmomente zu

$$D_{aa} = X_{1a}\,a/2 - X_{2a}, \qquad D_{ba} = X_{1a}\,a/2 + X_{2a},$$
$$D_{ab} = X_{1b}\,a/2 - X_{2b}, \qquad D_{bb} = X_{1b}\,a/2 + X_{2b}.$$

Für Momentenangriff $M_k = 1$ in $k = a, b$ ergeben sich die Auflagerkräfte zu

$$B_{aa}^{\;\prime} = X_{1a}^{\;\prime}, \qquad B_{ba}^{\;\prime} = -X_{1a}^{\;\prime},$$
$$B_{ab}^{\;\prime} = X_{1b}^{\;\prime}, \qquad B_{bb}^{\;\prime} = -X_{1b}^{\;\prime}$$

und die Einspannmomente zu

$$D_{aa}^{\;\prime} = 1 + X_{1a}^{\;\prime}\,a/2 - X_{2a}^{\;\prime}, \qquad D_{ba}^{\;\prime} = X_{1a}^{\;\prime}\,a/2 + X_{2a}^{\;\prime},$$
$$D_{ab}^{\;\prime} = X_{1b}^{\;\prime}\,a/2 - X_{2b}^{\;\prime}, \qquad D_{bb}^{\;\prime} = 1 + X_{1b}^{\;\prime}\,a/2 + X_{2b}^{\;\prime}.$$

Es sei darauf hingewiesen, daß vorstehende Gleichungen bei *Lastangriff* bzw. Momentenangriff in $k = a, b$ gelten, also jeweils zentrisch *über einer elastischen Stütze* (s. Abb. 45).

Nachstehend werden entsprechende Gleichungen zur Ermittlung der Auflagerreaktionen der elastischen Stützen sowie zur Bestimmung der Biegemomente des Balkens bei *Lastangriff am Balken* angegeben und zwar in den Punkten $v = 1, 2, \ldots, 9$, deren Orte in Abb. 47 bezeichnet sind.

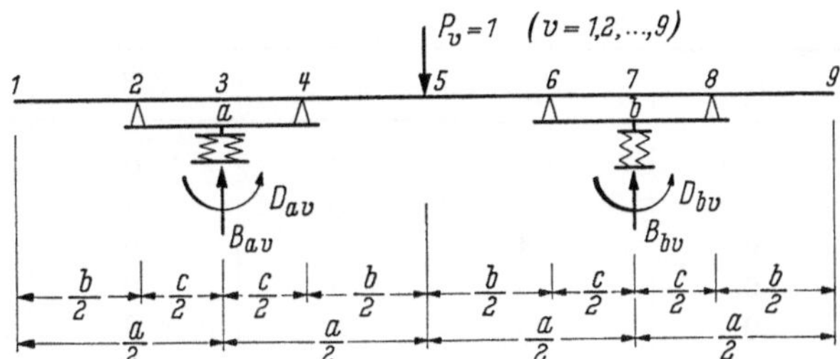

Abb. 47. Lastangriff am Balken bei 2 Stützen mit Doppellagern

Die Unbekannten X_1 und X_2 erhält man mit den zuvor angegebenen Ausdrücken für A_{11}, A_{22} und A_{12} und den Abkürzungen

$$\beta = \frac{b}{a}, \qquad \gamma = \frac{c}{a}, \qquad k = \frac{1}{2}\,\frac{c}{b}\,\frac{J_Q}{J_{Q1}}$$

bei Lastangriff $P_v = 1$ in $v = 1, 2, \ldots, 9$ zu

$$X_{1v} = -b_{1v}\,A_{22} + b_{2v}\,A_{12}, \qquad X_{2v} = b_{1v}\,A_{12} - b_{2v}\,A_{11}$$

mit den Belastungsgliedern

$$b_{11} = z/r - 3\,z_T/r_T + k\,\beta^3/2, \qquad b_{21} = 6\,z_T/a\,r_T - k\,\beta^2/a,$$
$$b_{12} = z/r - 3\,\gamma\,z_T/r_T, \qquad b_{22} = 6\,\gamma\,z_T/a\,r_T,$$
$$b_{13} = z/r - 3\,k\,\beta^2\,\gamma/8, \qquad b_{23} = 3\,k\,\beta\,\gamma/4\,a,$$
$$b_{14} = z/r + 3\,\gamma\,z_T/r_T, \qquad b_{24} = -6\,\gamma\,z_T/a\,r_T,$$
$$b_{15} = z/r + 3\,z_T/r_T + (k + 1/4)\,\beta^3, \qquad b_{25} = -6\,z_T/a\,r_T - (2\,k + 3/4)\,\beta^2/a,$$
$$b_{16} = -z - 3\,\gamma\,z_T, \qquad b_{26} = -6\,\gamma\,z_T/a,$$
$$b_{17} = -z + 3\,k\,\beta^2\,\gamma/8, \qquad b_{27} = 3\,k\,\beta\,\gamma/4\,a,$$
$$b_{18} = -z + 3\,\gamma\,z_T, \qquad b_{28} = 6\,\gamma\,z_T/a,$$
$$b_{19} = -z + 3\,z_T - k\,\beta^3/2, \qquad b_{29} = 6\,z_T/a - k\,\beta^2/a.$$

Die Auflagerkräfte an den elastischen Stützen in $i = a, b$ ergeben sich damit infolge $P_v = 1$ in $v = 1, 2, 3, 4, 5$ zu

$$B_{av} = 1 + X_{1v}, \qquad B_{bv} = -X_{1v}$$

und infolge $P_v = 1$ in $v = 6, 7, 8, 9$ zu

$$B_{av} = X_{1v}, \qquad B_{bv} = 1 - X_{1v}$$

und die Einspannmomente an den elastischen Stützen in $i = a, b$ infolge $P_v = 1$ in $v = 1, 2, \ldots, 9$ mit

v	D^0_{av}	D^0_{bv}
1	$-a/2$	0
2	$-c/2$	0
3	0	0
4	$+c/2$	0
5	$+a/2$	0
6	0	$-c/2$
7	0	0
8	0	$+c/2$
9	0	$+a/2$

zu

$$D_{av} = D^0_{av} + X_{1v}\, a/2 - X_{2v}, \qquad D_{bv} = D^0_{bv} + X_{1v}\, a/2 + X_{2v}.$$

Die Biegemomente M_{yv} des Balkens an den Orten $y = 1, 2, \ldots, 9$ infolge $P_v = 1$ in $v = 1, 2, \ldots, 9$ erhält man mit

v	M^0_{2v}	M^0_{3v}	M^0_{4v}	M^0_{7v}	M^0_{8v}
1	$-b/2$	$-b/4$	0	0	0
2	0	0	0	0	0
3	0	$+c/4$	0	0	0
4	0	0	0	0	0
5	0	$-b/4$	$-b/2$	0	0
6	0	0	0	0	0
7	0	0	0	$+c/4$	0
8	0	0	0	0	0
9	0	0	0	$-b/4$	$-b/2$

zu

$$M_{1v} = 0,$$
$$M_{2v} = M^0_{2v},$$
$$M_{3v} = M^0_{3v} - X_{1v}\, b/4 + X_{2v}/2,$$
$$M_{4v} = M^0_{4v} - X_{1v}\, b/2 + X_{2v},$$
$$M_{5v} = X_{2v},$$
$$M_{6v} = X_{1v}\, b/2 + X_{2v},$$
$$M_{7v} = M^0_{7v} + X_{1v}\, b/4 + X_{2v}/2,$$
$$M_{8v} = M^0_{8v},$$
$$M_{9v} = 0.$$

4.3 Der Balken auf drei elastischen Stützen

Von den drei elastischen Stützen mögen die beiden äußeren nach Abb. 48 andere elastische Eigenschaften haben als die mittlere. Die elastischen Eigenschaften seien durch die Federzahlen

$$\omega_a = \omega_c = \omega_r = \omega/r, \quad \omega_b = \omega,$$
$$\omega_{Ta} = \omega_{Tc} = \omega_{Tr} = \omega_T/r_T, \qquad \omega_{Tb} = \omega_T$$

gekennzeichnet.

Da das System symmetrisch ist, werden die statisch Unbestimmten X_1, X_2, X_3 und X_4 nach Abb. 48 als Lastgruppen angesetzt. Man erhält sie mit den Abkürzungen

$$\beta = \frac{b}{a} \quad \text{und} \quad k = \frac{1}{2}\,\frac{c}{b}\,\frac{J_Q}{J_{Q1}}$$

sowie mit

$$a_{11} = 2\,z/r + 6\,(2 + 1/r_T)\,z_T + (3\,k + 1)\,\beta^3,$$
$$a_{22} = 2\,(2 + 1/r)\,z + 6\,z_T/r_T + (5\,k + 1)\,\beta^3,$$
$$a_{33} = [24\,(2 + 1/r_T)\,z_T + 12\,(k + 1)\,\beta]/a^2,$$
$$a_{44} = [24\,z_T/r_T + 4\,(5\,k + 3)\,\beta]/a^2,$$
$$a_{13} = [12\,(2 - 1/r_T)\,z_T - 2\,k\,\beta^2]/a,$$
$$a_{24} = [-12\,z_T/r_T + 2\,k\,\beta^2]/a$$

und

$$A_{11} = a_{11}/(a_{11}\,a_{33} - a_{13}^2), \qquad A_{22} = a_{22}/(a_{22}\,a_{44} - a_{24}^2),$$
$$A_{33} = a_{33}/(a_{11}\,a_{33} - a_{13}^2), \qquad A_{44} = a_{44}/(a_{22}\,a_{44} - a_{24}^2),$$
$$A_{13} = a_{13}/(a_{11}\,a_{33} - a_{13}^2), \qquad A_{24} = a_{24}/(a_{22}\,a_{44} - a_{24}^2)$$

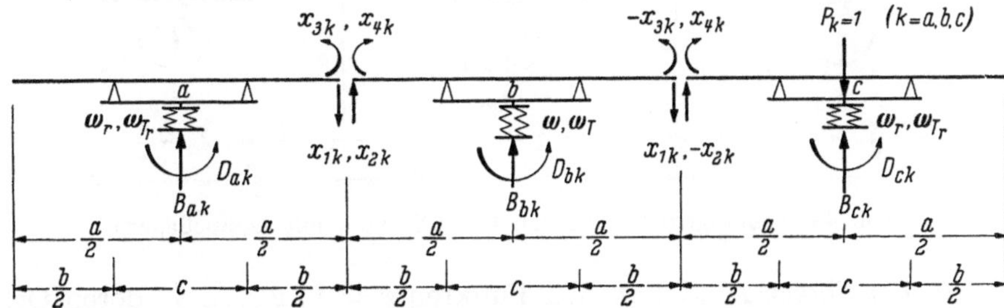

Abb. 48. Statisch Unbestimmte und Auflagerreaktionen infolge $P_k = 1$ bei 3 Stützen mit Doppellagern

bei Lastangriff $P_k = 1$ in $k = a$, b, c zu

$$X_{1k} = -b_{1k}\,A_{33}, \qquad X_{2k} = -b_{2k}\,A_{44},$$
$$X_{3k} = b_{1k}\,A_{13}, \qquad X_{4k} = b_{2k}\,A_{24}$$

und bei Momentenangriff $M_k = 1$ in $k = a$, b, c zu

$$X_{1k}^{\ \prime} = -b_{1k}^{\ \prime}\,A_{33} + b_{3k}^{\ \prime}\,A_{13}, \qquad X_{2k}^{\ \prime} = -b_{2k}^{\ \prime}\,A_{44} + b_{4k}^{\ \prime}\,A_{24},$$
$$X_{3k}^{\ \prime} = b_{1k}^{\ \prime}\,A_{13} - b_{3k}^{\ \prime}\,A_{11}, \qquad X_{4k}^{\ \prime} = b_{2k}^{\ \prime}\,A_{24} - b_{4k}^{\ \prime}\,A_{22}.$$

Für die Belastungsglieder b_{1k}, b_{2k}, $b_{1k}^{\ \prime}$, $b_{2k}^{\ \prime}$, $b_{3k}^{\ \prime}$ und $b_{4k}^{\ \prime}$ ist hierin zu setzen

$$b_{1a} = b_{2a} = z/r, \qquad b_{1b} = 0, \qquad b_{2b} = -2z, \qquad b_{1c} = -b_{2c} = -z/r,$$
$$b_{1a}^{\ \prime} = b_{2a}^{\ \prime} = 6\,z_T/a\,r_T, \qquad b_{3a}^{\ \prime} = b_{4a}^{\ \prime} = -12\,z_T/a^2\,r_T,$$
$$b_{1b}^{\ \prime} = 12\,z_T/a, \qquad b_{2b}^{\ \prime} = 0, \qquad b_{3b}^{\ \prime} = 24\,z_T/a^2, \qquad b_{4b}^{\ \prime} = 0,$$
$$b_{1c}^{\ \prime} = -b_{2c}^{\ \prime} = 6\,z_T/a\,r_T, \qquad b_{3c}^{\ \prime} = -b_{4c}^{\ \prime} = -12\,z_T/a^2\,r_T.$$

Die Auflagerreaktionen an den elastischen Stützen in $i = a$, b, c ergeben sich aus den Gleichgewichtsbedingungen. Für Lastangriff $P_k = 1$ in $k = a$, b, c erhält man die Auflagerkräfte in $i = k$ zu

$$B_{aa} = 1 + X_{1a} + X_{2a}, \qquad B_{bb} = 1 - 2X_{2b}, \qquad B_{cc} = 1 - X_{1c} + X_{2c}$$

sowie in $i \neq k$ zu

$$B_{ak} = X_{1k} + X_{2k}, \qquad B_{bk} = -2X_{2k}, \qquad B_{ck} = -X_{1k} + X_{2k}$$

und die Einspannmomente für alle i, k zu

$$D_{ak} = (X_{1k} + X_{2k})\,a/2 - X_{3k} - X_{4k}, \qquad D_{bk} = 2X_{1k}\,a/2 + 2X_{3k},$$
$$D_{ck} = (X_{1k} - X_{2k})\,a/2 - X_{3k} + X_{4k}.$$

Für Momentenangriff $M_k = 1$ in $k = a, b, c$ ergeben sich die Auflagerkräfte für alle i, k zu

$$B_{ak}^{i} = X_{1k}^{i} + X_{2k}^{i}, \qquad B_{bk}^{i} = -2 X_{2k}^{i}, \qquad B_{ck}^{i} = -X_{1k}^{i} + X_{2k}^{i}$$

und die Einspannmomente in $i = k$ zu

$$D_{aa}^{i} = 1 + (X_{1a}^{i} + X_{2a}^{i})\, a/2 - X_{3a}^{i} - X_{4a}^{i}, \qquad D_{bb}^{i} = 1 + 2 X_{1b}^{i}\, a/2 + 2 X_{3b}^{i},$$

$$D_{cc}^{i} = 1 + (X_{1c}^{i} - X_{2c}^{i})\, a/2 - X_{3c}^{i} + X_{4c}^{i}$$

sowie in $i \neq k$ zu

$$D_{ak}^{i} = (X_{1k}^{i} + X_{2k}^{i})\, a/2 - X_{3k}^{i} - X_{4k}^{i}, \qquad D_{bk}^{i} = 2 X_{1k}^{i}\, a/2 + 2 X_{3k}^{i},$$

$$D_{ck}^{i} = (X_{1k}^{i} - X_{2k}^{i})\, a/2 - X_{3k}^{i} + X_{4k}^{i}.$$

Vorstehende Gleichungen gelten bei *Lastangriff* bzw. Momentenangriff in $k = a, b, c$, also jeweils zentrisch *über einer elastischen Stütze* (Abb. 45).

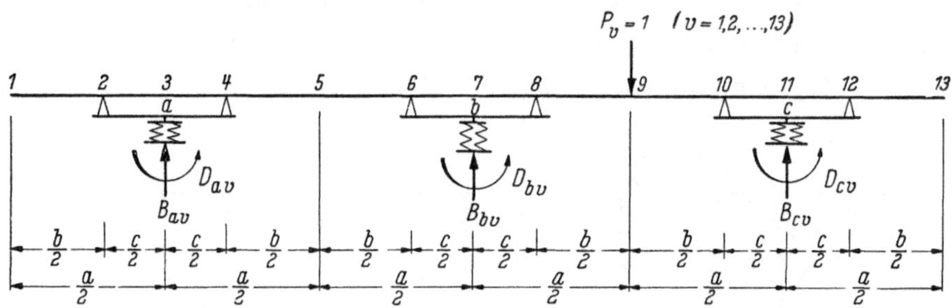

Abb. 49. Lastangriff am Balken bei 3 Stützen mit Doppellagern

Bei *Lastangriff am Balken* $P_v = 1$ in den Punkten $v = 1, 2, \ldots, 7$, deren Orte in Abb. 49 angegeben sind, erhält man die Unbekannten X_1, X_2, X_3 und X_4 mit den zuvor angegebenen Ausdrücken für

$$A_{11}, \qquad A_{33}, \qquad A_{13},$$
$$A_{22}, \qquad A_{44}, \qquad A_{24}$$

und den Abkürzungen

$$\beta = \frac{b}{a}, \qquad \gamma = \frac{c}{a}, \qquad k = \frac{1}{2}\,\frac{c}{b}\,\frac{J_Q}{J_{Q1}}$$

zu

$$X_{1v} = -b_{1v}\, A_{33} + b_{3v}\, A_{13}, \qquad X_{2v} = -b_{2v}\, A_{44} + b_{4v}\, A_{24},$$
$$X_{3v} = b_{1v}\, A_{13} - b_{3v}\, A_{11}, \qquad X_{4v} = b_{2v}\, A_{24} - b_{4v}\, A_{22}$$

mit den Belastungsgliedern

$$b_{11} = b_{21} = z/r - 3 z_T/r_T + k\, \beta^3/2,$$
$$b_{31} = b_{41} = 6 z_T/a\, r_T - k\, \beta^2/a,$$
$$b_{12} = b_{22} = z/r - 3\gamma\, z_T/r_T,$$
$$b_{32} = b_{42} = 6\gamma\, z_T/a\, r_T,$$
$$b_{13} = b_{23} = z/r - 3 k\, \beta^2\, \gamma/8,$$
$$b_{33} = b_{43} = 3 k\, \beta\, \gamma/4 a,$$
$$b_{14} = b_{24} = z/r + 3\gamma\, z_T/r_T,$$
$$b_{34} = b_{44} = -6\gamma\, z_T/a\, r_T,$$
$$b_{15} = b_{25} = z/r + 3 z_T/r_T + (k + 1/4)\, \beta^3,$$
$$b_{35} = b_{45} = -6 z_T/a\, r_T - (2 k + 3/4)\, \beta^2/a,$$
$$b_{16} = -6\gamma\, z_T, \qquad b_{26} = -2 z,$$
$$b_{36} = -12\gamma\, z_T/a, \qquad b_{46} = 0,$$
$$b_{17} = 0, \qquad b_{27} = -2 z + 3 k\, \beta^2\, \gamma/4,$$
$$b_{37} = 0, \qquad b_{47} = 3 k\, \beta\, \gamma/2\, a.$$

Wegen der Symmetrie des Systems genügt es, die Last $P_v = 1$ nur über die halbe Balkenlänge wandern zu lassen.

Die Auflagerkräfte an den elastischen Stützen in $i = a, b, c$ ergeben sich damit infolge $P_v = 1$ in $v = 1, 2, 3, 4, 5$ zu

$$B_{av} = 1 + X_{1v} + X_{2v}, \qquad B_{bv} = -2X_{2v}, \qquad B_{cv} = -X_{1v} + X_{2v}$$

und infolge $P_v = 1$ in $v = 6$ und 7 zu

$$B_{av} = X_{1v} + X_{2v}, \qquad B_{bv} = 1 - 2X_{2v}, \qquad B_{cv} = -X_{1v} + X_{2v}$$

und die Einspannmomente an den elastischen Stützen in $i = a, b, c$ infolge $P_v = 1$ in $v = 1, 2, \ldots, 7$ mit

v	D^0_{av}	D^0_{bv}
1	$-a/2$	0
2	$-c/2$	0
3	0	0
4	$+c/2$	0
5	$+a/2$	0
6	0	$-c/2$
7	0	0

zu

$$D_{av} = D^0_{av} + (X_{1v} + X_{2v})\, a/2 - X_{3v} - X_{4v},$$

$$D_{bv} = D^0_{bv} + 2X_{1v}\, a/2 + 2X_{3v},$$

$$D_{cv} = (X_{1v} - X_{2v})\, a/2 - X_{3v} + X_{4v}.$$

Die Biegemomente M_{yv} des Balkens an den Orten $y = 1, 2, \ldots, 13$ infolge $P_v = 1$ in $v = 1, 2, \ldots, 7$ erhält man mit

v	M^0_{2v}	M^0_{3v}	M^0_{4v}	M^0_{7v}
1	$-b/2$	$-b/4$	0	0
2	0	0	0	0
3	0	$+c/4$	0	0
4	0	0	0	0
5	0	$-b/4$	$-b/2$	0
6	0	0	0	0
7	0	0	0	$+c/4$

zu

$$M_{1v} = 0, \qquad M_{2v} = M^0_{2v},$$

$$M_{3v} = M^0_{3v} - (X_{1v} + X_{2v})\, b/4 + (X_{3v} + X_{4v})/2,$$

$$M_{4v} = M^0_{4v} - (X_{1v} + X_{2v})\, b/2 + X_{3v} + X_{4v},$$

$$M_{5v} = X_{3v} + X_{4v},$$

$$M_{6v} = (X_{1v} + X_{2v})\, b/2 + X_{3v} + X_{4v},$$

$$M_{7v} = M^0_{7v} + X_{2v}\, b/2 + X_{4v},$$

$$M_{8v} = -(X_{1v} - X_{2v})\, b/2 - X_{3v} + X_{4v},$$

$$M_{9v} = -X_{3v} + X_{4v},$$

$$M_{10v} = (X_{1v} - X_{2v})\, b/2 - X_{3v} + X_{4v},$$

$$M_{11v} = (X_{1v} - X_{2v})\, b/4 + (-X_{3v} + X_{4v})/2,$$

$$M_{12v} = 0, \qquad M_{13v} = 0.$$

4.4 Der Balken auf unendlich vielen elastischen Stützen

Der Fall, daß unendlich viele Hauptträger als Hohlkästen ausgebildet werden, kommt praktisch nur bei Stahlfahrbahntafeln mit Hohlsteifen vor. Es können daher gegenüber Abschnitt 4.2 und 4.3 (S. 116 u. 118) gewisse vereinfachte Annahmen gemacht werden.

Die elastischen Eigenschaften seien bei allen Stützen gleich. Die Steifigkeit des Balkens sei auf ganzer Länge konstant. Sein Trägheitsmoment wird wieder mit J_Q bezeichnet.

Bei einander gleichen Abständen a der elastischen Stützen sei außerdem der gegenseitige Abstand c der beiden Lager jeder Stütze gleich dem Lagerabstand b zwischen zwei benachbarten Stützen, womit nach Abb. 50

$$b = c = a/2$$

ist.

Ferner möge der Lastangriff bzw. Momentenangriff nur in $k = a, b, c \ldots$, also jeweils zentrisch an einer elastischen Stütze, erfolgen. Benötigt man die Auflagerreaktionen infolge einer am Balken zwischen zwei Stützen angreifenden Einzellast $P_v = 1$, so sind zunächst bei Annahme

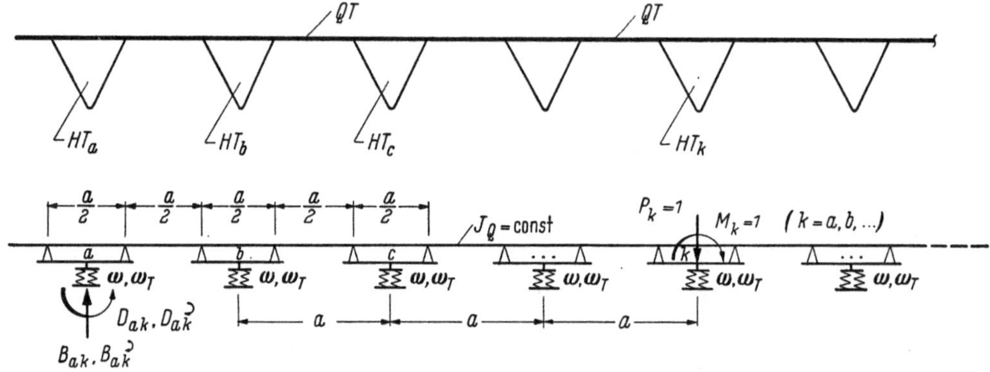

Abb. 50. System und Bezeichnungen bei unendlich vielen Stützen mit Doppellagern

unverschieblicher und unverdrehbarer Stützen die Auflagerkräfte des Balkens an den Orten seiner Lager zu bestimmen, also am starr gestützten Durchlaufträger mit den Stützweiten $b = c = a/2$. Die beiden so gewonnenen Auflagerkräfte an den Doppellagern jeder Stütze $k\,(k = a, b \ldots)$ sind dann in eine in k angreifende Einzellast P_{kv} und ein an gleicher Stelle angreifendes Moment M_{kv} umzurechnen. Die weitere Rechnung ist mit P_{kv} und M_{kv} $(k = a, b, \ldots)$ als äußere Belastung durchzuführen.

Unter den getroffenen Annahmen kann die Berechnung der Auflagerreaktionen an den elastischen Stützen beim einseitig unendlich langen Balken nach Abschnitt 2.6 (S. 106) und beim beidseitig unendlich langen Balken nach Abschnitt 2.7 (S. 109) durchgeführt werden, wenn man dort für $\varphi, \tau, \alpha, \beta, \varrho, \varrho^{\backprime}, \sigma$ und $\sigma^{\backprime}$ folgende Ausdrücke einsetzt:

$$\varphi = -4 + \frac{17}{16z} - \frac{5}{12z_T}, \qquad \tau = 6 + \frac{23}{8z} + \frac{5}{6z_T} + \frac{5}{64z\,z_T},$$

$$\alpha = \frac{4z_T}{4z_T + 5/6}, \qquad \beta = \frac{4z - 12z_T}{4z + 12z_T + 3/8},$$

$$\varrho = 3 + \frac{5}{12z_T}, \qquad \varrho^{\backprime} = \frac{1}{a}\frac{5}{2z}, \qquad \sigma = \frac{a}{2}, \qquad \sigma^{\backprime} = 3 + \frac{3}{16z}.$$

Es sei bemerkt, daß bei Einführung dieser Ausdrücke in Abschnitt 2.5 (S. 102) auch der je Stütze doppelt gelagerte Balken auf fünf und beliebig mehr elastisch senk- und drehbaren Stützen berechnet werden kann, wenn die hier gemachten Annahmen zutreffen. Da solche Systeme aber praktisch selten vorkommen dürften, sei auf eine ausführliche Darstellung verzichtet.

Die Ermittlung der Schnittkräfte S_{yk} bzw. S_{yv} des Balkens erfolgt entsprechend Abschnitt 2.9 (S. 112). Bei Lastangriff $P = 1$ am Balken in v ist hier jedoch statt des beidseitig starr eingespannten Balkens der starr gestützte Durchlaufträger mit den Stützweiten $b = c = a/2$ einzuführen.

E. Tafeln der Auflagerreaktionen

B_{ik}, D_{ik}, B_{ik}^{ζ} und D_{ik}^{ζ} von Balken auf zwei bis sechs und unendlich vielen elastisch senk- und drehbaren Stützen

1. Auflagerreaktionen des Balkens auf zwei elastisch senk- und drehbaren Stützen

Der Balken auf zwei elastisch senk- und drehbaren Stützen

Auflagerkräfte B_{ik}; $i, k = a, b$

z	B_{ik}	$z_T = 0$	0,001	0,003	0,01	0,03	0,1	0,3	1	3	10	30	100	∞
0,1	B_{aa}	0,8571	0,8584	0,8607	0,8684	0,8864	0,9231	0,9600	0,9851	0,9947	0,9984	0,9994	0,9998	1
	B_{ab}	0,1429	0,1416	0,1393	0,1316	0,1136	0,0769	0,0400	0,0149	0,0053	0,0016	0,0006	0,0002	0
0,2	B_{aa}	0,7778	0,7792	0,7821	0,7917	0,8148	0,8667	0,9259	0,9710	0,9894	0,9967	0,9989	0,9997	1
	B_{ab}	0,2222	0,2208	0,2179	0,2083	0,1852	0,1333	0,0741	0,0290	0,0106	0,0033	0,0011	0,0003	0
0,5	B_{aa}	0,6667	0,6680	0,6706	0,6795	0,7024	0,7619	0,8485	0,9333	0,9744	0,9919	0,9972	0,9992	1
	B_{ab}	0,3333	0,3320	0,3294	0,3205	0,2976	0,2381	0,1515	0,0667	0,0256	0,0081	0,0028	0,0008	0
1	B_{aa}	0,6000	0,6010	0,6029	0,6094	0,6269	0,6774	0,7674	0,8824	0,9512	0,9840	0,9945	0,9983	1
	B_{ab}	0,4000	0,3990	0,3971	0,3906	0,3731	0,3226	0,2326	0,1176	0,0488	0,0160	0,0055	0,0017	0
2	B_{aa}	0,5556	0,5561	0,5573	0,5614	0,5726	0,6078	0,6825	0,8095	0,9111	0,9690	0,9892	0,9967	1
	B_{ab}	0,4444	0,4439	0,4427	0,4386	0,4274	0,3922	0,3175	0,1905	0,0889	0,0310	0,0108	0,0033	0
5	B_{aa}	0,5238	0,5241	0,5246	0,5265	0,5318	0,5495	0,5935	0,6970	0,8246	0,9291	0,9738	0,9918	1
	B_{ab}	0,4762	0,4759	0,4754	0,4735	0,4682	0,4505	0,4065	0,3030	0,1754	0,0709	0,0262	0,0082	0
10	B_{aa}	0,5122	0,5123	0,5126	0,5136	0,5164	0,5261	0,5516	0,6226	0,7403	0,8758	0,9501	0,9839	1
	B_{ab}	0,4878	0,4877	0,4874	0,4864	0,4836	0,4739	0,4484	0,3774	0,2597	0,1242	0,0499	0,0161	0
20	B_{aa}	0,5062	0,5062	0,5064	0,5069	0,5084	0,5134	0,5272	0,5699	0,6581	0,8010	0,9093	0,9688	1
	B_{ab}	0,4938	0,4938	0,4936	0,4931	0,4916	0,4866	0,4728	0,4301	0,3419	0,1990	0,0907	0,0312	0
50	B_{aa}	0,5025	0,5025	0,5026	0,5028	0,5034	0,5054	0,5112	0,5305	0,5781	0,6885	0,8217	0,9286	1
	B_{ab}	0,4975	0,4975	0,4974	0,4972	0,4966	0,4946	0,4888	0,4695	0,4219	0,3115	0,1783	0,0714	0
100	B_{aa}	0,5013	0,5013	0,5013	0,5014	0,5017	0,5027	0,5057	0,5157	0,5423	0,6161	0,7372	0,8751	1
	B_{ab}	0,4987	0,4987	0,4987	0,4986	0,4983	0,4973	0,4943	0,4843	0,4577	0,3839	0,2628	0,1249	0
200	B_{aa}	0,5006	0,5006	0,5006	0,5007	0,5008	0,5014	0,5029	0,5080	0,5221	0,5657	0,6555	0,8001	1
	B_{ab}	0,4994	0,4994	0,4994	0,4993	0,4992	0,4986	0,4971	0,4920	0,4779	0,4343	0,3445	0,1999	0
500	B_{aa}	0,5003	0,5003	0,5003	0,5003	0,5003	0,5005	0,5011	0,5032	0,5091	0,5285	0,5765	0,6876	1
	B_{ab}	0,4997	0,4997	0,4997	0,4997	0,4997	0,4995	0,4989	0,4968	0,4909	0,4715	0,4235	0,3124	0
1000	B_{aa}	0,5001	0,5001	0,5001	0,5001	0,5002	0,5003	0,5006	0,5016	0,5046	0,5147	0,5414	0,6155	1
	B_{ab}	0,4999	0,4999	0,4999	0,4999	0,4998	0,4997	0,4994	0,4984	0,4954	0,4853	0,4586	0,3845	0

Der Balken auf zwei elastisch senk- und drehbaren Stützen

Auflagereinspannmomente D_{ik}/a; $i, k = a, b$

z	D_{ik}/a	$z_T = 0$	0,001	0,003	0,01	0,03	0,1	0,3	1	3	10	30	100	∞
0,1	D_{aa}/a	−0,0715	−0,0708	−0,0696	−0,0657	−0,0568	−0,0385	−0,0200	−0,0075	−0,0027	−0,0008	−0,0003	−0,0001	0
	D_{ab}/a	0,0715	0,0708	0,0696	0,0657	0,0568	0,0385	0,0200	0,0075	0,0027	0,0008	0,0003	0,0001	0
0,2	D_{aa}/a	−0,1111	−0,1104	−0,1089	−0,1042	−0,0926	−0,0667	−0,0370	−0,0145	−0,0053	−0,0016	−0,0006	−0,0002	0
	D_{ab}/a	0,1111	0,1104	0,1089	0,1042	0,0926	0,0667	0,0370	0,0145	0,0053	0,0016	0,0006	0,0002	0
0,5	D_{aa}/a	−0,1667	−0,1660	−0,1647	−0,1603	−0,1488	−0,1190	−0,0758	−0,0333	−0,0128	−0,0041	−0,0014	−0,0004	0
	D_{ab}/a	0,1667	0,1660	0,1647	0,1603	0,1488	0,1190	0,0758	0,0333	0,0128	0,0041	0,0014	0,0004	0
1	D_{aa}/a	−0,2000	−0,1995	−0,1986	−0,1953	−0,1866	−0,1613	−0,1163	−0,0588	−0,0244	−0,0080	−0,0027	−0,0008	0
	D_{ab}/a	0,2000	0,1995	0,1986	0,1953	0,1866	0,1613	0,1163	0,0588	0,0244	0,0080	0,0027	0,0008	0
2	D_{aa}/a	−0,2222	−0,2219	−0,2213	−0,2193	−0,2137	−0,1961	−0,1587	−0,0952	−0,0444	−0,0155	−0,0054	−0,0016	0
	D_{ab}/a	0,2222	0,2219	0,2213	0,2193	0,2137	0,1961	0,1587	0,0952	0,0444	0,0155	0,0054	0,0016	0
5	D_{aa}/a	−0,2381	−0,2380	−0,2377	−0,2367	−0,2341	−0,2252	−0,2033	−0,1515	−0,0877	−0,0355	−0,0131	−0,0041	0
	D_{ab}/a	0,2381	0,2380	0,2377	0,2367	0,2341	0,2252	0,2033	0,1515	0,0877	0,0355	0,0131	0,0041	0
10	D_{aa}/a	−0,2439	−0,2438	−0,2437	−0,2432	−0,2418	−0,2370	−0,2242	−0,1887	−0,1299	−0,0621	−0,0249	−0,0081	0
	D_{ab}/a	0,2439	0,2438	0,2437	0,2432	0,2418	0,2370	0,2242	0,1887	0,1299	0,0621	0,0249	0,0081	0
20	D_{aa}/a	−0,2469	−0,2469	−0,2468	−0,2465	−0,2458	−0,2433	−0,2364	−0,2151	−0,1709	−0,0995	−0,0454	−0,0156	0
	D_{ab}/a	0,2469	0,2469	0,2468	0,2465	0,2458	0,2433	0,2364	0,2151	0,1709	0,0995	0,0454	0,0156	0
50	D_{aa}/a	−0,2487	−0,2487	−0,2487	−0,2486	−0,2483	−0,2473	−0,2444	−0,2347	−0,2110	−0,1558	−0,0891	−0,0357	0
	D_{ab}/a	0,2487	0,2487	0,2487	0,2486	0,2483	0,2473	0,2444	0,2347	0,2110	0,1558	0,0891	0,0357	0
100	D_{aa}/a	−0,2494	−0,2494	−0,2494	−0,2493	−0,2492	−0,2486	−0,2472	−0,2421	−0,2288	−0,1919	−0,1314	−0,0625	0
	D_{ab}/a	0,2494	0,2494	0,2494	0,2493	0,2492	0,2486	0,2472	0,2421	0,2288	0,1919	0,1314	0,0625	0
200	D_{aa}/a	−0,2497	−0,2497	−0,2497	−0,2497	−0,2496	−0,2493	−0,2486	−0,2460	−0,2389	−0,2172	−0,1723	−0,1000	0
	D_{ab}/a	0,2497	0,2497	0,2497	0,2497	0,2496	0,2493	0,2486	0,2460	0,2389	0,2172	0,1723	0,1000	0
500	D_{aa}/a	−0,2499	−0,2499	−0,2499	−0,2499	−0,2498	−0,2497	−0,2494	−0,2484	−0,2455	−0,2357	−0,2118	−0,1562	0
	D_{ab}/a	0,2499	0,2499	0,2499	0,2499	0,2498	0,2497	0,2494	0,2484	0,2455	0,2357	0,2118	0,1562	0
1000	D_{aa}/a	−0,2499	−0,2499	−0,2499	−0,2499	−0,2499	−0,2499	−0,2497	−0,2492	−0,2477	−0,2427	−0,2293	−0,1923	0
	D_{ab}/a	0,2499	0,2499	0,2499	0,2499	0,2499	0,2499	0,2497	0,2492	0,2477	0,2427	0,2293	0,1923	0

Der Balken auf zwei elastisch senk- und drehbaren Stützen

Auflagerkräfte $a \cdot B_{ik}$; $i, k = a, b$

z	$a \cdot B_{ik}$	$z_T = 0$	0,001	0,003	0,01	0,03	0,1	0,3	1	3	10	30	100	∞
0,1	$a \cdot B_{aa}$	0	—0,0085	—0,0251	—0,0789	—0,2045	—0,4615	—0,7200	—0,8955	—0,9626	—0,9885	—0,9961	—0,9988	—1
	$a \cdot B_{ab}$	0	—0,0085	—0,0251	—0,0789	—0,2045	—0,4615	—0,7200	—0,8955	—0,9626	—0,9885	—0,9961	—0,9988	—1
0,2	$a \cdot B_{aa}$	0	—0,0066	—0,0196	—0,0625	—0,1667	—0,4000	—0,6667	—0,8696	—0,9524	—0,9852	—0,9950	—0,9985	—1
	$a \cdot B_{ab}$	0	—0,0066	—0,0196	—0,0625	—0,1667	—0,4000	—0,6667	—0,8696	—0,9524	—0,9852	—0,9950	—0,9985	—1
0,5	$a \cdot B_{aa}$	0	—0,0040	—0,0119	—0,0385	—0,1071	—0,2857	—0,5455	—0,8000	—0,9231	—0,9756	—0,9917	—0,9975	—1
	$a \cdot B_{ab}$	0	—0,0040	—0,0119	—0,0385	—0,1071	—0,2857	—0,5455	—0,8000	—0,9231	—0,9756	—0,9917	—0,9975	—1
1	$a \cdot B_{aa}$	0	—0,0024	—0,0071	—0,0234	—0,0672	—0,1935	—0,4186	—0,7059	—0,8780	—0,9600	—0,9863	—0,9959	—1
	$a \cdot B_{ab}$	0	—0,0024	—0,0071	—0,0234	—0,0672	—0,1935	—0,4186	—0,7059	—0,8780	—0,9600	—0,9863	—0,9959	—1
2	$a \cdot B_{aa}$	0	—0,0013	—0,0040	—0,0132	—0,0385	—0,1176	—0,2857	—0,5714	—0,8000	—0,9302	—0,9756	—0,9926	—1
	$a \cdot B_{ab}$	0	—0,0013	—0,0040	—0,0132	—0,0385	—0,1176	—0,2857	—0,5714	—0,8000	—0,9302	—0,9756	—0,9926	—1
5	$a \cdot B_{aa}$	0	—0,0006	—0,0017	—0,0057	—0,0169	—0,0541	—0,1463	—0,3636	—0,6316	—0,8511	—0,9449	—0,9828	—1
	$a \cdot B_{ab}$	0	—0,0006	—0,0017	—0,0057	—0,0169	—0,0541	—0,1463	—0,3636	—0,6316	—0,8511	—0,9449	—0,9828	—1
10	$a \cdot B_{aa}$	0	—0,0003	—0,0009	—0,0029	—0,0087	—0,0284	—0,0807	—0,2264	—0,4675	—0,7453	—0,8978	—0,9670	—1
	$a \cdot B_{ab}$	0	—0,0003	—0,0009	—0,0029	—0,0087	—0,0284	—0,0807	—0,2264	—0,4675	—0,7453	—0,8978	—0,9670	—1
20	$a \cdot B_{aa}$	0	—0,0001	—0,0004	—0,0015	—0,0044	—0,0146	—0,0426	—0,1290	—0,3077	—0,5971	—0,8163	—0,9368	—1
	$a \cdot B_{ab}$	0	—0,0001	—0,0004	—0,0015	—0,0044	—0,0146	—0,0426	—0,1290	—0,3077	—0,5971	—0,8163	—0,9368	—1
50	$a \cdot B_{aa}$	0	—0,0001	—0,0002	—0,0006	—0,0018	—0,0059	—0,0176	—0,0563	—0,1519	—0,3738	—0,6417	—0,8565	—1
	$a \cdot B_{ab}$	0	—0,0001	—0,0002	—0,0006	—0,0018	—0,0059	—0,0176	—0,0563	—0,1519	—0,3738	—0,6417	—0,8565	—1
100	$a \cdot B_{aa}$	0	$\sim$0	—0,0001	—0,0003	—0,0009	—0,0030	—0,0089	—0,0291	—0,0824	—0,2303	—0,4731	—0,7495	—1
	$a \cdot B_{ab}$	0	$\sim$0	—0,0001	—0,0003	—0,0009	—0,0030	—0,0089	—0,0291	—0,0824	—0,2303	—0,4731	—0,7495	—1
200	$a \cdot B_{aa}$	0	$\sim$0	$\sim$0	—0,0001	—0,0004	—0,0015	—0,0045	—0,0148	—0,0430	—0,1303	—0,3101	—0,5997	—1
	$a \cdot B_{ab}$	0	$\sim$0	$\sim$0	—0,0001	—0,0004	—0,0015	—0,0045	—0,0148	—0,0430	—0,1303	—0,3101	—0,5997	—1
500	$a \cdot B_{aa}$	0	$\sim$0	$\sim$0	—0,0001	—0,0002	—0,0006	—0,0018	—0,0060	—0,0177	—0,0566	—0,1525	—0,3749	—1
	$a \cdot B_{ab}$	0	$\sim$0	$\sim$0	—0,0001	—0,0002	—0,0006	—0,0018	—0,0060	—0,0177	—0,0566	—0,1525	—0,3749	—1
1000	$a \cdot B_{aa}$	0	$\sim$0	$\sim$0	$\sim$0	—0,0001	—0,0003	—0,0009	—0,0030	—0,0089	—0,0291	—0,0825	—0,2307	—1
	$a \cdot B_{ab}$	0	$\sim$0	$\sim$0	$\sim$0	—0,0001	—0,0003	—0,0009	—0,0030	—0,0089	—0,0825	—0,2307	—1

Der Balken auf zwei elastisch senk- und drehbaren Stützen

Auflagereinspannmomente $D_{ik}^{\rangle}$; $i, k = a, b$

z	$D_{ik}^{\rangle}$	$z_T = 0$	0,001	0,003	0,01	0,03	0,1	0,3	1	3	10	30	100	∞
0,1	$D_{aa}^{\rangle}$	1	0,9938	0,9815	0,9413	0,8442	0,6264	0,3673	0,1522	0,0572	0,0180	0,0061	0,0018	0
	$D_{ab}^{\rangle}$	0	−0,0023	−0,0066	−0,0202	−0,0487	−0,0879	−0.0872	−0,0478	−0,0197	−0,0064	−0,0022	−0,0007	0
0,2	$D_{aa}^{\rangle}$	1	0,9947	0,9843	0,9495	0,8631	0,6571	0,3939	0,1652	0,0623	0,0196	0,0066	0,0020	0
	$D_{ab}^{\rangle}$	0	−0,0013	−0,0039	−0,0120	−0,0298	−0,0571	−0,0606	−0,0348	−0,0146	−0,0048	−0,0016	−0,0005	0
0,5	$D_{aa}^{\rangle}$	1	0,9960	0,9881	0,9615	0,8929	0,7143	0,4545	0,2000	0,0769	0,0244	0,0083	0,0025	0
	$D_{ab}^{\rangle}$	0	0	0	0	0	0	0	0	0	0	0	0	0
1	$D_{aa}^{\rangle}$	1	0,9968	0,9905	0,9691	0,9128	0,7604	0,5180	0,2471	0,0994	0,0322	0,0110	0,0033	0
	$D_{ab}^{\rangle}$	0	0,0008	0,0024	0,0075	0,0200	0,0461	0,0634	0,0471	0,0225	.0,0078	0,0027	0,0008	0
2	$D_{aa}^{\rangle}$	1	0,9973	0,9921	0,9742	0,9272	0,7983	0,5844	0,3143	0,1385	0,0471	0,0163	0,0050	0
	$D_{ab}^{\rangle}$	0	0,0013	0,0039	0,0127	0,0343	0,0840	0,1299	0,1143	0,0615	0,0227	0,0081	0,0025	0
5	$D_{aa}^{\rangle}$	1	0,9977	0,9932	0,9779	0,9381	0,8301	0,6541	0,4182	0,2227	0,0867	0,0317	0,0098	0
	$D_{ab}^{\rangle}$	0	0,0017	0,0051	0,0164	0,0451	0,1158	0,1996	0,2182	0,1457	0,0623	0,0234	0,0074	0
10	$D_{aa}^{\rangle}$	1	0,9979	0,9936	0,9797	0,9421	0,8429	0,6869	0,4868	0,3047	0,1395	0,0553	0,0178	0
	$D_{ab}^{\rangle}$	0	0,0018	0,0055	0,0178	0,0492	0,1286	0,2324	0,2868	0,2278	0,1151	0,0470	0,0153	0
20	$D_{aa}^{\rangle}$	1	0,9980	0,9938	0,9800	0,9442	0,8498	0,7060	0,5355	0,3846	0,2137	0,0960	0,0329	0
	$D_{ab}^{\rangle}$	0	0,0019	0,0057	0,0185	0,0514	0,1356	0,2515	0,3355	0,3077	0,1893	0,0877	0,0304	0
50	$D_{aa}^{\rangle}$	1	0,9980	0,9940	0,9805	0,9455	0,8542	0,7185	0,5718	0,4625	0,3253	0,1833	0,0730	0
	$D_{ab}^{\rangle}$	0	0,0020	0,0058	0,0189	0,0527	0,1399	0,2639	0,3718	0,3856	0,3009	0,1750	0,0705	0
100	$D_{aa}^{\rangle}$	1	0,9980	0,9940	0,9806	0,9460	0,8557	0,7228	0,5855	0,4973	0,3970	0,2676	0,1265	0
	$D_{ab}^{\rangle}$	0	0,0020	0,0059	0,0191	0,0531	0,1414	0,2683	0,3855	0,4203	0,3726	0,2593	0,1239	0
200	$D_{aa}^{\rangle}$	1	0,9980	0,9940	0,9807	0,9462	0,8564	0,7250	0,5926	0,5170	0,4470	0,3491	0,2014	0
	$D_{ab}^{\rangle}$	0	0,0020	0,0059	0,0191	0,0533	0,1421	0,2705	0,3926	0,4400	0,4227	0,3408	0,1989	0
500	$D_{aa}^{\rangle}$	1	0,9980	0,9941	0,9807	0,9463	0,8568	0,7264	0,5970	0,5296	0,4839	0,4279	0,3138	0
	$D_{ab}^{\rangle}$	0	0,0020	0,0059	0,0192	0,0535	0,1426	0,2718	0,3970	0,4527	0,4595	0,4196	0,3113	0
1000	$D_{aa}^{\rangle}$	1	0,9980	0,9941	0,9808	0,9464	0,8570	0,7268	0,5985	0,5340	0,4976	0,4629	0,3859	0
	$D_{ab}^{\rangle}$	0	0,0020	0,0059	0,0192	0,0535	0,1427	0,2723	0,3985	0,4571	0,4732	0,4546	0,3834	0

2. Auflagerreaktionen des Balkens auf drei elastisch senk- und drehbaren Stützen

Der Balken auf drei elastisch senk- und drehbaren Stützen

Auflagerkräfte B_{ik}; $i, k = a, b, c$

z	B_{ik}	$z_T = 0$	0,001	0,003	0,01	0,03	0,1	0,3	1	3	10	30	100	∞
0,1	B_{aa}	0,8542	0,8556	0,8584	0,8672	0,8857	0,9182	0,9472	0,9665	0,9740	0,9769	0,9778	0,9781	0,9783
	B_{ab}	0,1250	0,1245	0,1236	0,1206	0,1130	0,0952	0,0734	0,0556	0,0479	0,0448	0,0439	0,0436	0,0435
	B_{ac}	0,0208	0,0198	0,0179	0,0122	0,0013	−0,0134	−0,0206	−0,0221	−0,0220	−0,0218	−0,0218	−0,0217	−0,0217
	B_{ba}	0,1250	0,1245	0,1236	0,1206	0,1130	0,0952	0,0734	0,0556	0,0479	0,0449	0,0439	0,0436	0,0435
	B_{bb}	0,7500	0,7509	0,7528	0,7589	0,7740	0,8095	0,8532	0,8889	0,9041	0,9103	0,9121	0,9128	0,9130
	B_{bc}	0,1250	0,1245	0,1236	0,1206	0,1130	0,0952	0,0734	0,0556	0,0479	0,0449	0,0439	0,0436	0,0435
0,2	B_{aa}	0,7662	0,7683	0,7723	0,7848	0,8120	0,8619	0,9087	0,9411	0,9541	0,9592	0,9608	0,9613	0,9615
	B_{ab}	0,1818	0,1813	0,1804	0,1771	0,1688	0,1481	0,1203	0,0952	0,0838	0,0791	0,0777	0,0771	0,0769
	B_{ac}	0,0520	0,0504	0,0474	0,0381	0,0192	−0,0101	−0,0290	−0,0363	−0,0379	−0,0383	−0,0384	−0,0384	−0,0385
	B_{ba}	0,1818	0,1813	0,1804	0,1771	0,1688	0,1481	0,1203	0,0952	0,0838	0,0791	0,0777	0,0771	0,0769
	B_{bb}	0,6364	0,6374	0,6393	0,6458	0,6624	0,7037	0,7594	0,8095	0,8323	0,8418	0,8447	0,8457	0,8462
	B_{bc}	0,1818	0,1813	0,1804	0,1771	0,1688	0,1481	0,1203	0,0952	0,0838	0,0791	0,0777	0,0771	0,0769
0,5	B_{aa}	0,6250	0,6274	0,6321	0,6473	0,6825	0,7547	0,8312	0,8893	0,9140	0,9240	0,9270	0,9281	0,9286
	B_{ab}	0,2500	0,2496	0,2489	0,2464	0,2398	0,2222	0,1951	0,1667	0,1522	0,1458	0,1439	0,1432	0,1429
	B_{ac}	0,1250	0,1230	0,1190	0,1063	0,0777	0,0231	−0,0263	−0,0560	−0,0661	−0,0698	−0,0709	−0,0713	−0,0714
	B_{ba}	0,2500	0,2496	0,2489	0,2464	0,2398	0,2222	0,1951	0,1667	0,1522	0,1458	0,1439	0,1432	0,1429
	B_{bb}	0,5000	0,5007	0,5022	0,5072	0,5204	0,5556	0,6098	0,6667	0,6957	0,7083	0,7123	0,7137	0,7143
	B_{bc}	0,2500	0,2496	0,2489	0,2464	0,2398	0,2222	0,1951	0,1666	0,1522	0,1458	0,1439	0,1432	0,1429
1	B_{aa}	0,5238	0,5259	0,5301	0,5438	0,5773	0,6550	0,7521	0,8370	0,8760	0,8924	0,8974	0,8992	0,9000
	B_{ab}	0,2857	0,2855	0,2850	0,2833	0,2789	0,2667	0,2462	0,2222	0,2090	0,2029	0,2010	0,2003	0,2000
	B_{ac}	0,1905	0,1886	0,1850	0,1729	0,1437	0,0783	0,0017	−0,0593	−0,0850	−0,0953	−0,0984	−0,0995	−0,1000
	B_{ba}	0,2857	0,2855	0,2850	0,2833	0,2789	0,2667	0,2462	0,2222	0,2090	0,2029	0,2010	0,2003	0,2000
	B_{bb}	0,4286	0,4291	0,4300	0,4334	0,4421	0,4667	0,5077	0,5556	0,5821	0,5942	0,5980	0,5994	0,6000
	B_{bc}	0,2857	0,2855	0,2850	0,2833	0,2789	0,2667	0,2462	0,2222	0,2090	0,2029	0,2010	0,2003	0,2000

2	B_{aa}	0,4461	0,4477	0,4506	0,4607	0,4865	0,5545	0,6587	0,7727	0,8340	0,8618	0,8705	0,8736	0,8750
	B_{ab}	0,3077	0,3076	0,3073	0,3063	0,3037	0,2963	0,2832	0,2667	0,2569	0,2523	0,2508	0,2502	0,2500
	B_{ac}	0,2462	0,2448	0,2421	0,2330	0,2097	0,1492	0,0581	−0,0394	−0,0909	−0,1140	−0,1213	−0,1239	−0,1250
	B_{ba}	0,3077	0,3076	0,3073	0,3063	0,3037	0,2963	0,2832	0,2667	0,2569	0,2523	0,2508	0,2502	0,2500
	B_{bb}	0,3846	0,3849	0,3855	0,3874	0,3926	0,4074	0,4336	0,4667	0,4862	0,4955	0,4985	0,4995	0,5000
	B_{bc}	0,3077	0,3076	0,3073	0,3063	0,3037	0,2963	0,2832	0,2667	0,2569	0,2523	0,2508	0,2502	0,2500
5	B_{aa}	0,3841	0,3849	0,3865	0,3917	0,4060	0,4483	0,5321	0,6652	0,7668	0,8231	0,8426	0,8498	0,8529
	B_{ab}	0,3226	0,3225	0,3224	0,3220	0,3208	0,3175	0,3113	0,3030	0,2979	0,2954	0,2945	0,2942	0,2941
	B_{ac}	0,2933	0,2925	0,2911	0,2863	0,2732	0,2342	0,1566	0,0317	−0,0646	−0,1185	−0,1371	−0,1440	−0,1471
	B_{ba}	0,3226	0,3225	0,3224	0,3220	0,3208	0,3175	0,3113	0,3030	0,2979	0,2954	0,2945	0,2942	0,2941
	B_{bb}	0,3548	0,3550	0,3552	0,3561	0,3584	0,3651	0,3774	0,3939	0,4043	0,4093	0,4109	0,4115	0,4118
	B_{bc}	0,3226	0,3225	0,3224	0,3220	0,3208	0,3175	0,3113	0,3030	0,2979	0,2954	0,2945	0,2942	0,2941
10	B_{aa}	0,3599	0,3602	0,3611	0,3641	0,3721	0,3974	0,4546	0,5731	0,6984	0,7883	0,8237	0,8375	0,8438
	B_{ab}	0,3279	0,3278	0,3278	0,3276	0,3270	0,3252	0,3219	0,3175	0,3146	0,3132	0,3127	0,3126	0,3126
	B_{ac}	0,3123	0,3119	0,3111	0,3084	0,3010	0,2774	0,2234	0,1095	−0,0130	−0,1015	−0,1364	−0,1501	−0,1563
	B_{ba}	0,3279	0,3278	0,3278	0,3276	0,3270	0,3252	0,3219	0,3175	0,3146	0,3132	0,3127	0,3126	0,3126
	B_{bb}	0,3443	0,3443	0,3445	0,3449	0,3461	0,3496	0,3561	0,3651	0,3708	0,3736	0,3745	0,3749	0,3749
	B_{bc}	0,3279	0,3278	0,3278	0,3276	0,3270	0,3252	0,3219	0,3175	0,3146	0,3132	0,3127	0,3126	0,3126
20	B_{aa}	0,3469	0,3471	0,3476	0,3491	0,3534	0,3673	0,4016	0,4883	0,6142	0,7392	0,8003	0,8265	0,8387
	B_{ab}	0,3306	0,3306	0,3305	0,3304	0,3301	0,3292	0,3275	0,3252	0,3237	0,3230	0,3227	0,3226	0,3226
	B_{ac}	0,3225	0,3223	0,3219	0,3205	0,3165	0,3035	0,2709	0,1865	0,0621	−0,0621	−0,1230	−0,1491	−0,1613
	B_{ba}	0,3306	0,3306	0,3305	0,3304	0,3301	0,3292	0,3275	0,3252	0,3237	0,3230	0,3227	0,3226	0,3226
	B_{bb}	0,3389	0,3389	0,3389	0,3392	0,3398	0,3416	0,3449	0,3496	0,3526	0,3541	0,3546	0,3548	0,3548
	B_{bc}	0,3306	0,3306	0,3305	0,3304	0,3301	0,3292	0,3275	0,3252	0,3237	0,3230	0,3227	0,3226	0,3226
50	B_{aa}	0,3388	0,3389	0,3391	0,3397	0,3415	0,3474	0,3629	0,4087	0,5004	0,6441	0,7495	0,8061	0,8355
	B_{ab}	0,3322	0,3322	0,3322	0,3322	0,3320	0,3317	0,3310	0,3300	0,3294	0,3291	0,3290	0,3290	0,3289
	B_{ac}	0,3289	0,3289	0,3287	0,3281	0,3264	0,3209	0,3061	0,2613	0,1702	0,0268	−0,0785	−0,1351	−0,1645
	B_{ba}	0,3322	0,3322	0,3322	0,3322	0,3320	0,3317	0,3310	0,3300	0,3294	0,3291	0,3290	0,3290	0,3289
	B_{bb}	0,3356	0,3356	0,3356	0,3357	0,3359	0,3367	0,3380	0,3399	0,3412	0,3418	0,3420	0,3421	0,3421
	B_{bc}	0,3322	0,3322	0,3322	0,3322	0,3320	0,3317	0,3310	0,3300	0,3294	0,3291	0,3290	0,3290	0,3289

z	B_{ik}	$z_T = 0$	0,001	0,003	0,01	0,03	0,1	0,3	1	3	10	30	100	∞
100	B_{aa}	0,3361	0,3361	0,3362	0,3366	0,3375	0,3404	0,3485	0,3739	0,4332	0,5576	0,6877	0,7789	0,8344
	B_{ab}	0,3328	0,3328	0,3328	0,3327	0,3327	0,3325	0,3322	0,3317	0,3314	0,3312	0,3312	0,3311	0,3311
	B_{ac}	0,3311	0,3311	0,3310	0,3307	0,3299	0,3270	0,3193	0,2944	0,2354	0,1112	−0,0188	−0,1101	−0,1656
	B_{ba}	0,3328	0,3328	0,3328	0,3327	0,3327	0,3325	0,3322	0,3317	0,3314	0,3312	0,3312	0,3311	0,3311
	B_{bb}	0,3344	0,3344	0,3345	0,3345	0,3346	0,3350	0,3357	0,3367	0,3373	0,3376	0,3377	0,3377	0,3377
	B_{bc}	0,3328	0,3328	0,3328	0,3327	0,3327	0,3325	0,3322	0,3317	0,3314	0,3312	0,3312	0,3311	0,3311
200	B_{aa}	0,3347	0,3347	0,3348	0,3349	0,3354	0,3369	0,3410	0,3545	0,3887	0,4776	0,6070	0,7340	0,8339
	B_{ab}	0,3331	0,3331	0,3331	0,3330	0,3330	0,3329	0,3327	0,3325	0,3323	0,3323	0,3322	0,3322	0,3322
	B_{ac}	0,3322	0,3322	0,3322	0,3320	0,3316	0,3302	0,3262	0,3130	0,2789	0,1902	0,0608	−0,0662	−0,1661
	B_{ba}	0,3331	0,3331	0,3331	0,3330	0,3330	0,3329	0,3327	0,3325	0,3323	0,3323	0,3322	0,3322	0,3322
	B_{bb}	0,3338	0,3338	0,3339	0,3339	0,3340	0,3341	0,3345	0,3350	0,3353	0,3355	0,3355	0,3355	0,3355
	B_{bc}	0,3331	0,3331	0,3331	0,3330	0,3330	0,3329	0,3327	0,3325	0,3323	0,3323	0,3322	0,3322	0,3322
500	B_{aa}	0,3339	0,3339	0,3339	0,3340	0,3342	0,3348	0,3364	0,3420	0,3570	0,4030	0,4960	0,6413	0,8336
	B_{ab}	0,3332	0,3332	0,3332	0,3332	0,3332	0,3332	0,3331	0,3330	0,3329	0,3329	0,3329	0,3329	0,3329
	B_{ac}	0,3329	0,3329	0,3329	0,3328	0,3326	0,3321	0,3305	0,3250	0,3100	0,2641	0,1711	0,0258	−0,1664
	B_{ba}	0,3332	0,3332	0,3332	0,3332	0,3332	0,3332	0,3331	0,3330	0,3329	0,3329	0,3329	0,3329	0,3329
	B_{bb}	0,3336	0,3336	0,3336	0,3336	0,3336	0,3337	0,3338	0,3340	0,3341	0,3342	0,3342	0,3342	0,3342
	B_{bc}	0,3332	0,3332	0,3332	0,3332	0,3332	0,3332	0,3331	0,3330	0,3329	0,3329	0,3329	0,3329	0,3329
1000	B_{aa}	0,3336	0,3336	0,3336	0,3336	0,3337	0,3341	0,3349	0,3377	0,3455	0,3708	0,4304	0,5558	0,8334
	B_{ab}	0,3333	0,3333	0,3333	0,3333	0,3333	0,3333	0,3332	0,3332	0,3331	0,3331	0,3331	0,3331	0,3331
	B_{ac}	0,3331	0,3331	0,3331	0,3331	0,3330	0,3327	0,3319	0,3291	0,3214	0,2961	0,2365	0,1111	−0,1666
	B_{ba}	0,3333	0,3333	0,3333	0,3333	0,3333	0,3333	0,3332	0,3332	0,3331	0,3331	0,3331	0,3331	0,3331
	B_{bb}	0,3334	0,3334	0,3334	0,3335	0,3335	0,3335	0,3336	0,3337	0,3337	0,3338	0,3338	0,3338	0,3338
	B_{bc}	0,3333	0,3333	0,3333	0,3333	0,3333	0,3333	0,3332	0,3332	0,3331	0,3331	0,3331	0,3331	0,3331

Der Balken auf drei elastisch senk- und drehbaren Stützen

Auflagereinspannmomente D_{ik}/a; $i, k = a, b, c$

z	D_{ik}/a	$z_T = 0$	0,001	0,003	0,01	0,03	0,1	0,3	1	3	10	30	100	∞
0,1	D_{aa}/a	$-0{,}0729$	$-0{,}0722$	$-0{,}0708$	$-0{,}0665$	$-0{,}0570$	$-0{,}0391$	$-0{,}0212$	$-0{,}0083$	$-0{,}0030$	$-0{,}0009$	$-0{,}0003$	$-0{,}0001$	0
	D_{ab}/a	0,0625	0,0621	0,0614	0,0591	0,0533	0,0397	0,0229	0,0093	0,0034	0,0011	0,0004	0,0001	0
	D_{ac}/a	0,0104	0,0101	0,0094	0,0074	0,0037	$-0{,}0006$	$-0{,}0017$	$-0{,}0010$	$-0{,}0004$	$-0{,}0001$	$\sim$0	$\sim$0	0
	D_{ba}/a	$-0{,}0833$	$-0{,}0819$	$-0{,}0793$	$-0{,}0712$	$-0{,}0548$	$-0{,}0299$	$-0{,}0126$	$-0{,}0041$	$-0{,}0014$	$-0{,}0004$	$-0{,}0001$	$\sim$0	0
	D_{bb}/a	0	0	0	0	0	0	0	0	0	0	0	0	0
	D_{bc}/a	0,0833	0,0819	0,0793	0,0712	0,0548	0,0299	0,0126	0,0041	0,0014	0,0004	0,0001	$\sim$0	0
0,2	D_{aa}/a	$-0{,}1169$	$-0{,}1159$	$-0{,}1140$	$-0{,}1079$	$-0{,}0942$	$-0{,}0669$	$-0{,}0377$	$-0{,}0152$	$-0{,}0056$	$-0{,}0018$	$-0{,}0006$	$-0{,}0002$	0
	D_{ab}/a	0,0909	0,0905	0,0896	0,0868	0,0796	0,0617	0,0376	0,0159	0,0060	0,0019	0,0006	0,0002	0
	D_{ac}/a	0,0260	0,0254	0,0244	0,0211	0,0146	0,0051	0,0001	$-0{,}0007$	$-0{,}0003$	$-0{,}0001$	$\sim$0	$\sim$0	0
	D_{ba}/a	$-0{,}1429$	$-0{,}1408$	$-0{,}1368$	$-0{,}1243$	$-0{,}0983$	$-0{,}0560$	$-0{,}0245$	$-0{,}0081$	$-0{,}0028$	$-0{,}0008$	$-0{,}0003$	$-0{,}0001$	0
	D_{bb}/a	0	0	0	0	0	0	0	0	0	0	0	0	0
	D_{bc}/a	0,1429	0,1408	0,1368	0,1243	0,0983	0,0560	0,0245	0,0081	0,0028	0,0008	0,0003	0,0001	0
0,5	D_{aa}/a	$-0{,}1875$	$-0{,}1864$	$-0{,}1843$	$-0{,}1773$	$-0{,}1604$	$-0{,}1218$	$-0{,}0738$	$-0{,}0315$	$-0{,}0120$	$-0{,}0038$	$-0{,}0013$	$-0{,}0004$	0
	D_{ab}/a	0,1250	0,1246	0,1237	0,1208	0,1131	0,0926	0,0610	0,0278	0,0109	0,0035	0,0012	0,0004	0
	D_{ac}/a	0,0625	0,0619	0,0606	0,0565	0,0472	0,0292	0,0128	0,0037	0,0011	0,0003	0,0001	$\sim$0	0
	D_{ba}/a	$-0{,}2500$	$-0{,}2473$	$-0{,}2420$	$-0{,}2251$	$-0{,}1875$	$-0{,}1174$	$-0{,}0560$	$-0{,}0195$	$-0{,}0068$	$-0{,}0021$	$-0{,}0007$	$-0{,}0002$	0
	D_{bb}/a	0	0	0	0	0	0	0	0	0	0	0	0	0
	D_{bc}/a	0,2500	0,2473	0,2420	0,2251	0,1875	0,1174	0,0560	0,0195	0,0068	0,0021	0,0007	0,0002	0
1	D_{aa}/a	$-0{,}2381$	$-0{,}2372$	$-0{,}2355$	$-0{,}2297$	$-0{,}2146$	$-0{,}1746$	$-0{,}1142$	$-0{,}0519$	$-0{,}0203$	$-0{,}0065$	$-0{,}0022$	$-0{,}0007$	0
	D_{ab}/a	0,1429	0,1425	0,1416	0,1389	0,1316	0,1111	0,0769	0,0370	0,0149	0,0048	0,0016	0,0005	0
	D_{ac}/a	0,0952	0,0948	0,0939	0,0908	0,0830	0,0635	0,0373	0,0148	0,0054	0,0016	0,0006	0,0002	0
	D_{ba}/a	$-0{,}3333$	$-0{,}3307$	$-0{,}3255$	$-0{,}3086$	$-0{,}2688$	$-0{,}1852$	$-0{,}0980$	$-0{,}0370$	$-0{,}0133$	$-0{,}0041$	$-0{,}0014$	$-0{,}0004$	0
	D_{bb}/a	0	0	0	0	0	0	0	0	0	0	0	0	0
	D_{bc}/a	0,3333	0,3307	0,3255	0,3086	0,2688	0,1852	0,0980	0,0370	0,0133	0,0041	0,0014	0,0004	0

z	D_{ik}/a	$z_T = 0$	0,001	0,003	0,01	0,03	0,1	0,3	1	3	10	30	100	∞
2	D_{aa}/a	−0,2770	−0,2764	−0,2754	−0,2718	−0,2616	−0,2290	−0,1655	−0,0826	−0,0339	−0,0110	−0,0038	−0,0011	0
	D_{ab}/a	0,1539	0,1535	0,1527	0,1502	0,1433	0,1235	0,0885	0,0444	0,0183	0,0060	0,0021	0,0006	0
	D_{ac}/a	0,1231	0,1229	0,1227	0,1217	0,1184	0,1056	0,0770	0,0382	0,0155	0,0050	0,0017	0,0005	0
	D_{ba}/a	−0,4000	−0,3978	−0,3934	−0,3789	−0,3432	−0,2602	−0,1569	−0,0671	−0,0257	−0,0081	−0,0028	−0,0008	0
	D_{bb}/a	0	0	0	0	0	0	0	0	0	0	0	0	0
	D_{bc}/a	0,4000	0,3978	0,3934	0,3789	0,3432	0,2622	0,1569	0,0671	0,0257	0,0081	0,0028	0,0008	0
5	D_{aa}/a	−0,3080	−0,3078	−0,3076	−0,3068	−0,3035	−0,2872	−0,2382	−0,1431	−0,0661	−0,0229	−0,0080	−0,0024	0
	D_{ab}/a	0,1613	0,1609	0,1602	0,1578	0,1513	0,1323	0,0973	0,0505	0,0213	0,0070	0,0024	0,0007	0
	D_{ac}/a	0,1466	0,1469	0,1474	0,1489	0,1522	0,1549	0,1409	0,0925	0,0448	0,0159	0,0056	0,0017	0
	D_{ba}/a	−0,4546	−0,4529	−0,4497	−0,4388	−0,4116	−0,3438	−0,2453	−0,1309	−0,0577	−0,0196	−0,0068	−0,0021	0
	D_{bb}/a	0	0	0	0	0	0	0	0	0	0	0	0	0
	D_{bc}/a	0,4546	0,4529	0,4497	0,4388	0,4116	0,3438	0,2453	0,1309	0,0577	0,0196	0,0068	0,0021	0
10	D_{aa}/a	−0,3201	−0,3202	−0,3203	−0,3208	−0,3211	−0,3153	−0,2837	−0,1989	−0,1061	−0,0403	−0,0146	−0,0045	0
	D_{ab}/a	0,1639	0,1636	0,1629	0,1606	0,1542	0,1355	0,1006	0,0529	0,0225	0,0075	0,0026	0,0008	0
	D_{ac}/a	0,1562	0,1566	0,1574	0,1603	0,1669	0,1798	0,1831	0,1460	0,0837	0,0329	0,0120	0,0037	0
	D_{ba}/a	−0,4762	−0,4748	−0,4722	−0,4633	−0,4408	−0,3850	−0,3020	−0,1916	−0,0987	−0,0371	−0,0133	−0,0041	0
	D_{bb}/a	0	0	0	0	0	0	0	0	0	0	0	0	0
	D_{bc}/a	0,4762	0,4748	0,4722	0,4633	0,4408	0,3850	0,3020	0,1916	0,0987	0,0371	0,0133	0,0041	0
20	D_{aa}/a	−0,3266	−0,3268	−0,3272	−0,3284	−0,3309	−0,3319	−0,3151	−0,2515	−0,1589	−0,0698	−0,0269	−0,0085	0
	D_{ab}/a	0,1653	0,1650	0,1643	0,1620	0,1557	0,1372	0,1024	0,0542	0,0231	0,0077	0,0026	0,0008	0
	D_{ac}/a	0,1614	0,1618	0,1629	0,1664	0,1752	0,1947	0,2127	0,1973	0,1358	0,0621	0,0242	0,0077	0
	D_{ba}/a	−0,4878	−0,4866	−0,4843	−0,4765	−0,4571	−0,4096	−0,3415	−0,2494	−0,1532	−0,0668	−0,0256	−0,0081	0
	D_{bb}/a	0	0	0	0	0	0	0	0	0	0	0	0	0
	D_{bc}/a	0,4878	0,4866	0,4843	0,4765	0,4571	0,4096	0,3415	0,2494	0,1532	0,0668	0,0256	0,0081	0
50	D_{aa}/a	−0,3306	−0,3309	−0,3314	−0,3332	−0,3371	−0,3429	−0,3381	−0,3016	−0,2321	−0,1309	−0,0586	−0,0200	0
	D_{ab}/a	0,1661	0,1658	0,1651	0,1628	0,1566	0,1382	0,1034	0,0550	0,0235	0,0078	0,0027	0,0008	0
	D_{ac}/a	0,1645	0,1651	0,1663	0,1703	0,1804	0,2047	0,2346	0,2466	0,2085	0,1231	0,0559	0,0192	0

50	D_{ba}/a	−0,4950	−0,4940	−0,4919	−0,4849	−0,4674	−0,4259	−0,3706	−0,3045	−0,2291	−0,1286	−0,0575	−0,0196	0
	D_{bb}/a	0	0	0	0	0	0	0	0	0	0	0	0	0
	D_{bc}/a	0,4950	0,4940	0,4919	0,4849	0,4674	0,4259	0,3706	0,3045	0,2291	0,1286	0,0575	0,0196	0
100	D_{aa}/a	−0,3320	−0,3323	−0,3329	−0,3348	−0,3392	−0,3467	−0,3466	−0,3235	−0,2757	−0,1877	−0,0991	−0,0374	0
	D_{ab}/a	0,1664	0,1661	0,1654	0,1631	0,1569	0,1385	0,1038	0,0553	0,0237	0,0079	0,0027	0,0008	0
	D_{ac}/a	0,1656	0,1662	0,1675	0,1717	0,1823	0,2082	0,2428	0,2682	0,2520	0,1798	0,0964	0,0366	0
	D_{ba}/a	−0,4975	−0,4965	−0,4944	−0,4877	−0,4710	−0,4316	−0,3814	−0,3287	−0,2744	−0,1860	−0,0981	−0,0370	0
	D_{bb}/a	0	0	0	0	0	0	0	0	0	0	0	0	0
	D_{bc}/a	0,4975	0,4965	0,4944	0,4877	0,4710	0,4316	0,3814	0,3287	0,2744	0,1860	0,0981	0,0370	0
200	D_{aa}/a	−0,3327	−0,3330	−0,3336	−0,3356	−0,3403	−0,3487	−0,3511	−0,3358	−0,3047	−0,2405	−0,1524	−0,0670	0
	D_{ab}/a	0,1665	0,1662	0,1655	0,1633	0,1571	0,1387	0,1040	0,0554	0,0237	0,0079	0,0027	0,0008	0
	D_{ac}/a	0,1661	0,1668	0,1680	0,1723	0,1832	0,2100	0,2471	0,2804	0,2810	0,2326	0,1497	0,0662	0
	D_{ba}/a	−0,4980	−0,4977	−0,4957	−0,4891	−0,4728	−0,4345	−0,3870	−0,3423	−0,3046	−0,2395	−0,1517	−0,0667	0
	D_{bb}/a	0	0	0	0	0	0	0	0	0	0	0	0	0
	D_{bc}/a	0,4980	0,4977	0,4957	0,4891	0,4728	0,4345	0,3870	0,3423	0,3046	0,2395	0,1517	0,0667	0
500	D_{aa}/a	−0,3331	−0,3334	−0,3340	−0,3361	−0,3409	−0,3499	−0,3538	−0,3437	−0,3254	−0,2898	−0,2261	−0,1285	0
	D_{ab}/a	0,1666	0,1663	0,1656	0,1633	0,1572	0,1388	0,1041	0,0555	0,0238	0,0079	0,0027	0,0008	0
	D_{ac}/a	0,1665	0,1671	0,1684	0,1727	0,1837	0,2111	0,2497	0,2882	0,3016	0,2819	0,2233	0,1277	0
	D_{ba}/a	−0,4995	−0,4985	−0,4965	−0,4900	−0,4739	−0,4363	−0,3905	−0,3511	−0,3260	−0,2894	−0,2256	−0,1282	0
	D_{bb}/a	0	0	0	0	0	0	0	0	0	0	0	0	0
	D_{bc}/a	0,4995	0,4985	0,4965	0,4900	0,4739	0,4363	0,3905	0,3511	0,3260	0,2894	0,2256	0,1282	0
1000	D_{aa}/a	−0,3332	−0,3335	−0,3342	−0,3363	−0,3411	−0,3503	−0,3547	−0,3464	−0,3329	−0,3112	−0,2697	−0,1855	0
	D_{ab}/a	0,1666	0,1663	0,1656	0,1634	0,1572	0,1389	0,1041	0,0555	0,0238	0,0079	0,0027	0,0008	0
	D_{ac}/a	0,1666	0,1672	0,1685	0,1729	0,1839	0,2114	0,2506	0,2909	0,3091	0,3032	0,2669	0,1846	0
	D_{ba}/a	−0,4998	−0,4988	−0,4968	−0,4903	−0,4742	−0,4369	−0,3917	−0,3541	−0,3339	−0,3110	−0,2694	−0,1853	0
	D_{bb}/a	0	0	0	0	0	0	0	0	0	0	0	0	0
	D_{bc}/a	0,4998	0,4988	0,4968	0,4903	0,4742	0,4369	0,3917	0,3541	0,3339	0,3110	0,2694	0,1853	0

Der Balken auf drei elastisch senk- und drehbaren Stützen

Auflagerkräfte $a \cdot B_{ik}^{\lambda}$; $i, k = a, b, c$

z	$a \cdot B_{ik}^{\lambda}$	$z_T = 0$	0,001	0,003	0,01	0,03	0,1	0,3	1	3	10	30	100	∞
0,1	$a \cdot B_{aa}^{\lambda}$	0	−0,0087	−0,0255	−0,0798	−0,2052	−0,4689	−0,7656	−0,9967	−1,0947	−1,1342	−1,1461	−1,1503	−1,1522
	$a \cdot B_{ab}^{\lambda}$	0	−0,0098	−0,0285	−0,0854	−0,1974	−0,3590	−0,4552	−0,4902	−0,4974	−0,4993	−0,4998	−0,4999	−0,5000
	$a \cdot B_{ac}^{\lambda}$	0	−0,0012	−0,0034	−0,0089	−0,0133	−0,0073	0,0611	0,1144	0,1381	0,1478	0,1507	0,1517	0,1522
	$a \cdot B_{ba}^{\lambda}$	0	0,0075	0,0221	0,0709	0,1919	0,4762	0,8257	1,1111	1,2328	1,2820	1,2968	1,3020	1,3044
	$a \cdot B_{bb}^{\lambda}$	0	0	0	0	0	0	0	0	0	0	0	0	0
	$a \cdot B_{bc}^{\lambda}$	0	−0,0075	−0,0221	−0,0709	−0,1919	−0,4762	−0,8257	−1,1111	−1,2328	−1,2820	−1,2968	−1,3020	−1,3044
0,2	$a \cdot B_{aa}^{\lambda}$	0	−0,0070	−0,0205	−0,0648	−0,1696	−0,4012	−0,6791	−0,9124	−1,0153	−1,0576	−1,0703	−1,0749	−1,0769
	$a \cdot B_{ab}^{\lambda}$	0	−0,0084	−0,0246	−0,0746	−0,1770	−0,3360	−0,4410	−0,4847	−0,4954	−0,4987	−0,4996	−0,4999	−0,5000
	$a \cdot B_{ac}^{\lambda}$	0	−0,0015	−0,0044	−0,0127	−0,0263	−0,0308	−0,0024	0,0400	0,0625	0,0723	0,0754	0,0765	0,0769
	$a \cdot B_{ba}^{\lambda}$	0	0,0054	0,0161	0,0521	0,1433	0,3704	0,6767	0,9524	1,0778	1,1299	1,1457	1,1514	1,1538
	$a \cdot B_{bb}^{\lambda}$	0	0	0	0	0	0	0	0	0	0	0	0	0
	$a \cdot B_{bc}^{\lambda}$	0	−0,0054	−0,0161	−0,0521	−0,1433	−0,3704	−0,6767	−0,9524	−1,0778	−1,1299	−1,1457	−1,1514	−1,1538
0,5	$a \cdot B_{aa}^{\lambda}$	0	−0,0045	−0,0133	−0,0425	−0,1155	−0,2923	−0,5311	−0,7552	−0,8620	−0,9075	−0,9214	−0,9264	−0,9286
	$a \cdot B_{ab}^{\lambda}$	0	−0,0059	−0,0174	−0,0540	−0,1350	−0,2819	−0,4033	−0,4688	−0,4895	−0,4969	−0,4990	−0,4997	−0,5000
	$a \cdot B_{ac}^{\lambda}$	0	−0,0015	−0,0044	−0,0136	−0,0340	−0,0701	−0,0921	−0,0885	−0,0794	−0,0741	−0,0724	−0,0717	−0,0714
	$a \cdot B_{ba}^{\lambda}$	0	0,0030	0,0089	0,0290	0,0814	0,2222	0,4390	0,6667	0,7826	0,8333	0,8491	0,8547	0,8572
	$a \cdot B_{bb}^{\lambda}$	0	0	0	0	0	0	0	0	0	0	0	0	0
	$a \cdot B_{bc}^{\lambda}$	0	−0,0030	−0,0089	−0,0290	−0,0814	−0,2222	−0,4390	−0,6667	−0,7826	−0,8333	−0,8491	−0,8547	−0,8572
1	$a \cdot B_{aa}^{\lambda}$	0	−0,0028	−0,0085	−0,0276	−0,0773	−0,2095	−0,4112	−0,6222	−0,7302	−0,7777	−0,7924	−0,7977	−0,8000
	$a \cdot B_{ab}^{\lambda}$	0	−0,0040	−0,0117	−0,0370	−0,0968	−0,2222	−0,3529	−0,4444	−0,4800	−0,4938	−0,4979	−0,4994	−0,5000
	$a \cdot B_{ac}^{\lambda}$	0	−0,0011	−0,0034	−0,0109	−0,0299	−0,0762	−0,1343	−0,1778	−0,1929	−0,1979	−0,1993	−0,1998	−0,2000
	$a \cdot B_{ba}^{\lambda}$	0	0,0017	0,0051	0,0167	0,0474	0,1333	0,2769	0,4444	0,5373	0,5797	0,5931	0,5979	0,6000
	$a \cdot B_{bb}^{\lambda}$	0	0	0	0	0	0	0	0	0	0	0	0	0
	$a \cdot B_{bc}^{\lambda}$	0	−0,0017	−0,0051	−0,0167	−0,0474	−0,1333	−0,2769	−0,4444	−0,5373	−0,5797	−0,5931	−0,5979	−0,6000

2	$a \cdot B_{aa}$	0	−0,0017	−0,0050	−0,0163	−0,0471	−0,1374	−0,2979	−0,4957	−0,6094	−0,6621	−0,6788	−0,6849	−0,6875
	$a \cdot B_{ab}$	0	−0,0024	−0,0071	−0,0227	−0,0618	−0,1561	−0,2825	−0,4027	−0,4620	−0,4879	−0,4959	−0,4988	−0,5000
	$a \cdot B_{ac}$	0	−0,0007	−0,0022	−0,0073	−0,0213	−0,0633	−0,1386	−0,2291	−0,2791	−0,3017	−0,3088	−0,3114	−0,3125
	$a \cdot B_{ba}$	0	0,0009	0,0027	0,0090	0,0258	0,0741	0,1593	0,2667	0,3303	0,3604	0,3700	0,3735	0,3750
	$a \cdot B_{bb}$	0	0	0	0	0	0	0	0	0	0	0	0	0
	$a \cdot B_{bc}$	0	−0,0009	−0,0027	−0,0090	−0,0258	−0,0741	−0,1593	−0,2667	−0,3303	−0,3604	−0,3700	−0,3735	−0,3750
5	$a \cdot B_{aa}$	0	−0,0007	−0,0022	−0,0074	−0,0219	−0,0689	−0,1715	−0,3433	−0,4759	−0,5494	−0,5747	−0,5841	−0,5882
	$a \cdot B_{ab}$	0	−0,0011	−0,0032	−0,0105	−0,0296	−0,0825	−0,1766	−0,3141	−0,4153	−0,4708	−0,4898	−0,4969	−0,5000
	$a \cdot B_{ac}$	0	−0,0004	−0,0011	−0,0036	−0,0110	−0,0372	−0,1015	−0,2221	−0,3227	−0,3806	−0,4009	−0,4084	−0,4118
	$a \cdot B_{ba}$	0	0,0004	0,0012	0,0038	0,0110	0,0317	0,0700	0,1212	0,1532	0,1688	0,1738	0,1757	0,1764
	$a \cdot B_{bb}$	0	0	0	0	0	0	0	0	0	0	0	0	0
	$a \cdot B_{bc}$	0	−0,0004	−0,0012	−0,0038	−0,0110	−0,0317	−0,0700	−0,1212	−0,1532	−0,1688	−0,1738	−0,1757	−0,1764
10	$a \cdot B_{aa}$	0	−0,0004	−0,0012	−0,0038	−0,0116	−0,0378	−0,1021	−0,2386	−0,3821	−0,4841	−0,5242	−0,5399	−0,5469
	$a \cdot B_{ab}$	0	−0,0006	−0,0017	−0,0056	−0,0159	−0,0462	−0,1087	−0,2299	−0,3554	−0,4448	−0,4800	−0,4938	−0,5000
	$a \cdot B_{ac}$	0	−0,0002	−0,0006	−0,0019	−0,0060	−0,0216	−0,0659	−0,1752	−0,3012	−0,3946	−0,4319	−0,4466	−0,4531
	$a \cdot B_{ba}$	0	0,0002	0,0006	0,0019	0,0056	0,0163	0,0362	0,0635	0,0809	0,0895	0,0923	0,0933	0,0938
	$a \cdot B_{bb}$	0	0	0	0	0	0	0	0	0	0	0	0	0
	$a \cdot B_{bc}$	0	−0,0002	−0,0006	−0,0019	−0,0056	−0,0163	−0,0362	−0,0635	−0,0809	−0,0895	−0,0923	−0,0933	−0,0938
20	$a \cdot B_{aa}$	0	−0,0002	−0,0006	−0,0020	−0,0060	−0,0199	−0,0567	−0,1509	−0,2860	−0,4188	−0,4835	−0,5113	−0,5242
	$a \cdot B_{ab}$	0	−0,0003	−0,0009	−0,0029	−0,0082	−0,0246	−0,0615	−0,1496	−0,2758	−0,4006	−0,4616	−0,4878	−0,5000
	$a \cdot B_{ac}$	0	−0,0001	−0,0003	−0,0010	−0,0032	−0,0117	−0,0383	−0,1184	−0,2444	−0,3727	−0,4359	−0,4631	−0,4758
	$a \cdot B_{ba}$	0	0,0001	0,0003	0,0010	0,0028	0,0082	0,0184	0,0325	0,0416	0,0461	0,0476	0,0482	0,0484
	$a \cdot B_{bb}$	0	0	0	0	0	0	0	0	0	0	0	0	0
	$a \cdot B_{bc}$	0	−0,0001	−0,0003	−0,0010	−0,0028	−0,0082	−0,0184	−0,0325	−0,0416	−0,0461	−0,0476	−0,0482	−0,0484
50	$a \cdot B_{aa}$	0	−0,0001	−0,0002	−0,0008	−0,0024	−0,0082	−0,0243	−0,0723	−0,1671	−0,3143	−0,4220	−0,4798	−0,5099
	$a \cdot B_{ab}$	0	−0,0001	−0,0004	−0,0012	−0,0034	−0,0102	−0,0267	−0,0731	−0,1650	−0,3086	−0,4140	−0,4706	−0,5000
	$a \cdot B_{ac}$	0	~0	−0,0001	−0,0004	−0,0013	−0,0049	−0,0169	−0,0592	−0,1501	−0,2955	−0,4026	−0,4602	−0,4901
	$a \cdot B_{ba}$	0	~0	0,0001	0,0004	0,0011	0,0033	0,0074	0,0132	0,0169	0,0188	0,0194	0,0196	0,0198
	$a \cdot B_{bb}$	0	0	0	0	0	0	0	0	0	0	0	0	0
	$a \cdot B_{bc}$	0	~0	−0,0001	−0,0004	−0,0011	−0,0033	−0,0074	−0,0132	−0,0169	−0,0188	−0,0194	−0,0196	−0,0198

z	$a \cdot B_{ik}$	$z_T = 0$	0,001	0,003	0,01	0,03	0,1	0,3	1	3	10	30	100	∞
100	$a \cdot B_{aa}$	0	~ 0	$-0,0001$	$-0,0004$	$-0,0012$	$-0,0042$	$-0,0125$	$-0,0388$	$-0,0993$	$-0,2252$	$-0,3567$	$-0,4489$	$-0,5050$
	$a \cdot B_{ab}$	0	$-0,0001$	$-0,0002$	$-0,0006$	$-0,0017$	$-0,0052$	$-0,0137$	$-0,0394$	$-0,0988$	$-0,2232$	$-0,3532$	$-0,4445$	$-0,5000$
	$a \cdot B_{ac}$	0	~ 0	$-0,0001$	$-0,0002$	$-0,0007$	$-0,0025$	$-0,0087$	$-0,0322$	$-0,0907$	$-0,2158$	$-0,3469$	$-0,4390$	$-0,4950$
	$a \cdot B_{ba}$	0	~ 0	0,0001	0,0002	0,0006	0,0017	0,0037	0,0066	0,0085	0,0095	0,0098	0,0099	0,0100
	$a \cdot B_{bb}$	0	0	0	0	0	0	0	0	0	0	0	0	0
	$a \cdot B_{bc}$	0	~ 0	$-0,0001$	$-0,0002$	$-0,0006$	$-0,0017$	$-0,0037$	$-0,0066$	$-0,0085$	$-0,0095$	$-0,0098$	$-0,0099$	$-0,0100$
200	$a \cdot B_{aa}$	0	~ 0	$-0,0001$	$-0,0002$	$-0,0006$	$-0,0021$	$-0,0063$	$-0,0201$	$-0,0548$	$-0,1443$	$-0,2744$	$-0,4020$	$-0,5025$
	$a \cdot B_{ab}$	0	~ 0	$-0,0001$	$-0,0003$	$-0,0009$	$-0,0026$	$-0,0070$	$-0,0205$	$-0,0548$	$-0,1437$	$-0,2731$	$-0,4001$	$-0,5000$
	$a \cdot B_{ac}$	0	~ 0	~ 0	$-0,0001$	$-0,0003$	$-0,0013$	$-0,0044$	$-0,0168$	$-0,0506$	$-0,1396$	$-0,2695$	$-0,3971$	$-0,4975$
	$a \cdot B_{ba}$	0	~ 0	~ 0	0,0001	0,0003	0,0008	0,0019	0,0033	0,0043	0,0047	0,0049	0,0050	0,0050
	$a \cdot B_{bb}$	0	0	0	0	0	0	0	0	0	0	0	0	0
	$a \cdot B_{bc}$	0	~ 0	~ 0	$-0,0001$	$-0,0003$	$-0,0008$	$-0,0019$	$-0,0033$	$-0,0043$	$-0,0047$	$-0,0049$	$-0,0050$	$-0,0050$
500	$a \cdot B_{aa}$	0	~ 0	~ 0	$-0,0001$	$-0,0002$	$-0,0008$	$-0,0025$	$-0,0082$	$-0,0234$	$-0,0696$	$-0,1628$	$-0,3084$	$-0,5010$
	$a \cdot B_{ab}$	0	~ 0	~ 0	$-0,0001$	$-0,0003$	$-0,0010$	$-0,0028$	$-0,0084$	$-0,0235$	$-0,0695$	$-0,1625$	$-0,3078$	$-0,5000$
	$a \cdot B_{ac}$	0	~ 0	~ 0	~ 0	$-0,0001$	$-0,0005$	$-0,0018$	$-0,0069$	$-0,0217$	$-0,0677$	$-0,1608$	$-0,3064$	$-0,4990$
	$a \cdot B_{ba}$	0	~ 0	~ 0	~ 0	0,0001	0,0003	0,0007	0,0013	0,0017	0,0019	0,0020	0,0020	0,0020
	$a \cdot B_{bb}$	0	0	0	0	0	0	0	0	0	0	0	0	0
	$a \cdot B_{bc}$	0	~ 0	~ 0	~ 0	$-0,0001$	$-0,0003$	$-0,0007$	$-0,0013$	$-0,0017$	$-0,0019$	$-0,0020$	$-0,0020$	$-0,0020$
1000	$a \cdot B_{aa}$	0	~ 0	~ 0	~ 0	$-0,0001$	$-0,0004$	$-0,0013$	$-0,0042$	$-0,0120$	$-0,0373$	$-0,0971$	$-0,2225$	$-0,5005$
	$a \cdot B_{ab}$	0	~ 0	~ 0	$-0,0001$	$-0,0002$	$-0,0005$	$-0,0014$	$-0,0042$	$-0,0120$	$-0,0373$	$-0,0970$	$-0,2223$	$-0,5000$
	$a \cdot B_{ac}$	0	~ 0	~ 0	~ 0	$-0,0001$	$-0,0003$	$-0,0009$	$-0,0035$	$-0,0111$	$-0,0364$	$-0,0961$	$-0,2216$	$-0,4995$
	$a \cdot B_{ba}$	0	~ 0	~ 0	~ 0	0,0001	0,0002	0,0004	0,0007	0,0009	0,0010	0,0010	0,0010	0,0010
	$a \cdot B_{bb}$	0	0	0	0	0	0	0	0	0	0	0	0	0
	$a \cdot B_{bc}$	0	~ 0	~ 0	~ 0	$-0,0001$	$-0,0002$	$-0,0004$	$-0,0007$	$-0,0009$	$-0,0010$	$-0,0010$	$-0,0010$	$-0,0010$

Der Balken auf drei elastisch senk- und drehbaren Stützen

Auflagereinspannmomente $D_{ik}^{\,2}$; $i, k = a, b, c$

z	$D_{ik}^{\,2}$	$z_T = 0$	0,001	0,003	0,01	0,03	0,1	0,3	1	3	10	30	100	∞
0,1	$D_{aa}^{\,2}$	1	0,9937	0,9813	0,9408	0,8436	0,6252	0,3628	0,1476	0,0548	0,0171	0,0058	0,0017	0
	$D_{ab}^{\,2}$	0	−0,0029	−0,0085	−0,0246	−0,0529	−0,0769	−0,0621	−0,0294	−0,0115	−0,0037	−0,0012	−0,0003	0
	$D_{ac}^{\,2}$	0	−0,0006	−0,0017	−0,0048	−0,0093	−0,0098	−0,0042	−0,0005	∼0	∼0	∼0	∼0	0
	$D_{ba}^{\,2}$	0	−0,0029	−0,0085	−0,0246	−0,0529	−0,0769	−0,0621	−0,0294	−0,0115	−0,0037	−0,0012	−0,0004	0
	$D_{bb}^{\,2}$	1	0,9862	0,9598	0,8785	0,7109	0,4359	0,2138	0,0785	0,0281	0,0086	0,0029	0,0009	0
	$D_{bc}^{\,2}$	0	−0,0029	−0,0085	−0,0246	−0,0529	−0,0769	−0,0621	−0,0294	−0,0115	−0,0037	−0,0012	−0,0004	0
0,2	$D_{aa}^{\,2}$	1	0,9945	0,9838	0,9483	0,8610	0,6555	0,3927	0,1640	0,0616	0,0193	0,0065	0,0020	0
	$D_{ab}^{\,2}$	0	−0,0022	−0,0065	−0,0191	−0,0421	−0,0640	−0,0535	−0,0258	−0,0102	−0,0032	−0,0011	−0,0003	0
	$D_{ac}^{\,2}$	0	−0,0008	−0,0022	−0,0066	−0,0148	−0,0235	−0,0208	−0,0106	−0,0042	−0,0014	−0,0005	−0,0001	0
	$D_{ba}^{\,2}$	0	−0,0022	−0,0065	−0,0191	−0,0421	−0,0640	−0,0535	−0,0258	−0,0102	−0,0032	−0,0011	−0,0003	0
	$D_{bb}^{\,2}$	1	0,9876	0,9637	0,8891	0,7303	0,4560	0,2249	0,0824	0,0294	0,0091	0,0030	0,0009	0
	$D_{bc}^{\,2}$	0	−0,0022	−0,0065	−0,0191	−0,0421	−0,0640	−0,0535	−0,0258	−0,0102	−0,0032	−0,0011	−0,0003	0
0,5	$D_{aa}^{\,2}$	1	0,9958	0,9874	0,9594	0,8878	0,7059	0,4476	0,1970	0,0759	0,0241	0,0081	0,0025	0
	$D_{ab}^{\,2}$	0	−0,0010	−0,0029	−0,0087	−0,0201	−0,0336	−0,0305	−0,0156	−0,0063	−0,0020	−0,0007	−0,0002	0
	$D_{ac}^{\,2}$	0	−0,0007	−0,0022	−0,0068	−0,0172	−0,0348	−0,0402	−0,0252	−0,0111	−0,0037	−0,0013	−0,0004	0
	$D_{ba}^{\,2}$	0	−0,0010	−0,0029	−0,0087	−0,0201	−0,0336	−0,0305	−0,0156	−0,0063	−0,0020	−0,0007	−0,0002	0
	$D_{bb}^{\,2}$	1	0,9901	0,9709	0,9092	0,7702	0,5034	0,2546	0,0937	0,0335	0,0103	0,0035	0,0010	0
	$D_{bc}^{\,2}$	0	−0,0010	−0,0029	−0,0087	−0,0201	−0,0336	−0,0305	−0,0156	−0,0063	−0,0020	−0,0007	−0,0002	0
1	$D_{aa}^{\,2}$	1	0,9966	0,9898	0,9669	0,9070	0,7460	0,4965	0,2296	0,0907	0,0291	0,0099	0,0030	0
	$D_{ab}^{\,2}$	0	0	0	0	0	0	0	0	0	0	0	0	0
	$D_{ac}^{\,2}$	0	−0,0006	−0,0017	−0,0053	−0,0141	−0,0317	−0,0420	−0,0296	−0,0138	−0,0047	−0,0016	−0,0005	0
	$D_{ba}^{\,2}$	0	0	0	0	0	0	0	0	0	0	0	0	0
	$D_{bb}^{\,2}$	1	0,9921	0,9766	0,9259	0,8065	0,5556	0,2941	0,1112	0,0400	0,0123	0,0041	0,0012	0
	$D_{bc}^{\,2}$	0	0	0	0	0	0	0	0	0	0	0	0	0

z	D_{ik}	$z_T = 0$	0,001	0,003	0,01	0,03	0,1	0,3	1	3	10	30	100	∞
2	D_{aa}	1	0,9972	0,9916	0,9725	0,9223	0,7823	0,5480	0,2686	0,1095	0,0356	0,0122	0,0037	0
	D_{ab}	0	0,0008	0,0023	0,0073	0,0184	0,0372	0,0428	0,0268	0,0118	0,0040	0,0014	0,0004	0
	D_{ac}	0	−0,0004	−0,0011	−0,0034	−0,0090	−0,0202	−0,0273	−0,0203	−0,0098	−0,0034	−0,0012	−0,0004	0
	D_{ba}	0	0,0008	0,0023	0,0073	0,0184	0,0372	0,0428	0,0268	0,0118	0,0040	0,0014	0,0004	0
	D_{bb}	1	0,9936	0,9812	0,9400	0,8397	0,6134	0,3495	0,1409	0,0523	0,0164	0,0055	0,0017	0
	D_{bc}	0	0,0008	0,0023	0,0073	0,0184	0,0372	0,0428	0,0268	0,0118	0,0040	0,0014	0,0004	0
5	D_{aa}	1	0,9976	0,9930	0,9770	0,9351	0,8177	0,6115	0,3320	0,1454	0,0491	0,0170	0,0052	0
	D_{ab}	0	0,0014	0,0043	0,0135	0,0353	0,0786	0,1070	0,0838	0,0426	0,0153	0,0054	0,0017	0
	D_{ac}	0	−0,0002	−0,0005	−0,0015	−0,0032	−0,0024	0,0084	0,0188	0,0135	0,0055	0,0020	0,0006	0
	D_{ba}	0	0,0014	0,0043	0,0135	0,0353	0,0786	0,1070	0,0838	0,0426	0,0153	0,0054	0,0017	0
	D_{bb}	1	0,9949	0,9850	0,9519	0,8702	0,6778	0,4326	0,2041	0,0843	0,0278	0,0096	0,0029	0
	D_{bc}	0	0,0014	0,0043	0,0135	0,0353	0,0786	0,1070	0,0838	0,0426	0,0153	0,0054	0,0017	0
10	D_{aa}	1	0,9978	0,9935	0,9788	0,9403	0,8341	0,6487	0,3855	0,1859	0,0671	0,0238	0,0073	0
	D_{ab}	0	0,0017	0,0050	0,0160	0,0425	0,0990	0,1483	0,1379	0,0820	0,0325	0,0119	0,0037	0
	D_{ac}	0	−0,0001	−0,0003	−0,0006	−0,0004	0,0075	0,0350	0,0628	0,0488	0,0216	0,0082	0,0026	0
	D_{ba}	0	0,0017	0,0050	0,0160	0,0425	0,0990	0,1483	0,1379	0,0820	0,0325	0,0119	0,0037	0
	D_{bb}	1	0,9955	0,9865	0,9568	0,8832	0,7096	0,4860	0,2643	0,1253	0,0453	0,0161	0,0049	0
	D_{bc}	0	0,0017	0,0050	0,0160	0,0425	0,0990	0,1483	0,1379	0,0820	0,0325	0,0119	0,0037	0
20	D_{aa}	1	0,9979	0,9938	0,9798	0,9432	0,8436	0,6736	0,4345	0,2376	0,0966	0,0362	0,0114	0
	D_{ab}	0	0,0018	0,0055	0,0174	0,0465	0,1112	0,1770	0,1895	0,1344	0,0619	0,0242	0,0077	0
	D_{ac}	0	∼0	−0,0001	−0,0001	0,0011	0,0137	0,0544	0,1066	0,0977	0,0501	0,0202	0,0065	0
	D_{ba}	0	0,0018	0,0055	0,0174	0,0465	0,1112	0,1770	0,1895	0,1344	0,0619	0,0242	0,0077	0
	D_{bb}	1	0,9957	0,9873	0,9595	0,8905	0,7285	0,5231	0,3217	0,1797	0,0750	0,0284	0,0090	0
	D_{bc}	0	0,0018	0,0055	0,0174	0,0465	0,1112	0,1770	0,1895	0,1344	0,0619	0,0242	0,0077	0
50	D_{aa}	1	0,9980	0,9940	0,9804	0,9450	0,8498	0,6917	0,4804	0,3086	0,1572	0,0679	0,0229	0
	D_{ab}	0	0,0019	0,0057	0,0183	0,0491	0,1193	0,1981	0,2387	0,2073	0,1230	0,0559	0,0192	0
	D_{ac}	0	∼0	∼0	0,0002	0,0022	0,0178	0,0690	0,1493	0,1669	0,1101	0,0517	0,0179	0

50	D_{ba}	0	0,0019	0,0057	0,0183	0,0491	0,1193	0,1981	0,2387	0,2073	0,1230	0,0559	0,0192	0
	D_{bb}	1	0,9959	0,9879	0,9611	0,8951	0,7411	0,5505	0,3764	0,2556	0,1368	0,0603	0,0204	0
	D_{bc}	0	0,0019	0,0057	0,0183	0,0491	0,1193	0,1981	0,2387	0,2073	0,1230	0,0559	0,0192	0
100	D_{aa}	1	0,9980	0,9940	0,9806	0,9456	0,8519	0,6983	0,5004	0,3507	0,2134	0,1082	0,0403	0
	D_{ab}	0	0,0020	0,0058	0,0186	0,0500	0,1221	0,2059	0,2604	0,2508	0,1797	0,0963	0,0366	0
	D_{ac}	0	~0	~0	0,0003	0,0025	0,0193	0,0745	0,1682	0,2085	0,1660	0,0919	0,0353	0
	D_{ba}	0	0,0020	0,0058	0,0186	0,0500	0,1221	0,2059	0,2604	0,2508	0,1797	0,0963	0,0366	0
	D_{bb}	1	0,9960	0,9880	0,9617	0,8967	0,7455	0,5606	0,4004	0,3008	0,1942	0,1009	0,0379	0
	D_{bc}	0	0,0020	0,0058	0,0186	0,0500	0,1221	0,2059	0,2604	0,2508	0,1797	0,0963	0,0366	0
200	D_{aa}	1	0,9980	0,9940	0,9807	0,9460	0,8531	0,7018	0,5116	0,3787	0,2656	0,1614	0,0698	0
	D_{ab}	0	0,0020	0,0058	0,0187	0,0504	0,1235	0,2101	0,2725	0,2797	0,2325	0,1497	0,0662	0
	D_{ac}	0	~0	~0	0,0003	0,0027	0,0201	0,0774	0,1789	0,2362	0,2181	0,1450	0,0649	0
	D_{ba}	0	0,0020	0,0058	0,0187	0,0504	0,1235	0,2101	0,2725	0,2797	0,2325	0,1497	0,0662	0
	D_{bb}	1	0,9960	0,9881	0,9620	0,8975	0,7477	0,5660	0,4139	0,3309	0,2477	0,1545	0,0675	0
	D_{bc}	0	0,0020	0,0058	0,0187	0,0504	0,1235	0,2101	0,2725	0,2797	0,2325	0,1497	0,0662	0
500	D_{aa}	1	0,9980	0,9941	0,9807	0,9461	0,8537	0,7039	0,5188	0,3986	0,3143	0,2347	0,1312	0
	D_{ab}	0	0,0020	0,0059	0,0188	0,0507	0,1244	0,2126	0,2803	0,3003	0,2818	0,2233	0,1277	0
	D_{ac}	0	~0	~0	0,0003	0,0028	0,0205	0,0792	0,1857	0,2559	0,2667	0,2184	0,1263	0
	D_{ba}	0	0,0020	0,0059	0,0188	0,0507	0,1244	0,2126	0,2803	0,3003	0,2818	0,2233	0,1277	0
	D_{bb}	1	0,9960	0,9882	0,9621	0,8980	0,7491	0,5692	0,4226	0,3524	0,2976	0,2284	0,1291	0
	D_{bc}	0	0,0020	0,0059	0,0188	0,0507	0,1244	0,2126	0,2803	0,3003	0,2818	0,2233	0,1277	0
1000	D_{aa}	1	0,9980	0,9941	0,9807	0,9462	0,8539	0,7046	0,5213	0,4059	0,3354	0,2781	0,1881	0
	D_{ab}	0	0,0020	0,0059	0,0188	0,0508	0,1247	0,2134	0,2830	0,3079	0,3031	0,2669	0,1846	0
	D_{ac}	0	~0	~0	0,0004	0,0028	0,0207	0,0798	0,1881	0,2631	0,2878	0,2618	0,1832	0
	D_{ba}	0	0,0020	0,0059	0,0188	0,0508	0,1247	0,2134	0,2830	0,3079	0,3031	0,2669	0,1846	0
	D_{bb}	1	0,9960	0,9882	0,9622	0,8981	0,7495	0,5703	0,4255	0,3602	0,3192	0,2722	0,1861	0
	D_{bc}	0	0,0020	0,0059	0,0188	0,0508	0,1247	0,2134	0,2830	0,3079	0,3031	0,2669	0,1846	0

3. Auflagerreaktionen des Balkens
auf vier elastisch senk- und drehbaren Stützen

Der Balken auf vier elastisch senk- und drehbaren Stützen

Auflagerkräfte B_{ik}; $i, k = a, b, c, d$

z	B_{ik}	$z_T = 0$	0,001	0,003	0,01	0,03	0,1	0,3	1	3	10	30	100	∞
0,1	B_{aa}	0,8542	0,8556	0,8584	0,8672	0,8857	0,9182	0,9472	0,9663	0,9737	0,9766	0,9774	0,9778	0,9779
	B_{ab}	0,1246	0,1242	0,1234	0,1205	0,1130	0,0952	0,0742	0,0579	0,0511	0,0483	0,0475	0,0472	0,0471
	B_{ac}	0,0182	0,0174	0,0159	0,0113	0,0019	−0,0126	−0,0222	−0,0263	−0,0274	−0,0277	−0,0278	−0,0279	−0,0279
	B_{ad}	0,0030	0,0028	0,0023	0,0010	−0,0006	−0,0008	0,0008	0,0022	0,0026	0,0028	0,0029	0,0029	0,0029
	B_{ba}	0,1246	0,1242	0,1234	0,1205	0,1130	0,0952	0,0742	0,0579	0,0511	0,0483	0,0475	0,0472	0,0471
	B_{bb}	0,7478	0,7488	0,7510	0,7578	0,7734	0,8047	0,8376	0,8620	0,8721	0,8761	0,8773	0,8777	0,8779
	B_{bc}	0,1094	0,1095	0,1097	0,1104	0,1117	0,1127	0,1104	0,1064	0,1043	0,1033	0,1030	0,1029	0,1029
	B_{bd}	0,0182	0,0175	0,0159	0,0113	0,0019	−0,0126	−0,0222	−0,0263	−0,0274	−0,0277	−0,0278	−0,0279	−0,0279
0,2	B_{aa}	0,7654	0,7677	0,7718	0,7846	0,8120	0,8618	0,9086	0,9411	0,9540	0,9592	0,9607	0,9612	0,9615
	B_{ab}	0,1796	0,1793	0,1786	0,1760	0,1686	0,1477	0,1195	0,0954	0,0848	0,0805	0,0792	0,0787	0,0785
	B_{ac}	0,0426	0,0415	0,0393	0,0326	0,0183	−0,0059	−0,0253	−0,0360	−0,0396	−0,0409	−0,0413	−0,0414	−0,0415
	B_{ad}	0,0122	0,0115	0,0103	0,0069	0,0011	−0,0036	−0,0028	−0,0004	0,0008	0,0013	0,0014	0,0015	0,0015
	B_{ba}	0,1796	0,1793	0,1786	0,1760	0,1686	0,1477	0,1195	0,0954	0,0848	0,0805	0,0792	0,0787	0,0785
	B_{bb}	0,6286	0,6299	0,6325	0,6408	0,6600	0,7000	0,7441	0,7784	0,7929	0,7988	0,8006	0,8012	0,8015
	B_{bc}	0,1492	0,1493	0,1496	0,1506	0,1531	0,1582	0,1617	0,1623	0,1619	0,1616	0,1615	0,1615	0,1615
	B_{bd}	0,0426	0,0415	0,0393	0,0326	0,0183	−0,0059	−0,0253	−0,0360	−0,0396	−0,0409	−0,0413	−0,0414	−0,0415
0,5	B_{aa}	0,6190	0,6218	0,6270	0,6438	0,6813	0,7543	0,8297	0,8875	0,9123	0,9225	0,9255	0,9266	0,9271
	B_{ab}	0,2382	0,2382	0,2382	0,2381	0,2357	0,2216	0,1926	0,1610	0,1453	0,1386	0,1365	0,1357	0,1354
	B_{ac}	0,0953	0,0939	0,0912	0,0826	0,0636	0,0271	−0,0090	−0,0351	−0,0458	−0,0501	−0,0514	−0,0519	−0,0521
	B_{ad}	0,0476	0,0462	0,0436	0,0355	0,0194	−0,0030	−0,0133	−0,0134	−0,0118	−0,0109	−0,0106	−0,0105	−0,0104
	B_{ba}	0,2382	0,2382	0,2382	0,2381	0,2357	0,2216	0,1926	0,1610	0,1453	0,1386	0,1365	0,1357	0,1354
	B_{bb}	0,4761	0,4775	0,4799	0,4880	0,5072	0,5495	0,6007	0,6448	0,6649	0,6732	0,6758	0,6767	0,6771
	B_{bc}	0,1905	0,1905	0,1907	0,1912	0,1935	0,2018	0,2157	0,2293	0,2357	0,2383	0,2392	0,2395	0,2396
	B_{bd}	0,0953	0,0939	0,0912	0,0826	0,0636	0,0271	−0,0090	−0,0351	−0,0458	−0,0501	−0,0514	−0,0519	−0,0521
1	B_{aa}	0,5059	0,5085	0,5137	0,5306	0,5700	0,6537	0,7493	0,8299	0,8670	0,8828	0,8876	0,8894	0,8901
	B_{ab}	0,2588	0,2592	0,2598	0,2617	0,2645	0,2626	0,2446	0,2158	0,1986	0,1906	0,1881	0,1872	0,1868
	B_{ac}	0,1412	0,1399	0,1373	0,1291	0,1099	0,0696	0,0240	−0,0146	−0,0326	−0,0403	−0,0427	−0,0436	−0,0440
	B_{ad}	0,0941	0,0924	0,0891	0,0786	0,0555	0,0141	−0,0179	−0,0310	−0,0330	−0,0331	−0,0330	−0,0330	−0,0330
	B_{ba}	0,2588	0,2592	0,2598	0,2617	0,2645	0,2626	0,2446	0,2158	0,1986	0,1906	0,1881	0,1872	0,1868
	B_{bb}	0,3882	0,3892	0,3912	0,3978	0,4137	0,4505	0,4987	0,5448	0,5677	0,5777	0,5808	0,5819	0,5824
	B_{bc}	0,2118	0,2117	0,2116	0,2114	0,2119	0,2174	0,2328	0,2540	0,2663	0,2720	0,2738	0,2744	0,2747
	B_{bd}	0,1412	0,1399	0,1373	0,1291	0,1099	0,0696	0,0240	−0,0146	−0,0326	−0,0403	−0,0427	−0,0436	−0,0440

2	B_{aa}	0,4104	0,4126	0,4168	0,4307	0,4651	0,5471	0,6553	0,7590	0,8113	0,8344	0,8417	0,8443	0,8454
	B_{ab}	0,2630	0,2635	0,2643	0,2669	0,2725	0,2811	0,2803	0,2651	0,2520	0,2451	0,2428	0,2419	0,2415
	B_{ac}	0,1814	0,1804	0,1784	0,1718	0,1557	0,1180	0,0691	0,0218	−0,0028	−0,0140	−0,0175	−0,0188	−0,0193
	B_{ad}	0,1452	0,1436	0,1406	0,1306	0,1066	0,0538	−0,0048	−0,0459	−0,0605	−0,0655	−0,0669	−0,0674	−0,0676
	B_{ba}	0,2630	0,2635	0,2643	0,2669	0,2725	0,2811	0,2803	0,2651	0,2520	0,2451	0,2428	0,2419	0,2415
	B_{bb}	0,3288	0,3295	0,3309	0,3355	0,3470	0,3753	0,4154	0,4580	0,4814	0,4923	0,4958	0,4970	0,4976
	B_{bc}	0,2268	0,2266	0,2264	0,2258	0,2247	0,2255	0,2352	0,2551	0,2694	0,2766	0,2789	0,2798	0,2802
	B_{bd}	0,1814	0,1804	0,1784	0,1718	0,1557	0,1180	0,0691	0,0218	−0,0028	−0,0140	−0,0175	−0,0188	−0,0193
5	B_{aa}	0,3262	0,3274	0,3299	0,3382	0,3599	0,4203	0,5223	0,6503	0,7289	0,7672	0,7796	0,7842	0,7862
	B_{ab}	0,2588	0,2591	0,2597	0,2617	0,2666	0,2787	0,2941	0,3051	0,3079	0,3083	0,3082	0,3082	0,3082
	B_{ac}	0,2174	0,2168	0,2157	0,2119	0,2020	0,1754	0,1324	0,0803	0,0486	0,0329	0,0278	0,0260	0,0252
	B_{ad}	0,1976	0,1966	0,1947	0,1883	0,1715	0,1256	0,0512	−0,0358	−0,0854	−0,1084	−0,1157	−0,1183	−0,1195
	B_{ba}	0,2588	0,2591	0,2597	0,2617	0,2666	0,2787	0,2941	0,3051	0,3079	0,3083	0,3082	0,3082	0,3082
	B_{bb}	0,2847	0,2851	0,2858	0,2882	0,2945	0,3114	0,3386	0,3721	0,3931	0,4035	0,4070	0,4083	0,4088
	B_{bc}	0,2391	0,2390	0,2388	0,2382	0,2369	0,2345	0,2349	0,2424	0,2504	0,2553	0,2570	0,2576	0,2579
	B_{bd}	0,2174	0,2168	0,2157	0,2119	0,2020	0,1754	0,1324	0,0803	0,0486	0,0329	0,0278	0,0260	0,0252
10	B_{aa}	0,2907	0,2914	0,2928	0,2977	0,3108	0,3503	0,4298	0,5595	0,6618	0,7201	0,7405	0,7481	0,7515
	B_{ab}	0,2553	0,2554	0,2558	0,2570	0,2603	0,2696	0,2864	0,3111	0,3296	0,3400	0,3437	0,3450	0,3456
	B_{ac}	0,2325	0,2322	0,2316	0,2294	0,2235	0,2063	0,1739	0,1243	0,0866	0,0656	0,0583	0,0556	0,0544
	B_{ad}	0,2215	0,2209	0,2198	0,2159	0,2054	0,1737	0,1098	0,0052	−0,0780	−0,1257	−0,1425	−0,1487	−0,1515
	B_{ba}	0,2553	0,2554	0,2558	0,2570	0,2603	0,2696	0,2864	0,3111	0,3296	0,3400	0,3437	0,3450	0,3456
	B_{bb}	0,2680	0,2682	0,2686	0,2700	0,2736	0,2837	0,3020	0,3282	0,3473	0,3576	0,3612	0,3625	0,3631
	B_{bc}	0,2441	0,2441	0,2440	0,2436	0,2426	0,2403	0,2377	0,2364	0,2365	0,2368	0,2368	0,2369	0,2369
	B_{bd}	0,2325	0,2322	0,2316	0,2294	0,2235	0,2063	0,1739	0,1243	0,0866	0,0656	0,0583	0,0556	0,0544
20	B_{aa}	0,2711	0,2715	0,2722	0,2749	0,2821	0,3052	0,3579	0,4678	0,5866	0,6737	0,7086	0,7223	0,7285
	B_{ab}	0,2529	0,2530	0,2532	0,2539	0,2557	0,2616	0,2744	0,3013	0,3318	0,3550	0,3645	0,3683	0,3700
	B_{ac}	0,2409	0,2408	0,2404	0,2393	0,2360	0,2261	0,2049	0,1641	0,1225	0,0928	0,0811	0,0765	0,0744
	B_{ad}	0,2351	0,2348	0,2342	0,2320	0,2261	0,2071	0,1628	0,0667	−0,0408	−0,1216	−0,1543	−0,1672	−0,1730
	B_{ba}	0,2529	0,2530	0,2532	0,2539	0,2557	0,2616	0,2744	0,3013	0,3318	0,3550	0,3645	0,3683	0,3700
	B_{bb}	0,2592	0,2593	0,2595	0,2602	0,2622	0,2678	0,2790	0,2981	0,3156	0,3274	0,3319	0,3336	0,3344
	B_{bc}	0,2470	0,2470	0,2469	0,2467	0,2461	0,2445	0,2417	0,2365	0,2301	0,2247	0,2225	0,2215	0,2211
	B_{bd}	0,2409	0,2408	0,2404	0,2393	0,2360	0,2261	0,2049	0,1641	0,1225	0,0928	0,0811	0,0765	0,0744
50	B_{aa}	0,2586	0,2588	0,2591	0,2602	0,2633	0,2735	0,2992	0,3670	0,4756	0,5992	0,6668	0,6975	0,7122
	B_{ab}	0,2512	0,2513	0,2513	0,2516	0,2525	0,2552	0,2619	0,2807	0,3130	0,3514	0,3728	0,3825	0,3872
	B_{ac}	0,2464	0,2462	0,2461	0,2456	0,2442	0,2398	0,2296	0,2049	0,1676	0,1263	0,1039	0,0938	0,0890
	B_{ad}	0,2438	0,2437	0,2435	0,2426	0,2400	0,2315	0,2093	0,1475	0,0438	−0,0770	−0,1436	−0,1739	−0,1884
	B_{ba}	0,2512	0,2513	0,2513	0,2516	0,2525	0,2552	0,2619	0,2807	0,3130	0,3514	0,3728	0,3825	0,3872
	B_{bb}	0,2537	0,2538	0,2539	0,2541	0,2550	0,2574	0,2625	0,2732	0,2873	0,3019	0,3095	0,3130	0,3147
	B_{bc}	0,2488	0,2488	0,2487	0,2486	0,2484	0,2476	0,2459	0,2412	0,2320	0,2204	0,2137	0,2107	0,2092
	B_{bd}	0,2464	0,2462	0,2461	0,2456	0,2442	0,2398	0,2296	0,2049	0,1676	0,1263	0,1039	0,0938	0,0890

z	B_{ik}	$z_T = 0$	0,001	0,003	0,01	0,03	0,1	0,3	1	3	10	30	100	∞
100	B_{aa}	0,2543	0,2544	0,2546	0,2551	0,2567	0,2620	0,2758	0,3162	0,3970	0,5265	0,6243	0,6780	0,7063
	B_{ab}	0,2505	0,2506	0,2507	0,2508	0,2513	0,2527	0,2564	0,2680	0,2931	0,3348	0,3667	0,3842	0,3934
	B_{ac}	0,2482	0,2481	0,2480	0,2478	0,2471	0,2448	0,2393	0,2247	0,1971	0,1539	0,1214	0,1037	0,0943
	B_{ad}	0,2469	0,2468	0,2467	0,2462	0,2449	0,2405	0,2285	0,1911	0,1128	−0,0151	−0,1124	−0,1659	−0,1940
	B_{ba}	0,2505	0,2506	0,2507	0,2508	0,2513	0,2527	0,2564	0,2680	0,2931	0,3348	0,3667	0,3842	0,3934
	B_{bb}	0,2519	0,2519	0,2519	0,2521	0,2525	0,2537	0,2565	0,2626	0,2727	0,2875	0,2984	0,3043	0,3075
	B_{bc}	0,2494	0,2494	0,2494	0,2493	0,2492	0,2488	0,2478	0,2447	0,2371	0,2238	0,2135	0,2078	0,2047
	B_{bd}	0,2482	0,2481	0,2480	0,2478	0,2471	0,2448	0,2393	0,2247	0,1971	0,1539	0,1214	0,1037	0,0943
200	B_{aa}	0,2522	0,2522	0,2523	0,2526	0,2534	0,2561	0,2632	0,2855	0,3369	0,5534	0,5648	0,6502	0,7032
	B_{ab}	0,2503	0,2503	0,2503	0,2504	0,2506	0,2514	0,2533	0,2598	0,2761	0,3119	0,3509	0,3792	0,3967
	B_{ac}	0,2490	0,2490	0,2490	0,2489	0,2485	0,2474	0,2445	0,2365	0,2189	0,1823	0,1430	0,1147	0,0971
	B_{ad}	0,2484	0,2484	0,2483	0,2481	0,2475	0,2452	0,2389	0,2182	0,1681	0,0592	−0,0587	−0,1441	−0,1970
	B_{ba}	0,2503	0,2503	0,2503	0,2504	0,2506	0,2514	0,2533	0,2598	0,2761	0,3119	0,3509	0,3792	0,3967
	B_{bb}	0,2509	0,2509	0,2510	0,2510	0,2513	0,2519	0,2533	0,2566	0,2630	0,2754	0,2885	0,2979	0,3037
	B_{bc}	0,2497	0,2497	0,2497	0,2497	0,2496	0,2494	0,2489	0,2471	0,2420	0,2304	0,2175	0,2082	0,2024
	B_{bd}	0,2490	0,2490	0,2490	0,2489	0,2485	0,2474	0,2445	0,2365	0,2189	0,1823	0,1430	0,1147	0,0971
500	B_{aa}	0,2509	0,2509	0,2509	0,2510	0,2514	0,2524	0,2554	0,2648	0,2891	0,3556	0,4647	0,5888	0,7013
	B_{ab}	0,2501	0,2501	0,2501	0,2502	0,2503	0,2506	0,2514	0,2541	0,2619	0,2838	0,3200	0,3613	0,3987
	B_{ac}	0,2496	0,2496	0,2496	0,2496	0,2494	0,2489	0,2478	0,2444	0,2361	0,2139	0,1776	0,1363	0,0988
	B_{ad}	0,2494	0,2494	0,2493	0,2492	0,2490	0,2481	0,2455	0,2366	0,2129	0,1467	0,0378	−0,0863	−0,1988
	B_{ba}	0,2501	0,2501	0,2501	0,2502	0,2503	0,2506	0,2514	0,2541	0,2619	0,2838	0,3200	0,3613	0,3987
	B_{bb}	0,2504	0,2504	0,2504	0,2504	0,2505	0,2508	0,2513	0,2527	0,2557	0,2632	0,2753	0,2891	0,3015
	B_{bc}	0,2499	0,2499	0,2499	0,2499	0,2498	0,2497	0,2495	0,2487	0,2463	0,2391	0,2271	0,2134	0,2010
	B_{bd}	0,2496	0,2496	0,2496	0,2496	0,2494	0,2489	0,2478	0,2444	0,2361	0,2139	0,1776	0,1363	0,0988
1000	B_{aa}	0,2504	0,2504	0,2505	0,2505	0,2507	0,2512	0,2527	0,2575	0,2704	0,3097	0,3905	0,5207	0,7006
	B_{ab}	0,2501	0,2501	0,2501	0,2501	0,2501	0,2503	0,2507	0,2521	0,2562	0,2692	0,2961	0,3394	0,3993
	B_{ac}	0,2498	0,2498	0,2498	0,2498	0,2497	0,2495	0,2489	0,2471	0,2428	0,2296	0,2027	0,1593	0,0994
	B_{ad}	0,2497	0,2497	0,2497	0,2496	0,2495	0,2490	0,2477	0,2432	0,2306	0,1915	0,1107	−0,0195	−0,1994
	B_{ba}	0,2501	0,2501	0,2501	0,2501	0,2501	0,2503	0,2507	0,2521	0,2562	0,2692	0,2961	0,3394	0,3993
	B_{bb}	0,2502	0,2502	0,2502	0,2502	0,2503	0,2504	0,2507	0,2514	0,2529	0,2574	0,2664	0,2808	0,3008
	B_{bc}	0,2499	0,2499	0,2499	0,2499	0,2499	0,2499	0,2498	0,2494	0,2481	0,2438	0,2349	0,2204	0,2005
	B_{bd}	0,2498	0,2498	0,2498	0,2498	0,2497	0,2495	0,2489	0,2471	0,2428	0,2296	0,2027	0,1593	0,0994

Der Balken auf vier elastisch senk- und drehbaren Stützen

Auflagereinspannmomente D_{ik}/a; $i, k = a, b, c, d$

z	D_{ik}/a	$z_T = 0$	0,001	0,003	0,01	0,03	0,1	0,3	1	3	10	30	100	∞
0,1	D_{aa}/a	−0,0729	−0,0722	−0,0709	−0,0665	−0,0570	−0,0391	−0,0212	−0,0083	−0,0030	−0,0009	−0,0003	−0,0003	0
	D_{ab}/a	0,0623	0,0620	0,0613	0,0590	0,0533	0,0396	0,0228	0,0092	0,0034	0,0011	0,0004	0,0001	0
	D_{ac}/a	0,0091	0,0088	0,0083	0,0068	0,0038	~0	−0,0014	−0,0009	−0,0004	−0,0001	~0	~0	0
	D_{ad}/a	0,0015	0,0014	0,0012	0,0007	−0,0001	−0,0005	−0,0002	~0	~0	~0	~0	~0	0
	D_{ba}/a	−0,0836	−0,0822	−0,0795	−0,0712	−0,0548	−0,0299	−0,0126	−0,0040	−0,0014	−0,0004	−0,0001	~0	0
	D_{bb}/a	−0,0015	−0,0014	−0,0012	−0,0007	−0,0002	−0,0006	−0,0010	−0,0006	−0,0003	−0,0001	~0	~0	0
	D_{bc}/a	0,0729	0,0720	0,0700	0,0641	0,0518	0,0313	0,0149	0,0053	0,0019	0,0006	0,0002	0,0001	0
	D_{bd}/a	0,0122	0,0116	0,0106	0,0078	0,0032	−0,0008	−0,0013	−0,0006	−0,0002	−0,0001	~0	~0	0
0,2	D_{aa}/a	−0,1172	−0,1162	−0,1142	−0,1081	−0,0943	−0,0669	−0,0378	−0,0152	−0,0056	−0,0018	−0,0006	−0,0002	0
	D_{ab}/a	0,0898	0,0894	0,0887	0,0862	0,0794	0,0615	0,0370	0,0155	0,0058	0,0018	0,0006	0,0002	0
	D_{ac}/a	0,0213	0,0209	0,0202	0,0180	0,0135	0,0064	0,0018	0,0002	~0	~0	~0	~0	0
	D_{ad}/a	0,0062	0,0058	0,0053	0,0038	0,0014	−0,0010	−0,0011	−0,0005	−0,0002	−0,0001	~0	~0	0
	D_{ba}/a	−0,1446	−0,1424	−0,1381	−0,1251	−0,0984	−0,0560	−0,0245	−0,0081	−0,0027	−0,0008	−0,0003	−0,0001	0
	D_{bb}/a	−0,0062	−0,0058	−0,0053	−0,0038	−0,0016	−0,0005	−0,0008	−0,0006	−0,0003	−0,0001	~0	~0	0
	D_{bc}/a	0,1172	0,1157	0,1129	0,1041	0,0855	0,0532	0,0260	0,0094	0,0033	0,0010	0,0003	0,0001	0
	D_{bd}/a	0,0334	0,0324	0,0305	0,0247	0,0145	0,0032	−0,0006	−0,0007	−0,0003	−0,0001	~0	~0	0
0,5	D_{aa}/a	−0,1905	−0,1893	−0,1869	−0,1792	−0,1612	−0,1219	−0,0741	−0,0317	−0,0121	−0,0038	−0,0013	−0,0004	0
	D_{ab}/a	0,1190	0,1188	0,1183	0,1164	0,1106	0,0918	0,0601	0,0269	0,0104	0,0033	0,0011	0,0003	0
	D_{ac}/a	0,0476	0,0472	0,0464	0,0439	0,0383	0,0273	0,0157	0,0065	0,0024	0,0008	0,0003	0,0001	0
	D_{ad}/a	0,0238	0,0233	0,0222	0,0189	0,0124	0,0029	−0,0017	−0,0016	−0,0007	−0,0002	−0,0001	~0	0
	D_{ba}/a	−0,2619	−0,2587	−0,2525	−0,2330	−0,1910	−0,1173	−0,0556	−0,0195	−0,0068	−0,0021	−0,0007	−0,0002	0
	D_{bb}/a	−0,0238	−0,0232	−0,0219	−0,0183	−0,0114	−0,0032	−0,0002	~0	~0	~0	~0	~0	0
	D_{bc}/a	0,1905	0,1885	0,1847	0,1726	0,1458	0,0958	0,0493	0,0185	0,0067	0,0021	0,0007	0,0002	0
	D_{bd}/a	0,0953	0,0933	0,0897	0,0787	0,0566	0,0247	0,0066	0,0009	0,0001	~0	~0	~0	0
1	D_{aa}/a	−0,2470	−0,2460	−0,2438	−0,2366	−0,2189	−0,1756	−0,1145	−0,0523	−0,0205	−0,0066	−0,0022	−0,0007	0
	D_{ab}/a	0,1294	0,1292	0,1289	0,1275	0,1231	0,1073	0,0756	0,0363	0,0146	0,0047	0,0016	0,0005	0
	D_{ac}/a	0,0706	0,0703	0,0697	0,0678	0,0631	0,0518	0,0353	0,0169	0,0068	0,0022	0,0008	0,0002	0
	D_{ad}/a	0,0470	0,0464	0,0452	0,0414	0,0327	0,0166	0,0036	−0,0010	−0,0008	−0,0003	−0,0001	~0	0
	D_{ba}/a	−0,3647	−0,3612	−0,3545	−0,3329	−0,2837	−0,1878	−0,0963	−0,0359	−0,0129	−0,0040	−0,0013	−0,0004	0
	D_{bb}/a	−0,0470	−0,0463	−0,0447	−0,0399	−0,0296	−0,0129	−0,0024	0,0005	0,0004	0,0002	0,0001	~0	0
	D_{bc}/a	0,2470	0,2450	0,2409	0,2279	0,1977	0,1366	0,0741	0,0290	0,0107	0,0033	0,0011	0,0003	0
	D_{bd}/a	0,1647	0,1625	0,1583	0,1449	0,1156	0,0641	0,0246	0,0063	0,0018	0,0005	0,0002	~0	0

z	D_{ik}/a	$z_T = 0$	0,001	0,003	0,01	0,03	0,1	0,3	1	3	10	30	100	∞
	D_{aa}/a	−0,2948	−0,2940	−0,2926	−0,2875	−0,2738	−0,2345	−0,1659	−0,0819	−0,0335	−0,0109	−0,0037	−0,0011	0
	D_{ab}/a	0,1315	0,1313	0,1309	0,1295	0,1255	0,1118	0,0834	0,0434	0,0182	0,0060	0,0021	0,0006	0
	D_{ac}/a	0,0907	0,0906	0,0904	0,0897	0,0874	0,0793	0,0608	0,0326	0,0139	0,0046	0,0016	0,0005	0
2	D_{ad}/a	0,0726	0,0721	0,0712	0,0683	0,0610	0,0434	0,0217	0,0060	0,0014	0,0003	0,0001	∼0	0
	D_{ba}/a	−0,4580	−0,4549	−0,4489	−0,4288	−0,3807	−0,2746	−0,1550	−0,0626	−0,0234	−0,0073	−0,0025	−0,0007	0
	D_{bb}/a	−0,0726	−0,0718	−0,0704	−0,0657	−0,0547	−0,0321	−0,0112	−0,0012	0,0003	0,0002	0,0001	∼0	0
	D_{bc}/a	0,2948	0,2929	0,2891	0,2768	0,2470	0,1808	0,1045	0,0434	0,0164	0,0052	0,0018	0,0005	0
	D_{bd}/a	0,2358	0,2339	0,2301	0,2178	0,1884	0,1260	0,0617	0,0204	0,0067	0,0020	0,0006	0,0002	0
	D_{aa}/a	−0,3369	−0,3367	−0,3363	−0,3347	−0,3294	−0,3065	−0,2453	−0,1384	−0,0609	−0,0205	−0,0071	−0,0022	0
	D_{ab}/a	0,1294	0,1291	0,1285	0,1264	0,1209	0,1053	0,0783	0,0427	0,0188	0,0064	0,0022	0,0007	0
	D_{ac}/a	0,1087	0,1088	0,1092	0,1102	0,1121	0,1121	0,0977	0,0594	0,0271	0,0093	0,0032	0,0010	0
5	D_{ad}/a	0,0988	0,0987	0,0986	0,0981	0,0964	0,0891	0,0693	0,0363	0,0150	0,0049	0,0017	0,0005	0
	D_{ba}/a	−0,5443	−0,5421	−0,5376	−0,5227	−0,4848	−0,3899	−0,2559	−0,1202	−0,0485	−0,0158	−0,0054	−0,0016	0
	D_{bb}/a	−0,0988	−0,0983	−0,0974	−0,0943	−0,0863	−0,0653	−0,0362	−0,0123	−0,0037	−0,0010	−0,0003	−0,0001	0
	D_{bc}/a	0,3369	0,3353	0,3323	0,3222	0,2967	0,2343	0,1501	0,0690	0,0276	0,0089	0,0031	0,0009	0
	D_{bd}/a	0,3063	0,3051	0,3028	0,2949	0,2744	0,2208	0,1421	0,0635	0,0246	0,0078	0,0027	0,0008	0
	D_{aa}/a	−0,3546	−0,3547	−0,3549	−0,3554	−0,3554	−0,3469	−0,3037	−0,1950	−0,0939	−0,0332	−0,0116	−0,0036	0
	D_{ab}/a	0,1276	0,1272	0,1265	0,1239	0,1170	0,0978	0,0670	0,0322	0,0130	0,0042	0,0014	0,0004	0
	D_{ac}/a	0,1163	0,1166	0,1172	0,1192	0,1235	0,1300	0,1230	0,0831	0,0407	0,0144	0,0051	0,0016	0
10	D_{ad}/a	0,1107	0,1109	0,1112	0,1123	0,1149	0,1191	0,1137	0,0797	0,0402	0,0145	0,0051	0,0016	0
	D_{ba}/a	−0,5817	−0,5799	−0,5765	−0,5650	−0,5352	−0,4573	−0,3346	−0,1823	−0,0813	−0,0278	−0,0097	−0,0029	0
	D_{bb}/a	−0,1107	−0,1105	−0,1099	−0,1080	−0,1028	−0,0870	−0,0601	−0,0295	−0,0123	−0,0041	−0,0014	−0,0004	0
	D_{bc}/a	0,3546	0,3533	0,3507	0,3421	0,3200	0,2642	0,1830	0,0935	0,0402	0,0135	0,0047	0,0014	0
	D_{bd}/a	0,3377	0,3371	0,3357	0,3309	0,3180	0,2801	0,2117	0,1183	0,0534	0,0184	0,0064	0,0020	0
	D_{aa}/a	−0,3645	−0,3647	−0,3653	−0,3670	−0,3706	−0,3731	−0,3503	−0,2575	−0,1413	−0,0545	−0,0198	−0,0061	0
	D_{ab}/a	0,1264	0,1260	0,1251	0,1222	0,1143	0,0920	0,0554	0,0158	0,0002	−0,0016	−0,0008	−0,0003	0
	D_{ac}/a	0,1205	0,1209	0,1217	0,1242	0,1302	0,1415	0,1424	0,1074	0,0583	0,0222	0,0080	0,0025	0
20	D_{ad}/a	0,1176	0,1179	0,1185	0,1206	0,1262	0,1397	0,1525	0,1343	0,0827	0,0339	0,0125	0,0039	0
	D_{ba}/a	−0,6025	−0,6011	−0,5983	−0,5890	−0,5651	−0,5019	−0,3989	−0,2532	−0,1304	−0,0490	−0,0177	−0,0055	0
	D_{bb}/a	−0,1176	−0,1174	−0,1171	−0,1160	−0,1128	−0,1020	−0,0810	−0,0517	−0,0274	−0,0106	−0,0038	−0,0012	0
	D_{bc}/a	0,3645	0,3633	0,3610	0,3533	0,3336	0,2836	0,2090	0,1201	0,0578	0,0210	0,0075	0,0023	0
	D_{bd}/a	0,3555	0,3552	0,3544	0,3518	0,3443	0,3203	0,2709	0,1848	0,0999	0,0386	0,0140	0,0043	0
	D_{aa}/a	−0,3707	−0,3711	−0,3719	−0,3745	−0,3806	−0,3916	−0,3888	−0,3299	−0,2218	−0,1040	−0,0414	−0,0133	0
	D_{ab}/a	0,1256	0,1251	0,1242	0,1210	0,1123	0,0875	0,0446	−0,0060	−0,0249	−0,0173	−0,0077	−0,0026	0
50	D_{ac}/a	0,1232	0,1236	0,1245	0,1275	0,1346	0,1495	0,1582	0,1346	0,0869	0,0393	0,0154	0,0049	0
	D_{ad}/a	0,1219	0,1224	0,1232	0,1261	0,1337	0,1547	0,1860	0,2013	0,1599	0,0820	0,0337	0,0110	0

50	D_{ba}/a	−0,6158	−0,6146	−0,6123	−0,6046	−0,5848	−0,5336	−0,4527	−0,3366	−0,2151	−0,0992	−0,0393	−0,0127	0
	D_{bb}/a	−0,1219	−0,1219	−0,1217	−0,1212	−0,1195	−0,1129	−0,0992	−0,0792	−0,0551	−0,0269	−0,0109	−0,0035	0
	D_{bc}/a	0,3707	0,3696	0,3675	0,3605	0,3425	0,2972	0,2305	0,1506	0,0874	0,0381	0,0148	0,0047	0
	D_{bd}/a	0,3670	0,3669	0,3665	0,3654	0,3618	0,3493	0,3215	0,2651	0,1829	0,0880	0,0355	0,0115	0
100	D_{aa}/a	−0,3729	−0,3733	−0,3742	−0,3771	−0,3841	−0,3984	−0,4042	−0,3671	−0,2820	−0,1597	−0,0720	−0,0247	0
	D_{ab}/a	0,1252	0,1248	0,1239	0,1205	0,1116	0,0858	0,0401	−0,0178	−0,0446	−0,0357	−0,0178	−0,0063	0
	D_{ac}/a	0,1241	0,1245	0,1255	0,1286	0,1361	0,1524	0,1644	0,1483	0,1078	0,0581	0,0257	0,0087	0
	D_{ad}/a	0,1234	0,1239	0,1248	0,1280	0,1364	0,1602	0,1997	0,2367	0,2189	0,1372	0,0641	0,0223	0
	D_{ba}/a	−0,6204	−0,6193	−0,6171	−0,6091	−0,5918	−0,5452	−0,4744	−0,3797	−0,2788	−0,1558	−0,0701	−0,0240	0
	D_{bb}/a	−0,1234	−0,1234	−0,1233	−0,1231	−0,1219	−0,1170	−0,1067	−0,0938	−0,0765	−0,0458	−0,0211	−0,0073	0
	D_{bc}/a	0,3729	0,3718	0,3698	0,3629	0,3457	0,3022	0,2391	0,1662	0,1093	0,0572	0,0251	0,0085	0
	D_{bd}/a	0,3710	0,3709	0,3707	0,3701	0,3680	0,3600	0,3421	0,3072	0,2460	0,1445	0,0661	0,0228	0
200	D_{aa}/a	−0,3739	−0,3744	−0,3753	−0,3784	−0,3859	−0,4018	−0,4126	−0,3898	−0,3290	−0,2234	−0,1190	−0,0453	0
	D_{ab}/a	0,1251	0,1247	0,1237	0,1203	0,1113	0,0849	0,0376	−0,0252	−0,0602	−0,0569	−0,0334	−0,0132	0
	D_{ac}/a	0,1245	0,1250	0,1260	0,1291	0,1369	0,1539	0,1678	0,1566	0,1240	0,0796	0,0414	0,0156	0
	D_{ad}/a	0,1242	0,1247	0,1257	0,1289	0,1377	0,1631	0,2071	0,2584	0,2652	0,2007	0,1110	0,0429	0
	D_{ba}/a	−0,6226	−0,6216	−0,6196	−0,6127	−0,5953	−0,5512	−0,4862	−0,4061	−0,3286	−0,2208	−0,1174	−0,0447	0
	D_{bb}/a	−0,1242	−0,1242	−0,1242	−0,1240	−0,1231	−0,1190	−0,1108	−0,1027	−0,0932	−0,0675	−0,0369	−0,0142	0
	D_{bc}/a	0,3739	0,3729	0,3709	0,3642	0,3472	0,3047	0,2437	0,1757	0,1264	0,0790	0,0409	0,0154	0
	D_{bd}/a	0,3730	0,3729	0,3728	0,3725	0,3712	0,3655	0,3533	0,3331	0,2954	0,2093	0,1134	0,0435	0
500	D_{aa}/a	−0,3746	−0,3751	−0,3760	−0,3792	−0,3869	−0,4040	−0,4178	−0,4051	−0,3667	−0,2971	−0,2007	−0,0949	0
	D_{ab}/a	0,1251	0,1246	0,1236	0,1202	0,1110	0,0843	0,0361	−0,0302	−0,0728	−0,0815	−0,0607	−0,0297	0
	D_{ac}/a	0,1248	0,1253	0,1263	0,1295	0,1374	0,1548	0,1699	0,1622	0,1370	0,1044	0,0687	0,0322	0
	D_{ad}/a	0,1247	0,1252	0,1262	0,1295	0,1386	0,1648	0,2118	0,2732	0,3025	0,2743	0,1926	0,0924	0
	D_{ba}/a	−0,6240	−0,6231	−0,6211	−0,6144	−0,5974	−0,5549	−0,4935	−0,4239	−0,3685	−0,2959	−0,1996	−0,0944	0
	D_{bb}/a	−0,1247	−0,1247	−0,1247	−0,1245	−0,1239	−0,1203	−0,1133	−0,1088	−0,1068	−0,0927	−0,0644	−0,0308	0
	D_{bc}/a	0,3746	0,3736	0,3716	0,3650	0,3482	0,3063	0,2466	0,1821	0,1401	0,1043	0,0684	0,0320	0
	D_{bd}/a	0,3742	0,3742	0,3741	0,3739	0,3731	0,3689	0,3603	0,3506	0,3352	0,2843	0,1955	0,0931	0
1000	D_{aa}/a	−0,3748	−0,3753	−0,3762	−0,3794	−0,3873	−0,4047	−0,4195	−0,4106	−0,3815	−0,3346	−0,2618	−0,1511	0
	D_{ab}/a	0,1250	0,1245	0,1235	0,1201	0,1110	0,0842	0,0355	−0,0320	−0,0777	−0,0941	−0,0811	−0,0484	0
	D_{ac}/a	0,1249	0,1254	0,1264	0,1296	0,1375	0,1551	0,1706	0,1641	0,1421	0,1170	0,0892	0,0509	0
	D_{ad}/a	0,1248	0,1253	0,1263	0,1297	0,1388	0,1654	0,2134	0,2784	0,3172	0,3117	0,2537	0,1486	0
	D_{ba}/a	−0,6246	−0,6235	−0,6215	−0,6149	−0,5981	−0,5561	−0,4960	−0,4302	−0,3842	−0,3341	−0,2611	−0,1506	0
	D_{bb}/a	−0,1248	−0,1248	−0,1248	−0,1247	−0,1241	−0,1208	−0,1142	−0,1110	−0,1121	−0,1055	−0,0849	−0,0495	0
	D_{bc}/a	0,3748	0,3738	0,3718	0,3652	0,3485	0,3068	0,2476	0,1844	0,1455	0,1171	0,0890	0,0508	0
	D_{bd}/a	0,3746	0,3746	0,3746	0,3744	0,3737	0,3701	0,3627	0,3568	0,3508	0,3225	0,2570	0,1494	0

Der Balken auf vier elastisch senk- und drehbaren Stützen

Auflagerkräfte $a \cdot B_{ik}^{2}$; $i, k = a, b, c, d$

z	$a \cdot B_{ik}^{2}$	$z_T = 0$	0,001	0,003	0,01	0,03	0,1	0,3	1	3	10	30	100	∞
0,1	$a \cdot B_{aa}^{2}$	0	$-0,0087$	$-0,0255$	$-0,0798$	$-0,2052$	$-0,4689$	$-0,7644$	$-0,9963$	$-1,0944$	$-1,1339$	$-1,1458$	$-1,1501$	$-1,1519$
	$a \cdot B_{ab}^{2}$	0	$-0,0099$	$-0,0286$	$-0,0855$	$-0,1974$	$-0,3590$	$-0,4532$	$-0,4835$	$-0,4878$	$-0,4884$	$-0,4885$	$-0,4885$	$-0,4885$
	$a \cdot B_{ac}^{2}$	0	$-0,0014$	$-0,0038$	$-0,0094$	$-0,0117$	0,0101	0,0466	0,0731	0,0830	0,0868	0,0879	0,0883	0,0885
	$a \cdot B_{ad}^{2}$	0	$-0,0002$	$-0,0004$	$-0,0008$	0,0004	0,0056	0,0080	0,0055	0,0034	0,0024	0,0021	0,0020	0,0019
	$a \cdot B_{ba}^{2}$	0	0,0074	0,0221	0,0708	0,1918	0,4746	0,8212	1,1064	1,2293	1,2792	1,2942	1,2996	1,3019
	$a \cdot B_{bb}^{2}$	0	$-0,0002$	$-0,0004$	$-0,0008$	$-0,0007$	$-0,0071$	$-0,0365$	$-0,0770$	$-0,0982$	$-0,1073$	$-0,1101$	$-0,1111$	$-0,1115$
	$a \cdot B_{bc}^{2}$	0	$-0,0086$	$-0,0252$	$-0,0769$	$-0,1865$	$-0,3761$	$-0,5362$	$-0,6336$	$-0,6690$	$-0,6825$	$-0,6865$	$-0,6879$	$-0,6885$
	$a \cdot B_{bd}^{2}$	0 $\cdot$	$-0,0011$	$-0,0030$	$-0,0082$	$-0,0138$	0,0001	0,0489	0,1046	0,1315	0,1429	0,1463	0,1475	0,1481
0,2	$a \cdot B_{aa}^{2}$	0	$-0,0070$	$-0,0206$	$-0,0648$	$-0,1697$	$-0,4014$	$-0,6797$	$-0,9123$	$-1,0145$	$-1,0564$	$-1,0690$	$-1,0736$	$-1,0756$
	$a \cdot B_{ab}^{2}$	0	$-0,0085$	$-0,0249$	$-0,0750$	$-0,1772$	$-0,3358$	$-0,4414$	$-0,4843$	$-0,4941$	$-0,4968$	$-0,4975$	$-0,4977$	$-0,4978$
	$a \cdot B_{ac}^{2}$	0	$-0,0019$	$-0,0055$	$-0,0148$	$-0,0262$	$-0,0191$	0,0113	0,0393	0,0510	0,0557	0,0571	0,0576	0,0576
	$a \cdot B_{ad}^{2}$	0	$-0,0003$	$-0,0010$	$-0,0023$	$-0,0024$	0,0058	0,0199	0,0301	0,0337	0,0350	0,0354	0,0355	0,0356
	$a \cdot B_{ba}^{2}$	0	0,0054	0,0160	0,0517	0,1430	0,3688	0,6666	0,9279	1,0450	1,0934	1,1080	1,1133	1,1156
	$a \cdot B_{bb}^{2}$	0	$-0,0003$	$-0,0009$	$-0,0023$	$-0,0029$	$-0,0027$	$-0,0150$	$-0,0388$	$-0,0529$	$-0,0592$	$-0,0612$	$-0,0619$	$-0,0622$
	$a \cdot B_{bc}^{2}$	0	$-0,0069$	$-0,0203$	$-0,0625$	$-0,1539$	$-0,3195$	$-0,4676$	$-0,5624$	$-0,5980$	$-0,6117$	$-0,6157$	$-0,6172$	$-0,6178$
	$a \cdot B_{bd}^{2}$	0	$-0,0013$	$-0,0036$	$-0,0108$	$-0,0242$	$-0,0384$	$-0,0330$	$-0,0145$	$-0,0031$	0,0020	0,0036	0,0042	0,0044
0,5	$a \cdot B_{aa}^{2}$	0	$-0,0045$	$-0,0135$	$-0,0430$	$-0,1160$	$-0,2926$	$-0,5333$	$-0,7612$	$-0,8699$	$-0,9161$	$-0,9302$	$-0,9353$	$-0,9375$
	$a \cdot B_{ab}^{2}$	0	$-0,0062$	$-0,0182$	$-0,0559$	$-0,1375$	$-0,2815$	$-0,4004$	$-0,4669$	$-0,4888$	$-0,4966$	$-0,4989$	$-0,4997$	$-0,5000$
	$a \cdot B_{ac}^{2}$	0	$-0,0022$	$-0,0065$	$-0,0189$	$-0,0408$	$-0,0593$	$-0,0475$	$-0,0224$	$-0,0088$	$-0,0028$	$-0,0009$	$-0,0003$	0
	$a \cdot B_{ad}^{2}$	0	$-0,0006$	$-0,0016$	$-0,0045$	$-0,0089$	$-0,0069$	0,0122	0,0388	0,0532	0,0595	0,0615	0,0622	0,0625
	$a \cdot B_{ba}^{2}$	0	0,0029	0,0085	0,0279	0,0796	0,2203	0,4327	0,6447	0,7478	0,7920	0,8055	0,8104	0,8125
	$a \cdot B_{bb}^{2}$	0	$-0,0006$	$-0,0016$	$-0,0044$	$-0,0082$	$-0,0076$	$-0,0018$	0,0009	0,0006	0,0002	0,0001	~ 0	0
	$a \cdot B_{bc}^{2}$	0	$-0,0045$	$-0,0133$	$-0,0414$	$-0,1050$	$-0,2299$	$-0,3547$	$-0,4436$	$-0,4794$	$-0,4936$	$-0,4978$	$-0,4993$	$-0,5000$
	$a \cdot B_{bd}^{2}$	0	$-0,0011$	$-0,0033$	$-0,0105$	$-0,0275$	$-0,0654$	$-0,1127$	$-0,1553$	$-0,1752$	$-0,1836$	$-0,1862$	$-0,1871$	$-0,1875$
1	$a \cdot B_{aa}^{2}$	0	$-0,0030$	$-0,0088$	$-0,0284$	$-0,0788$	$-0,2107$	$-0,4120$	$-0,6274$	$-0,7398$	$-0,7896$	$-0,8052$	$-0,8108$	$-0,8132$
	$a \cdot B_{ab}^{2}$	0	$-0,0043$	$-0,0128$	$-0,0399$	$-0,1021$	$-0,2254$	$-0,3466$	$-0,4307$	$-0,4642$	$-0,4775$	$-0,4815$	$-0,4829$	$-0,4835$
	$a \cdot B_{ac}^{2}$	0	$-0,0020$	$-0,0057$	$-0,0174$	$-0,0416$	$-0,0769$	$-0,0885$	$-0,0756$	$-0,0638$	$-0,0579$	$-0,0560$	$-0,0553$	$-0,0549$
	$a \cdot B_{ad}^{2}$	0	$-0,0006$	$-0,0016$	$-0,0050$	$-0,0118$	$-0,0199$	$-0,0131$	0,0117	0,0301	0,0394	0,0424	0,0435	0,0440
	$a \cdot B_{ba}^{2}$	0	0,0016	0,0046	0,0153	0,0443	0,1287	0,2720	0,4358	0,5240	0,5636	0,5760	0,5805	0,5824
	$a \cdot B_{bb}^{2}$	0	$-0,0006$	$-0,0016$	$-0,0048$	$-0,0106$	$-0,0155$	$-0,0085$	0,0065	0,0157	0,0199	0,0213	0,0218	0,0220
	$a \cdot B_{bc}^{2}$	0	$-0,0029$	$-0,0088$	$-0,0273$	$-0,0712$	$-0,1639$	$-0,2666$	$-0,3486$	$-0,3847$	$-0,3997$	$-0,4043$	$-0,4059$	$-0,4066$
	$a \cdot B_{bd}^{2}$	0	$-0,0008$	$-0,0025$	$-0,0081$	$-0,0227$	$-0,0621$	$-0,1270$	$-0,2032$	$-0,2458$	$-0,2654$	$-0,2715$	$-0,2738$	$-0,2748$

2	$a \cdot B_{aa}$	0	−0,0018	−0,0053	−0,0172	−0,0493	−0,1407	−0,2985	−0,4915	−0,6034	−0,6558	−0,6725	−0,6785	−0,6811
	$a \cdot B_{ab}$	0	−0,0027	−0,0081	−0,0257	−0,0685	−0,1648	−0,2791	−0,3758	−0,4209	−0,4402	−0,4462	−0,4483	−0,4493
	$a \cdot B_{ac}$	0	−0,0014	−0,0041	−0,0131	−0,0339	−0,0756	−0,1111	−0,1227	−0,1203	−0,1176	−0,1165	−0,1161	−0,1159
	$a \cdot B_{ad}$	0	−0,0004	−0,0013	−0,0041	−0,0110	−0,0260	−0,0390	−0,0358	−0,0253	−0,0183	−0,0158	−0,0149	−0,0145
	$a \cdot B_{ba}$	0	0,0008	0,0024	0,0078	0,0226	0,0671	0,1501	0,2604	0,3281	0,3608	0,3713	0,3751	0,3768
	$a \cdot B_{bb}$	0	−0,0004	−0,0013	−0,0039	−0,0098	−0,0193	−0,0202	−0,0071	0,0048	0,0112	0,0134	0,0142	0,0145
	$a \cdot B_{bc}$	0	−0,0018	−0,0052	−0,0166	−0,0445	−0,1085	−0,1881	−0,2602	−0,2957	−0,3114	−0,3163	−0,3181	−0,3189
	$a \cdot B_{bd}$	0	−0,0005	−0,0016	−0,0054	−0,0157	−0,0476	−0,1094	−0,1953	−0,2499	−0,2766	−0,2853	−0,2885	−0,2898
5	$a \cdot B_{aa}$	0	−0,0008	−0,0024	−0,0080	−0,0237	−0,0736	−0,1766	−0,3321	−0,4386	−0,4932	−0,5112	−0,5179	−0,5208
	$a \cdot B_{ab}$	0	−0,0013	−0,0039	−0,0125	−0,0349	−0,0936	−0,1843	−0,2884	−0,3490	−0,3781	−0,3875	−0,3910	−0,3925
	$a \cdot B_{ac}$	0	−0,0007	−0,0022	−0,0071	−0,0198	−0,0530	−0,1023	−0,1523	−0,1771	−0,1876	−0,1908	−0,1920	−0,1925
	$a \cdot B_{ad}$	0	−0,0002	−0,0007	−0,0024	−0,0069	−0,0214	−0,0499	−0,0872	−0,1079	−0,1167	−0,1194	−0,1203	−0,1208
	$a \cdot B_{ba}$	0	0,0003	0,0009	0,0030	0,0087	0,0253	0,0564	0,1024	0,1354	0,1531	0,1591	0,1613	0,1623
	$a \cdot B_{bb}$	0	−0,0002	−0,0007	−0,0023	−0,0062	−0,0157	−0,0261	−0,0295	−0,0267	−0,0242	−0,0232	−0,0228	−0,0226
	$a \cdot B_{bc}$	0	−0,0008	−0,0024	−0,0077	−0,0214	−0,0562	−0,1081	−0,1655	−0,1987	−0,2147	−0,2199	−0,2218	−0,2226
	$a \cdot B_{bd}$	0	−0,0003	−0,0008	−0,0026	−0,0081	−0,0269	−0,0703	−0,1425	−0,1953	−0,2233	−0,2327	−0,2362	−0,2377
10	$a \cdot B_{aa}$	0	−0,0004	−0,0013	−0,0043	−0,0128	−0,0416	−0,1093	−0,2339	−0,3379	−0,3981	−0,4193	−0,4272	−0,4307
	$a \cdot B_{ab}$	0	−0,0007	−0,0021	−0,0068	−0,0193	−0,0549	−0,1205	−0,2188	−0,2927	−0,3341	−0,3484	−0,3538	−0,3561
	$a \cdot B_{ac}$	0	−0,0004	−0,0012	−0,0040	−0,0114	−0,0336	−0,0762	−0,1419	−0,1923	−0,2208	−0,2308	−0,2345	−0,2361
	$a \cdot B_{ad}$	0	−0,0001	−0,0004	−0,0013	−0,0041	−0,0143	−0,0409	−0,0957	−0,1448	−0,1744	−0,1850	−0,1889	−0,1907
	$a \cdot B_{ba}$	0	0,0002	0,0005	0,0015	0,0042	0,0117	0,0241	0,0386	0,0467	0,0504	0,0515	0,0519	0,0520
	$a \cdot B_{bb}$	0	−0,0001	−0,0004	−0,0013	−0,0040	−0,0104	−0,0216	−0,0354	−0,0444	−0,0491	−0,0508	−0,0514	−0,0517
	$a \cdot B_{bc}$	0	−0,0004	−0,0013	−0,0041	−0,0115	−0,0317	−0,0659	−0,1122	−0,1448	−0,1624	−0,1684	−0,1707	−0,1717
	$a \cdot B_{bd}$	0	−0,0001	−0,0004	−0,0014	−0,0044	−0,0156	−0,0443	−0,0997	−0,1464	−0,1734	−0,1829	−0,1864	−0,1880
20	$a \cdot B_{aa}$	0	−0,0002	−0,0006	−0,0022	−0,0067	−0,0224	−0,0630	−0,1545	−0,2543	−0,3268	−0,3557	−0,3670	−0,3721
	$a \cdot B_{ab}$	0	−0,0004	−0,0011	−0,0035	−0,0102	−0,0301	−0,0718	−0,1519	−0,2346	−0,2942	−0,3179	−0,3272	−0,3313
	$a \cdot B_{ac}$	0	−0,0002	−0,0006	−0,0021	−0,0062	−0,0192	−0,0488	−0,1109	−0,1798	−0,2317	−0,2527	−0,2610	−0,2647
	$a \cdot B_{ad}$	0	−0,0001	−0,0002	−0,0007	−0,0023	−0,0084	−0,0274	−0,0806	−0,1489	−0,2033	−0,2258	−0,2347	−0,2387
	$a \cdot B_{ba}$	0	0,0001	0,0002	0,0007	0,0021	0,0055	0,0100	0,0095	0,0004	−0,0097	−0,0143	−0,0162	−0,0170
	$a \cdot B_{bb}$	0	−0,0001	−0,0002	−0,0007	−0,0020	−0,0061	−0,0146	−0,0310	−0,0493	−0,0634	−0,0692	−0,0715	−0,0726
	$a \cdot B_{bc}$	0	−0,0002	−0,0006	−0,0021	−0,0060	−0,0170	−0,0376	−0,0721	−0,1041	−0,1260	−0,1345	−0,1378	−0,1392
	$a \cdot B_{bd}$	0	−0,0001	−0,0002	−0,0007	−0,0023	−0,0085	−0,0256	−0,0645	−0,1050	−0,1332	−0,1442	−0,1485	−0,1504
50	$a \cdot B_{aa}$	0	−0,0001	−0,0003	−0,0009	−0,0027	−0,0094	−0,0280	−0,0792	−0,1597	−0,2495	−0,2982	−0,3203	−0,3308
	$a \cdot B_{ab}$	0	−0,0001	−0,0004	−0,0015	−0,0042	−0,0128	−0,0326	−0,0808	−0,1549	−0,2380	−0,2832	−0,3037	−0,3135
	$a \cdot B_{ac}$	0	−0,0001	−0,0003	−0,0009	−0,0026	−0,0084	−0,0231	−0,0636	−0,1317	−0,2113	−0,2553	−0,2753	−0,2849
	$a \cdot B_{ad}$	0	∼0	−0,0001	−0,0003	−0,0010	−0,0037	−0,0134	−0,0483	−0,1151	−0,1968	−0,2426	−0,2636	−0,2736
	$a \cdot B_{ba}$	0	∼0	0,0001	0,0003	0,0008	0,0021	0,0032	−0,0014	−0,0179	−0,0415	−0,0554	−0,0618	−0,0648
	$a \cdot B_{bb}$	0	∼0	−0,0001	−0,0003	−0,0009	−0,0027	−0,0071	−0,0190	−0,0397	−0,0647	−0,0787	−0,0850	−0,0881
	$a \cdot B_{bc}$	0	−0,0001	−0,0003	−0,0009	−0,0025	−0,0071	−0,0166	−0,0361	−0,0629	−0,0914	−0,1066	−0,1134	−0,1167
	$a \cdot B_{bd}$	0	∼0	−0,0001	−0,0003	−0,0010	−0,0036	−0,0114	−0,0323	−0,0625	−0,0942	−0,1109	−0,1184	−0,1220

z	$a \cdot B_{ik}$	$z_T = 0$	0,001	0,003	0,01	0,03	0,1	0,3	1	3	10	30	100	∞
100	$a \cdot B_{aa}$	0	~0	−0,0001	−0,0005	−0,0014	−0,0048	−0,0146	−0,0441	−0,1015	−0,1916	−0,2593	−0,2963	−0,3157
	$a \cdot B_{ab}$	0	−0,0001	−0,0002	−0,0007	−0,0021	−0,0065	−0,0171	−0,0456	−0,1004	−0,1870	−0,2523	−0,2881	−0,3069
	$a \cdot B_{ac}$	0	~0	−0,0001	−0,0004	−0,0013	−0,0043	−0,0123	−0,0369	−0,0885	−0,1734	−0,2380	−0,2736	−0,2923
	$a \cdot B_{ad}$	0	~0	~0	−0,0002	−0,0005	−0,0019	−0,0072	−0,0284	−0,0788	−0,1647	−0,2308	−0,2673	−0,2865
	$a \cdot B_{ba}$	0	~0	~0	0,0001	0,0004	0,0010	0,0014	−0,0021	−0,0161	−0,0428	−0,0640	−0,0758	−0,0821
	$a \cdot B_{bb}$	0	~0	~0	−0,0001	−0,0004	−0,0014	−0,0038	−0,0113	−0,0275	−0,0550	−0,0761	−0,0878	−0,0939
	$a \cdot B_{bc}$	0	~0	−0,0001	−0,0004	−0,0012	−0,0036	−0,0086	−0,0199	−0,0394	−0,0686	−0,0904	−0,1023	−0,1085
	$a \cdot B_{bd}$	0	~0	~0	−0,0002	−0,0005	−0,0018	−0,0059	−0,0178	−0,0388	−0,0698	−0,0925	−0,1049	−0,1113
200	$a \cdot B_{aa}$	0	~0	−0,0001	−0,0002	−0,0007	−0,0024	−0,0074	−0,0234	−0,0592	−0,1341	−0,2142	−0,2721	−0,3079
	$a \cdot B_{ab}$	0	~0	−0,0001	−0,0004	−0,0011	−0,0033	−0,0088	−0,0244	−0,0591	−0,1325	−0,2113	−0,2682	−0,3035
	$a \cdot B_{ac}$	0	~0	−0,0001	−0,0002	−0,0007	−0,0022	−0,0064	−0,0200	−0,0532	−0,1256	−0,2041	−0,2608	−0,2961
	$a \cdot B_{ad}$	0	~0	~0	−0,0001	−0,0002	−0,0010	−0,0037	−0,0155	−0,0477	−0,1204	−0,1998	−0,2574	−0,2931
	$a \cdot B_{ba}$	0	~0	~0	0,0001	0,0002	0,0005	0,0007	−0,0015	−0,0108	−0,0341	−0,0602	−0,0791	−0,0910
	$a \cdot B_{bb}$	0	~0	~0	−0,0001	−0,0002	−0,0007	−0,0020	−0,0062	−0,0168	−0,0405	−0,0664	−0,0852	−0,0969
	$a \cdot B_{bc}$	0	~0	−0,0001	−0,0002	−0,0006	−0,0018	−0,0044	−0,0105	−0,0228	−0,0474	−0,0737	−0,0926	−0,1043
	$a \cdot B_{bd}$	0	~0	~0	−0,0001	−0,0002	−0,0009	−0,0030	−0,0094	−0,0223	−0,0478	−0,0746	−0,0938	−0,1058
500	$a \cdot B_{aa}$	0	~0	~0	−0,0001	−0,0003	−0,0010	−0,0030	−0,0097	−0,0264	−0,0713	−0,1445	−0,2278	−0,3032
	$a \cdot B_{ab}$	0	~0	~0	−0,0001	−0,0004	−0,0013	−0,0036	−0,0102	−0,0265	−0,0710	−0,1437	−0,2264	−0,3014
	$a \cdot B_{ac}$	0	~0	~0	−0,0001	−0,0003	−0,0009	−0,0026	−0,0084	−0,0241	−0,0682	−0,1408	−0,2235	−0,2984
	$a \cdot B_{ad}$	0	~0	~0	~0	−0,0001	−0,0004	−0,0015	−0,0066	−0,0218	−0,0658	−0,1387	−0,2219	−0,2972
	$a \cdot B_{ba}$	0	~0	~0	~0	0,0001	0,0002	0,0003	−0,0007	−0,0052	−0,0196	−0,0437	−0,0713	−0,0963
	$a \cdot B_{bb}$	0	~0	~0	~0	−0,0001	−0,0003	−0,0008	−0,0026	−0,0077	−0,0223	−0,0463	−0,0738	−0,0987
	$a \cdot B_{bc}$	0	~0	~0	−0,0001	−0,0003	−0,0007	−0,0018	−0,0044	−0,0101	−0,0250	−0,0493	−0,0768	−0,1017
	$a \cdot B_{bd}$	0	~0	~0	~0	−0,0001	−0,0004	−0,0012	−0,0039	−0,0099	−0,0251	−0,0495	−0,0772	−0,1023
1000	$a \cdot B_{aa}$	0	~0	~0	~0	−0,0001	−0,0005	−0,0015	−0,0049	−0,0137	−0,0402	−0,0942	−0,1813	−0,3016
	$a \cdot B_{ab}$	0	~0	~0	−0,0001	−0,0002	−0,0007	−0,0018	−0,0052	−0,0138	−0,0401	−0,0940	−0,1808	−0,3007
	$a \cdot B_{ac}$	0	~0	~0	~0	−0,0001	−0,0004	−0,0013	−0,0043	−0,0126	−0,0387	−0,0925	−0,1793	−0,2993
	$a \cdot B_{ad}$	0	~0	~0	~0	~0	−0,0002	−0,0008	−0,0033	−0,0114	−0,0374	−0,0913	−0,1783	−0,2986
	$a \cdot B_{ba}$	0	~0	~0	~0	~0	0,0001	0,0001	−0,0004	−0,0028	−0,0113	−0,0292	−0,0581	−0,0982
	$a \cdot B_{bb}$	0	~0	~0	~0	~0	−0,0001	−0,0004	−0,0013	−0,0040	−0,0127	−0,0306	−0,0594	−0,0994
	$a \cdot B_{bc}$	0	~0	~0	~0	−0,0001	−0,0004	−0,0009	−0,0022	−0,0052	−0,0141	−0,0320	−0,0609	−0,1008
	$a \cdot B_{bd}$	0	~0	~0	~0	~0	−0,0002	−0,0006	−0,0020	−0,0051	−0,0140	−0,0321	−0,0611	−0,1012

Der Balken auf vier elastisch senk- und drehbaren Stützen

Auflagereinspannmomente D_{ik}^2; $i, k = a, b, c, d$

z	D_{ik}^2	$z_T = 0$	0,001	0,003	0,01	0,03	0,1	0,3	1	3	10	30	100	∞
0,1	D_{aa}^2	1	0,9937	0,9813	0,9408	0,8434	0,6251	0,3628	0,1476	0,0548	0,0171	0,0058	0,0017	0
	D_{ab}^2	0	−0,0030	−0,0085	−0,0247	−0,0529	−0,0771	−0,0623	−0,0295	−0,0115	−0,0037	−0,0012	−0,0004	0
	D_{ac}^2	0	−0,0007	−0,0020	−0,0052	−0,0087	−0,0068	−0,0018	0,0002	0,0002	0,0001	0	0	0
	D_{ad}^2	0	−0,0001	−0,0002	−0,0005	−0,0003	0,0012	0,0018	0,0010	0,0004	0,0001	0	0	0
	D_{ba}^2	0	−0,0030	−0,0085	−0,0247	−0,0529	−0,0771	−0,0623	−0,0295	−0,0115	−0,0037	−0,0012	−0,0004	0
	D_{bb}^2	1	0,9861	0,9596	0,8779	0,7104	0,4349	0,2114	0,0766	0,0272	0,0084	0,0028	0,0008	0
	D_{bc}^2	0	−0,0037	−0,0106	−0,0292	−0,0561	−0,0660	−0,0435	−0,0180	−0,0067	−0,0021	−0,0007	−0,0002	0
	D_{bd}^2	0	−0,0007	−0,0020	−0,0052	−0,0087	−0,0068	−0,0018	0,0002	0,0002	0,0001	0	0	0
0,2	D_{aa}^2	1	0,9945	0,9838	0,9482	0,8610	0,6554	0,3924	0,1637	0,0615	0,0193	0,0065	0,0020	0
	D_{ab}^2	0	−0,0023	−0,0066	−0,0194	−0,0424	−0,0641	−0,0540	−0,0263	−0,0104	−0,0033	−0,0011	−0,0003	0
	D_{ac}^2	0	−0,0010	−0,0028	−0,0078	−0,0154	−0,0188	−0,0128	−0,0054	−0,0020	−0,0006	−0,0002	−0,0001	0
	D_{ad}^2	0	−0,0002	−0,0005	−0,0013	−0,0020	−0,0007	0,0014	0,0014	0,0007	0,0002	0,0001	$\sim$0	0
	D_{ba}^2	0	−0,0023	−0,0066	−0,0194	−0,0424	−0,0641	−0,0540	−0,0263	−0,0104	−0,0033	−0,0011	−0,0003	0
	D_{bb}^2	1	0,9873	0,9630	0,8874	0,7282	0,4549	0,2239	0,0816	0,0290	0,0089	0,0030	0,0009	0
	D_{bc}^2	0	−0,0034	−0,0098	−0,0274	−0,0539	−0,0654	−0,0436	−0,0179	−0,0066	−0,0021	−0,0007	−0,0002	0
	D_{bd}^2	0	−0,0010	−0,0028	−0,0078	−0,0154	−0,0188	−0,0128	−0,0054	−0,0020	−0,0006	−0,0002	−0,0001	0
0,5	D_{aa}^2	1	0,9957	0,9873	0,9591	0,8874	0,7057	0,4469	0,1961	0,0754	0,0239	0,0080	0,0024	0
	D_{ab}^2	0	−0,0011	−0,0033	−0,0097	−0,0217	−0,0344	−0,0305	−0,0155	−0,0063	−0,0020	−0,0007	−0,0002	0
	D_{ac}^2	0	−0,0011	−0,0033	−0,0097	−0,0217	−0,0344	−0,0305	−0,0155	−0,0063	−0,0020	−0,0007	−0,0002	0
	D_{ad}^2	0	−0,0003	−0,0008	−0,0024	−0,0054	−0,0086	−0,0076	−0,0039	−0,0016	−0,0005	−0,0002	−0,0001	0
	D_{ba}^2	0	−0,0011	−0,0033	−0,0097	−0,0217	−0,0344	−0,0305	−0,0155	−0,0063	−0,0020	−0,0007	−0,0002	0
	D_{bb}^2	1	0,9895	0,9693	0,9051	0,7629	0,4972	0,2524	0,0934	0,0334	0,0103	0,0035	0,0010	0
	D_{bc}^2	0	−0,0025	−0,0072	−0,0208	−0,0436	−0,0583	−0,0417	−0,0177	−0,0066	−0,0020	−0,0007	−0,0002	0
	D_{bd}^2	0	−0,0011	−0,0033	−0,0097	−0,0217	−0,0344	−0,0305	−0,0155	−0,0063	−0,0020	−0,0007	−0,0002	0
1	D_{aa}^2	1	0,9965	0,9897	0,9664	0,9060	0,7449	0,4958	0,2291	0,0904	0,0290	0,0099	0,0030	0
	D_{ab}^2	0	−0,0002	−0,0005	−0,0015	−0,0032	−0,0037	−0,0013	0,0004	0,0004	0,0002	0,0001	$\sim$0	0
	D_{ac}^2	0	−0,0010	−0,0029	−0,0088	−0,0212	−0,0390	−0,0404	−0,0232	−0,0099	−0,0032	−0,0011	−0,0003	0
	D_{ad}^2	0	−0,0003	−0,0008	−0,0026	−0,0068	−0,0148	−0,0192	−0,0135	−0,0063	−0,0022	−0,0007	−0,0002	0
	D_{ba}^2	0	−0,0002	−0,0005	−0,0015	−0,0032	−0,0037	−0,0013	0,0004	0,0004	0,0002	0,0001	$\sim$0	0
	D_{bb}^2	1	0,9914	0,9747	0,9206	0,7953	0,5413	0,2854	0,1083	0,0391	0,0121	0,0041	0,0012	0
	D_{bc}^2	0	−0,0014	−0,0042	−0,0123	−0,0275	−0,0417	−0,0340	−0,0160	−0,0062	−0,0020	−0,0007	−0,0002	0
	D_{bd}^2	0	−0,0010	−0,0029	−0,0088	−0,0212	−0,0390	−0,0404	−0,0232	−0,0099	−0,0032	−0,0011	−0,0003	0

z	D_{ik}	$z_T = 0$	0,001	0,003	0,01	0,03	0,1	0,3	1	3	10	30	100	∞
2	D_{aa}	1	0,9971	0,9914	0,9720	0,9210	0,7797	0,5453	0,2675	0,1092	0,0356	0,0122	0,0037	0
	D_{ab}	0	0,0006	0,0018	0,0057	0,0145	0,0300	0,0362	0,0241	0,0110	0,0038	0,0013	0,0004	0
	D_{ac}	0	−0,0007	−0,0021	−0,0065	−0,0164	−0,0337	−0,0402	−0,0265	−0,0121	−0,0041	−0,0014	−0,0004	0
	D_{ad}	0	−0,0002	−0,0006	−0,0021	−0,0061	−0,0165	−0,0272	−0,0237	−0,0122	−0,0043	−0,0015	−0,0005	0
	D_{ba}	0	0,0006	0,0018	0,0057	0,0145	0,0300	0,0362	0,0241	0,0110	0,0038	0,0013	0,0004	0
	D_{bb}	1	0,9931	0,9795	0,9350	0,8277	0,5922	0,3290	0,1301	0,0480	0,0150	0,0050	0,0015	0
	D_{bc}	0	−0,0003	−0,0009	−0,0027	−0,0067	−0,0129	−0,0145	−0,0091	−0,0041	−0,0014	−0,0005	−0,0001	0
	D_{bd}	0	−0,0007	−0,0021	−0,0065	−0,0164	−0,0337	−0,0402	−0,0265	−0,0121	−0,0041	−0,0014	−0,0004	0
5	D_{aa}	1	0,9976	0,9929	0,9767	0,9340	0,8144	0,6043	0,3227	0,1393	0,0467	0,0161	0,0049	0
	D_{ab}	0	0,0013	0,0039	0,0125	0,0323	0,0705	0,0919	0,0671	0,0324	0,0113	0,0040	0,0012	0
	D_{ac}	0	−0,0004	−0,0011	−0,0033	−0,0083	−0,0165	−0,0199	−0,0146	−0,0073	−0,0026	−0,0009	−0,0003	0
	D_{ad}	0	−0,0001	−0,0004	−0,0012	−0,0037	−0,0117	−0,0230	−0,0242	−0,0140	−0,0053	−0,0019	−0,0006	0
	D_{ba}	0	0,0013	0,0039	0,0125	0,0323	0,0705	0,0919	0,0671	0,0324	0,0113	0,0040	0,0012	0
	D_{bb}	1	0,9946	0,9840	0,9488	0,8616	0,6567	0,3987	0,1727	0,0669	0,0213	0,0072	0,0022	0
	D_{bc}	0	0,0009	0,0025	0,0077	0,0185	0,0335	0,0323	0,0162	0,0062	0,0019	0,0006	0,0002	0
	D_{bd}	0	−0,0004	−0,0011	−0,0033	−0,0083	−0,0165	−0,0199	−0,0146	−0,0073	−0,0026	−0,0009	−0,0003	0
10	D_{aa}	1	0,9978	0,9934	0,9786	0,9397	0,8314	0,6402	0,3661	0,1669	0,0576	0,0201	0,0061	0
	D_{ab}	0	0,0016	0,0048	0,0154	0,0406	0,0927	0,1315	0,1077	0,0562	0,0205	0,0072	0,0022	0
	D_{ac}	0	−0,0002	−0,0006	−0,0017	−0,0036	−0,0035	0,0041	0,0103	0,0073	0,0030	0,0011	0,0003	0
	D_{ad}	0	−0,0001	−0,0002	−0,0007	−0,0022	−0,0065	−0,0112	−0,0090	−0,0041	−0,0013	−0,0005	−0,0001	0
	D_{ba}	0	0,0016	0,0048	0,0154	0,0406	0,0927	0,1315	0,1077	0,0562	0,0205	0,0072	0,0022	0
	D_{bb}	1	0,9953	0,9859	0,9549	0,8779	0,6936	0,4511	0,2162	0,0899	0,0298	0,0103	0,0031	0
	D_{bc}	0	0,0014	0,0040	0,0125	0,0315	0,0633	0,0745	0,0510	0,0245	0,0086	0,0030	0,0009	0
	D_{bd}	0	−0,0002	−0,0006	−0,0017	−0,0036	−0,0035	0,0041	0,0103	0,0073	0,0030	0,0011	0,0003	0
20	D_{aa}	1	0,9979	0,9937	0,9796	0,9428	0,8419	0,6662	0,4083	0,2010	0,0733	0,0261	0,0080	0
	D_{ab}	0	0,0018	0,0054	0,0171	0,0454	0,1071	0,1625	0,1511	0,0890	0,0351	0,0128	0,0040	0
	D_{ac}	0	−0,0001	−0,0003	−0,0007	−0,0007	0,0059	0,0264	0,0443	0,0342	0,0153	0,0058	0,0018	0
	D_{ad}	0	∼0	−0,0001	−0,0004	−0,0011	−0,0025	0,0013	0,0161	0,0187	0,0097	0,0039	0,0012	0
	D_{ba}	0	0,0018	0,0054	0,0171	0,0454	0,1071	0,1625	0,1511	0,0890	0,0351	0,0128	0,0040	0
	D_{bb}	1	0,9956	0,9870	0,9584	0,8874	0,7178	0,4932	0,2646	0,1234	0,0442	0,0157	0,0048	0
	D_{bc}	0	0,0017	0,0049	0,0154	0,0393	0,0836	0,1110	0,0942	0,0549	0,0219	0,0080	0,0025	0
	D_{bd}	0	−0,0001	−0,0003	−0,0007	−0,0007	0,0059	0,0264	0,0443	0,0342	0,0153	0,0058	0,0018	0
50	D_{aa}	1	0,9980	0,9939	0,9803	0,9449	0,8489	0,6867	0,4538	0,2546	0,1069	0,0409	0,0130	0
	D_{ab}	0	0,0019	0,0057	0,0181	0,0486	0,1172	0,1879	0,2005	0,1437	0,0685	0,0274	0,0088	0
	D_{ac}	0	∼0	−0,0001	−0,0001	0,0013	0,0129	0,0461	0,0874	0,0848	0,0470	0,0198	0,0065	0
	D_{ad}	0	∼0	∼0	−0,0002	−0,0004	0,0006	0,0131	0,0502	0,0645	0,0401	0,0175	0,0058	0

50	D_{ba}	0	0,0019	0,0057	0,0181	0,0486	0,1172	0,1879	0,2005	0,1437	0,0685	0,0274	0,0088	0
	D_{bb}	1	0,9959	0,9877	0,9607	0,8937	0,7349	0,5282	0,3209	0,1805	0,0779	0,0302	0,0096	0
	D_{bc}	0	0,0019	0,0055	0,0172	0,0445	0,0983	0,1423	0,1470	0,1099	0,0547	0,0222	0,0072	0
	D_{bd}	0	~ 0	−0,0001	−0,0001	0,0013	0,0129	0,0461	0,0874	0,0848	0,0470	0,0198	0,0065	0
100	D_{aa}	1	0,9980	0,9940	0,9805	0,9456	0,8515	0,6947	0,4765	0,2935	0,1438	0,0613	0,0206	0
	D_{ab}	0	0,0020	0,0058	0,0185	0,0497	0,1208	0,1980	0,2257	0,1842	0,1058	0,0478	0,0164	0
	D_{ac}	0	~ 0	~ 0	0,0001	0,0020	0,0155	0,0543	0,1104	0,1239	0,0837	0,0400	0,0140	0
	D_{ad}	0	~ 0	~ 0	−0,0001	−0,0001	0,0018	0,0181	0,0688	0,1005	0,0758	0,0375	0,0133	0
	D_{ba}	0	0,0020	0,0058	0,0185	0,0497	0,1208	0,1980	0,2257	0,1842	0,1058	0,0478	0,0164	0
	D_{bb}	1	0,9959	0,9880	0,9615	0,8959	0,7412	0,5422	0,3499	0,2233	0,1158	0,0507	0,0172	0
	D_{bc}	0	0,0019	0,0057	0,0179	0,0464	0,1037	0,1551	0,1748	0,1519	0,0923	0,0427	0,0148	0
	D_{bd}	0	~ 0	~ 0	0,0001	0,0020	0,0155	0,0543	0,1104	0,1239	0,0837	0,0400	0,0140	0
200	D_{aa}	1	0,9980	0,9940	0,9806	0,9459	0,8528	0,6990	0,4901	0,3235	0,1858	0,0926	0,0343	0
	D_{ab}	0	0,0020	0,0058	0,0187	0,0503	0,1227	0,2034	0,2411	0,2157	0,1484	0,0792	0,0302	0
	D_{ac}	0	~ 0	~ 0	0,0002	0,0024	0,0168	0,0588	0,1246	0,1546	0,1260	0,0713	0,0278	0
	D_{ad}	0	~ 0	~ 0	~ 0	~ 0	0,0024	0,0209	0,0805	0,1291	0,1172	0,0685	0,0270	0
	D_{ba}	0	0,0020	0,0058	0,0187	0,0503	0,1227	0,2034	0,2411	0,2157	0,1484	0,0792	0,0302	0
	D_{bb}	1	0,9960	0,9881	0,9619	0,8970	0,7444	0,5498	0,3677	0,2566	0,1591	0,0823	0,0310	0
	D_{bc}	0	0,0020	0,0058	0,0182	0,0473	0,1065	0,1621	0,1918	0,1848	0,1355	0,0742	0,0285	0
	D_{bd}	0	~ 0	~ 0	0,0002	0,0024	0,0168	0,0588	0,1246	0,1546	0,1260	0,0713	0,0278	0
500	D_{aa}	1	0,9980	0,9941	0,9807	0,9461	0,8536	0,7016	0,4993	0,3475	0,2341	0,1467	0,0673	0
	D_{ab}	0	0,0020	0,0059	0,0188	0,0506	0,1238	0,2068	0,2514	0,2410	0,1976	0,1337	0,0632	0
	D_{ac}	0	~ 0	~ 0	0,0003	0,0026	0,0177	0,0616	0,1342	0,1794	0,1751	0,1257	0,0608	0
	D_{ad}	0	~ 0	~ 0	~ 0	0,0001	0,0028	0,0226	0,0884	0,1522	0,1652	0,1225	0,0599	0
	D_{ba}	0	0,0020	0,0059	0,0188	0,0506	0,1238	0,2068	0,2514	0,2410	0,1976	0,1337	0,0632	0
	D_{bb}	1	0,9960	0,9882	0,9621	0,8977	0,7464	0,5546	0,3796	0,2834	0,2093	0,1371	0,0641	0
	D_{bc}	0	0,0020	0,0058	0,0184	0,0479	0,1083	0,1665	0,2034	0,2113	0,1855	0,1290	0,0616	0
	D_{bd}	0	~ 0	~ 0	0,0003	0,0026	0,0177	0,0616	0,1342	0,1794	0,1751	0,1257	0,0608	0
1000	D_{aa}	1	0,9980	0,9941	0,9807	0,9462	0,8538	0,7025	0,5025	0,3569	0,2587	0,1872	0,1047	0
	D_{ab}	0	0,0020	0,0059	0,0188	0,0507	0,1242	0,2080	0,2550	0,2509	0,2227	0,1744	0,1007	0
	D_{ac}	0	~ 0	~ 0	0,0003	0,0027	0,0180	0,0626	0,1376	0,1892	0,2000	0,1664	0,0982	0
	D_{ad}	0	~ 0	~ 0	~ 0	0,0001	0,0029	0,0232	0,0912	0,1613	0,1896	0,1629	0,0973	0
	D_{ba}	0	0,0020	0,0059	0,0188	0,0507	0,1242	0,2080	0,2550	0,2509	0,2227	0,1744	0,1007	0
	D_{bb}	1	0,9960	0,9882	0,9622	0,8979	0,7471	0,5562	0,3839	0,2938	0,2348	0,1781	0,1017	0
	D_{bc}	0	0,0020	0,0058	0,0184	0,0481	0,1088	0,1680	0,2075	0,2218	0,2110	0,1700	0,0992	0
	D_{bd}	0	~ 0	~ 0	0,0003	0,0027	0,0180	0,0626	0,1376	0,1892	0,2000	0,1664	0,0982	0

4. Auflagerreaktionen des Balkens auf fünf elastisch senk- und drehbaren Stützen

Der Balken auf fünf elastisch senk- und drehbaren Stützen

Auflagerkräfte B_{ik} bzw. $a \cdot B_{i\hat{k}}$

Auflagereinspannmomente D_{ik}/a bzw. $D_{i\hat{k}}$

$$z = 0,1 \qquad z_T = 0,001$$

k	a	b	c	d	e	k	a	b	c	d	e
B_{ak}	0,8556	0,1242	0,0174	0,0024	0,0004	$a \cdot B_{a\hat{k}}$	−0,0087	−0,0099	−0,0014	−0,0002	0
B_{bk}	0,1242	0,7488	0,1092	0,0153	0,0024	$a \cdot B_{b\hat{k}}$	0,0074	−0,0002	−0,0087	−0,0012	−0,0001
B_{ck}	0,0174	0,1092	0,7467	0,1092	0,0174	$a \cdot B_{c\hat{k}}$	0,0011	0,0086	0	−0,0086	−0,0011
D_{ak}/a	−0,0722	0,0620	0,0088	0,0012	0,0002	$D_{a\hat{k}}$	0,9937	−0,0030	−0,0007	−0,0001	0
D_{bk}/a	−0,0822	−0,0014	0,0717	0,0102	0,0016	$D_{b\hat{k}}$	−0,0030	0,9861	−0,0037	−0,0008	−0,0001
D_{ck}/a	−0,0117	−0,0721	0	0,0721	0,0117	$D_{c\hat{k}}$	−0,0007	−0,0037	0,9860	−0,0037	−0,0007

$$z = 0,1 \qquad z_T = 0,003$$

k	a	b	c	d	e	k	a	b	c	d	e
B_{ak}	0,8584	0,1234	0,0159	0,0020	0,0003	$a \cdot B_{a\hat{k}}$	−0,0255	−0,0286	−0,0038	−0,0005	−0,0001
B_{bk}	0,1234	0,7509	0,1095	0,0142	0,0020	$a \cdot B_{b\hat{k}}$	0,0221	−0,0004	−0,0253	−0,0034	−0,0004
B_{ck}	0,0159	0,1095	0,7492	0,1095	0,0159	$a \cdot B_{c\hat{k}}$	0,0030	0,0252	0	−0,0252	−0,0030
D_{ak}/a	−0,0709	0,0613	0,0083	0,0011	0,0002	$D_{a\hat{k}}$	0,9813	−0,0085	−0,0020	−0,0003	0
D_{bk}/a	−0,0795	−0,0012	0,0699	0,0094	0,0014	$D_{b\hat{k}}$	−0,0085	0,9595	−0,0106	−0,0022	−0,0003
D_{ck}/a	−0,0107	−0,0702	0	0,0702	0,0107	$D_{c\hat{k}}$	−0,0020	−0,0106	0,9593	−0,0106	−0,0020

$$z = 0,1 \qquad z_T = 0,01$$

k	a	b	c	d	e	k	a	b	c	d	e
B_{ak}	0,8672	0,1205	0,0113	0,0010	0,0001	$a \cdot B_{a\hat{k}}$	−0,0798	−0,0855	−0,0094	−0,0008	−0,0001
B_{bk}	0,1205	0,7578	0,1103	0,0104	0,0010	$a \cdot B_{b\hat{k}}$	0,0708	−0,0008	−0,0770	−0,0086	−0,0007
B_{ck}	0,0113	0,1103	0,7568	0,1103	0,0113	$a \cdot B_{c\hat{k}}$	0,0082	0,0768	0	−0,0768	−0,0082
D_{ak}/a	−0,0665	0,0590	0,0068	0,0006	0,0001	$D_{a\hat{k}}$	0,9408	−0,0247	−0,0052	−0,0005	0
D_{bk}/a	−0,0712	−0,0007	0,0640	0,0072	0,0007	$D_{b\hat{k}}$	−0,0247	0,8779	−0,0293	−0,0055	−0,0005
D_{ck}/a	−0,0078	−0,0642	0	0,0642	0,0078	$D_{c\hat{k}}$	−0,0052	−0,0293	0,8774	−0,0293	−0,0052

Der Balken auf fünf elastisch senk- und drehbaren Stützen

Auflagerkräfte B_{ik} bzw. $a \cdot B_{ik}^{\,\flat}$

Auflagereinspannmomente D_{ik}/a bzw. $D_{ik}^{\,\flat}$

$$z = 0{,}1 \qquad z_T = 0{,}03$$

k	a	b	c	d	e	k	a	b	c	d	e
B_{ak}	0,8857	0,1130	0,0019	−0,0006	0	$a \cdot B_{ak}^{\,\flat}$	−0,2052	−0,1974	−0,0117	0,0005	0,0001
B_{bk}	0,1130	0,7734	0,1117	0,0025	−0,0006	$a \cdot B_{bk}^{\,\flat}$	0,1918	−0,0008	−0,1865	−0,0122	0,0003
B_{ck}	0,0019	0,1117	0,7728	0,1117	0,0019	$a \cdot B_{ck}^{\,\flat}$	0,0138	0,1864	0	−0,1864	−0,0138
D_{ak}/a	−0,0570	0,0533	0,0038	−0,0001	0	$D_{ak}^{\,\flat}$	0,8436	−0,0529	−0,0087	−0,0002	0
D_{bk}/a	−0,0548	−0,0002	0,0518	0,0034	−0,0001	$D_{bk}^{\,\flat}$	−0,0529	0,7104	−0,0561	−0,0081	−0,0002
D_{ck}/a	−0,0032	−0,0518	0	0,0518	0,0032	$D_{ck}^{\,\flat}$	−0,0087	−0,0561	0,7100	−0,0561	−0,0087

$$z = 0{,}1 \qquad z_T = 0{,}1$$

k	a	b	c	d	e	k	a	b	c	d	e
B_{ak}	0,9182	0,0952	−0,0125	−0,0010	0,0002	$a \cdot B_{ak}^{\,\flat}$	−0,4689	−0,3590	0,0102	0,0043	−0,0002
B_{bk}	0,0952	0,8047	0,1125	−0,0114	−0,0010	$a \cdot B_{bk}^{\,\flat}$	0,4746	−0,0071	−0,3763	0,0046	0,0059
B_{ck}	−0,0125	0,1125	0,8000	0,1125	−0,0125	$a \cdot B_{ck}^{\,\flat}$	0	0,3750	0	−0,3750	0
D_{ak}/a	−0,0391	0,0396	0	−0,0005	0	$D_{ak}^{\,\flat}$	0,6251	−0,0771	−0,0068	0,0010	0,0001
D_{bk}/a	−0,0299	−0,0006	0,0313	−0,0004	−0,0004	$D_{bk}^{\,\flat}$	−0,0771	0,4349	−0,0661	−0,0046	0,0010
D_{ck}/a	0,0008	−0,0314	0	0,0314	−0,0008	$D_{ck}^{\,\flat}$	−0,0068	−0,0661	0,4339	−0,0661	−0,0068

$$z = 0{,}1 \qquad z_T = 0{,}3$$

k	a	b	c	d	e	k	a	b	c	d	e
B_{ak}	0,9472	0,0742	−0,0220	0,0004	0,0003	$a \cdot B_{ak}^{\,\flat}$	−0,7644	−0,4531	0,0470	0,0045	−0,0017
B_{bk}	0,0742	0,8376	0,1109	−0,0231	0,0004	$a \cdot B_{bk}^{\,\flat}$	0,8212	−0,0364	−0,5349	0,0398	0,0108
B_{ck}	−0,0220	0,1109	0,8222	0,1109	−0,0220	$a \cdot B_{ck}^{\,\flat}$	−0,0477	0,5339	0	−0,5339	0,0477
D_{ak}/a	−0,0212	0,0228	−0,0013	−0,0003	0	$D_{ak}^{\,\flat}$	0,3628	−0,0623	−0,0017	0,0012	−0,0001
D_{bk}/a	−0,0126	−0,0010	0,0148	−0,0011	−0,0001	$D_{bk}^{\,\flat}$	−0,0623	0,2114	−0,0437	−0,0005	0,0012
D_{ck}/a	0,0013	−0,0149	0	0,0149	−0,0013	$D_{ck}^{\,\flat}$	−0,0017	−0,0437	0,2089	−0,0437	−0,0017

Der Balken auf fünf elastisch senk- und drehbaren Stützen

Auflagerkräfte B_{ik} bzw. $a \cdot B_{ik}^{2}$

Auflagereinspannmomente D_{ik}/a bzw. D_{ik}^{2}

$z = 0{,}1$		$z_T = 1$

k	a	b	c	d	e	k	a	b	c	d	e
B_{ak}	0,9663	0,0579	−0,0262	0,0018	0,0002	$a \cdot B_{ak}^{2}$	−0,9964	−0,4835	0,0737	0,0020	−0,0029
B_{bk}	0,0579	0,8619	0,1084	−0,0299	0,0018	$a \cdot B_{bk}^{2}$	1,1062	−0,0769	−0,6279	0,0698	0,0112
B_{ck}	−0,0262	0,1084	0,8356	0,1084	−0,0262	$a \cdot B_{ck}^{2}$	−0,1016	0,6322	0	−0,6322	0,1016
D_{ak}/a	−0,0083	0,0092	−0,0008	−0,0001	0	D_{ak}^{2}	0,1476	−0,0295	0,0002	0,0006	−0,0001
D_{bk}/a	−0,0040	−0,0006	0,0053	−0,0006	0	D_{bk}^{2}	−0,0295	0,0766	−0,0181	0,0004	0,0006
D_{ck}/a	0,0006	−0,0052	0	0,0052	−0,0006	D_{ck}^{2}	0,0002	−0,0181	0,0747	−0,0181	0,0002

$z = 0{,}1$		$z_T = 3$

k	a	b	c	d	e	k	a	b	c	d	e
B_{ak}	0,9737	0,0511	−0,0273	0,0023	0,0001	$a \cdot B_{ak}^{2}$	−1,0944	−0,4878	0,0835	0,0005	−0,0034
B_{bk}	0,0511	0,8718	0,1071	−0,0323	0,0023	$a \cdot B_{bk}^{2}$	1,2290	−0,0981	−0,6604	0,0822	0,0104
B_{ck}	−0,0273	0,1071	0,8404	0,1071	−0,0273	$a \cdot B_{ck}^{2}$	−0,1276	0,6687	0	−0,6687	0,1276
D_{ak}/a	−0,0030	0,0034	−0,0004	0	0	D_{ak}^{2}	0,0548	−0,0115	0,0002	0,0002	−0,0001
D_{bk}/a	−0,0014	−0,0003	0,0019	−0,0002	0	D_{bk}^{2}	−0,0115	0,0272	−0,0067	0,0002	0,0002
D_{ck}/a	0,0002	−0,0018	0	0,0018	−0,0002	D_{ck}^{2}	0,0002	−0,0067	0,0264	−0,0067	0,0002

$z = 0{,}1$		$z_T = 10$

k	a	b	c	d	e	k	a	b	c	d	e
B_{ak}	0,9766	0,0483	−0,0276	0,0026	0,0001	$a \cdot B_{ak}^{2}$	−1,1340	−0,4884	0,0873	−0,0001	−0,0035
B_{bk}	0,0483	0,8758	0,1065	−0,0332	0,0026	$a \cdot B_{bk}^{2}$	1,2788	−0,1073	−0,6725	0,0872	0,0099
B_{ck}	−0,0276	0,1065	0,8422	0,1065	−0,0276	$a \cdot B_{ck}^{2}$	−0,1385	0,6827	0	−0,6827	0,1385
D_{ak}/a	−0,0009	0,0011	−0,0001	0	0	D_{ak}^{2}	0,0171	−0,0037	0,0001	0,0001	0
D_{bk}/a	−0,0004	−0,0001	0,0006	−0,0001	0	D_{bk}^{2}	−0,0037	0,0084	−0,0021	0,0001	0,0001
D_{ck}/a	0,0001	−0,0006	0	0,0006	−0,0001	D_{ck}^{2}	0,0001	−0,0021	0,0081	−0,0021	0,0001

Der Balken auf fünf elastisch senk- und drehbaren Stützen

Auflagerkräfte B_{ik} bzw. $a \cdot B_{ik}^{2}$

Auflagereinspannmomente D_{ik}/a bzw. D_{ik}^{2}

$z = 0,1$		$z_T = 30$

k	a	b	c	d	e	k	a	b	c	d	e
B_{ak}	0,9774	0,0475	−0,0277	0,0026	0,0001	$a \cdot B_{ak}^{2}$	−1,1459	−0,4885	0,0883	−0,0003	−0,0036
B_{bk}	0,0475	0,8770	0,1063	−0,0334	0,0026	$a \cdot B_{bk}^{2}$	1,2938	−0,1101	−0,6760	0,0886	0,0097
B_{ck}	−0,0277	0,1063	0,8428	0,1063	−0,0277	$a \cdot B_{ck}^{2}$	−0,1418	0,6869	0	−0,6869	0,1418
D_{ak}/a	−0,0003	0,0004	0	0	0	D_{ak}^{2}	0,0058	−0,0012	0	0	0
D_{bk}/a	−0,0001	0	0,0002	0	0	D_{bk}^{2}	−0,0012	0,0028	−0,0007	0	0
D_{ck}/a	0	−0,0002	0	0,0002	0	D_{ck}^{2}	0	−0,0007	0,0027	−0,0007	0

$z = 0,1$		$z_T = 100$

k	a	b	c	d	e	k	a	b	c	d	e
B_{ak}	0,9778	0,0472	−0,0277	0,0026	0,0001	$a \cdot B_{ak}^{2}$	−1,1501	−0,4885	0,0887	−0,0004	−0,0036
B_{bk}	0,0472	0,8774	0,1062	−0,0335	0,0026	$a \cdot B_{bk}^{2}$	1,2992	−0,1112	−0,6772	0,0891	0,0097
B_{ck}	−0,0277	0,1062	0,8430	0,1062	−0,0277	$a \cdot B_{ck}^{2}$	−0,1430	0,6884	0	−0,6884	0,1430
D_{ak}/a	−0,0001	0,0001	0	0	0	D_{ak}^{2}	0,0017	−0,0004	0	0	0
D_{bk}/a	0	0	0,0001	0	0	D_{bk}^{2}	−0,0004	0,0008	−0,0002	0	0
D_{ck}/a	0	−0,0001	0	0,0001	0	D_{ck}^{2}	0	−0,0002	0,0008	−0,0002	0

$z = 0,1$		$z_T = \infty$

k	a	b	c	d	e	k	a	b	c	d	e
B_{ak}	0,9779	0,0471	−0,0278	0,0027	0,0001	$a \cdot B_{ak}^{2}$	−1,1520	−0,4885	0,0889	−0,0006	−0,0036
B_{bk}	0,0471	0,8776	0,1062	−0,0336	0,0027	$a \cdot B_{bk}^{2}$	1,3015	−0,1115	−0,6784	0,0894	0,0096
B_{ck}	−0,0278	0,1062	0,8430	0,1062	−0,0278	$a \cdot B_{ck}^{2}$	−0,1436	0,6895	0	−0,6895	0,1436
D_{ak}/a	0	0	0	0	0	D_{ak}^{2}	0	0	0	0	0
D_{bk}/a	0	0	0	0	0	D_{bk}^{2}	0	0	0	0	0
D_{ck}/a	0	0	0	0	0	D_{ck}^{2}	0	0	0	0	0

Der Balken auf fünf elastisch senk- und drehbaren Stützen

Auflagerkräfte B_{ik} bzw. $a \cdot B_{ik}^{?}$

Auflagereinspannmomente D_{ik}/a bzw. $D_{ik}^{?}$

$$z = 0{,}2 \qquad z_T = 0{,}001$$

k	a	b	c	d	e	k	a	b	c	d	e
B_{ak}	0,7677	0,1792	0,0410	0,0095	0,0026	$a \cdot B_{ak}^{?}$	−0,0070	−0,0085	−0,0020	−0,0004	−0,0001
B_{bk}	0,1792	0,6296	0,1476	0,0342	0,0095	$a \cdot B_{bk}^{?}$	0,0054	−0,0004	−0,0070	−0,0016	−0,0003
B_{ck}	0,0410	0,1476	0,6227	0,1476	0,0410	$a \cdot B_{ck}^{?}$	0,0012	0,0069	0	−0,0069	−0,0012
D_{ak}/a	−0,1162	0,0894	0,0207	0,0048	0,0013	$D_{ak}^{?}$	0,9945	−0,0023	−0,0010	−0,0002	0
D_{bk}/a	−0,1425	−0,0061	0,1144	0,0267	0,0074	$D_{bk}^{?}$	−0,0023	0,9873	−0,0035	−0,0012	−0,0002
D_{ck}/a	−0,0328	−0,1171	0	0,1171	0,0328	$D_{ck}^{?}$	−0,0010	−0,0035	0,9870	−0,0035	−0,0010

$$z = 0{,}2 \qquad z_T = 0{,}003$$

k	a	b	c	d	e	k	a	b	c	d	e
B_{ak}	0,7718	0,1785	0,0389	0,0086	0,0022	$a \cdot B_{ak}^{?}$	−0,0206	−0,0249	−0,0055	−0,0012	−0,0002
B_{bk}	0,1785	0,6322	0,1481	0,0326	0,0086	$a \cdot B_{bk}^{?}$	0,0160	−0,0010	−0,0205	−0,0046	−0,0008
B_{ck}	0,0389	0,1481	0,6259	0,1481	0,0389	$a \cdot B_{ck}^{?}$	0,0036	0,0201	0	−0,0201	−0,0036
D_{ak}/a	−0,1143	0,0887	0,0200	0,0044	0,0012	$D_{ak}^{?}$	0,9838	−0,0066	−0,0028	−0,0006	−0,0001
D_{bk}/a	−0,1382	−0,0055	0,1118	0,0253	0,0066	$D_{bk}^{?}$	−0,0066	0,9630	−0,0099	−0,0035	−0,0006
D_{ck}/a	−0,0308	−0,1141	0	0,1141	0,0308	$D_{ck}^{?}$	−0,0028	−0,0099	0,9623	−0,0099	−0,0028

$$z = 0{,}2 \qquad z_T = 0{,}01$$

k	a	b	c	d	e	k	a	b	c	d	e
B_{ak}	0,7846	0,1760	0,0324	0,0059	0,0012	$a \cdot B_{ak}^{?}$	−0,0648	−0,0751	−0,0149	−0,0027	−0,0004
B_{bk}	0,1760	0,6407	0,1497	0,0278	0,0059	$a \cdot B_{bk}^{?}$	0,0517	−0,0023	−0,0629	−0,0126	−0,0020
B_{ck}	0,0324	0,1497	0,6359	0,1497	0,0324	$a \cdot B_{ck}^{?}$	0,0107	0,0621	0	−0,0621	−0,0107
D_{ak}/a	−0,1081	0,0862	0,0179	0,0033	0,0007	$D_{ak}^{?}$	0,9482	−0,0194	−0,0079	−0,0015	−0,0002
D_{bk}/a	−0,1251	−0,0039	0,1034	0,0211	0,0045	$D_{bk}^{?}$	−0,0194	0,8873	−0,0277	−0,0092	−0,0015
D_{ck}/a	−0,0249	−0,1048	0	0,1048	0,0249	$D_{ck}^{?}$	−0,0079	−0,0277	0,8857	−0,0277	−0,0079

Der Balken auf fünf elastisch senk- und drehbaren Stützen

Auflagerkräfte B_{ik} bzw. $a \cdot B_{ik}^2$

Auflagereinspannmomente D_{ik}/a bzw. D_{ik}^2

$$z = 0.2 \qquad z_T = 0{,}03$$

k	a	b	c	d	e	k	a	b	c	d	e
B_{ak}	0,8120	0,1686	0,0183	0,0012	0	$a \cdot B_{ak}^2$	—0,1697	—0,1772	—0,0262	—0,0023	—0,0001
B_{bk}	0,1686	0,6600	0,1529	0,0174	0,0012	$a \cdot B_{bk}^2$	0,1430	—0,0029	—0,1541	—0,0242	—0,0024
B_{ck}	0,0183	0,1529	0,6576	0,1529	0,0183	$a \cdot B_{ck}^2$	0,0242	0,1536	0	—0,1536	—0,0242
D_{ak}/a	—0,0943	0,0794	0,0135	0,0013	0,0001	D_{ak}^2	0,8610	—0,0424	—0,0154	—0,0020	—0,0002
D_{bk}/a	—0,0984	—0,0016	0,0853	0,0135	0,0013	D_{bk}^2	—0,0424	0,7282	—0,0541	—0,0159	—0,0020
D_{ck}/a	—0,0145	—0,0856	0	0,0856	0,0145	D_{ck}^2	—0,0154	—0,0541	0,7261	—0,0541	—0,0154

$$z = 0{,}2 \qquad z_T = 0{,}1$$

k	a	b	c	d	e	k	a	b	c	d	e
B_{ak}	0,8618	0,1477	—0,0059	—0,0036	—0,0001	$a \cdot B_{ak}^2$	—0,4014	—0,3358	—0,0190	0,0054	0,0011
B_{bk}	0,1477	0,6999	0,1577	—0,0017	—0,0036	$a \cdot B_{bk}^2$	0,3688	—0,0030	—0,3194	—0,0260	0,0046
B_{ck}	—0,0059	0,1577	0,6964	0,1577	—0,0059	$a \cdot B_{ck}^2$	0,0383	0,3182	0	—0,3182	—0,0383
D_{ak}/a	—0,0669	0,0615	0,0064	—0,0008	—0,0002	D_{ak}^2	0,6554	—0,0641	—0,0188	—0,0002	0,0004
D_{bk}/a	—0,0560	—0,0005	0,0530	0,0043	—0,0009	D_{bk}^2	—0,0641	0,4549	—0,0655	—0,0148	—0,0002
D_{ck}/a	—0,0032	—0,0532	0	0,0532	0,0032	D_{ck}^2	—0,0188	—0,0655	0,4539	—0,0655	—0,0188

$$z = 0{,}2 \qquad z_T = 0{,}3$$

k	a	b	c	d	e	k	a	b	c	d	e
B_{ak}	0,9086	0,1196	—0,0248	—0,0041	0,0008	$a \cdot B_{ak}^2$	—0,6797	—0,4412	0,0118	0,0134	0,0005
B_{bk}	0,1196	0,7439	0,1602	—0,0196	—0,0041	$a \cdot B_{bk}^2$	0,6666	—0,0157	—0,4687	—0,0091	0,0196
B_{ck}	—0,0248	0,1602	0,7293	0,1602	—0,0248	$a \cdot B_{ck}^2$	0,0332	0,4612	0	—0,4612	—0,0332
D_{ak}/a	—0,0378	0,0370	0,0018	—0,0011	0	D_{ak}^2	0,3924	—0,0540	—0,0128	0,0013	0,0006
D_{bk}/a	—0,0245	—0,0009	0,0256	0,0005	—0,0007	D_{bk}^2	—0,0540	0,2238	—0,0439	—0,0076	0,0013
D_{ck}/a	0,0007	—0,0260	0	0,0260	—0,0007	D_{ck}^2	—0,0128	—0,0439	0,2229	—0,0439	—0,0128

Der Balken auf fünf elastisch senk- und drehbaren Stützen

Auflagerkräfte B_{ik} bzw. $a \cdot B_{ik}^{\,\lambda}$

Auflagereinspannmomente D_{ik}/a bzw. $D_{ik}^{\,\lambda}$

$z = 0{,}2$ | $z_T = 1$

k	a	b	c	d	e	k	a	b	c	d	e
B_{ak}	0,9410	0,0954	−0,0350	−0,0028	0,0013	$a \cdot B_{ak}^{\,\lambda}$	−0,9124	−0,4838	0,0406	0,0165	−0,0019
B_{bk}	0,0954	0,7783	0,1605	−0,0314	−0,0028	$a \cdot B_{bk}^{\,\lambda}$	0,9280	−0,0396	−0,5645	0,0096	0,0340
B_{ck}	−0,0350	0,1605	0,7490	0,1605	−0,0350	$a \cdot B_{ck}^{\,\lambda}$	0,0164	0,5496	0	−0,5496	−0,0164
D_{ak}/a	−0,0152	0,0155	0,0003	−0,0006	0	$D_{ak}^{\,\lambda}$	0,1637	−0,0263	−0,0054	0,0010	0,0004
D_{bk}/a	−0,0081	−0,0007	0,0092	−0,0002	−0,0003	$D_{bk}^{\,\lambda}$	−0,0263	0,0815	−0,0182	−0,0026	0,0010
D_{ck}/a	0,0007	−0,0094	0	0,0094	−0,0007	$D_{ck}^{\,\lambda}$	−0,0054	−0,0182	0,0807	−0,0182	−0,0054

$z = 0{,}2$ | $z_T = 3$

k	a	b	c	d	e	k	a	b	c	d	e
B_{ak}	0,9540	0,0849	−0,0383	−0,0020	0,0014	$a \cdot B_{ak}^{\,\lambda}$	−1,0146	−0,4935	0,0529	0,0170	−0,0034
B_{bk}	0,0849	0,7929	0,1602	−0,0360	−0,0019	$a \cdot B_{bk}^{\,\lambda}$	1,0452	−0,0536	−0,6002	0,0179	0,0404
B_{ck}	−0,0383	0,1602	0,7561	0,1602	−0,0383	$a \cdot B_{ck}^{\,\lambda}$	0,0065	0,5821	0	−0,5821	−0,0065
D_{ak}/a	−0,0056	0,0058	0	−0,0002	0	$D_{ak}^{\,\lambda}$	0,0615	−0,0104	−0,0020	0,0004	0,0001
D_{bk}/a	−0,0027	−0,0003	0,0032	−0,0001	−0,0001	$D_{bk}^{\,\lambda}$	−0,0104	0,0290	−0,0067	−0,0009	0,0004
D_{ck}/a	0,0003	−0,0033	0	0,0033	−0,0003	$D_{ck}^{\,\lambda}$	−0,0020	−0,0067	0,0286	−0,0067	−0,0020

$z = 0{,}2$ | $z_T = 10$

k	a	b	c	d	e	k	a	b	c	d	e
B_{ak}	0,9591	0,0805	−0,0395	−0,0016	0,0014	$a \cdot B_{ak}^{\,\lambda}$	−1,0566	−0,4962	0,0578	0,0171	−0,0040
B_{bk}	0,0805	0,7988	0,1601	−0,0378	−0,0016	$a \cdot B_{bk}^{\,\lambda}$	1,0936	−0,0599	−0,6139	0,0213	0,0431
B_{ck}	−0,0395	0,1601	0,7588	0,1601	−0,0395	$a \cdot B_{ck}^{\,\lambda}$	0,0021	0,5945	0	−0,5945	−0,0021
D_{ak}/a	−0,0018	0,0018	0	−0,0001	0	$D_{ak}^{\,\lambda}$	0,0193	−0,0033	−0,0006	0,0001	0
D_{bk}/a	−0,0008	−0,0001	0,0010	0	0	$D_{bk}^{\,\lambda}$	−0,0033	0,0089	−0,0021	−0,0003	0,0001
D_{ck}/a	0,0001	−0,0010	0	0,0010	−0,0001	$D_{ck}^{\,\lambda}$	−0,0006	−0,0021	0,0088	−0,0021	−0,0006

Der Balken auf fünf elastisch senk- und drehbaren Stützen

Auflagerkräfte B_{ik} bzw. $a \cdot B_{ik}^{\,2}$

Auflagereinspannmomente D_{ik}/a bzw. $D_{ik}^{\,2}$

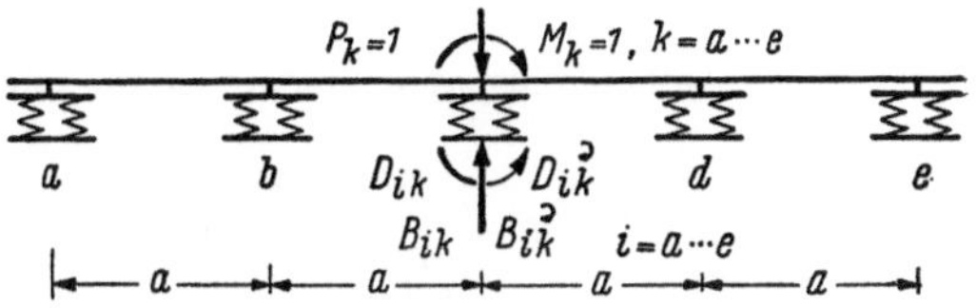

$$z = 0{,}2 \qquad z_T = 30$$

k	a	b	c	d	e	k	a	b	c	d	e
B_{ak}	0,9607	0,0792	−0,0398	−0,0015	0,0014	$a \cdot B_{ak}^{\,2}$	−1,0693	−0,4968	0,0593	0,0171	−0,0042
B_{bk}	0,0792	0,8005	0,1600	−0,0383	−0,0015	$a \cdot B_{bk}^{\,2}$	1,1082	−0,0618	−0,6180	0,0223	0,0439
B_{ck}	−0,0398	0,1600	0,7596	0,1600	−0,0398	$a \cdot B_{ck}^{\,2}$	0,0007	0,5981	0	−0,5981	−0,0007
D_{ak}/a	−0,0006	0,0006	0	0	0	$D_{ak}^{\,2}$	0,0065	−0,0011	−0,0002	0	0
D_{bk}/a	−0,0003	0	0,0003	0	0	$D_{bk}^{\,2}$	−0,0011	0,0030	−0,0007	−0,0001	0,0001
D_{ck}/a	0	−0,0003	0	0,0003	0	$D_{ck}^{\,2}$	−0,0002	−0,0007	0,0029	−0,0007	−0,0002

$$z = 0{,}2 \qquad z_T = 100$$

k	a	b	c	d	e	k	a	b	c	d	e
B_{ak}	0,9612	0,0788	−0,0399	−0,0014	0,0014	$a \cdot B_{ak}^{\,2}$	−1,0738	−0,4970	0,0598	0,0171	−0,0043
B_{bk}	0,0788	0,8012	0,1600	−0,0385	−0,0014	$a \cdot B_{bk}^{\,2}$	1,1135	−0,0626	−0,6194	0,0227	0,0442
B_{ck}	−0,0399	0,1600	0,7599	0,1600	−0,0399	$a \cdot B_{ck}^{\,2}$	0,0002	0,5994	0	−0,5994	−0,0002
D_{ak}/a	−0,0002	0,0002	0	0	0	$D_{ak}^{\,2}$	0,0020	−0,0003	−0,0001	0	0
D_{bk}/a	−0,0001	0	0,0001	0	0	$D_{bk}^{\,2}$	−0,0003	0,0009	−0,0002	0	0
D_{ck}/a	0	−0,0001	0	0,0001	0	$D_{ck}^{\,2}$	−0,0001	−0,0002	0,0009	−0,0002	−0,0001

$$z = 0{,}2 \qquad z_T = \infty$$

k	a	b	c	d	e	k	a	b	c	d	e
B_{ak}	0,9614	0,0786	−0,0400	−0,0014	0,0014	$a \cdot B_{ak}^{\,2}$	−1,0757	−0,4971	0,0602	0,0171	−0,0043
B_{bk}	0,0786	0,8014	0,1600	−0,0386	−0,0014	$a \cdot B_{bk}^{\,2}$	1,1158	−0,0632	−0,6204	0,0232	0,0443
B_{ck}	−0,0400	0,1600	0,7600	0,1600	−0,0400	$a \cdot B_{ck}^{\,2}$	0	0,6000	0	−0,6000	0
D_{ak}/a	0	0	0	0	0	$D_{ak}^{\,2}$	0	0	0	0	0
D_{bk}/a	0	0	0	0	0	$D_{bk}^{\,2}$	0	0	0	0	0
D_{ck}/a	0	0	0	0	0	$D_{ck}^{\,2}$	0	0	0	0	0

Der Balken auf fünf elastisch senk- und drehbaren Stützen

Auflagerkräfte B_{ik} bzw. $a \cdot B_{i\,k}^{\,2}$

Auflagereinspannmomente D_{ik}/a bzw. $D_{i\,k}^{\,2}$

$$z = 0,5 \qquad z_T = 0,001$$

k	a	b	c	d	e	k	a	b	c	d	e
B_{ak}	0,6210	0,2365	0,0897	0,0354	0,0174	$a \cdot B_{a\,k}^{\,2}$	−0,0046	−0,0062	−0,0023	−0,0008	−0,0002
B_{bk}	0,2365	0,4742	0,1822	0,0718	0,0354	$a \cdot B_{b\,k}^{\,2}$	0,0028	−0,0006	−0,0047	−0,0017	−0,0004
B_{ck}	0,0897	0,1822	0,4562	0,1822	0,0897	$a \cdot B_{c\,k}^{\,2}$	0,0011	0,0043	0	−0,0043	−0,0011
D_{ak}/a	−0,1897	0,1180	0,0451	0,0178	0,0088	$D_{a\,k}^{\,2}$	0,9957	−0,0011	−0,0012	−0,0004	−0,0001
D_{bk}/a	−0,2603	−0,0264	0,1802	0,0714	0,0352	$D_{b\,k}^{\,2}$	−0,0011	0,9895	−0,0027	−0,0017	−0,0004
D_{ck}/a	−0,0978	−0,1976	0	0,1976	0,0978	$D_{c\,k}^{\,2}$	−0,0012	−0,0027	0,9889	−0,0027	−0,0012

$$z = 0,5 \qquad z_T = 0,003$$

k	a	b	c	d	e	k	a	b	c	d	e
B_{ak}	0,6263	0,2368	0,0874	0,0334	0,0160	$a \cdot B_{a\,k}^{\,2}$	−0,0135	−0,0183	−0,0067	−0,0024	−0,000ι
B_{bk}	0,2368	0,4769	0,1828	0,0700	0,0334	$a \cdot B_{b\,k}^{\,2}$	0,0085	−0,0018	−0,0139	−0,0050	−0,0012
B_{ck}	0,0874	0,1828	0,4595	0,1828	0,0874	$a \cdot B_{c\,k}^{\,2}$	0,0032	0,0127	0	−0,0127	−0,0032
D_{ak}/a	−0,1872	0,1175	0,0445	0,0170	0,0081	$D_{a\,k}^{\,2}$	0,9873	−0,0033	−0,0034	−0,0012	−0,0003
D_{bk}/a	−0,2539	−0,0249	0,1770	0,0689	0,0329	$D_{b\,k}^{\,2}$	−0,0033	0,9691	−0,0078	−0,0048	−0,0012
D_{ck}/a	−0,0937	−0,1931	0	0,1931	0,0937	$D_{c\,k}^{\,2}$	−0,0034	−0,0078	0,9676	−0,0078	−0,0034

$$z = 0,5 \qquad z_T = 0,01$$

k	a	b	c	d	e	k	a	b	c	d	e
B_{ak}	0,6434	0,2372	0,0800	0,0276	0,0118	$a \cdot B_{a\,k}^{\,2}$	−0,0431	−0,0561	−0,0195	−0,0063	−0,0015
B_{bk}	0,2372	0,4859	0,1850	0,0643	0,0276	$a \cdot B_{b\,k}^{\,2}$	0,0278	−0,0049	−0,0429	−0,0147	−0,0035
B_{ck}	0,0800	0,1850	0,4700	0,1850	0,0800	$a \cdot B_{c\,k}^{\,2}$	0,0102	0,0400	0	−0,0400	−0,0102
D_{ak}/a	−0,1794	0,1159	0,0425	0,0147	0,0063	$D_{a\,k}^{\,2}$	0,9591	−0,0098	−0,0100	−0,0034	−0,0008
D_{bk}/a	−0,2339	−0,0203	0,1667	0,0612	0,0263	$D_{b\,k}^{\,2}$	−0,0098	0,9046	−0,0223	−0,0136	−0,0034
D_{ck}/a	−0,0814	−0,1789	0	0,1789	0,0814	$D_{c\,k}^{\,2}$	−0,0100	−0,0223	0,9006	−0,0223	−0,0100

Der Balken auf fünf elastisch senk- und drehbaren Stützen

Auflagerkräfte B_{ik} bzw. $a \cdot B_{ik}^{2}$

Auflagereinspannmomente D_{ik}/a bzw. D_{ik}^{2}

$$z = 0,5 \qquad z_T = 0,03$$

k	a	b	c	d	e	k	a	b	c	d	e
B_{ak}	0,6812	0,2355	0,0626	0,0159	0,0048	$a \cdot B_{ak}^{2}$	—0,1161	—0,1377	—0,0414	—0,0105	—0,0022
B_{bk}	0,2355	0,5063	0,1902	0,0521	0,0159	$a \cdot B_{bk}^{2}$	0,0795	—0,0088	—0,1071	—0,0331	—0,0073
B_{ck}	0,0626	0,1902	0,4944	0,1902	0,0626	$a \cdot B_{ck}^{2}$	0,0271	0,1028	0	—0,1028	—0,0271
D_{ak}/a	—0,1612	0,1104	0,0376	0,0101	0,0031	D_{ak}^{2}	0,8874	—0,0218	—0,0221	—0,0065	—0,0014
D_{bk}/a	—0,1912	—0,0122	0,1428	0,0460	0,0146	D_{bk}^{2}	—0,0218	0,7624	—0,0455	—0,0270	—0,0065
D_{ck}/a	—0,0575	—0,1487	0	0,1487	0,0575	D_{ck}^{2}	—0,0221	—0,0455	0,7554	—0,0455	—0,0221

$$z = 0,5 \qquad z_T = 0,1$$

k	a	b	c	d	e	k	a	b	c	d	e
B_{ak}	0,7543	0,2215	0,0272	—0,0014	—0,0016	$a \cdot B_{ak}^{2}$	—0,2926	—0,2815	—0,0589	—0,0043	0,0009
B_{bk}	0,2215	0,5492	0,2011	0,0296	—0,0014	$a \cdot B_{bk}^{2}$	0,2202	—0,0080	—0,2299	—0,0569	—0,0080
B_{ck}	0,0272	0,2011	0,5435	0,2011	0,0272	$a \cdot B_{ck}^{2}$	0,0652	0,2283	0	—0,2283	—0,0652
D_{ak}/a	—0,1219	0,0918	0,0272	0,0034	—0,0004	D_{ak}^{2}	0,7057	—0,0345	—0,0344	—0,0073	—0,0009
D_{bk}/a	—0,1173	—0,0033	0,0951	0,0237	0,0018	D_{bk}^{2}	—0,0345	0,4970	—0,0589	—0,0329	—0,0073
D_{ck}/a	—0,0246	—0,0958	0	0,0958	0,0246	D_{ck}^{2}	—0,0344	—0,0589	0,4912	—0,0589	—0,0344

$$z = 0,5 \qquad z_T = 0,3$$

k	a	b	c	d	e	k	a	b	c	d	e
B_{ak}	0,8297	0,1926	—0,0088	—0,0124	—0,0011	$a \cdot B_{ak}^{2}$	—0,5333	—0,4004	—0,0471	0,0130	0,0074
B_{bk}	0,1926	0,5992	0,2129	0,0077	—0,0124	$a \cdot B_{bk}^{2}$	0,4319	—0,0038	—0,3524	—0,0674	0,0026
B_{ck}	—0,0088	0,2129	0,5919	0,2129	—0,0088	$a \cdot B_{ck}^{2}$	0,1113	0,3498	0	—0,3498	—0,1113
D_{ak}/a	—0,0741	0,0600	0,0155	—0,0004	—0,0010	D_{ak}^{2}	0,4469	—0,0306	—0,0303	—0,0041	0,0008
D_{bk}/a	—0,0556	—0,0005	0,0486	0,0094	—0,0018	D_{bk}^{2}	—0,0306	0,2520	—0,0415	—0,0218	—0,0041
D_{ck}/a	—0,0065	—0,0489	0	0,0489	0,0065	D_{ck}^{2}	—0,0303	—0,0415	0,2503	—0,0415	—0,0303

Der Balken auf fünf elastisch senk- und drehbaren Stützen

Auflagerkräfte B_{ik} bzw. $a \cdot B_{k}^{2}$

Auflagereinspannmomente D_{ik}/a bzw. D_{ik}^{2}

$z = 0,5$	$z_T = 1$

k	a	b	c	d	e		k	a	b	c	d	e
B_{ak}	0,8875	0,1614	−0,0340	−0,0165	0,0016	$a \cdot B_{ak}^{2}$	−0,7609	−0,4661	−0,0224	0,0276	0,0119
B_{bk}	0,1614	0,6418	0,2218	−0,0085	−0,0165	$a \cdot B_{bk}^{2}$	0,6426	−0,0046	−0,4417	−0,0690	0,0200
B_{ck}	−0,0340	0,2218	0,6243	0,2218	−0,0340	$a \cdot B_{ck}^{2}$	0,1503	0,4293	0	−0,4293	−0,1503
D_{ak}/a	−0,0317	0,0268	0,0063	−0,0008	−0,0005	D_{ak}^{2}	0,1961	−0,0157	−0,0155	−0,0014	0,0011
D_{bk}/a	−0,0194	−0,0002	0,0179	0,0029	−0,0012	D_{bk}^{2}	−0,0157	0,0930	−0,0176	−0,0090	−0,0014
D_{ck}/a	−0,0009	−0,0184	0	0,0184	0,0009	D_{ck}^{2}	−0,0155	−0,0176	0,0931	−0,0176	−0,0155

$z = 0,5$	$z_T = 3$

k	a	b	c	d	e		k	a	b	c	d	e
B_{ak}	0,9122	0,1460	−0,0439	−0,0173	0,0030	$a \cdot B_{ak}^{2}$	−0,8694	−0,4874	−0,0088	0,0334	0,0132
B_{bk}	0,1460	0,6611	0,2255	−0,0154	−0,0173	$a \cdot B_{bk}^{2}$	0,7450	−0,0068	−0,4785	−0,0686	0,0301
B_{ck}	−0,0439	0,2255	0,6367	0,2255	−0,0439	$a \cdot B_{ck}^{2}$	0,1677	0,4589	0	−0,4589	−0,1677
D_{ak}/a	−0,0121	0,0103	0,0023	−0,0004	−0,0002	D_{ak}^{2}	0,0753	−0,0063	−0,0062	−0,0005	0,0006
D_{bk}/a	−0,0068	−0,0001	0,0064	0,0010	−0,0005	D_{bk}^{2}	−0,0063	0,0332	−0,0066	−0,0033	−0,0005
D_{ck}/a	−0,0001	−0,0066	0	0,0066	0,0001	D_{ck}^{2}	−0,0062	−0,0066	0,0334	−0,0066	−0,0062

$z = 0,5$	$z_T = 10$

k	a	b	c	d	e		k	a	b	c	d	e
B_{ak}	0,9223	0,1394	−0,0478	−0,0175	0,0036	$a \cdot B_{ak}^{2}$	−0,9154	−0,4949	−0,0028	0,0356	0,0136
B_{bk}	0,1394	0,6692	0,2270	−0,0182	−0,0175	$a \cdot B_{bk}^{2}$	0,7889	−0,0081	−0,4933	−0,0683	0,0347
B_{ck}	−0,0478	0,2270	0,6414	0,2270	−0,0478	$a \cdot B_{ck}^{2}$	0,1749	0,4702	0	−0,4702	−0,1749
D_{ak}/a	−0,0038	0,0033	0,0007	−0,0001	−0,0001	D_{ak}^{2}	0,0239	−0,0020	−0,0020	−0,0001	0,0002
D_{bk}/a	−0,0021	0	0,0020	0,0003	−0,0001	D_{bk}^{2}	−0,0020	0,0102	−0,0020	−0,0010	−0,0001
D_{ck}/a	0	−0,0021	0	0,0021	0	D_{ck}^{2}	−0,0020	−0,0020	0,0103	−0,0020	−0,0020

Der Balken auf fünf elastisch senk- und drehbaren Stützen

Auflagerkräfte B_{ik} bzw. $a \cdot B_{ik}^{2}$

Auflagereinspannmomente D_{ik}/a bzw. D_{ik}^{2}

$z = 0,5$	$z_T = 30$

k	a	b	c	d	e	k	a	b	c	d	e
B_{ak}	0,9253	0,1374	—0,0489	—0,0175	0,0037	$a \cdot B_{ak}^{2}$	—0,9296	—0,4970	—0,0010	0,0362	0,0137
B_{bk}	0,1374	0,6716	0,2275	—0,0190	—0,0175	$a \cdot B_{bk}^{2}$	0,8023	—0,0085	—0,4977	—0,0682	0,0362
B_{ck}	—0,0489	0,2275	0,6429	0,2275	—0,0489	$a \cdot B_{ck}^{2}$	0,1771	0,4736	0	—0,4736	—0,1771
D_{ak}/a	—0,0013	0,0011	0,0002	—0,0001	0	D_{ak}^{2}	0,0081	—0,0007	—0,0007	0	0,0001
D_{bk}/a	—0,0007	0	0,0007	0,0001	—0,0001	D_{bk}^{2}	—0,0007	0,0034	—0,0007	—0,0003	0
D_{ck}/a	0	—0,0007	0	0,0007	0	D_{ck}^{2}	—0,0007	—0,0007	0,0035	—0,0007	—0,0007

$z = 0,5$	$z_T = 100$

k	a	b	c	d	e	k	a	b	c	d	e
B_{ak}	0,9264	0,1366	—0,0493	—0,0175	0,0038	$a \cdot B_{ak}^{2}$	—0,9346	—0,4978	—0,0003	0,0365	0,0137
B_{bk}	0,1366	0,6725	0,2277	—0,0193	—0,0175	$a \cdot B_{bk}^{2}$	0,8071	—0,0087	—0,4993	—0,0682	0,0367
B_{ck}	—0,0493	0,2277	0,6434	0,2277	—0,0493	$a \cdot B_{ck}^{2}$	0,1779	0,4747	0	—0,4747	—0,1779
D_{ak}/a	—0,0004	0,0003	0,0001	0	0	D_{ak}^{2}	0,0024	—0,0002	—0,0002	0	0
D_{bk}/a	—0,0002	0	0,0002	0	0	D_{bk}^{2}	—0,0002	0,0010	—0,0002	—0,0001	0
D_{ck}/a	0	—0,0002	0	0,0002	0	D_{ck}^{2}	—0,0002	—0,0002	0,0010	—0,0002	—0,0002

$z = 0,5$	$z_T = \infty$

k	a	b	c	d	e	k	a	b	c	d	e
B_{ak}	0,9268	0,1363	—0,0495	—0,0175	0,0038	$a \cdot B_{ak}^{2}$	—0,9368	—0,4980	0,0008	0,0366	0,0137
B_{bk}	0,1363	0,6728	0,2277	—0,0194	—0,0175	$a \cdot B_{bk}^{2}$	0,8091	—0,0087	—0,4993	—0,0681	0,0369
B_{ck}	—0,0495	0,2277	0,6436	0,2277	—0,0495	$a \cdot B_{ck}^{2}$	0,1782	0,4752	0	—0,4752	—0,1782
D_{ak}/a	0	0	0	0	0	D_{ak}^{2}	0	0	0	0	0
D_{bk}/a	0	0	0	0	0	D_{bk}^{2}	0	0	0	0	0
D_{ck}/a	0	0	0	0	0	D_{ck}^{2}	0	0	0	0	0

Der Balken auf fünf elastisch senk- und drehbaren Stützen

Auflagerkräfte B_{ik} bzw. $a \cdot B_{ik}^{2}$

Auflagereinspannmomente D_{ik}/a bzw. D_{ik}^{2}

$$z = 1 \qquad z_T = 0,001$$

k	a	b	c	d	e	k	a	b	c	d	e
B_{ak}	0,5043	0,2528	0,1281	0,0691	0,0457	$a \cdot B_{ak}^{2}$	−0,0030	−0,0044	−0,0021	−0,0010	−0,0003
B_{bk}	0,2528	0,3796	0,1938	0,1046	0,0691	$a \cdot B_{bk}^{2}$	0,0015	−0,0007	−0,0032	−0,0015	−0,0004
B_{ck}	0,1281	0,1938	0,3562	0,1938	0,1281	$a \cdot B_{ck}^{2}$	0,0008	0,0027	0	−0,0027	−0,0008
D_{ak}/a	−0,2481	0,1260	0,0644	0,0347	0,0230	D_{ak}^{2}	0,9965	−0,0002	−0,0011	−0,0005	−0,0001
D_{bk}/a	−0,3686	−0,0575	0,2242	0,1216	0,0803	D_{bk}^{2}	−0,0002	0,9913	−0,0018	−0,0017	−0,0005
D_{ck}/a	−0,1790	−0,2699	0	0,2699	0,1790	D_{ck}^{2}	−0,0011	−0,0018	0,9906	−0,0018	−0,0011

$$z = 1 \qquad z_T = 0,003$$

k	a	b	c	d	e	k	a	b	c	d	e
B_{ak}	0,5099	0,2539	0,1262	0,0667	0,0433	$a \cdot B_{ak}^{2}$	−0,0088	−0,0130	−0,0063	−0,0028	−0,0008
B_{bk}	0,2539	0,3822	0,1944	0,1028	0,0667	$a \cdot B_{bk}^{2}$	0,0045	−0,0020	−0,0095	−0,0043	−0,0012
B_{ck}	0,1262	0,1944	0,3587	0,1944	0,1262	$a \cdot B_{ck}^{2}$	0,0023	0,0080	0	−0,0080	−0,0023
D_{ak}/a	−0,2457	0,1259	0,0640	0,0339	0,0220	D_{ak}^{2}	0,9896	−0,0007	−0,0031	−0,0014	−0,0004
D_{bk}/a	−0,3613	−0,0552	0,2211	0,1185	0,0769	D_{bk}^{2}	−0,0007	0,9743	−0,0051	−0,0049	−0,0014
D_{ck}/a	−0,1736	−0,2646	0	0,2646	0,1736	D_{ck}^{2}	−0,0031	−0,0051	0,9725	−0,0051	−0,0031

$$z = 1 \qquad z_T = 0,01$$

k	a	b	c	d	e	k	a	b	c	d	e
B_{ak}	0,5278	0,2572	0,1200	0,0591	0,0360	$a \cdot B_{ak}^{2}$	−0,0286	−0,0406	−0,0188	−0,0080	−0,0023
B_{bk}	0,2572	0,3904	0,1964	0,0970	0,0591	$a \cdot B_{bk}^{2}$	0,0150	−0,0058	−0,0297	−0,0131	−0,0037
B_{ck}	0,1200	0,1964	0,3672	0,1964	0,1200	$a \cdot B_{ck}^{2}$	0,0076	0,0253	0	−0,0253	−0,0076
D_{ak}/a	−0,2381	0,1251	0,0629	0,0311	0,0189	D_{ak}^{2}	0,9664	−0,0019	−0,0095	−0,0042	−0,0012
D_{bk}/a	−0,3380	−0,0482	0,2110	0,1088	0,0664	D_{bk}^{2}	−0,0019	0,9194	−0,0150	−0,0143	−0,0042
D_{ck}/a	−0,1568	−0,2475	0	0,2475	0,1568	D_{ck}^{2}	−0,0095	−0,0150	0,9143	−0,0150	−0,0095

Der Balken auf fünf elastisch senk- und drehbaren Stützen

Auflagerkräfte B_{ik} bzw. $a \cdot B_{ik}^{\,2}$

Auflagereinspannmomente D_{ik}/a bzw. $D_{ik}^{\,2}$

$z = 1$ $\quad z_T = 0,03$

k	a	b	c	d	e	k	a	b	c	d	e
B_{ak}	0,5689	0,2624	0,1047	0,0426	0,0214	$a \cdot B_{ak}^{\,2}$	−0,0790	−0,1030	−0,0438	−0,0163	−0,0046
B_{bk}	0,2624	0,4094	0,2014	0,0843	0,0426	$a \cdot B_{bk}^{\,2}$	0,0439	−0,0123	−0,0755	−0,0318	−0,0090
B_{ck}	0,1047	0,2014	0,3880	0,2014	0,1047	$a \cdot B_{ck}^{\,2}$	0,0216	0,0672	0	−0,0672	−0,0216
D_{ak}/a	−0,2195	0,1218	0,0599	0,0251	0,0127	$D_{ak}^{\,2}$	0,9059	−0,0037	−0,0225	−0,0095	−0,0027
D_{bk}/a	−0,2860	−0,0341	0,1866	0,0882	0,0453	$D_{bk}^{\,2}$	−0,0037	0,7935	−0,0321	−0,0310	−0,0095
D_{ck}/a	−0,1216	−0,2097	0	0,2097	0,1216	$D_{ck}^{\,2}$	−0,0225	−0,0321	0,7829	−0,0321	−0,0225

$z = 1$ $\quad z_T = 0,1$

k	a	b	c	d	e	k	a	b	c	d	e
B_{ak}	0,6537	0,2624	0,0690	0,0135	0,0015	$a \cdot B_{ak}^{\,2}$	−0,2108	−0,2256	−0,0773	−0,0187	−0,0039
B_{bk}	0,2624	0,4495	0,2137	0,0610	0,0135	$a \cdot B_{bk}^{\,2}$	0,1284	−0,0165	−0,1669	−0,0640	−0,0174
B_{ck}	0,0690	0,2137	0,4347	0,2137	0,0690	$a \cdot B_{ck}^{\,2}$	0,0611	0,1594	0	−0,1594	−0,0611
D_{ak}/a	−0,1756	0,1070	0,0509	0,0145	0,0032	$D_{ak}^{\,2}$	0,7449	−0,0039	−0,0397	−0,0152	−0,0041
D_{bk}/a	−0,1880	−0,0138	0,1328	0,0534	0,0155	$D_{bk}^{\,2}$	−0,0039	0,5402	−0,0452	−0,0448	−0,0152
D_{ck}/a	−0,0644	−0,1391	0	0,1391	0,0644	$D_{ck}^{\,2}$	−0,0397	−0,0452	0,5269	−0,0452	−0,0397

$z = 1$ $\quad z_T = 0,3$

k	a	b	c	d	e	k	a	b	c	d	e
B_{ak}	0,7491	0,2442	0,0243	−0,0113	−0,0063	$a \cdot B_{ak}^{\,2}$	−0,4123	−0,3467	−0,0863	−0,0024	0,0062
B_{bk}	0,2442	0,4967	0,2308	0,0396	−0,0113	$a \cdot B_{bk}^{\,2}$	0,2709	−0,0100	−0,2628	−0,0914	−0,0216
B_{ck}	0,0243	0,2308	0,4898	0,2308	0,0243	$a \cdot B_{ck}^{\,2}$	0,1259	0,2629	0	−0,2629	−0,1259
D_{ak}/a	−0,1145	0,0753	0,0350	0,0060	−0,0017	$D_{ak}^{\,2}$	0,4956	−0,0015	−0,0398	−0,0139	−0,0033
D_{bk}/a	−0,0963	−0,0028	0,0730	0,0254	0,0007	$D_{bk}^{\,2}$	−0,0015	0,2849	−0,0342	−0,0350	−0,0139
D_{ck}/a	−0,0240	−0,0730	0	0,0730	0,0240	$D_{ck}^{\,2}$	−0,0398	−0,0342	0,2772	−0,0342	−0,0398

Der Balken auf fünf elastisch senk- und drehbaren Stützen

Auflagerkräfte B_{ik} bzw. $a \cdot B_{ik}^{2}$

Auflagereinspannmomente D_{ik}/a bzw. D_{ik}^{2}

$z = 1$ $z_T = 1$

k	a	b	c	d	e	k	a	b	c	d	e
B_{ak}	0,8298	0,2153	−0,0147	−0,0264	−0,0039	$a \cdot B_{ak}^{2}$	−0,6278	−0,4310	−0,0739	0,0200	0,0212
B_{bk}	0,2153	0,5387	0,2475	0,0250	−0,0264	$a \cdot B_{bk}^{2}$	0,4310	0,0006	−0,3370	−0,1094	−0,0200
B_{ck}	−0,0147	0,2475	0,5344	0,2475	−0,0147	$a \cdot B_{ck}^{2}$	0,1980	0,3410	0	−0,3410	−0,1980
D_{ak}/a	−0,0523	0,0359	0,0165	0,0017	−0,0018	D_{ak}^{2}	0,2287	0	−0,0225	−0,0073	−0,0013
D_{bk}/a	−0,0359	0,0001	0,0284	0,0091	−0,0017	D_{bk}^{2}	0	0,1078	−0,0152	−0,0159	−0,0073
D_{ck}/a	−0,0062	−0,0281	0	0,0281	0,0062	D_{ck}^{2}	−0,0225	−0,0152	0,1056	−0,0152	−0,0225

$z = 1$ $z_T = 3$

k	a	b	c	d	e	k	a	b	c	d	e
B_{ak}	0,8670	0,1985	−0,0325	−0,0320	−0,0010	$a \cdot B_{ak}^{2}$	−0,7398	−0,4642	−0,0634	0,0314	0,0295
B_{bk}	0,1985	0,5587	0,2557	0,0191	−0,0320	$a \cdot B_{bk}^{2}$	0,5157	0,0062	−0,3694	−0,1166	−0,0177
B_{ck}	−0,0325	0,2557	0,5537	0,2557	−0,0325	$a \cdot B_{ck}^{2}$	0,2360	0,3729	0	−0,3729	−0,2360
D_{ak}/a	−0,0206	0,0143	0,0066	0,0005	−0,0008	D_{ak}^{2}	0,0901	0,0002	−0,0095	−0,0030	−0,0005
D_{bk}/a	−0,0129	0,0002	0,0104	0,0032	−0,0009	D_{bk}^{2}	0,0002	0,0389	−0,0058	−0,0061	−0,0030
D_{ck}/a	−0,0018	−0,0103	0	0,0103	0,0018	D_{ck}^{2}	−0,0095	−0,0058	0,0383	−0,0058	−0,0095

1 $z_T = 10$

k	a	b	c	d	e	k	a	b	c	d	e
B_{ak}	0,8828	0,1908	−0,0400	−0,0341	0,0005	$a \cdot B_{ak}^{2}$	−0,7894	−0,4772	−0,0581	0,0364	0,0333
B_{bk}	0,1908	0,5673	0,2592	0,0168	−0,0341	$a \cdot B_{bk}^{2}$	0,5534	0,0086	−0,3827	−0,1195	−0,0164
B_{ck}	−0,0400	0,2592	0,5616	0,2592	−0,0400	$a \cdot B_{ck}^{2}$	0,2529	0,3856	0	−0,3856	−0,2529
D_{ak}/a	−0,0066	0,0046	0,0021	0,0001	−0,0003	D_{ak}^{2}	0,0289	0,0001	−0,0031	−0,0010	−0,0001
D_{bk}/a	−0,0040	0,0001	0,0032	0,0010	−0,0003	D_{bk}^{2}	0,0001	0,0120	−0,0018	−0,0019	−0,0010
D_{ck}/a	−0,0005	−0,0032	0	0,0032	0,0005	D_{ck}^{2}	−0,0031	−0,0018	0,0119	−0,0018	−0,0031

Der Balken auf fünf elastisch senk- und drehbaren Stützen

Auflagerkräfte B_{ik} bzw. $a \cdot B_{ik}^{2}$

Auflagereinspannmomente D_{ik}/a bzw. D_{ik}^{2}

$z = 1$ | $z_T = 30$

k	a	b	c	d	e	k	a	b	c	d	e
B_{ak}	0,8876	0,1884	−0,0423	−0,0347	0,0010	$a \cdot B_{ak}^{2}$	−0,8049	−0,4811	−0,0564	0,0379	0,0344
B_{bk}	0,1884	0,5699	0,2603	0,0161	−0,0347	$a \cdot B_{bk}^{2}$	0,5652	0,0093	−0,3868	−0,1203	−0,0159
B_{ck}	−0,0423	0,2603	0,5640	0,2603	−0,0423	$a \cdot B_{ck}^{2}$	0,2582	0,3894	0	−0,3894	−0,2582
D_{ak}/a	−0,0022	0,0016	0,0007	0	−0,0001	D_{ak}^{2}	0,0098	0	−0,0011	−0,0003	0
D_{bk}/a	−0,0013	0	0,0011	0,0003	−0,0001	D_{bk}^{2}	0	0,0040	−0,0006	−0,0007	−0,0003
D_{ck}/a	−0,0002	−0,0011	0	0,0011	0,0002	D_{ck}^{2}	−0,0011	−0,0006	0,0040	−0,0006	−0,0011

$z = 1$ | $z_T = 100$

k	a	b	c	d	e	k	a	b	c	d	e
B_{ak}	0,8893	0,1876	−0,0431	−0,0349	0,0011	$a \cdot B_{ak}^{2}$	−0,8104	−0,4825	−0,0558	0,0384	0,0348
B_{bk}	0,1876	0,5708	0,2607	0,0158	−0,0349	$a \cdot B_{bk}^{2}$	0,5694	0,0095	−0,3883	−0,1206	−0,0158
B_{ck}	−0,0431	0,2607	0,5649	0,2607	−0,0431	$a \cdot B_{ck}^{2}$	0,2601	0,3907	0	−0,3907	−0,2601
D_{ak}/a	−0,0007	0,0005	0,0002	0	0	D_{ak}^{2}	0,0030	0	−0,0003	−0,0001	0
D_{bk}/a	−0,0004	0	0,0003	0,0001	0	D_{bk}^{2}	0	0,0012	−0,0002	−0,0002	−0,0001
D_{ck}/a	0	−0,0003	0	0,0003	0	D_{ck}^{2}	−0,0003	−0,0002	0,0012	−0,0002	−0,0003

$z = 1$ | $z_T = \infty$

k	a	b	c	d	e	k	a	b	c	d	e
B_{ak}	0,8901	0,1872	−0,0435	−0,0350	0,0012	$a \cdot B_{ak}^{2}$	−0,8128	−0,4831	−0,0556	0,0386	0,0350
B_{bk}	0,1872	0,5713	0,2609	0,0157	−0,0350	$a \cdot B_{bk}^{2}$	0,5713	0,0097	−0,3890	−0,1207	−0,0157
B_{ck}	−0,0435	0,2609	0,5652	0,2609	−0,0435	$a \cdot B_{ck}^{2}$	0,2609	0,3914	0	−0,3914	−0,2609
D_{ak}/a	0	0	0	0	0	D_{ak}^{2}	0	0	0	0	0
D_{bk}/a	0	0	0	0	0	D_{bk}^{2}	0	0	0	0	0
D_{ck}/a	0	0	0	0	0	D_{ck}^{2}	0	0	0	0	0

Der Balken auf fünf elastisch senk- und drehbaren Stützen

Auflagerkräfte B_{ik} bzw. $a \cdot B_{ik}^{?}$

Auflagereinspannmomente D_{ik}/a bzw. $D_{ik}^{?}$

$$z = 2 \qquad z_T = 0,001$$

k	a	b	c	d	e	k	a	b	c	d	e
B_{ak}	0,4002	0,2480	0,1578	0,1080	0,0860	$a \cdot B_{ak}^{?}$	—0,0018	—0,0029	—0,0016	—0,0008	—0,0003
B_{bk}	0,2480	0,3100	0,1982	0,1357	0,1080	$a \cdot B_{bk}^{?}$	0,0007	—0,0006	—0,0021	—0,0011	—0,0003
B_{ck}	0,1578	0,1982	0,2880	0,1982	0,1578	$a \cdot B_{ck}^{?}$	0,0005	0,0015	0	—0,0015	—0,0005
D_{ak}/a	—0,3002	0,1235	0,0792	0,0543	0,0432	$D_{ak}^{?}$	0,9971	0,0006	—0,0008	—0,0004	—0,0001
D_{bk}/a	—0,4750	—0,0971	0,2560	0,1760	0,1401	$D_{bk}^{?}$	0,0006	0,9929	—0,0007	—0,0014	—0,0004
D_{ck}/a	—0,2730	—0,3421	0	0,3421	0,2730	$D_{ck}^{?}$	—0,0008	—0,0007	0,9923	—0,0007	—0,0008

$$z = 2 \qquad z_T = 0,003$$

k	a	b	c	d	e	k	a	b	c	d	e
B_{ak}	0,4051	0,2495	0,1565	0,1057	0,0832	$a \cdot B_{ak}^{?}$	—0,0054	—0,0084	—0,0048	—0,0025	—0,0008
B_{bk}	0,2495	0,3121	0,1986	0,1341	0,1057	$a \cdot B_{bk}^{?}$	0,0022	—0,0017	—0,0061	—0,0031	—0,0010
B_{ck}	0,1565	0,1986	0,2897	0,1986	0,1565	$a \cdot B_{ck}^{?}$	0,0014	0,0046	0	—0,0046	—0,0014
D_{ak}/a	—0,2985	0,1234	0,0793	0,0535	0,0422	$D_{ak}^{?}$	0,9914	0,0017	—0,0024	—0,0012	—0,0004
D_{bk}/a	—0,4679	—0,0946	0,2533	0,1730	0,1363	$D_{bk}^{?}$	0,0017	0,9790	—0,0020	—0,0040	—0,0012
D_{ck}/a	—0,2676	—0,3366	0	0,3366	0,2676	$D_{ck}^{?}$	—0,0024	—0,0020	0,9774	—0,0020	—0,0024

$$z = 2 \qquad z_T = 0,01$$

k	a	b	c	d	e	k	a	b	c	d	e
B_{ak}	0,4211	0,2543	0,1523	0,0979	0,0744	$a \cdot B_{ak}^{?}$	—0,0176	—0,0267	—0,0150	—0,0075	—0,0023
B_{bk}	0,2543	0,3189	0,2000	0,1289	0,0979	$a \cdot B_{bk}^{?}$	0,0074	—0,0052	—0,0191	—0,0098	—0,0031
B_{ck}	0,1523	0,2000	0,2954	0,2000	0,1523	$a \cdot B_{ck}^{?}$	0,0048	0,0146	0	—0,0146	—0,0048
D_{ak}/a	—0,2925	0,1229	0,0794	0,0512	0,0389	$D_{ak}^{?}$	0,9719	0,0052	—0,0075	—0,0039	—0,0012
D_{bk}/a	—0,4448	—0,0867	0,2441	0,1632	0,1242	$D_{bk}^{?}$	0,0052	0,9334	—0,0059	—0,0121	—0,0039
D_{ck}/a	—0,2499	—0,3191	0	0,3191	0,2499	$D_{ck}^{?}$	—0,0075	—0,0059	0,9285	—0,0059	—0,0075

Der Balken auf fünf elastisch senk- und drehbaren Stützen

Auflagerkräfte B_{ik} bzw. $a \cdot B_{ik}^2$

Auflagereinspannmomente D_{ik}/a bzw. D_{ik}^2

$z = 2$	$z_T = 0,03$

k	a	b	c	d	e	k	a	b	c	d	e
B_{ak}	0,4596	0,2644	0,1413	0,0800	0,0547	$a \cdot B_{ak}^2$	−0,0499	−0,0703	−0,0377	−0,0175	−0,0056
B_{bk}	0,2644	0,3351	0,2037	0,1168	0,0800	$a \cdot B_{bk}^2$	0,0217	−0,0125	−0,0500	−0,0254	−0,0082
B_{ck}	0,1413	0,2037	0,3099	0,2037	0,1413	$a \cdot B_{ck}^2$	0,0143	0,0398	0	−0,0398	−0,0143
D_{ak}/a	−0,2770	0,1208	0,0792	0,0457	0,0313	D_{ak}^2	0,9206	0,0135	−0,0186	−0,0099	−0,0032
D_{bk}/a	−0,3906	−0,0692	0,2214	0,1409	0,0975	D_{bk}^2	0,0135	0,8245	−0,0134	−0,0282	−0,0099
D_{ck}/a	−0,2096	−0,2779	0	0,2779	0,2096	D_{ck}^2	−0,0186	−0,0134	0,8131	−0,0134	−0,0186

$z = 2$	$z_T = 0,1$

k	a	b	c	d	e	k	a	b	c	d	e
B_{ak}	0,5461	0,2791	0,1129	0,0432	0,0187	$a \cdot B_{ak}^2$	−0,1412	−0,1661	−0,0787	−0,0299	−0,0097
B_{bk}	0,2791	0,3706	0,2140	0,0931	0,0432	$a \cdot B_{bk}^2$	0,0660	−0,0224	−0,1157	−0,0579	−0,0204
B_{ck}	0,1129	0,2140	0,3461	0,2140	0,1129	$a \cdot B_{ck}^2$	0,0450	0,1007	0	−0,1007	−0,0450
D_{ak}/a	−0,2352	0,1101	0,0750	0,0341	0,0161	D_{ak}^2	0,7793	0,0289	−0,0364	−0,0205	−0,0074
D_{bk}/a	−0,2769	−0,0373	0,1678	0,0965	0,0498	D_{bk}^2	0,0289	0,5887	−0,0214	−0,0480	−0,0205
D_{ck}/a	−0,1312	−0,1929	0	0,1929	0,1312	D_{ck}^2	−0,0364	−0,0214	0,5693	−0,0214	−0,0364

$z = 2$	$z_T = 0,3$

k	a	b	c	d	e	k	a	b	c	d	e
B_{ak}	0,6548	0,2797	0,0699	0,0043	−0,0086	$a \cdot B_{ak}^2$	−0,2988	−0,2789	−0,1080	−0,0254	−0,0047
B_{bk}	0,2797	0,4133	0,2315	0,0713	0,0043	$a \cdot B_{bk}^2$	0,1491	−0,0218	−0,1882	−0,0943	−0,0377
B_{ck}	0,0699	0,2315	0,3973	0,2315	0,0699	$a \cdot B_{ck}^2$	0,1072	0,1811	0	−0,1811	−0,1072
D_{ak}/a	−0,1660	0,0829	0,0596	0,0210	0,0026	D_{ak}^2	0,5450	0,0356	−0,0407	−0,0247	−0,0107
D_{bk}/a	−0,1550	−0,0121	0,1006	0,0524	0,0141	D_{bk}^2	0,0356	0,3275	−0,0185	−0,0448	−0,0247
D_{ck}/a	−0,0600	−0,1046	0	0,1046	0,0600	D_{ck}^2	−0,0407	−0,0185	0,3098	−0,0185	−0,0407

Der Balken auf fünf elastisch senk- und drehbaren Stützen

Auflagerkräfte B_{ik} bzw. $a \cdot B_{ik}^{\,\zeta}$

Auflagereinspannmomente D_{ik}/a bzw. $D_{ik}^{\,\zeta}$

| $z = 2$ | | $z_T = 1$ |

k	a	b	c	d	e	k	a	b	c	d	e
B_{ak}	0,7577	0,2626	0,0225	−0,0260	−0,0169	$a \cdot B_{ak}^{\,\zeta}$	−0,4930	−0,3761	−0,1142	−0,0042	0,0140
B_{bk}	0,2626	0,4516	0,2527	0,0591	−0,0260	$a \cdot B_{bk}^{\,\zeta}$	0,2562	−0,0095	−0,2453	−0,1254	−0,0576
B_{ck}	0,0225	0,2527	0,4495	0,2527	0,0225	$a \cdot B_{ck}^{\,\zeta}$	0,1932	0,2559	0	−0,2559	−0,1932
D_{ak}/a	−0,0822	0,0427	0,0322	0,0096	−0,0023	$D_{ak}^{\,\zeta}$	0,2670	0,0238	−0,0251	−0,0164	−0,0086
D_{bk}/a	−0,0627	−0,0016	0,0427	0,0209	0,0007	$D_{bk}^{\,\zeta}$	0,0238	0,1297	−0,0091	−0,0236	−0,0164
D_{ck}/a	−0,0190	−0,0409	0	0,0409	0,0190	$D_{ck}^{\,\zeta}$	−0,0251	−0,0091	0,1208	−0,0091	−0,0251

| $z = 2$ | | $z_T = 3$ |

k	a	b	c	d	e	k	a	b	c	d	e
B_{ak}	0,8100	0,2485	−0,0034	−0,0396	−0,0155	$a \cdot B_{ak}^{\,\zeta}$	−0,6060	−0,4220	−0,1110	0,0111	0,0294
B_{bk}	0,2485	0,4705	0,2651	0,0556	−0,0396	$a \cdot B_{bk}^{\,\zeta}$	0,3196	0,0001	−0,2704	−0,1406	−0,0696
B_{ck}	−0,0034	0,2651	0,4767	0,2651	−0,0034	$a \cdot B_{ck}^{\,\zeta}$	0,2463	0,2924	0	−0,2924	−0,2463
D_{ak}/a	−0,0337	0,0178	0,0137	0,0039	−0,0016	$D_{ak}^{\,\zeta}$	0,1089	0,0108	−0,0110	−0,0075	−0,0043
D_{bk}/a	−0,0234	0	0,0162	0,0078	−0,0006	$D_{bk}^{\,\zeta}$	0,0108	0,0478	−0,0036	−0,0097	−0,0075
D_{ck}/a	−0,0062	−0,0150	0	0,0150	0,0062	$D_{ck}^{\,\zeta}$	−0,0110	−0,0036	0,0443	−0,0036	−0,0110

| $z = 2$ | | $z_T = 10$ |

k	a	b	c	d	e	k	a	b	c	d	e
B_{ak}	0,8333	0,2412	−0,0153	−0,0454	−0,0138	$a \cdot B_{ak}^{\,\zeta}$	−0,6589	−0,4418	−0,1085	0,0188	0,0376
B_{bk}	0,2412	0,4788	0,2709	0,0545	−0,0454	$a \cdot B_{bk}^{\,\zeta}$	0,3494	0,0051	−0,2809	−0,1472	−0,0753
B_{ck}	−0,0153	0,2709	0,4889	0,2709	−0,0153	$a \cdot B_{ck}^{\,\zeta}$	0,2717	0,3083	0	−0,3083	−0,2717
D_{ak}/a	−0,0110	0,0058	0,0045	0,0013	−0,0006	$D_{ak}^{\,\zeta}$	0,0354	0,0037	−0,0037	−0,0025	−0,0015
D_{bk}/a	−0,0074	0,0001	0,0051	0,0025	−0,0003	$D_{bk}^{\,\zeta}$	0,0037	0,0149	−0,0012	−0,0031	−0,0025
D_{ck}/a	−0,0018	−0,0047	0	0,0047	0,0018	$D_{ck}^{\,\zeta}$	−0,0037	−0,0012	0,0138	−0,0012	−0,0037

Der Balken auf fünf elastisch senk- und drehbaren Stützen

Auflagerkräfte B_{ik} bzw. $a \cdot B_{ik}^2$

Auflagereinspannmomente D_{ik}/a bzw. D_{ik}^2

| $z = 2$ | $z_T = 30$ |

k	a	b	c	d	e	k	a	b	c	d	e
B_{ak}	0,8406	0,2388	−0,0191	−0,0472	−0,0131	$a \cdot B_{ak}^2$	−0,6758	−0,4480	−0,1076	0,0213	0,0403
B_{bk}	0,2388	0,4814	0,2727	0,0543	−0,0472	$a \cdot B_{bk}^2$	0,3590	0,0067	−0,2841	−0,1493	−0,0772
B_{ck}	−0,0191	0,2727	0,4928	0,2727	−0,0191	$a \cdot B_{ck}^2$	0,2799	0,3133	0	−0,3133	−0,2799
D_{ak}/a	−0,0038	0,0020	0,0016	0,0004	−0,0002	D_{ak}^2	0,0121	0,0013	−0,0013	−0,0009	−0,0005
D_{bk}/a	−0,0025	0	0,0017	0,0008	−0,0001	D_{bk}^2	0,0013	0,0050	−0,0004	−0,0011	−0,0009
D_{ck}/a	−0,0006	−0,0016	0	0,0016	0,0006	D_{ck}^2	−0,0013	−0,0004	0,0046	−0,0004	−0,0013

| $z = 2$ | $z_T = 100$ |

k	a	b	c	d	e	k	a	b	c	d	e
B_{ak}	0,8432	0,2380	−0,0205	−0,0478	−0,0129	$a \cdot B_{ak}^2$	−0,6819	−0,4502	−0,1073	0,0222	0,0413
B_{bk}	0,2380	0,4823	0,2734	0,0542	−0,0478	$a \cdot B_{bk}^2$	0,3624	0,0073	−0,2852	−0,1501	−0,0779
B_{ck}	−0,0205	0,2734	0,4941	0,2734	−0,0205	$a \cdot B_{ck}^2$	0,2829	0,3150	0	−0,3150	−0,2829
D_{ak}/a	−0,0011	0,0006	0,0005	0,0001	−0,0001	D_{ak}^2	0,0037	0,0004	−0,0004	−0,0003	−0,0002
D_{bk}/a	−0,0008	0	0,0005	0,0003	0	D_{bk}^2	0,0004	0,0015	−0,0001	−0,0003	−0,0003
D_{ck}/a	−0,0002	−0,0005	0	0,0005	0,0002	D_{ck}^2	−0,0004	−0,0001	0,0014	−0,0001	−0,0004

| $z = 2$ | $z_T = \infty$ |

k	a	b	c	d	e	k	a	b	c	d	e
B_{ak}	0,8444	0,2376	−0,0211	−0,0481	−0,0129	$a \cdot B_{ak}^2$	−0,6846	−0,4512	−0,1073	0,0225	0,0417
B_{bk}	0,2376	0,4827	0,2737	0,0541	−0,0481	$a \cdot B_{bk}^2$	0,3639	0,0075	−0,2858	−0,1502	−0,0782
B_{ck}	−0,0211	0,2737	0,4947	0,2737	−0,0211	$a \cdot B_{ck}^2$	0,2842	0,3160	0	−0,3160	−0,2842
D_{ak}/a	0	0	0	0	0	D_{ak}^2	0	0	0	0	0
D_{bk}/a	0	0	0	0	0	D_{bk}^2	0	0	0	0	0
D_{ck}/a	0	0	0	0	0	D_{ck}^2	0	0	0	0	0

Der Balken auf fünf elastisch senk- und drehbaren Stützen

Auflagerkräfte B_{ik} bzw. $a \cdot B_{ik}^{2}$

Auflagereinspannmomente D_{ik}/a bzw. D_{ik}^{2}

$$\boxed{z = 5 \quad | \quad z_T = 0,001}$$

k	a	b	c	d	e	k	a	b	c	d	e
B_{ak}	0,3004	0,2294	0,1812	0,1516	0,1375	$a \cdot B_{ak}^{2}$	−0,0008	−0,0014	−0,0009	−0,0005	−0,0002
B_{bk}	0,2294	0,2523	0,1997	0,1671	0,1516	$a \cdot B_{bk}^{2}$	0,0003	−0,0003	−0,0010	−0,0006	−0,0002
B_{ck}	0,1812	0,1997	0,2382	0,1997	0,1812	$a \cdot B_{ck}^{2}$	0,0002	0,0007	0	−0,0007	−0,0002
D_{ak}/a	−0,3503	0,1142	0,0910	0,0761	0,0690	D_{ak}^{2}	0,9976	0,0013	−0,0005	−0,0003	−0,0001
D_{bk}/a	−0,5840	−0,1445	0,2801	0,2352	0,2133	D_{bk}^{2}	0,0013	0,9945	0,0006	−0,0008	−0,0003
D_{ck}/a	−0,3797	−0,4176	0	0,4176	0,3797	D_{ck}^{2}	−0,0005	0,0006	0,9941	0,0006	−0,0005

$$\boxed{z = 5 \quad | \quad z_T = 0,003}$$

k	a	b	c	d	e	k	a	b	c	d	e
B_{ak}	0,3036	0,2306	0,1806	0,1499	0,1354	$a \cdot B_{ak}^{2}$	−0,0025	−0,0042	−0,0027	−0,0015	−0,0005
B_{bk}	0,2306	0,2535	0,1999	0,1660	0,1499	$a \cdot B_{bk}^{2}$	0,0008	−0,0010	−0,0030	−0,0017	−0,0005
B_{ck}	0,1806	0,1999	0,2390	0,1999	0,1806	$a \cdot B_{ck}^{2}$	0,0007	0,0020	0	−0,0020	−0,0007
D_{ak}/a	−0,3496	0,1138	0,0914	0,0759	0,0685	D_{ak}^{2}	0,9928	0,0038	−0,0013	−0,0008	−0,0002
D_{bk}/a	−0,5786	−0,1427	0,2777	0,2331	0,2105	D_{bk}^{2}	0,0038	0,9836	0,0017	−0,0023	−0,0008
D_{ck}/a	−0,3758	−0,4132	0	0,4132	0,3758	D_{ck}^{2}	−0,0013	0,0017	0,9825	0,0017	−0,0013

$$\boxed{z = 5 \quad | \quad z_T = 0,01}$$

k	a	b	c	d	e	k	a	b	c	d	e
B_{ak}	0,3141	0,2347	0,1785	0,1444	0,1284	$a \cdot B_{ak}^{2}$	−0,0083	−0,0134	−0,0087	−0,0048	−0,0016
B_{bk}	0,2347	0,2578	0,2006	0,1625	0,1444	$a \cdot B_{bk}^{2}$	0,0027	−0,0033	−0,0096	−0,0054	−0,0018
B_{ck}	0,1785	0,2006	0,2418	0,2006	0,1785	$a \cdot B_{ck}^{2}$	0,0022	0,0065	0	−0,0065	−0,0022
D_{ak}/a	−0,3472	0,1123	0,0928	0,0752	0,0669	D_{ak}^{2}	0,9765	0,0120	−0,0042	−0,0025	−0,0008
D_{bk}/a	−0,5603	−0,1367	0,2698	0,2261	0,2011	D_{bk}^{2}	0,0120	0,9474	0,0051	−0,0072	−0,0025
D_{ck}/a	−0,3627	−0,3985	0	0,3985	0,3627	D_{ck}^{2}	−0,0042	0,0051	0,9442	0,0051	−0,0042

Der Balken auf fünf elastisch senk- und drehbaren Stützen

Auflagerkräfte B_{ik} bzw. $a \cdot B_{ik}^{2}$

Auflagereinspannmomente D_{ik}/a bzw. D_{ik}^{2}

$z = 5$	$z_T = 0{,}03$

k	a	b	c	d	e	k	a	b	c	d	e
B_{ak}	0,3413	0,2447	0,1729	0,1305	0,1107	$a \cdot B_{ak}^{2}$	−0,0245	−0,0371	−0,0237	−0,0128	−0,0045
B_{bk}	0,2447	0,2687	0,2026	0,1536	0,1305	$a \cdot B_{bk}^{2}$	0,0078	−0,0088	−0,0260	−0,0150	−0,0053
B_{ck}	0,1729	0,2026	0,2491	0,2026	0,1729	$a \cdot B_{ck}^{2}$	0,0069	0,0180	0	−0,0180	−0,0069
D_{ak}/a	−0.3398	0,1085	0,0957	0,0733	0,0623	D_{ak}^{2}	0,9336	0,0311	−0,0105	−0,0071	−0,0025
D_{bk}/a	−0,5148	−0,1216	0,2499	0,2084	0,1781	D_{bk}^{2}	0,0311	0,8582	0,0121	−0,0179	−0,0071
D_{ck}/a	−0,3296	−0,3618	0	0,3618	0,3296	D_{ck}^{2}	−0,0105	0,0121	0,8497	0,0121	−0,0105

$z = 5$	$z_T = 0{,}1$

k	a	b	c	d	e	k	a	b	c	d	e
B_{ak}	0,4121	0,2673	0,1569	0,0957	0,0679	$a \cdot B_{ak}^{2}$	−0,0750	−0,0971	−0,0597	−0,0301	−0,0118
B_{bk}	0,2673	0,2954	0,2085	0,1331	0,0957	$a \cdot B_{bk}^{2}$	0,0233	−0,0206	−0,0657	−0,0395	−0,0162
B_{ck}	0,1569	0,2085	0,2691	0,2085	0,1569	$a \cdot B_{ck}^{2}$	0,0237	0,0482	0	−0,0482	−0,0237
D_{ak}/a	−0,3124	0,0971	0,0988	0,0673	0,0492	D_{ak}^{2}	0,8134	0,0679	−0,0214	−0,0184	−0,0080
D_{bk}/a	−0,4046	−0,0859	0,2007	0,1646	0,1252	D_{bk}^{2}	0,0679	0,6503	0,0210	−0,0352	−0,0184
D_{ck}/a	−0,2486	−0,2736	0	0,2736	0,2486	D_{ck}^{2}	−0,0214	0,0210	0,6308	0,0210	−0,0214

$z = 5$	$z_T = 0{,}3$

k	a	b	c	d	e	k	a	b	c	d	e
B_{ak}	0,5209	0,2913	0,1278	0,0471	0,0129	$a \cdot B_{ak}^{2}$	−0,1775	−0,1858	−0,1037	−0,0457	−0,0200
B_{bk}	0,2913	0,3319	0,2206	0,1091	0,0471	$a \cdot B_{bk}^{2}$	0,0539	−0,0310	−0,1163	−0,0756	−0,0389
B_{ck}	0,1278	0,2206	0,3032	0,2206	0,1278	$a \cdot B_{ck}^{2}$	0,0646	0,0955	0	−0,0955	−0,0646
D_{ak}/a	−0,2465	0,0749	0,0897	0,0541	0,0278	D_{ak}^{2}	0,6030	0,0891	−0,0252	−0,0296	−0,0174
D_{bk}/a	−0,2581	−0,0430	0,1327	0,1050	0,0634	D_{bk}^{2}	0,0891	0,3926	0,0191	−0,0408	−0,0296
D_{ck}/a	−0,1440	−0,1615	0	0,1615	0,1440	D_{ck}^{2}	−0,0252	0,0191	0,3650	0,0191	−0,0252

Der Balken auf fünf elastisch senk- und drehbaren Stützen

Auflagerkräfte B_{ik} bzw. $a \cdot B_{ik}^{2}$

Auflagereinspannmomente D_{ik}/a bzw. D_{ik}^{2}

$$z = 5 \qquad z_T = 1$$

k	a	b	c	d	e	k	a	b	c	d	e
B_{ak}	0,6458	0,3021	0,0860	−0,0023	−0,0315	$a \cdot B_{ak}^{2}$	−0,3316	−0,2849	−0,1369	−0,0464	−0,0183
B_{bk}	0,3021	0,3675	0,2396	0,0931	−0,0023	$a \cdot B_{bk}^{2}$	0,1006	−0,0303	−0,1594	−0,1154	−0,0760
B_{ck}	0,0860	0,2396	0,3489	0,2396	0,0860	$a \cdot B_{ck}^{2}$	0,1367	0,1534	0	−0,1534	−0,1367
D_{ak}/a	−0,1382	0,0419	0,0569	0,0317	0,0076	D_{ak}^{2}	0,3220	0,0659	−0,0166	−0,0261	−0,0204
D_{bk}/a	−0,1187	−0,0126	0,0639	0,0481	0,0193	D_{bk}^{2}	0,0659	0,1701	0,0093	−0,0275	−0,0261
D_{ck}/a	−0,0570	−0,0664	0	0,0664	0,0570	D_{ck}^{2}	−0,0166	0,0093	0,1482	0,0093	−0,0166

$$z = 5 \qquad z_T = 3$$

k	a	b	c	d	e	k	a	b	c	d	e
B_{ak}	0,7195	0,3007	0,0566	−0,0293	−0,0476	$a \cdot B_{ak}^{2}$	−0,4384	−0,3432	−0,1491	−0,0381	−0,0082
B_{bk}	0,3007	0,3860	0,2535	0,0891	−0,0293	$a \cdot B_{bk}^{2}$	0,1342	−0,0239	−0,1783	−0,1387	−0,1038
B_{ck}	0,0566	0,2535	0,3797	0,2535	0,0566	$a \cdot B_{ck}^{2}$	0,1922	0,1903	0	−0,1903	−0,1922
D_{ak}/a	−0,0609	0,0186	0,0267	0,0144	0,0011	D_{ak}^{2}	0,1391	0,0321	−0,0076	−0,0139	−0,0125
D_{bk}/a	−0,0477	−0,0033	0,0264	0,0193	0,0053	D_{bk}^{2}	0,0321	0,0661	0,0036	−0,0130	−0,0139
D_{ck}/a	−0,0207	−0,0248	0	0,0248	0,0207	D_{ck}^{2}	−0,0076	0,0036	0,0550	0,0036	−0,0076

$$z = 5 \qquad z_T = 10$$

k	a	b	c	d	e	k	a	b	c	d	e
B_{ak}	0,7553	0,2982	0,0411	−0,0420	−0,0527	$a \cdot B_{ak}^{2}$	−0,4937	−0,3716	−0,1534	−0,0318	−0,0001
B_{bk}	0,2982	0,3944	0,2610	0,0883	−0,0420	$a \cdot B_{bk}^{2}$	0,1521	−0,0193	−0,1861	−0,1501	−0,1189
B_{ck}	0,0411	0,2610	0,3957	0,2610	0,0411	$a \cdot B_{ck}^{2}$	0,2226	0,2090	0	−0,2090	−0,2226
D_{ak}/a	−0,0206	0,0063	0,0093	0,0050	0	D_{ak}^{2}	0,0466	0,0113	−0,0026	−0,0051	−0,0048
D_{bk}/a	−0,0155	−0,0008	0,0087	0,0063	0,0013	D_{bk}^{2}	0,0113	0,0212	0,0011	−0,0045	−0,0051
D_{ck}/a	−0,0064	−0,0078	0	0,0078	0,0064	D_{ck}^{2}	−0,0026	0,0011	0,0172	0,0011	−0,0026

Der Balken auf fünf elastisch senk- und drehbaren Stützen

Auflagerkräfte B_{ik} bzw. $a \cdot B_{ik}^{2}$

Auflagereinspannmomente D_{ik}/a bzw. D_{ik}^{2}

$z = 5 \qquad z_T = 30$

k	a	b	c	d	e	k	a	b	c	d	e
B_{ak}	0,7670	0,2972	0,0359	−0,0461	−0,0539	$a \cdot B_{ak}^{2}$	−0,5121	−0,3808	−0,1546	−0,0294	0,0029
B_{bk}	0,2972	0,3971	0,2636	0,0882	−0,0461	$a \cdot B_{bk}^{2}$	0,1581	−0,0176	−0,1885	−0,1538	−0,1241
B_{ck}	0,0359	0,2636	0,4011	0,2636	0,0359	$a \cdot B_{ck}^{2}$	0,2329	0,2153	0	−0,2153	−0,2329
D_{ak}/a	−0,0071	0,0022	0,0032	0,0017	0	D_{ak}^{2}	0,0161	0,0040	−0,0009	−0,0018	−0,0017
D_{bk}/a	−0,0053	−0,0002	0,0030	0,0021	0,0004	D_{bk}^{2}	0,0040	0,0072	0,0004	−0,0016	−0,0018
D_{ck}/a	−0,0021	−0,0026	0	0,0026	0,0021	D_{ck}^{2}	−0,0009	0,0004	0,0058	0,0004	−0,0009

$z = 5 \qquad z_T = 100$

k	a	b	c	d	e	k	a	b	c	d	e
B_{ak}	0,7712	0,2968	0,0340	−0,0476	−0,0544	$a \cdot B_{ak}^{2}$	−0,5189	−0,3842	−0,1550	−0,0285	0,0041
B_{bk}	0,2968	0,3981	0,2645	0,0882	−0,0476	$a \cdot B_{bk}^{2}$	0,1603	−0,0170	−0,1893	−0,1551	−0,1260
B_{ck}	0,0340	0,2645	0,4031	0,2645	0,0340	$a \cdot B_{ck}^{2}$	0,2367	0,2175	0	−0,2175	−0,2367
D_{ak}/a	−0,0022	0,0007	0,0010	0,0005	0	D_{ak}^{2}	0,0049	0,0012	−0,0003	−0,0006	−0,0005
D_{bk}/a	−0,0016	−0,0001	0,0009	0,0006	0,0001	D_{bk}^{2}	0,0012	0,0022	0,0001	−0,0005	−0,0005
D_{ck}/a	−0,0006	−0,0008	0	0,0008	0,0006	D_{ck}^{2}	−0,0003	0,0001	0,0018	0,0001	−0,0003

$z = 5 \qquad z_T = \infty$

k	a	b	c	d	e	k	a	b	c	d	e
B_{ak}	0,7731	0,2966	0,0331	−0,0482	−0,0545	$a \cdot B_{ak}^{2}$	−0,5219	−0,3857	−0,1553	−0,0281	0,0046
B_{bk}	0,2966	0,3986	0,2649	0,0882	−0,0482	$a \cdot B_{bk}^{2}$	0,1613	−0,0166	−0,1898	−0,1556	−0,1268
B_{ck}	0,0331	0,2649	0,4040	0,2649	0,0331	$a \cdot B_{ck}^{2}$	0,2384	0,2186	0	−0,2186	−0,2384
D_{ak}/a	0	0	0	0	0	D_{ak}^{2}	0	0	0	0	0
D_{bk}/a	0	0	0	0	0	D_{bk}^{2}	0	0	0	0	0
D_{ck}/a	0	0	0	0	0	D_{ck}^{2}	0	0	0	0	0

Der Balken auf fünf elastisch senk- und drehbaren Stützen

Auflagerkräfte B_{ik} bzw. $a \cdot B_{ik}^{\,\rangle}$

Auflagereinspannmomente D_{ik}/a bzw. $D_{ik}^{\,\rangle}$

$z = 10$	$z_T = 0,001$

k	a	b	c	d	e	k	a	b	c	d	e
B_{ak}	0,2551	0,2172	0,1902	0,1729	0,1645	$a \cdot B_{ak}^{\,\rangle}$	—0,0004	—0,0008	—0,0005	—0,0003	—0,0001
B_{bk}	0,2172	0,2281	0,2000	0,1818	0,1729	$a \cdot B_{bk}^{\,\rangle}$	0,0001	—0,0002	—0,0005	—0,0003	—0,0001
B_{ck}	0,1902	0,2000	0,2196	0,2000	0,1902	$a \cdot B_{ck}^{\,\rangle}$	0,0001	0,0003	0	—0,0003	—0,0001
D_{ak}/a	—0,3730	0,1081	0,0955	0,0868	0,0826	$D_{ak}^{\,\rangle}$	0,9978	0,0016	—0,0003	—0,0002	0
D_{bk}/a	—0,6354	—0,1687	0,2892	0,2639	0,2510	$D_{bk}^{\,\rangle}$	0,0016	0,9952	0,0012	—0,0005	—0,0002
D_{ck}/a	—0,4326	—0,4538	0	0,4538	0,4326	$D_{ck}^{\,\rangle}$	—0,0003	0,0012	0,9950	0,0012	—0,0003

$z = 10$	$z_T = 0,003$

k	a	b	c	d	e	k	a	b	c	d	e
B_{ak}	0,2570	0,2180	0,1899	0,1719	0,1632	$a \cdot B_{ak}^{\,\rangle}$	—0,0013	—0,0023	—0,0015	—0,0009	—0,0003
B_{bk}	0,2180	0,2288	0,2001	0,1811	0,1719	$a \cdot B_{bk}^{\,\rangle}$	0,0004	—0,0006	—0,0016	—0,0009	—0,0003
B_{ck}	0,1899	0,2001	0,2201	0,2001	0,1899	$a \cdot B_{ck}^{\,\rangle}$	0,0003	0,0010	0	—0,0010	—0,0003
D_{ak}/a	—0,3730	0,1074	0,0961	0,0870	0,0826	$D_{ak}^{\,\rangle}$	0,9934	0,0047	—0,0007	—0,0005	—0,0002
D_{bk}/a	—0,6312	—0,1676	0,2871	0,2626	0,2492	$D_{bk}^{\,\rangle}$	0,0048	0,9856	0,0035	—0,0013	—0,0005
D_{ck}/a	—0,4301	—0,4503	0	0,4503	0,4301	$D_{ck}^{\,\rangle}$	—0,0007	0,0035	0,9851	0,0035	—0,0007

$z = 10$	$z_T = 0,01$

k	a	b	c	d	e	k	a	b	c	d	e
B_{ak}	0,2635	0,2208	0,1888	0,1684	0,1585	$a \cdot B_{ak}^{\,\rangle}$	—0,0045	—0,0074	—0,0051	—0,0029	—0,0010
B_{bk}	0,2208	0,2315	0,2005	0,1789	0,1684	$a \cdot B_{bk}^{\,\rangle}$	0,0013	—0,0020	—0,0053	—0,0031	—0,0011
B_{ck}	0,1887	0,2005	0,2216	0,2005	0,1887	$a \cdot B_{ck}^{\,\rangle}$	0,0012	0,0034	0	—0,0034	—0,0012
D_{ak}/a	—0,3731	0,1050	0,0980	0,0876	0,0825	$D_{ak}^{\,\rangle}$	0,9785	0,0151	—0,0023	—0,0015	—0,0005
D_{bk}/a	—0,6173	—0,1636	0,2797	0,2581	0,2431	$D_{bk}^{\,\rangle}$	0,0151	0,9540	0,0109	—0,0041	—0,0015
D_{ck}/a	—0,4217	—0,4384	0	0,4384	0,4217	$D_{ck}^{\,\rangle}$	—0,0023	0,0109	0,9520	0,0109	—0,0023

Der Balken auf fünf elastisch senk- und drehbaren Stützen

Auflagerkräfte B_{ik} bzw. $a \cdot B_{ik}^{\,2}$

Auflagereinspannmomente D_{ik}/a bzw. $D_{ik}^{\,2}$

| $z = 10$ | $z_T = 0,03$ |

k	a	b	c	d	e	k	a	b	c	d	e
B_{ak}	0,2810	0,2279	0,1857	0,1591	0,1463	$a \cdot B_{ak}^{\,2}$	—0,0134	—0,0209	—0,0144	—0,0082	—0,0029
B_{bk}	0,2279	0,2383	0,2015	0,1731	0,1591	$a \cdot B_{bk}^{\,2}$	0,0036	—0,0055	—0,0147	—0,0089	—0,0032
B_{ck}	0,1857	0,2015	0,2256	0,2015	0,1857	$a \cdot B_{ck}^{\,2}$	0,0037	0,0094	0	—0,0094	—0,0037
D_{ak}/a	—0,3721	0,0988	0,1024	0,0890	0,0819	$D_{ak}^{\,2}$	0,9393	0,0397	—0,0052	—0,0044	—0,0016
D_{bk}/a	—0,5815	—0,1531	0,2612	0,2460	0,2274	$D_{bk}^{\,2}$	0,0397	0,8753	0,0269	—0,0101	—0,0044
D_{ck}/a	—0,3989	—0,4080	0	0,4080	0,3989	$D_{ck}^{\,2}$	—0,0052	0,0269	0,8698	0,0269	—0,0052

| $z = 10$ | $z_T = 0,1$ |

k	a	b	c	d	e	k	a	b	c	d	e
B_{ak}	0,3314	0,2471	0,1766	0,1331	0,1117	$a \cdot B_{ak}^{\,2}$	—0,0432	—0,0586	—0,0401	—0,0223	—0,0093
B_{bk}	0,2471	0,2569	0,2049	0,1579	0,1331	$a \cdot B_{bk}^{\,2}$	0,0099	—0,0149	—0,0395	—0,0254	—0,0109
B_{ck}	0,1766	0,2049	0,2369	0,2049	0,1766	$a \cdot B_{ck}^{\,2}$	0,0131	0,0258	0	—0,0258	—0,0131
D_{ak}/a	—0,3600	0,0823	0,1094	0,0907	0,0776	$D_{ak}^{\,2}$	0,8304	0,0901	—0,0080	—0,0125	—0,0060
D_{bk}/a	—0,4885	—0,1242	0,2150	0,2115	0,1862	$D_{bk}^{\,2}$	0,0901	0,6874	0,0521	—0,0194	—0,0125
D_{ck}/a	—0,3344	—0,3291	0	0,3291	0,3344	$D_{ck}^{\,2}$	—0,0080	0,0521	0,6723	0,0521	—0,0080

| $z = 10$ | $z_T = 0,3$ |

k	a	b	c	d	e	k	a	b	c	d	e
B_{ak}	0,4237	0,2769	0,1587	0,0884	0,0524	$a \cdot B_{ak}^{\,2}$	—0,1115	—0,1244	—0,0821	—0,0443	—0,0225
B_{bk}	0,2769	0,2868	0,2124	0,1355	0,0884	$a \cdot B_{bk}^{\,2}$	0,0205	—0,0284	—0,0767	—0,0548	—0,0305
B_{ck}	0,1587	0,2124	0,2578	0,2124	0,1587	$a \cdot B_{ck}^{\,2}$	0,0380	0,0537	0	—0,0537	—0,0380
D_{ak}/a	—0,3097	0,0570	0,1055	0,0847	0,0625	$D_{ak}^{\,2}$	0,6377	0,1267	—0,0043	—0,0226	—0,0155
D_{bk}/a	—0,3457	—0,0788	0,1492	0,1522	0,1231	$D_{bk}^{\,2}$	0,1267	0,4416	0,0568	—0,0233	—0,0226
D_{ck}/a	—0,2279	—0,2131	0	0,2131	0,2279	$D_{ck}^{\,2}$	—0,0043	0,0568	0,4134	0,0568	—0,0043

Der Balken auf fünf elastisch senk- und drehbaren Stützen

Auflagerkräfte B_{ik} bzw. $a \cdot B_{ik}^2$

Auflagereinspannmomente D_{ik}/a bzw. D_{ik}^2

$z = 10$		$z_T = 1$								
k	a	b	c	d	e	k	a	b	c	d	e

	a	b	c	d	e		a	b	c	d	e
B_{ak}	0,5543	0,3083	0,1289	0,0303	−0,0218	$a \cdot B_{ak}^2$	−0,2325	−0,2150	−0,1301	−0,0664	−0,0399
B_{bk}	0,3083	0,3218	0,2259	0,1137	0,0303	$a \cdot B_{bk}^2$	0,0354	−0,0393	−0,1153	−0,0947	−0,0692
B_{ck}	0,1289	0,2259	0,2903	0,2259	0,1289	$a \cdot B_{ck}^2$	0,0879	0,0932	0	−0,0932	−0,0879
D_{ak}/a	−0,1937	0,0295	0,0733	0,0577	0,0333	D_{ak}^2	0,3631	0,1028	0,0012	−0,0233	−0,0222
D_{bk}/a	−0,1791	−0,0328	0,0777	0,0789	0,0553	D_{bk}^2	0,1028	0,2079	0,0343	−0,0184	−0,0233
D_{ck}/a	−0,1084	−0,0961	0	0,0961	0,1084	D_{ck}^2	0,0012	0,0343	0,1783	0,0343	0,0012

$z = 10$		$z_T = 3$								

	a	b	c	d	e		a	b	c	d	e
B_{ak}	0,6452	0,3237	0,1046	−0,0078	−0,0658	$a \cdot B_{ak}^2$	−0,3295	−0,2780	−0,1571	−0,0751	−0,0475
B_{bk}	0,3237	0,3426	0,2374	0,1040	−0,0078	$a \cdot B_{bk}^2$	0,0473	−0,0419	−0,1352	−0,1219	−0,1025
B_{ck}	0,1046	0,2374	0,3159	0,2374	0,1046	$a \cdot B_{ck}^2$	0,1322	0,1229	0	−0,1229	−0,1322
D_{ak}/a	−0,0915	0,0131	0,0367	0,0285	0,0132	D_{ak}^2	0,1651	0,0534	0,0016	−0,0139	−0,0153
D_{bk}/a	−0,0772	−0,0116	0,0341	0,0339	0,0209	D_{bk}^2	0,0534	0,0855	0,0150	−0,0100	−0,0139
D_{ck}/a	−0,0436	−0,0375	0	0,0375	0,0436	D_{ck}^2	0,0016	0,0150	0,0682	0,0150	0,0016

$z = 10$		$z_T = 10$								

	a	b	c	d	e		a	b	c	d	e
B_{ak}	0,6935	0,3300	0,0904	−0,0275	−0,0864	$a \cdot B_{ak}^2$	−0,3845	−0,3118	−0,1698	−0,0774	−0,0490
B_{bk}	0,3300	0,3529	0,2442	0,1004	−0,0275	$a \cdot B_{bk}^2$	0,0545	−0,0417	−0,1440	−0,1364	−0,1221
B_{ck}	0,0904	0,2442	0,3308	0,2442	0,0904	$a \cdot B_{ck}^2$	0,1589	0,1397	0	−0,1397	−0,1589
D_{ak}/a	−0,0320	0,0045	0,0132	0,0102	0,0041	D_{ak}^2	0,0570	0,0194	0,0007	−0,0054	−0,0063
D_{bk}/a	−0,0260	−0,0035	0,0116	0,0114	0,0065	D_{bk}^2	0,0194	0,0282	0,0050	−0,0038	−0,0054
D_{ck}/a	−0,0141	−0,0120	0	0,0120	0,0141	D_{ck}^2	0,0007	0,0050	0,0216	0,0050	0,0007

Der Balken auf fünf elastisch senk- und drehbaren Stützen

Auflagerkräfte B_{ik} bzw. $a \cdot B_{i\overset{\curvearrowright}{k}}$

Auflagereinspannmomente D_{ik}/a bzw. $D_{i\overset{\curvearrowright}{k}}$

$z = 10$	$z_T = 30$

k	a	b	c	d	e	k	a	b	c	d	e
B_{ak}	0,7098	0,3318	0,0854	−0,0341	−0,0929	$a \cdot B_{a\overset{\curvearrowright}{k}}$	−0,4036	−0,3233	−0,1738	−0,0778	−0,0491
B_{bk}	0,3318	0,3563	0,2466	0,0993	−0,0341	$a \cdot B_{b\overset{\curvearrowright}{k}}$	0,0572	−0,0414	−0,1467	−0,1413	−0,1290
B_{ck}	0,0854	0,2466	0,3360	0,2466	0,0854	$a \cdot B_{c\overset{\curvearrowright}{k}}$	0,1684	0,1456	0	−0,1456	−0,1684
D_{ak}/a	−0,0112	0,0016	0,0047	0,0036	0,0014	$D_{a\overset{\curvearrowright}{k}}$	0,0198	0,0069	0,0003	−0,0020	−0,0023
D_{bk}/a	−0,0090	−0,0012	0,0040	0,0039	0,0022	$D_{b\overset{\curvearrowright}{k}}$	0,0069	0,0097	0,0017	−0,0013	−0,0020
D_{ck}/a	−0,0048	−0,0041	0	0,0041	0,0048	$D_{c\overset{\curvearrowright}{k}}$	0,0003	0,0017	0,0073	0,0017	0,0003

$z = 10$	$z_T = 100$

k	a	b	c	d	e	k	a	b	c	d	e
B_{ak}	0,7159	0,3325	0,0835	−0,0365	−0,0953	$a \cdot B_{a\overset{\curvearrowright}{k}}$	−0,4108	−0,3276	−0,1753	−0,0779	−0,0491
B_{bk}	0,3325	0,3575	0,2475	0,0990	−0,0365	$a \cdot B_{b\overset{\curvearrowright}{k}}$	0,0582	−0,0413	−0,1477	−0,1432	−0,1315
B_{ck}	0,0835	0,2475	0,3380	0,2475	0,0835	$a \cdot B_{c\overset{\curvearrowright}{k}}$	0,1720	0,1478	0	−0,1478	−0,1720
D_{ak}/a	−0,0034	0,0005	0,0014	0,0011	0,0004	$D_{a\overset{\curvearrowright}{k}}$	0,0061	0,0021	0,0001	−0,0006	−0,0007
D_{bk}/a	−0,0027	−0,0003	0,0012	0,0012	0,0007	$D_{b\overset{\curvearrowright}{k}}$	0,0021	0,0029	0,0005	−0,0004	−0,0006
D_{ck}/a	−0,0015	−0,0012	0	0,0012	0,0015	$D_{c\overset{\curvearrowright}{k}}$	0,0001	0,0005	0,0022	0,0005	0,0001

$z = 10$	$z_T = \infty$

k	a	b	c	d	e	k	a	b	c	d	e
B_{ak}	0,7185	0,3328	0,0826	−0,0376	−0,0963	$a \cdot B_{a\overset{\curvearrowright}{k}}$	−0,4139	−0,3293	−0,1760	−0,0779	−0,0491
B_{bk}	0,3328	0,3581	0,2479	0,0988	−0,0376	$a \cdot B_{b\overset{\curvearrowright}{k}}$	0,0586	−0,0413	−0,1483	−0,1440	−0,1326
B_{ck}	0,0826	0,2479	0,3388	0,2479	0,0826	$a \cdot B_{c\overset{\curvearrowright}{k}}$	0,1736	0,1487	0	−0,1487	−0,1736
D_{ak}/a	0	0	0	0	0	$D_{a\overset{\curvearrowright}{k}}$	0	0	0	0	0
D_{bk}/a	0	0	0	0	0	$D_{b\overset{\curvearrowright}{k}}$	0	0	0	0	0
D_{ck}/a	0	0	0	0	0	$D_{c\overset{\curvearrowright}{k}}$	0	0	0	0	0

Der Balken auf fünf elastisch senk- und drehbaren Stützen

Auflagerkräfte B_{ik} bzw. $a \cdot B_{ik}^{\,2}$

Auflagereinspannmomente D_{ik}/a bzw. $D_{ik}^{\,2}$

$z = 20$	$z_T = 0{,}001$

k	a	b	c	d	e	k	a	b	c	d	e
B_{ak}	0,2290	0,2094	0,1950	0,1856	0,1810	$a \cdot B_{ak}^{\,2}$	—0,0002	—0,0004	—0,0003	—0,0002	—0,0001
B_{bk}	0,2094	0,2146	0,2000	0,1904	0,1856	$a \cdot B_{bk}^{\,2}$	0,0001	—0,0001	—0,0003	—0,0002	—0,0001
B_{ck}	0,1950	0,2000	0,2100	0,2000	0,1950	$a \cdot B_{ck}^{\,2}$	0,0001	0,0002	0	—0,0002	—0,0001
D_{ak}/a	—0,3861	0,1041	0,0979	0,0932	0,0909	$D_{ak}^{\,2}$	0,9979	0,0018	—0,0001	—0,0001	0
D_{bk}/a	—0,6654	—0,1833	0,2940	0,2808	0,2738	$D_{bk}^{\,2}$	0,0018	0,9956	0,0016	—0,0002	—0,0001
D_{ck}/a	—0,4641	—0,4750	0	0,4750	0,4641	$D_{ck}^{\,2}$	—0,0001	0,0016	0,9955	0,0016	—0,0001

$z = 20$	$z_T = 0{,}003$

k	a	b	c	d	e	k	a	b	c	d	e
B_{ak}	0,2300	0,2099	0,1948	0,1850	0,1802	$a \cdot B_{ak}^{\,2}$	—0,0007	—0,0012	—0,0008	—0,0005	—0,0002
B_{bk}	0,2099	0,2150	0,2001	0,1900	0,1850	$a \cdot B_{bk}^{\,2}$	0,0002	—0,0003	—0,0009	—0,0005	—0,0002
B_{ck}	0,1948	0,2001	0,2102	0,2001	0,1948	$a \cdot B_{ck}^{\,2}$	0,0002	0,0005	0	—0,0005	—0,0002
D_{ak}/a	—0,3866	0,1032	0,0986	0,0936	0,0912	$D_{ak}^{\,2}$	0,9937	0,0053	—0,0004	—0,0002	—0,0001
D_{bk}/a	—0,6622	—0,1827	0,2920	0,2801	0,2728	$D_{bk}^{\,2}$	0,0053	0,9869	0,0046	—0,0007	—0,0002
D_{ck}/a	—0,4627	—0,4722	0	0,4722	0,4627	$D_{ck}^{\,2}$	—0,0004	0,0046	0,9865	0,0046	—0,0004

$z = 20$	$z_T = 0{,}01$

k	a	b	c	d	e	k	a	b	c	d	e
B_{ak}	0,2337	0,2114	0,1942	0,1831	0,1775	$a \cdot B_{ak}^{\,2}$	—0,0023	—0,0039	—0,0027	—0,0016	—0,0006
B_{bk}	0,2114	0,2165	0,2003	0,1887	0,1831	$a \cdot B_{bk}^{\,2}$	0,0006	—0,0011	—0,0028	—0,0017	—0,0006
B_{ck}	0,1942	0,2003	0,2110	0,2003	0,1942	$a \cdot B_{ck}^{\,2}$	0,0006	0,0017	0	—0,0017	—0,0006
D_{ak}/a	—0,3884	0,1001	0,1008	0,0952	0,0923	$D_{ak}^{\,2}$	0,9796	0,0169	—0,0011	—0,0008	—0,0003
D_{bk}/a	—0,6514	—0,1803	0,2850	0,2775	0,2693	$D_{bk}^{\,2}$	0,0169	0,9579	0,0144	—0,0021	—0,0008
D_{ck}/a	—0,4578	—0,4626	0	0,4626	0,4578	$D_{ck}^{\,2}$	—0,0011	0,0144	0,9568	0,0144	—0,0011

Der Balken auf fünf elastisch senk- und drehbaren Stützen

Auflagerkräfte B_{ik} bzw. $a \cdot B_{ik}^{\,\wr}$

Auflagereinspannmomente D_{ik}/a bzw. $D_{ik}^{\,\wr}$

$z = 20$	$z_T = 0,03$

k	a	b	c	d	e	k	a	b	c	d	e
B_{ak}	0,2438	0,2158	0,1926	0,1776	0,1702	$a \cdot B_{ak}^{\,\wr}$	−0,0071	−0,0112	−0,0080	−0,0047	−0,0017
B_{bk}	0,2158	0,2204	0,2008	0,1854	0,1776	$a \cdot B_{bk}^{\,\wr}$	0,0017	−0,0031	−0,0079	−0,0049	−0,0018
B_{ck}	0,1926	0,2008	0,2131	0,2008	0,1926	$a \cdot B_{ck}^{\,\wr}$	0,0019	0,0048	0	−0,0048	−0,0019
D_{ak}/a	−0,3920	0,0919	0,1060	0,0991	0,0950	$D_{ak}^{\,\wr}$	0,9426	0,0448	−0,0017	−0,0025	−0,0009
D_{bk}/a	−0,6236	−0,1739	0,2673	0,2701	0,2601	$D_{bk}^{\,\wr}$	0,0448	0,8858	0,0365	−0,0045	−0,0025
D_{ck}/a	−0,4439	−0,4375	0	0,4375	0,4439	$D_{ck}^{\,\wr}$	−0,0017	0,0365	0,8826	0,0365	−0,0017

$z = 20$	$z_T = 0,1$

k	a	b	c	d	e	k	a	b	c	d	e
B_{ak}	0,2751	0,2287	0,1878	0,1611	0,1474	$a \cdot B_{ak}^{\,\wr}$	−0,0236	−0,0330	−0,0240	−0,0141	−0,0060
B_{bk}	0,2287	0,2319	0,2026	0,1757	0,1611	$a \cdot B_{bk}^{\,\wr}$	0,0042	−0,0092	−0,0222	−0,0148	−0,0065
B_{ck}	0,1878	0,2026	0,2191	0,2026	0,1878	$a \cdot B_{ck}^{\,\wr}$	0,0069	0,0134	0	−0,0134	−0,0069
D_{ak}/a	−0,3936	0,0696	0,1154	0,1081	0,1004	$D_{ak}^{\,\wr}$	0,8410	0,1051	0,0026	−0,0068	−0,0036
D_{bk}/a	−0,5494	−0,1539	0,2230	0,2461	0,2342	$D_{bk}^{\,\wr}$	0,1051	0,7133	0,0758	−0,0055	−0,0068
D_{ck}/a	−0,3993	−0,3701	0	0,3701	0,3993	$D_{ck}^{\,\wr}$	0,0026	0,0758	0,7030	0,0758	0,0026

$z = 20$	$z_T = 0,3$

k	a	b	c	d	e	k	a	b	c	d	e
B_{ak}	0,3417	0,2541	0,1777	0,1274	0,0991	$a \cdot B_{ak}^{\,\wr}$	−0,0658	−0,0766	−0,0558	−0,0335	−0,0181
B_{bk}	0,2541	0,2532	0,2069	0,1585	0,1274	$a \cdot B_{bk}^{\,\wr}$	0,0065	−0,0209	−0,0472	−0,0353	−0,0204
B_{ck}	0,1777	0,2069	0,2308	0,2069	0,1777	$a \cdot B_{ck}^{\,\wr}$	0,0207	0,0287	0	−0,0287	−0,0207
D_{ak}/a	−0,3654	0,0359	0,1152	0,1134	0,1007	$D_{ak}^{\,\wr}$	0,6635	0,1574	0,0178	−0,0107	−0,0097
D_{bk}/a	−0,4257	−0,1159	0,1592	0,1963	0,1861	$D_{bk}^{\,\wr}$	0,1574	0,4835	0,0939	−0,0006	−0,0107
D_{ck}/a	−0,3102	−0,2621	0	0,2621	0,3102	$D_{ck}^{\,\wr}$	0,0178	0,0939	0,4589	0,0939	0,0178

Der Balken auf fünf elastisch senk- und drehbaren Stützen

Auflagerkräfte B_{ik} bzw. $a \cdot B_{i\overset{2}{k}}$

Auflagereinspannmomente D_{ik}/a bzw. $D_{i\overset{2}{k}}$

$z = 20$ | $z_T = 1$

k	a	b	c	d	e	k	a	b	c	d	e
B_{ak}	0,4618	0,2950	0,1595	0,0703	0,0134	$a \cdot B_{a\overset{2}{k}}$	—0,1550	—0,1517	—0,1071	—0,0671	—0,0461
B_{bk}	0,2950	0,2853	0,2151	0,1343	0,0703	$a \cdot B_{b\overset{2}{k}}$	0,0040	—0,0383	—0,0810	—0,0705	—0,0540
B_{ck}	0,1595	0,2151	0,2507	0,2151	0,1595	$a \cdot B_{c\overset{2}{k}}$	0,0509	0,0524	0	—0,0524	—0,0509
D_{ak}/a	—0,2583	0,0066	0,0848	0,0900	0,0768	$D_{a\overset{2}{k}}$	0,4016	0,1412	0,0278	—0,0090	—0,0137
D_{bk}/a	—0,2529	—0,0638	0,0873	0,1175	0,1118	$D_{b\overset{2}{k}}$	0,1412	0,2497	0,0684	0,0033	—0,0090
D_{ck}/a	—0,1786	—0,1349	0	0,1349	0,1786	$D_{c\overset{2}{k}}$	0,0278	0,0684	0,2171	0,0684	0,0278

$z = 20$ | $z_T = 3$

k	a	b	c	d	e	k	a	b	c	d	e
B_{ak}	0,5687	0,3285	0,1430	0,0216	—0,0619	$a \cdot B_{a\overset{2}{k}}$	—0,2416	—0,2172	—0,1488	—0,0959	—0,0742
B_{bk}	0,3285	0,3101	0,2229	0,1169	0,0216	$a \cdot B_{b\overset{2}{k}}$	—0,0019	—0,0515	—0,1047	—0,1004	—0,0889
B_{ck}	0,1430	0,2229	0,2682	0,2229	0,1430	$a \cdot B_{c\overset{2}{k}}$	0,0804	0,0723	0	—0,0723	—0,0804
D_{ak}/a	—0,1342	—0,0011	0,0447	0,0494	0,0412	$D_{a\overset{2}{k}}$	0,1937	0,0794	0,0188	—0,0048	—0,0094
D_{bk}/a	—0,1206	—0,0286	0,0402	0,0558	0,0533	$D_{b\overset{2}{k}}$	0,0794	0,1107	0,0343	0,0024	—0,0048
D_{ck}/a	—0,0827	—0,0582	0	0,0582	0,0827	$D_{c\overset{2}{k}}$	0,0188	0,0343	0,0891	0,0343	0,0188

$z = 20$ | $z_T = 10$

k	a	b	c	d	e	k	a	b	c	d	e
B_{ak}	0,6354	0,3486	0,1325	—0,0081	—0,1084	$a \cdot B_{a\overset{2}{k}}$	—0,2975	—0,2577	—0,1737	—0,1134	—0,0925
B_{bk}	0,3486	0,3246	0,2279	0,1071	—0,0081	$a \cdot B_{b\overset{2}{k}}$	—0,0065	—0,0591	—0,1179	—0,1188	—0,1120
B_{ck}	0,1325	0,2279	0,2792	0,2279	0,1325	$a \cdot B_{c\overset{2}{k}}$	0,0995	0,0846	0	—0,0846	—0,0995
D_{ak}/a	—0,0496	—0,0011	0,0166	0,0187	0,0154	$D_{a\overset{2}{k}}$	0,0693	0,0302	0,0077	—0,0018	—0,0039
D_{bk}/a	—0,0430	—0,0098	0,0141	0,0198	0,0189	$D_{b\overset{2}{k}}$	0,0302	0,0382	0,0124	0,0009	—0,0018
D_{ck}/a	—0,0289	—0,0197	0	0,0197	0,0289	$D_{c\overset{2}{k}}$	0,0077	0,0124	0,0294	0,0124	0,0077

Der Balken auf fünf elastisch senk- und drehbaren Stützen

Auflagerkräfte B_{ik} bzw. $a \cdot B_{ik}^2$

Auflagereinspannmomente D_{ik}/a bzw. D_{ik}^2

$z = 20$	$z_T = 30$

k	a	b	c	d	e	k	a	b	c	d	e
B_{ak}	0,6597	0,3558	0,1287	—0,0189	—0,1253	$a \cdot B_{ak}^2$	—0,3183	—0,2725	—0,1826	—0,1197	—0,0993
B_{bk}	0,3558	0,3297	0,2297	0,1036	—0,0189	$a \cdot B_{bk}^2$	—0,0083	—0,0618	—0,1225	—0,1254	—0,1206
B_{ck}	0,1287	0,2297	0,2832	0,2297	0,1287	$a \cdot B_{ck}^2$	0,1066	0,0891	0	—0,0891	—0,1066
D_{ak}/a	—0,0177	—0,0005	0,0059	0,0067	0,0055	D_{ak}^2	0,0245	0,0109	0,0028	—0,0006	—0,0014
D_{bk}/a	—0,0151	—0,0034	0,0049	0,0070	0,0067	D_{bk}^2	0,0109	0,0133	0,0044	0,0003	—0,0006
D_{ck}/a	—0,0101	—0,0068	0	0,0068	0,0101	D_{ck}^2	0,0028	0,0044	0,0101	0,0044	0,0028

$z = 20$	$z_T = 100$

k	a	b	c	d	e	k	a	b	c	d	e
B_{ak}	0,6690	0,3586	0,1272	—0,0230	—0,1317	$a \cdot B_{ak}^2$	—0,3262	—0,2781	—0,1860	—0,1221	—0,1019
B_{bk}	0,3586	0,3317	0,2304	0,1023	—0,0230	$a \cdot B_{bk}^2$	—0,0089	—0,0628	—0,1242	—0,1280	—0,1239
B_{ck}	0,1272	0,2304	0,2848	0,2304	0,1272	$a \cdot B_{ck}^2$	0,1093	0,0908	0	—0,0908	—0,1093
D_{ak}/a	—0,0054	—0,0001	0,0018	0,0021	0,0017	D_{ak}^2	0,0075	0,0034	0,0009	—0,0002	—0,0005
D_{bk}/a	—0,0046	—0,0010	0,0015	0,0021	0,0020	D_{bk}^2	0,0033	0,0041	0,0013	0,0001	—0,0002
D_{ck}/a	—0,0031	—0,0021	0	0,0021	0,0031	D_{ck}^2	0,0009	0,0013	0,0031	0,0013	0,0009

$z = 20$	$z_T = \infty$

k	a	b	c	d	e	k	a	b	c	d	e
B_{ak}	0,6731	0,3598	0,1265	—0,0248	—0,1346	$a \cdot B_{ak}^2$	—0,3296	—0,2807	—0,1876	—0,1232	—0,1031
B_{bk}	0,3598	0,3325	0,2307	0,1018	—0,0248	$a \cdot B_{bk}^2$	—0,0093	—0,0633	—0,1250	—0,1290	—0,1254
B_{ck}	0,1265	0,2307	0,2855	0,2307	0,1265	$a \cdot B_{ck}^2$	0,1105	0,0916	0	—0,0916	—0,1105
D_{ak}/a	0	0	0	0	0	D_{ak}^2	0	0	0	0	0
D_{bk}/a	0	0	0	0	0	D_{bk}^2	0	0	0	0	0
D_{ck}/a	0	0	0	0	0	D_{ck}^2	0	0	0	0	0

Der Balken auf fünf elastisch senk- und drehbaren Stützen

Auflagerkräfte B_{ik} bzw. $a \cdot B_{i\bar{k}}$

Auflagereinspannmomente D_{ik}/a bzw. $D_{i\bar{k}}$

$z = 50$	$z_T = 0,001$

k	a	b	c	d	e	k	a	b	c	d	e
B_{ak}	0,2120	0,2040	0,1980	0,1940	0,1921	$a \cdot B_{a\bar{k}}$	−0,0001	−0,0002	−0,0001	−0,0001	0
B_{bk}	0,2040	0,2060	0,2000	0,1960	0,1940	$a \cdot B_{b\bar{k}}$	0	0	−0,0001	−0,0001	0
B_{ck}	0,1980	0,2000	0,2040	0,2000	0,1980	$a \cdot B_{c\bar{k}}$	0	0,0001	0	−0,0001	0
D_{ak}/a	−0,3946	0,1014	0,0994	0,0974	0,0964	$D_{a\bar{k}}$	0,9980	0,0019	−0,0001	0	0
D_{bk}/a	−0,6851	−0,1930	0,2970	0,2920	0,2891	$D_{b\bar{k}}$	0,0019	0,9958	0,0018	−0,0001	0
D_{ck}/a	−0,4851	−0,4891	0	0,4891	0,4851	$D_{c\bar{k}}$	−0,0001	0,0018	0,9958	0,0018	−0,0001

$z = 50$	$z_T = 0,003$

k	a	b	c	d	e	k	a	b	c	d	e
B_{ak}	0,2124	0,2042	0,1979	0,1938	0,1917	$a \cdot B_{a\bar{k}}$	−0,0003	−0,0005	−0,0003	−0,0002	−0,0001
B_{bk}	0,2042	0,2062	0,2000	0,1959	0,1938	$a \cdot B_{b\bar{k}}$	0,0001	−0,0001	−0,0004	−0,0002	−0,0001
B_{ck}	0,1979	0,2000	0,2041	0,2000	0,1979	$a \cdot B_{c\bar{k}}$	0,0001	0,0002	0	−0,0002	−0,0001
D_{ak}/a	−0,3955	0,1003	0,1001	0,0981	0,0970	$D_{a\bar{k}}$	0,9939	0,0056	−0,0001	−0,0001	0
D_{bk}/a	−0,6826	−0,1928	0,2950	0,2917	0,2886	$D_{b\bar{k}}$	0,0056	0,9877	0,0053	−0,0003	−0,0001
D_{ck}/a	−0,4845	−0,4867	0	0,4867	0,4845	$D_{c\bar{k}}$	−0,0001	0,0053	0,9875	0,0053	−0,0001

$z = 50$	$z_T = 0,01$

k	a	b	c	d	e	k	a	b	c	d	e
B_{ak}	0,2140	0,2049	0,1977	0,1929	0,1905	$a \cdot B_{a\bar{k}}$	−0,0010	−0,0016	−0,0012	−0,0007	−0,0002
B_{bk}	0,2049	0,2068	0,2001	0,1953	0,1929	$a \cdot B_{b\bar{k}}$	0,0002	−0,0005	−0,0011	−0,0007	−0,0002
B_{ck}	0,1977	0,2001	0,2044	0,2001	0,1977	$a \cdot B_{c\bar{k}}$	0,0002	0,0007	0	−0,0007	−0,0002
D_{ak}/a	−0,3985	0,0967	0,1025	0,1003	0,0990	$D_{a\bar{k}}$	0,9803	0,0180	−0,0002	−0,0004	−0,0001
D_{bk}/a	−0,6742	−0,1917	0,2882	0,2905	0,2871	$D_{b\bar{k}}$	0,0180	0,9604	0,0168	−0,0007	−0,0004
D_{ck}/a	−0,4822	−0,4788	0	0,4788	0,4822	$D_{c\bar{k}}$	−0,0002	0,0168	0,9600	0,0168	−0,0002

Der Balken auf fünf elastisch senk- und drehbaren Stützen

Auflagerkräfte B_{ik} bzw. $a \cdot B_{ik}^{\downharpoonright}$

Auflagereinspannmomente D_{ik}/a bzw. $D_{ik}^{\downharpoonright}$

$$z = 50 \qquad z_T = 0,03$$

k	a	b	c	d	e	k	a	b	c	d	e
B_{ak}	0,2184	0,2068	0,1970	0,1905	0,1872	$a \cdot B_{ak}^{\downharpoonright}$	−0,0029	−0,0047	−0,0034	−0,0020	−0,0008
B_{bk}	0,2068	0,2085	0,2003	0,1938	0,1905	$a \cdot B_{bk}^{\downharpoonright}$	0,0006	−0,0014	−0,0033	−0,0021	−0,0008
B_{ck}	0,1970	0,2003	0,2053	0,2003	0,1970	$a \cdot B_{ck}^{\downharpoonright}$	0,0008	0,0020	0	−0,0020	−0,0008
D_{ak}/a	−0,4056	0,0869	0,1083	0,1061	0,1044	$D_{ak}^{\downharpoonright}$	0,9448	0,0483	0,0008	−0,0010	−0,0004
D_{bk}/a	−0,6527	−0,1886	0,2711	0,2868	0,2833	$D_{bk}^{\downharpoonright}$	0,0483	0,8930	0,0433	−0,0005	−0,0010
D_{ck}/a	−0,4754	−0,4581	0	0,4581	0,4754	$D_{ck}^{\downharpoonright}$	0,0008	0,0433	0,8915	0,0433	0,0008

$$z = 50 \qquad z_T = 0,1$$

k	a	b	c	d	e	k	a	b	c	d	e
B_{ak}	0,2329	0,2131	0,1950	0,1827	0,1763	$a \cdot B_{ak}^{\downharpoonright}$	−0,0101	−0,0143	−0,0108	−0,0065	−0,0029
B_{bk}	0,2131	0,2138	0,2011	0,1893	0,1827	$a \cdot B_{bk}^{\downharpoonright}$	0,0014	−0,0043	−0,0096	−0,0066	−0,0029
B_{ck}	0,1950	0,2011	0,2078	0,2011	0,1950	$a \cdot B_{ck}^{\downharpoonright}$	0,0029	0,0055	0	−0,0055	−0,0029
D_{ak}/a	−0,4189	0,0592	0,1193	0,1216	0,1189	$D_{ak}^{\downharpoonright}$	0,8485	0,1161	0,0112	−0,0017	−0,0015
D_{bk}/a	−0,5960	−0,1775	0,2281	0,2729	0,2725	$D_{bk}^{\downharpoonright}$	0,1161	0,7326	0,0942	0,0062	−0,0017
D_{ck}/a	−0,4501	−0,4019	0	0,4019	0,4501	$D_{ck}^{\downharpoonright}$	0,0112	0,0942	0,7266	0,0942	0,0112

$$z = 50 \qquad z_T = 0,3$$

k	a	b	c	d	e	k	a	b	c	d	e
B_{ak}	0,2681	0,2278	0,1907	0,1645	0,1489	$a \cdot B_{ak}^{\downharpoonright}$	−0,0300	−0,0361	−0,0281	−0,0180	−0,0101
B_{bk}	0,2278	0,2251	0,2029	0,1798	0,1645	$a \cdot B_{bk}^{\downharpoonright}$	0,0010	−0,0110	−0,0223	−0,0172	−0,0101
B_{ck}	0,1907	0,2029	0,2128	0,2029	0,1907	$a \cdot B_{ck}^{\downharpoonright}$	0,0088	0,0120	0	−0,0120	−0,0088
D_{ak}/a	−0,4166	0,0137	0,1218	0,1408	0,1402	$D_{ak}^{\downharpoonright}$	0,6847	0,1842	0,0400	0,0035	−0,0018
D_{bk}/a	−0,5010	−0,1532	0,1660	0,2384	0,2498	$D_{bk}^{\downharpoonright}$	0,1842	0,5214	0,1302	0,0244	0,0035
D_{ck}/a	−0,3906	−0,3094	0	0,3094	0,3906	$D_{ck}^{\downharpoonright}$	0,0400	0,1301	0,5026	0,1301	0,0400

Der Balken auf fünf elastisch senk- und drehbaren Stützen

Auflagerkräfte B_{ik} bzw. $a \cdot B_{ik}^{\backslash}$

Auflagereinspannmomente D_{ik}/a bzw. $D_{ik}^{\backslash}$

	$z = 50$		$z_T = 1$

k	a	b	c	d	e	k	a	b	c	d	e
B_{ak}	0,3519	0,2620	0,1823	0,1230	0,0808	$a \cdot B_{ak}^{\backslash}$	−0,0823	−0,0846	−0,0670	−0,0476	−0,0350
B_{bk}	0,2620	0,2477	0,2067	0,1607	0,1230	$a \cdot B_{bk}^{\backslash}$	−0,0073	−0,0266	−0,0456	−0,0408	−0,0321
B_{ck}	0,1823	0,2067	0,2219	0,2067	0,1823	$a \cdot B_{ck}^{\backslash}$	0,0224	0,0227	0	−0,0227	−0,0224
D_{ak}/a	−0,3429	−0,0302	0,0934	0,1339	0,1458	$D_{ak}^{\backslash}$	0,4446	0,1875	0,0672	0,0195	0,0072
D_{bk}/a	−0,3523	−0,1108	0,0945	0,1701	0,1985	$D_{bk}^{\backslash}$	0,1875	0,3024	0,1175	0,0412	0,0195
D_{ck}/a	−0,2793	−0,1898	0	0,1898	0,2793	$D_{ck}^{\backslash}$	0,0672	0,1175	0,2715	0,1175	0,0672

	$z = 50$		$z_T = 3$

k	a	b	c	d	e	k	a	b	c	d	e
B_{ak}	0,4622	0,3078	0,1742	0,0698	−0,0140	$a \cdot B_{ak}^{\backslash}$	−0,1525	−0,1456	−0,1170	−0,0907	−0,0770
B_{bk}	0,3078	0,2745	0,2105	0,1375	0,0698	$a \cdot B_{bk}^{\backslash}$	−0,0251	−0,0477	−0,0718	−0,0702	−0,0638
B_{ck}	0,1742	0,2105	0,2306	0,2105	0,1742	$a \cdot B_{ck}^{\backslash}$	0,0368	0,0324	0	−0,0324	−0,0368
D_{ak}/a	−0,2118	−0,0349	0,0511	0,0886	0,1070	$D_{ak}^{\backslash}$	0,2363	0,1218	0,0550	0,0239	0,0150
D_{bk}/a	−0,2023	−0,0663	0,0451	0,0975	0,1260	$D_{bk}^{\backslash}$	0,1218	0,1542	0,0739	0,0355	0,0239
D_{ck}/a	−0,1625	−0,0997	0	0,0997	0,1625	$D_{ck}^{\backslash}$	0,0550	0,0739	0,1306	0,0739	0,0550

	$z = 50$		$z_T = 10$

k	a	b	c	d	e	k	a	b	c	d	e
B_{ak}	0,5613	0,3500	0,1687	0,0225	−0,1025	$a \cdot B_{ak}^{\backslash}$	−0,2147	−0,1991	−0,1618	−0,1321	−0,1200
B_{bk}	0,3500	0,2975	0,2131	0,1168	0,0225	$a \cdot B_{bk}^{\backslash}$	−0,0444	−0,0676	−0,0941	−0,0957	−0,0925
B_{ck}	0,1687	0,2131	0,2364	0,2131	0,1687	$a \cdot B_{ck}^{\backslash}$	0,0467	0,0389	0	−0,0389	−0,0467
D_{ak}/a	−0,0895	−0,0185	0,0194	0,0385	0,0500	$D_{ak}^{\backslash}$	0,0919	0,0518	0,0262	0,0137	0,0102
D_{bk}/a	−0,0830	−0,0282	0,0162	0,0399	0,0550	$D_{bk}^{\backslash}$	0,0518	0,0594	0,0316	0,0177	0,0137
D_{ck}/a	−0,0674	−0,0392	0	0,0392	0,0674	$D_{ck}^{\backslash}$	0,0262	0,0316	0,0490	0,0316	0,0262

Der Balken auf fünf elastisch senk- und drehbaren Stützen

Auflagerkräfte $B_{i\,k}$ bzw. $a \cdot B_{i\,k}^{\supset}$

Auflagereinspannmomente $D_{i\,k}/a$ bzw. $D_{i\,k}^{\supset}$

$z = 50$ | $z_T = 30$

k	a	b	c	d	e	k	a	b	c	d	e
$B_{a\,k}$	0,6066	0,3696	0,1666	0,0010	−0,1438	$a \cdot B_{a\,k}^{\supset}$	−0,2428	−0,2232	−0,1824	−0,1517	−0,1407
$B_{b\,k}$	0,3696	0,3079	0,2141	0,1074	0,0010	$a \cdot B_{b\,k}^{\supset}$	−0,0539	−0,0770	−0,1041	−0,1072	−0,1055
$B_{c\,k}$	0,1666	0,2141	0,2386	0,2141	0,1666	$a \cdot B_{c\,k}^{\supset}$	0,0505	0,0413	0	−0,0413	−0,0505
$D_{a\,k}/a$	−0,0337	−0,0075	0,0070	0,0147	0,0195	$D_{a\,k}^{\supset}$	0,0336	0,0195	0,0103	0,0057	0,0045
$D_{b\,k}/a$	−0,0310	−0,0107	0,0057	0,0149	0,0211	$D_{b\,k}^{\supset}$	0,0195	0,0217	0,0120	0,0071	0,0057
$D_{c\,k}/a$	−0,0253	−0,0145	0	0,0145	0,0253	$D_{c\,k}^{\supset}$	0,0103	0,0120	0,0178	0,0120	0,0103

$z = 50$ | $z_T = 100$

k	a	b	c	d	e	k	a	b	c	d	e
$B_{a\,k}$	0,6254	0,3778	0,1658	−0,0080	−0,1611	$a \cdot B_{a\,k}^{\supset}$	−0,2545	−0,2333	−0,1909	−0,1599	−0,1495
$B_{b\,k}$	0,3778	0,3122	0,2145	0,1034	−0,0080	$a \cdot B_{b\,k}^{\supset}$	−0,0579	−0,0809	−0,1083	−0,1120	−0,1109
$B_{c\,k}$	0,1658	0,2145	0,2394	0,2145	0,1658	$a \cdot B_{c\,k}^{\supset}$	0,0519	0,0422	0	−0,0422	−0,0519
$D_{a\,k}/a$	−0,0106	−0,0024	0,0022	0,0046	0,0062	$D_{a\,k}^{\supset}$	0,0105	0,0061	0,0033	0,0019	0,0015
$D_{b\,k}/a$	−0,0097	−0,0034	0,0018	0,0047	0,0067	$D_{b\,k}^{\supset}$	0,0061	0,0068	0,0038	0,0023	0,0019
$D_{c\,k}/a$	−0,0080	−0,0045	0	0,0045	0,0080	$D_{c\,k}^{\supset}$	0,0033	0,0038	0,0055	0,0038	0,0033

$z = 50$ | $z_T = \infty$

k	a	b	c	d	e	k	a	b	c	d	e
$B_{a\,k}$	0,6341	0,3816	0,1654	−0,0121	−0,1691	$a \cdot B_{a\,k}^{\supset}$	−0,2598	−0,2379	−0,1949	−0,1638	−0,1536
$B_{b\,k}$	0,3816	0,3142	0,2147	0,1016	−0,0121	$a \cdot B_{b\,k}^{\supset}$	−0,0598	−0,0826	−0,1101	−0,1141	−0,1135
$B_{c\,k}$	0,1654	0,2147	0,2398	0,2147	0,1654	$a \cdot B_{c\,k}^{\supset}$	0,0526	0,0427	0	−0,0427	−0,0526
$D_{a\,k}/a$	0	0	0	0	0	$D_{a\,k}^{\supset}$	0	0	0	0	0
$D_{b\,k}/a$	0	0	0	0	0	$D_{b\,k}^{\supset}$	0	0	0	0	0
$D_{c\,k}/a$	0	0	0	0	0	$D_{c\,k}^{\supset}$	0	0	0	0	0

Der Balken auf fünf elastisch senk- und drehbaren Stützen

Auflagerkräfte B_{ik} bzw. $a \cdot B_{ik}^{\rangle}$

Auflagereinspannmomente D_{ik}/a bzw. $D_{ik}^{\rangle}$

$z = 100$ $z_T = 0{,}001$

k	a	b	c	d	e	k	a	b	c	d	e
B_{ak}	0,2061	0,2020	0,1990	0,1970	0,1960	$a \cdot B_{ak}^{\rangle}$	0	—0,0001	—0,0001	0	0
B_{bk}	0,2020	0,2030	0,2000	0,1980	0,1970	$a \cdot B_{bk}^{\rangle}$	0	0	—0,0001	0	0
B_{ck}	0,1990	0,2000	0,2020	0,2000	0,1990	$a \cdot B_{ck}^{\rangle}$	0	0	0	0	0
D_{ak}/a	—0,3976	0,1004	0,0999	0,0989	0,0984	$D_{ak}^{\rangle}$	0,9980	0,0019	0	0	0
D_{bk}/a	—0,6920	—0,1965	0,2980	0,2960	0,2945	$D_{bk}^{\rangle}$	0,0019	0,9959	0,0019	0	0
D_{ck}/a	—0,4924	—0,4940	0	0,4940	0,4924	$D_{ck}^{\rangle}$	0	0,0019	0,9959	0,0019	0

$z = 100$ $z_T = 0{,}003$

k	a	b	c	d	e	k	a	b	c	d	e
B_{ak}	0,2063	0,2021	0,1990	0,1968	0,1958	$a \cdot B_{ak}^{\rangle}$	—0,0001	—0,0002	—0,0002	—0,0001	0
B_{bk}	0,2021	0,2031	0,2000	0,1979	0,1968	$a \cdot B_{bk}^{\rangle}$	0	—0,0001	—0,0002	—0,0001	0
B_{ck}	0,1990	0,2000	0,2021	0,2000	0,1990	$a \cdot B_{ck}^{\rangle}$	0	0,0001	0	—0,0001	0
D_{ak}/a	—0,3986	0,0993	0,1006	0,0996	0,0991	$D_{ak}^{\rangle}$	0,9940	0,0058	—0,0001	—0,0001	0
D_{bk}/a	—0,6897	—0,1963	0,2960	0,2958	0,2942	$D_{bk}^{\rangle}$	0,0058	0,9879	0,0056	—0,0001	—0,0001
D_{ck}/a	—0,4921	—0,4918	0	0,4918	0,4921	$D_{ck}^{\rangle}$	—0,0001	0,0056	0,9879	0,0056	—0,0001

$z = 100$ $z_T = 0{,}01$

k	a	b	c	d	e	k	a	b	c	d	e
B_{ak}	0,2071	0,2025	0,1988	0,1964	0,1952	$a \cdot B_{ak}^{\rangle}$	—0,0005	—0,0008	—0,0006	—0,0004	—0,0001
B_{bk}	0,2025	0,2034	0,2001	0,1976	0,1964	$a \cdot B_{bk}^{\rangle}$	0,0001	—0,0002	—0,0006	—0,0004	—0,0001
B_{ck}	0,1988	0,2001	0,2022	0,2001	0,1988	$a \cdot B_{ck}^{\rangle}$	0,0001	0,0003	0	—0,0003	—0,0001
D_{ak}/a	—0,4021	0,0954	0,1031	0,1021	0,1014	$D_{ak}^{\rangle}$	0,9805	0,0184	0,0001	—0,0002	—0,0001
D_{bk}/a	—0,6822	—0,1957	0,2893	0,2951	0,2935	$D_{bk}^{\rangle}$	0,0184	0,9613	0,0176	—0,0002	—0,0002
D_{ck}/a	—0,4909	—0,4845	0	0,4845	0,4909	$D_{ck}^{\rangle}$	0,0001	0,0176	0,9611	0,0176	0,0001

Der Balken auf fünf elastisch senk- und drehbaren Stützen

Auflagerkräfte B_{ik} bzw. $a \cdot B_{ik}^{\,\flat}$

Auflagereinspannmomente D_{ik}/a bzw. $D_{ik}^{\,\flat}$

$$z = 100 \qquad z_T = 0{,}03$$

k	a	b	c	d	e	k	a	b	c	d	e
B_{ak}	0,2094	0,2035	0,1985	0,1952	0,1935	$a \cdot B_{ak}^{\,\flat}$	−0,0015	−0,0024	−0,0018	−0,0011	−0,0004
B_{bk}	0,2035	0,2043	0,2002	0,1969	0,1952	$a \cdot B_{bk}^{\,\flat}$	0,0003	−0,0007	−0,0017	−0,0011	−0,0004
B_{ck}	0,1985	0,2002	0,2027	0,2002	0,1985	$a \cdot B_{ck}^{\,\flat}$	0,0004	0,0010	0	−0,0010	−0,0004
D_{ak}/a	−0,4105	0,0850	0,1091	0,1086	0,1078	$D_{ak}^{\,\flat}$	0,9455	0,0496	0,0018	−0,0004	−0,0002
D_{bk}/a	−0,6631	−0,1939	0,2724	0,2929	0,2917	$D_{bk}^{\,\flat}$	0,0496	0,8955	0,0457	0,0010	−0,0004
D_{ck}/a	−0,4867	−0,4654	0	0,4654	0,4867	$D_{ck}^{\,\flat}$	0,0018	0,0457	0,8947	0,0457	0,0018

$$z = 100 \qquad z_T = 0{,}1$$

k	a	b	c	d	e	k	a	b	c	d	e
B_{ak}	0,2170	0,2069	0,1975	0,1910	0,1876	$a \cdot B_{ak}^{\,\flat}$	−0,0051	−0,0074	−0,0056	−0,0034	−0,0015
B_{bk}	0,2069	0,2071	0,2006	0,1945	0,1910	$a \cdot B_{bk}^{\,\flat}$	0,0007	−0,0022	−0,0050	−0,0034	−0,0015
B_{ck}	0,1975	0,2006	0,2039	0,2006	0,1975	$a \cdot B_{ck}^{\,\flat}$	0,0014	0,0028	0	−0,0028	−0,0014
D_{ak}/a	−0,4285	0,0551	0,1206	0,1268	0,1261	$D_{ak}^{\,\flat}$	0,8512	0,1202	0,0145	0,0004	−0,0006
D_{bk}/a	−0,6137	−0,1867	0,2299	0,2832	0,2874	$D_{bk}^{\,\flat}$	0,1202	0,7399	0,1014	0,0109	0,0004
D_{ck}/a	−0,4697	−0,4141	0	0,4141	0,4697	$D_{ck}^{\,\flat}$	0,0145	0,1014	0,7357	0,1014	0,0145

$$z = 100 \qquad z_T = 0{,}3$$

k	a	b	c	d	e	k	a	b	c	d	e
B_{ak}	0,2366	0,2153	0,1953	0,1808	0,1721	$a \cdot B_{ak}^{\,\flat}$	−0,0158	−0,0192	−0,0154	−0,0100	−0,0057
B_{bk}	0,2153	0,2134	0,2015	0,1891	0,1808	$a \cdot B_{bk}^{\,\flat}$	0,0001	−0,0061	−0,0119	−0,0093	−0,0055
B_{ck}	0,1953	0,2015	0,2065	0,2015	0,1953	$a \cdot B_{ck}^{\,\flat}$	0,0045	0,0061	0	−0,0061	−0,0045
D_{ak}/a	−0,4388	0,0035	0,1242	0,1528	0,1583	$D_{ak}^{\,\flat}$	0,6934	0,1956	0,0501	0,0104	0,0021
D_{bk}/a	−0,5341	−0,1701	0,1684	0,2569	0,2788	$D_{bk}^{\,\flat}$	0,1956	0,5377	0,1463	0,0361	0,0104
D_{ck}/a	−0,4264	−0,3304	0	0,3304	0,4264	$D_{ck}^{\,\flat}$	0,0501	0,1463	0,5220	0,1463	0,0501

Der Balken auf fünf elastisch senk- und drehbaren Stützen

Auflagerkräfte B_{ik} bzw. $a \cdot B_{ik}^{2}$

Auflagereinspannmomente D_{ik}/a bzw. D_{ik}^{2}

$z = 100$	$z_T = 1$

k	a	b	c	d	e	k	a	b	c	d	e
B_{ak}	0,2902	0,2384	0,1909	0,1538	0,1266	$a \cdot B_{ak}^{2}$	—0,0471	—0,0494	—0,0409	—0,0304	—0,0228
B_{bk}	0,2384	0,2280	0,2035	0,1763	0,1538	$a \cdot B_{bk}^{2}$	—0,0065	—0,0168	—0,0268	—0,0242	—0,0192
B_{ck}	0,1909	0,2035	0,2113	0,2035	0,1909	$a \cdot B_{ck}^{2}$	0,0116	0,0117	0	—0,0117	—0,0116
D_{ak}/a	—0,3927	—0,0538	0,0966	0,1601	0,1898	D_{ak}^{2}	0,4680	0,2137	0,0916	0,0390	0,0222
D_{bk}/a	—0,4116	—0,1403	0,0972	0,2017	0,2531	D_{bk}^{2}	0,2137	0,3330	0,1476	0,0661	0,0390
D_{ck}/a	—0,3411	—0,2232	0	0,2232	0,3411	D_{ck}^{2}	0,0916	0,1476	0,3045	0,1476	0,0916

$z = 100$	$z_T = 3$

k	a	b	c	d	e	k	a	b	c	d	e
B_{ak}	0,3822	0,2797	0,1865	0,1086	0,0430	$a \cdot B_{ak}^{2}$	—0,1004	—0,0985	—0,0845	—0,0698	—0,0609
B_{bk}	0,2797	0,2508	0,2055	0,1554	0,1086	$a \cdot B_{bk}^{2}$	—0,0241	—0,0365	—0,0493	—0,0483	—0,0442
B_{ck}	0,1865	0,2055	0,2160	0,2055	0,1865	$a \cdot B_{ck}^{2}$	0,0193	0,0169	0	—0,0169	—0,0193
D_{ak}/a	—0,2788	—0,0670	0,0536	0,1228	0,1693	D_{ak}^{2}	0,2699	0,1565	0,0880	0,0533	0,0414
D_{bk}/a	—0,2737	—0,1014	0,0470	0,1342	0,1939	D_{bk}^{2}	0,1565	0,1908	0,1097	0,0680	0,0533
D_{ck}/a	—0,2347	—0,1370	0	0,1370	0,2347	D_{ck}^{2}	0,0880	0,1097	0,1679	0,1097	0,0880

$z = 100$	$z_T = 10$

k	a	b	c	d	e	k	a	b	c	d	e
B_{ak}	0,4985	0,3337	0,1835	0,0518	—0,0674	$a \cdot B_{ak}^{2}$	—0,1656	—0,1589	—0,1400	—0,1235	—0,1157
B_{bk}	0,3337	0,2788	0,2070	0,1287	0,0518	$a \cdot B_{bk}^{2}$	—0,0503	—0,0629	—0,0769	—0,0778	—0,0755
B_{ck}	0,1835	0,2070	0,2192	0,2070	0,1835	$a \cdot B_{ck}^{2}$	0,0247	0,0205	0	—0,0205	—0,0247
D_{ak}/a	—0,1380	—0,0419	0,0206	0,0630	0,0964	D_{ak}^{2}	0,1168	0,0768	0,0501	0,0362	0,0317
D_{bk}/a	—0,1324	—0,0524	0,0170	0,0648	0,1029	D_{bk}^{2}	0,0768	0,0846	0,0561	0,0411	0,0362
D_{ck}/a	—0,1166	—0,0641	0	0,0641	0,1166	D_{ck}^{2}	0,0501	0,0561	0,0739	0,0561	0,0501

Der Balken auf fünf elastisch senk- und drehbaren Stützen

Auflagerkräfte B_{ik} bzw. $a \cdot B_{ik}^2$

Auflagereinspannmomente D_{ik}/a bzw. D_{ik}^2

$$z = 100 \qquad z_T = 30$$

k	a	b	c	d	e	k	a	b	c	d	e
B_{ak}	0,5683	0,3667	0,1823	0,0177	−0,1351	$a \cdot B_{ak}^2$	−0,2042	−0,1947	−0,1735	−0,1568	−0,1502
B_{bk}	0,3667	0,2955	0,2075	0,1125	0,0177	$a \cdot B_{bk}^2$	−0,0670	−0,0791	−0,0934	−0,0952	−0,0942
B_{ck}	0,1823	0,2075	0,2204	0,2075	0,1823	$a \cdot B_{ck}^2$	0,0268	0,0218	0	−0,0218	−0,0268
D_{ak}/a	−0,0567	−0,0186	0,0075	0,0262	0,0417	D_{ak}^2	0,0455	0,0313	0,0216	0,0165	0,0150
D_{bk}/a	−0,0541	−0,0220	0,0061	0,0265	0,0435	D_{bk}^2	0,0313	0,0334	0,0234	0,0181	0,0165
D_{ck}/a	−0,0482	−0,0259	0	0,0259	0,0482	D_{ck}^2	0,0216	0,0234	0,0293	0,0234	0,0216

$$z = 100 \qquad z_T = 100$$

k	a	b	c	d	e	k	a	b	c	d	e
B_{ak}	0,6017	0,3826	0,1818	0,0015	−0,1676	$a \cdot B_{ak}^2$	−0,2226	−0,2118	−0,1896	−0,1728	−0,1670
B_{bk}	0,3826	0,3034	0,2077	0,1048	0,0015	$a \cdot B_{bk}^2$	−0,0751	−0,0870	−0,1013	−0,1035	−0,1031
B_{ck}	0,1818	0,2077	0,2209	0,2077	0,1818	$a \cdot B_{ck}^2$	0,0277	0,0223	0	−0,0223	−0,0277
D_{ak}/a	−0,0185	−0,0063	0,0023	0,0086	0,0139	D_{ak}^2	0,0146	0,0102	0,0072	0,0056	0,0052
D_{bk}/a	−0,0176	−0,0072	0,0019	0,0086	0,0144	D_{bk}^2	0,0102	0,0108	0,0077	0,0061	0,0056
D_{ck}/a	−0,0158	−0,0084	0	0,0084	0,0158	D_{ck}^2	0,0072	0,0077	0,0094	0,0077	0,0072

$$z = 100 \qquad z_T = \infty$$

k	a	b	c	d	e	k	a	b	c	d	e
B_{ak}	0,6181	0,3903	0,1817	−0,0065	−0,1835	$a \cdot B_{ak}^2$	−0,2316	−0,2202	−0,1974	−0,1806	−0,1752
B_{bk}	0,3903	0,3073	0,2079	0,1010	−0,0065	$a \cdot B_{bk}^2$	−0,0791	−0,0908	−0,1051	−0,1077	−0,1074
B_{ck}	0,1817	0,2079	0,2212	0,2079	0,1817	$a \cdot B_{ck}^2$	0,0279	0,0225	0	−0,0225	−0,0279
D_{ak}/a	0	0	0	0	0	D_{ak}^2	0	0	0	0	0
D_{bk}/a	0	0	0	0	0	D_{bk}^2	0	0	0	0	0
D_{ck}/a	0	0	0	0	0	D_{ck}^2	0	0	0	0	0

Der Balken auf fünf elastisch senk- und drehbaren Stützen

Auflagerkräfte B_{ik} bzw. $a \cdot B_{ik}^{2}$

Auflagereinspannmomente D_{ik}/a bzw. D_{ik}^{2}

$z = 200$	$z_T = 0,001$

k	a	b	c	d	e	k	a	b	c	d	e
B_{ak}	0,2030	0,2010	0,1995	0,1985	0,1980	$a \cdot B_{ak}^{2}$	0	0	0	0	0
B_{bk}	0,2010	0,2015	0,2000	0,1990	0,1985	$a \cdot B_{bk}^{2}$	0	0	0	0	0
B_{ck}	0,1995	0,2000	0,2010	0,2000	0,1995	$a \cdot B_{ck}^{2}$	0	0	0	0	0
D_{ak}/a	−0,3991	0,0999	0,1001	0,0996	0,0994	D_{ak}^{2}	0,9980	0,0020	0	0	0
D_{bk}/a	−0,6955	−0,1982	0,2985	0,2980	0,2972	D_{bk}^{2}	0,0020	0,9960	0,0019	0	0
D_{ck}/a	−0,4962	−0,4965	0	0,4965	0,4962	D_{ck}^{2}	0	0,0019	0,9960	0,0019	0

$z = 200$	$z_T = 0,003$

k	a	b	c	d	e	k	a	b	c	d	e
B_{ak}	0,2032	0,2011	0,1995	0,1984	0,1979	$a \cdot B_{ak}^{2}$	−0,0001	−0,0001	−0,0001	−0,0001	0
B_{bk}	0,2011	0,2016	0,2000	0,1989	0,1984	$a \cdot B_{bk}^{2}$	0	0	−0,0001	−0,0001	0
B_{ck}	0,1995	0,2000	0,2010	0,2000	0,1995	$a \cdot B_{ck}^{2}$	0	0,0001	0	−0,0001	0
D_{ak}/a	−0,4002	0,0988	0,1009	0,1004	0,1001	D_{ak}^{2}	0,9940	0,0058	0	0	0
D_{bk}/a	−0,6934	−0,1981	0,2965	0,2979	0,2971	D_{bk}^{2}	0,0058	0,9881	0,0057	0	0
D_{ck}/a	−0,4960	−0,4944	0	0,4944	0,4960	D_{ck}^{2}	0	0,0057	0,9880	0,0057	0

$z = 200$	$z_T = 0,01$

k	a	b	c	d	e	k	a	b	c	d	e
B_{ak}	0,2036	0,2013	0,1994	0,1982	0,1976	$a \cdot B_{ak}^{2}$	−0,0002	−0,0004	−0,0003	−0,0002	−0,0001
B_{bk}	0,2013	0,2017	0,2000	0,1988	0,1982	$a \cdot B_{bk}^{2}$	0,0001	−0,0001	−0,0003	−0,0002	−0,0001
B_{ck}	0,1994	0,2000	0,2011	0,2000	0,1994	$a \cdot B_{ck}^{2}$	0,0001	0,0002	0	−0,0002	−0,0001
D_{ak}/a	−0,4039	0,0948	0,1034	0,1030	0,1027	D_{ak}^{2}	0,9806	0,0187	0,0002	−0,0001	0
D_{bk}/a	−0,6863	−0,1978	0,2899	0,2975	0,2968	D_{bk}^{2}	0,0187	0,9618	0,0181	0,0001	−0,0001
D_{ck}/a	−0,4953	−0,4874	0	0,4874	0,4953	D_{ck}^{2}	0,0002	0,0181	0,9617	0,0181	0,0002

Der Balken auf fünf elastisch senk- und drehbaren Stützen

Auflagerkräfte B_{ik} bzw. $a \cdot B_{ik}^{\,\rangle}$

Auflagereinspannmomente D_{ik}/a bzw. $D_{ik}^{\,\rangle}$

$z = 200$	$z_T = 0{,}03$

k	a	b	c	d	e	k	a	b	c	d	e
B_{ak}	0,2047	0,2018	0,1992	0,1976	0,1967	$a \cdot B_{ak}^{\,\rangle}$	−0,0007	−0,0012	−0,0009	−0,0005	−0,0002
B_{bk}	0,2018	0,2022	0,2001	0,1984	0,1976	$a \cdot B_{bk}^{\,\rangle}$	0,0002	−0,0004	−0,0008	−0,0005	−0,0002
B_{ck}	0,1992	0,2001	0,2013	0,2001	0,1992	$a \cdot B_{ck}^{\,\rangle}$	0,0002	0,0005	0	−0,0005	−0,0002
D_{ak}/a	−0,4130	0,0840	0,1094	0,1099	0,1095	$D_{ak}^{\,\rangle}$	0,9459	0,0502	0,0022	−0,0001	−0,0001
D_{bk}/a	−0,6685	−0,1967	0,2731	0,2960	0,2961	$D_{bk}^{\,\rangle}$	0,0502	0,8968	0,0470	0,0018	−0,0001
D_{ck}/a	−0,4926	−0,4693	0	0,4693	0,4926	$D_{ck}^{\,\rangle}$	0,0022	0,0470	0,8963	0,0470	0,0022

$z = 200$	$z_T = 0{,}1$

k	a	b	c	d	e	k	a	b	c	d	e
B_{ak}	0,2087	0,2035	0,1987	0,1954	0,1937	$a \cdot B_{ak}^{\,\rangle}$	−0,0026	−0,0037	−0,0029	−0,0018	−0,0008
B_{bk}	0,2035	0,2036	0,2003	0,1972	0,1954	$a \cdot B_{bk}^{\,\rangle}$	0,0003	−0,0011	−0,0025	−0,0017	−0,0008
B_{ck}	0,1987	0,2003	0,2020	0,2003	0,1987	$a \cdot B_{ck}^{\,\rangle}$	0,0007	0,0014	0	−0,0014	−0,0007
D_{ak}/a	−0,4336	0,0529	0,1213	0,1295	0,1299	$D_{ak}^{\,\rangle}$	0,8526	0,1224	0,0163	0,0015	−0,0001
D_{bk}/a	−0,6231	−0,1916	0,2308	0,2886	0,2953	$D_{bk}^{\,\rangle}$	0,1224	0,7437	0,1052	0,0134	0,0015
D_{ck}/a	−0,4801	−0,4206	0	0,4206	0,4801	$D_{ck}^{\,\rangle}$	0,0163	0,1052	0,7405	0,1052	0,0163

$z = 200$	$z_T = 0{,}3$

k	a	b	c	d	e	k	a	b	c	d	e
B_{ak}	0,2190	0,2080	0,1976	0,1900	0,1854	$a \cdot B_{ak}^{\,\rangle}$	−0,0081	−0,0099	−0,0080	−0,0053	−0,0030
B_{bk}	0,2080	0,2069	0,2008	0,1943	0,1900	$a \cdot B_{bk}^{\,\rangle}$	0	−0,0032	−0,0062	−0,0048	−0,0029
B_{ck}	0,1976	0,2008	0,2033	0,2008	0,1976	$a \cdot B_{ck}^{\,\rangle}$	0,0023	0,0031	0	−0,0031	−0,0023
D_{ak}/a	−0,4513	−0,0024	0,1254	0,1596	0,1686	$D_{ak}^{\,\rangle}$	0,6982	0,2019	0,0558	0,0144	0,0045
D_{bk}/a	−0,5526	−0,1797	0,1696	0,2674	0,2953	$D_{bk}^{\,\rangle}$	0,2019	0,5468	0,1555	0,0428	0,0144
D_{ck}/a	−0,4468	−0,3422	0	0,3422	0,4468	$D_{ck}^{\,\rangle}$	0,0558	0,1555	0,5329	0,1555	0,0558

Der Balken auf fünf elastisch senk- und drehbaren Stützen

Auflagerkräfte B_{ik} bzw. $a \cdot B_{ik}^2$

Auflagereinspannmomente D_{ik}/a bzw. D_{ik}^2

$z = 200$	$z_T = 1$

$\diagdown\, k$	a	b	c	d	e	$\diagdown\, k$	a	b	c	d	e
B_{ak}	0,2499	0,2217	0,1954	0,1744	0,1587	$a \cdot B_{ak}^2$	−0,0256	−0,0271	−0,0230	−0,0174	−0,0132
B_{bk}	0,2217	0,2154	0,2018	0,1868	0,1744	$a \cdot B_{bk}^2$	−0,0042	−0,0096	−0,0147	−0,0134	−0,0107
B_{ck}	0,1954	0,2018	0,2057	0,2018	0,1954	$a \cdot B_{ck}^2$	0,0059	0,0059	0	−0,0059	−0,0059
D_{ak}/a	−0,4259	−0,0700	0,0983	0,1777	0,2199	D_{ak}^2	0,4830	0,2309	0,1081	0,0527	0,0329
D_{bk}/a	−0,4513	−0,1604	0,0986	0,2229	0,2902	D_{bk}^2	0,2309	0,3531	0,1679	0,0834	0,0527
D_{ck}/a	−0,3828	−0,2457	0	0,2457	0,3828	D_{ck}^2	0,1081	0,1679	0,3268	0,1679	0,1081

$z = 200$	$z_T = 3$

$\diagdown\, k$	a	b	c	d	e	$\diagdown\, k$	a	b	c	d	e
B_{ak}	0,3142	0,2516	0,1931	0,1424	0,0987	$a \cdot B_{ak}^2$	−0,0610	−0,0608	−0,0540	−0,0461	−0,0408
B_{bk}	0,2516	0,2315	0,2028	0,1716	0,1424	$a \cdot B_{bk}^2$	−0,0174	−0,0240	−0,0307	−0,0301	−0,0276
B_{ck}	0,1931	0,2028	0,2081	0,2028	0,1931	$a \cdot B_{ck}^2$	0,0099	0,0086	0	−0,0086	−0,0099
D_{ak}/a	−0,3386	−0,0965	0,0549	0,1535	0,2267	D_{ak}^2	0,2988	0,1871	0,1181	0,0810	0,0665
D_{bk}/a	−0,3379	−0,1336	0,0480	0,1672	0,2563	D_{bk}^2	0,1871	0,2233	0,1423	0,0983	0,0810
D_{ck}/a	−0,3002	−0,1708	0	0,1708	0,3002	D_{ck}^2	0,1181	0,1423	0,2017	0,1423	0,1181

$z = 200$	$z_T = 10$

$\diagdown\, k$	a	b	c	d	e	$\diagdown\, k$	a	b	c	d	e
B_{ak}	0,4268	0,3058	0,1915	0,0867	−0,0108	$a \cdot B_{ak}^2$	−0,1208	−0,1183	−0,1090	−0,1001	−0,0952
B_{bk}	0,3058	0,2592	0,2036	0,1447	0,0867	$a \cdot B_{bk}^2$	−0,0440	−0,0508	−0,0582	−0,0585	−0,0569
B_{ck}	0,1915	0,2036	0,2098	0,2036	0,1915	$a \cdot B_{ck}^2$	0,0127	0,0105	0	−0,0105	−0,0127
D_{ak}/a	−0,2014	−0,0733	0,0212	0,0949	0,1586	D_{ak}^2	0,1483	0,1088	0,0818	0,0668	0,0614
D_{bk}/a	−0,1971	−0,0847	0,0175	0,0975	0,1668	D_{bk}^2	0,1088	0,1172	0,0886	0,0727	0,0668
D_{ck}/a	−0,1817	−0,0970	0	0,0970	0,1817	D_{ck}^2	0,0818	0,0886	0,1068	0,0886	0,0818

Der Balken auf fünf elastisch senk- und drehbaren Stützen

Auflagerkräfte B_{ik} bzw. $a \cdot B_{ik}^{2}$

Auflagereinspannmomente D_{ik}/a bzw. D_{ik}^{2}

$$z = 200 \qquad z_T = 30$$

k	a	b	c	d	e	k	a	b	c	d	e
B_{ak}	0,5218	0,3522	0,1909	0,0398	−0,1047	$a \cdot B_{ak}^{2}$	−0,1706	−0,1663	−0,1557	−0,1467	−0,1428
B_{bk}	0,3522	0,2824	0,2039	0,1217	0,0398	$a \cdot B_{bk}^{2}$	−0,0675	−0,0739	−0,0813	−0,0822	−0,0814
B_{ck}	0,1909	0,2039	0,2105	0,2039	0,1909	$a \cdot B_{ck}^{2}$	0,0139	0,0112	0	−0,0112	−0,0139
D_{ak}/a	−0,0948	−0,0375	0,0077	0,0452	0,0793	D_{ak}^{2}	0,0646	0,0505	0,0406	0,0352	0,0334
D_{bk}/a	−0,0924	−0,0410	0,0062	0,0457	0,0815	D_{bk}^{2}	0,0505	0,0527	0,0425	0,0370	0,0352
D_{ck}/a	−0,0865	−0,0452	0	0,0452	0,0865	D_{ck}^{2}	0,0406	0,0425	0,0485	0,0425	0,0406

$$z = 200 \qquad z_T = 100$$

k	a	b	c	d	e	k	a	b	c	d	e
B_{ak}	0,5783	0,3798	0,1906	0,0119	−0,1607	$a \cdot B_{ak}^{2}$	−0,2001	−0,1948	−0,1835	−0,1747	−0,1714
B_{bk}	0,3798	0,2962	0,2040	0,1081	0,0119	$a \cdot B_{bk}^{2}$	−0,0816	−0,0877	−0,0950	−0,0962	−0,0959
B_{ck}	0,1906	0,2040	0,2107	0,2040	0,1906	$a \cdot B_{ck}^{2}$	0,0143	0,0115	0	−0,0115	−0,0143
D_{ak}/a	−0,0333	−0,0136	0,0024	0,0160	0,0286	D_{ak}^{2}	0,0220	0,0176	0,0145	0,0129	0,0124
D_{bk}/a	−0,0325	−0,0146	0,0019	0,0160	0,0291	D_{bk}^{2}	0,0176	0,0182	0,0151	0,0134	0,0129
D_{ck}/a	−0,0306	−0,0158	0	0,0158	0,0306	D_{ck}^{2}	0,0145	0,0151	0,0168	0,0151	0,0145

$$z = 200 \qquad z_T = \infty$$

k	a	b	c	d	e	k	a	b	c	d	e
B_{ak}	0,6094	0,3950	0,1905	−0,0034	−0,1915	$a \cdot B_{ak}^{2}$	−0,2164	−0,2104	−0,1987	−0,1901	−0,1871
B_{bk}	0,3950	0,3037	0,2041	0,1005	−0,0034	$a \cdot B_{bk}^{2}$	−0,0893	−0,0953	−0,1026	−0,1039	−0,1039
B_{ck}	0,1905	0,2041	0,2108	0,2041	0,1905	$a \cdot B_{ck}^{2}$	0,0146	0,0116	0	−0,0116	−0,0146
D_{ak}/a	0	0	0	0	0	D_{ak}^{2}	0	0	0	0	0
D_{bk}/a	0	0	0	0	0	D_{bk}^{2}	0	0	0	0	0
D_{ck}/a	0	0	0	0	0	D_{ck}^{2}	0	0	0	0	0

Der Balken auf fünf elastisch senk- und drehbaren Stützen

Auflagerkräfte B_{ik} bzw. $a \cdot B_{ik}^{2}$

Auflagereinspannmomente D_{ik}/a bzw. D_{ik}^{2}

$$z = 500 \qquad z_T = 0,001$$

k	a	b	c	d	e	k	a	b	c	d	e
B_{ak}	0,2012	0,2004	0,1998	0,1994	0,1992	$a \cdot B_{ak}^{2}$	0	0	0	0	0
B_{bk}	0,2004	0,2006	0,2000	0,1996	0,1994	$a \cdot B_{bk}^{2}$	0	0	0	0	0
B_{ck}	0,1998	0,2000	0,2004	0,2000	0,1998	$a \cdot B_{ck}^{2}$	0	0	0	0	0
D_{ak}/a	−0,4000	0,0996	0,1003	0,1001	0,1000	D_{ak}^{2}	0,9980	0,0020	0	0	0
D_{bk}/a	−0,6976	−0,1993	0,2988	0,2992	0,2989	D_{bk}^{2}	0,0020	0,9960	0,0020	0	0
D_{ck}/a	−0,4985	−0,4980	0	0,4980	0,4985	D_{ck}^{2}	0	0,0020	0,9960	0,0020	0

$$z = 500 \qquad z_T = 0,003$$

k	a	b	c	d	e	k	a	b	c	d	e
B_{ak}	0,2013	0,2004	0,1998	0,1994	0,1991	$a \cdot B_{ak}^{2}$	0	−0,0001	0	0	0
B_{bk}	0,2004	0,2006	0,2000	0,1996	0,1994	$a \cdot B_{bk}^{2}$	0	0	0	0	0
B_{ck}	0,1998	0,2000	0,2004	0,2000	0,1998	$a \cdot B_{ck}^{2}$	0	0	0	0	0
D_{ak}/a	−0,4011	0,0984	0,1011	0,1009	0,1008	D_{ak}^{2}	0,9941	0,0059	0	0	0
D_{bk}/a	−0,6956	−0,1992	0,2968	0,2991	0,2988	D_{bk}^{2}	0,0059	0,9882	0,0058	0	0
D_{ck}/a	−0,4984	−0,4960	0	0,4960	0,4984	D_{ck}^{2}	0	0,0058	0,9881	0,0058	0

$$z = 500 \qquad z_T = 0,01$$

k	a	b	c	d	e	k	a	b	c	d	e
B_{ak}	0,2014	0,2005	0,1998	0,1993	0,1990	$a \cdot B_{ak}^{2}$	−0,0001	−0,0002	−0,0001	−0,0001	0
B_{bk}	0,2005	0,2007	0,2000	0,1995	0,1993	$a \cdot B_{bk}^{2}$	0	0	−0,0001	−0,0001	0
B_{ck}	0,1998	0,2000	0,2004	0,2000	0,1998	$a \cdot B_{ck}^{2}$	0	0,0001	0	−0,0001	0
D_{ak}/a	−0,4050	0,0944	0,1036	0,1035	0,1034	D_{ak}^{2}	0,9807	0,0188	0,0003	0	0
D_{bk}/a	−0,6888	−0,1991	0,2902	0,2989	0,2987	D_{bk}^{2}	0,0188	0,9621	0,0183	0,0002	0
D_{ck}/a	−0,4980	−0,4892	0	0,4892	0,4980	D_{ck}^{2}	0,0003	0,0183	0,9620	0,0183	0,0003

Der Balken auf fünf elastisch senk- und drehbaren Stützen

Auflagerkräfte B_{ik} bzw. $a \cdot B_{ik}^{\flat}$

Auflagereinspannmomente D_{ik}/a bzw. $D_{ik}^{\flat}$

$$z = 500 \qquad z_T = 0,03$$

k	a	b	c	d	e	k	a	b	c	d	e
B_{ak}	0,2019	0,2007	0,1997	0,1990	0,1987	$a \cdot B_{ak}^{\flat}$	−0,0003	−0,0005	−0,0004	−0,0002	−0,0001
B_{bk}	0,2007	0,2009	0,2000	0,1994	0,1990	$a \cdot B_{bk}^{\flat}$	0,0001	−0,0001	−0,0003	−0,0002	−0,0001
B_{ck}	0,1997	0,2000	0,2005	0,2000	0,1997	$a \cdot B_{ck}^{\flat}$	0,0001	0,0002	0	−0,0002	−0,0001
D_{ak}/a	−0,4145	0,0835	0,1097	0,1107	0,1106	$D_{ak}^{\flat}$	0,9461	0,0506	0,0025	0	0
D_{bk}/a	−0,6718	−0,1983	0,2735	0,2979	0,2987	$D_{bk}^{\flat}$	0,0506	0,8976	0,0477	0,0023	0
D_{ck}/a	−0,4962	−0,4716	0	0,4716	0,4962	$D_{ck}^{\flat}$	0,0025	0,0477	0,8973	0,0477	0,0025

$$z = 500 \qquad z_T = 0,1$$

k	a	b	c	d	e	k	a	b	c	d	e
B_{ak}	0,2035	0,2014	0,1995	0,1982	0,1974	$a \cdot B_{ak}^{\flat}$	−0,0010	−0,0015	−0,0012	−0,0007	−0,0003
B_{bk}	0,2014	0,2015	0,2001	0,1989	0,1982	$a \cdot B_{bk}^{\flat}$	0,0001	−0,0005	−0,0010	−0,0007	−0,0003
B_{ck}	0,1995	0,2001	0,2008	0,2001	0,1995	$a \cdot B_{ck}^{\flat}$	0,0003	0,0006	0	−0,0006	−0,0003
D_{ak}/a	−0,4367	0,0515	0,1217	0,1312	0,1323	$D_{ak}^{\flat}$	0,8535	0,1237	0,0174	0,0022	0,0002
D_{bk}/a	−0,6289	−0,1946	0,2313	0,2920	0,3002	$D_{bk}^{\flat}$	0,1237	0,7461	0,1075	0,0149	0,0022
D_{ck}/a	−0,4865	−0,4246	0	0,4246	0,4865	$D_{ck}^{\flat}$	0,0174	0,1075	0,7434	0,1075	0,0174

$$z = 500 \qquad z_T = 0,3$$

k	a	b	c	d	e	k	a	b	c	d	e
B_{ak}	0,2078	0,2033	0,1990	0,1959	0,1940	$a \cdot B_{ak}^{\flat}$	−0,0033	−0,0041	−0,0033	−0,0022	−0,0013
B_{bk}	0,2033	0,2028	0,2003	0,1977	0,1959	$a \cdot B_{bk}^{\flat}$	0	−0,0013	−0,0025	−0,0020	−0,0012
B_{ck}	0,1990	0,2003	0,2013	0,2003	0,1990	$a \cdot B_{ck}^{\flat}$	0,0009	0,0012	0	−0,0012	−0,0009
D_{ak}/a	−0,4593	−0,0062	0,1261	0,1640	0,1753	$D_{ak}^{\flat}$	0,7012	0,2059	0,0595	0,0170	0,0060
D_{bk}/a	−0,5646	−0,1859	0,1704	0,2741	0,3059	$D_{bk}^{\flat}$	0,2059	0,5526	0,1614	0,0472	0,0170
D_{ck}/a	−0,4598	−0,3499	0	0,3499	0,4598	$D_{ck}^{\flat}$	0,0595	0,1614	0,5399	0,1614	0,0595

Der Balken auf fünf elastisch senk- und drehbaren Stützen

Auflagerkräfte B_{ik} bzw. $a \cdot B_{ik}^{\,2}$

Auflagereinspannmomente D_{ik}/a bzw. $D_{ik}^{\,2}$

$z = 500$	$z_T = 1$

k	a	b	c	d	e	k	a	b	c	d	e
B_{ak}	0,2213	0,2094	0,1981	0,1890	0,1821	$a \cdot B_{ak}^{\,2}$	−0,0108	−0,0115	−0,0099	−0,0076	−0,0058
B_{bk}	0,2094	0,2065	0,2007	0,1943	0,1890	$a \cdot B_{bk}^{\,2}$	−0,0020	−0,0042	−0,0063	−0,0057	−0,0046
B_{ck}	0,1981	0,2007	0,2023	0,2007	0,1981	$a \cdot B_{ck}^{\,2}$	0,0024	0,0024	0	−0,0024	−0,0024
D_{ak}/a	−0,4496	−0,0817	0,0993	0,1902	0,2418	$D_{ak}^{\,2}$	0,4936	0,2431	0,1200	0,0627	0,0409
D_{bk}/a	−0,4798	−0,1749	0,0994	0,2381	0,3172	$D_{bk}^{\,2}$	0,2431	0,3675	0,1825	0,0960	0,0627
D_{ck}/a	−0,4128	−0,2620	0	0,2620	0,4128	$D_{ck}^{\,2}$	0,1200	0,1825	0,3428	0,1825	0,1200

$z = 500$	$z_T = 3$

k	a	b	c	d	e	k	a	b	c	d	e
B_{ak}	0,2541	0,2249	0,1972	0,1726	0,1511	$a \cdot B_{ak}^{\,2}$	−0,0283	−0,0285	−0,0259	−0,0226	−0,0201
B_{bk}	0,2249	0,2148	0,2012	0,1864	0,1726	$a \cdot B_{bk}^{\,2}$	−0,0089	−0,0117	−0,0145	−0,0142	−0,0131
B_{ck}	0,1972	0,2012	0,2033	0,2012	0,1972	$a \cdot B_{ck}^{\,2}$	0,0040	0,0035	0	−0,0035	−0,0040
D_{ak}/a	−0,3929	−0,1237	0,0558	0,1814	0,2794	$D_{ak}^{\,2}$	0,3247	0,2145	0,1455	0,1066	0,0899
D_{bk}/a	−0,3962	−0,1630	0,0487	0,1972	0,3134	$D_{bk}^{\,2}$	0,2145	0,2526	0,1719	0,1263	0,1066
D_{ck}/a	−0,3600	−0,2016	0	0,2016	0,3600	$D_{ck}^{\,2}$	0,1455	0,1719	0,2325	0,1719	0,1455

$z = 500$	$z_T = 10$

k	a	b	c	d	e	k	a	b	c	d	e
B_{ak}	0,3336	0,2639	0,1965	0,1330	0,0729	$a \cdot B_{ak}^{\,2}$	−0,0693	−0,0687	−0,0652	−0,0613	−0,0588
B_{bk}	0,2639	0,2346	0,2015	0,1670	0,1330	$a \cdot B_{bk}^{\,2}$	−0,0281	−0,0311	−0,0342	−0,0342	−0,0333
B_{ck}	0,1965	0,2015	0,2040	0,2015	0,1965	$a \cdot B_{ck}^{\,2}$	0,0052	0,0043	0	−0,0043	−0,0052
D_{ak}/a	−0,2887	−0,1171	0,0216	0,1389	0,2451	$D_{ak}^{\,2}$	0,1913	0,1526	0,1256	0,1098	0,1031
D_{bk}/a	−0,2864	−0,1295	0,0178	0,1426	0,2556	$D_{bk}^{\,2}$	0,1526	0,1619	0,1336	0,1168	0,1098
D_{ck}/a	−0,2718	−0,1425	0	0,1425	0,2718	$D_{ck}^{\,2}$	0,1256	0,1336	0,1523	0,1336	0,1256

Der Balken auf fünf elastisch senk- und drehbaren Stützen

Auflagerkräfte B_{ik} bzw. $a \cdot B_{ik}^{2}$

Auflagereinspannmomente D_{ik}/a bzw. D_{ik}^{2}

$\boxed{z = 500 \quad | \quad z_T = 30}$

k	a	b	c	d	e	k	a	b	c	d	e
B_{ak}	0,4398	0,3165	0,1963	0,0802	−0,0328	$a \cdot B_{ak}^{2}$	−0,1233	−0,1220	−0,1179	−0,1141	−0,1120
B_{bk}	0,3165	0,2609	0,2016	0,1408	0,0802	$a \cdot B_{bk}^{2}$	−0,0545	−0,0573	−0,0605	−0,0607	−0,0602
B_{ck}	0,1963	0,2016	0,2043	0,2016	0,1963	$a \cdot B_{ck}^{2}$	0,0057	0,0046	0	−0,0046	−0,0057
D_{ak}/a	−0,1713	−0,0757	0,0079	0,0836	0,1556	D_{ak}^{2}	0,1027	0,0888	0,0789	0,0732	0,0710
D_{bk}/a	−0,1695	−0,0796	0,0064	0,0843	0,1584	D_{bk}^{2}	0,0888	0,0913	0,0812	0,0753	0,0732
D_{ck}/a	−0,1638	−0,0840	0	0,0840	0,1638	D_{ck}^{2}	0,0789	0,0812	0,0873	0,0812	0,0789

$\boxed{z = 500 \quad | \quad z_T = 100}$

k	a	b	c	d	e	k	a	b	c	d	e
B_{ak}	0,5347	0,3637	0,1962	0,0330	−0,1275	$a \cdot B_{ak}^{2}$	−0,1716	−0,1696	−0,1651	−0,1614	−0,1599
B_{bk}	0,3637	0,2844	0,2016	0,1173	0,0330	$a \cdot B_{bk}^{2}$	−0,0783	−0,0809	−0,0839	−0,0844	−0,0842
B_{ck}	0,1962	0,2016	0,2044	0,2016	0,1962	$a \cdot B_{ck}^{2}$	0,0058	0,0047	0	−0,0047	−0,0058
D_{ak}/a	−0,0715	−0,0326	0,0024	0,0351	0,0666	D_{ak}^{2}	0,0411	0,0367	0,0336	0,0319	0,0313
D_{bk}/a	−0,0707	−0,0337	0,0020	0,0352	0,0673	D_{bk}^{2}	0,0367	0,0373	0,0342	0,0324	0,0319
D_{ck}/a	−0,0688	−0,0350	0	0,0350	0,0688	D_{ck}^{2}	0,0336	0,0342	0,0360	0,0342	0,0336

$\boxed{z = 500 \quad | \quad z_T = \infty}$

k	a	b	c	d	e	k	a	b	c	d	e
B_{ak}	0,6040	0,3980	0,1961	−0,0014	−0,1965	$a \cdot B_{ak}^{2}$	−0,2068	−0,2044	−0,1995	−0,1959	−0,1947
B_{bk}	0,3980	0,3015	0,2017	0,1002	−0,0014	$a \cdot B_{bk}^{2}$	−0,0957	−0,0981	−0,1010	−0,1016	−0,1016
B_{ck}	0,1961	0,2017	0,2045	0,2017	0,1961	$a \cdot B_{ck}^{2}$	0,0060	0,0048	0	−0,0048	−0,0060
D_{ak}/a	0	0	0	0	0	D_{ak}^{2}	0	0	0	0	0
D_{bk}/a	0	0	0	0	0	D_{bk}^{2}	0	0	0	0	0
D_{ck}/a	0	0	0	0	0	D_{ck}^{2}	0	0	0	0	0

Der Balken auf fünf elastisch senk- und drehbaren Stützen

Auflagerkräfte B_{ik} bzw. $a \cdot B_{i\overset{2}{k}}$

Auflagereinspannmomente D_{ik}/a bzw. $D_{i\overset{2}{k}}$

$$z = 1000 \quad\big|\quad z_T = 0,001$$

k	a	b	c	d	e	k	a	b	c	d	e
B_{ak}	0,2006	0,2002	0,1999	0,1997	0,1996	$a \cdot B_{a\overset{2}{k}}$	0	0	0	0	0
B_{bk}	0,2002	0,2003	0,2000	0,1998	0,1997	$a \cdot B_{b\overset{2}{k}}$	0	0	0	0	0
B_{ck}	0,1999	0,2000	0,2002	0,2000	0,1999	$a \cdot B_{c\overset{2}{k}}$	0	0	0	0	0
D_{ak}/a	−0,4003	0,0995	0,1003	0,1002	0,1002	$D_{a\overset{2}{k}}$	0,9980	0,0020	0	0	0
D_{bk}/a	−0,6983	−0,1996	0,2989	0,2996	0,2994	$D_{b\overset{2}{k}}$	0,0020	0,9960	0,0020	0	0
D_{ck}/a	−0,4992	−0,4985	0	0,4985	0,4992	$D_{c\overset{2}{k}}$	0	0,0020	0,9960	0,0020	0

$$z = 1000 \quad\big|\quad z_T = 0,003$$

k	a	b	c	d	e	k	a	b	c	d	e
B_{ak}	0,2006	0,2002	0,1999	0,1997	0,1996	$a \cdot B_{a\overset{2}{k}}$	0	0	0	0	0
B_{bk}	0,2002	0,2003	0,2000	0,1998	0,1997	$a \cdot B_{b\overset{2}{k}}$	0	0	0	0	0
B_{ck}	0,1999	0,2000	0,2002	0,2000	0,1999	$a \cdot B_{c\overset{2}{k}}$	0	0	0	0	0
D_{ak}/a	−0,4015	0,0983	0,1011	0,1010	0,1010	$D_{a\overset{2}{k}}$	0,9941	0,0059	0	0	0
D_{bk}/a	−0,6963	−0,1996	0,2969	0,2996	0,2994	$D_{b\overset{2}{k}}$	0,0059	0,9882	0,0058	0	0
D_{ck}/a	−0,4992	−0,4965	0	0,4965	0,4992	$D_{c\overset{2}{k}}$	0	0,0058	0,9882	0,0058	0

$$z = 1000 \quad\big|\quad z_T = 0,01$$

k	a	b	c	d	e	k	a	b	c	d	e
B_{ak}	0,2007	0,2003	0,1999	0,1996	0,1995	$a \cdot B_{a\overset{2}{k}}$	0	−0,0001	−0,0001	0	0
B_{bk}	0,2003	0,2003	0,2000	0,1998	0,1996	$a \cdot B_{b\overset{2}{k}}$	0	0	−0,0001	0	0
B_{ck}	0,1999	0,2000	0,2002	0,2000	0,1999	$a \cdot B_{c\overset{2}{k}}$	0	0	0	0	0
D_{ak}/a	−0,4053	0,0943	0,1037	0,1037	0,1037	$D_{a\overset{2}{k}}$	0,9807	0,0188	0,0003	0	0
D_{bk}/a	−0,6897	−0,1995	0,2903	0,2994	0,2994	$D_{b\overset{2}{k}}$	0,0188	0,9622	0,0184	0,0003	0
D_{ck}/a	−0,4989	−0,4898	0	0,4898	0,4989	$D_{c\overset{2}{k}}$	0,0003	0,0184	0,9621	0,0184	0,0003

Der Balken auf fünf elastisch senk- und drehbaren Stützen

Auflagerkräfte B_{ik} bzw. $a \cdot B_{ik}^{2}$

Auflagereinspannmomente D_{ik}/a bzw. D_{ik}^{2}

$$z = 1000 \qquad z_T = 0,03$$

k	a	b	c	d	e	k	a	b	c	d	e
B_{ak}	0,2010	0,2004	0,1998	0,1995	0,1993	$a \cdot B_{ak}^{2}$	−0,0001	−0,0002	−0,0002	−0,0001	0
B_{bk}	0,2004	0,2004	0,2000	0,1997	0,1995	$a \cdot B_{bk}^{2}$	0	−0,0001	−0,0002	−0,0001	0
B_{ck}	0,1998	0,2000	0,2003	0,2000	0,1998	$a \cdot B_{ck}^{2}$	0	0,0001	0	−0,0001	0
D_{ak}/a	−0,4150	0,0833	0,1098	0,1110	0,1110	D_{ak}^{2}	0,9462	0,0507	0,0026	0,0001	0
D_{bk}/a	−0,6729	−0,1989	0,2736	0,2985	0,2996	D_{bk}^{2}	0,0507	0,8979	0,0480	0,0024	0,0001
D_{ck}/a	−0,4974	−0,4724	0	0,4724	0,4974	D_{ck}^{2}	0,0026	0,0480	0,8977	0,0480	0,0026

$$z = 1000 \qquad z_T = 0,1$$

k	a	b	c	d	e	k	a	b	c	d	e
B_{ak}	0,2018	0,2007	0,1997	0,1991	0,1987	$a \cdot B_{ak}^{2}$	−0,0005	−0,0008	−0,0006	−0,0004	−0,0002
B_{bk}	0,2007	0,2007	0,2001	0,1994	0,1991	$a \cdot B_{bk}^{2}$	0,0001	−0,0002	−0,0005	−0,0004	−0,0002
B_{ck}	0,1997	0,2001	0,2004	0,2001	0,1997	$a \cdot B_{ck}^{2}$	0,0001	0,0003	0	−0,0003	−0,0001
D_{ak}/a	−0,4377	0,0510	0,1218	0,1318	0,1331	D_{ak}^{2}	0,8538	0,1242	0,0178	0,0024	0,0003
D_{bk}/a	−0,6308	−0,1956	0,2315	0,2931	0,3019	D_{bk}^{2}	0,1242	0,7469	0,1083	0,0154	0,0024
D_{ck}/a	−0,4887	−0,4259	0	0,4259	0,4887	D_{ck}^{2}	0,0178	0,1083	0,7444	0,1083	0,0178

$$z = 1000 \qquad z_T = 0,3$$

k	a	b	c	d	e	k	a	b	c	d	e
B_{ak}	0,2039	0,2017	0,1995	0,1979	0,1970	$a \cdot B_{ak}^{2}$	−0,0017	−0,0020	−0,0017	−0,0011	−0,0006
B_{bk}	0,2017	0,2014	0,2002	0,1988	0,1979	$a \cdot B_{bk}^{2}$	0	−0,0007	−0,0013	−0,0010	−0,0006
B_{ck}	0,1995	0,2002	0,2007	0,2002	0,1995	$a \cdot B_{ck}^{2}$	0,0005	0,0006	0	−0,0006	−0,0005
D_{ak}/a	−0,4620	−0,0075	0,1263	0,1655	0,1776	D_{ak}^{2}	0,7022	0,2073	0,0608	0,0179	0,0065
D_{bk}/a	−0,5687	−0,1880	0,1706	0,2764	0,3096	D_{bk}^{2}	0,2073	0,5546	0,1634	0,0487	0,0179
D_{ck}/a	−0,4644	−0,3525	0	0,3525	0,4644	D_{ck}^{2}	0,0608	0,1634	0,5424	0,1634	0,0608

Der Balken auf fünf elastisch senk- und drehbaren Stützen

Auflagerkräfte B_{ik} bzw. $a \cdot B_{ik}^{2}$

Auflagereinspannmomente D_{ik}/a bzw. D_{ik}^{2}

$z = 1000$	$z_T = 1$

k	a	b	c	d	e	k	a	b	c	d	e
B_{ak}	0,2109	0,2048	0,1991	0,1944	0,1908	$a \cdot B_{ak}^{2}$	−0,0055	−0,0059	−0,0051	−0,0039	−0,0030
B_{bk}	0,2048	0,2033	0,2004	0,1971	0,1944	$a \cdot B_{bk}^{2}$	−0,0010	−0,0022	−0,0032	−0,0029	−0,0023
B_{ck}	0,1991	0,2004	0,2012	0,2004	0,1991	$a \cdot B_{ck}^{2}$	0,0012	0,0012	0	−0,0012	−0,0012
D_{ak}/a	−0,4583	−0,0861	0,0996	0,1949	0,2499	D_{ak}^{2}	0,4974	0,2475	0,1244	0,0664	0,0438
D_{bk}/a	−0,4902	−0,1803	0,0997	0,2437	0,3271	D_{bk}^{2}	0,2475	0,3728	0,1879	0,1007	0,0665
D_{ck}/a	−0,4239	−0,2679	0	0,2679	0,4239	D_{ck}^{2}	0,1244	0,1879	0,3486	0,1879	0,1244

$z = 1000$	$z_T = 3$

k	a	b	c	d	e	k	a	b	c	d	e
B_{ak}	0,2288	0,2134	0,1986	0,1854	0,1738	$a \cdot B_{ak}^{2}$	−0,0150	−0,0152	−0,0139	−0,0122	−0,0109
B_{bk}	0,2134	0,2079	0,2006	0,1927	0,1854	$a \cdot B_{bk}^{2}$	−0,0049	−0,0063	−0,0077	−0,0076	−0,0070
B_{ck}	0,1986	0,2006	0,2017	0,2006	0,1986	$a \cdot B_{ck}^{2}$	0,0020	0,0018	0	−0,0018	−0,0020
D_{ak}/a	−0,4159	−0,1353	0,0561	0,1932	0,3019	D_{ak}^{2}	0,3356	0,2261	0,1572	0,1176	0,1000
D_{bk}/a	−0,4210	−0,1756	0,0489	0,2100	0,3377	D_{bk}^{2}	0,2261	0,2650	0,1845	0,1382	0,1176
D_{ck}/a	−0,3854	−0,2148	0	0,2148	0,3854	D_{ck}^{2}	0,1572	0,1845	0,2456	0,1845	0,1572

$z = 1000$	$z_T = 10$

k	a	b	c	d	e	k	a	b	c	d	e
B_{ak}	0,2795	0,2384	0,1983	0,1601	0,1237	$a \cdot B_{ak}^{2}$	−0,0408	−0,0407	−0,0390	−0,0370	−0,0356
B_{bk}	0,2384	0,2205	0,2007	0,1802	0,1601	$a \cdot B_{bk}^{2}$	−0,0172	−0,0187	−0,0203	−0,0203	−0,0198
B_{ck}	0,1983	0,2007	0,2020	0,2007	0,1983	$a \cdot B_{ck}^{2}$	0,0026	0,0021	0	−0,0021	−0,0026
D_{ak}/a	−0,3404	−0,1431	0,0218	0,1651	0,2966	D_{ak}^{2}	0,2166	0,1784	0,1517	0,1354	0,1281
D_{bk}/a	−0,3394	−0,1562	0,0179	0,1693	0,3084	D_{bk}^{2}	0,1784	0,1884	0,1603	0,1430	0,1354
D_{ck}/a	−0,3253	−0,1695	0	0,1695	0,3253	D_{ck}^{2}	0,1517	0,1603	0,1793	0,1603	0,1517

Der Balken auf fünf elastisch senk- und drehbaren Stützen

Auflagerkräfte B_{ik} bzw. $a \cdot B_{ik}^{2}$

Auflagereinspannmomente D_{ik}/a bzw. D_{ik}^{2}

	$z = 1000$	$z_T = 30$

k	a	b	c	d	e	k	a	b	c	d	e
B_{ak}	0,3694	0,2831	0,1981	0,1153	0,0341	$a \cdot B_{ak}^{2}$	−0,0862	−0,0858	−0,0838	−0,0818	−0,0805
B_{bk}	0,2831	0,2429	0,2008	0,1579	0,1153	$a \cdot B_{bk}^{2}$	−0,0396	−0,0411	−0,0427	−0,0428	−0,0424
B_{ck}	0,1981	0,2008	0,2021	0,2008	0,1981	$a \cdot B_{ck}^{2}$	0,0028	0,0023	0	−0,0023	−0,0028
D_{ak}/a	−0,2395	−0,1099	0,0079	0,1178	0,2237	D_{ak}^{2}	0,1366	0,1229	0,1131	0,1072	0,1047
D_{bk}/a	−0,2383	−0,1141	0,0064	0,1189	0,2271	D_{bk}^{2}	0,1229	0,1257	0,1156	0,1096	0,1072
D_{ck}/a	−0,2328	−0,1186	0	0,1186	0,2328	D_{ck}^{2}	0,1131	0,1156	0,1219	0,1156	0,1131

	$z = 1000$	$z_T = 100$

k	a	b	c	d	e	k	a	b	c	d	e
B_{ak}	0,4842	0,3403	0,1981	0,0580	−0,0806	$a \cdot B_{ak}^{2}$	−0,1441	−0,1432	−0,1411	−0,1391	−0,1382
B_{bk}	0,3403	0,2715	0,2008	0,1294	0,0580	$a \cdot B_{bk}^{2}$	−0,0683	−0,0697	−0,0712	−0,0714	−0,0713
B_{ck}	0,1981	0,2008	0,2022	0,2008	0,1981	$a \cdot B_{ck}^{2}$	0,0029	0,0024	0	−0,0024	−0,0029
D_{ak}/a	−0,1201	−0,0569	0,0025	0,0594	0,1152	D_{ak}^{2}	0,0653	0,0610	0,0579	0,0561	0,0555
D_{bk}/a	−0,1194	−0,0581	0,0020	0,0595	0,1159	D_{bk}^{2}	0,0610	0,0617	0,0586	0,0568	0,0561
D_{ck}/a	−0,1175	−0,0594	0	0,0594	0,1175	D_{ck}^{2}	0,0579	0,0586	0,0604	0,0586	0,0579

	$z = 1000$	$z_T = \infty$

k	a	b	c	d	e	k	a	b	c	d	e
B_{ak}	0,6019	0,3990	0,1981	−0,0007	−0,1983	$a \cdot B_{ak}^{2}$	−0,2033	−0,2021	−0,1997	−0,1980	−0,1974
B_{bk}	0,3990	0,3008	0,2008	0,1001	−0,0007	$a \cdot B_{bk}^{2}$	−0,0978	−0,0990	−0,1005	−0,1008	−0,1008
B_{ck}	0,1981	0,2008	0,2022	0,2008	0,1981	$a \cdot B_{ck}^{2}$	0,0029	0,0023	0	−0,0023	−0,0029
D_{ak}/a	0	0	0	0	0	D_{ak}^{2}	0	0	0	0	0
D_{bk}/a	0	0	0	0	0	D_{bk}^{2}	0	0	0	0	0
D_{ck}/a	0	0	0	0	0	D_{ck}^{2}	0	0	0	0	0

5. Auflagerreaktionen des Balkens auf sechs elastisch senk- und drehbaren Stützen

Der Balken auf sechs elastisch senk- und drehbaren Stützen

Auflagerkräfte B_{ik} bzw. $a \cdot B_{ik}^{)}$

Auflagereinspannmomente D_{ik}/a bzw. $D_{ik}^{)}$

$$\boxed{z = 0{,}1 \quad z_T = 0{,}001}$$

k	a	b	c	d	e	f	k	a	b	c	d	e	f
B_{ak}	0,8556	0,1242	0,0174	0,0024	0,0003	0,0001	$a \cdot B_{ak}^{)}$	−0,0087	−0,0099	−0,0014	−0,0002	0	0
B_{bk}	0,1242	0,7488	0,1092	0,0153	0,0021	0,0003	$a \cdot B_{bk}^{)}$	0,0074	−0,0002	−0,0087	−0,0012	−0,0002	0
B_{ck}	0,0174	0,1092	0,7467	0,1089	0,0153	0,0024	$a \cdot B_{ck}^{)}$	0,0011	0,0086	0	−0,0086	−0,0012	−0,0001
D_{ak}/a	−0,0722	0,0620	0,0088	0,0012	0,0002	0	$D_{ak}^{)}$	0,9937	−0,0030	−0,0007	−0,0001	0	0
D_{bk}/a	−0,0822	−0,0014	0,0717	0,0102	0,0014	0,0002	$D_{bk}^{)}$	−0,0030	0,9861	−0,0037	−0,0008	−0,0001	0
D_{ck}/a	−0,0117	−0,0721	0	0,0719	0,0102	0,0016	$D_{ck}^{)}$	−0,0007	−0,0037	0,9860	−0,0038	−0,0008	−0,0001

$$\boxed{z = 0{,}1 \quad z_T = 0{,}003}$$

k	a	b	c	d	e	f	k	a	b	c	d	e	f
B_{ak}	0,8584	0,1234	0,0159	0,0020	0,0003	0	$a \cdot B_{ak}^{)}$	−0,0255	−0,0286	−0,0038	−0,0005	−0,0001	0
B_{bk}	0,1234	0,7509	0,1095	0,0141	0,0018	0,0003	$a \cdot B_{bk}^{)}$	0,0221	−0,0004	−0,0253	−0,0034	−0,0004	−0,0001
B_{ck}	0,0159	0,1095	0,7491	0,1093	0,0141	0,0020	$a \cdot B_{ck}^{)}$	0,0030	0,0252	0	−0,0252	−0,0034	−0,0004
D_{ak}/a	−0,0709	0,0613	0,0083	0,0011	0,0001	0	$D_{ak}^{)}$	0,9813	−0,0085	−0,0020	−0,0003	0	0
D_{bk}/a	−0,0795	−0,0012	0,0699	0,0094	0,0012	0,0002	$D_{bk}^{)}$	−0,0085	0,9595	−0,0106	−0,0022	−0,0003	0
D_{ck}/a	−0,0107	−0,0702	0	0,0700	0,0095	0,0014	$D_{ck}^{)}$	−0,0020	−0,0106	0,9593	−0,0106	−0,0022	−0,0003

$$\boxed{z = 0{,}1 \quad z_T = 0{,}01}$$

k	a	b	c	d	e	f	k	a	b	c	d	e	f
B_{ak}	0,8672	0,1205	0,0113	0,0010	0,0001	0	$a \cdot B_{ak}^{)}$	−0,0798	−0,0855	−0,0094	−0,0008	−0,0001	0
B_{bk}	0,1205	0,7578	0,1103	0,0104	0,0009	0,0001	$a \cdot B_{bk}^{)}$	0,0708	−0,0008	−0,0770	−0,0086	−0,0008	−0,0001
B_{ck}	0,0113	0,1103	0,7568	0,1102	0,0104	0,0010	$a \cdot B_{ck}^{)}$	0,0082	0,0768	0	−0,0769	−0,0086	−0,0007
D_{ak}/a	−0,0665	0,0590	0,0068	0,0006	0,0001	0	$D_{ak}^{)}$	0,9408	−0,0247	−0,0052	−0,0005	0	0
D_{bk}/a	−0,0712	−0,0007	0,0640	0,0072	0,0006	0,0001	$D_{bk}^{)}$	−0,0247	0,8779	−0,0293	−0,0055	−0,0005	0
D_{ck}/a	−0,0078	−0,0642	0	0,0641	0,0072	0,0007	$D_{ck}^{)}$	−0,0052	−0,0293	0,8774	−0,0293	−0,0055	−0,0005

Der Balken auf sechs elastisch senk- und drehbaren Stützen

Auflagerkräfte B_{ik} bzw. $a \cdot B_{i\overset{2}{k}}$

Auflagereinspannmomente D_{ik}/a bzw. $D_{i\overset{2}{k}}$

$$z = 0{,}1 \qquad z_T = 0{,}03$$

k	a	b	c	d	e	f	k	a	b	c	d	e	f
B_{ak}	0,8857	0,1130	0,0019	−0,0006	0	0	$a \cdot B_{a\overset{2}{k}}$	−0,2052	−0,1974	−0,0117	0,0005	0,0001	0
B_{bk}	0,1130	0,7734	0,1117	0,0025	−0,0005	0	$a \cdot B_{b\overset{2}{k}}$	0,1918	−0,0008	−0,1865	−0,0122	0,0004	0,0001
B_{ck}	0,0019	0,1117	0,7728	0,1116	0,0025	−0,0006	$a \cdot B_{c\overset{2}{k}}$	0,0138	0,1864	0	−0,1864	−0,0122	0,0003
D_{ak}/a	−0,0570	0,0533	0,0038	−0,0001	0	0	$D_{a\overset{2}{k}}$	0,8436	−0,0529	−0,0087	−0,0002	0	0
D_{bk}/a	−0,0548	−0,0002	0,0518	0,0034	−0,0001	0	$D_{b\overset{2}{k}}$	−0,0529	0,7104	−0,0561	−0,0081	−0,0002	0
D_{ck}/a	−0,0032	−0,0518	0	0,0518	0,0034	−0,0001	$D_{c\overset{2}{k}}$	−0,0087	−0,0561	0,7100	−0,0561	−0,0081	−0,0002

$$z = 0{,}1 \qquad z_T = 0{,}1$$

k	a	b	c	d	e	f	k	a	b	c	d	e	f
B_{ak}	0,9182	0,0952	−0,0125	−0,0010	0,0002	0	$a \cdot B_{a\overset{2}{k}}$	−0,4689	−0,3590	0,0102	0,0043	−0,0002	−0,0001
B_{bk}	0,0952	0,8047	0,1125	−0,0113	−0,0013	0,0002	$a \cdot B_{b\overset{2}{k}}$	0,4746	−0,0071	−0,3763	0,0047	0,0046	−0,0001
B_{ck}	−0,0125	0,1125	0,8000	0,1123	−0,0113	−0,0010	$a \cdot B_{c\overset{2}{k}}$	0	0,3750	−0,0001	−0,3751	0,0045	0,0059
D_{ak}/a	−0,0391	0,0396	0	−0,0005	0	0	$D_{a\overset{2}{k}}$	0,6251	−0,0771	−0,0068	0,0010	0,0001	0
D_{bk}/a	−0,0299	−0,0006	0,0313	−0,0004	−0,0004	0	$D_{b\overset{2}{k}}$	−0,0771	0,4349	−0,0661	−0,0046	0,0009	0,0001
D_{ck}/a	0,0008	−0,0314	0	0,0313	−0,0004	−0,0004	$D_{c\overset{2}{k}}$	−0,0068	−0,0661	0,4339	−0,0662	−0,0046	0,0010

$$z = 0{,}1 \qquad z_T = 0{,}3$$

k	a	b	c	d	e	f	k	a	b	c	d	e	f
B_{ak}	0,9472	0,0742	−0,0220	0,0003	0,0004	0	$a \cdot B_{a\overset{2}{k}}$	−0,7644	−0,4531	0,0470	0,0044	−0,0011	0
B_{bk}	0,0742	0,8376	0,1109	−0,0228	−0,0002	0,0004	$a \cdot B_{b\overset{2}{k}}$	0,8212	−0,0365	−0,5349	0,0404	0,0064	−0,0017
B_{ck}	−0,0220	0,1109	0,8222	0,1114	−0,0228	0,0003	$a \cdot B_{c\overset{2}{k}}$	−0,0477	0,5339	0,0001	−0,5326	0,0390	0,0108
D_{ak}/a	−0,0212	0,0228	−0,0013	−0,0003	0	0	$D_{a\overset{2}{k}}$	0,3628	−0,0623	−0,0017	0,0012	−0,0001	0
D_{bk}/a	−0,0126	−0,0010	0,0148	−0,0011	−0,0002	0	$D_{b\overset{2}{k}}$	−0,0623	0,2114	−0,0437	−0,0004	0,0008	−0,0001
D_{ck}/a	0,0013	−0,0149	0	0,0148	−0,0011	−0,0001	$D_{c\overset{2}{k}}$	−0,0017	−0,0437	0,2089	−0,0438	−0,0004	0,0012

Der Balken auf sechs elastisch senk- und drehbaren Stützen

Auflagerkräfte B_{ik} bzw. $a \cdot B_{ik}^{\imath}$

Auflagereinspannmomente D_{ik}/a bzw. $D_{ik}^{\imath}$

| | $z = 0{,}1$ | $z_T = 1$ |

k	a	b	c	d	e	f
B_{ak}	0,9663	0,0579	−0,0261	0,0017	0,0003	−0,0001
B_{bk}	0,0579	0,8619	0,1083	−0,0296	0,0011	0,0003
B_{ck}	−0,0261	0,1083	0,8354	0,1103	−0,0296	0,0017
D_{ak}/a	−0,0083	0,0092	−0,0008	−0,0001	0	0
D_{bk}/a	−0,0040	−0,0006	0,0053	−0,0006	0	0
D_{ck}/a	0,0006	−0,0052	0	0,0052	−0,0006	0

k	a	b	c	d	e	f
$a \cdot B_{ak}^{\imath}$	−0,9964	−0,4834	0,0737	0,0018	−0,0017	0,0002
$a \cdot B_{bk}^{\imath}$	1,1062	−0,0769	−0,6278	0,0708	0,0053	−0,0034
$a \cdot B_{ck}^{\imath}$	−0,1016	0,6321	0,0001	−0,6266	0,0681	0,0114
$D_{ak}^{\imath}$	0,1476	−0,0295	0,0002	0,0006	−0,0001	0
$D_{bk}^{\imath}$	−0,0295	0,0766	−0,0181	0,0004	0,0003	−0,0001
$D_{ck}^{\imath}$	0,0002	−0,0181	0,0747	−0,0181	0,0004	0,0006

| | $z = 0{,}1$ | $z_T = 3$ |

k	a	b	c	d	e	f
B_{ak}	0,9737	0,0511	−0,0272	0,0023	0,0003	−0,0001
B_{bk}	0,0511	0,8718	0,1070	−0,0319	0,0017	0,0003
B_{ck}	−0,0272	0,1070	0,8402	0,1097	−0,0319	0,0023
D_{ak}/a	−0,0030	0,0034	−0,0004	0	0	0
D_{bk}/a	−0,0014	−0,0003	0,0019	−0,0002	0	0
D_{ck}/a	0,0002	−0,0018	0	0,0018	−0,0002	0

k	a	b	c	d	e	f
$a \cdot B_{ak}^{\imath}$	−1,0944	−0,4878	0,0835	0,0002	−0,0019	0,0003
$a \cdot B_{bk}^{\imath}$	1,2290	−0,0982	−0,6604	0,0833	0,0043	−0,0041
$a \cdot B_{ck}^{\imath}$	−0,1275	0,6685	0	−0,6604	0,0801	0,0108
$D_{ak}^{\imath}$	0,0548	−0,0115	0,0002	0,0002	0	0
$D_{bk}^{\imath}$	−0,0115	0,0272	−0,0067	0,0002	0,0001	0
$D_{ck}^{\imath}$	0,0002	−0,0067	0,0264	−0,0067	0,0002	0,0002

| | $z = 0{,}1$ | $z_T = 10$ |

k	a	b	c	d	e	f
B_{ak}	0,9766	0,0483	−0,0276	0,0025	0,0003	−0,0001
B_{bk}	0,0483	0,8758	0,1065	−0,0328	0,0020	0,0003
B_{ck}	−0,0276	0,1065	0,8420	0,1095	−0,0328	0,0025
D_{ak}/a	−0,0009	0,0011	−0,0001	0	0	0
D_{bk}/a	−0,0004	−0,0001	0,0006	−0,0001	0	0
D_{ck}/a	0,0001	−0,0006	0	0,0006	−0,0001	0

k	a	b	c	d	e	f
$a \cdot B_{ak}^{\imath}$	−1,1340	−0,4884	0,0873	−0,0004	−0,0019	0,0004
$a \cdot B_{bk}^{\imath}$	1,2788	−0,1073	−0,6725	0,0882	0,0038	−0,0044
$a \cdot B_{ck}^{\imath}$	−0,1385	0,6825	−0,0001	−0,6731	0,0849	0,0104
$D_{ak}^{\imath}$	0,0171	−0,0037	0,0001	0,0001	0	0
$D_{bk}^{\imath}$	−0,0037	0,0084	−0,0021	0,0001	0	0
$D_{ck}^{\imath}$	0,0001	−0,0021	0,0081	−0,0021	0,0001	0,0001

Der Balken auf sechs elastisch senk- und drehbaren Stützen

Auflagerkräfte B_{ik} bzw. $a \cdot B_{ik}^{\mathfrak{d}}$

Auflagereinspannmomente D_{ik}/a bzw. $D_{ik}^{\mathfrak{d}}$

$z = 0,1$	$z_T = 30$

k	a	b	c	d	e	f	k	a	b	c	d	e	f
B_{ak}	0,9774	0,0475	−0,0277	0,0025	0,0003	−0,0001	$a \cdot B_{ak}^{\mathfrak{d}}$	−1,1459	−0,4885	0,0883	−0,0006	−0,0019	0,0004
B_{bk}	0,0475	0,8770	0,1063	−0,0331	0,0020	0,0003	$a \cdot B_{bk}^{\mathfrak{d}}$	1,2939	−0,1102	−0,6760	0,0897	0,0037	−0,0045
B_{ck}	−0,0277	0,1063	0,8425	0,1095	−0,0331	0,0025	$a \cdot B_{ck}^{\mathfrak{d}}$	−0,1418	0,6867	−0,0001	−0,6768	0,0863	0,0102
D_{ak}/a	−0,0003	0,0004	0	0	0	0	$D_{ak}^{\mathfrak{d}}$	0,0058	−0,0012	0	0	0	0
D_{bk}/a	−0,0001	0	0,0002	0	0	0	$D_{bk}^{\mathfrak{d}}$	−0,0012	0,0028	−0,0007	0,	0	0
D_{ck}/a	0	−0,0002	0	0,0002	0	0	$D_{ck}^{\mathfrak{d}}$	0	−0,0007	0,0027	−0,0007	0	0

$z = 0,1$	$z_T = 100$

k	a	b	c	d	e	f	k	a	b	c	d	e	f
B_{ak}	0,9778	0,0472	−0,0277	0,0026	0,0003	−0,0001	$a \cdot B_{ak}^{\mathfrak{d}}$	−1,1501	−0,4885	0,0887	−0,0007	−0,0019	0,0004
B_{bk}	0,0472	0,8774	0,1062	−0,0332	0,0021	0,0003	$a \cdot B_{bk}^{\mathfrak{d}}$	1,2992	−0,1112	−0,6773	0,0902	0,0036	−0,0045
B_{ck}	−0,0277	0,1062	0,8427	0,1094	−0,0332	0,0026	$a \cdot B_{ck}^{\mathfrak{d}}$	−0,1430	0,6881	−0,0001	−0,6781	0,0868	0,0102
D_{ak}/a	−0,0001	0,0001	0	0	0	0	$D_{ak}^{\mathfrak{d}}$	0,0017	−0,0004	0	0	0	0
D_{bk}/a	0	0	0,0001	0	0	0	$D_{bk}^{\mathfrak{d}}$	−0,0004	0,0008	−0,0002	0	0	0
D_{ck}/a	0	−0,0001	0	0,0001	0	0	$D_{ck}^{\mathfrak{d}}$	0	−0,0002	0,0008	−0,0002	0	0

$z = 0,1$	$z_T = \infty$

k	a	b	c	d	e	f	k	a	b	c	d	e	f
B_{ak}	0,9779	0,0471	−0,0277	0,0026	0,0003	−0,0001	$a \cdot B_{ak}^{\mathfrak{d}}$	−1,1520	−0,4885	0,0889	−0,0007	−0,0019	0,0004
B_{bk}	0,0471	0,8776	0,1062	−0,0333	0,0021	0,0003	$a \cdot B_{bk}^{\mathfrak{d}}$	1,3015	−0,1115	−0,6784	0,0905	0,0036	−0,0045
B_{ck}	−0,0277	0,1062	0,8428	0,1094	−0,0333	0,0026	$a \cdot B_{ck}^{\mathfrak{d}}$	−0,1436	0,6889	−0,0001	−0,6787	0,0871	0,0102
D_{ak}/a	0	0	0	0	0	0	$D_{ak}^{\mathfrak{d}}$	0	0	0	0	0	0
D_{bk}/a	0	0	0	0	0	0	$D_{bk}^{\mathfrak{d}}$	0	0	0	0	0	0
D_{ck}/a	0	0	0	0	0	0	$D_{ck}^{\mathfrak{d}}$	0	0	0	0	0	0

Der Balken auf sechs elastisch senk- und drehbaren Stützen

Auflagerkräfte B_{ik} bzw. $a \cdot B_{ik}^{\,2}$

Auflagereinspannmomente D_{ik}/a bzw. $D_{ik}^{\,2}$

$$z = 0{,}2 \qquad z_T = 0{,}001$$

k	a	b	c	d	e	f	k	a	b	c	d	e	f
B_{ak}	0,7677	0,1792	0,0410	0,0094	0,0022	0,0006	$a \cdot B_{ak}^{\,2}$	−0,0070	−0,0085	−0,0020	−0,0005	−0,0001	0
B_{bk}	0,1792	0,6295	0,1475	0,0338	0,0078	0,0022	$a \cdot B_{bk}^{\,2}$	0,0054	−0,0004	−0,0070	−0,0016	−0,0004	−0,0001
B_{ck}	0,0410	0,1475	0,6223	0,1460	0,0338	0,0094	$a \cdot B_{ck}^{\,2}$	0,0012	0,0069	0	−0,0069	−0,0016	−0,0003
D_{ak}/a	−0,1162	0,0894	0,0207	0,0047	0,0011	0,0003	$D_{ak}^{\,2}$	0,9945	−0,0023	−0,0010	−0,0002	−0,0001	0
D_{bk}/a	−0,1425	−0,0061	0,1144	0,0264	0,0061	0,0017	$D_{bk}^{\,2}$	−0,0023	0,9873	−0,0035	−0,0013	−0,0003	−0,0001
D_{ck}/a	−0,0328	−0,1171	−0,0003	0,1157	0,0270	0,0075	$D_{ck}^{\,2}$	−0,0010	−0,0035	0,9870	−0,0036	−0,0013	−0,0002

$$z = 0{,}2 \qquad z_T = 0{,}003$$

k	a	b	c	d	e	f	k	a	b	c	d	e	f
B_{ak}	0,7718	0,1785	0,0389	0,0085	0,0019	0,0005	$a \cdot B_{ak}^{\,2}$	−0,0206	−0,0249	−0,0055	−0,0012	−0,0003	0
B_{bk}	0,1785	0,6322	0,1481	0,0323	0,0071	0,0019	$a \cdot B_{bk}^{\,2}$	0,0160	−0,0010	−0,0205	−0,0046	−0,0010	−0,0002
B_{ck}	0,0389	0,1481	0,6255	0,1467	0,0323	0,0085	$a \cdot B_{ck}^{\,2}$	0,0036	0,0201	0	−0,0203	−0,0045	−0,0008
D_{ak}/a	−0,1143	0,0887	0,0200	0,0044	0,0010	0,0003	$D_{ak}^{\,2}$	0,9838	−0,0066	−0,0028	−0,0006	−0,0001	0
D_{bk}/a	−0,1382	−0,0055	0,1117	0,0250	0,0055	0,0014	$D_{bk}^{\,2}$	−0,0066	0,9630	−0,0099	−0,0035	−0,0008	−0,0001
D_{ck}/a	−0,0308	−0,1141	−0,0002	0,1129	0,0255	0,0067	$D_{ck}^{\,2}$	−0,0028	−0,0099	0,9622	−0,0101	−0,0035	−0,0006

$$z = 0{,}2 \qquad z_T = 0{,}01$$

k	a	b	c	d	e	f	k	a	b	c	d	e	f
B_{ak}	0,7846	0,1760	0,0324	0,0058	0,0011	0,0002	$a \cdot B_{ak}^{\,2}$	−0,0648	−0,0751	−0,0149	−0,0027	−0,0005	−0,0001
B_{bk}	0,1760	0,6407	0,1497	0,0276	0,0050	0,0011	$a \cdot B_{bk}^{\,2}$	0,0517	−0,0023	−0,0629	−0,0127	−0,0023	−0,0004
B_{ck}	0,0324	0,1497	0,6357	0,1488	0,0276	0,0058	$a \cdot B_{ck}^{\,2}$	0,0107	0,0620	−0,0001	−0,0625	−0,0126	−0,0020
D_{ak}/a	−0,1081	0,0862	0,0179	0,0033	0,0006	0,0001	$D_{ak}^{\,2}$	0,9482	−0,0194	−0,0079	−0,0015	−0,0003	0
D_{bk}/a	−0,1251	−0,0039	0,1034	0,0209	0,0038	0,0008	$D_{bk}^{\,2}$	−0,0194	0,8873	−0,0277	−0,0093	−0,0018	−0,0003
D_{ck}/a	−0,0249	−0,1048	−0,0001	0,1041	0,0212	0,0045	$D_{ck}^{\,2}$	−0,0079	−0,0277	0,8856	−0,0280	−0,0093	−0,0015

Der Balken auf sechs elastisch senk- und drehbaren Stützen

Auflagerkräfte B_{ik} bzw. $a \cdot B_{ik}^{\,2}$

Auflagereinspannmomente D_{ik}/a bzw. $D_{ik}^{\,2}$

$z = 0,2$	$z_T = 0,03$

k	a	b	c	d	e	f
B_{ak}	0,8120	0,1686	0,0183	0,0012	0	0
B_{bk}	0,1686	0,6600	0,1529	0,0174	0,0012	0
B_{ck}	0,0183	0,1529	0,6576	0,1527	0,0174	0,0012
D_{ak}/a	−0,0943	0,0794	0,0135	0,0013	0,0001	0
D_{bk}/a	−0,0984	−0,0016	0,0853	0,0134	0,0012	0,0001
D_{ck}/a	−0,0145	−0,0856	0	0,0854	0,0135	0,0013

k	a	b	c	d	e	f
$a \cdot B_{ak}^{\,2}$	−0,1697	−0,1772	−0,0262	−0,0023	−0,0001	0
$a \cdot B_{bk}^{\,2}$	0,1430	−0,0029	−0,1541	−0,0242	−0,0023	−0,0001
$a \cdot B_{ck}^{\,2}$	0,0242	0,1535	0	−0,1538	−0,0242	−0,0024
$D_{ak}^{\,2}$	0,8610	−0,0424	−0,0154	−0,0020	−0,0002	0
$D_{bk}^{\,2}$	−0,0424	0,7282	−0,0541	−0,0159	−0,0020	−0,0002
$D_{ck}^{\,2}$	−0,0154	−0,0541	0,7261	−0,0543	−0,0159	−0,0020

$z = 0,2$	$z_T = 0,1$

k	a	b	c	d	e	f
B_{ak}	0,8618	0,1477	−0,0059	−0,0035	−0,0002	0,0001
B_{bk}	0,1477	0,6999	0,1577	−0,0017	−0,0034	−0,0002
B_{ck}	−0,0059	0,1577	0,6962	0,1572	−0,0017	−0,0035
D_{ak}/a	−0,0669	0,0615	0,0064	−0,0008	−0,0002	0
D_{bk}/a	−0,0560	−0,0005	0,0530	0,0043	−0,0008	−0,0001
D_{ck}/a	−0,0032	−0,0532	0	0,0530	0,0043	−0,0009

k	a	b	c	d	e	f
$a \cdot B_{ak}^{\,2}$	−0,4014	−0,3358	−0,0190	0,0054	0,0008	0
$a \cdot B_{bk}^{\,2}$	0,3688	−0,0030	−0,3194	−0,0259	0,0045	0,0012
$a \cdot B_{ck}^{\,2}$	0,0383	0,3182	−0,0002	−0,3181	−0,0259	0,0045
$D_{ak}^{\,2}$	0,6554	−0,0641	−0,0188	−0,0002	0,0004	0,0001
$D_{bk}^{\,2}$	−0,0641	0,4549	−0,0655	−0,0148	0,0002	0,0004
$D_{ck}^{\,2}$	−0,0188	−0,0655	0,4538	−0,0655	−0,0148	−0,0002

$z = 0,2$	$z_T = 0,3$

k	a	b	c	d	e	f
B_{ak}	0,9086	0,1195	−0,0248	−0,0041	0,0007	0,0001
B_{bk}	0,1196	0,7439	0,1603	−0,0191	−0,0052	0,0007
B_{ck}	−0,0248	0,1603	0,7291	0,1587	−0,0191	−0,0041
D_{ak}/a	−0,0378	0,0370	0,0018	−0,0011	−0,0001	0
D_{bk}/a	−0,0245	−0,0009	0,0256	0,0005	−0,0008	0
D_{ck}/a	0,0007	−0,0260	0	0,0257	0,0005	−0,0007

k	a	b	c	d	e	f
$a \cdot B_{ak}^{\,2}$	−0,6797	−0,4412	0,0118	0,0134	−0,0001	−0,0006
$a \cdot B_{bk}^{\,2}$	0,6666	−0,0157	−0,4686	−0,0086	0,0138	0,0014
$a \cdot B_{ck}^{\,2}$	0,0332	0,4612	−0,0007	−0,4623	−0,0094	0,0193
$D_{ak}^{\,2}$	0,3924	−0,0540	−0,0128	0,0014	0,0004	0
$D_{bk}^{\,2}$	−0,0540	0,2238	−0,0439	−0,0075	0,0012	0,0004
$D_{ck}^{\,2}$	−0,0128	−0,0439	0,2227	−0,0442	−0,0075	0,0014

Der Balken auf sechs elastisch senk- und drehbaren Stützen

Auflagerkräfte B_{ik} bzw. $a \cdot B_{ik}^{2}$

Auflagereinspannmomente D_{ik}/a bzw. D_{ik}^{2}

$$z = 0{,}2 \qquad z_T = 1$$

k	a	b	c	d	e	f	k	a	b	c	d	e	f
B_{ak}	0,9410	0,0954	−0,0350	−0,0028	0,0013	0	$a \cdot B_{ak}^{2}$	−0,9124	−0,4838	0,0406	0,0165	−0,0017	−0,0010
B_{bk}	0,0954	0,7782	0,1606	−0,0303	−0,0052	0,0013	$a \cdot B_{bk}^{2}$	0,9280	−0,0397	−0,5640	0,0110	0,0198	−0,0001
B_{ck}	−0,0350	0,1606	0,7489	0,1587	−0,0303	−0,0028	$a \cdot B_{ck}^{2}$	0,0165	0,5496	−0,0008	−0,5517	0,0080	0,0332
D_{ak}/a	−0,0152	0,0155	0,0003	−0,0006	0	0	D_{ak}^{2}	0,1637	−0,0263	−0,0054	0,0010	0,0002	−0,0001
D_{bk}/a	−0,0081	−0,0007	0,0092	−0,0001	−0,0003	0	D_{bk}^{2}	−0,0263	0,0815	−0,0182	−0,0026	0,0007	0,0002
D_{ck}/a	0,0007	−0,0094	0	0,0092	−0,0002	−0,0003	D_{ck}^{2}	−0,0054	−0,0182	0,0806	−0,0185	−0,0026	0,0010

$$z = 0{,}2 \qquad z_T = 3$$

k	a	b	c	d	e	f	k	a	b	c	d	e	f
B_{ak}	0,9540	0,0849	−0,0383	−0,0020	0,0015	−0,0001	$a \cdot B_{ak}^{2}$	−1,0146	−0,4935	0,0529	0,0169	−0,0024	−0,0012
B_{bk}	0,0849	0,7928	0,1603	−0,0345	−0,0050	0,0015	$a \cdot B_{bk}^{2}$	1,0452	−0,0537	−0,5996	0,0200	0,0219	−0,0011
B_{ck}	−0,0383	0,1603	0,7560	0,1585	−0,0345	−0,0020	$a \cdot B_{ck}^{2}$	0,0066	0,5822	−0,0008	−0,5844	0,0155	0,0394
D_{ak}/a	−0,0056	0,0058	0	−0,0002	0	0	D_{ak}^{2}	0,0615	−0,0104	−0,0020	0,0005	0,0001	0
D_{bk}/a	−0,0027	−0,0003	0,0032	−0,0001	−0,0001	0	D_{bk}^{2}	−0,0104	0,0290	−0,0067	−0,0009	0,0003	0,0001
D_{ck}/a	0,0003	−0,0033	0	0,0032	−0,0001	−0,0001	D_{ck}^{2}	−0,0020	−0,0067	0,0286	−0,0069	−0,0009	0,0005

$$z = 0{,}2 \qquad z_T = 10$$

k	a	b	c	d	e	f	k	a	b	c	d	e	f
B_{ak}	0,9591	0,0805	−0,0395	−0,0017	0,0016	−0,0001	$a \cdot B_{ak}^{2}$	−1,0566	−0,4962	0,0578	0,0170	−0,0027	−0,0012
B_{bk}	0,0805	0,7987	0,1601	−0,0361	−0,0049	0,0016	$a \cdot B_{bk}^{2}$	1,0935	−0,0600	−0,6132	0,0237	0,0226	−0,0016
B_{ck}	−0,0395	0,1601	0,7587	0,1584	−0,0361	−0,0017	$a \cdot B_{ck}^{2}$	0,0021	0,5946	−0,0007	−0,5969	0,0185	0,0419
D_{ak}/a	−0,0018	0,0018	0	−0,0001	0	0	D_{ak}^{2}	0,0193	−0,0033	−0,0006	0,0001	0	0
D_{bk}/a	−0,0008	−0,0001	0,0010	0	0	0	D_{bk}^{2}	−0,0033	0,0089	−0,0021	−0,0003	0,0001	0
D_{ck}/a	0,0001	−0,0010	0	0,0010	0	0	D_{ck}^{2}	−0,0006	−0,0021	0,0088	−0,0021	−0,0003	0,0001

Der Balken auf sechs elastisch senk- und drehbaren Stützen

Auflagerkräfte B_{ik} bzw. $a \cdot B_{ik}^{\,)}$

Auflagereinspannmomente D_{ik}/a bzw. $D_{ik}^{\,)}$

$$z = 0{,}2 \qquad z_T = 30$$

k	a	b	c	d	e	f
B_{ak}	0,9607	0,0792	−0,0398	−0,0016	0,0016	−0,0001
B_{bk}	0,0792	0,8005	0,1601	−0,0366	−0,0048	0,0016
B_{ck}	−0,0398	0,1601	0,7595	0,1584	−0,0366	−0,0016
D_{ak}/a	−0,0006	0,0006	0	0	0	0
D_{bk}/a	−0,0003	0	0,0003	0	0	0
D_{ck}/a	0	−0,0003	0	0,0003	0	0

k	a	b	c	d	e	f
$a \cdot B_{ak}^{\,)}$	−1,0692	−0,4968	0,0592	0,0170	−0,0028	−0,0012
$a \cdot B_{bk}^{\,)}$	1,1082	−0,0620	−0,6172	0,0249	0,0229	−0,0017
$a \cdot B_{ck}^{\,)}$	0,0008	0,5983	−0,0007	−0,6006	0,0194	0,0426
$D_{ak}^{\,)}$	0,0065	−0,0011	−0,0002	0,0001	0	0
$D_{bk}^{\,)}$	−0,0011	0,0030	−0,0007	−0,0001	0	0
$D_{ck}^{\,)}$	−0,0002	−0,0007	0,0029	−0,0007	−0,0001	0,0001

$$z = 0{,}2 \qquad z_T = 100$$

k	a	b	c	d	e	f
B_{ak}	0,9612	0,0788	−0,0400	−0,0016	0,0017	−0,0001
B_{bk}	0,0788	0,8011	0,1601	−0,0368	−0,0048	0,0017
B_{ck}	−0,0400	0,1601	0,7598	0,1584	−0,0368	−0,0016
D_{ak}/a	−0,0002	0,0002	0	0	0	0
D_{bk}/a	−0,0001	0	0,0001	0	0	0
D_{ck}/a	0	−0,0001	0	0,0001	0	0

k	a	b	c	d	e	f
$a \cdot B_{ak}^{\,)}$	−1,0738	−0,4970	0,0597	0,0170	−0,0029	−0,0012
$a \cdot B_{bk}^{\,)}$	1,1134	−0,0627	−0,6187	0,0253	0,0229	−0,0018
$a \cdot B_{ck}^{\,)}$	0,0003	0,5996	−0,0007	−0,6018	0,0197	0,0429
$D_{ak}^{\,)}$	0,0020	−0,0003	−0,0001	0	0	0
$D_{bk}^{\,)}$	−0,0003	0,0009	−0,0002	0	0	0
$D_{ck}^{\,)}$	−0,0001	−0,0002	0,0009	−0,0002	0	0

$$z = 0{,}2 \qquad z_T = \infty$$

k	a	b	c	d	e	f
B_{ak}	0,9614	0,0786	−0,0400	−0,0016	0,0017	−0,0001
B_{bk}	0,0786	0,8014	0,1601	−0,0369	−0,0048	0,0017
B_{ck}	−0,0400	0,1601	0,7599	0,1585	−0,0369	−0,0017
D_{ak}/a	0	0	0	0	0	0
D_{bk}/a	0	0	0	0	0	0
D_{ck}/a	0	0	0	0	0	0

k	a	b	c	d	e	f
$a \cdot B_{ak}^{\,)}$	−1,0757	−0,4971	0,0600	0,0169	−0,0029	−0,0012
$a \cdot B_{bk}^{\,)}$	1,1158	−0,0632	−0,6198	0,0256	0,0229	−0,0018
$a \cdot B_{ck}^{\,)}$	0,0001	0,6001	−0,0007	−0,6029	0,0200	0,0431
$D_{ak}^{\,)}$	0	0	0	0	0	0
$D_{bk}^{\,)}$	0	0	0	0	0	0
$D_{ck}^{\,)}$	0	0	0	0	0	0

Der Balken auf sechs elastisch senk- und drehbaren Stützen

Auflagerkräfte B_{ik} bzw. $a \cdot B_{ik}^{\scriptstyle 2}$

Auflagereinspannmomente D_{ik}/a bzw. $D_{ik}^{\scriptstyle 2}$

$$z = 0,5 \qquad z_T = 0,001$$

k	a	b	c	d	e	f
B_{ak}	0,6209	0,2363	0,0891	0,0338	0,0133	0,0066
B_{bk}	0,2363	0,4737	0,1810	0,0687	0,0271	0,0133
B_{ck}	0,0891	0,1810	0,4532	0,1742	0,0687	0,0338
D_{ak}/a	−0,1897	0,1179	0,0448	0,0170	0,0067	0,0033
D_{bk}/a	−0,2605	−0,0269	0,1790	0,0683	0,0269	0,0133
D_{ck}/a	−0,0985	−0,1989	−0,0033	0,1890	0,0749	0,0369

k	a	b	c	d	e	f
$a \cdot B_{ak}^{\scriptstyle 2}$	−0,0046	−0,0063	−0,0024	−0,0009	−0,0003	−0,0001
$a \cdot B_{bk}^{\scriptstyle 2}$	0,0028	−0,0006	−0,0048	−0,0018	−0,0006	−0,0002
$a \cdot B_{ck}^{\scriptstyle 2}$	0,0011	0,0043	−0,0001	−0,0045	−0,0016	−0,0004
$D_{ak}^{\scriptstyle 2}$	0,9957	−0,0011	−0,0012	−0,0004	−0,0002	0
$D_{bk}^{\scriptstyle 2}$	−0,0011	0,9895	−0,0028	−0,0018	−0,0006	−0,0002
$D_{ck}^{\scriptstyle 2}$	−0,0012	−0,0028	0,9889	−0,0030	−0,0018	−0,0004

$$z = 0,5 \qquad z_T = 0,003$$

k	a	b	c	d	e	f
B_{ak}	0,6262	0,2366	0,0869	0,0321	0,0123	0,0059
B_{bk}	0,2366	0,4765	0,1818	0,0671	0,0257	0,0123
B_{ck}	0,0869	0,1818	0,4567	0,1754	0,0671	0,0321
D_{ak}/a	−0,1873	0,1174	0,0443	0,0163	0,0062	0,0030
D_{bk}/a	−0,2541	−0,0253	0,1760	0,0661	0,0253	0,0121
D_{ck}/a	−0,0943	−0,1942	−0,0030	0,1851	0,0720	0,0344

k	a	b	c	d	e	f
$a \cdot B_{ak}^{\scriptstyle 2}$	−0,0135	−0,0183	−0,0068	−0,0025	−0,0009	−0,0002
$a \cdot B_{bk}^{\scriptstyle 2}$	0,0085	−0,0018	−0,0140	−0,0052	−0,0018	−0,0005
$a \cdot B_{ck}^{\scriptstyle 2}$	0,0032	0,0127	−0,0002	−0,0133	−0,0048	−0,0012
$D_{ak}^{\scriptstyle 2}$	0,9873	−0,0033	−0,0034	−0,0013	−0,0004	−0,0001
$D_{bk}^{\scriptstyle 2}$	−0,0033	0,9691	−0,0079	−0,0051	−0,0018	−0,0004
$D_{ck}^{\scriptstyle 2}$	−0,0034	−0,0079	0,9674	−0,0084	−0,0051	−0,0013

$$z = 0,5 \qquad z_T = 0,01$$

k	a	b	c	d	e	f
B_{ak}	0,6434	0,2371	0,0797	0,0267	0,0092	0,0040
B_{bk}	0,2371	0,4856	0,1843	0,0622	0,0215	0,0092
B_{ck}	0,0797	0,1843	0,4680	0,1790	0,0622	0,0267
D_{ak}/a	−0,1794	0,1158	0,0423	0,0143	0,0049	0,0021
D_{bk}/a	−0,2340	−0,0205	0,1660	0,0592	0,0205	0,0088
D_{ck}/a	−0,0817	−0,1796	−0,0020	0,1728	0,0633	0,0272

k	a	b	c	d	e	f
$a \cdot B_{ak}^{\scriptstyle 2}$	−0,0431	−0,0562	−0,0196	−0,0065	−0,0021	−0,0005
$a \cdot B_{bk}^{\scriptstyle 2}$	0,0278	−0,0049	−0,0431	−0,0152	−0,0049	−0,0012
$a \cdot B_{ck}^{\scriptstyle 2}$	0,0102	0,0398	−0,0005	−0,0415	−0,0142	−0,0034
$D_{ak}^{\scriptstyle 2}$	0,9591	−0,0098	−0,0100	−0,0035	−0,0011	−0,0003
$D_{bk}^{\scriptstyle 2}$	−0,0098	0,9046	−0,0225	−0,0141	−0,0047	−0,0011
$D_{ck}^{\scriptstyle 2}$	−0,0101	−0,0225	0,9001	−0,0238	−0,0141	−0,0035

Der Balken auf sechs elastisch senk- und drehbaren Stützen

Auflagerkräfte B_{ik} bzw. $a \cdot B_{ik}^2$

Auflagereinspannmomente D_{ik}/a bzw. D_{ik}^2

| $z = 0,5$ | $z_T = 0,03$ |

k	a	b	c	d	e	f	k	a	b	c	d	e	f
B_{ak}	0,6812	0,2355	0,0626	0,0157	0,0039	0,0012	$a \cdot B_{ak}^2$	−0,1161	−0,1377	−0,0414	−0,0107	−0,0026	−0,0005
B_{bk}	0,2355	0,5063	0,1900	0,0513	0,0131	0,0039	$a \cdot B_{bk}^2$	0,0795	−0,0088	−0,1072	−0,0336	−0,0086	−0,0018
B_{ck}	0,0626	0,1900	0,4936	0,1869	0,0513	0,0157	$a \cdot B_{ck}^2$	0,0271	0,1027	−0,0006	−0,1049	−0,0326	−0,0072
D_{ak}/a	−0,1612	0,1104	0,0376	0,0100	0,0025	0,0008	D_{ak}^2	0,8874	−0,0218	−0,0221	−0,0066	−0,0017	−0,0004
D_{bk}/a	−0,1913	−0,0122	0,1426	0,0452	0,0120	0,0036	D_{bk}^2	−0,0218	0,7624	−0,0456	−0,0275	−0,0078	−0,0017
D_{ck}/a	−0,0575	−0,1489	−0,0008	0,1457	0,0467	0,0148	D_{ck}^2	−0,0221	−0,0456	0,7549	−0,0474	−0,0274	−0,0066

| $z = 0,5$ | $z_T = 0,1$ |

k	a	b	c	d	e	f	k	a	b	c	d	e	f
B_{ak}	0,7543	0,2215	0,0272	−0,0014	−0,0013	−0,0003	$a \cdot B_{ak}^2$	−0,2926	−0,2815	−0,0589	−0,0043	0,0011	0,0005
B_{bk}	0,2215	0,5492	0,2010	0,0296	−0,0001	−0,0013	$a \cdot B_{bk}^2$	0,2202	−0,0080	−0,2299	−0,0566	−0,0056	0,0004
B_{ck}	0,0272	0,2010	0,5432	0,2003	0,0296	−0,0014	$a \cdot B_{ck}^2$	0,0652	0,2282	−0,0003	−0,2283	−0,0568	−0,0081
D_{ak}/a	−0,1219	0,0918	0,0272	0,0034	−0,0002	−0,0002	D_{ak}^2	0,7057	−0,0345	−0,0344	−0,0072	−0,0005	0,0001
D_{bk}/a	−0,1173	−0,0033	0,0951	0,0236	0,0024	−0,0005	D_{bk}^2	−0,0345	0,4970	−0,0590	−0,0328	−0,0060	−0,0005
D_{ck}/a	−0,0246	−0,0958	−0,0001	0,0951	0,0236	0,0018	D_{ck}^2	−0,0344	−0,0590	0,4910	−0,0595	−0,0328	−0,0072

| $z = 0,5$ | $z_T = 0,3$ |

k	a	b	c	d	e	f	k	a	b	c	d	e	f
B_{ak}	0,8297	0,1926	−0,0088	−0,0122	−0,0019	0,0005	$a \cdot B_{ak}^2$	−0,5333	−0,4004	−0,0470	0,0130	0,0051	0,0007
B_{bk}	0,1926	0,5992	0,2128	0,0076	−0,0103	−0,0019	$a \cdot B_{bk}^2$	0,4319	−0,0039	−0,3525	−0,0669	0,0066	0,0067
B_{ck}	−0,0088	0,2128	0,5904	0,2101	0,0076	−0,0122	$a \cdot B_{ck}^2$	0,1113	0,3493	−0,0020	−0,3475	−0,0666	0,0025
D_{ak}/a	−0,0741	0,0600	0,0155	−0,0003	−0,0009	−0,0001	D_{ak}^2	0,4469	−0,0306	−0,0303	−0,0041	0,0009	0,0006
D_{bk}/a	−0,0556	−0,0005	0,0485	0,0093	−0,0009	−0,0007	D_{bk}^2	−0,0306	0,2520	−0,0416	−0,0217	−0,0019	0,0009
D_{ck}/a	−0,0065	−0,0490	−0,0003	0,0483	0,0093	−0,0018	D_{ck}^2	−0,0303	−0,0416	0,2499	−0,0413	−0,0217	−0,0041

Der Balken auf sechs elastisch senk- und drehbaren Stützen

Auflagerkräfte B_{ik} bzw. $a \cdot B_{ik}^{\rangle}$

Auflagereinspannmomente D_{ik}/a bzw. $D_{ik}^{\rangle}$

$z = 0{,}5$	$z_T = 1$

k	a	b	c	d	e	f	k	a	b	c	d	e	f
B_{ak}	0,8874	0,1614	−0,0338	−0,0160	−0,0002	0,0011	$a \cdot B_{ak}^{\rangle}$	−0,7609	−0,4661	−0,0220	0,0275	0,0058	−0,0007
B_{bk}	0,1614	0,6418	0,2219	−0,0083	−0,0165	−0,0002	$a \cdot B_{bk}^{\rangle}$	0,6425	−0,0046	−0,4416	−0,0688	0,0187	0,0134
B_{ck}	−0,0338	0,2219	0,6215	0,2147	−0,0083	−0,0160	$a \cdot B_{ck}^{\rangle}$	0,1505	0,4284	−0,0053	−0,4276	−0,0668	0,0194
D_{ak}/a	−0,0317	0,0268	0,0063	−0,0008	−0,0006	0	$D_{ak}^{\rangle}$	0,1961	−0,0157	−0,0155	−0,0014	0,0008	0,0004
D_{bk}/a	−0,0194	−0,0002	0,0178	0,0028	−0,0008	−0,0002	$D_{bk}^{\rangle}$	−0,0157	0,0930	−0,0177	−0,0089	−0,0002	0,0008
D_{ck}/a	−0,0009	−0,0184	−0,0002	0,0178	0,0029	−0,0011	$D_{ck}^{\rangle}$	−0,0155	−0,0177	0,0927	−0,0175	−0,0089	−0,0014

$z = 0{,}5$	$z_T = 3$

k	a	b	c	d	e	f	k	a	b	c	d	e	f
B_{ak}	0,9122	0,1460	−0,0436	−0,0166	0,0008	0,0013	$a \cdot B_{ak}^{\rangle}$	−0,8694	−0,4873	−0,0082	0,0333	0,0054	−0,0019
B_{bk}	0,1460	0,6611	0,2257	−0,0147	−0,0189	0,0008	$a \cdot B_{bk}^{\rangle}$	0,7450	−0,0068	−0,4781	−0,0685	0,0241	0,0167
B_{ck}	−0,0436	0,2257	0,6332	0,2159	−0,0147	−0,0166	$a \cdot B_{ck}^{\rangle}$	0,1681	0,4579	−0,0071	−0,4582	−0,0657	0,0289
D_{ak}/a	−0,0121	0,0103	0,0023	−0,0004	−0,0002	0	$D_{ak}^{\rangle}$	0,0753	−0,0063	−0,0062	−0,0005	0,0004	0,0002
D_{bk}/a	−0,0068	−0,0001	0,0064	0,0009	−0,0003	−0,0001	$D_{bk}^{\rangle}$	−0,0063	0,0332	−0,0066	−0,0033	0	0,0004
D_{ck}/a	−0,0001	−0,0066	−0,0001	0,0064	0,0010	−0,0005	$D_{ck}^{\rangle}$	−0,0062	−0,0066	0,0332	−0,0065	−0,0033	−0,0005

$z = 0{,}5$	$z_T = 10$

k	a	b	c	d	e	f	k	a	b	c	d	e	f
B_{ak}	0,9223	0,1394	−0,0475	−0,0166	0,0012	0,0013	$a \cdot B_{ak}^{\rangle}$	−0,9155	−0,4948	−0,0022	0,0356	0,0051	−0,0024
B_{bk}	0,1394	0,6692	0,2273	−0,0173	−0,0198	0,0012	$a \cdot B_{bk}^{\rangle}$	0,7888	−0,0080	−0,4927	−0,0683	0,0263	0,0181
B_{ck}	−0,0475	0,2273	0,6378	0,2163	−0,0173	−0,0166	$a \cdot B_{ck}^{\rangle}$	0,1755	0,4691	−0,0079	−0,4701	−0,0651	0,0331
D_{ak}/a	−0,0038	0,0033	0,0007	−0,0001	−0,0001	0	$D_{ak}^{\rangle}$	0,0239	−0,0020	−0,0020	−0,0001	0,0001	0,0001
D_{bk}/a	−0,0021	0	0,0020	0,0003	−0,0001	0	$D_{bk}^{\rangle}$	−0,0020	0,0102	−0,0021	−0,0010	0	0,0001
D_{ck}/a	0	−0,0021	0	0,0020	0,0003	−0,0001	$D_{ck}^{\rangle}$	−0,0020	−0,0021	0,0102	−0,0020	−0,0010	−0,0001

Der Balken auf sechs elastisch senk- und drehbaren Stützen

Auflagerkräfte B_{ik} bzw. $a \cdot B_{ik}^{\supset}$

Auflagereinspannmomente D_{ik}/a bzw. $D_{ik}^{\supset}$

$z = 0,5$	$z_T = 30$

k	a	b	c	d	e	f	k	a	b	c	d	e	f
B_{ak}	0,9253	0,1373	−0,0486	−0,0167	0,0013	0,0013	$a \cdot B_{ak}^{\supset}$	−0,9296	−0,4969	−0,0003	0,0362	0,0050	−0,0026
B_{bk}	0,1373	0,6716	0,2278	−0,0181	−0,0200	0,0013	$a \cdot B_{bk}^{\supset}$	0,8023	−0,0084	−0,4971	−0,0682	0,0269	0,0185
B_{ck}	−0,0486	0,2278	0,6391	0,2165	−0,0181	−0,0167	$a \cdot B_{ck}^{\supset}$	0,1777	0,4724	−0,0082	−0,4736	−0,0649	0,0344
D_{ak}/a	−0,0013	0,0011	0,0002	0	0	0	$D_{ak}^{\supset}$	0,0081	−0,0007	−0,0007	0	0	0
D_{bk}/a	−0,0007	0	0,0007	0,0001	0	0	$D_{bk}^{\supset}$	−0,0007	0,0034	−0,0007	−0,0003	0	0
D_{ck}/a	0	−0,0007	0	0,0007	0,0001	−0,0001	$D_{ck}^{\supset}$	−0,0007	−0,0007	0,0034	−0,0007	−0,0003	0

$z = 0,5$	$z_T = 100$

k	a	b	c	d	e	f	k	a	b	c	d	e	f
B_{ak}	0,9264	0,1366	−0,0490	−0,0167	0,0014	0,0013	$a \cdot B_{ak}^{\supset}$	−0,9347	−0,4977	0,0004	0,0365	0,0050	−0,0027
B_{bk}	0,1366	0,6725	0,2280	−0,0183	−0,0201	0,0014	$a \cdot B_{bk}^{\supset}$	0,8071	−0,0086	−0,4986	−0,0682	0,0272	0,0187
B_{ck}	−0,0490	0,2280	0,6396	0,2165	−0,0183	−0,0167	$a \cdot B_{ck}^{\supset}$	0,1785	0,4736	−0,0083	−0,4749	−0,0648	0,0349
D_{ak}/a	−0,0004	0,0003	0,0001	0	0	0	$D_{ak}^{\supset}$	0,0024	−0,0002	−0,0002	0	0	0
D_{bk}/a	−0,0002	0	0,0002	0	0	0	$D_{bk}^{\supset}$	−0,0002	0,0010	−0,0002	−0,0001	0	0
D_{ck}/a	0	−0,0002	0	0,0002	0	0	$D_{ck}^{\supset}$	−0,0002	−0,0002	0,0010	−0,0002	−0,0001	0

$z = 0,5$	$z_T = \infty$

k	a	b	c	d	e	f	k	a	b	c	d	e	f
B_{ak}	0,9269	0,1363	−0,0492	−0,0167	0,0014	0,0013	$a \cdot B_{ak}^{\supset}$	−0,9368	−0,4980	0,0006	0,0365	0,0050	−0,0027
B_{bk}	0,1363	0,6728	0,2280	−0,0183	−0,0201	0,0014	$a \cdot B_{bk}^{\supset}$	0,8091	−0,0087	−0,4990	−0,0682	0,0274	0,0188
B_{ck}	−0,0492	0,2280	0,6397	0,2166	−0,0183	−0,0167	$a \cdot B_{ck}^{\supset}$	0,1788	0,4740	−0,0083	−0,4753	−0,0647	0,0350
D_{ak}/a	0	0	0	0	0	0	$D_{ak}^{\supset}$	0	0	0	0	0	0
D_{bk}/a	0	0	0	0	0	0	$D_{bk}^{\supset}$	0	0	0	0	0	0
D_{ck}/a	0	0	0	0	0	0	$D_{ck}^{\supset}$	0	0	0	0	0	0

Der Balken auf sechs elastisch senk- und drehbaren Stützen

Auflagerkräfte B_{ik} bzw. $a \cdot B_{ik}^{2}$

Auflagereinspannmomente D_{ik}/a bzw. D_{ik}^{2}

$z = 1$ $z_T = 0{,}001$

k	a	b	c	d	e	f	k	a	b	c	d	e	f
B_{ak}	0,5033	0,2512	0,1252	0,0634	0,0342	0,0226	$a \cdot B_{ak}^{2}$	−0,0030	−0,0044	−0,0022	−0,0011	−0,0005	−0,0001
B_{bk}	0,2512	0,3772	0,1895	0,0960	0,0518	0,0342	$a \cdot B_{bk}^{2}$	0,0015	−0,0007	−0,0033	−0,0016	−0,0007	−0,0002
B_{ck}	0,1252	0,1895	0,3481	0,1779	0,0960	0,0634	$a \cdot B_{ck}^{2}$	0,0008	0,0026	−0,0001	−0,0030	−0,0013	−0,0004
D_{ak}/a	−0,2486	0,1252	0,0629	0,0319	0,0172	0,0114	D_{ak}^{2}	0,9965	−0,0002	−0,0011	−0,0005	−0,0002	−0,0001
D_{bk}/a	−0,3705	−0,0602	0,2192	0,1115	0,0602	0,0398	D_{bk}^{2}	−0,0002	0,9912	−0,0019	−0,0019	−0,0008	−0,0002
D_{ck}/a	−0,1831	−0,2761	−0,0113	0,2476	0,1342	0,0886	D_{ck}^{2}	−0,0011	−0,0019	0,9905	−0,0022	−0,0019	−0,0005

$z = 1$ $z_T = 0{,}003$

k	a	b	c	d	e	f	k	a	b	c	d	e	f
B_{ak}	0,5090	0,2525	0,1236	0,0614	0,0325	0,0211	$a \cdot B_{ak}^{2}$	−0,0089	−0,0131	−0,0064	−0,0030	−0,0013	−0,0004
B_{bk}	0,2525	0,3800	0,1904	0,0946	0,0500	0,0325	$a \cdot B_{bk}^{2}$	0,0045	−0,0021	−0,0097	−0,0047	−0,0021	−0,0006
B_{ck}	0,1236	0,1904	0,3511	0,1790	0,0946	0,0614	$a \cdot B_{ck}^{2}$	0,0023	0,0078	−0,0004	−0,0088	−0,0039	−0,0011
D_{ak}/a	−0,2462	0,1252	0,0627	0,0312	0,0165	0,0107	D_{ak}^{2}	0,9896	−0,0007	−0,0032	−0,0015	−0,0007	−0,0002
D_{bk}/a	−0,3629	−0,0576	0,2165	0,1091	0,0576	0,0374	D_{bk}^{2}	−0,0007	0,9742	−0,0054	−0,0054	−0,0024	−0,0007
D_{ck}/a	−0,1773	−0,2702	−0,0106	0,2433	0,1302	0,0845	D_{ck}^{2}	−0,0032	−0,0054	0,9720	−0,0062	−0,0054	−0,0015

$z = 1$ $z_T = 0{,}01$

k	a	b	c	d	e	f	k	a	b	c	d	e	f
B_{ak}	0,5272	0,2562	0,1181	0,0549	0,0271	0,0165	$a \cdot B_{ak}^{2}$	−0,0286	−0,0407	−0,0191	−0,0086	−0,0036	−0,0010
B_{bk}	0,2562	0,3888	0,1933	0,0902	0,0444	0,0271	$a \cdot B_{bk}^{2}$	0,0150	−0,0060	−0,0302	−0,0141	−0,0060	−0,0017
B_{ck}	0,1181	0,1933	0,3609	0,1827	0,0902	0,0549	$a \cdot B_{ck}^{2}$	0,0074	0,0249	−0,0010	−0,0275	−0,0121	−0,0035
D_{ak}/a	−0,2384	0,1246	0,0619	0,0289	0,0142	0,0087	D_{ak}^{2}	0,9663	−0,0019	−0,0097	−0,0045	−0,0019	−0,0005
D_{bk}/a	−0,3390	−0,0499	0,2075	0,1012	0,0499	0,0304	D_{bk}^{2}	−0,0019	0,9192	−0,0155	−0,0155	−0,0067	−0,0019
D_{ck}/a	−0,1593	−0,2516	−0,0084	0,2295	0,1179	0,0719	D_{ck}^{2}	−0,0097	−0,0155	0,9130	−0,0179	−0,0155	−0,0045

Der Balken auf sechs elastisch senk- und drehbaren Stützen

Auflagerkräfte B_{ik} bzw. $a \cdot B_{ik}^{2}$

Auflagereinspannmomente D_{ik}/a bzw. D_{ik}^{2}

$$z = 1 \qquad z_T = 0,03$$

k	a	b	c	d	e	f	k	a	b	c	d	e	f
B_{ak}	0,5688	0,2621	0,1039	0,0406	0,0165	0,0083	$a \cdot B_{ak}^{2}$	−0,0791	−0,1031	−0,0441	−0,0172	−0,0063	−0,0018
B_{bk}	0,2621	0,4087	0,1998	0,0803	0,0327	0,0165	$a \cdot B_{bk}^{2}$	0,0438	−0,0125	−0,0762	−0,0335	−0,0125	−0,0035
B_{ck}	0,1039	0,1998	0,3841	0,1914	0,0803	0,0406	$a \cdot B_{ck}^{2}$	0,0214	0,0666	−0,0016	−0,0713	−0,0302	−0,0086
D_{ak}/a	−0,2196	0,1216	0,0595	0,0239	0,0097	0,0049	D_{ak}^{2}	0,9059	−0,0037	−0,0227	−0,0100	−0,0037	−0,0010
D_{bk}/a	−0,2864	−0,0348	0,1849	0,0839	0,0348	0,0176	D_{bk}^{2}	−0,0037	0,7933	−0,0328	−0,0328	−0,0132	−0,0037
D_{ck}/a	−0,1226	−0,2116	−0,0046	0,1981	0,0929	0,0477	D_{ck}^{2}	−0,0227	−0,0328	0,7810	−0,0370	−0,0328	−0,0100

$$z = 1 \qquad z_T = 0,1$$

k	a	b	c	d	e	f	k	a	b	c	d	e	f
B_{ak}	0,6537	0,2624	0,0689	0,0135	0,0017	−0,0001	$a \cdot B_{ak}^{2}$	−0,2108	−0,2256	−0,0773	−0,0186	−0,0033	−0,0005
B_{bk}	0,2624	0,4494	0,2135	0,0604	0,0127	0,0017	$a \cdot B_{bk}^{2}$	0,1284	−0,0166	−0,1671	−0,0644	−0,0166	−0,0036
B_{ck}	0,0689	0,2135	0,4337	0,2100	0,0604	0,0135	$a \cdot B_{ck}^{2}$	0,0610	0,1591	−0,0011	−0,1625	−0,0631	−0,0172
D_{ak}/a	−0,1756	0,1070	0,0508	0,0144	0,0030	0,0004	D_{ak}^{2}	0,7449	−0,0040	−0,0398	−0,0153	−0,0040	−0,0009
D_{bk}/a	−0,1880	−0,0138	0,1326	0,0526	0,0138	0,0028	D_{bk}^{2}	−0,0040	0,5402	−0,0455	−0,0455	−0,0154	−0,0040
D_{ck}/a	−0,0644	−0,1393	−0,0009	0,1354	0,0537	0,0155	D_{ck}^{2}	−0,0398	−0,0455	0,5259	−0,0487	−0,0455	−0,0153

$$z = 1 \qquad z_T = 0,3$$

k	a	b	c	d	e	f	k	a	b	c	d	e	f
B_{ak}	0,7491	0,2442	0,0243	−0,0111	−0,0058	−0,0007	$a \cdot B_{ak}^{2}$	−0,4123	−0,3467	−0,0863	−0,0021	0,0062	0,0032
B_{bk}	0,2442	0,4966	0,2303	0,0396	−0,0049	−0,0058	$a \cdot B_{bk}^{2}$	0,2709	−0,0102	−0,2630	−0,0895	−0,0102	0,0027
B_{ck}	0,0243	0,2303	0,4879	0,2289	0,0396	−0,0111	$a \cdot B_{ck}^{2}$	0,1256	0,2621	−0,0015	−0,2592	−0,0909	−0,0216
D_{ak}/a	−0,1145	0,0752	0,0349	0,0060	−0,0007	−0,0009	D_{ak}^{2}	0,4956	−0,0015	−0,0398	−0,0136	−0,0015	0,0004
D_{bk}/a	−0,0963	−0,0028	0,0728	0,0252	0,0028	−0,0017	D_{bk}^{2}	−0,0015	0,2848	−0,0344	−0,0344	−0,0093	−0,0015
D_{ck}/a	−0,0240	−0,0731	−0,0004	0,0720	0,0249	0,0006	D_{ck}^{2}	−0,0398	−0,0344	0,2767	−0,0344	−0,0344	−0,0136

          E. Tafeln der Auflagerreaktionen

Der Balken auf sechs elastisch senk- und drehbaren Stützen

Auflagerkräfte B_{ik} bzw. $a\cdot B_{ik}^2$

Auflagereinspannmomente D_{ik}/a bzw. D_{ik}^2

$z=1$	$z_T=1$

k	a	b	c	d	e	f	k	a	b	c	d	e	f
B_{ak}	0,8297	0,2154	−0,0142	−0,0259	−0,0069	0,0018	$a\cdot B_{ak}^2$	−0,6277	−0,4307	−0,0734	0,0192	0,0137	0,0055
B_{bk}	0,2154	0,5384	0,2462	0,0240	−0,0172	−0,0069	$a\cdot B_{bk}^2$	0,4307	0	−0,3381	−0,1064	0	0,0137
B_{ck}	−0,0142	0,2462	0,5286	0,2412	0,0240	−0,0259	$a\cdot B_{ck}^2$	0,1970	0,3381	−0,0055	−0,3298	−0,1064	−0,0192
D_{ak}/a	−0,0523	0,0359	0,0164	0,0016	−0,0011	−0,0005	D_{ak}^2	0,2287	0	−0,0225	−0,0071	0	0,0009
D_{bk}/a	−0,0359	0	0,0282	0,0089	0	−0,0011	D_{bk}^2	0	0,1077	−0,0154	−0,0154	−0,0034	0
D_{ck}/a	−0,0061	−0,0282	−0,0005	0,0275	0,0089	−0,0016	D_{ck}^2	−0,0225	−0,0154	0,1052	−0,0145	−0,0154	−0,0071

$z=1$	$z_T=3$

k	a	b	c	d	e	f	k	a	b	c	d	e	f
B_{ak}	0,8669	0,1987	−0,0316	−0,0309	−0,0062	0,0032	$a\cdot B_{ak}^2$	−0,7397	−0,4637	−0,0624	0,0299	0,0163	0,0058
B_{bk}	0,1987	0,5584	0,2541	0,0174	−0,0224	−0,0062	$a\cdot B_{bk}^2$	0,5154	0,0054	−0,3709	−0,1136	0,0054	0,0207
B_{ck}	−0,0316	0,2541	0,5453	0,2456	0,0174	−0,0309	$a\cdot B_{ck}^2$	0,2346	0,3685	−0,0087	−0,3584	−0,1115	−0,0161
D_{ak}/a	−0,0205	0,0143	0,0065	0,0004	−0,0006	−0,0002	D_{ak}^2	0,0901	0,0001	−0,0095	−0,0029	0,0001	0,0005
D_{bk}/a	−0,0129	0,0001	0,0102	0,0031	−0,0001	−0,0005	D_{bk}^2	0,0001	0,0388	−0,0059	−0,0059	−0,0012	0,0001
D_{ck}/a	−0,0017	−0,0103	−0,0002	0,0100	0,0032	−0,0008	D_{ck}^2	−0,0095	−0,0059	0,0381	−0,0054	−0,0059	−0,0029

$z=1$	$z_T=10$

k	a	b	c	d	e	f	k	a	b	c	d	e	f
B_{ak}	0,8827	0,1910	−0,0389	−0,0327	−0,0058	0,0037	$a\cdot B_{ak}^2$	−0,7892	−0,4767	−0,0569	0,0345	0,0172	0,0057
B_{bk}	0,1910	0,5670	0,2576	0,0148	−0,0245	−0,0058	$a\cdot B_{bk}^2$	0,5531	0,0077	−0,3845	−0,1166	0,0077	0,0239
B_{ck}	−0,0389	0,2576	0,5520	0,2473	0,0148	−0,0327	$a\cdot B_{ck}^2$	0,2513	0,3806	−0,0104	−0,3697	−0,1133	−0,0144
D_{ak}/a	−0,0066	0,0046	0,0021	0,0001	−0,0002	0	D_{ak}^2	0,0289	0,0001	−0,0031	−0,0009	0,0001	0,0002
D_{bk}/a	−0,0040	0,0001	0,0032	0,0009	−0,0001	−0,0001	D_{bk}^2	0,0001	0,0120	−0,0019	−0,0019	−0,0004	0,0001
D_{ck}/a	−0,0005	−0,0032	−0,0001	0,0031	0,0010	−0,0003	D_{ck}^2	−0,0031	−0,0019	0,0118	−0,0017	−0,0019	−0,0009

Der Balken auf sechs elastisch senk- und drehbaren Stützen

Auflagerkräfte B_{ik} bzw. $a\cdot B_{ik}^{\updownarrow}$

Auflagereinspannmomente D_{ik}/a bzw. $D_{ik}^{\updownarrow}$

$$z = 1 \qquad z_T = 30$$

k	a	b	c	d	e	f	k	a	b	c	d	e	f
B_{ak}	0,8875	0,1886	−0,0411	−0,0332	−0,0057	0,0039	$a\cdot B_{ak}^{\updownarrow}$	−0,8047	−0,4805	−0,0552	0,0360	0,0174	0,0056
B_{bk}	0,1886	0,5696	0,2586	0,0140	−0,0252	−0,0057	$a\cdot B_{bk}^{\updownarrow}$	0,5649	0,0084	−0,3886	−0,1176	0,0084	0,0250
B_{ck}	−0,0411	0,2586	0,5540	0,2478	0,0140	−0,0332	$a\cdot B_{ck}^{\updownarrow}$	0,2565	0,3841	−0,0109	−0,3731	−0,1138	−0,0139
D_{ak}/a	−0,0022	0,0016	0,0007	0	−0,0001	0	$D_{ak}^{\updownarrow}$	0,0098	0	−0,0011	−0,0003	0	0,0001
D_{bk}/a	−0,0013	0	0,0011	0,0003	0	0	$D_{bk}^{\updownarrow}$	0	0,0040	−0,0006	−0,0006	−0,0001	0
D_{ck}/a	−0,0002	−0,0011	0	0,0010	0,0003	−0,0001	$D_{ck}^{\updownarrow}$	−0,0011	−0,0006	0,0040	−0,0006	−0,0006	−0,0003

$$z = 1 \qquad z_T = 100$$

k	a	b	c	d	e	f	k	a	b	c	d	e	f
B_{ak}	0,8892	0,1878	−0,0419	−0,0334	−0,0056	0,0040	$a\cdot B_{ak}^{\updownarrow}$	−0,8102	−0,4819	−0,0545	0,0365	0,0175	0,0056
B_{bk}	0,1878	0,5706	0,2590	0,0137	−0,0254	−0,0056	$a\cdot B_{bk}^{\updownarrow}$	0,5691	0,0087	−0,3901	−0,1179	0,0087	0,0254
B_{ck}	−0,0419	0,2590	0,5547	0,2479	0,0137	−0,0334	$a\cdot B_{ck}^{\updownarrow}$	0,2584	0,3854	−0,0111	−0,3743	−0,1140	−0,0136
D_{ak}/a	−0,0007	0,0005	0,0002	0	0	0	$D_{ak}^{\updownarrow}$	0,0030	0	−0,0003	−0,0001	0	0
D_{bk}/a	−0,0004	0	0,0003	0,0001	0	0	$D_{bk}^{\updownarrow}$	0	0,0012	−0,0002	−0,0002	0	0
D_{ck}/a	0	−0,0003	0	0,0003	0,0001	0	$D_{ck}^{\updownarrow}$	−0,0003	−0,0002	0,0012	−0,0002	−0,0002	−0,0001

$$z = 1 \qquad z_T = \infty$$

k	a	b	c	d	e	f	k	a	b	c	d	e	f
B_{ak}	0,8900	0,1874	−0,0423	−0,0335	−0,0056	0,0040	$a\cdot B_{ak}^{\updownarrow}$	−0,8126	−0,4826	−0,0545	0,0367	0,0176	0,0056
B_{bk}	0,1874	0,5710	0,2592	0,0136	−0,0255	−0,0056	$a\cdot B_{bk}^{\updownarrow}$	0,5710	0,0088	−0,3908	−0,1181	0,0087	0,0255
B_{ck}	−0,0423	0,2592	0,5550	0,2480	0,0136	−0,0335	$a\cdot B_{ck}^{\updownarrow}$	0,2592	0,3861	−0,0111	−0,3747	−0,1141	−0,0136
D_{ak}/a	0	0	0	0	0	0	$D_{ak}^{\updownarrow}$	0	0	0	0	0	0
D_{bk}/a	0	0	0	0	0	0	$D_{bk}^{\updownarrow}$	0	0	0	0	0	0
D_{ck}/a	0	0	0	0	0	0	$D_{ck}^{\updownarrow}$	0	0	0	0	0	0

E. Tafeln der Auflagerreaktionen

Der Balken auf sechs elastisch senk- und drehbaren Stützen

Auflagerkräfte B_{ik} bzw. $a \cdot B_{i\,k}^{\flat}$

Auflagereinspannmomente D_{ik}/a bzw. $D_{i\,k}^{\flat}$

$z = 2$	$z_T = 0{,}001$

k	a	b	c	d	e	f	k	a	b	c	d	e	f
B_{ak}	0,3958	0,2424	0,1496	0,0952	0,0652	0,0519	$a \cdot B_{a\,k}^{\flat}$	−0,0018	−0,0029	−0,0017	−0,0010	−0,0005	−0,0002
B_{bk}	0,2424	0,3030	0,1880	0,1196	0,0819	0,0652	$a \cdot B_{b\,k}^{\flat}$	0,0007	−0,0006	−0,0022	−0,0012	−0,0006	−0,0002
B_{ck}	0,1496	0,1880	0,2730	0,1747	0,1196	0,0952	$a \cdot B_{c\,k}^{\flat}$	0,0005	0,0015	−0,0002	−0,0018	−0,0009	−0,0003
D_{ak}/a	−0,3025	0,1207	0,0751	0,0478	0,0327	0,0261	$D_{a\,k}^{\flat}$	0,9971	0,0005	−0,0009	−0,0005	−0,0003	−0,0001
D_{bk}/a	−0,4823	−0,1062	0,2427	0,1551	0,1062	0,0845	$D_{b\,k}^{\flat}$	0,0005	0,9928	−0,0008	−0,0016	−0,0008	−0,0003
D_{ck}/a	−0,2872	−0,3598	−0,0260	0,3013	0,2070	0,1647	$D_{c\,k}^{\flat}$	−0,0009	−0,0008	0,9921	−0,0011	−0,0016	−0,0005

$z = 2$	$z_T = 0{,}003$

k	a	b	c	d	e	f	k	a	b	c	d	e	f
B_{ak}	0,4010	0,2443	0,1488	0,0933	0,0630	0,0496	$a \cdot B_{a\,k}^{\flat}$	−0,0054	−0,0085	−0,0051	−0,0029	−0,0015	−0,0005
B_{bk}	0,2443	0,3055	0,1888	0,1185	0,0800	0,0630	$a \cdot B_{b\,k}^{\flat}$	0,0022	−0,0019	−0,0064	−0,0036	−0,0019	−0,0006
B_{ck}	0,1488	0,1888	0,2752	0,1755	0,1185	0,0933	$a \cdot B_{c\,k}^{\flat}$	0,0014	0,0043	−0,0004	−0,0053	−0,0028	−0,0009
D_{ak}/a	−0,3005	0,1208	0,0754	0,0473	0,0319	0,0252	$D_{a\,k}^{\flat}$	0,9914	0,0016	−0,0025	−0,0015	−0,0007	−0,0002
D_{bk}/a	−0,4747	−0,1031	0,2406	0,1528	0,1032	0,0813	$D_{b\,k}^{\flat}$	0,0016	0,9788	−0,0024	−0,0047	−0,0024	−0,0007
D_{ck}/a	−0,2808	−0,3534	−0,0249	0,2970	0,2025	0,1596	$D_{c\,k}^{\flat}$	−0,0025	−0,0024	0,9766	−0,0033	−0,0047	−0,0015

$z = 2$	$z_T = 0{,}01$

k	a	b	c	d	e	f	k	a	b	c	d	e	f
B_{ak}	0,4180	0,2501	0,1459	0,0872	0,0561	0,0427	$a \cdot B_{a\,k}^{\flat}$	−0,0176	−0,0270	−0,0156	−0,0086	−0,0043	−0,0013
B_{bk}	0,2501	0,3135	0,1916	0,1148	0,0738	0,0561	$a \cdot B_{b\,k}^{\flat}$	0,0072	−0,0056	−0,0200	−0,0113	−0,0056	−0,0018
B_{ck}	0,1459	0,1916	0,2823	0,1782	0,1148	0,0872	$a \cdot B_{c\,k}^{\flat}$	0,0046	0,0140	−0,0013	−0,0170	−0,0087	−0,0027
D_{ak}/a	−0,2941	0,1208	0,0761	0,0456	0,0293	0,0223	$D_{a\,k}^{\flat}$	0,9718	0,0051	−0,0078	−0,0045	−0,0022	−0,0007
D_{bk}/a	−0,4500	−0,0936	0,2334	0,1454	0,0936	0,0712	$D_{b\,k}^{\flat}$	0,0051	0,9328	−0,0070	−0,0140	−0,0071	−0,0022
D_{ck}/a	−0,2604	−0,3329	−0,0215	0,2831	0,1883	0,1433	$D_{c\,k}^{\flat}$	−0,0078	−0,0070	0,9264	−0,0098	−0,0140	−0,0045

Der Balken auf sechs elastisch senk- und drehbaren Stützen

Auflagerkräfte B_{ik} bzw. $a \cdot B_{ik}^2$

Auflagereinspannmomente D_{ik}/a bzw. D_{ik}^2

$z = 2$	$z_T = 0,03$

k	a	b	c	d	e	f	k	a	b	c	d	e	f
B_{ak}	0,4581	0,2622	0,1375	0,0728	0,0412	0,0282	$a \cdot B_{ak}^2$	−0,0500	−0,0708	−0,0387	−0,0196	−0,0090	−0,0029
B_{bk}	0,2622	0,3319	0,1981	0,1063	0,0602	0,0412	$a \cdot B_{bk}^2$	0,0215	−0,0132	−0,0515	−0,0283	−0,0132	−0,0042
B_{ck}	0,1375	0,1981	0,3001	0,1851	0,1063	0,0728	$a \cdot B_{ck}^2$	0,0139	0,0386	−0,0026	−0,0450	−0,0231	−0,0075
D_{ak}/a	−0,2779	0,1195	0,0770	0,0416	0,0236	0,0161	D_{ak}^2	0,9206	0,0132	−0,0191	−0,0110	−0,0052	−0,0017
D_{bk}/a	−0,3932	−0,0731	0,2146	0,1281	0,0733	0,0502	D_{bk}^2	0,0132	0,8237	−0,0153	−0,0318	−0,0159	−0,0052
D_{ck}/a	−0,2152	−0,2862	−0,0147	0,2502	0,1573	0,1087	D_{ck}^2	−0,0191	−0,0153	0,8091	−0,0212	−0,0318	−0,0110

$z = 2$	$z_T = 0,1$

k	a	b	c	d	e	f	k	a	b	c	d	e	f
B_{ak}	0,5460	0,2788	0,1122	0,0414	0,0151	0,0064	$a \cdot B_{ak}^2$	−0,1412	−0,1663	−0,0792	−0,0310	−0,0109	−0,0034
B_{bk}	0,2788	0,3700	0,2124	0,0891	0,0346	0,0151	$a \cdot B_{bk}^2$	0,0659	−0,0228	−0,1169	−0,0605	−0,0236	−0,0077
B_{ck}	0,1122	0,2124	0,3418	0,2030	0,0891	0,0414	$a \cdot B_{ck}^2$	0,0447	0,0996	−0,0031	−0,1077	−0,0550	−0,0195
D_{ak}/a	−0,2353	0,1098	0,0744	0,0325	0,0129	0,0057	D_{ak}^2	0,7793	0,0287	−0,0368	−0,0214	−0,0087	−0,0029
D_{bk}/a	−0,2772	−0,0380	0,1659	0,0917	0,0394	0,0181	D_{bk}^2	0,0287	0,5882	−0,0228	−0,0511	−0,0248	−0,0087
D_{ck}/a	−0,1320	−0,1948	−0,0051	0,1795	0,1008	0,0516	D_{ck}^2	−0,0368	−0,0228	0,5656	−0,0303	−0,0511	−0,0214

$z = 2$	$z_T = 0,3$

k	a	b	c	d	e	f	k	a	b	c	d	e	f
B_{ak}	0,6548	0,2796	0,0698	0,0049	−0,0053	−0,0038	$a \cdot B_{ak}^2$	−0,2988	−0,2790	−0,1078	−0,0242	−0,0008	0,0018
B_{bk}	0,2796	0,4129	0,2308	0,0714	0,0105	−0,0053	$a \cdot B_{bk}^2$	0,1490	−0,0221	−0,1883	−0,0922	−0,0271	−0,0072
B_{ck}	0,0698	0,2308	0,3953	0,2277	0,0714	0,0049	$a \cdot B_{ck}^2$	0,1069	0,1803	−0,0017	−0,1814	−0,0930	−0,0376
D_{ak}/a	−0,1660	0,0828	0,0594	0,0209	0,0040	−0,0010	D_{ak}^2	0,5450	0,0356	−0,0407	−0,0243	−0,0081	−0,0025
D_{bk}/a	−0,1550	−0,0123	0,1001	0,0517	0,0150	0,0004	D_{bk}^2	0,0356	0,3273	−0,0188	−0,0446	−0,0209	−0,0081
D_{ck}/a	−0,0599	−0,1046	−0,0009	0,1008	0,0512	0,0134	D_{ck}^2	−0,0407	−0,0188	0,3084	−0,0222	−0,0446	−0,0243

Der Balken auf sechs elastisch senk- und drehbaren Stützen

Auflagerkräfte B_{ik} bzw. $a\cdot B_{ik}^{\,\rangle}$

Auflagereinspannmomente D_{ik}/a bzw. $D_{ik}^{\,\rangle}$

$$z = 2 \qquad z_T = 1$$

k	a	b	c	d	e	f
B_{ak}	0,7577	0,2626	0,0226	−0,0255	−0,0155	−0,0018
B_{bk}	0,2626	0,4503	0,2500	0,0591	−0,0065	−0,0155
B_{ck}	0,0226	0,2500	0,4433	0,2504	0,0591	−0,0255
D_{ak}/a	−0,0822	0,0425	0,0318	0,0096	0,0002	−0,0019
D_{bk}/a	−0,0627	−0,0018	0,0421	0,0207	0,0041	−0,0025
D_{ck}/a	−0,0190	−0,0410	−0,0004	0,0402	0,0196	0,0006

k	a	b	c	d	e	f
$a\cdot B_{ak}^{\,\rangle}$	−0,4930	−0,3761	−0,1140	−0,0036	0,0148	0,0117
$a\cdot B_{bk}^{\,\rangle}$	0,2552	−0,0110	−0,2459	−0,1174	−0,0248	−0,0010
$a\cdot B_{ck}^{\,\rangle}$	0,1910	0,2526	−0,0024	−0,2414	−0,1244	−0,0575
$D_{ak}^{\,\rangle}$	0,2669	0,0236	−0,0252	−0,0154	−0,0043	−0,0009
$D_{bk}^{\,\rangle}$	0,0236	0,1294	−0,0093	−0,0222	−0,0101	−0,0043
$D_{ck}^{\,\rangle}$	−0,0252	−0,0093	0,1205	−0,0090	−0,0222	−0,0154

$$z = 2 \qquad z_T = 3$$

k	a	b	c	d	e	f
B_{ak}	0,8099	0,2487	−0,0028	−0,0392	−0,0184	0,0017
B_{bk}	0,2487	0,4685	0,2605	0,0543	−0,0137	−0,0184
B_{ck}	−0,0028	0,2605	0,4660	0,2611	0,0543	−0,0392
D_{ak}/a	−0,0337	0,0176	0,0134	0,0038	−0,0002	−0,0010
D_{bk}/a	−0,0234	−0,0001	0,0159	0,0077	0,0013	−0,0013
D_{ck}/a	−0,0061	−0,0151	−0,0002	0,0149	0,0072	−0,0006

k	a	b	c	d	e	f
$a\cdot B_{ak}^{\,\rangle}$	−0,6058	−0,4216	−0,1107	0,0099	0,0232	0,0178
$a\cdot B_{bk}^{\,\rangle}$	0,3176	−0,0025	−0,2720	−0,1293	−0,0228	0,0041
$a\cdot B_{ck}^{\,\rangle}$	0,2418	0,2862	−0,0042	−0,2675	−0,1384	−0,0682
$D_{ak}^{\,\rangle}$	0,1087	0,0107	−0,0111	−0,0069	−0,0018	−0,0002
$D_{bk}^{\,\rangle}$	0,0107	0,0476	−0,0037	−0,0089	−0,0040	−0,0018
$D_{ck}^{\,\rangle}$	−0,0111	−0,0037	0,0441	−0,0032	−0,0089	−0,0069

$$z = 2 \qquad z_T = 10$$

k	a	b	c	b	e	f
B_{ak}	0,8332	0,2417	−0,0142	−0,0449	−0,0193	0,0036
B_{bk}	0,2417	0,4765	0,2654	0,0525	−0,0167	−0,0193
B_{ck}	−0,0142	0,2654	0,4757	0,2656	0,0525	−0,0449
D_{ak}/a	−0,0110	0,0058	0,0044	0,0012	−0,0001	−0,0003
D_{bk}/a	−0,0074	0	0,0050	0,0024	0,0004	−0,0004
D_{ck}/a	−0,0018	−0,0047	−0,0001	0,0046	0,0022	−0,0003

k	a	b	c	d	e	f
$a\cdot B_{ak}^{\,\rangle}$	−0,6585	−0,4412	−0,1081	0,0164	0,0269	0,0206
$a\cdot B_{bk}^{\,\rangle}$	0,3469	0,0018	−0,2830	−0,1345	−0,0218	0,0068
$a\cdot B_{ck}^{\,\rangle}$	0,2658	0,3004	−0,0053	−0,2783	−0,1441	−0,0731
$D_{ak}^{\,\rangle}$	0,0354	0,0036	−0,0037	−0,0023	−0,0006	−0,0001
$D_{bk}^{\,\rangle}$	0,0036	0,0148	−0,0012	−0,0028	−0,0013	−0,0006
$D_{ck}^{\,\rangle}$	−0,0037	−0,0012	0,0137	−0,0010	−0,0028	−0,0023

Der Balken auf sechs elastisch senk- und drehbaren Stützen

Auflagerkräfte B_{ik} bzw. $a \cdot B_{ik}^{2}$

Auflagereinspannmomente D_{ik}/a bzw. D_{ik}^{2}

$z = 2 \quad z_T = 30$

k	a	b	c	d	e	f
B_{ak}	0,8405	0,2394	−0,0178	−0,0467	−0,0196	0,0042
B_{bk}	0,2394	0,4789	0,2669	0,0519	−0,0176	−0,0196
B_{ck}	−0,0178	0,2669	0,4787	0,2670	0,0519	−0,0467
D_{ak}/a	−0,0038	0,0020	0,0015	0,0004	0	−0,0001
D_{bk}/a	−0,0025	0	0,0017	0,0008	0,0001	−0,0002
D_{ck}/a	−0,0006	−0,0016	0	0,0016	0,0008	−0,0001

k	a	b	c	d	e	f
$a \cdot B_{ak}^{2}$	−0,6752	−0,4472	−0,1071	0,0184	0,0281	0,0215
$a \cdot B_{bk}^{2}$	0,3563	0,0032	−0,2864	−0,1361	−0,0215	0,0077
$a \cdot B_{ck}^{2}$	0,2735	0,3048	−0,0057	−0,2816	−0,1459	−0,0746
D_{ak}^{2}	0,0121	0,0013	−0,0013	−0,0008	−0,0002	0
D_{bk}^{2}	0,0012	0,0050	−0,0004	−0,0010	−0,0004	−0,0002
D_{ck}^{2}	−0,0013	−0,0004	0,0046	−0,0003	−0,0010	−0,0008

$z = 2 \quad z_T = 100$

k	a	b	c	d	e	f
B_{ak}	0,8431	0,2385	−0,0191	−0,0473	−0,0196	0,0044
B_{bk}	0,2385	0,4798	0,2674	0,0517	−0,0179	−0,0196
B_{ck}	−0,0191	0,2674	0,4798	0,2675	0,0517	−0,0473
D_{ak}/a	−0,0011	0,0006	0,0005	0,0001	0	0
D_{bk}/a	−0,0007	0	0,0005	0,0002	0	0
D_{ck}/a	−0,0002	−0,0005	0	0,0005	0,0002	0

k	a	b	c	d	e	f
$a \cdot B_{ak}^{2}$	−0,6813	−0,4494	−0,1067	0,0191	0,0285	0,0218
$a \cdot B_{bk}^{2}$	0,3597	0,0037	−0,2876	−0,1367	−0,0214	0,0081
$a \cdot B_{ck}^{2}$	0,2763	0,3064	−0,0059	−0,2828	−0,1465	−0,0752
D_{ak}^{2}	0,0037	0,0004	−0,0004	−0,0002	−0,0001	0
D_{bk}^{2}	0,0004	0,0015	−0,0001	−0,0003	−0,0001	−0,0001
D_{ck}^{2}	−0,0004	−0,0001	0,0014	−0,0001	−0,0003	−0,0002

$z = 2 \quad z_T = \infty$

k	a	b	c	d	e	f
B_{ak}	0,8442	0,2382	−0,0197	−0,0476	−0,0197	0,0045
B_{bk}	0,2382	0,4802	0,2677	0,0517	−0,0180	−0,0197
B_{ck}	−0,0197	0,2677	0,4802	0,2677	0,0517	−0,0476
D_{ak}/a	0	0	0	0	0	0
D_{bk}/a	0	0	0	0	0	0
D_{ck}/a	0	0	0	0	0	0

k	a	b	c	d	e	f
$a \cdot B_{ak}^{2}$	−0,6839	−0,4502	−0,1066	0,0194	0,0288	0,0219
$a \cdot B_{bk}^{2}$	0,3611	0,0038	−0,2882	−0,1370	−0,0215	0,0082
$a \cdot B_{ck}^{2}$	0,2775	0,3072	−0,0060	−0,2834	−0,1469	−0,0755
D_{ak}^{2}	0	0	0	0	0	0
D_{bk}^{2}	0	0	0	0	0	0
D_{ck}^{2}	0	0	0	0	0	0

Der Balken auf sechs elastisch senk- und drehbaren Stützen

Auflagerkräfte B_{ik} bzw. $a \cdot B_{ik}^{\supset}$

Auflagereinspannmomente D_{ik}/a bzw. $D_{ik}^{\supset}$

$z = 5$	$z_T = 0{,}001$

k	a	b	c	d	e	f	k	a	b	c	d	e	f
B_{ak}	0,2870	0,2145	0,1634	0,1291	0,1080	0,0980	$a \cdot B_{ak}^{\supset}$	−0,0009	−0,0015	−0,0010	−0,0006	−0,0004	−0,0001
B_{bk}	0,2145	0,2359	0,1802	0,1423	0,1191	0,1080	$a \cdot B_{bk}^{\supset}$	0,0003	−0,0004	−0,0011	−0,0007	−0,0004	−0,0001
B_{ck}	0,1634	0,1802	0,2148	0,1701	0,1423	0,1291	$a \cdot B_{ck}^{\supset}$	0,0002	0,0006	−0,0001	−0,0009	−0,0005	−0,0002
D_{ak}/a	−0,3570	0,1067	0,0821	0,0648	0,0542	0,0492	$D_{ak}^{\supset}$	0,9976	0,0013	−0,0005	−0,0003	−0,0002	−0,0001
D_{bk}/a	−0,6049	−0,1676	0,2526	0,2003	0,1676	0,1520	$D_{bk}^{\supset}$	0,0013	0,9944	0,0004	−0,0010	−0,0006	−0,0002
D_{ck}/a	−0,4169	−0,4586	−0,0490	0,3556	0,2983	0,2706	$D_{ck}^{\supset}$	−0,0005	0,0004	0,9939	0,0002	−0,0010	−0,0003

$z = 5$	$z_T = 0{,}003$

k	a	b	c	d	e	f	k	a	b	c	d	e	f
B_{ak}	0,2906	0,2162	0,1633	0,1279	0,1062	0,0959	$a \cdot B_{ak}^{\supset}$	−0,0026	−0,0043	−0,0030	−0,0019	−0,0011	−0,0003
B_{bk}	0,2162	0,2376	0,1808	0,1416	0,1176	0,1062	$a \cdot B_{bk}^{\supset}$	0,0008	−0,0012	−0,0033	−0,0021	−0,0012	−0,0004
B_{ck}	0,1633	0,1808	0,2160	0,1705	0,1416	0,1279	$a \cdot B_{ck}^{\supset}$	0,0006	0,0018	−0,0003	−0,0025	−0,0014	−0,0005
D_{ak}/a	−0,3561	0,1065	0,0827	0,0647	0,0537	0,0485	$D_{ak}^{\supset}$	0,9928	0,0037	−0,0015	−0,0010	−0,0005	−0,0002
D_{bk}/a	−0,5987	−0,1650	0,2509	0,1988	0,1650	0,1490	$D_{bk}^{\supset}$	0,0037	0,9833	0,0013	−0,0029	−0,0017	−0,0005
D_{ck}/a	−0,4118	−0,4530	−0,0480	0,3520	0,2947	0,2661	$D_{ck}^{\supset}$	−0,0015	0,0013	0,9818	0,0006	−0,0029	−0,0010

$z = 5$	$z_T = 0{,}01$

k	a	b	c	d	e	f	k	a	b	c	d	e	f
B_{ak}	0,3028	0,2219	0,1627	0,1237	0,1001	0,0889	$a \cdot B_{ak}^{\supset}$	−0,0085	−0,0139	−0,0095	−0,0060	−0,0033	−0,0011
B_{bk}	0,2219	0,2435	0,1829	0,1391	0,1126	0,1001	$a \cdot B_{bk}^{\supset}$	0,0025	−0,0038	−0,0104	−0,0068	−0,0038	−0,0013
B_{ck}	0,1627	0,1829	0,2199	0,1718	0,1391	0,1237	$a \cdot B_{ck}^{\supset}$	0,0020	0,0059	−0,0011	−0,0082	−0,0046	−0,0015
D_{ak}/a	−0,3531	0,1057	0,0845	0,0644	0,0521	0,0463	$D_{ak}^{\supset}$	0,9765	0,0118	−0,0046	−0,0031	−0,0017	−0,0006
D_{bk}/a	−0,5781	−0,1567	0,2451	0,1936	0,1568	0,1394	$D_{bk}^{\supset}$	0,0118	0,9467	0,0039	−0,0091	−0,0052	−0,0017
D_{ck}/a	−0,3948	−0,4346	−0,0446	0,3398	0,2827	0,2515	$D_{ck}^{\supset}$	−0,0046	0,0039	0,9420	0,0017	−0,0091	−0,0031

Der Balken auf sechs elastisch senk- und drehbaren Stützen

Auflagerkräfte B_{ik} bzw. $a \cdot B_{ik}^{\lambda}$

Auflagereinspannmomente D_{ik}/a bzw. D_{ik}^{λ}

$z = 5$	$z_T = 0{,}03$

k	a	b	c	d	e	f	k	a	b	c	d	e	f
B_{ak}	0,3334	0,2354	0,1606	0,1130	0,0853	0,0724	$a \cdot B_{ak}^{\lambda}$	−0,0248	−0,0380	−0,0254	−0,0156	−0,0084	−0,0029
B_{bk}	0,2354	0,2577	0,1881	0,1331	0,1004	0,0853	$a \cdot B_{bk}^{\lambda}$	0,0074	−0,0098	−0,0280	−0,0182	−0,0099	−0,0035
B_{ck}	0,1606	0,1881	0,2299	0,1753	0,1331	0,1130	$a \cdot B_{ck}^{\lambda}$	0,0064	0,0166	−0,0026	−0,0223	−0,0130	−0,0046
D_{ak}/a	−0,3443	0,1033	0,0888	0,0635	0,0480	0,0407	D_{ak}^{λ}	0,9334	0,0306	−0,0115	−0,0086	−0,0047	−0,0017
D_{bk}/a	−0,5274	−0,1365	0,2301	0,1803	0,1371	0,1164	D_{bk}^{λ}	0,0306	0,8567	0,0094	−0,0223	−0,0133	−0,0047
D_{ck}/a	−0,3532	−0,3895	−0,0367	0,3096	0,2534	0,2163	D_{ck}^{λ}	−0,0115	0,0094	0,8446	0,0039	−0,0223	−0,0086

$z = 5$	$z_T = 0{,}1$

k	a	b	c	d	e	f	k	a	b	c	d	e	f
B_{ak}	0,4098	0,2640	0,1514	0,0861	0,0520	0,0368	$a \cdot B_{ak}^{\lambda}$	−0,0754	−0,0982	−0,0618	−0,0338	−0,0165	−0,0064
B_{bk}	0,2640	0,2907	0,2007	0,1195	0,0732	0,0520	$a \cdot B_{bk}^{\lambda}$	0,0227	−0,0221	−0,0687	−0,0448	−0,0229	−0,0090
B_{ck}	0,1514	0,2007	0,2563	0,1861	0,1195	0,0861	$a \cdot B_{ck}^{\lambda}$	0,0227	0,0457	−0,0050	−0,0569	−0,0352	−0,0145
D_{ak}/a	−0,3141	0,0946	0,0948	0,0603	0,0376	0,0268	D_{ak}^{λ}	0,8131	0,0672	−0,0229	−0,0211	−0,0115	−0,0046
D_{bk}/a	−0,4090	−0,0922	0,1904	0,1467	0,0953	0,0688	D_{bk}^{λ}	0,0672	0,6483	0,0170	−0,0422	−0,0276	−0,0115
D_{ck}/a	−0,2575	−0,2863	−0,0208	0,2372	0,1866	0,1408	D_{ck}^{λ}	−0,0229	0,0170	0,6226	0,0065	−0,0422	−0,0211

$z = 5$	$z_T = 0{,}3$

k	a	b	c	d	e	f	k	a	b	c	d	e	f
B_{ak}	0,5207	0,2909	0,1271	0,0462	0,0135	0,0015	$a \cdot B_{ak}^{\lambda}$	−0,1776	−0,1861	−0,1040	−0,0455	−0,0169	−0,0067
B_{bk}	0,2909	0,3309	0,2182	0,1046	0,0418	0,0135	$a \cdot B_{bk}^{\lambda}$	0,0535	−0,0318	−0,1179	−0,0775	−0,0370	−0,0169
B_{ck}	0,1271	0,2182	0,2970	0,2069	0,1046	0,0462	$a \cdot B_{ck}^{\lambda}$	0,0636	0,0933	−0,0049	−0,1038	−0,0706	−0,0369
D_{ak}/a	−0,2467	0,0743	0,0883	0,0512	0,0235	0,0093	D_{ak}^{λ}	0,6027	0,0887	−0,0263	−0,0311	−0,0178	−0,0088
D_{bk}/a	−0,2584	−0,0442	0,1296	0,0981	0,0514	0,0235	D_{bk}^{λ}	0,0887	0,3915	0,0166	−0,0451	−0,0333	−0,0178
D_{ck}/a	−0,1444	−0,1637	−0,0068	0,1442	0,1076	0,0632	D_{ck}^{λ}	−0,0263	0,0166	0,3588	0,0061	−0,0451	−0,0311

Der Balken auf sechs elastisch senk- und drehbaren Stützen

Auflagerkräfte B_{ik} bzw. $a \cdot B_{ik}^{\lambda}$

Auflagereinspannmomente D_{ik}/a bzw. D_{ik}^{λ}

$z = 5$	$z_T = 1$

$\backslash k$	a	b	c	d	e	f	$\backslash k$	a	b	c	d	e	f
B_{ak}	0,6451	0,3010	0,0854	0,0009	−0,0173	−0,0152	$a \cdot B_{ak}^{\lambda}$	−0,3320	−0,2851	−0,1354	−0,0400	−0,0029	0,0041
B_{bk}	0,3010	0,3653	0,2373	0,0956	0,0181	−0,0173	$a \cdot B_{bk}^{\lambda}$	0,0996	−0,0312	−0,1581	−0,1060	−0,0487	−0,0255
B_{ck}	0,0854	0,2373	0,3446	0,2362	0,0956	0,0009	$a \cdot B_{ck}^{\lambda}$	0,1351	0,1515	−0,0013	−0,1488	−0,1132	−0,0759
D_{ak}/a	−0,1383	0,0415	0,0563	0,0316	0,0106	−0,0017	D_{ak}^{λ}	0,3217	0,0656	−0,0166	−0,0247	−0,0155	−0,0096
D_{bk}/a	−0,1188	−0,0130	0,0631	0,0472	0,0203	0,0012	D_{bk}^{λ}	0,0656	0,1697	0,0089	−0,0271	−0,0225	−0,0155
D_{ck}/a	−0,0564	−0,0659	−0,0006	0,0620	0,0442	0,0167	D_{ck}^{λ}	−0,0166	0,0089	0,1462	0,0036	−0,0271	−0,0247

$z = 5$	$z_T = 3$

$\backslash k$	a	b	c	d	e	f	$\backslash k$	a	b	c	d	e	f
B_{ak}	0,7187	0,2989	0,0550	−0,0264	−0,0311	−0,0152	$a \cdot B_{ak}^{\lambda}$	−0,4394	−0,3439	−0,1475	−0,0299	0,0113	0,0175
B_{bk}	0,2989	0,3814	0,2485	0,0937	0,0086	−0,0311	$a \cdot B_{bk}^{\lambda}$	0,1313	−0,0262	−0,1756	−0,1198	−0,0547	−0,0309
B_{ck}	0,0550	0,2485	0,3733	0,2560	0,0937	−0,0264	$a \cdot B_{ck}^{\lambda}$	0,1887	0,1872	0,0017	−0,1717	−0,1395	−0,1060
D_{ak}/a	−0,0610	0,0182	0,0262	0,0147	0,0043	−0,0024	D_{ak}^{λ}	0,1388	0,0319	−0,0074	−0,0123	−0,0082	−0,0058
D_{bk}/a	−0,0478	−0,0036	0,0260	0,0194	0,0076	−0,0016	D_{bk}^{λ}	0,0319	0,0659	0,0037	−0,0118	−0,0105	−0,0082
D_{ck}/a	−0,0205	−0,0244	0,0002	0,0238	0,0166	0,0042	D_{ck}^{λ}	−0,0074	0,0037	0,0546	0,0016	−0,0118	−0,0123

$z = 5$	$z_T = 10$

$\backslash k$	a	b	c	d	e	f	$\backslash k$	a	b	c	d	e	f
B_{ak}	0,7546	0,2963	0,0390	−0,0399	−0,0370	−0,0130	$a \cdot B_{ak}^{\lambda}$	−0,4951	−0,3726	−0,1521	−0,0237	0,0195	0,0260
B_{bk}	0,2963	0,3883	0,2540	0,0935	0,0050	−0,0370	$a \cdot B_{bk}^{\lambda}$	0,1476	−0,0228	−0,1828	−0,1259	−0,0576	−0,0337
B_{ck}	0,0390	0,2540	0,3874	0,2661	0,0935	−0,0399	$a \cdot B_{ck}^{\lambda}$	0,2174	0,2048	0,0033	−0,1820	−0,1525	−0,1224
D_{ak}/a	−0,0206	0,0062	0,0091	0,0051	0,0014	−0,0011	D_{ak}^{λ}	0,0465	0,0112	−0,0025	−0,0043	−0,0030	−0,0022
D_{bk}/a	−0,0155	−0,0009	0,0085	0,0064	0,0024	−0,0008	D_{bk}^{λ}	0,0112	0,0211	0,0012	−0,0040	−0,0036	−0,0030
D_{ck}/a	−0,0063	−0,0076	0,0001	0,0076	0,0052	0,0010	D_{ck}^{λ}	−0,0025	0,0012	0,0171	0,0005	−0,0040	−0,0043

Der Balken auf sechs elastisch senk- und drehbaren Stützen

Auflagerkräfte B_{ik} bzw. $a \cdot B_{ik}^{\zeta}$

Auflagereinspannmomente D_{ik}/a bzw. D_{ik}^{ζ}

$z = 5$ | $z_T = 30$

k	a	b	c	d	e	f	k	a	b	c	d	e	f
B_{ak}	0,7664	0,2952	0,0336	−0,0444	−0,0389	−0,0119	$a \cdot B_{ak}^{\zeta}$	−0,5136	−0,3820	−0,1535	−0,0216	0,0224	0,0291
B_{bk}	0,2952	0,3905	0,2558	0,0936	0,0039	−0,0389	$a \cdot B_{bk}^{\zeta}$	0,1530	−0,0215	−0,1850	−0,1278	−0,0586	−0,0347
B_{ck}	0,0336	0,2558	0,3920	0,2694	0,0935	−0,0444	$a \cdot B_{ck}^{\zeta}$	0,2270	0,2106	0,0039	−0,1852	−0,1567	−0,1280
D_{ak}/a	−0,0071	0,0021	0,0032	0,0018	0,0005	−0,0004	D_{ak}^{ζ}	0,0160	0,0039	−0,0009	−0,0015	−0,0011	−0,0008
D_{bk}/a	−0,0053	−0,0003	0,0029	0,0022	0,0008	−0,0003	D_{bk}^{ζ}	0,0039	0,0072	0,0004	−0,0014	−0,0013	−0,0011
D_{ck}/a	−0,0021	−0,0026	0,0001	0,0026	0,0018	0,0003	D_{ck}^{ζ}	−0,0009	0,0004	0,0058	0,0002	−0,0014	−0,0015

$z = 5$ | $z_T = 100$

k	a	b	c	d	e	f	k	a	b	c	d	e	f
B_{ak}	0,7706	0,2948	0,0316	−0,0460	−0,0395	−0,0115	$a \cdot B_{ak}^{\zeta}$	−0,5204	−0,3854	−0,1539	−0,0208	0,0235	0,0302
B_{bk}	0,2948	0,3912	0,2564	0,0936	0,0035	−0,0395	$a \cdot B_{bk}^{\zeta}$	0,1550	−0,0211	−0,1858	−0,1285	−0,0589	−0,0350
B_{ck}	0,0316	0,2564	0,3937	0,2707	0,0936	−0,0460	$a \cdot B_{ck}^{\zeta}$	0,2305	0,2127	0,0041	−0,1864	−0,1583	−0,1301
D_{ak}/a	−0,0022	0,0006	0,0010	0,0005	0,0001	−0,0001	D_{ak}^{ζ}	0,0049	0,0012	−0,0003	−0,0005	−0,0003	−0,0002
D_{bk}/a	−0,0016	−0,0001	0,0009	0,0007	0,0002	−0,0001	D_{bk}^{ζ}	0,0012	0,0022	0,0001	−0,0004	−0,0004	−0,0003
D_{ck}/a	−0,0006	−0,0008	0	0,0008	0,0005	0,0001	D_{ck}^{ζ}	−0,0003	0,0001	0,0017	0,0001	−0,0004	−0,0005

$z = 5$ | $z_T = \infty$

k	a	b	c	d	e	f	k	a	b	c	d	e	f
B_{ak}	0,7725	0,2946	0,0308	−0,0467	−0,0398	−0,0114	$a \cdot B_{ak}^{\zeta}$	−0,5234	−0,3869	−0,1541	−0,0204	0,0238	0,0307
B_{bk}	0,2946	0,3916	0,2567	0,0936	0,0033	−0,0398	$a \cdot B_{bk}^{\zeta}$	0,1559	−0,0208	−0,1862	−0,1289	−0,0591	−0,0351
B_{ck}	0,0308	0,2567	0,3944	0,2712	0,0936	−0,0467	$a \cdot B_{ck}^{\zeta}$	0,2321	0,2135	0,0041	−0,1869	−0,1589	−0,1310
D_{ak}/a	0	0	0	0	0	0	D_{ak}^{ζ}	0	0	0	0	0	0
D_{bk}/a	0	0	0	0	0	0	D_{bk}^{ζ}	0	0	0	0	0	0
D_{ck}/a	0	0	0	0	0	0	D_{ck}^{ζ}	0	0	0	0	0	0

Der Balken auf sechs elastisch senk- und drehbaren Stützen

Auflagerkräfte B_{ik} bzw. $a \cdot B_{ik}^{2}$

Auflagereinspannmomente D_{ik}/a bzw. D_{ik}^{2}

$z = 10$ $z_T = 0,001$

k	a	b	c	d	e	f	k	a	b	c	d	e	f
B_{ak}	0,2344	0,1955	0,1663	0,1456	0,1324	0,1259	$a \cdot B_{ak}^{2}$	−0,0005	−0,0008	−0,0006	−0,0004	−0,0002	−0,0001
B_{bk}	0,1955	0,2052	0,1748	0,1530	0,1391	0,1324	$a \cdot B_{bk}^{2}$	0,0001	−0,0002	−0,0006	−0,0004	−0,0002	−0,0001
B_{ck}	0,1663	0,1748	0,1920	0,1683	0,1530	0,1456	$a \cdot B_{ck}^{2}$	0,0001	0,0003	−0,0001	−0,0005	−0,0003	−0,0001
D_{ak}/a	−0,3834	0,0971	0,0835	0,0731	0,0665	0,0632	D_{ak}^{2}	0,9978	0,0016	−0,0003	−0,0002	−0,0001	0
D_{bk}/a	−0,6670	−0,2020	0,2527	0,2221	0,2020	0,1921	D_{bk}^{2}	0,0016	0,9951	0,0011	−0,0006	−0,0004	−0,0001
D_{ck}/a	−0,4871	−0,5110	−0,0630	0,3819	0,3481	0,3311	D_{ck}^{2}	−0,0003	0,0011	0,9948	0,0009	−0,0006	−0,0002

$z = 10$ $z_T = 0,003$

k	a	b	c	d	e	f	k	a	b	c	d	e	f
B_{ak}	0,2367	0,1967	0,1663	0,1448	0,1311	0,1244	$a \cdot B_{ak}^{2}$	−0,0014	−0,0024	−0,0017	−0,0012	−0,0007	−0,0002
B_{bk}	0,1967	0,2063	0,1752	0,1526	0,1381	0,1311	$a \cdot B_{bk}^{2}$	0,0003	−0,0007	−0,0018	−0,0012	−0,0007	−0,0002
B_{ck}	0,1663	0,1752	0,1926	0,1685	0,1526	0,1448	$a \cdot B_{ck}^{2}$	0,0003	0,0009	−0,0002	−0,0014	−0,0008	−0,0003
D_{ak}/a	−0,3833	0,0966	0,0841	0,0733	0,0664	0,0630	D_{ak}^{2}	0,9934	0,0047	−0,0008	−0,0006	−0,0003	−0,0001
D_{bk}/a	−0,6622	−0,2002	0,2510	0,2212	0,2002	0,1900	D_{bk}^{2}	0,0047	0,9855	0,0032	−0,0018	−0,0010	−0,0003
D_{ck}/a	−0,4836	−0,5066	−0,0622	0,3788	0,3456	0,3280	D_{ck}^{2}	−0,0008	0,0032	0,9845	0,0028	−0,0018	−0,0006

$z = 10$ $z_T = 0,01$

k	a	b	c	d	e	f	k	a	b	c	d	e	f
B_{ak}	0,2447	0,2007	0,1663	0,1421	0,1268	0,1194	$a \cdot B_{ak}^{2}$	−0,0046	−0,0078	−0,0057	−0,0038	−0,0022	−0,0007
B_{bk}	0,2007	0,2102	0,1766	0,1510	0,1347	0,1268	$a \cdot B_{bk}^{2}$	0,0011	−0,0023	−0,0059	−0,0040	−0,0023	−0,0008
B_{ck}	0,1663	0,1766	0,1948	0,1692	0,1510	0,1421	$a \cdot B_{ck}^{2}$	0,0010	0,0029	−0,0007	−0,0044	−0,0026	−0,0009
D_{ak}/a	−0,3829	0,0946	0,0863	0,0739	0,0660	0,0621	D_{ak}^{2}	0,9784	0,0149	−0,0026	−0,0020	−0,0011	−0,0004
D_{bk}/a	−0,6462	−0,1944	0,2453	0,2178	0,1945	0,1831	D_{bk}^{2}	0,0149	0,9534	0,0099	−0,0055	−0,0034	−0,0011
D_{ck}/a	−0,4719	−0,4918	−0,0598	0,3685	0,3373	0,3177	D_{ck}^{2}	−0,0026	0,0099	0,9504	0,0085	−0,0055	−0,0020

Der Balken auf sechs elastisch senk- und drehbaren Stützen

Auflagerkräfte B_{ik} bzw. $a \cdot B_{ik}^{2}$

Auflagereinspannmomente D_{ik}/a bzw. D_{ik}^{2}

$$z = 10 \qquad z_T = 0{,}03$$

k	a	b	c	d	e	f	k	a	b	c	d	e	f
B_{ak}	0,2656	0,2111	0,1661	0,1351	0,1157	0,1064	$a \cdot B_{ak}^{2}$	−0,0137	−0,0218	−0,0159	−0,0105	−0,0060	−0,0021
B_{bk}	0,2111	0,2201	0,1802	0,1469	0,1259	0,1157	$a \cdot B_{bk}^{2}$	0,0032	−0,0065	−0,0163	−0,0114	−0,0065	−0,0023
B_{ck}	0,1661	0,1802	0,2007	0,1710	0,1469	0,1351	$a \cdot B_{ck}^{2}$	0,0033	0,0083	−0,0019	−0,0123	−0,0075	−0,0027
D_{ak}/a	−0,3807	0,0894	0,0914	0,0755	0,0648	0,0595	D_{ak}^{2}	0,9392	0,0392	−0,0061	−0,0057	−0,0033	−0,0012
D_{bk}/a	−0,6055	−0,1792	0,2308	0,2086	0,1799	0,1654	D_{bk}^{2}	0,0392	0,8739	0,0246	−0,0136	−0,0091	−0,0033
D_{ck}/a	−0,4411	−0,4539	−0,0536	0,3422	0,3153	0,2911	D_{ck}^{2}	−0,0061	0,0246	0,8657	0,0207	−0,0136	−0,0057

$$z = 10 \qquad z_T = 0{,}1$$

k	a	b	c	d	e	f	k	a	b	c	d	e	f
B_{ak}	0,3235	0,2376	0,1641	0,1154	0,0867	0,0727	$a \cdot B_{ak}^{2}$	−0,0439	−0,0602	−0,0430	−0,0268	−0,0146	−0,0061
B_{bk}	0,2376	0,2457	0,1900	0,1368	0,1033	0,0867	$a \cdot B_{bk}^{2}$	0,0091	−0,0168	−0,0429	−0,0307	−0,0173	−0,0072
B_{ck}	0,1641	0,1900	0,2170	0,1768	0,1368	0,1154	$a \cdot B_{ck}^{2}$	0,0121	0,0233	−0,0046	−0,0330	−0,0218	−0,0094
D_{ak}/a	−0,3655	0,0757	0,1007	0,0784	0,0601	0,0506	D_{ak}^{2}	0,8299	0,0890	−0,0100	−0,0157	−0,0098	−0,0042
D_{bk}/a	−0,5018	−0,1400	0,1940	0,1817	0,1440	0,1221	D_{bk}^{2}	0,0890	0,6848	0,0473	−0,0270	−0,0219	−0,0098
D_{ck}/a	−0,3585	−0,3578	−0,0383	0,2747	0,2562	0,2237	D_{ck}^{2}	−0,0100	0,0473	0,6634	0,0380	−0,0270	−0,0157

$$z = 10 \qquad z_T = 0{,}3$$

k	a	b	c	d	e	f	k	a	b	c	d	e	f
B_{ak}	0,4222	0,2745	0,1545	0,0815	0,0430	0,0243	$a \cdot B_{ak}^{2}$	−0,1121	−0,1256	−0,0841	−0,0470	−0,0234	−0,0115
B_{bk}	0,2745	0,2828	0,2054	0,1235	0,0709	0,0430	$a \cdot B_{bk}^{2}$	0,0195	−0,0303	−0,0802	−0,0599	−0,0339	−0,0176
B_{ck}	0,1545	0,2054	0,2451	0,1900	0,1235	0,0815	$a \cdot B_{ck}^{2}$	0,0362	0,0501	−0,0067	−0,0641	−0,0484	−0,0273
D_{ak}/a	−0,3114	0,0542	0,1005	0,0759	0,0488	0,0320	D_{ak}^{2}	0,6370	0,1253	−0,0070	−0,0266	−0,0195	−0,0109
D_{bk}/a	−0,3488	−0,0842	0,1393	0,1344	0,0943	0,0651	D_{bk}^{2}	0,1253	0,4388	0,0515	−0,0319	−0,0324	−0,0195
D_{ck}/a	−0,2335	−0,2229	−0,0186	0,1781	0,1663	0,1305	D_{ck}^{2}	−0,0070	0,0515	0,4028	0,0380	−0,0319	−0,0266

Der Balken auf sechs elastisch senk- und drehbaren Stützen

Auflagerkräfte B_{ik} bzw. $a \cdot B_{ik}^2$

Auflagereinspannmomente D_{ik}/a bzw. D_{ik}^2

$$P_{k=1} \quad M_{k=1}, \; k=a\cdots f$$
$$a \quad b \quad D_{ik} \; D_{ik}^2 \quad d \quad e \quad f$$
$$B_{ik} \; B_{ik}^2 \quad i=a\cdots f$$

$z = 10$	$z_T = 1$

k	a	b	c	d	e	f	k	a	b	c	d	e	f
B_{ak}	0,5527	0,3069	0,1289	0,0354	−0,0040	−0,0199	$a \cdot B_{ak}^2$	−0,2324	−0,2145	−0,1274	−0,0585	−0,0226	−0,0111
B_{bk}	0,3069	0,3196	0,2235	0,1138	0,0402	−0,0040	$a \cdot B_{bk}^2$	0,0347	−0,0400	−0,1147	−0,0898	−0,0538	−0,0351
B_{ck}	0,1289	0,2235	0,2840	0,2144	0,1138	0,0354	$a \cdot B_{ck}^2$	0,0860	0,0903	−0,0046	−0,0985	−0,0878	−0,0656
D_{ak}/a	−0,1937	0,0289	0,0717	0,0546	0,0292	0,0092	D_{ak}^2	0,3626	0,1020	0	−0,0247	−0,0223	−0,0167
D_{bk}/a	−0,1787	−0,0333	0,0753	0,0731	0,0448	0,0188	D_{bk}^2	0,1020	0,2066	0,0318	−0,0224	−0,0278	−0,0223
D_{ck}/a	−0,1062	−0,0956	−0,0038	0,0820	0,0748	0,0488	D_{ck}^2	0	0,0318	0,1720	0,0203	−0,0224	−0,0247

$z = 10$	$z_T = 3$

k	a	b	c	d	e	f	k	a	b	c	d	e	f
B_{ak}	0,6411	0,3197	0,1035	0,0022	−0,0302	−0,0363	$a \cdot B_{ak}^2$	−0,3298	−0,2771	−0,1512	−0,0579	−0,0136	−0,0023
B_{bk}	0,3197	0,3379	0,2348	0,1117	0,0261	−0,0302	$a \cdot B_{bk}^2$	0,0463	−0,0418	−0,1302	−0,1051	−0,0665	−0,0492
B_{ck}	0,1035	0,2348	0,3123	0,2355	0,1117	0,0022	$a \cdot B_{ck}^2$	0,1307	0,1214	−0,0002	−0,1185	−0,1175	−0,1013
D_{ak}/a	−0,0916	0,0129	0,0363	0,0281	0,0137	0,0006	D_{ak}^2	0,1649	0,0532	0,0015	−0,0136	−0,0139	−0,0121
D_{bk}/a	−0,0770	−0,0116	0,0337	0,0326	0,0185	0,0038	D_{bk}^2	0,0532	0,0852	0,0144	−0,0110	−0,0151	−0,0139
D_{ck}/a	−0,0420	−0,0362	−0,0001	0,0329	0,0292	0,0161	D_{ck}^2	0,0015	0,0144	0,0656	0,0081	−0,0110	−0,0136

$z = 10$	$z_T = 10$

k	a	b	c	d	e	f	k	a	b	c	d	e	f
B_{ak}	0,6880	0,3240	0,0877	−0,0163	−0,0427	−0,0407	$a \cdot B_{ak}^2$	−0,3856	−0,3113	−0,1625	−0,0554	−0,0059	0,0060
B_{bk}	0,3240	0,3459	0,2405	0,1119	0,0204	−0,0427	$a \cdot B_{bk}^2$	0,0530	−0,0415	−0,1363	−0,1120	−0,0731	−0,0575
B_{ck}	0,0877	0,2405	0,3280	0,2481	0,1119	−0,0163	$a \cdot B_{ck}^2$	0,1577	0,1392	0,0030	−0,1284	−0,1345	−0,1234
D_{ak}/a	−0,0321	0,0044	0,0131	0,0103	0,0048	−0,0005	D_{ak}^2	0,0569	0,0194	0,0008	−0,0051	−0,0055	−0,0051
D_{bk}/a	−0,0259	−0,0035	0,0116	0,0112	0,0061	0,0005	D_{bk}^2	0,0194	0,0282	0,0049	−0,0039	−0,0056	−0,0055
D_{ck}/a	−0,0135	−0,0114	0,0002	0,0107	0,0093	0,0046	D_{ck}^2	0,0008	0,0049	0,0208	0,0026	−0,0039	−0,0051

Der Balken auf sechs elastisch senk- und drehbaren Stützen

Auflagerkräfte B_{ik} bzw. $a \cdot B_{ik}^{2}$

Auflagereinspannmomente D_{ik}/a bzw. D_{ik}^{2}

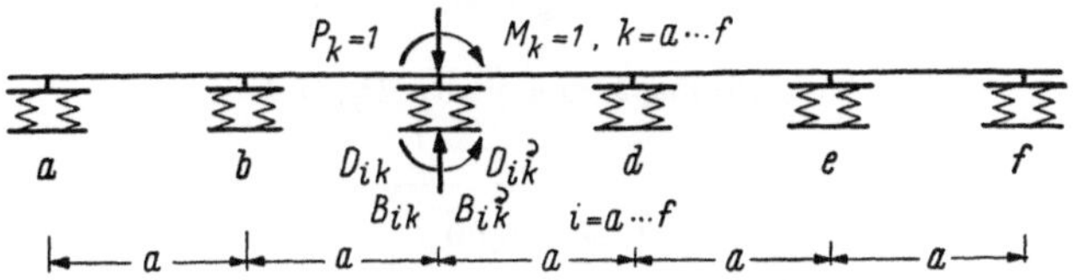

$z = 10$ | $z_T = 30$

k	a	b	c	d	e	f
B_{ak}	0,7039	0,3251	0,0820	−0,0227	−0,0468	−0,0415
B_{bk}	0,3251	0,3484	0,2425	0,1121	0,0187	−0,0468
B_{ck}	0,0820	0,2425	0,3335	0,2526	0,1121	−0,0227
D_{ak}/a	−0,0113	0,0015	0,0046	0,0037	0,0017	−0,0003
D_{bk}/a	−0,0090	−0,0011	0,0040	0,0039	0,0021	0,0001
D_{ck}/a	−0,0046	−0,0038	0,0001	0,0037	0,0032	0,0015

k	a	b	c	d	e	f
$a \cdot B_{ak}^{2}$	−0,4051	−0,3230	−0,1662	−0,0542	−0,0029	0,0094
$a \cdot B_{bk}^{2}$	0,0554	−0,0412	−0,1381	−0,1142	−0,0754	−0,0603
$a \cdot B_{ck}^{2}$	0,1673	0,1455	0,0042	−0,1317	−0,1404	−0,1314
D_{ak}^{2}	0,0198	0,0069	0,0003	−0,0018	−0,0020	−0,0019
D_{bk}^{2}	0,0069	0,0097	0,0017	−0,0014	−0,0020	−0,0020
D_{ck}^{2}	0,0003	0,0017	0,0070	0,0009	−0,0014	−0,0018

$z = 10$ | $z_T = 100$

k	a	b	c	d	e	f
B_{ak}	0,7098	0,3255	0,0798	−0,0251	−0,0483	−0,0417
B_{bk}	0,3255	0,3494	0,2432	0,1122	0,0181	−0,0483
B_{ck}	0,0798	0,2432	0,3356	0,2544	0,1122	−0,0251
D_{ak}/a	−0,0034	0,0005	0,0014	0,0011	0,0005	−0,0001
D_{bk}/a	−0,0027	−0,0003	0,0012	0,0012	0,0006	0
D_{ck}/a	−0,0014	−0,0012	0	0,0011	0,0010	0,0004

k	a	b	c	d	e	f
$a \cdot B_{ak}^{2}$	−0,4123	−0,3274	−0,1676	−0,0537	−0,0017	0,0107
$a \cdot B_{bk}^{2}$	0,0563	−0,0411	−0,1388	−0,1150	−0,0762	−0,0614
$a \cdot B_{ck}^{2}$	0,1709	0,1478	0,0047	−0,1329	−0,1426	−0,1344
D_{ak}^{2}	0,0060	0,0021	0,0001	−0,0006	−0,0006	−0,0006
D_{bk}^{2}	0,0021	0,0029	0,0005	−0,0004	−0,0006	−0,0006
D_{ck}^{2}	0,0001	0,0005	0,0021	0,0003	−0,0004	−0,0006

$z = 10$ | $z_T = \infty$

k	a	b	c	d	e	f
B_{ak}	0,7124	0,3257	0,0788	−0,0261	−0,0490	−0,0418
B_{bk}	0,3257	0,3497	0,2435	0,1123	0,0178	−0,0490
B_{ck}	0,0788	0,2435	0,3365	0,2551	0,1123	−0,0261
D_{ak}/a	0	0	0	0	0	0
D_{bk}/a	0	0	0	0	0	0
D_{ck}/a	0	0	0	0	0	0

k	a	b	c	d	e	f
$a \cdot B_{ak}^{2}$	−0,4155	−0,3291	−0,1681	−0,0537	−0,0012	0,0114
$a \cdot B_{bk}^{2}$	0,0566	−0,0412	−0,1390	−0,1154	−0,0766	−0,0619
$a \cdot B_{ck}^{2}$	0,1726	0,1489	0,0049	−0,1334	−0,1436	−0,1358
D_{ak}^{2}	0	0	0	0	0	0
D_{bk}^{2}	0	0	0	0	0	0
D_{ck}^{2}	0	0	0	0	0	0

Der Balken auf sechs elastisch senk- und drehbaren Stützen

Auflagerkräfte B_{ik} bzw. $a \cdot B_{ik}^{2}$

Auflagereinspannmomente D_{ik}/a bzw. D_{ik}^{2}

$P_{k}=1$, $M_{k}=1$, $k=a\cdots f$

D_{ik} D_{ik}^{2} B_{ik} B_{ik}^{2} $i=a\cdots f$

$z = 20$	$z_T = 0,001$

k	a	b	c	d	e	f
B_{ak}	0,2029	0,1826	0,1669	0,1554	0,1479	0,1443
B_{bk}	0,1826	0,1871	0,1712	0,1594	0,1517	0,1479
B_{ck}	0,1669	0,1712	0,1797	0,1675	0,1594	0,1554
D_{ak}/a	−0,3992	0,0907	0,0838	0,0780	0,0743	0,0724
D_{bk}/a	−0,7049	−0,2238	0,2515	0,2351	0,2238	0,2182
D_{ck}/a	−0,5311	−0,5437	−0,0721	0,3976	0,3794	0,3699

k	a	b	c	d	e	f
$a \cdot B_{ak}^{2}$	−0,0002	−0,0004	−0,0003	−0,0002	−0,0001	0
$a \cdot B_{bk}^{2}$	0,0001	−0,0001	−0,0003	−0,0002	−0,0001	0
$a \cdot B_{ck}^{2}$	0,0001	0,0002	0	−0,0002	−0,0001	0
D_{ak}^{2}	0,9979	0,0018	−0,0002	−0,0001	−0,0001	0
D_{bk}^{2}	0,0018	0,9955	0,0015	−0,0003	−0,0002	−0,0001
D_{ck}^{2}	−0,0002	0,0015	0,9954	0,0014	−0,0003	−0,0001

$z = 20$	$z_T = 0,003$

k	a	b	c	d	e	f
B_{ak}	0,2042	0,1833	0,1669	0,1550	0,1472	0,1433
B_{bk}	0,1833	0,1878	0,1714	0,1591	0,1511	0,1472
B_{ck}	0,1669	0,1714	0,1800	0,1676	0,1591	0,1550
D_{ak}/a	−0,3997	0,0898	0,0845	0,0784	0,0745	0,0725
D_{bk}/a	−0,7013	−0,2228	0,2497	0,2346	0,2228	0,2170
D_{ck}/a	−0,5290	−0,5403	−0,0717	0,3950	0,3779	0,3681

k	a	b	c	d	e	f
$a \cdot B_{ak}^{2}$	−0,0007	−0,0013	−0,0010	−0,0007	−0,0004	−0,0001
$a \cdot B_{bk}^{2}$	0,0002	−0,0004	−0,0010	−0,0007	−0,0004	−0,0001
$a \cdot B_{ck}^{2}$	0,0002	0,0004	−0,0001	−0,0007	−0,0004	−0,0001
D_{ak}^{2}	0,9937	0,0053	−0,0004	−0,0003	−0,0002	−0,0001
D_{bk}^{2}	0,0053	0,9868	0,0044	−0,0010	−0,0006	−0,0002
D_{ck}^{2}	−0,0004	0,0044	0,9862	0,0042	−0,0010	−0,0003

$z = 20$	$z_T = 0,01$

k	a	b	c	d	e	f
B_{ak}	0,2089	0,1858	0,1670	0,1534	0,1446	0,1402
B_{bk}	0,1858	0,1901	0,1722	0,1582	0,1491	0,1446
B_{ck}	0,1670	0,1722	0,1812	0,1679	0,1582	0,1534
D_{ak}/a	−0,4013	0,0868	0,0867	0,0798	0,0752	0,0729
D_{bk}/a	−0,6891	−0,2192	0,2437	0,2326	0,2193	0,2127
D_{ck}/a	−0,5219	−0,5287	−0,0702	0,3862	0,3728	0,3618

k	a	b	c	d	e	f
$a \cdot B_{ak}^{2}$	−0,0024	−0,0041	−0,0031	−0,0022	−0,0013	−0,0004
$a \cdot B_{bk}^{2}$	0,0005	−0,0013	−0,0032	−0,0022	−0,0013	−0,0005
$a \cdot B_{ck}^{2}$	0,0005	0,0015	−0,0004	−0,0023	−0,0014	−0,0005
D_{ak}^{2}	0,9795	0,0167	−0,0013	−0,0011	−0,0007	−0,0002
D_{bk}^{2}	0,0167	0,9575	0,0138	−0,0029	−0,0019	−0,0007
D_{ck}^{2}	−0,0013	0,0138	0,9558	0,0130	−0,0029	−0,0011

Der Balken auf sechs elastisch senk- und drehbaren Stützen

Auflagerkräfte B_{ik} bzw. $a \cdot B_{ik}^{\rangle}$

Auflagereinspannmomente D_{ik}/a bzw. $D_{ik}^{\rangle}$

$z = 20$; $z_T = 0{,}03$

k	a	b	c	d	e	f
B_{ak}	0,2215	0,1925	0,1674	0,1493	0,1376	0,1318
B_{bk}	0,1925	0,1961	0,1744	0,1558	0,1436	0,1376
B_{ck}	0.1674	0,1744	0,1844	0,1687	0,1558	0,1493
D_{ak}/a	−0,4045	0,0789	0,0919	0,0832	0,0768	0,0736
D_{bk}/a	−0,6578	−0,2095	0,2287	0,2267	0,2103	0,2016
D_{ck}/a	−0,5023	−0,4985	−0,0661	0,3634	0,3586	0,3449

k	a	b	c	d	e	f
$a \cdot B_{ak}^{\rangle}$	−0,0073	−0,0118	−0,0090	−0,0062	−0,0036	−0,0013
$a \cdot B_{bk}^{\rangle}$	0,0014	−0,0038	−0,0090	−0,0065	−0,0038	−0,0014
$a \cdot B_{ck}^{\rangle}$	0,0017	0,0041	−0,0012	−0,0065	−0,0041	−0,0015
$D_{ak}^{\rangle}$	0,9425	0,0445	−0,0023	−0,0033	−0,0020	−0,0007
$D_{bk}^{\rangle}$	0,0445	0,8849	0,0349	−0,0069	−0,0054	−0,0020
$D_{ck}^{\rangle}$	−0,0023	0,0349	0,8799	0,0325	−0,0069	−0,0033

$z = 20$; $z_T = 0{,}1$

k	a	b	c	d	e	f
B_{ak}	0,2595	0,2116	0,1679	0,1367	0,1171	0,1071
B_{bk}	0,2116	0,2132	0,1809	0,1491	0,1280	0,1171
B_{ck}	0,1679	0,1809	0,1937	0,1716	0,1491	0,1367
D_{ak}/a	−0,4042	0,0580	0,1019	0,0915	0,0797	0,0731
D_{bk}/a	−0,5743	−0,1811	0,1913	0,2073	0,1857	0,1711
D_{ck}/a	−0,4422	−0,4170	−0,0547	0,3029	0,3144	0,2966

k	a	b	c	d	e	f
$a \cdot B_{ak}^{\rangle}$	−0,0243	−0,0345	−0,0265	−0,0178	−0,0103	−0,0044
$a \cdot B_{bk}^{\rangle}$	0,0035	−0,0109	−0,0250	−0,0189	−0,0111	−0,0048
$a \cdot B_{ck}^{\rangle}$	0,0061	0,0115	−0,0033	−0,0182	−0,0124	−0,0055
$D_{ak}^{\rangle}$	0,8406	0,1041	0,0009	−0,0093	−0,0066	−0,0029
$D_{bk}^{\rangle}$	0,1041	0,7109	0,0716	−0,0115	−0,0139	−0,0066
$D_{ck}^{\rangle}$	0,0009	0,0716	0,6958	0,0651	−0,0115	−0,0093

$z = 20$; $z_T = 0{,}3$

k	a	b	c	d	e	f
B_{ak}	0,3357	0,2463	0,1669	0,1120	0,0787	0,0605
B_{bk}	0,2463	0,2432	0,1929	0,1385	0,1005	0,0787
B_{ck}	0,1669	0,1929	0,2112	0,1785	0,1385	0,1120
D_{ak}/a	−0,3715	0,0280	0,1041	0,0972	0,0780	0,0641
D_{bk}/a	−0,4370	−0,1306	0,1385	0,1660	0,1426	0,1205
D_{ck}/a	−0,3289	−0,2865	−0,0350	0,2092	0,2299	0,2113

k	a	b	c	d	e	f
$a \cdot B_{ak}^{\rangle}$	−0,0669	−0,0787	−0,0592	−0,0380	−0,0217	−0,0115
$a \cdot B_{bk}^{\rangle}$	0,0050	−0,0235	−0,0516	−0,0414	−0,0257	−0,0140
$a \cdot B_{ck}^{\rangle}$	0,0187	0,0249	−0,0063	−0,0377	−0,0299	−0,0175
$D_{ak}^{\rangle}$	0,6623	0,1552	0,0141	−0,0159	−0,0153	−0,0094
$D_{bk}^{\rangle}$	0,1552	0,4795	0,0871	−0,0108	−0,0228	−0,0153
$D_{ck}^{\rangle}$	0,0142	0,0871	0,4468	0,0742	−0,0108	−0,0159

Der Balken auf sechs elastisch senk- und drehbaren Stützen

Auflagerkräfte B_{ik} bzw. $a \cdot B_{ik}'$

Auflagereinspannmomente D_{ik}/a bzw. D_{ik}'

$z = 20$ $z_T = 1$

k	a	b	c	d	e	f	k	a	b	c	d	e	f
B_{ak}	0,4599	0,2931	0,1582	0,0718	0,0227	−0,0058	$a \cdot B_{ak}'$	−0,1551	−0,1516	−0,1058	−0,0626	−0,0347	−0,0226
B_{bk}	0,2931	0,2817	0,2097	0,1274	0,0653	0,0227	$a \cdot B_{bk}'$	0,0026	−0,0400	−0,0828	−0,0709	−0,0490	−0,0349
B_{ck}	0,1582	0,2097	0,2389	0,1939	0,1274	0,0718	$a \cdot B_{ck}'$	0,0475	0,0475	−0,0076	−0,0627	−0,0603	−0,0474
D_{ak}/a	−0,2584	0,0044	0,0792	0,0790	0,0582	0,0376	D_{ak}'	0,3999	0,1387	0,0236	−0,0153	−0,0213	−0,0180
D_{bk}/a	−0,2526	−0,0667	0,0792	0,1005	0,0817	0,0579	D_{bk}'	0,1387	0,2459	0,0619	−0,0074	−0,0233	−0,0213
D_{ck}/a	−0,1763	−0,1380	−0,0126	0,1045	0,1182	0,1043	D_{ck}'	0,0236	0,0619	0,2046	0,0459	−0,0074	−0,0153

$z = 20$ $z_T = 3$

k	a	b	c	d	e	f	k	a	b	c	d	e	f
B_{ak}	0,5608	0,3238	0,1449	0,0382	−0,0177	−0,0499	$a \cdot B_{ak}'$	−0,2390	−0,2129	−0,1392	−0,0757	−0,0395	−0,0274
B_{bk}	0,3238	0,3061	0,2215	0,1228	0,0435	−0,0177	$a \cdot B_{bk}'$	−0,0014	−0,0502	−0,1005	−0,0896	−0,0676	−0,0557
B_{ck}	0,1449	0,2215	0,2623	0,2104	0,1228	0,0382	$a \cdot B_{ck}'$	0,0774	0,0686	−0,0055	−0,0797	−0,0874	−0,0799
D_{ak}/a	−0,1328	−0,0008	0,0430	0,0444	0,0309	0,0152	D_{ak}'	0,1926	0,0780	0,0163	−0,0091	−0,0155	−0,0152
D_{bk}/a	−0,1183	−0,0279	0,0381	0,0486	0,0376	0,0219	D_{bk}'	0,0780	0,1087	0,0306	−0,0043	−0,0147	−0,0155
D_{ck}/a	−0,0773	−0,0558	−0,0030	0,0443	0,0498	0,0421	D_{ck}'	0,0163	0,0306	0,0816	0,0199	−0,0043	−0,0091

$z = 20$ $z_T = 10$

k	a	b	c	d	e	f	k	a	b	c	d	e	f
B_{ak}	0,6205	0,3395	0,1344	0,0174	−0,0401	−0,0717	$a \cdot B_{ak}'$	−0,2927	−0,2504	−0,1577	−0,0811	−0,0395	−0,0273
B_{bk}	0,3395	0,3185	0,2281	0,1214	0,0327	−0,0401	$a \cdot B_{bk}'$	−0,0040	−0,0551	−0,1086	−0,0991	−0,0786	−0,0691
B_{ck}	0,1344	0,2281	0,2769	0,2218	0,1214	0,0174	$a \cdot B_{ck}'$	0,0979	0,0826	−0,0030	−0,0891	−0,1048	−0,1023
D_{ak}/a	−0,0488	−0,0007	0,0163	0,0171	0,0115	0,0046	D_{ak}'	0,0690	0,0297	0,0067	−0,0036	−0,0067	−0,0070
D_{bk}/a	−0,0417	−0,0092	0,0138	0,0175	0,0131	0,0066	D_{bk}'	0,0297	0,0375	0,0110	−0,0017	−0,0060	−0,0067
D_{ck}/a	−0,0263	−0,0181	−0,0005	0,0149	0,0165	0,0135	D_{ck}'	0,0067	0,0110	0,0264	0,0066	−0,0017	−0,0036

Der Balken auf sechs elastisch senk- und drehbaren Stützen

Auflagerkräfte B_{ik} bzw. $a \cdot B_{ik}^{\curvearrowright}$

Auflagereinspannmomente D_{ik}/a bzw. $D_{ik}^{\curvearrowright}$

$P_{k}=1$, $M_{k}=1$, $k=a\cdots f$; D_{ik}, $D_{ik}^{\curvearrowright}$, B_{ik}, $B_{ik}^{\curvearrowright}$, $i=a\cdots f$; Stützen a, b, c, d, e, f; Felder a.

$z = 20$ | $z_T = 30$

k	a	b	c	d	e	f	k	a	b	c	d	e	f
B_{ak}	0,6419	0,3447	0,1302	0,0097	−0,0479	−0,0787	$a \cdot B_{ak}^{\curvearrowright}$	−0,3125	−0,2640	−0,1642	−0,0826	−0,0389	−0,0267
B_{bk}	0,3447	0,3226	0,2303	0,1211	0,0292	−0,0479	$a \cdot B_{bk}^{\curvearrowright}$	−0,0049	−0,0566	−0,1112	−0,1022	−0,0825	−0,0741
B_{ck}	0,1302	0,2303	0,2824	0,2262	0,1211	0,0097	$a \cdot B_{ck}^{\curvearrowright}$	0,1057	0,0880	−0,0020	−0,0924	−0,1113	−0,1109
D_{ak}/a	−0,0174	−0,0003	0,0059	0,0062	0,0041	0,0015	$D_{ak}^{\curvearrowright}$	0,0244	0,0107	0,0025	−0,0013	−0,0025	−0,0027
D_{bk}/a	−0,0147	−0,0031	0,0049	0,0062	0,0046	0,0022	$D_{bk}^{\curvearrowright}$	0,0107	0,0131	0,0039	−0,0006	−0,0022	−0,0025
D_{ck}/a	−0,0091	−0,0062	−0,0001	0,0051	0,0057	0,0046	$D_{ck}^{\curvearrowright}$	0,0025	0,0039	0,0090	0,0022	−0,0006	−0,0013

$z = 20$ | $z_T = 100$

k	a	b	c	d	e	f	k	a	b	c	d	e	f
B_{ak}	0,6500	0,3466	0,1286	0,0068	−0,0508	−0,0812	$a \cdot B_{ak}^{\curvearrowright}$	−0,3201	−0,2692	−0,1666	−0,0831	−0,0387	−0,0263
B_{bk}	0,3466	0,3241	0,2312	0,1210	0,0279	−0,0508	$a \cdot B_{bk}^{\curvearrowright}$	−0,0052	−0,0572	−0,1121	−0,1034	−0,0839	−0,0759
B_{ck}	0,1286	0,2312	0,2844	0,2279	0,1210	0,0068	$a \cdot B_{ck}^{\curvearrowright}$	0,1088	0,0900	−0,0015	−0,0937	−0,1138	−0,1142
D_{ak}/a	−0,0053	−0,0001	0,0018	0,0019	0,0013	0,0004	$D_{ak}^{\curvearrowright}$	0,0075	0,0033	0,0008	−0,0004	−0,0008	−0,0008
D_{bk}/a	−0,0045	−0,0010	0,0015	0,0019	0,0014	0,0006	$D_{bk}^{\curvearrowright}$	0,0033	0,0040	0,0012	−0,0002	−0,0007	−0,0008
D_{ck}/a	−0,0028	−0,0019	0	0,0016	0,0017	0,0014	$D_{ck}^{\curvearrowright}$	0,0008	0,0012	0,0027	0,0007	−0,0002	−0,0004

$z = 20$ | $z_T = \infty$

k	a	b	c	d	e	f	k	a	b	c	d	e	f
B_{ak}	0,6535	0,3474	0,1279	0,0056	−0,0520	−0,0823	$a \cdot B_{ak}^{\curvearrowright}$	−0,3234	−0,2715	−0,1676	−0,0833	−0,0385	−0,0262
B_{bk}	0,3474	0,3247	0,2316	0,1210	0,0273	−0,0520	$a \cdot B_{bk}^{\curvearrowright}$	−0,0053	−0,0575	−0,1125	−0,1039	−0,0845	−0,0767
B_{ck}	0,1279	0,2316	0,2854	0,2287	0,1210	0,0056	$a \cdot B_{ck}^{\curvearrowright}$	0,1101	0,0909	−0,0014	−0,0942	−0,1148	−0,1157
D_{ak}/a	0	0	0	0	0	0	$D_{ak}^{\curvearrowright}$	0	0	0	0	0	0
D_{bk}/a	0	0	0	0	0	0	$D_{bk}^{\curvearrowright}$	0	0	0	0	0	0
D_{ck}/a	0	0	0	0	0	0	$D_{ck}^{\curvearrowright}$	0	0	0	0	0	0

Der Balken auf sechs elastisch senk- und drehbaren Stützen

Auflagerkräfte B_{ik} bzw. $a \cdot B_{ik}^{\,2}$

Auflagereinspannmomente D_{ik}/a bzw. $D_{ik}^{\,2}$

$$P_k = 1 \qquad M_k = 1, \quad k = a \cdots f$$

$$i = a \cdots f$$

$z = 50$	$z_T = 0,001$

k	a	b	c	d	e	f
B_{ak}	0,1818	0,1735	0,1669	0,1620	0,1587	0,1571
B_{bk}	0,1735	0,1752	0,1686	0,1636	0,1604	0,1587
B_{ck}	0,1669	0,1686	0,1720	0,1670	0,1636	0,1620
D_{ak}/a	−0,4097	0,0861	0,0838	0,0813	0,0797	0,0789
D_{bk}/a	−0,7305	−0,2389	0,2502	0,2438	0,2389	0,2365
D_{ck}/a	−0,5613	−0,5661	−0,0786	0,4081	0,4009	0,3969

k	a	b	c	d	e	f
$a \cdot B_{ak}^{\,2}$	−0,0001	−0,0002	−0,0001	−0,0001	−0,0001	0
$a \cdot B_{bk}^{\,2}$	0	−0,0001	−0,0001	−0,0001	−0,0001	0
$a \cdot B_{ck}^{\,2}$	0	0,0001	0	−0,0001	−0,0001	0
$D_{ak}^{\,2}$	0,9980	0,0019	−0,0001	0	0	0
$D_{bk}^{\,2}$	0,0019	0,9958	0,0018	−0,0001	−0,0001	0
$D_{ck}^{\,2}$	−0,0001	0,0018	0,9957	0,0017	−0,0001	0

$z = 50$	$z_T = 0,003$

k	a	b	c	d	e	f
B_{ak}	0,1824	0,1738	0,1669	0,1618	0,1584	0,1567
B_{bk}	0,1738	0,1755	0,1687	0,1635	0,1601	0,1584
B_{ck}	0,1669	0,1687	0,1721	0,1670	0,1635	0,1618
D_{ak}/a	−0,4107	0,0850	0,0844	0,0819	0,0802	0,0793
D_{bk}/a	−0,7278	−0,2385	0,2483	0,2435	0,2385	0,2359
D_{ck}/a	−0,5604	−0,5634	−0,0784	0,4059	0,4003	0,3960

k	a	b	c	d	c	f
$a \cdot B_{ak}^{\,2}$	−0,0003	−0,0005	−0,0004	−0,0003	−0,0002	−0,0001
$a \cdot B_{bk}^{\,2}$	0,0001	−0,0002	−0,0004	−0,0003	−0,0002	−0,0001
$a \cdot B_{ck}^{\,2}$	0,0001	0,0002	−0,0001	−0,0003	−0,0002	−0,0001
$D_{ak}^{\,2}$	0,9939	0,0056	−0,0002	−0,0001	−0,0001	0
$D_{bk}^{\,2}$	0,0056	0,9876	0,0053	−0,0004	−0,0003	−0,0001
$D_{ck}^{\,2}$	−0,0002	0,0053	0,9874	0,0051	−0,0004	−0,0001

$z = 50$	$z_T = 0,01$

k	a	b	c	d	e	f
B_{ak}	0,1844	0,1749	0,1670	0,1611	0,1572	0,1553
B_{bk}	0,1749	0,1765	0,1691	0,1631	0,1592	0,1572
B_{ck}	0,1670	0,1691	0,1726	0,1671	0,1631	0,1611
D_{ak}/a	−0,4139	0,0811	0,0866	0,0837	0,0817	0,0807
D_{bk}/a	−0,7188	−0,2368	0,2420	0,2426	0,2369	0,2340
D_{ck}/a	−0,5571	−0,5546	−0,0777	0,3983	0,3979	0,3932

k	a	b	c	d	e	f
$a \cdot B_{ak}^{\,2}$	−0,0010	−0,0017	−0,0013	−0,0009	−0,0006	−0,0002
$a \cdot B_{bk}^{\,2}$	0,0002	−0,0006	−0,0013	−0,0010	−0,0006	−0,0002
$a \cdot B_{ck}^{\,2}$	0,0002	0,0006	−0,0002	−0,0010	−0,0006	−0,0002
$D_{ak}^{\,2}$	0,9803	0,0180	−0,0003	−0,0005	−0,0003	−0,0001
$D_{bk}^{\,2}$	0,0180	0,9603	0,0165	−0,0011	−0,0008	−0,0003
$D_{ck}^{\,2}$	−0,0003	0,0165	0,9595	0,0161	−0,0011	−0,0005

Der Balken auf sechs elastisch senk- und drehbaren Stützen

Auflagerkräfte B_{ik} bzw. $a \cdot B_{ik}^{\,\supset}$

Auflagereinspannmomente D_{ik}/a bzw. $D_{ik}^{\,\supset}$

$z = 50$	$z_T = 0,03$

k	a	b	c	d	e	f	k	a	b	c	d	e	f
B_{ak}	0,1902	0,1780	0,1672	0,1592	0,1540	0,1513	$a \cdot B_{ak}^{\,\supset}$	−0,0030	−0,0050	−0,0039	−0,0028	−0,0016	−0,0006
B_{bk}	0,1780	0,1792	0,1701	0,1620	0,1567	0,1540	$a \cdot B_{bk}^{\,\supset}$	0,0005	−0,0017	−0,0038	−0,0028	−0,0017	−0,0006
B_{ck}	0,1672	0,1701	0,1740	0,1675	0,1620	0,1592	$a \cdot B_{ck}^{\,\supset}$	0,0007	0,0016	−0,0005	−0,0027	−0,0017	−0,0006
D_{ak}/a	−0,4214	0,0708	0,0917	0,0887	0,0858	0,0843	$D_{ak}^{\,\supset}$	0,9447	0,0482	0,0005	−0,0014	−0,0009	−0,0003
D_{bk}/a	−0,6955	−0,2321	0,2261	0,2395	0,2329	0,2290	$D_{bk}^{\,\supset}$	0,0482	0,8925	0,0425	−0,0016	−0,0024	−0,0009
D_{ck}/a	−0,5473	−0,5313	−0,0758	0,3785	0,3906	0,3853	$D_{ck}^{\,\supset}$	0,0005	0,0425	0,8902	0,0414	−0,0016	−0,0014

$z = 50$	$z_T = 0,1$

k	a	b	c	d	e	f	k	a	b	c	d	e	f
B_{ak}	0,2087	0,1879	0,1681	0,1533	0,1436	0,1385	$a \cdot B_{ak}^{\,\supset}$	−0,0104	−0,0152	−0,0123	−0,0086	−0,0052	−0,0022
B_{bk}	0,1879	0,1877	0,1732	0,1588	0,1488	0,1436	$a \cdot B_{bk}^{\,\supset}$	0,0010	−0,0052	−0,0112	−0,0087	−0,0053	−0,0023
B_{ck}	0,1681	0,1732	0,1781	0,1685	0,1588	0,1533	$a \cdot B_{ck}^{\,\supset}$	0,0024	0,0045	−0,0017	−0,0078	−0,0055	−0,0024
D_{ak}/a	−0,4353	0,0422	0,1011	0,1017	0,0967	0,0935	$D_{ak}^{\,\supset}$	0,8482	0,1155	0,0102	−0,0031	−0,0031	−0,0014
D_{bk}/a	−0,6336	−0,2166	0,1865	0,2272	0,2215	0,2150	$D_{bk}^{\,\supset}$	0,1155	0,7312	0,0919	0,0029	−0,0056	−0,0031
D_{ck}/a	−0,5130	−0,4670	−0,0696	0,3255	0,3639	0,3602	$D_{ck}^{\,\supset}$	0,0102	0,0919	0,7227	0,0884	0,0029	−0,0031

$z = 50$	$z_T = 0,3$

k	a	b	c	d	e	f	k	a	b	c	d	e	f
B_{ak}	0,2521	0,2100	0,1701	0,1398	0,1198	0,1082	$a \cdot B_{ak}^{\,\supset}$	−0,0311	−0,0380	−0,0312	−0,0219	−0,0135	−0,0075
B_{bk}	0,2100	0,2054	0,1802	0,1525	0,1321	0,1198	$a \cdot B_{bk}^{\,\supset}$	−0,0002	−0,0132	−0,0257	−0,0216	−0,0142	−0,0080
B_{ck}	0,1701	0,1802	0,1864	0,1711	0,1525	0,1398	$a \cdot B_{ck}^{\,\supset}$	0,0074	0,0094	−0,0040	−0,0173	−0,0141	−0,0084
D_{ak}/a	−0,4318	−0,0031	0,1023	0,1171	0,1112	0,1043	$D_{ak}^{\,\supset}$	0,6837	0,1824	0,0370	−0,0007	−0,0068	−0,0049
D_{bk}/a	−0,5281	−0,1832	0,1310	0,1957	0,1966	0,1880	$D_{bk}^{\,\supset}$	0,1824	0,5180	0,1246	0,0164	−0,0068	−0,0068
D_{ck}/a	−0,4330	−0,3565	−0,0555	0,2403	0,3000	0,3048	$D_{ck}^{\,\supset}$	0,0370	0,1246	0,4932	0,1152	0,0164	−0,0007

Der Balken auf sechs elastisch senk- und drehbaren Stützen

Auflagerkräfte B_{ik} bzw. $a\cdot B_{i\hat k}$

Auflagereinspannmomente D_{ik}/a bzw. $D_{i\hat k}$

$z = 50$ $z_T = 1$

k	a	b	c	d	e	f	k	a	b	c	d	e	f
B_{ak}	0,3466	0,2550	0,1734	0,1123	0,0705	0,0422	$a\cdot B_{a\hat k}$	−0,0837	−0,0863	−0,0690	−0,0487	−0,0326	−0,0234
B_{bk}	0,2550	0,2379	0,1930	0,1425	0,1011	0,0705	$a\cdot B_{b\hat k}$	−0,0097	−0,0298	−0,0497	−0,0452	−0,0341	−0,0256
B_{ck}	0,1734	0,1930	0,2016	0,1772	0,1425	0,1123	$a\cdot B_{c\hat k}$	0,0185	0,0173	−0,0076	−0,0324	−0,0321	−0,0259
D_{ak}/a	−0,3486	−0,0403	0,0770	0,1079	0,1065	0,0975	$D_{a\hat k}$	0,4411	0,1826	0,0596	0,0085	−0,0073	−0,0088
D_{bk}/a	−0,3596	−0,1241	0,0721	0,1338	0,1421	0,1357	$D_{b\hat k}$	0,1826	0,2955	0,1067	0,0250	−0,0029	−0,0073
D_{ck}/a	−0,2874	−0,2071	−0,0317	0,1349	0,1883	0,2030	$D_{c\hat k}$	0,0596	0,1067	0,2540	0,0896	0,0250	0,0085

$z = 50$ $z_T = 3$

k	a	b	c	d	e	f	k	a	b	c	d	e	f
B_{ak}	0,4543	0,3039	0,1765	0,0826	0,0164	−0,0337	$a\cdot B_{a\hat k}$	−0,1488	−0,1409	−0,1092	−0,0773	−0,0553	−0,0457
B_{bk}	0,3039	0,2699	0,2057	0,1337	0,0702	0,0164	$a\cdot B_{b\hat k}$	−0,0258	−0,0483	−0,0716	−0,0680	−0,0573	−0,0499
B_{ck}	0,1765	0,2057	0,2168	0,1847	0,1337	0,0826	$a\cdot B_{c\hat k}$	0,0302	0,0247	−0,0103	−0,0458	−0,0519	−0,0487
D_{ak}/a	−0,2067	−0,0358	0,0420	0,0677	0,0694	0,0635	$D_{a\hat k}$	0,2309	0,1151	0,0454	0,0099	−0,0039	−0,0066
D_{bk}/a	−0,1957	−0,0671	0,0343	0,0721	0,0796	0,0769	$D_{b\hat k}$	0,1151	0,1460	0,0621	0,0180	0,0001	−0,0039
D_{ck}/a	−0,1517	−0,0994	−0,0142	0,0636	0,0944	0,1073	$D_{c\hat k}$	0,0454	0,0621	0,1133	0,0477	0,0180	0,0099

$z = 50$ $z_T = 10$

k	a	b	c	d	e	f	k	a	b	c	d	e	f
B_{ak}	0,5374	0,3410	0,1788	0,0603	−0,0246	−0,0929	$a\cdot B_{a\hat k}$	−0,2006	−0,1829	−0,1392	−0,0987	−0,0736	−0,0648
B_{bk}	0,3410	0,2931	0,2148	0,1278	0,0479	−0,0246	$a\cdot B_{b\hat k}$	−0,0401	−0,0626	−0,0867	−0,0841	−0,0753	−0,0703
B_{ck}	0,1788	0,2148	0,2277	0,1906	0,1278	0,0603	$a\cdot B_{c\hat k}$	0,0386	0,0298	−0,0118	−0,0549	−0,0668	−0,0670
D_{ak}/a	−0,0836	−0,0167	0,0161	0,0279	0,0293	0,0270	$D_{a\hat k}$	0,0880	0,0474	0,0202	0,0051	−0,0013	−0,0028
D_{bk}/a	−0,0762	−0,0261	0,0124	0,0278	0,0314	0,0307	$D_{b\hat k}$	0,0474	0,0544	0,0247	0,0079	0,0005	−0,0013
D_{ck}/a	−0,0580	−0,0361	−0,0049	0,0229	0,0351	0,0411	$D_{c\hat k}$	0,0202	0,0247	0,0396	0,0180	0,0079	0,0051

Der Balken auf sechs elastisch senk- und drehbaren Stützen

Auflagerkräfte B_{ik} bzw. $a \cdot B_{ik}^{\rangle}$

Auflagereinspannmomente D_{ik}/a bzw. $D_{ik}^{\rangle}$

$z = 50$	$z_T = 30$

k	a	b	c	d	e	f	k	a	b	c	d	e	f
B_{ak}	0,5717	0,3563	0,1797	0,0513	−0,0415	−0,1175	$a \cdot B_{ak}^{\rangle}$	−0,2222	−0,2002	−0,1515	−0,1075	−0,0813	−0,0730
B_{bk}	0,3563	0,3024	0,2184	0,1255	0,0389	−0,0415	$a \cdot B_{bk}^{\rangle}$	−0,0464	−0,0685	−0,0927	−0,0906	−0,0827	−0,0789
B_{ck}	0,1797	0,2184	0,2321	0,1930	0,1255	0,0513	$a \cdot B_{ck}^{\rangle}$	0,0419	0,0318	−0,0124	−0,0585	−0,0728	−0,0746
D_{ak}/a	−0,0309	−0,0064	0,0058	0,0104	0,0110	0,0101	$D_{ak}^{\rangle}$	0,0319	0,0176	0,0077	0,0020	−0,0004	−0,0010
D_{bk}/a	−0,0278	−0,0095	0,0044	0,0101	0,0115	0,0113	$D_{bk}^{\rangle}$	0,0176	0,0195	0,0091	0,0030	0,0002	−0,0004
D_{ck}/a	−0,0210	−0,0129	−0,0017	0,0081	0,0126	0,0149	$D_{ck}^{\rangle}$	0,0077	0,0091	0,0139	0,0065	0,0030	0,0020

$z = 50$	$z_T = 100$

k	a	b	c	d	e	f	k	a	b	c	d	e	f
B_{ak}	0,5854	0,3623	0,1801	0,0477	−0,0482	−0,1273	$a \cdot B_{ak}^{\rangle}$	−0,2308	−0,2071	−0,1564	−0,1110	−0,0844	−0,0764
B_{bk}	0,3623	0,3061	0,2198	0,1246	0,0353	−0,0482	$a \cdot B_{bk}^{\rangle}$	−0,0489	−0,0709	−0,0950	−0,0931	−0,0857	−0,0824
B_{ck}	0,1801	0,2198	0,2338	0,1939	0,1246	0,0477	$a \cdot B_{ck}^{\rangle}$	0,0432	0,0326	−0,0126	−0,0599	−0,0752	−0,0777
D_{ak}/a	−0,0096	−0,0020	0,0018	0,0032	0,0034	0,0032	$D_{ak}^{\rangle}$	0,0099	0,0055	0,0024	0,0007	−0,0001	−0,0003
D_{bk}/a	−0,0086	−0,0030	0,0014	0,0031	0,0036	0,0035	$D_{bk}^{\rangle}$	0,0055	0,0060	0,0028	0,0009	0,0001	−0,0001
D_{ck}/a	−0,0065	−0,0040	−0,0005	0,0025	0,0039	0,0046	$D_{ck}^{\rangle}$	0,0024	0,0028	0,0043	0,0020	0,0009	0,0007

$z = 50$	$z_T = \infty$

k	a	b	c	d	e	f	k	a	b	c	d	e	f
B_{ak}	0,5916	0,3651	0,1803	0,0461	−0,0513	−0,1318	$a \cdot B_{ak}^{\rangle}$	−0,2347	−0,2101	−0,1586	−0,1126	−0,0857	−0,0779
B_{bk}	0,3651	0,3078	0,2205	0,1242	0,0337	−0,0513	$a \cdot B_{bk}^{\rangle}$	−0,0500	−0,0719	−0,0962	−0,0943	−0,0870	−0,0840
B_{ck}	0,1803	0,2205	0,2346	0,1943	0,1242	0,0461	$a \cdot B_{ck}^{\rangle}$	0,0438	0,0330	−0,0127	−0,0606	−0,0763	−0,0790
D_{ak}/a	0	0	0	0	0	0	$D_{ak}^{\rangle}$	0	0	0	0	0	0
D_{bk}/a	0	0	0	0	0	0	$D_{bk}^{\rangle}$	0	0	0	0	0	0
D_{ck}/a	0	0	0	0	0	0	$D_{ck}^{\rangle}$	0	0	0	0	0	0

Der Balken auf sechs elastisch senk- und drehbaren Stützen

Auflagerkräfte B_{ik} bzw. $a \cdot B_{ik}^{\,?}$

Auflagereinspannmomente D_{ik}/a bzw. $D_{ik}^{\,?}$

$P_k = 1$, $M_k = 1$, $k = a \cdots f$

$z = 100$ | $z_T = 0{,}001$

k	a	b	c	d	e	f	k	a	b	c	d	e	f
B_{ak}	0,1743	0,1701	0,1668	0,1643	0,1626	0,1618	$a \cdot B_{ak}^{\,?}$	−0,0001	−0,0001	−0,0001	0	0	0
B_{bk}	0,1701	0,1710	0,1676	0,1651	0,1635	0,1626	$a \cdot B_{bk}^{\,?}$	0	0	−0,0001	0	0	0
B_{ck}	0,1668	0,1676	0,1693	0,1668	0,1651	0,1643	$a \cdot B_{ck}^{\,?}$	0	0	0	0	0	0
D_{ak}/a	−0,4135	0,0844	0,0837	0,0825	0,0816	0,0812	$D_{ak}^{\,?}$	0,9980	0,0019	0	0	0	0
D_{bk}/a	−0,7396	−0,2444	0,2496	0,2469	0,2444	0,2431	$D_{bk}^{\,?}$	0,0019	0,9959	0,0019	−0,0001	0	0
D_{ck}/a	−0,5721	−0,5741	−0,0809	0,4118	0,4087	0,4066	$D_{ck}^{\,?}$	0	0,0019	0,9959	0,0019	−0,0001	0

$z = 100$ | $z_T = 0{,}003$

k	a	b	c	d	e	f	k	a	b	c	d	e	f
B_{ak}	0,1747	0,1703	0,1668	0,1642	0,1625	0,1616	$a \cdot B_{ak}^{\,?}$	−0,0001	−0,0003	−0,0002	−0,0001	−0,0001	0
B_{bk}	0,1703	0,1711	0,1677	0,1651	0,1633	0,1625	$a \cdot B_{bk}^{\,?}$	0	−0,0001	−0,0002	−0,0001	−0,0001	0
B_{ck}	0,1668	0,1677	0,1694	0,1668	0,1651	0,1642	$a \cdot B_{ck}^{\,?}$	0	0,0001	0	−0,0001	−0,0001	0
D_{ak}/a	−0,4146	0,0832	0,0844	0,0831	0,0822	0,0818	$D_{ak}^{\,?}$	0,9940	0,0058	−0,0001	−0,0001	0	0
D_{bk}/a	−0,7373	−0,2441	0,2477	0,2467	0,2441	0,2428	$D_{bk}^{\,?}$	0,0058	0,9879	0,0056	−0,0002	−0,0001	0
D_{ck}/a	−0,5716	−0,5717	−0,0808	0,4097	0,4083	0,4061	$D_{ck}^{\,?}$	−0,0001	0,0056	0,9878	0,0055	−0,0002	−0,0001

$z = 100$ | $z_T = 0{,}01$

k	a	b	c	d	e	f	k	a	b	c	d	e	f
B_{ak}	0,1757	0,1709	0,1669	0,1638	0,1618	0,1608	$a \cdot B_{ak}^{\,?}$	−0,0005	−0,0009	−0,0007	−0,0005	−0,0003	−0,0001
B_{bk}	0,1709	0,1717	0,1679	0,1649	0,1628	0,1618	$a \cdot B_{bk}^{\,?}$	0,0001	−0,0003	−0,0007	−0,0005	−0,0003	−0,0001
B_{ck}	0,1669	0,1679	0,1697	0,1669	0,1649	0,1638	$a \cdot B_{ck}^{\,?}$	0,0001	0,0003	−0,0001	−0,0005	−0,0003	−0,0001
D_{ak}/a	−0,4184	0,0790	0,0865	0,0851	0,0841	0,0836	$D_{ak}^{\,?}$	0,9805	0,0184	0	−0,0002	−0,0002	−0,0001
D_{bk}/a	−0,7294	−0,2432	0,2413	0,2462	0,2434	0,2419	$D_{bk}^{\,?}$	0,0184	0,9612	0,0175	−0,0004	−0,0004	−0,0002
D_{ck}/a	−0,5698	−0,5639	−0,0804	0,4026	0,4070	0,4046	$D_{ck}^{\,?}$	0	0,0175	0,9609	0,0173	−0,0004	−0,0002

Der Balken auf sechs elastisch senk- und drehbaren Stützen

Auflagerkräfte B_{ik} bzw. $a \cdot B_{ik}^{\flat}$

Auflagereinspannmomente D_{ik}/a bzw. $D_{ik}^{\flat}$

$z = 100$	$z_T = 0{,}03$

k	a	b	c	d	e	f	k	a	b	c	d	e	f
B_{ak}	0,1787	0,1726	0,1670	0,1629	0,1601	0,1587	$a \cdot B_{ak}^{\flat}$	−0,0015	−0,0026	−0,0020	−0,0014	−0,0009	−0,0003
B_{bk}	0,1726	0,1731	0,1684	0,1643	0,1615	0,1601	$a \cdot B_{bk}^{\flat}$	0,0002	−0,0009	−0,0020	−0,0014	−0,0009	−0,0003
B_{ck}	0,1670	0,1684	0,1704	0,1671	0,1643	0,1629	$a \cdot B_{ck}^{\flat}$	0,0003	0,0008	−0,0003	−0,0014	−0,0009	−0,0003
D_{ak}/a	−0,4276	0,0678	0,0915	0,0906	0,0892	0,0884	$D_{ak}^{\flat}$	0,9455	0,0495	0,0016	−0,0007	−0,0005	−0,0002
D_{bk}/a	−0,7094	−0,2406	0,2250	0,2442	0,2414	0,2394	$D_{bk}^{\flat}$	0,0495	0,8953	0,0453	0,0004	−0,0012	−0,0005
D_{ck}/a	−0,5641	−0,5435	−0,0794	0,3840	0,4026	0,4005	$D_{ck}^{\flat}$	0,0016	0,0453	0,8940	0,0447	0,0004	−0,0007

$z = 100$	$z_T = 0{,}1$

k	a	b	c	d	e	f	k	a	b	c	d	e	f
B_{ak}	0,1886	0,1780	0,1676	0,1597	0,1544	0,1517	$a \cdot B_{ak}^{\flat}$	−0,0054	−0,0079	−0,0065	−0,0046	−0,0028	−0,0012
B_{bk}	0,1780	0,1777	0,1701	0,1625	0,1573	0,1544	$a \cdot B_{bk}^{\flat}$	0,0004	−0,0028	−0,0058	−0,0046	−0,0028	−0,0012
B_{ck}	0,1676	0,1701	0,1725	0,1676	0,1625	0,1597	$a \cdot B_{ck}^{\flat}$	0,0012	0,0022	−0,0009	−0,0040	−0,0028	−0,0013
D_{ak}/a	−0,4476	0,0356	0,1005	0,1057	0,1037	0,1021	$D_{ak}^{\flat}$	0,8511	0,1199	0,0140	−0,0004	−0,0015	−0,0008
D_{bk}/a	−0,6573	−0,2311	0,1840	0,2350	0,2362	0,2333	$D_{bk}^{\flat}$	0,1199	0,7391	0,1000	0,0090	−0,0019	−0,0015
D_{ck}/a	−0,5417	−0,4874	−0,0758	0,3344	0,3841	0,3864	$D_{ck}^{\flat}$	0,0140	0,1000	0,7334	0,0980	0,0090	−0,0004

$z = 100$	$z_T = 0{,}3$

k	a	b	c	d	e	f	k	a	b	c	d	e	f
B_{ak}	0,2137	0,1912	0,1692	0,1521	0,1404	0,1334	$a \cdot B_{ak}^{\flat}$	−0,0166	−0,0206	−0,0174	−0,0127	−0,0080	−0,0045
B_{bk}	0,1912	0,1881	0,1741	0,1589	0,1474	0,1404	$a \cdot B_{bk}^{\flat}$	−0,0007	−0,0075	−0,0141	−0,0120	−0,0080	−0,0046
B_{ck}	0,1692	0,1741	0,1769	0,1688	0,1589	0,1521	$a \cdot B_{ck}^{\flat}$	0,0036	0,0045	−0,0024	−0,0092	−0,0075	−0,0045
D_{ak}/a	−0,4600	−0,0188	0,1000	0,1259	0,1276	0,1252	$D_{ak}^{\flat}$	0,6927	0,1943	0,0480	0,0075	−0,0016	−0,0020
D_{bk}/a	−0,5713	−0,2093	0,1257	0,2090	0,2233	0,2226	$D_{bk}^{\flat}$	0,1943	0,5354	0,1426	0,0305	0,0024	−0,0016
D_{ck}/a	−0,4838	−0,3909	−0,0662	0,2547	0,3344	0,3517	$D_{ck}^{\flat}$	0,0480	0,1426	0,5156	0,1356	0,0305	0,0075

Der Balken auf sechs elastisch senk- und drehbaren Stützen

Auflagerkräfte B_{ik} bzw. $a \cdot B_{ik}^{k}$

Auflagereinspannmomente D_{ik}/a bzw. D_{ik}^{k}

$$z = 100 \qquad z_T = 1$$

k	a	b	c	d	e	f
B_{ak}	0,2782	0,2243	0,1741	0,1341	0,1050	0,0842
B_{bk}	0,2243	0,2111	0,1830	0,1515	0,1250	0,1050
B_{ck}	0,1741	0,1830	0,1858	0,1714	0,1515	0,1341
D_{ak}/a	−0,4074	−0,0730	0,0709	0,1248	0,1406	0,1440
D_{bk}/a	−0,4306	−0,1655	0,0629	0,1536	0,1847	0,1949
D_{ck}/a	−0,3643	−0,2558	−0,0466	0,1544	0,2373	0,2750

k	a	b	c	d	e	f
$a \cdot B_{ak}^{k}$	−0,0489	−0,0517	−0,0437	−0,0330	−0,0234	−0,017…
$a \cdot B_{bk}^{k}$	−0,0088	−0,0199	−0,0307	−0,0285	−0,0222	−0,016…
$a \cdot B_{ck}^{k}$	0,0085	0,0075	−0,0056	−0,0185	−0,0184	−0,015…
D_{ak}^{k}	0,4643	0,2086	0,0839	0,0279	0,0066	0,001…
D_{bk}^{k}	0,2086	0,3259	0,1368	0,0501	0,0158	0,006…
D_{ck}^{k}	0,0839	0,1368	0,2877	0,1210	0,0501	0,02…

$$z = 100 \qquad z_T = 3$$

k	a	b	c	d	e	f
B_{ak}	0,3750	0,2740	0,1832	0,1098	0,0524	0,0055
B_{bk}	0,2740	0,2426	0,1947	0,1421	0,0942	0,0524
B_{ck}	0,1832	0,1947	0,1959	0,1742	0,1421	0,1098
D_{ak}/a	−0,2749	−0,0735	0,0340	0,0856	0,1085	0,1203
D_{bk}/a	−0,2687	−0,1086	0,0244	0,0907	0,1223	0,1399
D_{ck}/a	−0,2259	−0,1443	−0,0279	0,0808	0,1398	0,1775

k	a	b	c	d	e	f
$a \cdot B_{ak}^{k}$	−0,0990	−0,0967	−0,0813	−0,0639	−0,0504	−0,04…
$a \cdot B_{bk}^{k}$	−0,0265	−0,0391	−0,0520	−0,0503	−0,0440	−0,03…
$a \cdot B_{ck}^{k}$	0,0122	0,0088	−0,0100	−0,0291	−0,0327	−0,030…
D_{ak}^{k}	0,2603	0,1453	0,0732	0,0332	0,0150	0,009…
D_{bk}^{k}	0,1453	0,1776	0,0922	0,0440	0,0217	0,015…
D_{ck}^{k}	0,0732	0,0922	0,1444	0,0771	0,0440	0,033…

$$z = 100 \qquad z_T = 10$$

k	a	b	c	d	e	f
B_{ak}	0,4763	0,3270	0,1948	0,0862	−0,0029	−0,0814
B_{bk}	0,3270	0,2747	0,2061	0,1325	0,0626	−0,0029
B_{ck}	0,1948	0,2061	0,2045	0,1758	0,1325	0,0862
D_{ak}/a	−0,1256	−0,0399	0,0108	0,0383	0,0533	0,0631
D_{bk}/a	−0,1188	−0,0500	0,0064	0,0381	0,0560	0,0683
D_{ck}/a	−0,0999	−0,0609	−0,0125	0,0321	0,0601	0,0810

k	a	b	c	d	e	f
$a \cdot B_{ak}^{k}$	−0,1507	−0,1425	−0,1199	−0,0972	−0,0820	−0,075…
$a \cdot B_{bk}^{k}$	−0,0478	−0,0601	−0,0731	−0,0721	−0,0672	−0,063…
$a \cdot B_{ck}^{k}$	0,0129	0,0077	−0,0150	−0,0386	−0,0457	−0,046…
D_{ak}^{k}	0,1068	0,0659	0,0370	0,0196	0,0113	0,009…
D_{bk}^{k}	0,0659	0,0728	0,0419	0,0231	0,0140	0,011…
D_{ck}^{k}	0,0370	0,0419	0,0567	0,0343	0,0231	0,019…

Der Balken auf sechs elastisch senk- und drehbaren Stützen

Auflagerkräfte B_{ik} bzw. $a \cdot B_{ik}^{2}$

Auflagereinspannmomente D_{ik}/a bzw. D_{ik}^{2}

$z = 100$	$z_T = 30$

k	a	b	c	d	e	f	k	a	b	c	d	e	f
B_{ak}	0,5281	0,3545	0,2014	0,0747	−0,0314	−0,1272	$a \cdot B_{ak}^{2}$	−0,1768	−0,1656	−0,1395	−0,1147	−0,0991	−0,0937
B_{bk}	0,3545	0,2911	0,2118	0,1276	0,0464	−0,0314	$a \cdot B_{bk}^{2}$	−0,0594	−0,0710	−0,0839	−0,0832	−0,0791	−0,0769
B_{ck}	0,2014	0,2118	0,2084	0,1761	0,1276	0,0747	$a \cdot B_{ck}^{2}$	0,0124	0,0066	−0,0176	−0,0431	−0,0519	−0,0533
D_{ak}/a	−0,0491	−0,0165	0,0034	0,0148	0,0214	0,0260	D_{ak}^{2}	0,0401	0,0256	0,0149	0,0084	0,0052	0,0044
D_{bk}/a	−0,0460	−0,0197	0,0018	0,0144	0,0220	0,0275	D_{bk}^{2}	0,0256	0,0274	0,0164	0,0095	0,0061	0,0052
D_{ck}/a	−0,0388	−0,0233	−0,0049	0,0120	0,0231	0,0319	D_{ck}^{2}	0,0149	0,0164	0,0211	0,0133	0,0095	0,0084

$z = 100$	$z_T = 100$

k	a	b	c	d	e	f	k	a	b	c	d	e	f
B_{ak}	0,5509	0,3667	0,2043	0,0697	−0,0440	−0,1476	$a \cdot B_{ak}^{2}$	−0,1883	−0,1757	−0,1481	−0,1225	−0,1068	−0,1019
B_{bk}	0,3667	0,2983	0,2143	0,1254	0,0393	−0,0440	$a \cdot B_{bk}^{2}$	−0,0646	−0,0759	−0,0886	−0,0880	−0,0844	−0,0826
B_{ck}	0,2044	0,2143	0,2100	0,1762	0,1254	0,0697	$a \cdot B_{ck}^{2}$	0,0120	0,0059	−0,0188	−0,0450	−0,0545	−0,0563
D_{ak}/a	−0,0157	−0,0054	0,0010	0,0047	0,0069	0,0085	D_{ak}^{2}	0,0126	0,0082	0,0048	0,0028	0,0018	0,0015
D_{bk}/a	−0,0146	−0,0063	0,0005	0,0045	0,0070	0,0089	D_{bk}^{2}	0,0082	0,0086	0,0052	0,0031	0,0021	0,0018
D_{ck}/a	−0,0123	−0,0074	−0,0016	0,0038	0,0073	0,0102	D_{ck}^{2}	0,0048	0,0052	0,0066	0,0043	0,0031	0,0028

$z = 100$	$z_T = \infty$

k	a	b	c	d	e	f	k	a	b	c	d	e	f
B_{ak}	0,5617	0,3724	0,2058	0,0673	−0,0499	−0,1573	$a \cdot B_{ak}^{2}$	−0,1937	−0,1805	−0,1522	−0,1260	−0,1106	−0,1058
B_{bk}	0,3724	0,3017	0,2155	0,1244	0,0359	−0,0499	$a \cdot B_{bk}^{2}$	−0,0670	−0,0781	−0,0909	−0,0902	−0,0868	−0,0853
B_{ck}	0,2058	0,2155	0,2107	0,1762	0,1244	0,0673	$a \cdot B_{ck}^{2}$	0,0118	0,0055	−0,0195	−0,0459	−0,0557	−0,0578
D_{ak}/a	0	0	0	0	0	0	D_{ak}^{2}	0	0	0	0	0	0
D_{bk}/a	0	0	0	0	0	0	D_{bk}^{2}	0	0	0	0	0	0
D_{ck}/a	0	0	0	0	0	0	D_{ck}^{2}	0	0	0	0	0	0

Der Balken auf sechs elastisch senk- und drehbaren Stützen

Auflagerkräfte B_{ik} bzw. $a \cdot B_{i\underline{k}}^{2}$

Auflagereinspannmomente D_{ik}/a bzw. $D_{i\underline{k}}^{2}$

$z = 200$ | $z_T = 0{,}001$

k	a	b	c	d	e	f	k	a	b	c	d	e	f
B_{ak}	0,1705	0,1684	0,1667	0,1655	0,1646	0,1642	$a \cdot B_{a\underline{k}}^{2}$	0	0	0	0	0	0
B_{bk}	0,1684	0,1688	0,1672	0,1659	0,1650	0,1646	$a \cdot B_{b\underline{k}}^{2}$	0	0	0	0	0	0
B_{ck}	0,1667	0,1672	0,1680	0,1667	0,1659	0,1655	$a \cdot B_{c\underline{k}}^{2}$	0	0	0	0	0	0
D_{ak}/a	−0,4154	0,0836	0,0837	0,0831	0,0826	0,0824	$D_{a\underline{k}}^{2}$	0,9980	0,0020	0	0	0	0
D_{bk}/a	−0,7443	−0,2472	0,2493	0,2484	0,2472	0,2465	$D_{b\underline{k}}^{2}$	0,0020	0,9960	0,0019	0	0	0
D_{ck}/a	−0,5777	−0,5782	−0,0821	0,4137	0,4126	0,4116	$D_{c\underline{k}}^{2}$	0	0,0019	0,9960	0,0019	0	0

$z = 200$ | $z_T = 0{,}003$

k	a	b	c	d	e	f	k	a	b	c	d	e	f
B_{ak}	0,1707	0,1685	0,1667	0,1654	0,1645	0,1641	$a \cdot B_{a\underline{k}}^{2}$	−0,0001	−0,0001	−0,0001	−0,0001	0	0
B_{bk}	0,1685	0,1689	0,1672	0,1659	0,1650	0,1645	$a \cdot B_{b\underline{k}}^{2}$	0	0	−0,0001	−0,0001	0	0
B_{ck}	0,1667	0,1672	0,1680	0,1667	0,1659	0,1654	$a \cdot B_{c\underline{k}}^{2}$	0	0	0	−0,0001	0	0
D_{ak}/a	−0,4166	0,0823	0,0843	0,0837	0,0833	0,0830	$D_{a\underline{k}}^{2}$	0,9940	0,0058	0	0	0	0
D_{bk}/a	−0,7421	−0,2470	0,2474	0,2483	0,2470	0,2464	$D_{b\underline{k}}^{2}$	0,0058	0,9881	0,0057	−0,0001	−0,0001	0
D_{ck}/a	−0,5774	−0,5760	−0,0820	0,4117	0,4124	0,4114	$D_{c\underline{k}}^{2}$	0	0,0057	0,9880	0,0057	−0,0001	0

$z = 200$ | $z_T = 0{,}01$

k	a	b	c	d	e	f	k	a	b	c	d	e	f
B_{ak}	0,1712	0,1688	0,1668	0,1652	0,1642	0,1637	$a \cdot B_{a\underline{k}}^{2}$	−0,0003	−0,0004	−0,0003	−0,0002	−0,0001	−0,0001
B_{bk}	0,1688	0,1692	0,1673	0,1658	0,1647	0,1642	$a \cdot B_{b\underline{k}}^{2}$	0	−0,0001	−0,0003	−0,0002	−0,0001	−0,0001
B_{ck}	0,1668	0,1673	0,1682	0,1668	0,1658	0,1652	$a \cdot B_{c\underline{k}}^{2}$	0,0001	0,0001	0	−0,0002	−0,0001	−0,0001
D_{ak}/a	−0,4207	0,0779	0,0865	0,0859	0,0853	0,0851	$D_{a\underline{k}}^{2}$	0,9806	0,0186	0,0002	−0,0001	−0,0001	0
D_{bk}/a	−0,7349	−0,2465	0,2409	0,2480	0,2467	0,2459	$D_{b\underline{k}}^{2}$	0,0186	0,9617	0,0180	0	−0,0002	−0,0001
D_{ck}/a	−0,5764	−0,5688	−0,0819	0,4048	0,4117	0,4106	$D_{c\underline{k}}^{2}$	0,0002	0,0180	0,9615	0,0179	0	−0,0001

Der Balken auf sechs elastisch senk- und drehbaren Stützen

Auflagerkräfte B_{ik} bzw. $a \cdot B_{ik}^{\,\flat}$

Auflagereinspannmomente D_{ik}/a bzw. $D_{ik}^{\,\flat}$

$z = 200$	$z_T = 0,03$

k	a	b	c	d	e	f	k	a	b	c	d	e	f
B_{ak}	0,1728	0,1697	0,1669	0,1647	0,1633	0,1626	$a \cdot B_{ak}^{\,\flat}$	−0,0008	−0,0013	−0,0010	−0,0007	−0,0004	−0,0002
B_{bk}	0,1697	0,1699	0,1676	0,1655	0,1641	0,1633	$a \cdot B_{bk}^{\,\flat}$	0,0001	−0,0004	−0,0010	−0,0007	−0,0004	−0,0002
B_{ck}	0,1669	0,1676	0,1685	0,1669	0,1655	0,1647	$a \cdot B_{ck}^{\,\flat}$	0,0002	0,0004	−0,0001	−0,0007	−0,0004	−0,0002
D_{ak}/a	−0,4308	0,0662	0,0914	0,0917	0,0910	0,0906	$D_{ak}^{\,\flat}$	0,9459	0,0501	0,0022	−0,0003	−0,0002	−0,0001
D_{bk}/a	−0,7166	−0,2450	0,2243	0,2466	0,2459	0,2449	$D_{bk}^{\,\flat}$	0,0501	0,8967	0,0468	0,0015	−0,0005	−0,0002
D_{ck}/a	−0,5729	−0,5499	−0,0813	0,3869	0,4088	0,4084	$D_{ck}^{\,\flat}$	0,0022	0,0468	0,8960	0,0465	0,0015	−0,0003

$z = 200$	$z_T = 0,1$

k	a	b	c	d	e	f	k	a	b	c	d	e	f
B_{ak}	0,1779	0,1725	0,1672	0,1631	0,1604	0,1589	$a \cdot B_{ak}^{\,\flat}$	−0,0027	−0,0040	−0,0033	−0,0024	−0,0015	−0,0006
B_{bk}	0,1725	0,1723	0,1685	0,1646	0,1618	0,1604	$a \cdot B_{bk}^{\,\flat}$	0,0002	−0,0014	−0,0030	−0,0024	−0,0015	−0,0006
B_{ck}	0,1672	0,1685	0,1696	0,1671	0,1646	0,1631	$a \cdot B_{ck}^{\,\flat}$	0,0006	0,0011	−0,0005	−0,0020	−0,0014	−0,0006
D_{ak}/a	−0,4542	0,0320	0,1001	0,1078	0,1075	0,1068	$D_{ak}^{\,\flat}$	0,8526	0,1222	0,0160	0,0011	−0,0006	−0,0004
D_{bk}/a	−0,6701	−0,2390	0,1826	0,2391	0,2441	0,2433	$D_{bk}^{\,\flat}$	0,1222	0,7433	0,1044	0,0123	0,0001	−0,0006
D_{ck}/a	−0,5573	−0,4984	−0,0792	0,3392	0,3950	0,4007	$D_{ck}^{\,\flat}$	0,0160	0,1044	0,7393	0,1032	0,0123	0,0011

$z = 200$	$z_T = 0,3$

k	a	b	c	d	e	f	k	a	b	c	d	e	f
B_{ak}	0,1915	0,1798	0,1682	0,1590	0,1527	0,1489	$a \cdot B_{ak}^{\,\flat}$	−0,0086	−0,0107	−0,0093	−0,0068	−0,0044	−0,0025
B_{bk}	0,1798	0,1780	0,1706	0,1625	0,1564	0,1527	$a \cdot B_{bk}^{\,\flat}$	−0,0005	−0,0041	−0,0074	−0,0064	−0,0043	−0,0025
B_{ck}	0,1682	0,1706	0,1719	0,1677	0,1625	0,1590	$a \cdot B_{ck}^{\,\flat}$	0,0018	0,0022	−0,0013	−0,0047	−0,0039	−0,0024
D_{ak}/a	−0,4764	−0,0282	0,0984	0,1310	0,1374	0,1378	$D_{ak}^{\,\flat}$	0,6978	0,2012	0,0546	0,0126	0,0017	−0,0001
D_{bk}/a	−0,5967	−0,2250	0,1223	0,2167	0,2392	0,2435	$D_{bk}^{\,\flat}$	0,2012	0,5454	0,1532	0,0392	0,0082	0,0017
D_{ck}/a	−0,5139	−0,4113	−0,0726	0,2632	0,3548	0,3798	$D_{ck}^{\,\flat}$	0,0546	0,1532	0,5288	0,1478	0,0392	0,0126

E. Tafeln der Auflagerreaktionen

Der Balken auf sechs elastisch senk- und drehbaren Stützen

Auflagerkräfte B_{ik} bzw. $a \cdot B_{ik}^{\curvearrowright}$

Auflagereinspannmomente D_{ik}/a bzw. $D_{ik}^{\curvearrowright}$

$z = 200$ $z_T = 1$

k	a	b	c	d	e	f	k	a	b	c	d	e	f
B_{ak}	0,2304	0,2005	0,1720	0,1485	0,1308	0,1179	$a \cdot B_{ak}^{\curvearrowright}$	−0,0270	−0,0289	−0,0253	−0,0197	−0,0144	−0,0108
B_{bk}	0,2005	0,1922	0,1760	0,1580	0,1426	0,1308	$a \cdot B_{bk}^{\curvearrowright}$	−0,0059	−0,0118	−0,0175	−0,0164	−0,0130	−0,0100
B_{ck}	0,1720	0,1760	0,1768	0,1688	0,1580	0,1485	$a \cdot B_{ck}^{\curvearrowright}$	0,0039	0,0033	−0,0035	−0,0101	−0,0100	−0,0082
D_{ak}/a	−0,4498	−0,0976	0,0652	0,1363	0,1660	0,1798	$D_{ak}^{\curvearrowright}$	0,4799	0,2267	0,1017	0,0430	0,0182	0,0103
D_{bk}/a	−0,4823	−0,1965	0,0548	0,1674	0,2163	0,2402	$D_{bk}^{\curvearrowright}$	0,2267	0,3472	0,1588	0,0694	0,0308	0,0182
D_{ck}/a	−0,4212	−0,2920	−0,0581	0,1684	0,2738	0,3291	$D_{ck}^{\curvearrowright}$	0,1017	0,1588	0,3124	0,1445	0,0694	0,0430

$z = 200$ $z_T = 3$

k	a	b	c	d	e	f	k	a	b	c	d	e	f
B_{ak}	0,3037	0,2404	0,1814	0,1310	0,0894	0,0543	$a \cdot B_{ak}^{\curvearrowright}$	−0,0616	−0,0615	−0,0543	−0,0451	−0,0373	−0,0327
B_{bk}	0,2404	0,2172	0,1850	0,1502	0,1179	0,0894	$a \cdot B_{bk}^{\curvearrowright}$	−0,0203	−0,0273	−0,0343	−0,0335	−0,0299	−0,0268
B_{ck}	0,1814	0,1850	0,1832	0,1694	0,1502	0,1310	$a \cdot B_{ck}^{\curvearrowright}$	0,0042	0,0022	−0,0077	−0,0176	−0,0194	−0,0183
D_{ak}/a	−0,3425	−0,1128	0,0233	0,1019	0,1487	0,1814	$D_{ak}^{\curvearrowright}$	0,2873	0,1737	0,1010	0,0584	0,0369	0,0293
D_{bk}/a	−0,3415	−0,1517	0,0121	0,1080	0,1661	0,2071	$D_{bk}^{\curvearrowright}$	0,1737	0,2078	0,1223	0,0718	0,0462	0,0369
D_{ck}/a	−0,3015	−0,1906	−0,0427	0,0977	0,1863	0,2508	$D_{ck}^{\curvearrowright}$	0,1010	0,1223	0,1759	0,1076	0,0718	0,0584

$z = 200$ $z_T = 10$

k	a	b	c	d	e	f	k	a	b	c	d	e	f
B_{ak}	0,4108	0,3004	0,1980	0,1077	0,0281	−0,0449	$a \cdot B_{ak}^{\curvearrowright}$	−0,1106	−0,1072	−0,0961	−0,0841	−0,0752	−0,0710
B_{bk}	0,3004	0,2533	0,1975	0,1387	0,0820	0,0281	$a \cdot B_{bk}^{\curvearrowright}$	−0,0445	−0,0512	−0,0583	−0,0579	−0,0550	−0,0528
B_{ck}	0,1980	0,1975	0,1899	0,1682	0,1387	0,1077	$a \cdot B_{ck}^{\curvearrowright}$	0,0004	−0,0025	−0,0145	−0,0269	−0,0308	−0,0308
D_{ak}/a	−0,1843	−0,0741	0,0007	0,0514	0,0880	0,1183	$D_{ak}^{\curvearrowright}$	0,1309	0,0902	0,0607	0,0419	0,0322	0,0290
D_{bk}/a	−0,1787	−0,0853	−0,0042	0,0513	0,0917	0,1253	$D_{bk}^{\curvearrowright}$	0,0902	0,0974	0,0661	0,0461	0,0357	0,0322
D_{ck}/a	−0,1602	−0,0972	−0,0242	0,0449	0,0965	0,1402	$D_{ck}^{\curvearrowright}$	0,0607	0,0661	0,0812	0,0583	0,0461	0,0419

Der Balken auf sechs elastisch senk- und drehbaren Stützen

Auflagerkräfte B_{ik} bzw. $a \cdot B_{ik}^{\searrow}$

Auflagereinspannmomente D_{ik}/a bzw. $D_{ik}^{\searrow}$

$z = 200$	$z_T = 30$

k	a	b	c	d	e	f	k	a	b	c	d	e	f
B_{ak}	0,4852	0,3428	0,2106	0,0922	−0,0149	−0,1160	$a \cdot B_{ak}^{\searrow}$	−0,1438	−0,1384	−0,1251	−0,1119	−0,1031	−0,0997
B_{bk}	0,3428	0,2786	0,2060	0,1307	0,0569	−0,0149	$a \cdot B_{bk}^{\searrow}$	−0,0621	−0,0682	−0,0750	−0,0748	−0,0726	−0,0711
B_{ck}	0,2106	0,2060	0,1939	0,1666	0,1307	0,0922	$a \cdot B_{ck}^{\searrow}$	−0,0036	−0,0068	−0,0195	−0,0330	−0,0378	−0,0386
D_{ak}/a	−0,0799	−0,0345	−0,0020	0,0214	0,0395	0,0554	$D_{ak}^{\searrow}$	0,0529	0,0383	0,0273	0,0201	0,0165	0,0154
D_{bk}/a	−0,0769	−0,0379	−0,0038	0,0210	0,0403	0,0573	$D_{bk}^{\searrow}$	0,0383	0,0401	0,0288	0,0214	0,0177	0,0165
D_{ck}/a	−0,0695	−0,0417	−0,0108	0,0183	0,0415	0,0622	$D_{ck}^{\searrow}$	0,0273	0,0288	0,0334	0,0255	0,0214	0,0201

$z = 200$	$z_T = 100$

k	a	b	c	d	e	f	k	a	b	c	d	e	f
B_{ak}	0,5241	0,3651	0,2174	0,0843	−0,0374	−0,1535	$a \cdot B_{ak}^{\searrow}$	−0,1609	−0,1546	−0,1402	−0,1265	−0,1179	−0,1150
B_{bk}	0,3651	0,2917	0,2104	0,1264	0,0437	−0,0374	$a \cdot B_{bk}^{\searrow}$	−0,0714	−0,0772	−0,0837	−0,0836	−0,0817	−0,0808
B_{ck}	0,2174	0,2104	0,1958	0,1657	0,1264	0,0843	$a \cdot B_{ck}^{\searrow}$	−0,0059	−0,0092	−0,0222	−0,0361	−0,0414	−0,0424
D_{ak}/a	−0,0268	−0,0119	−0,0010	0,0071	0,0135	0,0192	$D_{ak}^{\searrow}$	0,0173	0,0127	0,0093	0,0070	0,0059	0,0056
D_{bk}/a	−0,0258	−0,0129	−0,0015	0,0069	0,0136	0,0196	$D_{bk}^{\searrow}$	0,0127	0,0132	0,0097	0,0074	0,0062	0,0059
D_{ck}/a	−0,0234	−0,0140	−0,0037	0,0060	0,0139	0,0211	$D_{ck}^{\searrow}$	0,0093	0,0097	0,0110	0,0086	0,0074	0,0070

$z = 200$	$z_T = \infty$

k	a	b	c	d	e	f	k	a	b	c	d	e	f
B_{ak}	0,5439	0,3765	0,2209	0,0803	−0,0489	−0,1727	$a \cdot B_{ak}^{\searrow}$	−0,1697	−0,1628	−0,1479	−0,1341	−0,1256	−0,1229
B_{bk}	0,3765	0,2985	0,2127	0,1242	0,0370	−0,0489	$a \cdot B_{bk}^{\searrow}$	−0,0761	−0,0818	−0,0883	−0,0880	−0,0863	−0,0857
B_{ck}	0,2209	0,2127	0,1967	0,1652	0,1242	0,0803	$a \cdot B_{ck}^{\searrow}$	−0,0071	−0,0104	−0,0237	−0,0378	−0,0431	−0,0443
D_{ak}/a	0	0	0	0	0	0	$D_{ak}^{\searrow}$	0	0	0	0	0	0
D_{bk}/a	0	0	0	0	0	0	$D_{bk}^{\searrow}$	0	0	0	0	0	0
D_{ck}/a	0	0	0	0	0	0	$D_{ck}^{\searrow}$	0	0	0	0	0	0

Der Balken auf sechs elastisch senk- und drehbaren Stützen

Auflagerkräfte B_{ik} bzw. $a \cdot B_{ik}^{2}$

Auflagereinspannmomente D_{ik}/a bzw. D_{ik}^{2}

$$z = 500 \qquad z_T = 0{,}001$$

k	a	b	c	d	e	f	k	a	b	c	d	e	f
B_{ak}	0,1682	0,1674	0,1667	0,1662	0,1658	0,1657	$a \cdot B_{ak}^{2}$	0	0	0	0	0	0
B_{bk}	0,1674	0,1675	0,1669	0,1664	0,1660	0,1658	$a \cdot B_{bk}^{2}$	0	0	0	0	0	0
B_{ck}	0,1667	0,1669	0,1672	0,1667	0,1664	0,1662	$a \cdot B_{ck}^{2}$	0	0	0	0	0	0
D_{ak}/a	−0,4166	0,0830	0,0837	0,0834	0,0833	0,0832	D_{ak}^{2}	0,9980	0,0020	0	0	0	0
D_{bk}/a	−0,7471	−0,2489	0,2491	0,2494	0,2489	0,2486	D_{bk}^{2}	0,0020	0,9960	0,0020	0	0	0
D_{ck}/a	−0,5811	−0,5807	−0,0828	0,4149	0,4150	0,4146	D_{ck}^{2}	0	0,0020	0,9960	0,0020	0	0

$$z = 500 \qquad z_T = 0{,}003$$

k	a	b	c	d	e	f	k	a	b	c	d	e	f
B_{ak}	0,1683	0,1674	0,1667	0,1662	0,1658	0,1656	$a \cdot B_{ak}^{2}$	0	−0,0001	0	0	0	0
B_{bk}	0,1674	0,1676	0,1669	0,1663	0,1660	0,1658	$a \cdot B_{bk}^{2}$	0	0	0	0	0	0
B_{ck}	0,1667	0,1669	0,1672	0,1667	0,1663	0,1662	$a \cdot B_{ck}^{2}$	0	0	0	0	0	0
D_{ak}/a	−0,4178	0,0817	0,0843	0,0841	0,0839	0,0838	D_{ak}^{2}	0,9941	0,0059	0	0	0	0
D_{bk}/a	−0,7451	−0,2488	0,2472	0,2493	0,2488	0,2485	D_{bk}^{2}	0,0059	0,9881	0,0058	0	0	0
D_{ck}/a	−0,5809	−0,5786	−0,0828	0,4129	0,4150	0,4145	D_{ck}^{2}	0	0,0058	0,9881	0,0058	0	0

$$z = 500 \qquad z_T = 0{,}01$$

k	a	b	c	d	e	f	k	a	b	c	d	e	f
B_{ak}	0,1685	0,1675	0,1667	0,1661	0,1657	0,1655	$a \cdot B_{ak}^{2}$	−0,0001	−0,0002	−0,0001	−0,0001	−0,0001	0
B_{bk}	0,1675	0,1677	0,1669	0,1663	0,1659	0,1657	$a \cdot B_{bk}^{2}$	0	−0,0001	−0,0001	−0,0001	−0,0001	0
B_{ck}	0,1667	0,1669	0,1673	0,1667	0,1663	0,1661	$a \cdot B_{ck}^{2}$	0	0,0001	0	−0,0001	−0,0001	0
D_{ak}/a	−0,4221	0,0772	0,0864	0,0863	0,0861	0,0860	D_{ak}^{2}	0,9807	0,0188	0,0003	0	0	0
D_{bk}/a	−0,7383	−0,2486	0,2406	0,2491	0,2487	0,2484	D_{bk}^{2}	0,0188	0,9621	0,0183	0,0002	−0,0001	0
D_{ck}/a	−0,5804	−0,5717	−0,0827	0,4061	0,4145	0,4142	D_{ck}^{2}	0,0003	0,0183	0,9620	0,0183	0,0002	0

Der Balken auf sechs elastisch senk- und drehbaren Stützen

Auflagerkräfte B_{ik} bzw. $a \cdot B_{ik}^{2}$

Auflagereinspannmomente D_{ik}/a bzw. D_{ik}^{2}

$$z = 500 \qquad z_T = 0{,}03$$

	k \ a	b	c	d	e	f		k \ a	b	c	d	e	f
B_{ak}	0,1691	0,1679	0,1667	0,1659	0,1653	0,1650	$a \cdot B_{ak}^{2}$	−0,0003	−0,0005	−0,0004	−0,0003	−0,0002	−0,0001
B_{bk}	0,1679	0,1680	0,1670	0,1662	0,1656	0,1653	$a \cdot B_{bk}^{2}$	0	−0,0002	−0,0004	−0,0003	−0,0002	−0,0001
B_{ck}	0,1667	0,1670	0,1674	0,1667	0,1662	0,1659	$a \cdot B_{ck}^{2}$	0,0001	0,0002	−0,0001	−0,0003	−0,0002	−0,0001
D_{ak}/a	−0,4327	0,0652	0,0913	0,0923	0,0921	0,0919	D_{ak}^{2}	0,9461	0,0506	0,0025	0	−0,0001	0
D_{bk}/a	−0,7211	−0,2477	0,2239	0,2481	0,2486	0,2482	D_{bk}^{2}	0,0506	0,8976	0,0476	0,0021	−0,0001	−0,0001
D_{ck}/a	−0,5783	−0,5538	−0,0825	0,3886	0,4127	0,4133	D_{ck}^{2}	0,0025	0,0476	0,8972	0,0475	0,0021	0

$$z = 500 \qquad z_T = 0{,}1$$

	k \ a	b	c	d	e	f		k \ a	b	c	d	e	f
B_{ak}	0,1712	0,1690	0,1669	0,1652	0,1641	0,1635	$a \cdot B_{ak}^{2}$	−0,0011	−0,0016	−0,0014	−0,0010	−0,0006	−0,0003
B_{bk}	0,1690	0,1690	0,1674	0,1658	0,1647	0,1641	$a \cdot B_{bk}^{2}$	0,0001	−0,0006	−0,0012	−0,0010	−0,0006	−0,0003
B_{ck}	0,1669	0,1674	0,1678	0,1668	0,1658	0,1652	$a \cdot B_{ck}^{2}$	0,0002	0,0004	−0,0002	−0,0008	−0,0006	−0,0003
D_{ak}/a	−0,4583	0,0298	0,0998	0,1091	0,1099	0,1097	D_{ak}^{2}	0,8535	0,1236	0,0173	0,0020	0	−0,0001
D_{bk}/a	−0,6781	−0,2440	0,1816	0,2417	0,2491	0,2496	D_{bk}^{2}	0,1236	0,7459	0,1072	0,0145	0,0014	0
D_{ck}/a	−0,5670	−0,5053	−0,0814	0,3422	0,4019	0,4097	D_{ck}^{2}	0,0173	0,1072	0,7429	0,1065	0,0145	0,0020

$$z = 500 \qquad z_T = 0{,}3$$

	k \ a	b	c	d	e	f		k \ a	b	c	d	e	f
B_{ak}	0,1769	0,1721	0,1674	0,1635	0,1608	0,1592	$a \cdot B_{ak}^{2}$	−0,0035	−0,0044	−0,0038	−0,0029	−0,0019	−0,0011
B_{bk}	0,1721	0,1713	0,1683	0,1650	0,1624	0,1608	$a \cdot B_{bk}^{2}$	−0,0002	−0,0017	−0,0031	−0,0027	−0,0018	−0,0010
B_{ck}	0,1674	0,1683	0,1688	0,1671	0,1650	0,1635	$a \cdot B_{ck}^{2}$	0,0007	0,0009	−0,0006	−0,0019	−0,0016	−0,0010
D_{ak}/a	−0,4873	−0,0345	0,0972	0,1342	0,1439	0,1463	D_{ak}^{2}	0,7010	0,2056	0,0589	0,0160	0,0040	0,0012
D_{bk}/a	−0,6135	−0,2353	0,1199	0,2217	0,2497	0,2575	D_{bk}^{2}	0,2056	0,5519	0,1602	0,0450	0,0121	0,0040
D_{ck}/a	−0,5338	−0,4248	−0,0769	0,2687	0,3684	0,3985	D_{ck}^{2}	0,0589	0,1602	0,5375	0,1559	0,0450	0,0160

Der Balken auf sechs elastisch senk- und drehbaren Stützen

Auflagerkräfte B_{ik} bzw. $a \cdot B_{ik}^2$

Auflagereinspannmomente D_{ik}/a bzw. D_{ik}^2

$z = 500$ $z_T = 1$

k	a	b	c	d	e	f	k	a	b	c	d	e	f
B_{ak}	0,1946	0,1818	0,1693	0,1588	0,1507	0,1448	$a \cdot B_{ak}^2$	−0,0116	−0,0125	−0,0112	−0,0089	−0,0066	−0,0050
B_{bk}	0,1818	0,1779	0,1708	0,1628	0,1560	0,1507	$a \cdot B_{bk}^2$	−0,0028	−0,0053	−0,0077	−0,0072	−0,0058	−0,0045
B_{ck}	0,1693	0,1708	0,1709	0,1674	0,1628	0,1588	$a \cdot B_{ck}^2$	0,0014	0,0012	−0,0016	−0,0043	−0,0043	−0,0035
D_{ak}/a	−0,4820	−0,1167	0,0603	0,1449	0,1857	0,2079	D_{ak}^2	0,4915	0,2401	0,1153	0,0549	0,0275	0,0175
D_{bk}/a	−0,5217	−0,2206	0,0482	0,1776	0,2408	0,2757	D_{bk}^2	0,2401	0,3633	0,1757	0,0845	0,0429	0,0275
D_{ck}/a	−0,4650	−0,3200	−0,0672	0,1790	0,3019	0,3713	D_{ck}^2	0,1153	0,1757	0,3314	0,1627	0,0845	0,0549

$z = 500$ $z_T = 3$

k	a	b	c	d	e	f	k	a	b	c	d	e	f
B_{ak}	0,2349	0,2044	0,1752	0,1494	0,1274	0,1085	$a \cdot B_{ak}^2$	−0,0296	−0,0299	−0,0273	−0,0235	−0,0200	−0,0177
B_{bk}	0,2044	0,1920	0,1758	0,1583	0,1420	0,1274	$a \cdot B_{bk}^2$	−0,0111	−0,0141	−0,0172	−0,0169	−0,0152	−0,0137
B_{ck}	0,1752	0,1758	0,1740	0,1673	0,1583	0,1494	$a \cdot B_{ck}^2$	0,0008	−0,0001	−0,0042	−0,0083	−0,0090	−0,0085
D_{ak}/a	−0,4109	−0,1537	0,0112	0,1177	0,1901	0,2456	D_{ak}^2	0,3136	0,2016	0,1292	0,0849	0,0608	0,0508
D_{bk}/a	−0,4156	−0,1963	−0,0016	0,1248	0,2111	0,2775	D_{bk}^2	0,2016	0,2377	0,1530	0,1010	0,0726	0,0608
D_{ck}/a	−0,3791	−0,2384	−0,0584	0,1147	0,2343	0,3269	D_{ck}^2	0,1292	0,1530	0,2082	0,1393	0,1010	0,0849

$z = 500$ $z_T = 10$

k	a	b	c	d	e	f	k	a	b	c	d	e	f
B_{ak}	0,3210	0,2544	0,1905	0,1314	0,0769	0,0258	$a \cdot B_{ak}^2$	−0,0663	−0,0655	−0,0614	−0,0564	−0,0523	−0,0499
B_{bk}	0,2544	0,2222	0,1860	0,1485	0,1120	0,0769	$a \cdot B_{bk}^2$	−0,0310	−0,0341	−0,0372	−0,0371	−0,0356	−0,0344
B_{ck}	0,1905	0,1860	0,1785	0,1651	0,1485	0,1314	$a \cdot B_{ck}^2$	−0,0040	−0,0054	−0,0104	−0,0155	−0,0171	−0,0170
D_{ak}/a	−0,2762	−0,1291	−0,0168	0,0709	0,1432	0,2080	D_{ak}^2	0,1674	0,1274	0,0979	0,0783	0,0672	0,0628
D_{bk}/a	−0,2730	−0,1419	−0,0224	0,0711	0,1485	0,2177	D_{bk}^2	0,1274	0,1354	0,1043	0,0836	0,0718	0,0672
D_{ck}/a	−0,2559	−0,1551	−0,0433	0,0647	0,1545	0,2352	D_{ck}^2	0,0979	0,1043	0,1200	0,0968	0,0836	0,0783

Der Balken auf sechs elastisch senk- und drehbaren Stützen

Auflagerkräfte B_{ik} bzw. $a \cdot B_{ik}^{\prime}$

Auflagereinspannmomente D_{ik}/a bzw. $D_{ik}^{\prime}$

$z = 500$ | $z_T = 30$

k	a	b	c	d	e	f	k	a	b	c	d	e	f
B_{ak}	0,4163	0,3105	0,2086	0,1121	0,0205	−0,0680	$a \cdot B_{ak}^{\prime}$	−0,1060	−0,1043	−0,0991	−0,0936	−0,0896	−0,0877
B_{bk}	0,3105	0,2557	0,1972	0,1375	0,0785	0,0206	$a \cdot B_{bk}^{\prime}$	−0,0538	−0,0565	−0,0595	−0,0594	−0,0584	−0,0575
B_{ck}	0,2086	0,1972	0,1827	0,1619	0,1375	0,1121	$a \cdot B_{ck}^{\prime}$	−0,0108	−0,0123	−0,0176	−0,0232	−0,0252	−0,0254
D_{ak}/a	−0,1472	−0,0747	−0,0150	0,0353	0,0799	0,1218	$D_{ak}^{\prime}$	0,0799	0,0655	0,0543	0,0468	0,0428	0,0413
D_{bk}/a	−0,1448	−0,0785	−0,0170	0,0349	0,0810	0,1244	$D_{bk}^{\prime}$	0,0655	0,0674	0,0560	0,0484	0,0442	0,0428
D_{ck}/a	−0,1377	−0,0827	−0,0244	0,0322	0,0826	0,1300	$D_{ck}^{\prime}$	0,0543	0,0560	0,0609	0,0528	0,0484	0,0468

$z = 500$ | $z_T = 100$

k	a	b	c	d	e	f	k	a	b	c	d	e	f
B_{ak}	0,4872	0,3525	0,2222	0,0979	−0,0215	−0,1384	$a \cdot B_{ak}^{\prime}$	−0,1354	−0,1330	−0,1272	−0,1215	−0,1177	−0,1163
B_{bk}	0,3525	0,2807	0,2055	0,1293	0,0535	−0,0215	$a \cdot B_{bk}^{\prime}$	−0,0709	−0,0734	−0,0761	−0,0761	−0,0753	−0,0748
B_{ck}	0,2222	0,2055	0,1857	0,1594	0,1293	0,0979	$a \cdot B_{ck}^{\prime}$	−0,0162	−0,0176	−0,0230	−0,0288	−0,0310	−0,0314
D_{ak}/a	−0,0564	−0,0296	−0,0067	0,0131	0,0312	0,0485	$D_{ak}^{\prime}$	0,0292	0,0247	0,0211	0,0188	0,0175	0,0172
D_{bk}/a	−0,0554	−0,0306	−0,0073	0,0129	0,0314	0,0490	$D_{bk}^{\prime}$	0,0247	0,0251	0,0215	0,0192	0,0179	0,0175
D_{ck}/a	−0,0530	−0,0317	−0,0096	0,0120	0,0317	0,0506	$D_{ck}^{\prime}$	0,0211	0,0215	0,0229	0,0205	0,0192	0,0188

$z = 500$ | $z_T = \infty$

k	a	b	c	d	e	f	k	a	b	c	d	e	f
B_{ak}	0,5325	0,3790	0,2307	0,0888	−0,0482	−0,1828	$a \cdot B_{ak}^{\prime}$	−0,1544	−0,1517	−0,1452	−0,1390	−0,1354	−0,1342
B_{bk}	0,3790	0,2966	0,2109	0,1240	0,0377	−0,0482	$a \cdot B_{bk}^{\prime}$	−0,0816	−0,0840	−0,0867	−0,0866	−0,0861	−0,0858
B_{ck}	0,2307	0,2109	0,1878	0,1579	0,1240	0,0888	$a \cdot B_{ck}^{\prime}$	−0,0192	−0,0207	−0,0262	−0,0325	−0,0348	−0,0354
D_{ak}/a	0	0	0	0	0	0	$D_{ak}^{\prime}$	0	0	0	0	0	0
D_{bk}/a	0	0	0	0	0	0	$D_{bk}^{\prime}$	0	0	0	0	0	0
D_{ck}/a	0	0	0	0	0	0	$D_{ck}^{\prime}$	0	0	0	0	0	0

Der Balken auf sechs elastisch senk- und drehbaren Stützen

Auflagerkräfte B_{ik} bzw. $a \cdot B_{i\bar k}$

Auflagereinspannmomente D_{ik}/a bzw. $D_{i\bar k}$

$z = 1000$	$z_T = 0,001$

k	a	b	c	d	e	f	k	a	b	c	d	e	f
B_{ak}	0,1674	0,1670	0,1667	0,1664	0,1663	0,1662	$a \cdot B_{a\bar k}$	0	0	0	0	0	0
B_{bk}	0,1670	0,1671	0,1668	0,1665	0,1663	0,1663	$a \cdot B_{b\bar k}$	0	0	0	0	0	0
B_{ck}	0,1667	0,1668	0,1669	0,1667	0,1665	0,1664	$a \cdot B_{c\bar k}$	0	0	0	0	0	0
D_{ak}/a	−0,4169	0,0828	0,0837	0,0835	0,0835	0,0834	$D_{a\bar k}$	0,9980	0,0020	0	0	0	0
D_{bk}/a	−0,7481	−0,2494	0,2491	0,2497	0,2494	0,2493	$D_{b\bar k}$	0,0020	0,9960	0,0020	0	0	0
D_{ck}/a	−0,5822	−0,5815	−0,0831	0,4153	0,4158	0,4156	$D_{c\bar k}$	0	0,0020	0,9960	0,0020	0	0

$z = 1000$	$z_T = 0,003$

k	a	b	c	d	e	f	k	a	b	c	d	e	f
B_{ak}	0,1675	0,1670	0,1667	0,1664	0,1662	0,1661	$a \cdot B_{a\bar k}$	0	0	0	0	0	0
B_{bk}	0,1670	0,1671	0,1668	0,1665	0,1663	0,1662	$a \cdot B_{b\bar k}$	0	0	0	0	0	0
B_{ck}	0,1667	0,1668	0,1669	0,1667	0,1665	0,1664	$a \cdot B_{c\bar k}$	0	0	0	0	0	0
D_{ak}/a	−0,4182	0,0815	0,0843	0,0842	0,0841	0,0841	$D_{a\bar k}$	0,9941	0,0059	0	0	0	0
D_{bk}/a	−0,7461	−0,2494	0,2471	0,2497	0,2494	0,2493	$D_{b\bar k}$	0,0059	0,9882	0,0058	0	0	0
D_{ck}/a	−0,5821	−0,5795	−0,0831	0,4133	0,4158	0,4156	$D_{c\bar k}$	0	0,0058	0,9882	0,0058	0	0

$z = 1000$	$z_T = 0,01$

k	a	b	c	d	e	f	k	a	b	c	d	e	f
B_{ak}	0,1676	0,1671	0,1667	0,1664	0,1662	0,1661	$a \cdot B_{a\bar k}$	−0,0001	−0,0001	−0,0001	−0,0001	0	0
B_{bk}	0,1671	0,1672	0,1668	0,1665	0,1663	0,1662	$a \cdot B_{b\bar k}$	0	0	−0,0001	−0,0001	0	0
B_{ck}	0,1667	0,1668	0,1670	0,1667	0,1665	0,1664	$a \cdot B_{c\bar k}$	0	0	0	0	0	0
D_{ak}/a	−0,4225	0,0770	0,0864	0,0865	0,0863	0,0863	$D_{a\bar k}$	0,9807	0,0188	0,0003	0	0	0
D_{bk}/a	−0,7394	−0,2493	0,2405	0,2495	0,2494	0,2492	$D_{b\bar k}$	0,0188	0,9622	0,0184	0,0003	0	0
D_{ck}/a	−0,5818	−0,5727	−0,0830	0,4066	0,4155	0,4154	$D_{c\bar k}$	0,0003	0,0184	0,9621	0,0184	0,0003	0

Der Balken auf sechs elastisch senk- und drehbaren Stützen

Auflagerkräfte B_{ik} bzw. $a \cdot B_{ik}^2$

Auflagereinspannmomente D_{ik}/a bzw. D_{ik}^2

$z = 1000$ $z_T = 0,03$

k	a	b	c	d	e	f	k	a	b	c	d	e	f
B_{ak}	0,1679	0,1673	0,1667	0,1663	0,1660	0,1658	$a \cdot B_{ak}^2$	−0,0002	−0,0003	−0,0002	−0,0001	−0,0001	0
B_{bk}	0,1673	0,1673	0,1668	0,1664	0,1661	0,1660	$a \cdot B_{bk}^2$	0	−0,0001	−0,0002	−0,0001	−0,0001	0
B_{ck}	0,1667	0,1668	0,1670	0,1667	0,1664	0,1663	$a \cdot B_{ck}^2$	0	0,0001	0	−0,0001	−0,0001	0
D_{ak}/a	−0,4334	0,0648	0,0913	0,0925	0,0924	0,0923	D_{ak}^2	0,9462	0,0507	0,0026	0,0001	0	0
D_{bk}/a	−0,7226	−0,2486	0,2238	0,2486	0,2495	0,2494	D_{bk}^2	0,0507	0,8979	0,0480	0,0024	0	0
D_{ck}/a	−0,5801	−0,5551	−0,0829	0,3892	0,4139	0,4150	D_{ck}^2	0,0026	0,0480	0,8976	0,0479	0,0024	0,0001

$z = 1000$ $z_T = 0,1$

k	a	b	c	d	e	f	k	a	b	c	d	e	f
B_{ak}	0,1690	0,1679	0,1668	0,1659	0,1654	0,1651	$a \cdot B_{ak}^2$	−0,0006	−0,0008	−0,0007	−0,0005	−0,0003	−0,0001
B_{bk}	0,1679	0,1678	0,1670	0,1662	0,1657	0,1654	$a \cdot B_{bk}^2$	0	−0,0003	−0,0006	−0,0005	−0,0003	−0,0001
B_{ck}	0,1668	0,1670	0,1673	0,1668	0,1662	0,1659	$a \cdot B_{ck}^2$	0,0001	0,0002	−0,0001	−0,0004	−0,0003	−0,0001
D_{ak}/a	−0,4597	0,0290	0,0997	0,1096	0,1107	0,1107	D_{ak}^2	0,8538	0,1241	0,0177	0,0023	0,0002	0
D_{bk}/a	−0,6808	−0,2457	0,1813	0,2426	0,2509	0,2518	D_{bk}^2	0,1241	0,7468	0,1081	0,0152	0,0019	0,0002
D_{ck}/a	−0,5704	−0,5077	−0,0821	0,3432	0,4042	0,4127	D_{ck}^2	0,0177	0,1081	0,7441	0,1076	0,0152	0,0023

$z = 1000$ $z_T = 0,3$

k	a	b	c	d	e	f	k	a	b	c	d	e	f
B_{ak}	0,1719	0,1694	0,1670	0,1651	0,1637	0,1629	$a \cdot B_{ak}^2$	−0,0018	−0,0022	−0,0019	−0,0015	−0,0009	−0,0005
B_{bk}	0,1694	0,1690	0,1675	0,1658	0,1645	0,1637	$a \cdot B_{bk}^2$	−0,0001	−0,0009	−0,0015	−0,0013	−0,0009	−0,0005
B_{ck}	0,1670	0,1675	0,1677	0,1669	0,1658	0,1651	$a \cdot B_{ck}^2$	0,0003	0,0004	−0,0003	−0,0010	−0,0008	−0,0005
D_{ak}/a	−0,4910	−0,0367	0,0968	0,1354	0,1462	0,1493	D_{ak}^2	0,7021	0,2071	0,0604	0,0172	0,0048	0,0016
D_{bk}/a	−0,6193	−0,2390	0,1190	0,2235	0,2534	0,2624	D_{bk}^2	0,2071	0,5542	0,1627	0,0470	0,0135	0,0048
D_{ck}/a	−0,5408	−0,4296	−0,0785	0,2707	0,3732	0,4050	D_{ck}^2	0,0604	0,1627	0,5405	0,1587	0,0470	0,0172

Der Balken auf sechs elastisch senk- und drehbaren Stützen

Auflagerkräfte B_{ik} bzw. $a \cdot B_{ik}^{\gamma}$

Auflagereinspannmomente D_{ik}/a bzw. D_{ik}^{γ}

$z = 1000$ | $z_T = 1$

k	a	b	c	d	e	f	k	a	b	c	d	e	f
B_{ak}	0,1811	0,1745	0,1681	0,1626	0,1584	0,1553	$a \cdot B_{ak}^{\gamma}$	−0,0059	−0,0064	−0,0058	−0,0047	−0,0035	−0,0026
B_{bk}	0,1745	0,1725	0,1688	0,1647	0,1611	0,1584	$a \cdot B_{bk}^{\gamma}$	−0,0015	−0,0028	−0,0040	−0,0038	−0,0030	−0,0023
B_{ck}	0,1681	0,1688	0,1688	0,1670	0,1647	0,1626	$a \cdot B_{ck}^{\gamma}$	0,0007	0,0005	−0,0008	−0,0022	−0,0022	−0,0018
D_{ak}/a	−0,4943	−0,1241	0,0584	0,1481	0,1932	0,2188	D_{ak}^{γ}	0,4958	0,2452	0,1204	0,0595	0,0312	0,0203
D_{bk}/a	−0,5368	−0,2298	0,0456	0,1814	0,2502	0,2894	D_{bk}^{γ}	0,2452	0,3693	0,1821	0,0904	0,0476	0,0312
D_{ck}/a	−0,4818	−0,3307	−0,0707	0,1830	0,3127	0,3875	D_{ck}^{γ}	0,1204	0,1821	0,3387	0,1697	0,0904	0,0595

$z = 1000$ | $z_T = 3$

k	a	b	c	d	e	f	k	a	b	c	d	e	f
B_{ak}	0,2039	0,1875	0,1716	0,1574	0,1451	0,1345	$a \cdot B_{ak}^{\gamma}$	−0,0159	−0,0162	−0,0149	−0,0130	−0,0112	−0,0099
B_{bk}	0,1875	0,1805	0,1716	0,1621	0,1531	0,1451	$a \cdot B_{bk}^{\gamma}$	−0,0062	−0,0078	−0,0094	−0,0092	−0,0084	−0,0075
B_{ck}	0,1716	0,1716	0,1705	0,1668	0,1621	0,1574	$a \cdot B_{ck}^{\gamma}$	0,0002	−0,0003	−0,0024	−0,0044	−0,0048	−0,0045
D_{ak}/a	−0,4424	−0,1727	0,0053	0,1248	0,2093	0,2757	D_{ak}^{γ}	0,3255	0,2144	0,1422	0,0974	0,0721	0,0611
D_{bk}/a	−0,4498	−0,2171	−0,0081	0,1325	0,2321	0,3105	D_{bk}^{γ}	0,2144	0,2515	0,1671	0,1147	0,0850	0,0721
D_{ck}/a	−0,4151	−0,2606	−0,0658	0,1225	0,2566	0,3624	D_{ck}^{γ}	0,1422	0,1671	0,2232	0,1541	0,1147	0,0974

$z = 1000$ | $z_T = 10$

k	a	b	c	d	e	f	k	a	b	c	d	e	f
B_{ak}	0,2631	0,2222	0,1825	0,1450	0,1101	0,0770	$a \cdot B_{ak}^{\gamma}$	−0,0406	−0,0405	−0,0385	−0,0360	−0,0337	−0,0323
B_{bk}	0,2222	0,2015	0,1787	0,1552	0,1322	0,1101	$a \cdot B_{bk}^{\gamma}$	−0,0200	−0,0217	−0,0234	−0,0233	−0,0225	−0,0217
B_{ck}	0,1825	0,1787	0,1734	0,1651	0,1552	0,1450	$a \cdot B_{ck}^{\gamma}$	−0,0035	−0,0042	−0,0068	−0,0094	−0,0101	−0,0101
D_{ak}/a	−0,3386	−0,1666	−0,0291	0,0838	0,1809	0,2696	D_{ak}^{γ}	0,1918	0,1524	0,1232	0,1032	0,0914	0,0862
D_{bk}/a	−0,3371	−0,1805	−0,0351	0,0844	0,1872	0,2811	D_{bk}^{γ}	0,1524	0,1611	0,1303	0,1093	0,0968	0,0914
D_{ck}/a	−0,3212	−0,1946	−0,0565	0,0781	0,1940	0,3001	D_{ck}^{γ}	0,1232	0,1303	0,1464	0,1232	0,1093	0,1032

Der Balken auf sechs elastisch senk- und drehbaren Stützen

Auflagerkräfte B_{ik} bzw. $a \cdot B_{i\overset{\scriptstyle 2}{k}}$

Auflagereinspannmomente D_{ik}/a bzw. $D_{i\overset{\scriptstyle 2}{k}}$

$$z = 1000 \quad\quad z_T = 30$$

k	a	b	c	d	e	f	k	a	b	c	d	e	f
B_{ak}	0,3536	0,2760	0,2001	0,1269	0,0562	−0,0127	$a \cdot B_{a\overset{\scriptstyle 2}{k}}$	−0,0776	−0,0769	−0,0745	−0,0717	−0,0695	−0,0683
B_{bk}	0,2760	0,2337	0,1895	0,1446	0,1001	0,0562	$a \cdot B_{b\overset{\scriptstyle 2}{k}}$	−0,0417	−0,0432	−0,0448	−0,0447	−0,0441	−0,0435
B_{ck}	0,2001	0,1895	0,1772	0,1618	0,1446	0,1269	$a \cdot B_{c\overset{\scriptstyle 2}{k}}$	−0,0103	−0,0111	−0,0138	−0,0166	−0,0176	−0,0177
D_{ak}/a	−0,2155	−0,1157	−0,0286	0,0491	0,1209	0,1897	$D_{a\overset{\scriptstyle 2}{k}}$	0,1070	0,0928	0,0817	0,0741	0,0698	0,0681
D_{bk}/a	−0,2137	−0,1199	−0,0308	0,0489	0,1225	0,1930	$D_{b\overset{\scriptstyle 2}{k}}$	0,0928	0,0950	0,0837	0,0760	0,0715	0,0698
D_{ck}/a	−0,2070	−0,1244	−0,0383	0,0462	0,1243	0,1992	$D_{c\overset{\scriptstyle 2}{k}}$	0,0817	0,0837	0,0887	0,0806	0,0760	0,0741

$$z = 1000 \quad\quad z_T = 100$$

k	a	b	c	d	e	f	k	a	b	c	d	e	f
B_{ak}	0,4485	0,3326	0,2188	0,1079	−0,0004	−0,1073	$a \cdot B_{a\overset{\scriptstyle 2}{k}}$	−0,1162	−0,1151	−0,1123	−0,1094	−0,1074	−0,1065
B_{bk}	0,3326	0,2675	0,2007	0,1333	0,0662	−0,0004	$a \cdot B_{b\overset{\scriptstyle 2}{k}}$	−0,0645	−0,0659	−0,0673	−0,0673	−0,0668	−0,0665
B_{ck}	0,2188	0,2007	0,1811	0,1582	0,1333	0,1079	$a \cdot B_{c\overset{\scriptstyle 2}{k}}$	−0,0177	−0,0185	−0,0212	−0,0242	−0,0253	−0,0255
D_{ak}/a	−0,0968	−0,0538	−0,0148	0,0212	0,0554	0,0888	$D_{a\overset{\scriptstyle 2}{k}}$	0,0453	0,0408	0,0373	0,0349	0,0336	0,0332
D_{bk}/a	−0,0959	−0,0549	−0,0154	0,0211	0,0557	0,0895	$D_{b\overset{\scriptstyle 2}{k}}$	0,0408	0,0413	0,0378	0,0354	0,0340	0,0336
D_{ck}/a	−0,0936	−0,0561	−0,0177	0,0201	0,0561	0,0912	$D_{c\overset{\scriptstyle 2}{k}}$	0,0373	0,0378	0,0392	0,0367	0,0354	0,0349

$$z = 1000 \quad\quad z_T = \infty$$

k	a	b	c	d	e	f	k	a	b	c	d	e	f
B_{ak}	0,5281	0,3800	0,2345	0,0921	−0,0479	−0,1867	$a \cdot B_{a\overset{\scriptstyle 2}{k}}$	−0,1486	−0,1471	−0,1438	−0,1410	−0,1392	−0,1386
B_{bk}	0,3800	0,2959	0,2102	0,1239	0,0379	−0,0479	$a \cdot B_{b\overset{\scriptstyle 2}{k}}$	−0,0837	−0,0849	−0,0862	−0,0862	−0,0859	−0,0859
B_{ck}	0,2345	0,2102	0,1843	0,1551	0,1239	0,0921	$a \cdot B_{c\overset{\scriptstyle 2}{k}}$	−0,0241	−0,0247	−0,0275	−0,0305	−0,0316	−0,0319
D_{ak}/a	0	0	0	0	0	0	$D_{a\overset{\scriptstyle 2}{k}}$	0	0	0	0	0	0
D_{bk}/a	0	0	0	0	0	0	$D_{b\overset{\scriptstyle 2}{k}}$	0	0	0	0	0	0
D_{ck}/a	0	0	0	0	0	0	$D_{c\overset{\scriptstyle 2}{k}}$	0	0	0	0	0	0

6. Auflagerreaktionen des einseitig unendlich langen Balkens

Der einseitig unendlich lange Balken

Auflagerkräfte B_{ik} bzw. $a \cdot B_{ik}^{\prime}$

Auflagereinspannmomente D_{ik}/a bzw. $D_{ik}^{\prime}$

z	0,1				0,1			
z_T	0,001				0,003			
	B_{ak}	D_{ak}/a	$a \cdot B_{ak}^{\prime}$	$D_{ak}^{\prime}$	B_{ak}	D_{ak}/a	$a \cdot B_{ak}^{\prime}$	$D_{ak}^{\prime}$
$k = a$	0,8494	−0,0753	−0,0090	0,9923	0,8583	−0,0709	−0,0255	0,9783
b	0,1286	0,0642	−0,0103	−0,0022	0,1234	0,0613	−0,0286	−0,0059
c	0,0188	0,0095	−0,0015	−0,0006	0,0159	0,0083	−0,0038	−0,0016
d	0,0027	0,0014	−0,0002	−0,0001	0,0020	0,0011	−0,0005	−0,0002
e	0,0004	0,0002	0	0	0,0003	0,0001	−0,0001	0
f	0,0001	0	0	0	0	0	0	0
g	0	0	0	0	0	0	0	0
h	0	0	0	0	0	0	0	0
i	0	0	0	0	0	0	0	0

z	0,1				0,1			
z_T	0,1				0,3			
	B_{ak}	D_{ak}/a	$a \cdot B_{ak}^{\prime}$	$D_{ak}^{\prime}$	B_{ak}	D_{ak}/a	$a \cdot B_{ak}^{\prime}$	$D_{ak}^{\prime}$
$k = a$	0,9182	−0,0391	−0,4689	0,6015	0,9472	−0,0212	−0,7644	0,3448
b	0,0952	0,0396	−0,3590	−0,0533	0,0742	0,0228	−0,4531	−0,0430
c	−0,0125	0	0,0102	−0,0068	−0,0220	−0,0013	0,0470	−0,0028
d	−0,0010	−0,0005	0,0043	0,0007	0,0003	−0,0003	0,0044	0,0010
e	0,0002	0	−0,0002	0,0001	0,0004	0	−0,0011	0
f	0	0	−0,0001	0	0	0	0	0
g	0	0	0	0	0	0	0	0
h	0	0	0	0	0	0	0	0
i	0	0	0	0	0	0	0	0

z	0,1				0,1			
z_T	10				30			
	B_{ak}	D_{ak}/a	$a \cdot B_{ak}^{\prime}$	$D_{ak}^{\prime}$	B_{ak}	D_{ak}/a	$a \cdot B_{ak}^{\prime}$	$D_{ak}^{\prime}$
$k = a$	0,9766	−0,0009	−1,1340	0,0161	0,9774	−0,0003	−1,1459	0,0054
b	0,0483	0,0011	−0,4884	−0,0025	0,0475	0,0004	−0,4885	−0,0009
c	−0,0276	−0,0001	0,0873	0	−0,0277	0	0,0883	0
d	0,0025	0	−0,0004	0,0001	0,0025	0	−0,0006	0
e	0,0003	0	−0,0019	0	0,0003	0	−0,0019	0
f	−0,0001	0	0,0002	0	−0,0001	0	0,0003	0
g	0	0	0	0	0	0	0	0
h	0	0	0	0	0	0	0	0
i	0	0	0	0	0	0	0	0

auf elastisch senk- und drehbaren Stützen

auf elastisch senk- und drehbaren Stützen

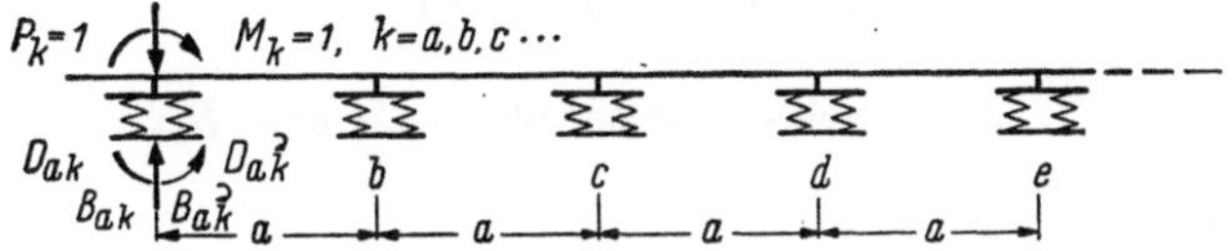

z	0,1				0,1			
z_T	0,01				0,03			
	B_{ak}	D_{ak}/a	$a \cdot B_{a\check{k}}$	$D_{a\check{k}}$	B_{ak}	D_{ak}/a	$a \cdot B_{a\check{k}}$	$D_{a\check{k}}$
$k = a$	0,8670	−0,0666	−0,0799	0,9321	0,8857	−0,0570	−0,2052	0,8261
b	0,1206	0,0591	−0,0856	−0,0171	0,1130	0,0533	−0,1974	−0,0366
c	0,0113	0,0068	−0,0094	−0,0043	0,0019	0,0038	−0,0117	−0,0075
d	0,0010	0,0006	−0,0008	−0,0004	0,0006	−0,0001	0,0005	−0,0003
e	0,0001	0,0001	−0,0001	0	0	0	0,0001	0
f	0	0	0	0	0	0	0	0
g	0	0	0	0	0	0	0	0
h	0	0	0	0	0	0	0	0
i	0	0	0	0	0	0	0	0

z	0,1				0,1			
z_T	1				3			
	B_{ak}	D_{ak}/a	$a \cdot B_{a\check{k}}$	$D_{a\check{k}}$	B_{ak}	D_{ak}/a	$a \cdot B_{a\check{k}}$	$D_{a\check{k}}$
$k = a$	0,9663	−0,0083	−0,9964	0,1393	0,9737	−0,0030	−1,0944	0,0516
b	0,0579	0,0092	−0,4834	−0,0204	0,0511	0,0034	−0,4878	−0,0079
c	−0,0261	−0,0008	0,0737	−0,0006	−0,0272	−0,0004	0,0835	−0,0001
d	0,0017	−0,0001	0,0018	0,0005	0,0023	0	0,0002	0,0002
e	0,0003	0	−0,0017	0	0,0003	0	−0,0018	0
f	−0,0001	0	0,0002	0	−0,0001	0	0,0002	0
g	0	0	0	0	0	0	0	0
h	0	0	0	0	0	0	0	0
i	0	0	0	0	0	0	0	0

z	0,1				0,1			
z_T	100				∞			
	B_{ak}	D_{ak}/a	$a \cdot B_{a\check{k}}$	$D_{a\check{k}}$	B_{ak}	D_{ak}/a	$a \cdot B_{a\check{k}}$	$D_{a\check{k}}$
$k = a$	0,9778	−0,0001	−1,1501	0,0016	0,9779	0	−1,1520	0
b	0,0472	0,0001	−0,4885	−0,0003	0,0471	0	−0,4885	0
c	−0,0277	0	0,0887	0	−0,0277	0	0,0889	0
d	0,0026	0	−0,0007	0	0,0026	0	−0,0007	0
e	0,0003	0	−0,0019	0	0,0003	0	−0,0019	0
f	−0,0001	0	0,0003	0	−0,0001	0	0,0003	0
g	0	0	0	0	0	0	0	0
h	0	0	0	0	0	0	0	0
i	0	0	0	0	0	0	0	0

Auflagerkräfte B_{ik} bzw. $a \cdot B_{ik}^{\,\prime}$

Auflagereinspannmomente D_{ik}/a bzw. $D_{ik}^{\,\prime}$

z	0,2				0,2			
z_T	0,001				0,003			
	B_{ak}	D_{ak}/a	$a \cdot B_{ak}^{\,\prime}$	$D_{ak}^{\,\prime}$	B_{ak}	D_{ak}/a	$a \cdot B_{ak}^{\,\prime}$	$D_{ak}^{\,\prime}$
$k = a$	0,7490	−0,1256	−0,0075	0,9933	0,7706	−0,1148	−0,0207	0,9817
b	0,1889	0,0942	−0,0094	−0,0020	0,1791	0,0890	−0,0250	−0,0051
c	0,0467	0,0236	−0,0023	−0,0010	0,0393	0,0202	−0,0056	−0,0025
d	0,0116	0,0058	−0,0006	−0,0002	0,0086	0,0044	−0,0012	−0,0006
e	0,0029	0,0014	−0,0001	−0,0001	0,0019	0,0010	−0,0003	−0,0001
f	0,0007	0,0004	0	0	0,0004	0,0002	−0,0001	0
g	0,0002	0,0001	0	0	0,0001	0	0	0
h	0	0	0	0	0	0	0	0
i	0	0	0	0	0	0	0	0

z	0,2				0,2			
z_T	0,1				0,3			
	B_{ak}	D_{ak}/a	$a \cdot B_{ak}^{\,\prime}$	$D_{ak}^{\,\prime}$	B_{ak}	D_{ak}/a	$a \cdot B_{ak}^{\,\prime}$	$D_{ak}^{\,\prime}$
$k = a$	0,8618	−0,0669	−0,4014	0,6386	0,9086	−0,0378	−0,6797	0,3790
b	0,1477	0,0615	−0,3358	−0,0487	0,1196	0,0370	−0,4412	−0,0409
c	−0,0059	0,0064	−0,0190	−0,0172	−0,0248	0,0018	0,0118	−0,0121
d	−0,0035	−0,0008	0,0054	−0,0004	−0,0041	−0,0011	0,0134	0,0010
e	−0,0002	−0,0002	0,0008	0,0003	0,0007	−0,0001	−0,0001	0,0004
f	0,0001	0	0	0	0,0001	0	−0,0004	0
g	0	0	0	0	0	0	0	0
h	0	0	0	0	0	0	0	0
i	0	0	0	0	0	0	0	0

z	0,2				0,2			
z_T	10				30			
	B_{ak}	D_{ak}/a	$a \cdot B_{ak}^{\,\prime}$	$D_{ak}^{\,\prime}$	B_{ak}	D_{ak}/a	$a \cdot B_{ak}^{\,\prime}$	$D_{ak}^{\,\prime}$
$k = a$	0,9591	−0,0018	−1,0566	0,0185	0,9607	−0,0006	−1,0692	0,0063
b	0,0805	0,0018	−0,4961	−0,0025	0,0792	0,0006	−0,4968	−0,0009
c	−0,0395	0	0,0578	−0,0006	−0,0398	0	0,0592	−0,0002
d	−0,0017	−0,0001	0,0169	0,0001	−0,0016	0	0,0170	0
e	0,0016	0	−0,0028	0	0,0016	0	−0,0029	0
f	0	0	−0,0006	0	0	0	−0,0005	0
g	−0,0001	0	0,0001	0	−0,0001	0	0,0001	0
h	0	0	0	0	0	0	0	0
i	0	0	0	0	0	0	0	0

auf elastisch senk- und drehbaren Stützen

z	0,2				0,2			
z_T	0,01				0,03			
	B_{ak}	D_{ak}/a	$a \cdot B_{ak}^{\prime}$	$D_{ak}^{\prime}$	B_{ak}	D_{ak}/a	$a \cdot B_{ak}^{\prime}$	$D_{ak}^{\prime}$
$k = a$	0,7844	−0,1081	−0,0649	0,9424	0,8120	−0,0943	−0,1697	0,8490
b	0,1761	0,0862	−0,0751	−0,0148	0,1686	0,0794	−0,1772	−0,0322
c	0,0324	0,0179	−0,0149	−0,0069	0,0183	0,0135	−0,0262	−0,0137
d	0,0058	0,0033	−0,0027	−0,0013	0,0012	0,0013	−0,0023	−0,0018
e	0,0010	0,0006	−0,0005	−0,0002	0	0,0001	−0,0001	−0,0001
f	0,0002	0,0001	−0,0001	0	0	0	0	0
g	0	0	0	0	0	0	0	0
h	0	0	0	0	0	0	0	0
i	0	0	0	0	0	0	0	0

z	0,2				0,2			
z_T	1				3			
	B_{ak}	D_{ak}/a	$a \cdot B_{ak}^{\prime}$	$D_{ak}^{\prime}$	B_{ak}	D_{ak}/a	$a \cdot B_{ak}^{\prime}$	$D_{ak}^{\prime}$
$k = a$	0,9410	−0,0152	−0,9124	0,1574	0,9540	−0,0056	−1,0147	0,0590
b	0,0954	0,0155	−0,4838	−0,0199	0,0849	0,0058	−0,4935	−0,0079
c	−0,0350	0,0003	0,0406	−0,0052	−0,0383	0	0,0529	−0,0020
d	−0,0028	−0,0006	0,0165	0,0008	−0,0020	−0,0002	0,0169	0,0004
e	0,0013	0	−0,0017	0,0002	0,0015	0	−0,0025	0,0001
f	0,0001	0	−0,0006	0	0	0	−0,0006	0
g	0	0	0,0001	0	−0,0001	0	0,0001	0
h	0	0	0	0	0	0	0	0
i	0	0	0	0	0	0	0	0

z	0,2				0,2			
z_T	100				∞			
	B_{ak}	D_{ak}/a	$a \cdot B_{ak}^{\prime}$	$D_{ak}^{\prime}$	B_{ak}	D_{ak}/a	$a \cdot B_{ak}^{\prime}$	$D_{ak}^{\prime}$
$k = a$	0,9612	−0,0002	−1,0738	0,0019	0,9614	0	−1,0757	0
b	0,0788	0,0002	−0,4970	−0,0003	0,0786	0	−0,4971	0
c	−0,0400	0	0,0597	−0,0001	−0,0400	0	0,0600	0
d	−0,0016	0	0,0169	0	−0,0015	0	0,0169	0
e	0,0016	0	−0,0029	0	0,0016	0	−0,0029	0
f	0	0	−0,0005	0	0	0	−0,0005	0
g	−0,0001	0	0,0001	0	−0,0001	0	0,0001	0
h	0	0	0	0	0	0	0	0
i	0	0	0	0	0	0	0	0

Auflagerkräfte B_{ik} bzw. $a \cdot B_{ik}^{\prime}$

Auflagereinspannmomente D_{ik}/a bzw. $D_{ik}^{\prime}$

z	0,5				0,5			
z_T	0,001				0,003			
	B_{ak}	D_{ak}/a	$a \cdot B_{ak}^{\prime}$	$D_{ak}^{\prime}$	B_{ak}	D_{ak}/a	$a \cdot B_{ak}^{\prime}$	$D_{ak}^{\prime}$
$k = a$	0,6185	−0,1909	−0,0046	0,9954	0,6256	−0,1876	−0,0135	0,9863
b	0,2368	0,1181	−0,0063	−0,0010	0,2367	0,1175	−0,0183	−0,0027
c	0,0898	0,0452	−0,0024	−0,0011	0,0871	0,0443	−0,0068	−0,0032
d	0,0341	0,0171	−0,0009	−0,0004	0,0320	0,0163	−0,0025	−0,0012
e	0,0129	0,0065	−0,0003	−0,0002	0,0118	0,0060	−0,0009	−0,0004
f	0,0049	0,0025	−0,0001	−0,0001	0,0043	0,0022	−0,0003	−0,0002
g	0,0019	0,0009	0	0	0,0016·	0,0008	−0,0001	−0,0001
h	0,0007	0,0004	0	0	0,0006	0,0003	0	0
i	0,0003	0,0001	0	0	0,0002	0,0001	0	0

z	0,5				0,5			
z_T	0,1				0,3			
	B_{ak}	D_{ak}/a	$a \cdot B_{ak}^{\prime}$	$D_{ak}^{\prime}$	B_{ak}	D_{ak}/a	$a \cdot B_{ak}^{\prime}$	$D_{ak}^{\prime}$
$k = a$	0,7543	−0,1219	−0,2926	0,6968	0,8297	−0,0741	−0,5333	0,4393
b	0,2215	0,0918	−0,2815	−0,0278	0,1926	0,0600	−0,4004	−0,0245
c	0,0272	0,0272	−0,0589	−0,0324	−0,0088	0,0155	−0,0470	−0,0287
d	−0,0014	0,0034	−0,0043	−0,0070	−0,0122	−0,0003	0,0130	−0,0041
e	−0,0013	−0,0002	0,0011	−0,0005	−0,0018	−0,0009	0,0050	0,0008
f	−0,0003	−0,0002	0,0004	0,0001	0,0003	−0,0002	0,0002	0,0004
g	0	0	0,0001	0,0001	0,0002	0	−0,0002	0
h	0	0	0	0	0	0	−0,0001	0
i	0	0	0	0	0	0	0	0

z	0,5				0,5			
z_T	10				30			
	B_{ak}	D_{ak}/a	$a \cdot B_{ak}^{\prime}$	$D_{ak}^{\prime}$	B_{ak}	D_{ak}/a	$a \cdot B_{ak}^{\prime}$	$D_{ak}^{\prime}$
$k = a$	0,9223	−0,0038	−0,9155	0,0234	0,9253	−0,0013	−0,9296	0,0079
b	0,1394	0,0033	−0,4948	−0,0016	0,1373	0,0011	−0,4969	−0,0006
c	−0,0475	0,0007	−0,0022	−0,0019	−0,0486	0,0002	−0,0003	−0,0007
d	−0,0167	−0,0001	0,0355	−0,0001	−0,0167	0	0,0362	0
e	0,0011	−0,0001	0,0051	0,0001	0,0013	0	0,0050	0
f	0,0014	0	−0,0019	0	0,0014	0	−0,0020	0
g	0,0001	0	−0,0006	0	0,0001	0	−0,0006	0
h	−0,0001	0	0	0	−0,0001	0	0,0001	0
i	0	0	0,0001	0	0	0	0,0001	0

auf elastisch senk- und drehbaren Stützen

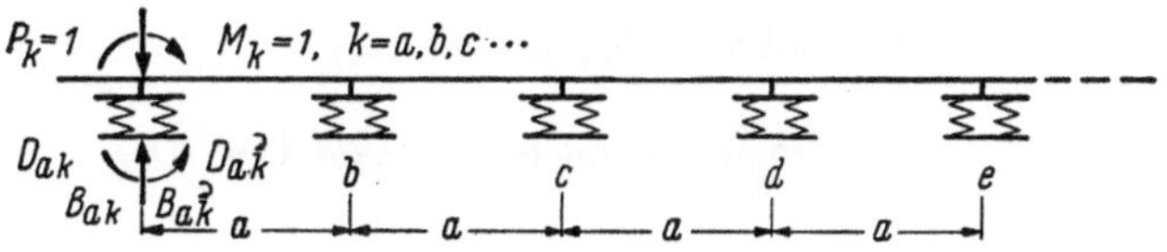

z	0,5				0,5			
z_T	0,01				0,03			
	B_{ak}	D_{ak}/a	$a \cdot B_{a\vec{k}}$	$D_{a\vec{k}}$	B_{ak}	D_{ak}/a	$a \cdot B_{a\vec{k}}$	$D_{a\vec{k}}$
$k = a$	0,6434	−0,1794	−0,0431	0,9563	0,6812	−0,1612	−0,1161	0,8815
b	0,2371	0,1158	−0,0562	−0,0080	0,2355	0,1104	−0,1377	−0,0177
c	0,0796	0,0423	−0,0196	−0,0094	0,0625	0,0376	−0,0414	−0,0207
d	0,0266	0,0142	−0,0066	−0,0033	0,0157	0,0100	−0,0107	−0,0062
e	0,0089	0,0047	−0,0022	−0,0011	0,0039	0,0025	−0,0027	−0,0016
f	0,0030	0,0016	−0,0007	−0,0004	0,0010	0,0006	−0,0007	−0,0004
g	0,0010	0,0005	−0,0002	−0,0001	0,0002	0,0002	−0,0002	−0,0001
h	0,0003	0,0002	−0,0001	0	0,0001	0	0	0
i	0,0001	0,0001	0	0	0	0	0	0

z	0,5				0,5			
z_T	1				3			
	B_{ak}	D_{ak}/a	$a \cdot B_{a\vec{k}}$	$D_{a\vec{k}}$	B_{ak}	D_{ak}/a	$a \cdot B_{a\vec{k}}$	$D_{a\vec{k}}$
$k = a$	0,8874	−0,0317	−0,7609	0,1923	0,9122	−0,0121	−0,8694	0,0738
b	0,1614	0,0268	−0,4661	−0,0125	0,1460	0,0103	−0,4873	−0,0050
c	−0,0338	0,0063	−0,0220	−0,0147	−0,0436	0,0023	−0,0082	−0,0059
d	−0,0160	−0,0008	0,0275	−0,0015	−0,0166	−0,0004	0,0333	−0,0005
e	−0,0002	−0,0005	0,0057	0,0007	0,0007	−0,0002	0,0053	0,0003
f	0,0010	0	−0,0009	0,0002	0,0013	0	−0,0016	0,0001
g	0,0002	0	−0,0005	0	0,0001	0	−0,0006	0
h	0	0	0	0	−0,0001	0	0	0
i	0	0	0	0	0	0	0	0

z	0,5				0,5			
z_T	100				∞			
	B_{ak}	D_{ak}/a	$a \cdot B_{a\vec{k}}$	$D_{a\vec{k}}$	B_{ak}	D_{ak}/a	$a \cdot B_{a\vec{k}}$	$D_{a\vec{k}}$
$k = a$	0,9264	−0,0004	−0,9347	0,0024	0,9269	0	−0,9368	0
b	0,1366	0,0003	−0,4977	−0,0002	0,1363	0	−0,4980	0
c	−0,0490	0,0001	0,0003	−0,0002	−0,0492	0	0,0006	0
d	−0,0167	0	0,0364	0	−0,0167	0	0,0365	0
e	0,0013	0	0,0049	0	0,0013	0	0,0049	0
f	0,0014	0	−0,0020	0	0,0014	0	−0,0020	0
g	0,0001	0	−0,0006	0	0,0001	0	−0,0006	0
h	−0,0001	0	0,0001	0	−0,0001	0	0,0001	0
i	0	0	0,0001	0	0	0	0	0

Der einseitig unendlich lange Balken

Auflagerkräfte B_{ik} bzw. $a \cdot B_{ik}^{)}$

Auflagereinspannmomente D_{ik}/a bzw. $D_{ik}^{)}$

z	1				1			
z_T	0,001				0,003			
	B_{ak}	D_{ak}/a	$a \cdot B_{ak}^{)}$	$D_{ak}^{)}$	B_{ak}	D_{ak}/a	$a \cdot B_{ak}^{)}$	$D_{ak}^{)}$
$k=a$	0,5030	−0,2487	−0,0030	0,9964	0,5092	−0,2461	−0,0089	0,9892
b	0,2507	0,1250	−0,0045	−0,0002	0,2521	0,1249	−0,0131	−0,0004
c	0,1242	0,0624	−0,0022	−0,0011	0,1226	0,0622	−0,0064	−0,0031
d	0,0616	0,0309	−0,0011	−0,0005	0,0596	0,0303	−0,0031	−0,0015
e	0,0305	0,0153	−0,0005	−0,0003	0,0290	0,0147	−0,0015	−0,0007
f	0,0151	0,0076	−0,0003	−0,0001	0,0141	0,0072	−0,0007	−0,0004
g	0,0075	0,0038	−0,0001	−0,0001	0,0069	0,0035	−0,0004	−0,0002
h	0,0037	0,0019	−0,0001	0	0,0033	0,0017	−0,0002	−0,0001
i	0,0018	0,0009	0	0	0,0016	0,0008	−0,0001	0

z	1				1			
z_T	0,1				0,3			
	B_{ak}	D_{ak}/a	$a \cdot B_{ak}^{)}$	$D_{ak}^{)}$	B_{ak}	D_{ak}/a	$a \cdot B_{ak}^{)}$	$D_{ak}^{)}$
$k=a$	0,6537	−0,1756	−0,2108	0,7401	0,7491	−0,1145	−0,4123	0,4912
b	0,2624	0,1070	−0,2256	−0,0011	0,2442	0,0752	−0,3467	0,0013
c	0,0689	0,0508	−0,0773	−0,0384	0,0243	0,0349	−0,0862	−0,0385
d	0,0135	0,0144	−0,0186	−0,0150	−0,0110	0,0060	−0,0021	−0,0133
e	0,0017	0,0030	−0,0033	−0,0039	−0,0057	−0,0007	0,0061	−0,0015
f	0	0,0004	−0,0003	−0,0007	−0,0011	−0,0007	0,0023	0,0005
g	−0,0001	0	0	−0,0001	0,0001	−0,0002	0,0003	0,0003
h	0	0	0	0	0,0001	0	−0,0001	0,0001
i	0	0	0	0	0	0	−0,0001	0

z	1				1			
z_T	10				30			
	B_{ak}	D_{ak}/a	$a \cdot B_{ak}^{)}$	$D_{ak}^{)}$	B_{ak}	D_{ak}/a	$a \cdot B_{ak}^{)}$	$D_{ak}^{)}$
$k=a$	0,8826	−0,0066	−0,7892	0,0286	0,8875	−0,0022	−0,8047	0,0097
b	0,1910	0,0046	−0,4766	0,0003	0,1886	0,0016	−0,4805	0,0001
c	−0,0389	0,0021	−0,0568	−0,0030	−0,0411	0,0007	−0,0550	−0,0010
d	−0,0324	0,0001	0,0349	−0,0009	−0,0329	0	0,0363	−0,0003
e	−0,0055	−0,0002	0,0166	0	−0,0053	−0,0001	0,0168	0
f	0,0019	−0,0001	0,0012	0,0001	0,0020	0	0,0010	0
g	0,0012	0	−0,0015	0	0,0012	0	−0,0015	0
h	0,0001	0	−0,0006	0	0,0001	0	−0,0006	0
i	−0,0001	0	0	0	−0,0001	0	0	0

auf elastisch senk- und drehbaren Stützen

$P_k=1$, $M_k=1$, $k=a,b,c\cdots$ — D_{ak}, D_{ak}^{2}, B_{ak}, B_{ak}^{2}; b, c, d, e; a—a—a—a

z	1				1			
z_T	0,01				0,03			
	B_{ak}	D_{ak}/a	$a \cdot B_{ak}^{2}$	D_{ak}^{2}	B_{ak}	D_{ak}/a	$a \cdot B_{ak}^{2}$	D_{ak}^{2}
$k=a$	0,5271	−0,2385	−0,0286	0,9649	0,5687	−0,2196	−0,0791	0,9029
b	0,2560	0,1245	−0,0407	−0,0012	0,2620	0,1216	−0,1031	−0,0021
c	0,1176	0,0617	−0,0192	−0,0094	0,1037	0,0594	−0,0442	−0,0219
d	0,0539	0,0283	−0,0088	−0,0045	0,0402	0,0237	−0,0173	−0,0097
e	0,0247	0,0130	−0,0040	−0,0020	0,0155	0,0092	−0,0067	−0,0038
f	0,0113	0,0060	−0,0018	−0,0009	0,0060	0,0036	−0,0026	−0,0015
g	0,0052	0,0027	−0,0008	−0,0004	0,0023	0,0014	−0,0010	−0,0006
h	0,0024	0,0012	−0,0004	−0,0002	0,0009	0,0005	−0,0004	−0,0002
i	0,0011	0,0006	−0,0002	−0,0001	0,0003	0,0002	−0,0001	−0,0001

z	1				1			
z_T	1				3			
	B_{ak}	D_{ak}/a	$a \cdot B_{ak}^{2}$	D_{ak}^{2}	B_{ak}	D_{ak}/a	$a \cdot B_{ak}^{2}$	D_{ak}^{2}
$k=a$	0,8297	−0,0523	−0,6277	0,2264	0,8669	−0,0205	−0,7397	0,0892
b	0,2154	0,0359	−0,4307	0,0016	0,1986	0,0143	−0,4637	0,0008
c	−0,0141	0,0164	−0,0733	−0,0218	−0,0316	0,0065	−0,0623	−0,0092
d	−0,0257	0,0016	0,0194	−0,0070	−0,0306	0,0005	0,0302	−0,0029
e	−0,0067	−0,0011	0,0133	0	−0,0059	−0,0006	0,0158	0,0001
f	0,0004	−0,0005	0,0023	0,0007	0,0014	−0,0002	0,0016	0,0003
g	0,0008	−0,0001	−0,0006	0,0002	0,0011	0	−0,0012	0,0001
h	0,0002	0	−0,0004	0	0,0002	0	−0,0005	0
i	0	0	−0,0001	0	−0,0001	0	0	0

z	1				1			
z_T	100				∞			
	B_{ak}	D_{ak}/a	$a \cdot B_{ak}^{2}$	D_{ak}^{2}	B_{ak}	D_{ak}/a	$a \cdot B_{ak}^{2}$	D_{ak}^{2}
$k=a$	0,8892	−0,0007	−0,8102	0,0029	0,8899	0	−0,8126	0
b	0,1878	0,0005	−0,4819	0	0,1874	0	−0,4824	0
c	−0,0419	0,0002	−0,0543	−0,0003	−0,0422	0	−0,0541	0
d	−0,0331	0	0,0368	−0,0001	−0,0332	0	0,0370	0
e	−0,0052	0	0,0169	0	−0,0052	0	0,0170	0
f	0,0021	0	0,0010	0	0,0021	0	0,0010	0
g	0,0012	0	−0,0016	0	0,0012	0	−0,0016	0
h	0,0001	0	−0,0006	0	0,0001	0	−0,0006	0
i	−0,0001	0	0	0	−0,0001	0	0	0

Auflagerkräfte B_{ik} bzw. $a \cdot B_{ik}^{\prime}$

Auflagereinspannmomente D_{ik}/a bzw. $D_{ik}^{\prime}$

z	2				2			
z_T	0,001				0,003			
	B_{ak}	D_{ak}/a	$a \cdot B_{ak}^{\prime}$	$D_{ak}^{\prime}$	B_{ak}	D_{ak}/a	$a \cdot B_{ak}^{\prime}$	$D_{ak}^{\prime}$
$k = a$	0,3926	−0,3041	−0,0018	0,9970	0,3996	−0,3013	−0,0054	0,9912
b	0,2390	0,1190	−0,0029	0,0006	0,2415	0,1194	−0,0086	0,0016
c	0,1450	0,0728	−0,0018	−0,0009	0,1444	0,0732	−0,0052	−0,0025
d	0,0879	0,0442	−0,0011	−0,0005	0,0863	0,0437	−0,0031	−0,0015
e	0,0533	0,0268	−0,0007	−0,0003	0,0516	0,0261	−0,0018	−0,0009
f	0,0323	0,0162	−0,0004	−0,0002	0,0308	0,0156	−0,0011	−0,0005
g	0,0196	0,0099	−0,0002	−0,0001	0,0184	0,0093	−0,0007	−0,0003
h	0,0119	0,0060	−0,0001	−0,0001	0,0110	0,0056	−0,0004	−0,0002
i	0,0072	0,0036	−0,0001	0	0,0066	0,0033	−0,0002	−0,0001

z	2				2			
z_T	0,1				0,3			
	B_{ak}	D_{ak}/a	$a \cdot B_{ak}^{\prime}$	$D_{ak}^{\prime}$	B_{ak}	D_{ak}/a	$a \cdot B_{ak}^{\prime}$	$D_{ak}^{\prime}$
$k = a$	0,5460	−0,2354	−0,1412	0,7770	0,6548	−0,1660	−0,2988	0,5427
b	0,2788	0,1098	−0,1663	0,0298	0,2796	0,0828	−0,2790	0,0367
c	0,1121	0,0743	−0,0793	−0,0361	0,0698	0,0593	−0,1078	−0,0399
d	0,0412	0,0323	−0,0312	−0,0213	0,0050	0,0209	−0,0241	−0,0240
e	0,0144	0,0123	−0,0113	−0,0089	−0,0050	0,0041	−0,0005	−0,0077
f	0,0050	0,0044	−0,0039	−0,0033	−0,0030	−0,0002	0,0023	−0,0013
g	0,0017	0,0015	−0,0013	−0,0012	−0,0010	−0,0005	0,0012	0,0002
h	0,0006	0,0005	−0,0005	−0,0004	−0,0002	−0,0002	0,0004	0,0002
i	0,0002	0,0002	−0,0002	−0,0001	0	−0,0001	0,0001	0,0001

z	2				2			
z_T	10				30			
	B_{ak}	D_{ak}/a	$a \cdot B_{ak}^{\prime}$	$D_{ak}^{\prime}$	B_{ak}	D_{ak}/a	$a \cdot B_{ak}^{\prime}$	$D_{ak}^{\prime}$
$k = a$	0,8331	−0,0110	−0,6584	0,0352	0,8404	−0,0038	−0,6752	0,0120
b	0,2417	0,0058	−0,4409	0,0037	0,2394	0,0020	−0,4469	0,0013
c	−0,0137	0,0044	−0,1074	−0,0037	−0,0173	0,0015	−0,1064	−0,0013
d	−0,0437	0,0012	0,0170	−0,0023	−0,0453	0,0004	0,0191	−0,0008
e	−0,0186	−0,0001	0,0246	−0,0005	−0,0187	0	0,0255	−0,0002
f	−0,0021	−0,0002	0,0090	0,0001	−0,0018	−0,0001	0,0091	0
g	0,0019	−0,0001	0,0005	0,0001	0,0020	0	0,0003	0
h	0,0012	0	−0,0012	0	0,0012	0	−0,0013	0
i	0,0003	0	−0,0006	0	0,0003	0	−0,0006	0

auf elastisch senk- und drehbaren Stützen

z	2				2			
z_T	0,01				0,03			
	B_{ak}	D_{ak}/a	$a \cdot B_{ak}^{2}$	D_{ak}^{2}	B_{ak}	D_{ak}/a	$a \cdot B_{ak}^{2}$	D_{ak}^{2}
$k = a$	0,4165	−0,2949	−0,0177	0,9712	0,4576	−0,2782	−0,0501	0,9191
b	0,2481	0,1197	−0,0272	0,0052	0,2614	0,1191	−0,0709	0,0137
c	0,1427	0,0744	−0,0159	−0,0078	0,1361	0,0762	−0,0391	−0,0190
d	0,0820	0,0429	−0,0092	−0,0047	0,0702	0,0401	−0,0203	−0,0112
e	0,0471	0,0246	−0,0053	−0,0027	0,0362	0,0207	−0,0105	−0,0059
f	0,0271	0,0142	−0,0030	−0,0016	0,0186	0,0107	−0,0054	−0,0030
g	0,0155	0,0081	−0,0017	−0,0009	0,0096	0,0055	−0,0028	−0,0016
h	0,0089	0,0047	−0,0010	−0,0005	0,0049	0,0028	−0,0014	−0,0008
i	0,0051	0,0027	−0,0006	−0,0003	0,0025	0,0015	−0,0007	−0,0004

z	2				2			
z_T	1				3			
	B_{ak}	D_{ak}/a	$a \cdot B_{ak}^{2}$	D_{ak}^{2}	B_{ak}	D_{ak}/a	$a \cdot B_{ak}^{2}$	D_{ak}^{2}
$k = a$	0,7577	−0,0822	−0,4930	0,2656	0,8099	−0,0336	−0,6057	0,1082
b	0,2626	0,0425	−0,3760	0,0243	0,2488	0,0176	−0,4214	0,0110
c	0,0228	0,0318	−0,1138	−0,0247	−0,0024	0,0134	−0,1102	−0,0109
d	−0,0250	0,0095	−0,0033	−0,0153	−0,0382	0,0037	0,0104	−0,0068
e	−0,0152	0,0002	0,0140	−0,0040	−0,0178	−0,0002	0,0214	−0,0016
f	−0,0039	−0,0012	0,0072	0,0002	−0,0028	−0,0007	0,0086	0,0002
g	0,0002	−0,0006	0,0016	0,0006	0,0013	−0,0003	0,0009	0,0004
h	0,0006	−0,0001	−0,0002	0,0003	0,0010	0	−0,0009	0,0001
i	0,0003	0	−0,0003	0	0,0003	0	−0,0005	0

z	2				2			
z_T	100				∞			
	B_{ak}	D_{ak}/a	$a \cdot B_{ak}^{2}$	D_{ak}^{2}	B_{ak}	D_{ak}/a	$a \cdot B_{ak}^{2}$	D_{ak}^{2}
$k = a$	0,8430	−0,0011	−0,6812	0,0036	0,8441	0	−0,6839	0
b	0,2386	0,0006	−0,4491	0,0004	0,2382	0	−0,4500	0
c	−0,0186	0,0005	−0,1060	−0,0004	−0,0192	0	−0,1058	0
d	−0,0459	0,0001	0,0199	−0,0002	−0,0462	0	0,0202	0
e	−0,0188	0	0,0259	−0,0001	−0,0188	0	0,0260	0
f	−0,0017	0	0,0091	0	−0,0017	0	0,0091	0
g	0,0021	0	0,0003	0	0,0021	0	0,0002	0
h	0,0013	0	−0,0013	0	0,0013	0	−0,0013	0
i	0,0003	0	−0,0007	0	0,0003	0	−0,0006	0

Auflagerkräfte B_{ik} bzw. $a \cdot B_{ik}^{\prime}$

Auflagereinspannmomente D_{ik}/a bzw. $D_{ik}^{\prime}$

z	5				5			
z_T	0,001				0,003			
	B_{ak}	D_{ak}/a	$a \cdot B_{ak}^{\prime}$	$D_{ak}^{\prime}$	B_{ak}	D_{ak}/a	$a \cdot B_{ak}^{\prime}$	$D_{ak}^{\prime}$
$k=a$	0,2721	−0,3645	−0,0009	0,9975	0,2765	−0,3633	−0,0026	0,9927
b	0,1984	0,0986	−0,0015	0,0012	0,2010	0,0988	−0,0045	0,0037
c	0,1443	0,0725	−0,0011	−0,0005	0,1452	0,0735	−0,0032	−0,0016
d	0,1050	0,0527	−0,0008	−0,0004	0,1048	0,0531	−0,0023	−0,0012
e	0,0764	0,0383	−0,0006	−0,0003	0,0757	0,0383	−0,0017	−0,0008
f	0,0556	0,0279	−0,0004	−0,0002	0,0547	0,0277	−0,0012	−0,0006
g	0,0404	0,0203	−0,0003	−0,0002	0,0395	0,0200	−0,0009	−0,0004
h	0,0294	0,0148	−0,0002	−0,0001	0,0285	0,0144	−0,0006	−0,0003
i	0,0214	0,0107	−0,0002	−0,0001	0,0206	0,0104	−0,0005	−0,0002

z	5				5			
z_T	0,1				0,3			
	B_{ak}	D_{ak}/a	$a \cdot B_{ak}^{\prime}$	$D_{ak}^{\prime}$	B_{ak}	D_{ak}/a	$a \cdot B_{ak}^{\prime}$	$D_{ak}^{\prime}$
$k=a$	0,4088	−0,3148	−0,0756	0,8122	0,5207	−0,2467	−0,1776	0,6018
b	0,2626	0,0936	−0,0986	0,0671	0,2909	0,0743	−0,1861	0,0888
c	0,1490	0,0931	−0,0627	−0,0234	0,1270	0,0881	−0,1040	−0,0261
d	0,0819	0,0573	−0,0355	−0,0222	0,0461	0,0507	−0,0454	−0,0313
e	0,0446	0,0322	−0,0195	−0,0136	0,0136	0,0225	−0,0165	−0,0180
f	0,0243	0,0176	−0,0106	−0,0076	0,0028	0,0083	−0,0049	−0,0080
g	0,0132	0,0096	−0,0058	−0,0042	−0,0001	0,0025	−0,0010	−0,0030
h	0,0072	0,0052	−0,0031	−0,0023	−0,0005	0,0005	0	−0,0009
i	0,0039	0,0028	−0,0017	−0,0012	−0,0003	0	0,0002	−0,0002

z	5				5			
z_T	10				30			
	B_{ak}	D_{ak}/a	$a \cdot B_{ak}^{\prime}$	$D_{ak}^{\prime}$	B_{ak}	D_{ak}/a	$a \cdot B_{ak}^{\prime}$	$D_{ak}^{\prime}$
$k=a$	0,7544	−0,0206	−0,4947	0,0463	0,7661	−0,0071	−0,5131	0,0160
b	0,2965	0,0061	−0,3721	0,0111	0,2955	0,0021	−0,3813	0,0039
c	0,0399	0,0089	−0,1513	−0,0025	0,0348	0,0031	−0,1525	−0,0009
d	−0,0383	0,0049	−0,0233	−0,0043	−0,0424	0,0017	−0,0211	−0,0015
e	−0,0359	0,0015	0,0175	−0,0024	−0,0378	0,0005	0,0196	−0,0009
f	−0,0167	−0,0001	0,0175	−0,0008	−0,0170	0	0,0186	−0,0003
g	−0,0037	−0,0004	0,0084	0	−0,0034	−0,0001	0,0087	0
h	0,0011	−0,0002	0,0020	0,0002	0,0014	−0,0001	0,0019	0,0001
i	0,0016	−0,0001	−0,0005	0,0001	0,0018	0	−0,0006	0

auf elastisch senk- und drehbaren Stützen

$$P_k = 1 \qquad M_k = 1, \quad k = a, b, c \cdots$$

z	5				5			
z_T	0,01				0,03			
	B_{ak}	D_{ak}/a	$a \cdot B_{ak}^{?}$	$D_{ak}^{?}$	B_{ak}	D_{ak}/a	$a \cdot B_{ak}^{?}$	$D_{ak}^{?}$
$k = a$	0,2920	−0,3587	−0,0086	0,9762	0,3275	−0,3476	−0,0250	0,9329
b	0,2097	0,0994	−0,0143	0,0116	0,2284	0,0994	−0,0387	0,0303
c	0,1477	0,0767	−0,0102	−0,0049	0,1513	0,0835	−0,0267	−0,0121
d	0,1039	0,0541	−0,0072	−0,0037	0,0998	0,0561	−0,0177	−0,0097
e	0,0731	0,0381	−0,0051	−0,0026	0,0658	0,0370	−0,0117	−0,0065
f	0,0514	0,0268	−0,0036	−0,0018	0,0434	0,0244	−0,0077	−0,0043
g	0,0362	0,0189	−0,0025	−0,0013	0,0286	0,0161	−0,0051	−0,0028
h	0,0255	0,0133	−0,0018	−0,0009	0,0189	0,0106	−0,0033	−0,0019
i	0,0179	0,0093	−0,0012	−0,0006	0,0124	0,0070	−0,0022	−0,0012

z	5				5			
z_T	1				3			
	B_{ak}	D_{ak}/a	$a \cdot B_{ak}^{?}$	$D_{ak}^{?}$	B_{ak}	D_{ak}/a	$a \cdot B_{ak}^{?}$	$D_{ak}^{?}$
$k = a$	0,6450	−0,1384	−0,3321	0,3210	0,7186	−0,0610	−0,4393	0,1384
b	0,3009	0,0413	−0,2851	0,0656	0,2990	0,0181	−0,3436	0,0318
c	0,0853	0,0559	−0,1352	−0,0166	0,0554	0,0259	−0,1470	−0,0075
d	0,0012	0,0312	−0,0393	−0,0244	−0,0255	0,0143	−0,0294	−0,0121
e	−0,0158	0,0110	−0,0012	−0,0139	−0,0299	0,0045	0,0110	−0,0069
f	−0,0113	0,0016	0,0068	−0,0050	−0,0155	0,0001	0,0141	−0,0022
g	−0,0049	−0,0010	0,0050	−0,0008	−0,0045	−0,0009	0,0075	−0,0001
h	−0,0012	−0,0010	0,0022	0,0004	0,0002	−0,0007	0,0023	0,0004
i	0,0001	−0,0005	0,0006	0,0004	0,0011	−0,0003	0	0,0003

z	5				5			
z_T	100				∞			
	B_{ak}	D_{ak}/a	$a \cdot B_{ak}^{?}$	$D_{ak}^{?}$	B_{ak}	D_{ak}/a	$a \cdot B_{ak}^{?}$	$D_{ak}^{?}$
$k = a$	0,7704	−0,0022	−0,5199	0,0049	0,7722	0	−0,5228	0
b	0,2951	0,0006	−0,3847	0,0012	0,2950	0	−0,3862	0
c	0,0329	0,0009	−0,1530	−0,0003	0,0321	0	−0,1532	0
d	−0,0439	0,0005	−0,0204	−0,0005	−0,0446	0	−0,0200	0
e	−0,0384	0,0002	0,0204	−0,0003	−0,0387	0	0,0208	0
f	−0,0171	0	0,0190	−0,0001	−0,0172	0	0,0192	0
g	−0,0033	0	0,0088	0	−0,0033	0	0,0088	0
h	0,0016	0	0,0019	0	0,0016	0	0,0018	0
i	0,0018	0	−0,0007	0	0,0019	0	−0,0007	0

Auflagerkräfte B_{ik} bzw. $a \cdot B_{ik}^{\zeta}$

Auflagereinspannmomente D_{ik}/a bzw. D_{ik}^{ζ}

z	10				10			
z_T	0,001				0,003			
	B_{ak}	D_{ak}/a	$a \cdot B_{ak}^{\zeta}$	D_{ak}^{ζ}	B_{ak}	D_{ak}/a	$a \cdot B_{ak}^{\zeta}$	D_{ak}^{ζ}
$k=a$	0,2018	−0,3997	−0,0005	0,9978	0,2056	−0,3991	−0,0014	0,9933
b	0,1613	0,0800	−0,0009	0,0016	0,1639	0,0800	−0,0026	0,0046
c	0,1287	0,0646	−0,0007	−0,0003	0,1301	0,0658	−0,0020	−0,0010
d	0,1027	0,0516	−0,0005	−0,0003	0,1032	0,0523	−0,0016	−0,0008
e	0,0819	0,0411	−0,0004	−0,0002	0,0819	0,0415	−0,0013	−0,0006
f	0,0654	0,0328	−0,0003	−0,0002	0,0650	0,0329	−0,0010	−0,0005
g	0,0522	0,0262	−0,0003	−0,0001	0,0516	0,0261	−0,0008	−0,0004
h	0,0416	0,0209	−0,0002	−0,0001	0,0410	0,0207	−0,0006	−0,0003
i	0,0332	0,0167	−0,0002	−0,0001	0,0325	0,0165	−0,0005	−0,0003

z	10				10			
z_T	0,1				0,3			
	B_{ak}	D_{ak}/a	$a \cdot B_{ak}^{\zeta}$	D_{ak}^{ζ}	B_{ak}	D_{ak}/a	$a \cdot B_{ak}^{\zeta}$	D_{ak}^{ζ}
$k=a$	0,3176	−0,3696	−0,0444	0,8292	0,4218	−0,3119	−0,1123	0,6363
b	0,2306	0,0708	−0,0614	0,0883	0,2738	0,0533	−0,1260	0,1249
c	0,1547	0,0942	−0,0452	−0,0115	0,1532	0,0988	−0,0848	−0,0078
d	0,1020	0,0691	−0,0304	−0,0181	0,0791	0,0726	−0,0483	−0,0284
e	0,0670	0,0464	−0,0201	−0,0135	0,0388	0,0429	−0,0252	−0,0221
f	0,0440	0,0306	−0,0132	−0,0091	0,0183	0,0229	−0,0124	−0,0134
g	0,0289	0,0201	−0,0087	−0,0060	0,0084	0,0114	−0,0059	−0,0072
h	0,0190	0,0132	−0,0057	−0,0039	0,0038	0,0055	−0,0027	−0,0037
i	0,0124	0,0087	−0,0037	−0,0026	0,0016	0,0026	−0,0012	−0,0018

z	10				10			
z_T	10				30			
	B_{ak}	D_{ak}/a	$a \cdot B_{ak}^{\zeta}$	D_{ak}^{ζ}	B_{ak}	D_{ak}/a	$a \cdot B_{ak}^{\zeta}$	D_{ak}^{ζ}
$k=a$	0,6874	−0,0322	−0,3859	0,0567	0,7034	−0,0113	−0,4054	0,0197
b	0,3231	0,0042	−0,3115	0,0192	0,3243	0,0014	−0,3231	0,0068
c	0,0869	0,0127	−0,1619	0,0007	0,0813	0,0045	−0,1656	0,0003
d	−0,0156	0,0099	−0,0529	−0,0048	−0,0219	0,0035	−0,0518	−0,0017
e	−0,0382	0,0050	−0,0003	−0,0044	−0,0424	0,0018	0,0022	−0,0016
f	−0,0288	0,0016	0,0147	−0,0025	−0,0307	0,0005	0,0168	−0,0009
g	−0,0143	−0,0001	0,0129	−0,0009	−0,0146	0	0,0140	−0,0003
h	−0,0043	−0,0005	0,0070	−0,0001	−0,0039	−0,0002	0,0074	0
i	0,0003	−0,0004	0,0025	0,0002	0,0007	−0,0002	0,0024	0,0001

auf elastisch senk- und drehbaren Stützen

z	10				10			
z_T	0,01				0,03			
	B_{ak}	D_{ak}/a	$a \cdot B_{ak}^2$	D_{ak}^2	B_{ak}	D_{ak}/a	$a \cdot B_{ak}^2$	D_{ak}^2
$k=a$	0,2178	−0,3969	−0,0048	0,9783	0,2473	−0,3909	−0,0141	0,9388
b	0,1722	0,0798	−0,0082	0,0147	0,1912	0,0783	−0,0228	0,0386
c	0,1343	0,0697	−0,0065	−0,0030	0,1429	0,0784	−0,0177	−0,0071
d	0,1047	0,0545	−0,0051	−0,0026	0,1066	0,0596	−0,0132	−0,0072
e	0,0817	0,0425	−0,0040	−0,0021	0,0794	0,0445	−0,0099	−0,0055
f	0,0637	0,0331	−0,0031	−0,0016	0,0592	0,0331	−0,0073	−0,0041
g	0,0497	0,0258	−0,0024	−0,0012	0,0441	0,0247	−0,0055	−0,0031
h	0,0387	0,0201	−0,0019	−0,0010	0,0329	0,0184	−0,0041	−0,0023
i	0,0302	0,0157	−0,0015	−0,0008	0,0245	0,0137	−0,0030	−0,0017

z	10				10			
z_T	1				3			
	B_{ak}	D_{ak}/a	$a \cdot B_{ak}^2$	D_{ak}^2	B_{ak}	D_{ak}/a	$a \cdot B_{ak}^2$	D_{ak}^2
$k=a$	0,5523	−0,1938	−0,2326	0,3621	0,6405	−0,0917	−0,3302	0,1644
b	0,3063	0,0285	−0,2145	0,1017	0,3187	0,0124	−0,2774	0,0529
c	0,1285	0,0709	−0,1270	−0,0003	0,1026	0,0355	−0,1507	0,0013
d	0,0359	0,0536	−0,0568	−0,0247	0,0027	0,0273	−0,0554	−0,0131
e	−0,0003	0,0287	−0,0179	−0,0210	−0,0254	0,0141	−0,0072	−0,0117
f	−0,0089	0,0116	−0,0016	−0,0120	−0,0227	0,0048	0,0087	−0,0066
g	−0,0075	0,0030	0,0029	−0,0052	−0,0128	0,0003	0,0095	−0,0025
h	−0,0043	−0,0002	0,0029	−0,0015	−0,0049	−0,0010	0,0059	−0,0004
i	−0,0018	−0,0009	0,0018	−0,0001	−0,0008	−0,0010	0,0025	0,0003

z	10				10			
z_T	100				∞			
	B_{ak}	D_{ak}/a	$a \cdot B_{ak}^2$	D_{ak}^2	B_{ak}	D_{ak}/a	$a \cdot B_{ak}^2$	D_{ak}^2
$k=a$	0,7093	−0,0034	−0,4126	0,0060	0,7119	0	−0,4158	0
b	0,3247	0,0004	−0,3275	0,0021	0,3249	0	−0,3294	0
c	0,0792	0,0014	−0,1669	0,0001	0,0783	0	−0,1675	0
d	−0,0243	0,0011	−0,0514	−0,0005	−0,0253	0	−0,0512	0
e	−0,0439	0,0005	0,0032	−0,0005	−0,0446	0	0,0036	0
f	−0,0313	0,0002	0,0175	−0,0003	−0,0316	0	0,0179	0
g	−0,0147	0	0,0144	−0,0001	−0,0147	0	0,0146	0
h	−0,0038	−0,0001	0,0075	0	−0,0037	0	0,0076	0
i	0,0009	0	0,0024	0	0,0010	0	0,0024	0

Auflagerkräfte B_{ik} bzw. $a \cdot B_{ik}^{\prime}$

Auflagereinspannmomente D_{ik}/a bzw. $D_{ik}^{\prime}$

z	20				20			
z_T	0,001				0,003			
	B_{ak}	D_{ak}/a	$a \cdot B_{ak}^{\prime}$	$D_{ak}^{\prime}$	B_{ak}	D_{ak}/a	$a \cdot B_{ak}^{\prime}$	$D_{ak}^{\prime}$
$k = a$	0,1466	−0,4274	−0,0003	0,9979	0,1505	−0,4269	−0,0008	0,9937
b	0,1252	0,0619	−0,0005	0,0018	0,1281	0,0619	−0,0014	0,0052
c	0,1068	0,0536	−0,0004	−0,0002	0,1088	0,0550	−0,0012	−0,0006
d	0,0912	0,0458	−0,0003	−0,0002	0,0924	0,0468	−0,0010	−0,0005
e	0,0778	0,0391	−0,0003	−0,0001	0,0785	0,0397	−0,0009	−0,0004
f	0,0664	0,0333	−0,0003	−0,0001	0,0666	0,0337	−0,0007	−0,0004
g	0,0566	0,0284	−0,0002	−0,0001	0,0566	0,0286	−0,0006	−0,0003
h	0,0483	0,0243	−0,0002	−0,0001	0,0480	0,0243	−0,0005	−0,0003
i	0,0412	0,0207	−0,0002	−0,0001	0,0408	0,0206	−0,0005	−0,0002

z	20				20			
z_T	0,1				0,3			
	B_{ak}	D_{ak}/a	$a \cdot B_{ak}^{\prime}$	$D_{ak}^{\prime}$	B_{ak}	D_{ak}/a	$a \cdot B_{ak}^{\prime}$	$D_{ak}^{\prime}$
$k = a$	0,2411	−0,4168	−0,0250	0,8399	0,3320	−0,3754	−0,0676	0,6614
b	0,1915	0,0443	−0,0362	0,1029	0,2416	0,0230	−0,0800	0,1538
c	0,1444	0,0858	−0,0296	−0,0012	0,1601	0,0969	−0,0615	0,0117
d	0,1079	0,0718	−0,0224	−0,0125	0,1019	0,0864	−0,0417	−0,0199
e	0,0804	0,0546	−0,0168	−0,0110	0,0635	0,0616	−0,0268	−0,0210
f	0,0599	0,0409	−0,0125	−0,0085	0,0392	0,0405	−0,0168	−0,0157
g	0,0446	0,0305	−0,0093	−0,0063	0,0240	0,0257	−0,0104	−0,0106
h	0,0332	0,0227	−0,0069	−0,0047	0,0147	0,0160	−0,0064	−0,0068
i	0,0247	0,0169	−0,0052	−0,0035	0,0090	0,0098	−0,0039	−0,0042

z	20				20			
z_T	10				30			
	B_{ak}	D_{ak}/a	$a \cdot B_{ak}^{\prime}$	$D_{ak}^{\prime}$	B_{ak}	D_{ak}/a	$a \cdot B_{ak}^{\prime}$	$D_{ak}^{\prime}$
$k = a$	0,6163	−0,0489	−0,2935	0,0687	0,6374	−0,0174	−0,3135	0,0242
b	0,3347	−0,0011	−0,2506	0,0295	0,3394	−0,0004	−0,2644	0,0106
c	0,1305	0,0157	−0,1553	0,0065	0,1258	0,0056	−0,1617	0,0024
d	0,0186	0,0164	−0,0727	−0,0034	0,0107	0,0059	−0,0736	−0,0012
e	−0,0258	0,0114	−0,0210	−0,0057	−0,0329	0,0041	−0,0191	−0,0021
f	−0,0327	0,0060	0,0035	−0,0047	−0,0374	0,0021	0,0061	−0,0017
g	−0,0246	0,0022	0,0108	−0,0028	−0,0269	0,0008	0,0129	−0,0010
h	−0,0139	0,0002	0,0098	−0,0013	−0,0145	0	0,0111	−0,0005
i	−0,0058	−0,0005	0,0063	−0,0003	−0,0055	−0,0002	0,0069	−0,0001

auf elastisch senk- und drehbaren Stützen

z	20				20			
z_T	0,01				0,03			
	B_{ak}	D_{ak}/a	$a \cdot B_{ak}^{'}$	$D_{ak}^{'}$	B_{ak}	D_{ak}/a	$a \cdot B_{ak}^{'}$	$D_{ak}^{'}$
$k = a$	0,1601	−0,4267	−0,0026	0,9794	0,1835	−0,4257	−0,0077	0,9422
b	0,1355	0,0606	−0,0046	0,0165	0,1528	0,0568	−0,0129	0,0439
c	0,1137	0,0589	−0,0039	−0,0017	0,1244	0,0679	−0,0108	−0,0033
d	0,0953	0,0496	−0,0033	−0,0017	0,1011	0,0563	−0,0088	−0,0048
e	0,0799	0,0416	−0,0027	−0,0014	0,0821	0,0458	−0,0072	−0,0040
f	0,0670	0,0349	−0,0023	−0,0012	0,0667	0,0373	−0,0058	−0,0032
g	0,0562	0,0292	−0,0019	−0,0010	0,0542	0,0303	−0,0047	−0,0026
h	0,0472	0,0245	−0,0016	−0,0008	0,0441	0,0246	−0,0038	−0,0021
i	0,0395	0,0206	−0,0014	−0,0007	0,0358	0,0200	−0,0031	−0,0017

z	20				20			
z_T	1				3			
	B_{ak}	D_{ak}/a	$a \cdot B_{ak}^{'}$	$D_{ak}^{'}$	B_{ak}	D_{ak}/a	$a \cdot B_{ak}^{'}$	$D_{ak}^{'}$
$k = a$	0,4590	−0,2586	−0,1552	0,3992	0,5578	−0,1329	−0,2393	0,1921
b	0,2921	0,0035	−0,1516	0,1378	0,3207	−0,0014	−0,2128	0,0775
c	0,1574	0,0771	−0,1053	0,0222	0,1426	0,0418	−0,1372	0,0158
d	0,0721	0,0751	−0,0607	−0,0173	0,0398	0,0427	−0,0695	−0,0093
e	0,0263	0,0521	−0,0299	−0,0234	−0,0062	0,0296	−0,0256	−0,0145
f	0,0054	0,0300	−0,0122	−0,0182	−0,0192	0,0160	−0,0032	−0,0116
g	−0,0022	0,0148	−0,0035	−0,0113	−0,0174	0,0065	0,0051	−0,0070
h	−0,0037	0,0060	0	−0,0059	−0,0113	0,0014	0,0062	−0,0033
i	−0,0030	0,0017	0,0010	−0,0026	−0,0058	−0,0007	0,0046	−0,0011

z	20				20			
z_T	100				∞			
	B_{ak}	D_{ak}/a	$a \cdot B_{ak}^{'}$	$D_{ak}^{'}$	B_{ak}	D_{ak}/a	$a \cdot B_{ak}^{'}$	$D_{ak}^{'}$
$k = a$	0,6453	−0,0054	−0,3212	0,0074	0,6488	0	−0,3247	0
b	0,3411	−0,0001	−0,2696	0,0033	0,3418	0	−0,2720	0
c	0,1239	0,0017	−0,1641	0,0008	0,1231	0	−0,1652	0
d	0,0076	0,0018	−0,0739	−0,0004	0,0063	0	−0,0741	0
e	−0,0356	0,0013	−0,0184	−0,0006	−0,0367	0	−0,0181	0
f	−0,0392	0,0007	0,0070	−0,0005	−0,0399	0	0,0074	0
g	−0,0277	0,0002	0,0137	−0,0003	−0,0281	0	0,0140	0
h	−0,0147	0	0,0116	−0,0001	−0,0148	0	0,0118	0
i	−0,0054	−0,0001	0,0071	0	−0,0053	0	0,0072	0

Auflagerkräfte B_{ik} bzw. $a \cdot B_{ik}^{\xi}$

Auflagereinspannmomente D_{ik}/a bzw. D_{ik}^{ξ}

z	50				50			
z_T	0,001				0,003			
	B_{ak}	D_{ak}/a	$a \cdot B_{ak}^{\xi}$	D_{ak}^{ξ}	B_{ak}	D_{ak}/a	$a \cdot B_{ak}^{\xi}$	D_{ak}^{ξ}
$k=a$	0,0964	−0,4526	−0,0001	0,9980	0,0982	−0,4533	−0,0003	0,9939
b	0,0872	0,0428	−0,0002	0,0019	0,0887	0,0419	−0,0006	0,0056
c	0,0788	0,0395	−0,0002	−0,0001	0,0800	0,0404	−0,0006	−0,0002
d	0,0712	0,0357	−0,0002	−0,0001	0,0721	0,0365	−0,0005	−0,0003
e	0,0643	0,0323	−0,0002	−0,0001	0,0650	0,0329	−0,0005	−0,0002
f	0,0581	0,0292	−0,0001	−0,0001	0,0586	0,0297	−0,0004	−0,0002
g	0,0525	0,0263	−0,0001	−0,0001	0,0529	0,0267	−0,0004	−0,0002
h	0,0474	0,0238	−0,0001	−0,0001	0,0477	0,0241	−0,0003	−0,0002
i	0,0429	0,0215	−0,0001	−0,0001	0,0430	0,0217	−0,0003	−0,0002

z	50				50			
z_T	0,1				0,3			
	B_{ak}	D_{ak}/a	$a \cdot B_{ak}^{\xi}$	D_{ak}^{ξ}	B_{ak}	D_{ak}/a	$a \cdot B_{ak}^{\xi}$	D_{ak}^{ξ}
$k=a$	0,1630	−0,4662	−0,0112	0,8477	0,2331	−0,4501	−0,0324	0,6823
b	0,1406	0,0102	−0,0169	0,1144	0,1890	−0,0234	−0,0404	0,1800
c	0,1176	0,0670	−0,0152	0,0083	0,1455	0,0784	−0,0351	0,0332
d	0,0978	0,0643	−0,0128	−0,0059	0,1098	0,0879	−0,0277	−0,0063
e	0,0813	0,0547	−0,0106	−0,0068	0,0822	0,0745	−0,0211	−0,0143
f	0,0676	0,0456	−0,0088	−0,0059	0,0613	0,0582	−0,0158	−0,0136
g	0,0561	0,0379	−0,0073	−0,0050	0,0457	0,0442	−0,0118	−0,0110
h	0,0467	0,0315	−0,0061	−0,0041	0,0340	0,0332	−0,0088	−0,0085
i	0,0388	0,0262	−0,0051	−0,0034	0,0254	0,0248	−0,0066	−0,0064

z	50				50			
z_T	10				30			
	B_{ak}	D_{ak}/a	$a \cdot B_{ak}^{\xi}$	D_{ak}^{ξ}	B_{ak}	D_{ak}/a	$a \cdot B_{ak}^{\xi}$	D_{ak}^{ξ}
$k=a$	0,5197	−0,0819	−0,1965	0,0869	0,5485	−0,0301	−0,2168	0,0315
b	0,3279	−0,0161	−0,1775	0,0462	0,3390	−0,0061	−0,1933	0,0171
c	0,1729	0,0153	−0,1294	0,0186	0,1716	0,0056	−0,1392	0,0071
d	0,0684	0,0251	−0,0799	0,0027	0,0605	0,0094	−0,0842	0,0011
e	0,0088	0,0236	−0,0410	−0,0046	−0,0012	0,0089	−0,0414	−0,0017
f	−0,0183	0,0176	−0,0153	−0,0067	−0,0274	0,0066	−0,0135	−0,0025
g	−0,0257	0,0111	−0,0010	−0,0060	−0,0325	0,0042	0,0016	−0,0023
h	−0,0230	0,0059	0,0053	−0,0044	−0,0273	0,0021	0,0077	−0,0017
i	−0,0167	0,0023	0,0067	−0,0027	−0,0188	0,0008	0,0086	−0,0010

auf elastisch senk- und drehbaren Stützen

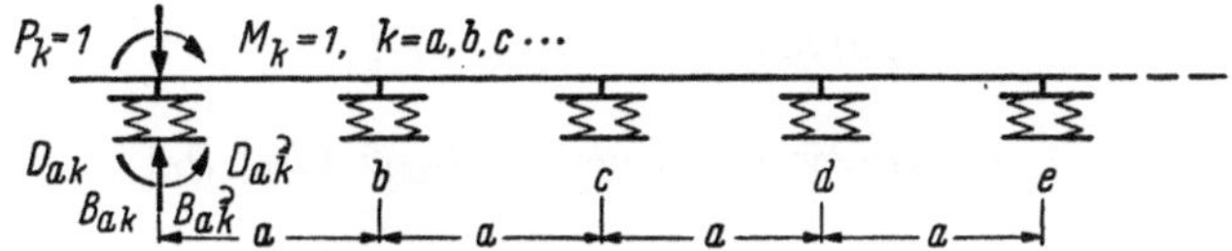

z	50				50			
z_T	0,01				0,03			
	B_{ak}	D_{ak}/a	$a \cdot B_{ak}^2$	D_{ak}^2	B_{ak}	D_{ak}/a	$a \cdot B_{ak}^2$	D_{ak}^2
$k=a$	0,1048	−0,4553	−0,0011	0,9802	0,1213	−0,4598	−0,0033	0,9445
b	0,0943	0,0392	−0,0020	0,0178	0,1080	0,0318	−0,0058	0,0477
c	0,0844	0,0437	−0,0018	−0,0006	0,0948	0,0513	−0,0052	−0,0002
d	0,0755	0,0392	−0,0016	−0,0008	0,0831	0,0462	−0,0046	−0,0024
e	0,0675	0,0351	−0,0015	−0,0008	0,0729	0,0406	−0,0040	−0,0022
f	0,0604	0,0314	−0,0013	−0,0007	0,0639	0,0356	−0,0035	−0,0020
g	0,0541	0,0281	−0,0012	−0,0006	0,0561	0,0313	−0,0031	−0,0017
h	0,0484	0,0251	−0,0010	−0,0005	0,0492	0,0274	−0,0027	−0,0015
i	0,0433	0,0225	−0,0009	−0,0005	0,0431	0,0240	−0,0024	−0,0013

z	50				50			
z_T	1				3			
	B_{ak}	D_{ak}/a	$a \cdot B_{ak}^2$	D_{ak}^2	B_{ak}	D_{ak}/a	$a \cdot B_{ak}^2$	D_{ak}^2
$k=a$	0,3439	−0,3523	−0,0846	0,4388	0,4472	−0,2048	−0,1474	0,2287
b	0,2513	−0,0468	−0,0875	0,1794	0,2985	−0,0362	−0,1388	0,1125
c	0,1683	0,0663	−0,0705	0,0547	0,1741	0,0386	−0,1049	0,0418
d	0,1056	0,0909	−0,0502	0,0012	0,0866	0,0597	−0,0685	0,0046
e	0,0627	0,0805	−0,0330	−0,0171	0,0329	0,0550	−0,0390	−0,0112
f	0,0352	0,0605	−0,0204	−0,0198	0,0044	0,0410	−0,0188	−0,0150
g	0,0187	0,0412	−0,0120	−0,0166	−0,0078	0,0265	−0,0066	−0,0132
h	0,0093	0,0262	−0,0066	−0,0121	−0,0110	0,0149	−0,0004	−0,0096
i	0,0042	0,0158	−0,0035	−0,0081	−0,0098	0,0071	0,0022	−0,0060

z	50				50			
z_T	100				∞			
	B_{ak}	D_{ak}/a	$a \cdot B_{ak}^2$	D_{ak}^2	B_{ak}	D_{ak}/a	$a \cdot B_{ak}^2$	D_{ak}^2
$k=a$	0,5599	−0,0094	−0,2248	0,0097	0,5650	0	−0,2285	0
b	0,3433	−0,0019	−0,1996	0,0053	0,3452	0	−0,2024	0
c	0,1710	0,0017	−0,1431	0,0022	0,1707	0	−0,1448	0
d	0,0572	0,0029	−0,0859	0,0004	0,0558	0	−0,0867	0
e	−0,0051	0,0028	−0,0415	−0,0005	−0,0069	0	−0,0416	0
f	−0,0310	0,0021	−0,0128	−0,0008	−0,0327	0	−0,0125	0
g	−0,0352	0,0013	0,0026	−0,0007	−0,0364	0	0,0030	0
h	−0,0290	0,0007	0,0087	−0,0005	−0,0297	0	0,0091	0
i	−0,0196	0,0002	0,0093	−0,0003	−0,0200	0	0,0097	0

Auflagerkräfte B_{ik} bzw. $a \cdot B_{ik}'$

Auflagereinspannmomente D_{ik}/a bzw. D_{ik}'

z	100				100			
z_T	0,001				0,003			
	B_{ak}	D_{ak}/a	$a \cdot B_{ak}'$	D_{ak}'	B_{ak}	D_{ak}/a	$a \cdot B_{ak}'$	D_{ak}'
$k = a$	0,0713	−0,4652	−0,0001	0,9980	0,0705	−0,4673	−0,0002	0,9940
b	0,0662	0,0323	−0,0001	0,0019	0,0656	0,0302	−0,0003	0,0057
c	0,0615	0,0309	−0,0001	0	0,0610	0,0308	−0,0003	−0,0001
d	0,0571	0,0287	−0,0001	0	0,0567	0,0287	−0,0003	−0,0001
e	0,0531	0,0266	−0,0001	0	0,0527	0,0267	−0,0003	−0,0001
f	0,0493	0,0247	−0,0001	0	0,0490	0,0248	−0,0002	−0,0001
g	0,0458	0,0230	−0,0001	0	0,0455	0,0230	−0,0002	−0,0001
h	0,0425	0,0213	−0,0001	0	0,0423	0,0214	−0,0002	−0,0001
i	0,0395	0,0198	−0,0001	0	0,0393	0,0199	−0,0002	−0,0001

z	100				100			
z_T	0,1				0,3			
	B_{ak}	D_{ak}/a	$a \cdot B_{ak}'$	D_{ak}'	B_{ak}	D_{ak}/a	$a \cdot B_{ak}'$	D_{ak}'
$k = a$	0,1193	−0,4943	−0,0059	0,8507	0,1744	−0,4970	−0,0179	0,6914
b	0,1074	−0,0119	−0,0092	0,1190	0,1499	−0,0578	−0,0229	0,1921
c	0,0946	0,0514	−0,0086	0,0125	0,1244	0,0577	−0,0212	0,0444
d	0,0831	0,0541	−0,0077	−0,0025	0,1020	0,0786	−0,0180	0,0024
e	0,0729	0,0488	−0,0067	−0,0041	0,0833	0,0736	−0,0149	−0,0083
f	0,0640	0,0430	−0,0059	−0,0039	0,0679	0,0628	−0,0122	−0,0098
g	0,0562	0,0378	−0,0052	−0,0035	0,0553	0,0520	−0,0100	−0,0089
h	0,0493	0,0332	−0,0045	−0,0031	0,0451	0,0426	−0,0081	−0,0076
i	0,0432	0,0291	−0,0040	−0,0027	0,0367	0,0348	−0,0066	−0,0062

z	100				100			
z_T	10				30			
	B_{ak}	D_{ak}/a	$a \cdot B_{ak}'$	D_{ak}'	B_{ak}	D_{ak}/a	$a \cdot B_{ak}'$	D_{ak}'
$k = a$	0,4473	−0,1173	−0,1408	0,1023	0,4824	−0,0446	−0,1606	0,0379
b	0,3085	−0,0363	−0,1312	0,0609	0,3256	−0,0142	−0,1477	0,0232
c	0,1895	0,0087	−0,1043	0,0307	0,1928	0,0031	−0,1161	0,0120
d	0,1002	0,0288	−0,0737	0,0110	0,0945	0,0111	−0,0806	0,0045
e	0,0403	0,0336	−0,0465	−0,0003	0,0300	0,0131	−0,0493	0
f	0,0048	0,0301	−0,0255	−0,0057	−0,0068	0,0118	−0,0255	−0,0022
g	−0,0131	0,0234	−0,0111	−0,0073	−0,0237	0,0092	−0,0095	−0,0029
h	−0,0195	0,0162	−0,0023	−0,0068	−0,0279	0,0063	0,0001	−0,0028
i	−0,0192	0,0099	0,0023	−0,0054	−0,0252	0,0038	0,0047	−0,0022

auf elastisch senk- und drehbaren Stützen

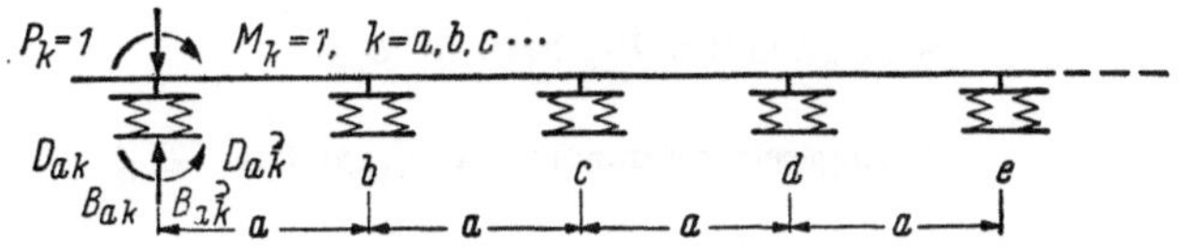

| z | 100 | | | | 100 | | | |
| z_T | 0,01 | | | | 0,03 | | | |
	B_{ak}	D_{ak}/a	$a \cdot B'_{ak}$	D'_{ak}	B_{ak}	D_{ak}/a	$a \cdot B'_{ak}$	D'_{ak}
$k=a$	0,0754	−0,4705	−0,0006	0,9805	0,0877	−0,4782	−0,0017	0,9454
b	0,0700	0,0266	−0,0011	0,0183	0,0808	0,0166	−0,0030	0,0492
c	0,0647	0,0334	−0,0010	−0,0001	0,0737	0,0395	−0,0029	0,0011
d	0,0598	0,0311	−0,0009	−0,0005	0,0671	0,0373	−0,0026	−0,0013
e	0,0553	0,0287	−0,0008	−0,0004	0,0612	0,0341	−0,0024	−0,0013
f	0,0511	0,0265	−0,0008	−0,0004	0,0558	0,0311	−0,0022	−0,0012
g	0,0472	0,0245	−0,0007	−0,0004	0,0508	0,0283	−0,0020	−0,0011
h	0,0436	0,0227	−0,0007	−0,0003	0,0463	0,0258	−0,0018	−0,0010
i	0,0403	0,0210	−0,0006	−0,0003	0,0422	0,0235	−0,0016	−0,0009

| z | 100 | | | | 100 | | | |
| z_T | 1 | | | | 3 | | | |
	B_{ak}	D_{ak}/a	$a \cdot B'_{ak}$	D'_{ak}	B_{ak}	D_{ak}/a	$a \cdot B'_{ak}$	D'_{ak}
$k=a$	0,2681	−0,4233	−0,0508	0,4605	0,3671	−0,2712	−0,0976	0,2545
b	0,2119	−0,0934	−0,0542	0,2035	0,2677	−0,0761	−0,0949	0,1384
c	0,1585	0,0441	−0,0472	0,0765	0,1793	0,0233	−0,0781	0,0639
d	0,1144	0,0886	−0,0374	0,0174	0,1105	0,0637	−0,0578	0,0202
e	0,0805	0,0917	−0,0280	−0,0073	0,0616	0,0712	−0,0392	−0,0026
f	0,0555	0,0789	−0,0202	−0,0154	0,0297	0,0629	−0,0245	−0,0123
g	0,0377	0,0620	−0,0142	−0,0161	0,0106	0,0488	−0,0139	−0,0146
h	0,0253	0,0463	−0,0098	−0,0139	0,0004	0,0345	−0,0069	−0,0132
i	0,0168	0,0333	−0,0067	−0,0110	−0,0043	0,0224	−0,0026	−0,0104

| z | 100 | | | | 100 | | | |
| z_T | 100 | | | | ∞ | | | |
	B_{ak}	D_{ak}/a	$a \cdot B'_{ak}$	D'_{ak}	B_{ak}	D_{ak}/a	$a \cdot B'_{ak}$	D'_{ak}
$k=a$	0,4968	−0,0141	−0,1688	0,0119	0,5034	0	−0,1726	0
b	0,3326	−0,0045	−0,1546	0,0073	0,3357	0	−0,1577	0
c	0,1940	0,0010	−0,1209	0,0038	0,1945	0	−0,1231	0
d	0,0920	0,0035	−0,0834	0,0014	0,0908	0	−0,0847	0
e	0,0256	0,0042	−0,0504	0	0,0236	0	−0,0510	0
f	−0,0116	0,0038	−0,0255	−0,0007	−0,0138	0	−0,0255	0
g	−0,0280	0,0029	−0,0087	−0,0009	−0,0300	0	−0,0084	0
h	−0,0313	0,0020	0,0011	−0,0009	−0,0329	0	0,0015	0
i	−0,0276	0,0012	0,0057	−0,0007	−0,0286	0	0,0062	0

Auflagerkräfte B_{ik} bzw. $a \cdot B_{ik}^{\downarrow}$

Auflagereinspannmomente D_{ik}/a bzw. $D_{ik}^{\downarrow}$

z	200				200			
z_T	0,001				0,003			
	B_{ak}	D_{ak}/a	$a \cdot B_{ak}^{\downarrow}$	$D_{ak}^{\downarrow}$	B_{ak}	D_{ak}/a	$a \cdot B_{ak}^{\downarrow}$	$D_{ak}^{\downarrow}$
$k = a$	0,0512	−0,4753	0	0,9980	0,0504	−0,4775	−0,0001	0,9940
b	0,0486	0,0234	−0,0001	0,0020	0,0479	0,0213	−0,0002	0,0058
c	0,0461	0,0232	−0,0001	0	0,0455	0,0230	−0,0002	0
d	0,0438	0,0220	0	0	0,0432	0,0219	−0,0002	−0,0001
e	0,0415	0,0208	0	0	0,0410	0,0208	−0,0001	−0,0001
f	0,0394	0,0198	0	0	0,0390	0,0197	−0,0001	−0,0001
g	0,0374	0,0188	0	0	0,0370	0,0187	−0,0001	−0,0001
h	0,0355	0,0178	0	0	0,0351	0,0178	−0,0001	−0,0001
i	0,0336	0,0169	0	0	0,0334	0,0169	−0,0001	−0,0001

z	200				200			
z_T	0,1				0,3			
	B_{ak}	D_{ak}/a	$a \cdot B_{ak}^{\downarrow}$	$D_{ak}^{\downarrow}$	B_{ak}	D_{ak}/a	$a \cdot B_{ak}^{\downarrow}$	$D_{ak}^{\downarrow}$
$k = a$	0,0866	−0,5156	−0,0031	0,8523	0,1286	−0,5350	−0,0096	0,6968
b	0,0803	−0,0299	−0,0049	0,1216	0,1153	−0,0883	−0,0126	0,1994
c	0,0734	0,0371	−0,0047	0,0151	0,1010	0,0358	−0,0122	0,0518
d	0,0670	0,0432	−0,0044	−0,0003	0,0878	0,0645	−0,0109	0,0087
e	0,0611	0,0408	−0,0040	−0,0023	0,0761	0,0659	−0,0096	−0,0033
f	0,0557	0,0374	−0,0036	−0,0024	0,0659	0,0601	−0,0083	−0,0061
g	0,0508	0,0341	−0,0033	−0,0022	0,0571	0,0529	−0,0072	−0,0062
h	0,0463	0,0311	−0,0030	−0,0020	0,0494	0,0461	−0,0063	−0,0057
i	0,0422	0,0284	−0,0028	−0,0018	0,0428	0,0400	−0,0054	−0,0050

z	200				200			
z_T	10				30			
	B_{ak}	D_{ak}/a	$a \cdot B_{ak}^{\downarrow}$	$D_{ak}^{\downarrow}$	B_{ak}	D_{ak}/a	$a \cdot B_{ak}^{\downarrow}$	$D_{ak}^{\downarrow}$
$k = a$	0,3774	−0,1635	−0,0981	0,1183	0,4186	−0,0649	−0,1168	0,0453
b	0,2800	−0,0664	−0,0937	0,0767	0,3037	−0,0272	−0,1101	0,0304
c	0,1926	−0,0063	−0,0794	0,0448	0,2019	−0,0031	−0,0923	0,0183
d	0,1216	0,0266	−0,0618	0,0221	0,1202	0,0105	−0,0707	0,0094
e	0,0684	0,0407	−0,0445	0,0072	0,0601	0,0166	−0,0498	0,0033
f	0,0314	0,0431	−0,0297	−0,0016	0,0195	0,0178	−0,0320	−0,0005
g	0,0077	0,0389	−0,0181	−0,0061	−0,0052	0,0162	−0,0181	−0,0025
h	−0,0059	0,0317	−0,0096	−0,0078	−0,0181	0,0132	−0,0082	−0,0033
i	−0,0124	0,0239	−0,0038	−0,0076	−0,0228	0,0099	−0,0017	−0,0033

auf elastisch senk- und drehbaren Stützen

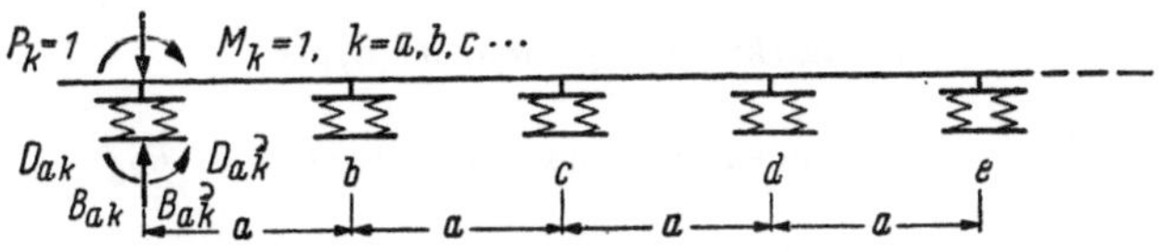

z	200				200			
z_T	0,01				0,03			
	B_{ak}	D_{ak}/a	$a\cdot B_{ak}^2$	D_{ak}^2	B_{ak}	D_{ak}/a	$a\cdot B_{ak}^2$	D_{ak}^2
$k=a$	0,0540	−0,4816	−0,0003	0,9806	0,0630	−0,4919	−0,0009	0,9458
b	0,0512	0,0168	−0,0005	0,0186	0,0595	0,0048	−0,0016	0,0500
c	0,0485	0,0250	−0,0005	0,0001	0,0557	0,0295	−0,0015	0,0019
d	0,0458	0,0238	−0,0005	−0,0002	0,0522	0,0290	−0,0014	−0,0007
e	0,0433	0,0225	−0,0005	−0,0002	0,0489	0,0272	−0,0013	−0,0007
f	0,0410	0,0213	−0,0004	−0,0002	0,0458	0,0255	−0,0013	−0,0007
g	0,0388	0,0202	−0,0004	−0,0002	0,0428	0,0239	−0,0012	−0,0007
h	0,0367	0,0191	−0,0004	−0,0002	0,0401	0,0223	−0,0011	−0,0006
i	0,0347	0,0180	−0,0004	−0,0002	0,0376	0,0209	−0,0010	−0,0006

z	200				200			
z_T	1				3			
	B_{ak}	D_{ak}/a	$a\cdot B_{ak}^2$	D_{ak}^2	B_{ak}	D_{ak}/a	$a\cdot B_{ak}^2$	D_{ak}^2
$k=a$	0,2043	−0,4894	−0,0294	0,4758	0,2936	−0,3452	−0,0621	0,2769
b	0,1715	−0,1422	−0,0321	0,2211	0,2299	−0,1268	−0,0619	0,1616
c	0,1391	0,0136	−0,0296	0,0937	0,1706	−0,0045	−0,0542	0,0854
d	0,1104	0,0748	−0,0253	0,0319	0,1208	0,0559	−0,0439	0,0378
e	0,0865	0,0911	−0,0207	0,0034	0,0817	0,0787	−0,0334	0,0098
f	0,0672	0,0874	−0,0165	−0,0085	0,0526	0,0802	−0,0243	−0,0051
g	0,0518	0,0761	−0,0130	−0,0123	0,0319	0,0712	−0,0168	−0,0117
h	0,0399	0,0630	−0,0101	−0,0124	0,0179	0,0581	−0,0111	−0,0135
i	0,0306	0,0507	−0,0078	−0,0111	0,0089	0,0446	−0,0070	−0,0128

z	200				200			
z_T	100				∞			
	B_{ak}	D_{ak}/a	$a\cdot B_{ak}^2$	D_{ak}^2	B_{ak}	D_{ak}/a	$a\cdot B_{ak}^2$	D_{ak}^2
$k=a$	0,4365	−0,0209	−0,1251	0,0144	0,4449	0	−0,1291	0
b	0,3139	−0,0088	−0,1173	0,0098	0,3186	0	−0,1207	0
c	0,2057	−0,0011	−0,0979	0,0060	0,2074	0	−0,1005	0
d	0,1193	0,0034	−0,0745	0,0031	0,1189	0	−0,0763	0
e	0,0563	0,0054	−0,0520	0,0011	0,0544	0	−0,0530	0
f	0,0141	0,0058	−0,0329	−0,0001	0,0116	0	−0,0332	0
g	−0,0110	0,0053	−0,0181	−0,0008	−0,0137	0	−0,0179	0
h	−0,0234	0,0043	−0,0075	−0,0011	−0,0259	0	−0,0071	0
i	−0,0273	0,0032	−0,0008	−0,0011	−0,0294	0	−0,0002	0

Auflagerkräfte B_{ik} bzw. $a \cdot B_{ik}^{\lambda}$

Auflagereinspannmomente D_{ik}/a bzw. D_{ik}^{λ}

z	500				500			
z_T	0,001				0,003			
	B_{ak}	D_{ak}/a	$a \cdot B_{ak}^{\lambda}$	D_{ak}^{λ}	B_{ak}	D_{ak}/a	$a \cdot B_{ak}^{\lambda}$	D_{ak}^{λ}
$k = a$	0,0311	−0,4854	0	0,9980	0,0322	−0,4867	0	0,9941
b	0,0302	0,0142	0	0,0020	0,0312	0,0128	−0,0001	0,0059
c	0,0292	0,0147	0	0	0,0302	0,0153	−0,0001	0
d	0,0283	0,0142	0	0	0,0292	0,0148	−0,0001	0
e	0,0274	0,0138	0	0	0,0283	0,0143	−0,0001	0
f	0,0266	0,0133	0	0	0,0274	0,0138	−0,0001	0
g	0,0258	0,0129	0	0	0,0265	0,0134	−0,0001	0
h	0,0250	0,0125	0	0	0,0256	0,0130	−0,0001	0
i	0,0242	0,0121	0	0	0,0248	0,0126	−0,0001	0

z	500				500			
z_T	0,1				0,3			
	B_{ak}	D_{ak}/a	$a \cdot B_{ak}^{\lambda}$	D_{ak}^{λ}	B_{ak}	D_{ak}/a	$a \cdot B_{ak}^{\lambda}$	D_{ak}^{λ}
$k = a$	0,0560	−0,5357	−0,0013	0,8534	0,0845	−0,5727	−0,0041	0,7004
b	0,0534	−0,0479	−0,0020	0,1234	0,0788	−0,1208	−0,0055	0,2046
c	0,0505	0,0216	−0,0021	0,0168	0,0724	0,0094	−0,0055	0,0573
d	0,0476	0,0302	−0,0020	0,0013	0,0663	0,0443	−0,0052	0,0138
e	0,0449	0,0299	−0,0018	−0,0009	0,0606	0,0510	−0,0048	0,0011
f	0,0424	0,0284	−0,0017	−0,0011	0,0553	0,0498	−0,0044	−0,0024
g	0,0400	0,0268	−0,0016	−0,0011	0,0505	0,0464	−0,0040	−0,0032
h	0,0377	0,0253	−0,0016	−0,0010	0,0461	0,0426	−0,0037	−0,0033
i	0,0356	0,0239	−0,0015	−0,0010	0,0421	0,0390	−0,0034	−0,0031

z	500				500			
z_T	10				30			
	B_{ak}	D_{ak}/a	$a \cdot B_{ak}^{\lambda}$	D_{ak}^{λ}	B_{ak}	D_{ak}/a	$a \cdot B_{ak}^{\lambda}$	D_{ak}^{λ}
$k = a$	0,2918	−0,2419	−0,0581	0,1394	0,3397	−0,1036	−0,0746	0,0564
b	0,2337	−0,1236	−0,0567	0,0978	0,2658	−0,0548	−0,0718	0,0413
c	0,1794	−0,0426	−0,0511	0,0648	0,1975	−0,0201	−0,0640	0,0284
d	0,1318	0,0092	−0,0434	0,0396	0,1385	0,0030	−0,0537	0,0181
e	0,0923	0,0393	−0,0352	0,0213	0,0903	0,0169	−0,0427	0,0102
f	0,0610	0,0538	−0,0273	0,0086	0,0528	0,0241	−0,0323	0,0044
g	0,0371	0,0580	−0,0203	0,0003	0,0252	0,0264	−0,0231	0,0005
h	0,0198	0,0555	−0,0144	−0,0047	0,0061	0,0255	−0,0154	−0,0020
i	0,0078	0,0493	−0,0097	−0,0073	−0,0062	0,0228	−0,0094	−0,0033

auf elastisch senk- und drehbaren Stützen

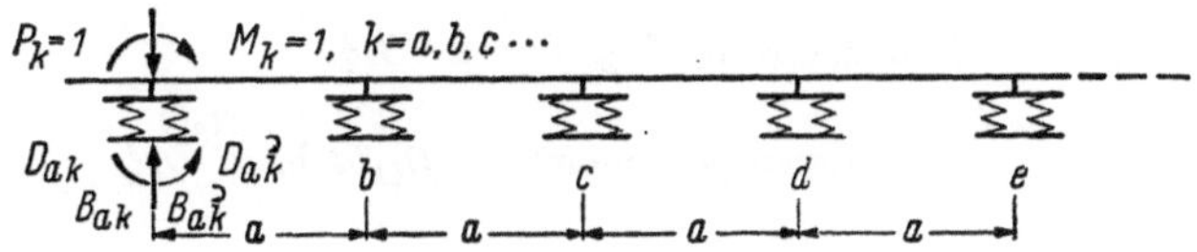

$P_k=1$ $M_k=1,\ k=a,b,c\cdots$

$D_{ak}\quad D_{ak}^2\qquad b\qquad c\qquad d\qquad e$
$B_{ak}\quad B_{ak}^2\quad a\ \longmapsto\ a\ \longmapsto\ a\ \longmapsto\ a\ \longmapsto$

| z | 500 | | | | 500 | | | |
| z_T | 0,01 | | | | 0,03 | | | |
	B_{ak}	D_{ak}/a	$a\cdot B_{ak}^2$	D_{ak}^2	B_{ak}	D_{ak}/a	$a\cdot B_{ak}^2$	D_{ak}^2
$k=a$	0,0346	−0,4917	−0,0001	0,9807	0,0404	−0,5044	−0,0004	0,9461
b	0,0334	0,0076	−0,0002	0,0188	0,0390	−0,0066	−0,0007	0,0505
c	0,0323	0,0166	−0,0002	0,0002	0,0374	0,0193	−0,0006	0,0024
d	0,0312	0,0162	−0,0002	−0,0001	0,0359	0,0199	−0,0006	−0,0002
e	0,0301	0,0156	−0,0002	−0,0001	0,0344	0,0192	−0,0006	−0,0003
f	0,0290	0,0151	−0,0002	−0,0001	0,0330	0,0184	−0,0006	−0,0003
g	0,0280	0,0146	−0,0002	−0,0001	0,0317	0,0176	−0,0006	−0,0003
h	0,0271	0,0141	−0,0002	−0,0001	0,0304	0,0169	−0,0005	−0,0003
i	0,0261	0,0136	−0,0002	−0,0001	0,0292	0,0162	−0,0005	−0,0003

| z | 500 | | | | 500 | | | |
| z_T | 1 | | | | 3 | | | |
	B_{ak}	D_{ak}/a	$a\cdot B_{ak}^2$	D_{ak}^2	B_{ak}	D_{ak}/a	$a\cdot B_{ak}^2$	D_{ak}^2
$k=a$	0,1387	−0,5642	−0,0135	0,4881	0,2105	−0,4469	−0,0322	0,2999
b	0,1235	−0,2029	−0,0151	0,2356	0,1772	−0,2044	−0,0328	0,1859
c	0,1078	−0,0315	−0,0147	0,1089	0,1449	−0,0573	−0,0305	0,1095
d	0,0931	0,0451	−0,0135	0,0459	0,1159	0,0265	−0,0268	0,0595
e	0,0798	0,0750	−0,0119	0,0153	0,0908	0,0695	−0,0226	0,0278
f	0,0682	0,0824	−0,0104	0,0009	0,0700	0,0870	−0,0185	0,0085
g	0,0582	0,0796	−0,0089	−0,0054	0,0531	0,0894	−0,0148	−0,0026
h	0,0495	0,0725	−0,0077	−0,0077	0,0397	0,0834	−0,0117	−0,0084
i	0,0422	0,0641	−0,0065	−0,0082	0,0293	0,0735	−0,0090	−0,0108

| z | 500 | | | | 500 | | | |
| z_T | 100 | | | | ∞ | | | |
	B_{ak}	D_{ak}/a	$a\cdot B_{ak}^2$	D_{ak}^2	B_{ak}	D_{ak}/a	$a\cdot B_{ak}^2$	D_{ak}^2
$k=a$	0,3626	−0,0344	−0,0827	0,0184	0,3738	0	−0,0867	0
b	0,2810	−0,0185	−0,0793	0,0137	0,2884	0	−0,0829	0
c	0,2058	−0,0069	−0,0703	0,0095	0,2099	0	−0,0733	0
d	0,1412	0,0009	−0,0586	0,0062	0,1425	0	−0,0609	0
e	0,0888	0,0056	−0,0463	0,0035	0,0880	0	−0,0479	0
f	0,0484	0,0081	−0,0346	0,0016	0,0462	0	−0,0356	0
g	0,0191	0,0090	−0,0243	0,0002	0,0160	0	−0,0248	0
h	−0,0008	0,0087	−0,0158	−0,0006	−0,0042	0	−0,0159	0
i	−0,0131	0,0078	−0,0092	−0,0011	−0,0166	0	−0,0089	0

Auflagerkräfte B_{ik} bzw. $a \cdot B_{i\bar{k}}$

Auflagereinspannmomente D_{ik}/a bzw. $D_{i\bar{k}}$

z	1000				1000			
z_T	0,001				0,003			
	B_{ak}	D_{ak}/a	$a \cdot B_{a\bar{k}}$	$D_{a\bar{k}}$	B_{ak}	D_{ak}/a	$a \cdot B_{a\bar{k}}$	$D_{a\bar{k}}$
$k=a$	0,0211	−0,4904	0	0,9980	0,0229	−0,4914	0	0,9941
b	0,0207	0,0094	0	0,0020	0,0224	0,0084	0	0,0059
c	0,0202	0,0102	0	0	0,0219	0,0111	0	0
d	0,0198	0,0099	0	0	0,0214	0,0108	0	0
e	0,0194	0,0097	0	0	0,0209	0,0106	0	0
f	0,0190	0,0095	0	0	0,0204	0,0103	0	0
g	0,0186	0,0093	0	0	0,0200	0,0101	0	0
h	0,0182	0,0091	0	0	0,0195	0,0099	0	0
i	0,0178	0,0089	0	0	0,0191	0,0096	0	0

z	1000				1000			
z_T	0,1				0,3			
	B_{ak}	D_{ak}/a	$a \cdot B_{a\bar{k}}$	$D_{a\bar{k}}$	B_{ak}	D_{ak}/a	$a \cdot B_{a\bar{k}}$	$D_{a\bar{k}}$
$k=a$	0,0401	−0,5462	−0,0007	0,8537	0,0610	−0,5934	−0,0021	0,7018
b	0,0387	−0,0577	−0,0011	0,1240	0,0580	−0,1395	−0,0029	0,2065
c	0,0372	0,0128	−0,0011	0,0175	0,0546	−0,0069	−0,0030	0,0594
d	0,0357	0,0222	−0,0010	0,0020	0,0513	0,0304	−0,0029	0,0158
e	0,0343	0,0227	−0,0010	−0,0003	0,0481	0,0394	−0,0027	0,0030
f	0,0329	0,0220	−0,0010	−0,0006	0,0451	0,0402	−0,0025	−0,0007
g	0,0316	0,0212	−0,0009	−0,0006	0,0423	0,0387	−0,0024	−0,0017
h	0,0303	0,0203	−0,0009	−0,0006	0,0397	0,0366	−0,0022	−0,0019
i	0,0291	0,0195	−0,0008	−0,0006	0,0373	0,0344	−0,0021	−0,0019

z	1000				1000			
z_T	10				30			
	B_{ak}	D_{ak}/a	$a \cdot B_{a\bar{k}}$	$D_{a\bar{k}}$	B_{ak}	D_{ak}/a	$a \cdot B_{a\bar{k}}$	$D_{a\bar{k}}$
$k=a$	0,2340	−0,3132	−0,0376	0,1542	0,2848	−0,1439	−0,0518	0,0655
b	0,1963	−0,1798	−0,0372	0,1129	0,2333	−0,0860	−0,0505	0,0504
c	0,1601	−0,0839	−0,0346	0,0796	0,1845	−0,0424	−0,0465	0,0372
d	0,1272	−0,0176	−0,0308	0,0535	0,1407	−0,0108	−0,0409	0,0261
e	0,0984	0,0256	−0,0265	0,0336	0,1029	0,0107	−0,0346	0,0172
f	0,0740	0,0515	−0,0221	0,0188	0,0714	0,0242	−0,0283	0,0102
g	0,0539	0,0648	−0,0180	0,0083	0,0461	0,0317	−0,0223	0,0049
h	0,0377	0,0692	−0,0142	0,0011	0,0264	0,0346	−0,0170	0,0011
i	0,0251	0,0678	−0,0109	−0,0036	0,0118	0,0343	−0,0124	−0,0015

auf elastisch senk- und drehbaren Stützen

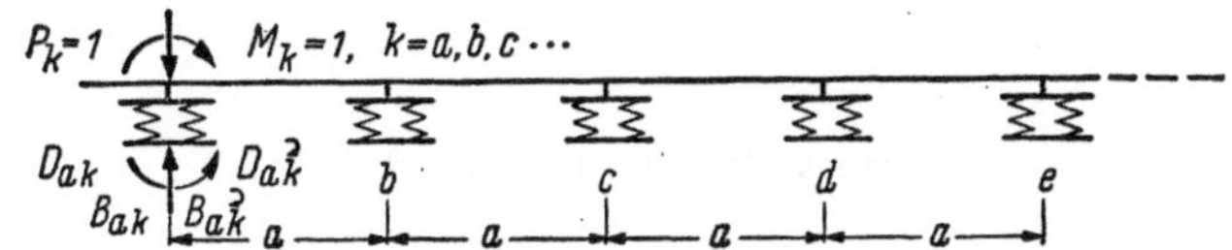

z	1000				1000			
z_T	0,01				0,03			
	B_{ak}	D_{ak}/a	$a \cdot B_{ak}^2$	D_{ak}^2	B_{ak}	D_{ak}/a	$a \cdot B_{ak}^2$	D_{ak}^2
$k = a$	0,0246	−0,4969	−0,0001	0,9807	0,0288	−0,5108	−0,0002	0,9462
b	0,0240	0,0027	−0,0001	0,0188	0,0281	−0,0127	−0,0003	0,0507
c	0,0234	0,0120	−0,0001	0,0003	0,0273	0,0137	−0,0003	0,0025
d	0,0228	0,0119	−0,0001	−0,0001	0,0265	0,0147	−0,0003	0
e	0,0223	0,0116	−0,0001	−0,0001	0,0257	0,0143	−0,0003	−0,0002
f	0,0217	0,0113	−0,0001	−0,0001	0,0250	0,0139	−0,0003	−0,0002
g	0,0212	0,0110	−0,0001	−0,0001	0,0242	0,0135	−0,0003	−0,0002
h	0,0207	0,0107	−0,0001	−0,0001	0,0235	0,0131	−0,0003	−0,0002
i	0,0202	0,0105	−0,0001	−0,0001	0,0229	0,0127	−0,0003	−0,0002

z	1000				1000			
z_T	1				3			
	B_{ak}	D_{ak}/a	$a \cdot B_{ak}^2$	D_{ak}^2	B_{ak}	D_{ak}/a	$a \cdot B_{ak}^2$	D_{ak}^2
$k = a$	0,1018	−0,6097	−0,0073	0,4934	0,1596	−0,5207	−0,0187	0,3122
b	0,0935	−0,2424	−0,0083	0,2419	0,1401	−0,2653	−0,0193	0,1991
c	0,0848	−0,0640	−0,0083	0,1157	0,1208	−0,1046	−0,0186	0,1231
d	0,0764	0,0198	−0,0078	0,0527	0,1027	−0,0071	−0,0170	0,0727
e	0,0686	0,0565	−0,0072	0,0216	0,0864	0,0488	−0,0151	0,0398
f	0,0614	0,0700	−0,0066	0,0064	0,0721	0,0776	−0,0132	0,0188
g	0,0549	0,0724	−0,0059	−0,0008	0,0597	0,0895	−0,0113	0,0057
h	0,0491	0,0696	−0,0053	−0,0040	0,0491	0,0909	−0,0096	−0,0021
i	0,0438	0,0647	−0,0048	−0,0052	0,0402	0,0864	−0,0080	−0,0064

z	1000				1000			
z_T	100				∞			
	B_{ak}	D_{ak}/a	$a \cdot B_{ak}^2$	D_{ak}^2	B_{ak}	D_{ak}/a	$a \cdot B_{ak}^2$	D_{ak}^2
$k = a$	0,3116	−0,0496	−0,0596	0,0219	0,3254	0	−0,0636	0
b	0,2525	−0,0301	−0,0578	0,0172	0,2624	0	−0,0616	0
c	0,1970	−0,0151	−0,0529	0,0129	0,2033	0	−0,0563	0
d	0,1472	−0,0041	−0,0463	0,0092	0,1506	0	−0,0491	0
e	0,1045	0,0035	−0,0390	0,0062	0,1052	0	−0,0411	0
f	0,0692	0,0084	−0,0316	0,0037	0,0680	0	−0,0331	0
g	0,0412	0,0112	−0,0246	0,0019	0,0386	0	−0,0256	0
h	0,0198	0,0123	−0,0183	0,0005	0,0163	0	−0,0189	0
i	0,0042	0,0123	−0,0130	−0,0005	0,0002	0	−0,0132	0

7. Auflagerreaktionen des beidseitig unendlich langen Balkens

Der beidseitig unendlich lange Balken

Auflagerkräfte B_{ik} bzw. $a \cdot B_{ik}^{\lambda}$

Auflagereinspannmomente D_{ik}/a bzw. D_{ik}^{λ}

z	0,1				0,1			
z_T	0,001				0,003			
	B_{ak}	D_{ak}/a	$a \cdot B_{ak}^{\lambda}$	D_{ak}^{λ}	B_{ak}	D_{ak}/a	$a \cdot B_{ak}^{\lambda}$	D_{ak}^{λ}
$k = a$	0,7372	0	0	0,9853	0,7490	0	0	0,9592
b	0,1122	0,0750	—0,0090	—0,0040	0,1093	0,0701	—0,0252	—0,0106
c	0,0164	0,0111	—0,0013	—0,0009	0,0141	0,0094	—0,0034	—0,0022
d	0,0024	0,0016	—0,0002	—0,0001	0,0018	0,0012	—0,0004	—0,0003
e	0,0004	0,0002	0	0	0,0002	0,0002	—0,0001	0
f	0,0001	0	0	0	0	0	0	0
g	0	0	0	0	0	0	0	0
h	0	0	0	0	0	0	0	0
i	0	0	0	0	0	0	0	0

z	0,1				0,1			
z_T	0,1				0,3			
	B_{ak}	D_{ak}/a	$a \cdot B_{ak}^{\lambda}$	D_{ak}^{λ}	B_{ak}	D_{ak}/a	$a \cdot B_{ak}^{\lambda}$	D_{ak}^{λ}
$k = a$	0,8000	0	0	0,4338	0,8222	0	0	0,2089
b	0,1124	0,0313	—0,3751	—0,0662	0,1114	0,0148	—0,5325	—0,0438
c	—0,0113	—0,0004	0,0046	—0,0045	—0,0226	—0,0011	0,0396	—0,0004
d	—0,0013	—0,0004	0,0046	0,0009	—0,0003	—0,0002	0,0063	0,0008
e	0,0002	0	—0,0001	0	0,0004	0	—0,0012	—0,0001
f	0	0	—0,0001	0	0	0	0	0
g	0	0	0	0	0	0	0	0
h	0	0	0	0	0	0	0	0
i	0	0	0	0	0	0	0	0

z	0,1				0,1			
z_T	10				30			
	B_{ak}	D_{ak}/a	$a \cdot B_{ak}^{\lambda}$	D_{ak}^{λ}	B_{ak}	D_{ak}/a	$a \cdot B_{ak}^{\lambda}$	D_{ak}^{λ}
$k = a$	0,8417	0	0	0,0081	0,8422	0	0	0,0027
b	0,1095	0,0006	—0,6729	—0,0021	0,1094	0,0002	—0,6766	—0,0007
c	—0,0324	—0,0001	0,0859	0,0001	—0,0327	0	0,0874	0
d	0,0017	0	0,0038	0	0,0018	0	0,0036	0
e	0,0005	0	—0,0024	0	0,0005	0	—0,0024	0
f	—0,0001	0	0,0002	0	—0,0001	0	0,0002	0
g	0	0	0	0	0	0	0	0
h	0	0	0	0	0	0	0	0
i	0	0	0	0	0	0	0	0

auf elastisch senk- und drehbaren Stützen

auf elastisch senk- und drehbaren Stützen

z	0,1				0,1			
z_T	0,01				0,03			
	B_{ak}	D_{ak}/a	$a \cdot B_{ak}^{\prime}$	$D_{ak}^{\prime}$	B_{ak}	D_{ak}/a	$a \cdot B_{ak}^{\prime}$	$D_{ak}^{\prime}$
$k = a$	0,7565	0	0	0,8772	0,7728	0	0	0,7100
b	0,1103	0,0642	−0,0770	−0,0294	0,1116	0,0518	−0,1864	−0,0561
c	0,0105	0,0072	−0,0087	−0,0055	0,0025	0,0034	−0,0122	−0,0081
d	0,0009	0,0006	−0,0008	−0,0005	−0,0005	−0,0001	0,0004	−0,0002
e	0,0001	0,0001	−0,0001	0	0	0	0,0001	0
f	0	0	0	0	0	0	0	0
g	0	0	0	0	0	0	0	0
h	0	0	0	0	0	0	0	0
i	0	0	0	0	0	0	0	0

z	0,1				0,1			
z_T	1				3			
	B_{ak}	D_{ak}/a	$a \cdot B_{ak}^{\prime}$	$D_{ak}^{\prime}$	B_{ak}	D_{ak}/a	$a \cdot B_{ak}^{\prime}$	$D_{ak}^{\prime}$
$k = a$	0,8353	0	0	0,0747	0,8399	0	0	0,0264
b	0,1102	0,0052	−0,6265	−0,0181	0,1097	0,0018	−0,6602	−0,0067
c	−0,0292	−0,0006	0,0691	0,0005	−0,0316	−0,0002	0,0812	0,0003
d	0,0010	0	0,0052	0,0003	0,0015	0	0,0042	0,0001
e	0,0005	0	−0,0020	0	0,0005	0	−0,0023	0
f	−0,0001	0	0,0001	0	−0,0001	0	0,0001	0
g	0	0	0	0	0	0	0	0
h	0	0	0	0	0	0	0	0
i	0	0	0	0	0	0	0	0

z	0,1				0,1			
z_T	100				∞			
	B_{ak}	D_{ak}/a	$a \cdot B_{ak}^{\prime}$	$D_{ak}^{\prime}$	B_{ak}	D_{ak}/a	$a \cdot B_{ak}^{\prime}$	$D_{ak}^{\prime}$
$k = a$	0,8424	0	0	0,0008	0,8425	0	0	0
b	0,1094	0,0001	−0,6779	−0,0002	0,1094	0	−0,6786	0
c	−0,0328	0	0,0879	0	−0,0328	0	0,0881	0
d	0,0018	0	0,0036	0	0,0018	0	0,0036	0
e	0,0005	0	−0,0024	0	0,0005	0	−0,0024	0
f	−0,0001	0	0,0002	0	−0,0001	0	0,0002	0
g	0	0	0	0	0	0	0	0
h	0	0	0	0	0	0	0	0
i	0	0	0	0	0	0	0	0

Der beidseitig unendlich lange Balken

Auflagerkräfte B_{ik} bzw. $a \cdot B_{ik}^{\lambda}$

Auflagereinspannmomente D_{ik}/a bzw. D_{ik}^{λ}

z	0,2				0,2			
z_T	0,001				0,003			
	B_{ak}	D_{ak}/a	$a \cdot B_{ak}^{\lambda}$	D_{ak}^{λ}	B_{ak}	D_{ak}/a	$a \cdot B_{ak}^{\lambda}$	D_{ak}^{λ}
$k = a$	0,5976	0	0	0,9858	0,6237	0	0	0,9620
b	0,1514	0,1251	−0,0075	−0,0042	0,1469	0,1135	−0,0204	−0,0102
c	0,0375	0,0312	−0,0018	−0,0015	0,0322	0,0255	−0,0046	−0,0036
d	0,0093	0,0077	−0,0005	−0,0004	0,0070	0,0056	−0,0010	−0,0008
e	0,0023	0,0019	−0,0001	−0,0001	0,0015	0,0012	−0,0002	−0,0002
f	0,0006	0,0005	0	0	0,0003	0,0003	0	0
g	0,0001	0,0001	0	0	0,0001	0,0001	0	0
h	0	0	0	0	0	0	0	0
i	0	0	0	0	0	0	0	0

z	0,2				0,2			
z_T	0,1				0,3			
	B_{ak}	D_{ak}/a	$a \cdot B_{ak}^{\lambda}$	D_{ak}^{λ}	B_{ak}	D_{ak}/a	$a \cdot B_{ak}^{\lambda}$	D_{ak}^{λ}
$k = a$	0,6961	0	0	0,4537	0,7288	0	0	0,2226
b	0,1572	0,0530	−0,3181	−0,0655	0,1588	0,0257	−0,4621	−0,0442
c	−0,0017	0,0043	−0,0259	−0,0148	−0,0187	0,0005	−0,0089	−0,0075
d	−0,0034	−0,0007	0,0045	0,0002	−0,0051	−0,0008	0,0136	0,0012
e	−0,0002	−0,0002	0,0009	0,0003	0,0005	0	0,0005	0,0002
f	0,0001	0	0	0	0,0002	0	−0,0004	0
g	0	0	0	0	0	0	0	0
h	0	0	0	0	0	0	0	0
i	0	0	0	0	0	0	0	0

z	0,2				0,2			
z_T	10				30			
	B_{ak}	D_{ak}/a	$a \cdot B_{ak}^{\lambda}$	D_{ak}^{λ}	B_{ak}	D_{ak}/a	$a \cdot B_{ak}^{\lambda}$	D_{ak}^{λ}
$k = a$	0,7585	0	0	0,0088	0,7593	0	0	0,0030
b	0,1586	0,0010	−0,5963	−0,0021	0,1585	0,0003	−0,5999	−0,0007
c	−0,0345	0	0,0209	−0,0003	−0,0350	0	0,0218	−0,0001
d	−0,0049	0	0,0221	0,0001	−0,0048	0	0,0223	0
e	0,0015	0	−0,0016	0	0,0015	0	−0,0017	0
f	0,0001	0	−0,0008	0	0,0001	0	−0,0008	0
g	−0,0001	0	0,0001	0	−0,0001	0	0,0001	0
h	0	0	0	0	0	0	0	0
i	0	0	0	0	0	0	0	0

auf elastisch senk- und drehbaren Stützen

z	0,2				0,2			
z_T	0,01				0,03			
	B_{ak}	D_{ak}/a	$a \cdot B_{ak}^2$	D_{ak}^2	B_{ak}	D_{ak}/a	$a \cdot B_{ak}^2$	D_{ak}^2
$k=a$	0,6353	0	0	0,8855	0,6576	0	0	0,7260
b	0,1488	0,1042	−0,0625	−0,0281	0,1527	0,0854	−0,1538	−0,0543
c	0,0275	0,0211	−0,0127	−0,0094	0,0174	0,0134	−0,0242	−0,0159
d	0,0050	0,0038	−0,0023	−0,0018	0,0012	0,0012	−0,0022	−0,0020
e	0,0009	0,0007	−0,0004	−0,0003	0	0,0001	−0,0001	−0,0001
f	0,0002	0,0001	−0,0001	−0,0001	0	0	0	0
g	0	0	0	0	0	0	0	0
h	0	0	0	0	0	0	0	0
i	0	0	0	0	0	0	0	0

z	0,2				0,2			
z_T	1				3			
	B_{ak}	D_{ak}/a	$a \cdot B_{ak}^2$	D_{ak}^2	B_{ak}	D_{ak}/a	$a \cdot B_{ak}^2$	D_{ak}^2
$k=a$	0,7487	0	0	0,0805	0,7558	0	0	0,0285
b	0,1588	0,0092	−0,5513	−0,0185	0,1587	0,0032	−0,5839	−0,0068
c	−0,0293	−0,0002	0,0094	−0,0025	−0,0331	−0,0001	0,0176	−0,0009
d	−0,0051	−0,0003	0,0194	0,0007	−0,0049	−0,0001	0,0214	0,0003
e	0,0011	0	−0,0007	0,0001	0,0014	0	−0,0013	0
f	0,0002	0	−0,0007	0	0,0001	0	−0,0008	0
g	0	0	0	0	−0,0001	0	0,0001	0
h	0	0	0	0	0	0	0	0
i	0	0	0	0	0	0	0	0

z	0,2				0,2			
z_T	100				∞			
	B_{ak}	D_{ak}/a	$a \cdot B_{ak}^2$	D_{ak}^2	B_{ak}	D_{ak}/a	$a \cdot B_{ak}^2$	D_{ak}^2
$k=a$	0,7596	0	0	0,0009	0,7597	0	0	0
b	0,1585	0,0001	−0,6012	−0,0002	0,1585	0	−0,6018	0
c	−0,0351	0	0,0222	0	−0,0352	0	0,0224	0
d	−0,0048	0	0,0224	0	−0,0048	0	0,0224	0
e	0,0015	0	−0,0017	0	0,0015	0	−0,0017	0
f	0,0001	0	−0,0008	0	0,0001	0	−0,0008	0
g	−0,0001	0	0,0001	0	−0,0001	0	0,0001	0
h	0	0	0	0	0	0	0	0
i	0	0	0	0	0	0	0	0

Auflagerkräfte B_{ik} bzw. $a \cdot B_{ik}^{\rangle}$

Auflagereinspannmomente D_{ik}/a bzw. $D_{ik}^{\rangle}$

z	0,5				0,5			
z_T	0,001				0,003			
	B_{ak}	D_{ak}/a	$a \cdot B_{ak}^{\rangle}$	$D_{ak}^{\rangle}$	B_{ak}	D_{ak}/a	$a \cdot B_{ak}^{\rangle}$	$D_{ak}^{\rangle}$
$k = a$	0,4468	0	0	0,9887	0,4525	0	0	0,9670
b	0,1717	0,1901	−0,0046	−0,0031	0,1731	0,1854	−0,0133	−0,0087
c	0,0651	0,0725	−0,0017	−0,0019	0,0637	0,0693	−0,0050	−0,0054
d	0,0247	0,0275	−0,0007	−0,0007	0,0234	0,0255	−0,0018	−0,0020
e	0,0094	0,0104	−0,0003	−0,0003	0,0086	0,0094	−0,0007	−0,0007
f	0,0036	0,0040	−0,0001	−0,0001	0,0032	0,0034	−0,0002	−0,0003
g	0,0013	0,0015	0	0	0,0012	0,0013	−0,0001	−0,0001
h	0,0005	0,0006	0	0	0,0004	0,0005	0	0
i	0,0002	0,0002	0	0	0,0002	0,0002	0	0

z	0,5				0,5			
z_T	0,1				0,3			
	B_{ak}	D_{ak}/a	$a \cdot B_{ak}^{\rangle}$	$D_{ak}^{\rangle}$	B_{ak}	D_{ak}/a	$a \cdot B_{ak}^{\rangle}$	$D_{ak}^{\rangle}$
$k = a$	0,5429	0	0	0,4907	0,5890	0	0	0,2494
b	0,2003	0,0951	−0,2282	−0,0596	0,2099	0,0482	−0,3471	−0,0415
c	0,0297	0,0235	−0,0565	−0,0327	0,0077	0,0092	−0,0660	−0,0215
d	0	0,0023	−0,0056	−0,0059	−0,0100	−0,0009	0,0064	−0,0018
e	−0,0011	−0,0003	0,0007	−0,0003	−0,0023	−0,0007	0,0048	0,0008
f	−0,0003	−0,0002	0,0004	0,0002	0,0001	−0,0001	0,0006	0,0003
g	0	0	0,0001	0	0,0001	0	−0,0002	0
h	0	0	0	0	0	0	−0,0001	0
i	0	0	0	0	0	0	0	0

z	0,5				0,5			
z_T	10				30			
	B_{ak}	D_{ak}/a	$a \cdot B_{ak}^{\rangle}$	$D_{ak}^{\rangle}$	B_{ak}	D_{ak}/a	$a \cdot B_{ak}^{\rangle}$	$D_{ak}^{\rangle}$
$k = a$	0,6340	0	0	0,0101	0,6352	0	0	0,0034
b	0,2168	0,0020	−0,4683	−0,0021	0,2170	0,0007	−0,4717	−0,0007
c	−0,0159	0,0003	−0,0648	−0,0010	−0,0166	0,0001	−0,0646	−0,0003
d	−0,0179	−0,0001	0,0249	0	−0,0181	0	0,0255	0
e	−0,0013	0	0,0081	0,0001	−0,0013	0	0,0082	0
f	0,0011	0	−0,0007	0	0,0011	0	−0,0007	0
g	0,0002	0	−0,0007	0	0,0002	0	−0,0007	0
h	0	0	0	0	0	0	0	0
i	0	0	0	0	0	0	0	0

auf elastisch senk- und drehbaren Stützen

z	0,5				0,5			
z_T	0,01				0,03			
	B_{ak}	D_{ak}/a	$a\cdot B_{ak}^2$	D_{ak}^2	B_{ak}	D_{ak}/a	$a\cdot B_{ak}^2$	D_{ak}^2
$k=a$	0,4655	0	0	0,8995	0,4926	0	0	0,7543
b	0,1775	0,1728	−0,0415	−0,0242	0,1865	0,1457	−0,1049	−0,0477
c	0,0597	0,0613	−0,0147	−0,0147	0,0503	0,0459	−0,0331	−0,0280
d	0,0200	0,0205	−0,0049	−0,0051	0,0127	0,0120	−0,0086	−0,0080
e	0,0067	0,0069	−0,0016	−0,0017	0,0031	0,0030	−0,0022	−0,0020
f	0,0022	0,0023	−0,0005	−0,0006	0,0008	0,0007	−0,0005	−0,0005
g	0,0007	0,0008	−0,0002	−0,0002	0,0002	0,0002	−0,0001	−0,0001
h	0,0002	0,0003	−0,0001	−0,0001	0	0	0	0
i	0,0001	0,0001	0	0	0	0	0	0

z	0,5				0,5			
z_T	1				3			
	B_{ak}	D_{ak}/a	$a\cdot B_{ak}^2$	D_{ak}^2	B_{ak}	D_{ak}/a	$a\cdot B_{ak}^2$	D_{ak}^2
$k=a$	0,6186	0	0	0,0922	0,6297	0	0	0,0330
b	0,2147	0,0178	−0,4265	−0,0177	0,2163	0,0063	−0,4566	−0,0066
c	−0,0076	0,0028	−0,0664	−0,0089	−0,0136	0,0009	−0,0653	−0,0033
d	−0,0154	−0,0007	0,0180	−0,0002	−0,0172	−0,0003	0,0229	0
e	−0,0019	−0,0003	0,0072	0,0006	−0,0015	−0,0001	0,0079	0,0002
f	0,0007	0	−0,0001	0,0001	0,0010	0	−0,0005	0
g	0,0002	0	−0,0005	0	0,0003	0	−0,0006	0
h	0	0	−0,0001	0	0	0	−0,0001	0
i	0	0	0	0	0	0	0	0

z	0,5				0,5			
z_T	100				∞			
	B_{ak}	D_{ak}/a	$a\cdot B_{ak}^2$	D_{ak}^2	B_{ak}	D_{ak}/a	$a\cdot B_{ak}^2$	D_{ak}^2
$k=a$	0,6357	0	0	0,0010	0,6359	0	0	0
b	0,2170	0,0002	−0,4729	−0,0002	0,2171	0	−0,4735	0
c	−0,0168	0	−0,0646	−0,0001	−0,0169	0	−0,0645	0
d	−0,0182	0	0,0257	0	−0,0182	0	0,0258	0
e	−0,0012	0	0,0082	0	−0,0012	0	0,0082	0
f	0,0012	0	−0,0008	0	0,0011	0	−0,0008	0
g	0,0002	0	−0,0007	0	0,0003	0	−0,0007	0
h	−0,0001	0	0	0	−0,0001	0	0	0
i	0	0	0	0	0	0	0	0

Auflagerkräfte B_{ik} bzw. $a \cdot B_{ik}^{2}$

Auflagereinspannmomente D_{ik}/a bzw. D_{ik}^{2}

z	1				1			
z_T	0,001				0,003			
	B_{ak}	D_{ak}/a	$a \cdot B_{ak}^{2}$	D_{ak}^{2}	B_{ak}	D_{ak}/a	$a \cdot B_{ak}^{2}$	D_{ak}^{2}
$k = a$	0,3354	0	0	0,9901	0,3396	0	0	0,9711
b	0,1677	0,2477	—0,0030	—0,0024	0,1696	0,2432	—0,0088	—0,0069
c	0,0831	0,1232	—0,0015	—0,0022	0,0825	0,1197	—0,0043	—0,0062
d	0,0412	0,0611	—0,0007	—0,0011	0,0401	0,0582	—0,0021	—0,0030
e	0,0204	0,0303	—0,0004	—0,0005	0,0195	0,0283	—0,0010	—0,0015
f	0,0101	0,0150	—0,0002	—0,0003	0,0095	0,0138	—0,0005	—0,0007
g	0,0050	0,0074	—0,0001	—0,0001	0,0046	0,0067	—0,0002	—0,0004
h	0,0025	0,0037	0	—0,0001	0,0022	0,0033	—0,0001	—0,0002
i	0,0012	0,0018	0	0	0,0011	0,0016	—0,0001	—0,0001

z	1				1			
z_T	0,1				0,3			
	B_{ak}	D_{ak}/a	$a \cdot B_{ak}^{2}$	D_{ak}^{2}	B_{ak}	D_{ak}/a	$a \cdot B_{ak}^{2}$	D_{ak}^{2}
$k = a$	0,4326	0	0	0,5247	0,4857	0	0	0,2760
b	0,2096	0,1353	—0,1624	—0,0492	0,2279	0,0718	—0,2585	—0,0348
c	0,0597	0,0529	—0,0634	—0,0462	0,0396	0,0246	—0,0887	—0,0338
d	0,0126	0,0137	—0,0164	—0,0155	—0,0045	0,0028	—0,0099	—0,0088
e	0,0018	0,0026	—0,0032	—0,0037	—0,0047	—0,0010	0,0036	—0,0003
f	0,0001	0,0003	—0,0004	—0,0006	—0,0013	—0,0006	0,0020	0,0006
g	—0,0001	0	0	—0,0001	—0,0001	—0,0001	0,0004	0,0002
h	0	0	0	0	0,0001	0	0	0
i	0	0	0	0	0	0	0	0

z	1				1			
z_T	10				30			
	B_{ak}	D_{ak}/a	$a \cdot B_{ak}^{2}$	D_{ak}^{2}	B_{ak}	D_{ak}/a	$a \cdot B_{ak}^{2}$	D_{ak}^{2}
$k = a$	0,5420	0	0	0,0116	0,5436	0	0	0,0039
b	0,2444	0,0031	—0,3662	—0,0018	0,2448	0,0010	—0,3694	—0,0006
c	0,0142	0,0009	—0,1096	—0,0018	0,0134	0,0003	—0,1101	—0,0006
d	—0,0223	—0,0001	0,0070	—0,0003	—0,0229	0	0,0077	—0,0001
e	—0,0082	—0,0001	0,0140	0,0001	—0,0083	0	0,0144	0
f	0	0	0,0034	0,0001	0	0	0,0034	0
g	0,0009	0	—0,0005	0	0,0009	0	—0,0005	0
h	0,0003	0	—0,0005	0	0,0003	0	—0,0005	0
i	0	0	—0,0001	0	0	0	—0,0001	0

auf elastisch senk- und drehbaren Stützen

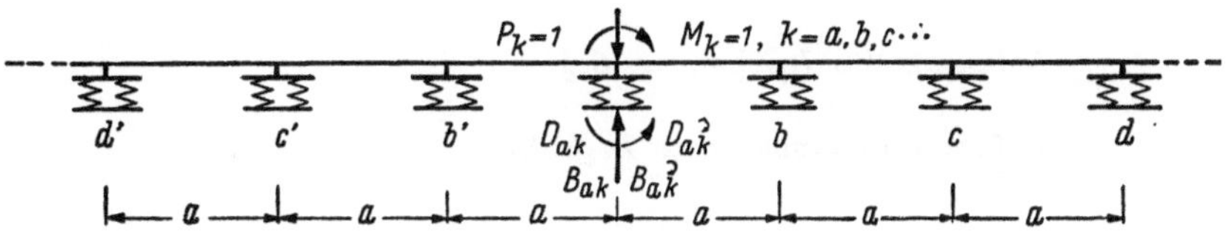

$P_k=1$ $M_k=1$, $k=a,b,c\cdots$
d' c' b' D_{ak} D_{ak}^2 b c d
B_{ak} B_{ak}^2
a a a a a a

| z | 1 | | | | 1 | | | |
| z_T | 0,01 | | | | 0,03 | | | |
	B_{ak}	D_{ak}/a	$a\cdot B_{ak}^2$	D_{ak}^2	B_{ak}	D_{ak}/a	$a\cdot B_{ak}^2$	D_{ak}^2
$k=a$	0,3513	0	0	0,9109	0,3789	0	0	0,7783
b	0,1754	0,2296	—0,0276	—0,0195	0,1880	0,1981	—0,0713	—0,0387
c	0,0807	0,1098	—0,0132	—0,0176	0,0751	0,0884	—0,0318	—0,0354
d	0,0370	0,0504	—0,0060	—0,0082	0,0291	0,0349	—0,0126	—0,0149
e	0,0169	0,0231	—0,0028	—0,0038	0,0113	0,0135	—0,0049	—0,0058
f	0,0078	0,0106	—0,0013	—0,0017	0,0044	0,0052	—0,0019	—0,0023
g	0,0036	0,0048	—0,0006	—0,0008	0,0017	0,0020	—0,0007	—0,0009
h	0,0016	0,0022	—0,0003	—0,0004	0,0006	0,0008	—0,0003	—0,0003
i	0,0007	0,0010	—0,0001	—0,0002	0,0003	0,0003	—0,0001	—0,0001

| z | 1 | | | | 1 | | | |
| z_T | 1 | | | | 3 | | | |
	B_{ak}	D_{ak}/a	$a\cdot B_{ak}^2$	D_{ak}^2	B_{ak}	D_{ak}/a	$a\cdot B_{ak}^2$	D_{ak}^2
$k=a$	0,5222	0	0	0,1044	0,5364	0	0	0,0377
b	0,2389	0,0273	—0,3278	—0,0150	0,2429	0,0099	—0,3553	—0,0056
c	0,0235	0,0086	—0,1029	—0,0150	0,0168	0,0030	—0,1078	—0,0057
d	—0,0161	0	0	—0,0032	—0,0206	—0,0001	0,0050	—0,0011
e	—0,0074	—0,0008	0,0101	0,0005	—0,0080	—0,0004	0,0129	0,0003
f	—0,0007	—0,0003	0,0032	0,0005	—0,0003	—0,0001	0,0034	0,0002
g	0,0005	0	0	0,0001	0,0008	0	—0,0003	0
h	0,0002	0	—0,0003	0	0,0003	0	—0,0005	0
i	0	0	—0,0001	0	0	0	—0,0001	0

| z | 1 | | | | 1 | | | |
| z_T | 100 | | | | ∞ | | | |
	B_{ak}	D_{ak}/a	$a\cdot B_{ak}^2$	D_{ak}^2	B_{ak}	D_{ak}/a	$a\cdot B_{ak}^2$	D_{ak}^2
$k=a$	0,5442	0	0	0,0012	0,5444	0	0	0
b	0,2450	0,0003	—0,3705	—0,0002	0,2450	0	—0,3710	0
c	0,0131	0,0001	—0,1103	—0,0002	0,0130	0	—0,1104	0
d	—0,0230	0	0,0079	0	—0,0231	0	0,0080	0
e	—0,0083	0	0,0145	0	—0,0083	0	0,0145	0
f	0,0001	0	0,0034	0	0,0001	0	0,0034	0
g	0,0009	0	—0,0006	0	0,0009	0	—0,0006	0
h	0,0003	0	—0,0005	0	0,0003	0	—0,0006	0
i	0	0	—0,0001	0	0	0	—0,0001	0

Der beidseitig unendlich lange Balken

Auflagerkräfte B_{ik} bzw. $a \cdot B_{ik}^{\prime}$

Auflagereinspannmomente D_{ik}/a bzw. $D_{ik}^{\prime}$

z	2				2			
z_T	0,001				0,003			
	B_{ak}	D_{ak}/a	$a \cdot B_{ak}^{\prime}$	$D_{ak}^{\prime}$	B_{ak}	D_{ak}/a	$a \cdot B_{ak}^{\prime}$	$D_{ak}^{\prime}$
$k = a$	0,2438	0	0	0,9914	0,2484	0	0	0,9748
b	0,1488	0,3029	−0,0018	−0,0017	0,1512	0,2977	−0,0054	−0,0049
c	0,0902	0,1843	−0,0011	−0,0023	0,0904	0,1797	−0,0032	−0,0064
d	0,0547	0,1118	−0,0007	−0,0014	0,0540	0,1074	−0,0019	−0,0038
e	0,0332	0,0678	−0,0004	−0,0008	0,0323	0,0642	−0,0012	−0,0023
f	0,0201	0,0411	−0,0002	−0,0005	0,0193	0,0384	−0,0007	−0,0014
g	0,0122	0,0249	−0,0001	−0,0003	0,0115	0,0229	−0,0004	−0,0008
h	0,0074	0,0151	−0,0001	−0,0002	0,0069	0,0137	−0,0002	−0,0005
i	0,0045	0,0092	−0,0001	−0,0001	0,0041	0,0082	−0,0001	−0,0003

z	2				2			
z_T	0,1				0,3			
	B_{ak}	D_{ak}/a	$a \cdot B_{ak}^{\prime}$	$D_{ak}^{\prime}$	B_{ak}	D_{ak}/a	$a \cdot B_{ak}^{\prime}$	$D_{ak}^{\prime}$
$k = a$	0,3363	0	0	0,5606	0,3925	0	0	0,3065
b	0,1995	0,1794	−0,1077	−0,0335	0,2263	0,1004	−0,1807	−0,0230
c	0,0839	0,0957	−0,0574	−0,0554	0,0713	0,0503	−0,0906	−0,0445
d	0,0314	0,0391	−0,0234	−0,0273	0,0114	0,0145	−0,0260	−0,0198
e	0,0111	0,0144	−0,0087	−0,0109	−0,0019	0,0018	−0,0033	−0,0052
f	0,0038	0,0051	−0,0030	−0,0040	−0,0022	−0,0006	0,0011	−0,0005
g	0,0013	0,0017	−0,0010	−0,0014	−0,0009	−0,0005	0,0009	0,0003
h	0,0004	0,0006	−0,0004	−0,0005	−0,0002	−0,0002	0,0003	0,0002
i	0,0001	0,0002	−0,0001	−0,0002	0	0	0,0001	0,0001

z	2				2			
z_T	10				30			
	B_{ak}	D_{ak}/a	$a \cdot B_{ak}^{\prime}$	$D_{ak}^{\prime}$	B_{ak}	D_{ak}/a	$a \cdot B_{ak}^{\prime}$	$D_{ak}^{\prime}$
$k = a$	0,4587	0	0	0,0135	0,4608	0	0	0,0046
b	0,2547	0,0045	−0,2726	−0,0011	0,2556	0,0015	−0,2755	−0,0004
c	0,0500	0,0021	−0,1290	−0,0026	0,0492	0,0007	−0,1302	−0,0009
d	−0,0155	0,0003	−0,0191	−0,0011	−0,0164	0,0001	−0,0187	−0,0004
e	−0,0150	−0,0002	0,0108	−0,0001	−0,0154	−0,0001	0,0113	0
f	−0,0047	−0,0001	0,0080	0,0001	−0,0047	0	0,0083	0
g	0,0001	0	0,0021	0,0001	0,0002	0	0,0021	0
h	0,0008	0	−0,0002	0	0,0008	0	−0,0003	0
i	0,0003	0	−0,0004	0	0,0004	0	−0,0005	0

auf elastisch senk- und drehbaren Stützen

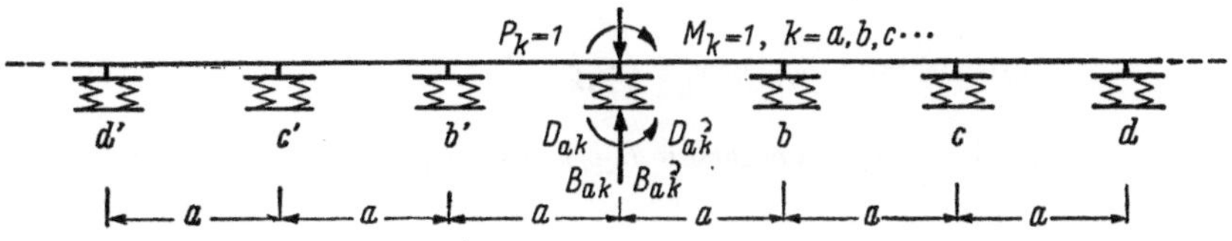

z	2				2			
z_T	0,01				0,03			
	B_{ak}	D_{ak}/a	$a \cdot B_{ak}^2$	D_{ak}^2	B_{ak}	D_{ak}/a	$a \cdot B_{ak}^2$	D_{ak}^2
$k=a$	0,2587	0	0	0,9218	0,2840	0	0	0,8019
b	0,1575	0,2839	−0,0170	−0,0137	0,1720	0,2505	−0,0451	−0,0270
c	0,0907	0,1686	−0,0101	−0,0185	0,0901	0,1433	−0,0258	−0,0389
d	0,0521	0,0970	−0,0058	−0,0108	0,0465	0,0746	−0,0134	−0,0214
e	0,0299	0,0557	−0,0033	−0,0062	0,0240	0,0385	−0,0069	−0,0111
f	0,0172	0,0320	−0,0019	−0,0036	0,0123	0,0198	−0,0036	−0,0057
g	0,0099	0,0184	−0,0011	−0,0021	0,0064	0,0102	−0,0018	−0,0030
h	0,0057	0,0106	−0,0006	−0,0012	0,0033	0,0053	−0,0009	−0,0015
i	0,0033	0,0061	−0,0004	−0,0007	0,0017	0,0027	−0,0005	−0,0008

z	2				2			
z_T	1				3			
	B_{ak}	D_{ak}/a	$a \cdot B_{ak}^2$	D_{ak}^2	B_{ak}	D_{ak}/a	$a \cdot B_{ak}^2$	D_{ak}^2
$k=a$	0,4346	0	0	0,1195	0,4518	0	0	0,0436
b	0,2447	0,0397	−0,2384	−0,0096	0,2519	0,0146	−0,2628	−0,0036
c	0,0584	0,0192	−0,1150	−0,0210	0,0525	0,0069	−0,1250	−0,0082
d	−0,0054	0,0038	−0,0228	−0,0088	−0,0126	0,0011	−0,0203	−0,0034
e	−0,0106	−0,0008	0,0048	−0,0014	−0,0138	−0,0005	0,0090	−0,0004
f	−0,0044	−0,0009	0,0054	0,0005	−0,0047	−0,0004	0,0073	0,0003
g	−0,0007	−0,0003	0,0020	0,0005	−0,0002	−0,0001	0,0021	0,0002
h	0,0003	0	0,0002	0,0001	0,0006	0	−0,0001	0,0001
i	0,0002	0	−0,0002	0	0,0003	0	−0,0004	0

z	2				2			
z_T	100				∞			
	B_{ak}	D_{ak}/a	$a \cdot B_{ak}^2$	D_{ak}^2	B_{ak}	D_{ak}/a	$a \cdot B_{ak}^2$	D_{ak}^2
$k=a$	0,4615	0	0	0,0014	0,4618	0	0	0
b	0,2559	0,0005	−0,2766	−0,0001	0,2560	0	−0,2770	0
c	0,0490	0,0002	−0,1306	−0,0003	0,0489	0	−0,1307	0
d	−0,0167	0	−0,0186	−0,0001	−0,0169	0	−0,0185	0
e	−0,0155	0	0,0115	0	−0,0156	0	0,0116	0
f	−0,0047	0	0,0083	0	−0,0047	0	0,0084	0
g	0,0002	0	0,0021	0	0,0002	0	0,0022	0
h	0,0008	0	−0,0003	0	0,0008	0	−0,0003	0
i	0,0004	0	−0,0005	0	0,0004	0	−0,0005	0

Auflagerkräfte B_{ik} bzw. $a \cdot B_{ik}^{\lambda}$

Auflagereinspannmomente D_{ik}/a bzw. D_{ik}^{λ}

z	5				5			
z_T	0,001				0,003			
	B_{ak}	D_{ak}/a	$a \cdot B_{ak}^{\lambda}$	D_{ak}^{λ}	B_{ak}	D_{ak}/a	$a \cdot B_{ak}^{\lambda}$	D_{ak}^{λ}
$k = a$	0,1573	0	0	0,9928	0,1598	0	0	0,9789
b	0,1148	0,3630	−0,0009	−0,0008	0,1167	0,3590	−0,0026	−0,0022
c	0,0835	0,2648	−0,0006	−0,0020	0,0843	0,2614	−0,0019	−0,0058
d	0,0608	0,1926	−0,0005	−0,0015	0,0609	0,1888	−0,0014	−0,0042
e	0,0442	0,1401	−0,0003	−0,0011	0,0440	0,1364	−0,0010	−0,0030
f	0,0322	0,1019	−0,0002	−0,0008	0,0318	0,0985	−0,0007	−0,0022
g	0,0234	0,0742	−0,0002	−0,0006	0,0229	0,0711	−0,0005	−0,0016
h	0,0170	0,0539	−0,0001	−0,0004	0,0166	0,0514	−0,0004	−0,0011
i	0,0124	0,0392	−0,0001	−0,0003	0,0120	0,0371	−0,0003	−0,0008

z	5				5			
z_T	0,1				0,3			
	B_{ak}	D_{ak}/a	$a \cdot B_{ak}^{\lambda}$	D_{ak}^{λ}	B_{ak}	D_{ak}/a	$a \cdot B_{ak}^{\lambda}$	D_{ak}^{λ}
$k = a$	0,2342	0	0	0,6062	0,2886	0	0	0,3500
b	0,1674	0,2376	−0,0570	−0,0073	0,2015	0,1432	−0,1031	0,0003
c	0,0973	0,1669	−0,0401	−0,0577	0,0985	0,1001	−0,0720	−0,0511
d	0,0538	0,0967	−0,0232	−0,0399	0,0393	0,0490	−0,0352	−0,0358
e	0,0294	0,0535	−0,0128	−0,0231	0,0130	0,0195	−0,0141	−0,0175
f	0,0160	0,0292	−0,0070	−0,0127	0,0034	0,0065	−0,0047	−0,0070
g	0,0087	0,0159	−0,0038	−0,0069	0,0004	0,0017	−0,0012	−0,0023
h	0,0047	0,0086	−0,0021	−0,0038	−0,0002	0,0002	−0,0002	−0,0006
i	0,0026	0,0047	−0,0011	−0,0021	−0,0002	−0,0001	0,0001	−0,0001

z	5				5			
z_T	10				30			
	B_{ak}	D_{ak}/a	$a \cdot B_{ak}^{\lambda}$	D_{ak}^{λ}	B_{ak}	D_{ak}/a	$a \cdot B_{ak}^{\lambda}$	D_{ak}^{λ}
$k = a$	0,3650	0	0	0,0167	0,3677	0	0	0,0056
b	0,2467	0,0072	−0,1732	0,0005	0,2482	0,0024	−0,1757	0,0002
c	0,0920	0,0051	−0,1220	−0,0034	0,0917	0,0017	−0,1238	−0,0012
d	0,0096	0,0020	−0,0472	−0,0025	0,0084	0,0007	−0,0475	−0,0009
e	−0,0139	0,0002	−0,0059	−0,0010	−0,0148	0,0001	−0,0054	−0,0003
f	−0,0119	−0,0003	0,0064	−0,0001	−0,0124	−0,0001	0,0069	0
g	−0,0053	−0,0002	0,0058	0,0001	−0,0054	−0,0001	0,0061	0
h	−0,0011	−0,0001	0,0027	0,0001	−0,0010	0	0,0027	0
i	0,0004	0	0,0006	0,0001	0,0005	0	0,0005	0

auf elastisch senk- und drehbaren Stützen

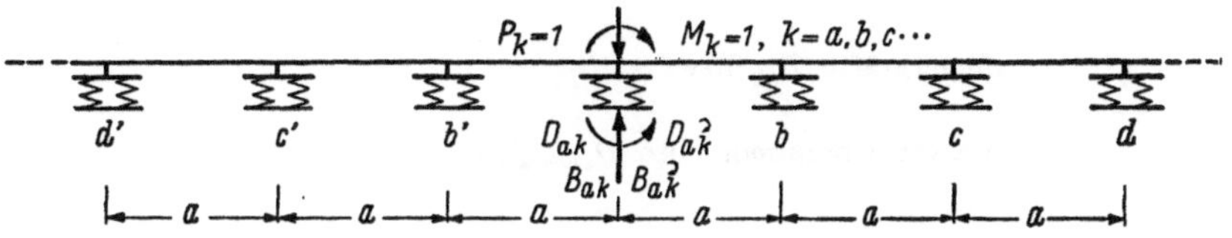

z	5				5			
z_T	0,01				0,03			
	B_{ak}	D_{ak}/a	$a \cdot B_{ak}^2$	D_{ak}^2	B_{ak}	D_{ak}/a	$a \cdot B_{ak}^2$	D_{ak}^2
$k=a$	0,1688	0	0	0,9339	0,1892	0	0	0,8294
b	0,1231	0,3453	−0,0083	−0,0058	0,1374	0,3126	−0,0225	−0,0099
c	0,0867	0,2496	−0,0060	−0,0169	0,0913	0,2233	−0,0161	−0,0371
d	0,0610	0,1758	−0,0042	−0,0121	0,0602	0,1482	−0,0107	−0,0261
e	0,0429	0,1237	−0,0030	−0,0086	0,0397	0,0977	−0,0070	−0,0173
f	0,0302	0,0870	−0,0021	−0,0060	0,0262	0,0645	−0,0046	−0,0114
g	0,0213	0,0612	−0,0015	−0,0042	0,0173	0,0425	−0,0031	−0,0075
h	0,0150	0,0431	−0,0010	−0,0030	0,0114	0,0280	−0,0020	−0,0050
i	0,0105	0,0303	−0,0007	−0,0021	0,0075	0,0185	−0,0013	−0,0033

z	5				5			
z_T	1				3			
	B_{ak}	D_{ak}/a	$a \cdot B_{ak}^2$	D_{ak}^2	B_{ak}	D_{ak}/a	$a \cdot B_{ak}^2$	D_{ak}^2
$k=a$	0,3352	0	0	0,1431	0,3563	0	0	0,0534
b	0,2294	0,0605	−0,1452	0,0024	0,2416	0,0229	−0,1649	0,0013
c	0,0955	0,0424	−0,1019	−0,0262	0,0932	0,0161	−0,1160	−0,0106
d	0,0223	0,0180	−0,0431	−0,0188	0,0135	0,0064	−0,0460	−0,0077
e	−0,0030	0,0043	−0,0104	−0,0081	−0,0106	0,0010	−0,0074	−0,0032
f	−0,0064	−0,0005	0,0011	−0,0020	−0,0104	−0,0007	0,0047	−0,0006
g	−0,0039	−0,0012	0,0028	0,0002	−0,0050	−0,0007	0,0049	0,0003
h	−0,0015	−0,0007	0,0018	0,0005	−0,0013	−0,0003	0,0024	0,0003
i	−0,0003	−0,0003	0,0007	0,0003	0,0002	−0,0001	0,0007	0,0002

z	5				5			
z_T	100				∞			
	B_{ak}	D_{ak}/a	$a \cdot B_{ak}^2$	D_{ak}^2	B_{ak}	D_{ak}/a	$a \cdot B_{ak}^2$	D_{ak}^2
$k=a$	0,3686	0	0	0,0017	0,3690	0	0	0
b	0,2488	0,0007	−0,1766	0,0001	0,2490	0	−0,1770	0
c	0,0915	0,0005	−0,1245	−0,0004	0,0915	0	−0,1248	0
d	0,0080	0,0002	−0,0476	−0,0003	0,0078	0	−0,0477	0
e	−0,0152	0	−0,0052	−0,0001	−0,0154	0	−0,0052	0
f	−0,0125	0	0,0071	0	−0,0126	0	0,0072	0
g	−0,0054	0	0,0062	0	−0,0054	0	0,0063	0
h	−0,0009	0	0,0028	0	−0,0009	0	0,0028	0
i	0,0006	0	0,0005	0	0,0006	0	0,0005	0

Auflagerkräfte B_{ik} bzw. $a \cdot B_{ik}^{\lambda}$

Auflagereinspannmomente D_{ik}/a bzw. D_{ik}^{λ}

z	10				10			
z_T	0,001				0,003			
	B_{ak}	D_{ak}/a	$a \cdot B_{ak}^{\lambda}$	D_{ak}^{λ}	B_{ak}	D_{ak}/a	$a \cdot B_{ak}^{\lambda}$	D_{ak}^{λ}
$k = a$	0,1121	0	0	0,9937	0,1142	0	0	0,9813
b	0,0897	0,3981	−0,0005	−0,0001	0,0914	0,3944	−0,0014	−0,0003
c	0,0716	0,3185	−0,0004	−0,0017	0,0725	0,3153	−0,0011	−0,0049
d	0,0571	0,2541	−0,0003	−0,0014	0,0576	0,2503	−0,0009	−0,0039
e	0,0456	0,2028	−0,0002	−0,0011	0,0457	0,1986	−0,0007	−0,0031
f	0,0364	0,1618	−0,0002	−0,0009	0,0363	0,1577	−0,0006	−0,0025
g	0,0290	0,1291	−0,0002	−0,0007	0,0288	0,1251	−0,0005	−0,0020
h	0,0232	0,1030	−0,0001	−0,0006	0,0228	0,0993	−0,0004	−0,0016
i	0,0185	0,0822	−0,0001	−0,0004	0,0181	0,0788	−0,0003	−0,0012

z	10				10			
z_T	0,1				0,3			
	B_{ak}	D_{ak}/a	$a \cdot B_{ak}^{\lambda}$	D_{ak}^{λ}	B_{ak}	D_{ak}/a	$a \cdot B_{ak}^{\lambda}$	D_{ak}^{λ}
$k = a$	0,1750	0	0	0,6366	0,2246	0	0	0,3828
b	0,1377	0,2775	−0,0333	0,0137	0,1734	0,1768	−0,0636	0,0219
c	0,0938	0,2244	−0,0269	−0,0525	0,1045	0,1466	−0,0528	−0,0489
d	0,0621	0,1537	−0,0184	−0,0438	0,0563	0,0906	−0,0326	−0,0443
e	0,0408	0,1018	−0,0122	−0,0302	0,0284	0,0495	−0,0178	−0,0282
f	0,0268	0,0670	−0,0080	−0,0200	0,0137	0,0252	−0,0091	−0,0156
g	0,0176	0,0440	−0,0053	−0,0132	0,0064	0,0122	−0,0044	−0,0080
h	0,0115	0,0289	−0,0035	−0,0087	0,0029	0,0057	−0,0021	−0,0039
i	0,0076	0,0189	−0,0023	−0,0057	0,0013	0,0026	−0,0009	−0,0018

z	10				10			
z_T	10				30			
	B_{ak}	D_{ak}/a	$a \cdot B_{ak}^{\lambda}$	D_{ak}^{λ}	B_{ak}	D_{ak}/a	$a \cdot B_{ak}^{\lambda}$	D_{ak}^{λ}
$k = a$	0,3060	0	0	0,0197	0,3091	0	0	0,0067
b	0,2296	0,0098	−0,1181	0,0024	0,2317	0,0033	−0,1203	0,0008
c	0,1133	0,0086	−0,1027	−0,0035	0,1135	0,0029	−0,1048	−0,0012
d	0,0337	0,0047	−0,0560	−0,0037	0,0326	0,0016	−0,0569	−0,0013
e	−0,0027	0,0016	−0,0197	−0,0022	−0,0041	0,0005	−0,0196	−0,0008
f	−0,0118	0,0001	−0,0013	−0,0009	−0,0129	0	−0,0008	−0,0003
g	−0,0095	−0,0004	0,0044	−0,0002	−0,0101	−0,0001	0,0049	0
h	−0,0050	−0,0004	0,0042	0,0001	−0,0051	−0,0001	0,0045	0
i	−0,0016	−0,0002	0,0024	0,0002	−0,0015	−0,0001	0,0025	0,0001

auf elastisch senk- und drehbaren Stützen

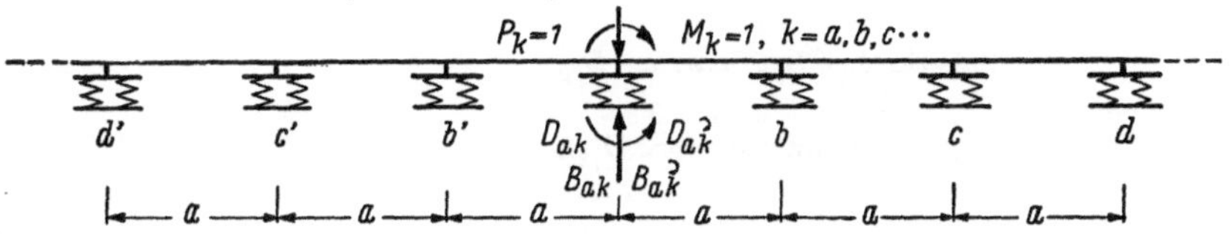

| z | 10 | | | | 10 | | | |
| z_T | 0,01 | | | | 0,03 | | | |
	B_{ak}	D_{ak}/a	$a\cdot B_{ak}^2$	D_{ak}^2	B_{ak}	D_{ak}/a	$a\cdot B_{ak}^2$	D_{ak}^2
$k=a$	0,1210	0	0	0,9411	0,1373	0	0	0,8462
b	0,0967	0,3819	−0,0046	−0,0004	0,1094	0,3513	−0,0126	0,0023
c	0,0755	0,3052	−0,0037	−0,0145	0,0819	0,2809	−0,0101	−0,0324
d	0,0589	0,2381	−0,0029	−0,0116	0,0611	0,2104	−0,0076	−0,0260
e	0,0459	0,1857	−0,0022	−0,0090	0,0455	0,1569	−0,0056	−0,0195
f	0,0358	0,1448	−0,0017	−0,0070	0,0339	0,1170	−0,0042	−0,0145
g	0,0279	0,1129	−0,0014	−0,0055	0,0253	0,0872	−0,0031	−0,0108
h	0,0218	0,0880	−0,0011	−0,0043	0,0189	0,0650	−0,0023	−0,0081
i	0,0170	0,0686	−0,0008	−0,0033	0,0141	0,0484	−0,0017	−0,0060

| z | 10 | | | | 10 | | | |
| z_T | 1 | | | | 3 | | | |
	B_{ak}	D_{ak}/a	$a\cdot B_{ak}^2$	D_{ak}^2	B_{ak}	D_{ak}/a	$a\cdot B_{ak}^2$	D_{ak}^2
$k=a$	0,2722	0	0	0,1633	0,2957	0	0	0,0623
b	0,2065	0,0791	−0,0949	0,0154	0,2226	0,0308	−0,1110	0,0070
c	0,1107	0,0675	−0,0810	−0,0262	0,1126	0,0267	−0,0960	−0,0108
d	0,0447	0,0385	−0,0462	−0,0260	0,0373	0,0147	−0,0530	−0,0112
e	0,0115	0,0166	−0,0200	−0,0159	0,0018	0,0055	−0,0199	−0,0068
f	−0,0009	0,0049	−0,0059	−0,0073	−0,0085	0,0008	−0,0029	−0,0028
g	−0,0036	0,0002	−0,0002	−0,0024	−0,0078	−0,0008	0,0029	−0,0006
h	−0,0028	−0,0010	0,0012	−0,0003	−0,0045	−0,0009	0,0033	0,0002
i	−0,0015	−0,0009	0,0011	0,0003	−0,0018	−0,0006	0,0020	0,0004

| z | 10 | | | | 10 | | | |
| z_T | 100 | | | | ∞ | | | |
	B_{ak}	D_{ak}/a	$a\cdot B_{ak}^2$	D_{ak}^2	B_{ak}	D_{ak}/a	$a\cdot B_{ak}^2$	D_{ak}^2
$k=a$	0,3103	0	0	0,0020	0,3108	0	0	0
b	0,2325	0,0010	−0,1211	0,0002	0,2328	0	−0,1214	0
c	0,1135	0,0009	−0,1056	−0,0004	0,1136	0	−0,1059	0
d	0,0322	0,0005	−0,0573	−0,0004	0,0320	0	−0,0574	0
e	−0,0046	0,0002	−0,0196	−0,0002	−0,0048	0	−0,0196	0
f	−0,0133	0	−0,0006	−0,0001	−0,0134	0	−0,0006	0
g	−0,0102	0	0,0051	0	−0,0103	0	0,0051	0
h	−0,0051	0	0,0046	0	−0,0051	0	0,0046	0
i	−0,0015	0	0,0026	0	−0,0015	0	0,0025	0

Auflagerkräfte B_{ik} bzw. $a \cdot B_{ik}^{\lambda}$

Auflagereinspannmomente D_{ik}/a bzw. D_{ik}^{λ}

z	20				20			
z_T	0,001				0,003			
	B_{ak}	D_{ak}/a	$a \cdot B_{ak}^{\lambda}$	D_{ak}^{λ}	B_{ak}	D_{ak}/a	$a \cdot B_{ak}^{\lambda}$	D_{ak}^{λ}
$k = a$	0,0790	0	0	0,9943	0,0812	0	0	0,9832
b	0,0676	0,4257	−0,0003	0,0004	0,0693	0,4219	−0,0008	0,0012
c	0,0577	0,3641	−0,0002	−0,0014	0,0588	0,3607	−0,0006	−0,0039
d	0,0492	0,3107	−0,0002	−0,0012	0,0500	0,3063	−0,0006	−0,0034
e	0,0420	0,2651	−0,0002	−0,0010	0,0424	0,2601	−0,0005	−0,0029
f	0,0358	0,2262	−0,0001	−0,0009	0,0360	0,2209	−0,0004	−0,0024
g	0,0306	0,1930	−0,0001	−0,0007	0,0306	0,1876	−0,0003	−0,0021
h	0,0261	0,1647	−0,0001	−0,0006	0,0260	0,1593	−0,0003	−0,0018
i	0,0223	0,1405	−0,0001	−0,0005	0,0221	0,1353	−0,0002	−0,0015

z	20				20			
z_T	0,1				0,3			
	B_{ak}	D_{ak}/a	$a \cdot B_{ak}^{\lambda}$	D_{ak}^{λ}	B_{ak}	D_{ak}/a	$a \cdot B_{ak}^{\lambda}$	D_{ak}^{λ}
$k = a$	0,1291	0	0	0,6623	0,1721	0	0	0,4136
b	0,1089	0,3120	−0,0187	0,0335	0,1429	0,2092	−0,0377	0,0448
c	0,0830	0,2788	−0,0167	−0,0435	0,0997	0,1964	−0,0354	−0,0409
d	0,0621	0,2146	−0,0129	−0,0426	0,0649	0,1424	−0,0256	−0,0474
e	0,0463	0,1609	−0,0097	−0,0333	0,0409	0,0943	−0,0170	−0,0363
f	0,0345	0,1200	−0,0072	−0,0250	0,0254	0,0599	−0,0108	−0,0246
g	0,0257	0,0894	−0,0054	−0,0187	0,0156	0,0374	−0,0067	−0,0158
h	0,0191	0,0666	−0,0040	−0,0139	0,0096	0,0230	−0,0041	−0,0099
i	0,0143	0,0496	−0,0030	−0,0104	0,0059	0,0141	−0,0025	−0,0061

z	20				20			
z_T	10				30			
	B_{ak}	D_{ak}/a	$a \cdot B_{ak}^{\lambda}$	D_{ak}^{λ}	B_{ak}	D_{ak}/a	$a \cdot B_{ak}^{\lambda}$	D_{ak}^{λ}
$k = a$	0,2558	0	0	0,0232	0,2595	0	0	0,0079
b	0,2073	0,0131	−0,0783	0,0049	0,2102	0,0045	−0,0802	0,0017
c	0,1241	0,0133	−0,0800	−0,0030	0,1250	0,0046	−0,0822	−0,0010
d	0,0556	0,0091	−0,0549	−0,0047	0,0549	0,0031	−0,0563	−0,0016
e	0,0143	0,0048	−0,0286	−0,0038	0,0127	0,0016	−0,0291	−0,0013
f	−0,0045	0,0017	−0,0104	−0,0023	−0,0061	0,0006	−0,0102	−0,0008
g	−0,0095	0,0001	−0,0008	−0,0010	−0,0107	0	−0,0003	−0,0003
h	−0,0082	−0,0005	0,0027	−0,0003	−0,0088	−0,0002	0,0032	−0,0001
i	−0,0051	−0,0005	0,0031	0,0001	−0,0053	−0,0002	0,0034	0

auf elastisch senk- und drehbaren Stützen

z	20				20			
z_T	0,01				0,03			
	B_{ak}	D_{ak}/a	$a \cdot B_{ak}^2$	D_{ak}^2	B_{ak}	D_{ak}/a	$a \cdot B_{ak}^2$	D_{ak}^2
$k=a$	0,0863	0	0	0,9467	0,0989	0	0	0,8596
b	0,0737	0,4106	—0,0025	0,0042	0,0842	0,3824	—0,0069	0,0130
c	0,0618	0,3523	—0,0021	—0,0117	0,0686	0,3314	—0,0060	—0,0264
d	0,0518	0,2956	—0,0018	—0,0101	0,0558	0,2704	—0,0049	—0,0235
e	0,0435	0,2479	—0,0015	—0,0085	0,0453	0,2198	—0,0040	—0,0192
f	0,0365	0,2079	—0,0012	—0,0071	0,0368	0,1786	—0,0032	—0,0156
g	0,0306	0,1743	—0,0010	—0,0060	0,0299	0,1451	—0,0026	—0,0127
h	0,0256	0,1462	—0,0009	—0,0050	0,0243	0,1179	—0,0021	—0,0103
i	0,0215	0,1226	—0,0007	—0,0042	0,0198	0,0958	—0,0017	—0,0084

z	20				20			
z_T	1				3			
	B_{ak}	D_{ak}/a	$a \cdot B_{ak}^2$	D_{ak}^2	B_{ak}	D_{ak}/a	$a \cdot B_{ak}^2$	D_{ak}^2
$k=a$	0,2184	0	0	0,1848	0,2440	0	0	0,0725
b	0,1788	0,0996	—0,0597	0,0310	0,1983	0,0402	—0,0724	0,0143
c	0,1142	0,0982	—0,0589	—0,0220	0,1211	0,0406	—0,0732	—0,0091
d	0,0617	0,0685	—0,0411	—0,0306	0,0578	0,0280	—0,0504	—0,0139
e	0,0283	0,0396	—0,0238	—0,0239	0,0191	0,0151	—0,0271	—0,0110
f	0,0104	0,0196	—0,0117	—0,0148	0,0004	0,0061	—0,0110	—0,0067
g	0,0022	0,0080	—0,0048	—0,0078	—0,0058	0,0013	—0,0023	—0,0031
h	—0,0008	0,0023	—0,0014	—0,0035	—0,0060	—0,0007	0,0013	—0,0010
i	—0,0014	0	0	—0,0012	—0,0042	—0,0011	0,0020	0

z	20				20			
z_T	100				∞			
	B_{ak}	D_{ak}/a	$a \cdot B_{ak}^2$	D_{ak}^2	B_{ak}	D_{ak}/a	$a \cdot B_{ak}^2$	D_{ak}^2
$k=a$	0,2609	0	0	0,0024	0,2615	0	0	0
b	0,2112	0,0013	—0,0809	0,0005	0,2117	0	—0,0812	0
c	0,1253	0,0014	—0,0830	—0,0003	0,1255	0	—0,0834	0
d	0,0546	0,0009	—0,0568	—0,0005	0,0545	0	—0,0571	0
e	0,0121	0,0005	—0,0292	—0,0004	0,0119	0	—0,0293	0
f	—0,0067	0,0002	—0,0101	—0,0002	—0,0070	0	—0,0100	0
g	—0,0111	0	—0,0001	—0,0001	—0,0113	0	0	0
h	—0,0091	—0,0001	0,0034	0	—0,0092	0	0,0035	0
i	—0,0054	—0,0001	0,0035	0	—0,0054	0	0,0036	0

Auflagerkräfte B_{ik} bzw. $a \cdot B_{ik}^2$

Auflagereinspannmomente D_{ik}/a bzw. D_{ik}^2

z	50				50			
z_T	0,001				0,003			
	B_{ak}	D_{ak}/a	$a \cdot B_{ak}^2$	D_{ak}^2	B_{ak}	D_{ak}/a	$a \cdot B_{ak}^2$	D_{ak}^2
$k = a$	0,0506	0	0	0,9949	0,0515	0	0	0,9849
b	0,0458	0,4508	—0,0001	0,0009	0,0466	0,4480	—0,0003	0,0027
c	0,0414	0,4082	—0,0001	—0,0010	0,0420	0,4066	—0,0003	—0,0028
d	0,0374	0,3689	—0,0001	—0,0009	0,0379	0,3666	—0,0003	—0,0026
e	0,0338	0,3333	—0,0001	—0,0008	0,0342	0,3306	—0,0002	—0,0023
f	0,0305	0,3011	—0,0001	—0,0007	0,0308	0,2981	—0,0002	—0,0021
g	0,0276	0,2721	—0,0001	—0,0006	0,0278	0,2688	—0,0002	—0,0019
h	0,0249	0,2458	—0,0001	—0,0006	0,0251	0,2423	—0,0002	—0,0017
i	0,0225	0,2221	—0,0001	—0,0005	0,0226	0,2185	—0,0002	—0,0015

z	50				50			
z_T	0,1				0,3			
	B_{ak}	D_{ak}/a	$a \cdot B_{ak}^2$	D_{ak}^2	B_{ak}	D_{ak}/a	$a \cdot B_{ak}^2$	D_{ak}^2
$k = a$	0,0851	0	0	0,6888	0,1184	0	0	0,4491
b	0,0763	0,3481	—0,0084	0,0557	0,1051	0,2475	—0,0178	0,0739
c	0,0643	0,3405	—0,0082	—0,0297	0,0835	0,2604	—0,0187	—0,0251
d	0,0535	0,2905	—0,0070	—0,0358	0,0637	0,2173	—0,0156	—0,0433
e	0,0445	0,2425	—0,0058	—0,0314	0,0479	0,1690	—0,0122	—0,0398
f	0,0370	0,2017	—0,0048	—0,0264	0,0358	0,1280	—0,0092	—0,0320
g	0,0307	0,1676	—0,0040	—0,0219	0,0267	0,0960	—0,0069	—0,0245
h	0,0255	0,1393	—0,0033	—0,0182	0,0199	0,0717	—0,0052	—0,0185
i	0,0212	0,1157	—0,0028	—0,0152	0,0148	0,0534	—0,0038	—0,0138

z	50				50			
z_T	10				30			
	B_{ak}	D_{ak}/a	$a \cdot B_{ak}^2$	D_{ak}^2	B_{ak}	D_{ak}/a	$a \cdot B_{ak}^2$	D_{ak}^2
$k = a$	0,2010	0	0	0,0288	0,2056	0	0	0,0099
b	0,1750	0,0183	—0,0439	0,0094	0,1789	0,0063	—0,0454	0,0033
c	0,1246	0,0219	—0,0525	—0,0009	0,1267	0,0076	—0,0546	—0,0003
d	0,0752	0,0185	—0,0443	—0,0051	0,0754	0,0064	—0,0462	—0,0018
e	0,0373	0,0129	—0,0309	—0,0057	0,0362	0,0044	—0,0320	—0,0020
f	0,0129	0,0076	—0,0182	—0,0047	0,0110	0,0026	—0,0186	—0,0017
g	—0,0003	0,0036	—0,0088	—0,0032	—0,0023	0,0012	—0,0086	—0,0011
h	—0,0058	0,0012	—0,0028	—0,0018	—0,0075	0,0003	—0,0024	—0,0006
i	—0,0068	—0,0002	0,0004	—0,0009	—0,0081	—0,0001	0,0009	—0,0003

auf elastisch senk- und drehbaren Stützen

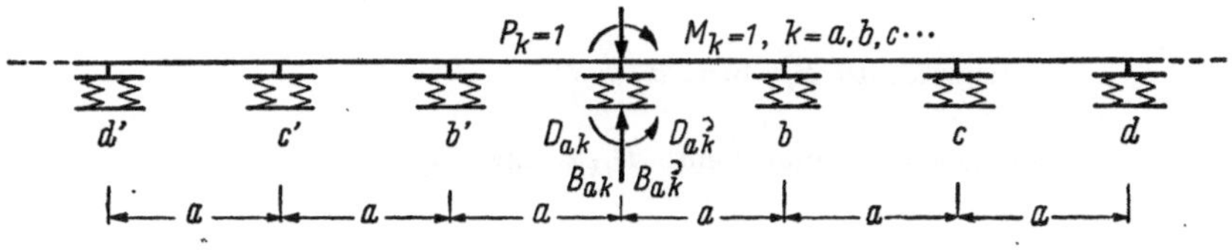

z	50				50			
z_T	0,01				0,03			
	B_{ak}	D_{ak}/a	$a \cdot B_{ak}^2$	D_{ak}^2	B_{ak}	D_{ak}/a	$a \cdot B_{ak}^2$	D_{ak}^2
$k=a$	0,0550	0	0	0,9521	0,0636	0	0	0,8726
b	0,0498	0,4381	−0,0011	0,0089	0,0575	0,4130	−0,0030	0,0243
c	0,0445	0,4004	−0,0010	−0,0083	0,0505	0,3844	−0,0028	−0,0186
d	0,0398	0,3584	−0,0009	−0,0077	0,0443	0,3383	−0,0024	−0,0185
e	0,0356	0,3206	−0,0008	−0,0069	0,0388	0,2968	−0,0021	−0,0163
f	0,0319	0,2868	−0,0007	−0,0062	0,0341	0,2603	−0,0019	−0,0143
g	0,0285	0,2566	−0,0006	−0,0055	0,0299	0,2283	−0,0016	−0,0126
h	0,0255	0,2296	−0,0006	−0,0050	0,0262	0,2002	−0,0014	−0,0110
i	0,0228	0,2054	−0,0005	−0,0044	0,0230	0,1756	−0,0013	−0,0097

z	50				50			
z_T	1				3			
	B_{ak}	D_{ak}/a	$a \cdot B_{ak}^2$	D_{ak}^2	B_{ak}	D_{ak}/a	$a \cdot B_{ak}^2$	D_{ak}^2
$k=a$	0,1601	0	0	0,2137	0,1871	0	0	0,0877
b	0,1405	0,1279	−0,0307	0,0545	0,1634	0,0547	−0,0394	0,0266
c	0,1050	0,1448	−0,0348	−0,0106	0,1181	0,0643	−0,0463	−0,0034
d	0,0714	0,1208	−0,0290	−0,0305	0,0742	0,0540	−0,0389	−0,0146
e	0,0453	0,0878	−0,0211	−0,0309	0,0406	0,0381	−0,0274	−0,0158
f	0,0272	0,0586	−0,0141	−0,0247	0,0183	0,0234	−0,0169	−0,0128
g	0,0155	0,0367	−0,0088	−0,0175	0,0055	0,0125	−0,0090	−0,0088
h	0,0083	0,0217	−0,0052	−0,0115	−0,0008	0,0054	−0,0039	−0,0053
i	0,0042	0,0122	−0,0029	−0,0071	−0,0031	0,0014	−0,0010	−0,0027

z	50				50			
z_T	100				∞			
	B_{ak}	D_{ak}/a	$a \cdot B_{ak}^2$	D_{ak}^2	B_{ak}	D_{ak}/a	$a \cdot B_{ak}^2$	D_{ak}^2
$k=a$	0,2073	0	0	0,0030	0,2081	0	0	0
b	0,1804	0,0019	−0,0460	0,0010	0,1810	0	−0,0462	0
c	0,1275	0,0023	−0,0554	−0,0001	0,1279	0	−0,0557	0
d	0,0755	0,0020	−0,0469	−0,0006	0,0755	0	−0,0471	0
e	0,0357	0,0014	−0,0325	−0,0006	0,0355	0	−0,0326	0
f	0,0103	0,0008	−0,0188	−0,0005	0,0100	0	−0,0188	0
g	−0,0031	0,0004	−0,0086	−0,0003	−0,0034	0	−0,0085	0
h	−0,0082	0,0001	−0,0022	−0,0002	−0,0084	0	−0,0021	0
i	−0,0085	0	0,0011	−0,0001	−0,0087	0	0,0012	0

Auflagerkräfte B_{ik} bzw. $a \cdot B_{ik}^{\varsigma}$

Auflagereinspannmomente D_{ik}/a bzw. D_{ik}^{ς}

z	100				100			
z_T	0,001				0,003			
	B_{ak}	D_{ak}/a	$a \cdot B_{ak}^{\varsigma}$	D_{ak}^{ς}	B_{ak}	D_{ak}/a	$a \cdot B_{ak}^{\varsigma}$	D_{ak}^{ς}
$k=a$	0,0370	0	0	0,9952	0,0365	0	0	0,9858
b	0,0343	0,4634	—0,0001	0,0012	0,0340	0,4618	—0,0002	0,0036
c	0,0319	0,4312	—0,0001	—0,0007	0,0316	0,4319	—0,0002	—0,0021
d	0,0296	0,4005	0	—0,0006	0,0294	0,4015	—0,0001	—0,0020
e	0,0275	0,3719	0	—0,0006	0,0273	0,3731	—0,0001	—0,0018
f	0,0255	0,3454	0	—0,0006	0,0254	0,3468	—0,0001	—0,0017
g	0,0237	0,3207	0	—0,0005	0,0236	0,3223	—0,0001	—0,0016
h	0,0220	0,2979	0	—0,0005	0,0219	0,2995	—0,0001	—0,0015
i	0,0205	0,2766	0	—0,0004	0,0204	0,2784	—0,0001	—0,0014

z	100				100			
z_T	0,1				0,3			
	B_{ak}	D_{ak}/a	$a \cdot B_{ak}^{\varsigma}$	D_{ak}^{ς}	B_{ak}	D_{ak}/a	$a \cdot B_{ak}^{\varsigma}$	D_{ak}^{ς}
$k=a$	0,0615	0	0	0,7038	0,0879	0	0	0,4711
b	0,0570	0,3688	—0,0044	0,0691	0,0807	0,2717	—0,0098	0,0932
c	0,0504	0,3776	—0,0045	—0,0198	0,0685	0,3032	—0,0109	—0,0118
d	0,0443	0,3393	—0,0041	—0,0291	0,0566	0,2717	—0,0098	—0,0361
e	0,0389	0,2989	—0,0036	—0,0273	0,0464	0,2287	—0,0082	—0,0374
f	0,0341	0,2625	—0,0031	—0,0242	0,0378	0,1885	—0,0068	—0,0328
g	0,0299	0,2303	—0,0028	—0,0213	0,0308	0,1542	—0,0056	—0,0275
h	0,0263	0,2021	—0,0024	—0,0187	0,0251	0,1258	—0,0045	—0,0226
i	0,0231	0,1774	—0,0021	—0,0164	0,0204	0,1025	—0,0037	—0,0185

z	100				100			
z_T	10				30			
	B_{ak}	D_{ak}/a	$a \cdot B_{ak}^{\varsigma}$	D_{ak}^{ς}	B_{ak}	D_{ak}/a	$a \cdot B_{ak}^{\varsigma}$	D_{ak}^{ς}
$k=a$	0,1667	0	0	0,0338	0,1721	0	0	0,0117
b	0,1508	0,0230	—0,0277	0,0137	0,1555	0,0080	—0,0289	0,0048
c	0,1175	0,0302	—0,0362	0,0017	0,1207	0,0106	—0,0381	0,0007
d	0,0816	0,0285	—0,0342	—0,0043	0,0829	0,0100	—0,0361	—0,0015
e	0,0505	0,0228	—0,0274	—0,0065	0,0501	0,0080	—0,0289	—0,0023
f	0,0270	0,0162	—0,0195	—0,0064	0,0254	0,0057	—0,0204	—0,0023
g	0,0111	0,0103	—0,0124	—0,0053	0,0089	0,0035	—0,0127	—0,0019
h	0,0016	0,0057	—0,0069	—0,0039	—0,0007	0,0019	—0,0068	—0,0014
i	—0,0032	0,0025	—0,0030	—0,0025	—0,0053	0,0007	—0,0027	—0,0009

auf elastisch senk- und drehbaren Stützen

z	100				100			
z_T	0,01				0,03			
	B_{ak}	D_{ak}/a	$a \cdot B_{ak}^2$	D_{ak}^2	B_{ak}	D_{ak}/a	$a \cdot B_{ak}^2$	D_{ak}^2
$k = a$	0,0390	0	0	0,9549	0,0454	0	0	0,8797
b	0,0364	0,4527	−0,0005	0,0115	0,0422	0,4295	−0,0015	0,0306
c	0,0336	0,4272	−0,0005	−0,0062	0,0385	0,4146	−0,0015	−0,0136
d	0,0311	0,3950	−0,0005	−0,0060	0,0351	0,3791	−0,0014	−0,0146
e	0,0287	0,3651	−0,0004	−0,0056	0,0320	0,3456	−0,0012	−0,0134
f	0,0265	0,3375	−0,0004	−0,0051	0,0292	0,3150	−0,0011	−0,0122
g	0,0245	0,3119	−0,0004	−0,0048	0,0266	0,2871	−0,0010	−0,0112
h	0,0227	0,2883	−0,0003	−0,0044	0,0242	0,2616	−0,0009	−0,0102
i	0,0210	0,2665	−0,0003	−0,0041	0,0221	0,2385	−0,0009	−0,0093

z	100				100			
z_T	1				3			
	B_{ak}	D_{ak}/a	$a \cdot B_{ak}^2$	D_{ak}^2	B_{ak}	D_{ak}/a	$a \cdot B_{ak}^2$	D_{ak}^2
$k = a$	0,1245	0	0	0,2348	0,1514	0	0	0,1003
b	0,1133	0,1489	−0,0179	0,0728	0,1373	0,0669	−0,0241	0,0375
c	0,0919	0,1818	−0,0218	0,0012	0,1084	0,0857	−0,0308	0,0034
d	0,0698	0,1663	−0,0200	−0,0257	0,0777	0,0799	−0,0288	−0,0124
e	0,0509	0,1351	−0,0162	−0,0319	0,0512	0,0642	−0,0231	−0,0173
f	0,0361	0,1028	−0,0123	−0,0293	0,0310	0,0467	−0,0168	−0,0167
g	0,0250	0,0751	−0,0090	−0,0238	0,0169	0,0312	−0,0112	−0,0137
h	0,0171	0,0532	−0,0064	−0,0182	0,0078	0,0191	−0,0069	−0,0101
i	0,0115	0,0370	−0,0044	−0,0133	0,0025	0,0106	−0,0038	−0,0068

z	100				100			
z_T	100				∞			
	B_{ak}	D_{ak}/a	$a \cdot B_{ak}^2$	D_{ak}^2	B_{ak}	D_{ak}/a	$a \cdot B_{ak}^2$	D_{ak}^2
$k = a$	0,1741	0	0	0,0036	0,1750	0	0	0
b	0,1573	0,0024	−0,0294	0,0015	0,1581	0	−0,0296	0
c	0,1219	0,0032	−0,0389	0,0002	0,1224	0	−0,0392	0
d	0,0834	0,0031	−0,0369	−0,0005	0,0836	0	−0,0372	0
e	0,0499	0,0025	−0,0295	−0,0007	0,0499	0	−0,0298	0
f	0,0248	0,0017	−0,0208	−0,0007	0,0245	0	−0,0210	0
g	0,0081	0,0011	−0,0129	−0,0006	0,0077	0	−0,0130	0
h	−0,0016	0,0006	−0,0068	−0,0004	−0,0020	0	−0,0068	0
i	−0,0061	0,0002	−0,0026	−0,0003	−0,0065	0	−0,0025	0

Der beidseitig unendlich lange Balken

Auflagerkräfte B_{ik} bzw. $a \cdot B_{ik}'$

Auflagereinspannmomente D_{ik}/a bzw. D_{ik}'

z	200				200			
z_T	0,001				0,003			
	B_{ak}	D_{ak}/a	$a \cdot B_{ak}'$	D_{ak}'	B_{ak}	D_{ak}/a	$a \cdot B_{ak}'$	D_{ak}'
$k = a$	0,0263	0	0	0,9955	0,0259	0	0	0,9865
b	0,0249	0,4734	0	0,0014	0,0246	0,4718	$-0,0001$	0,0042
c	0,0237	0,4501	0	$-0,0005$	0,0233	0,4508	$-0,0001$	$-0,0015$
d	0,0225	0,4270	0	$-0,0005$	0,0222	0,4281	$-0,0001$	$-0,0015$
e	0,0213	0,4051	0	$-0,0005$	0,0210	0,4065	$-0,0001$	$-0,0014$
f	0,0202	0,3844	0	$-0,0004$	0,0200	0,3859	$-0,0001$	$-0,0013$
g	0,0192	0,3647	0	$-0,0004$	0,0190	0,3664	$-0,0001$	$-0,0013$
h	0,0182	0,3460	0	$-0,0004$	0,0180	0,3479	$-0,0001$	$-0,0012$
i	0,0173	0,3283	0	$-0,0004$	0,0171	0,3304	$-0,0001$	$-0,0011$

z	200				200			
z_T	0,1				0,3			
	B_{ak}	D_{ak}/a	$a \cdot B_{ak}'$	D_{ak}'	B_{ak}	D_{ak}/a	$a \cdot B_{ak}'$	D_{ak}'
$k = a$	0,0442	0	0	0,7151	0,0645	0	0	0,4889
b	0,0419	0,3845	$-0,0023$	0,0795	0,0607	0,2914	$-0,0052$	0,1094
c	0,0384	0,4068	$-0,0024$	$-0,0112$	0,0540	0,3395	$-0,0061$	0,0008
d	0,0350	0,3792	$-0,0023$	$-0,0225$	0,0472	0,3200	$-0,0058$	$-0,0274$
e	0,0320	0,3470	$-0,0021$	$-0,0223$	0,0410	0,2848	$-0,0051$	$-0,0322$
f	0,0291	0,3166	$-0,0019$	$-0,0206$	0,0355	0,2489	$-0,0045$	$-0,0304$
g	0,0266	0,2887	$-0,0017$	$-0,0188$	0,0308	0,2162	$-0,0039$	$-0,0270$
h	0,0242	0,2632	$-0,0016$	$-0,0172$	0,0266	0,1874	$-0,0034$	$-0,0236$
i	0,0221	0,2400	$-0,0014$	$-0,0156$	0,0231	0,1623	$-0,0029$	$-0,0205$

z	200				200			
z_T	10				30			
	B_{ak}	D_{ak}/a	$a \cdot B_{ak}'$	D_{ak}'	B_{ak}	D_{ak}/a	$a \cdot B_{ak}'$	D_{ak}'
$k = a$	0,1376	0	0	0,0394	0,1437	0	0	0,0138
b	0,1280	0,0285	$-0,0171$	0,0188	0,1336	0,0101	$-0,0181$	0,0068
c	0,1066	0,0401	$-0,0241$	0,0054	0,1109	0,0143	$-0,0257$	0,0020
d	0,0817	0,0412	$-0,0247$	$-0,0024$	0,0843	0,0148	$-0,0266$	$-0,0008$
e	0,0581	0,0366	$-0,0219$	$-0,0063$	0,0589	0,0131	$-0,0237$	$-0,0023$
f	0,0382	0,0295	$-0,0177$	$-0,0075$	0,0374	0,0106	$-0,0190$	$-0,0028$
g	0,0227	0,0219	$-0,0132$	$-0,0073$	0,0209	0,0078	$-0,0140$	$-0,0027$
h	0,0116	0,0152	$-0,0091$	$-0,0062$	0,0092	0,0053	$-0,0095$	$-0,0023$
i	0,0042	0,0096	$-0,0058$	$-0,0048$	0,0016	0,0032	$-0,0058$	$-0,0018$

auf elastisch senk- und drehbaren Stützen

| z | 200 | | | | 200 | | | |
| z_T | 0,01 | | | | 0,03 | | | |
	B_{ak}	D_{ak}/a	$a \cdot B_{ak}^2$	D_{ak}^2	B_{ak}	D_{ak}/a	$a \cdot B_{ak}^2$	D_{ak}^2
$k = a$	0,0277	0	0	0,9570	0,0323	0	0	0,8848
b	0,0263	0,4634	—0,0003	0,0134	0,0307	0,4417	—0,0008	0,0354
c	0,0249	0,4472	—0,0003	—0,0045	0,0288	0,4374	—0,0008	—0,0095
d	0,0236	0,4232	—0,0003	—0,0046	0,0269	0,4110	—0,0007	—0,0111
e	0,0223	0,4003	—0,0002	—0,0043	0,0252	0,3849	—0,0007	—0,0106
f	0,0211	0,3786	—0,0002	—0,0041	0,0236	0,3605	—0,0006	—0,0099
g	0,0199	0,3581	—0,0002	—0,0039	0,0221	0,3376	—0,0006	—0,0093
h	0,0189	0,3387	—0,0002	—0,0037	0,0207	0,3162	—0,0006	—0,0087
i	0,0178	0,3204	—0,0002	—0,0035	0,0194	0,2961	—0,0005	—0,0081

| z | 200 | | | | 200 | | | |
| z_T | 1 | | | | 3 | | | |
	B_{ak}	D_{ak}/a	$a \cdot B_{ak}^2$	D_{ak}^2	B_{ak}	D_{ak}/a	$a \cdot B_{ak}^2$	D_{ak}^2
$k = a$	0,0953	0	0	0,2543	0,1212	0	0	0,1135
b	0,0891	0,1686	—0,0101	0,0904	0,1129	0,0798	—0,0144	0,0495
c	0,0766	0,2176	—0,0131	0,0142	0,0951	0,1092	—0,0197	0,0121
d	0,0630	0,2129	—0,0128	—0,0180	0,0748	0,1102	—0,0198	—0,0077
e	0,0505	0,1871	—0,0112	—0,0290	0,0557	0,0973	—0,0175	—0,0164
f	0,0397	0,1557	—0,0093	—0,0302	0,0396	0,0791	—0,0142	—0,0187
g	0,0310	0,1256	—0,0075	—0,0272	0,0269	0,0605	—0,0109	—0,0175
h	0,0240	0,0994	—0,0060	—0,0230	0,0174	0,0441	—0,0079	—0,0148
i	0,0184	0,0777	—0,0047	—0,0187	0,0106	0,0306	—0,0055	—0,0117

| z | 200 | | | | 200 | | | |
| z_T | 100 | | | | ∞ | | | |
	B_{ak}	D_{ak}/a	$a \cdot B_{ak}^2$	D_{ak}^2	B_{ak}	D_{ak}/a	$a \cdot B_{ak}^2$	D_{ak}^2
$k = a$	0,1461	0	0	0,0042	0,1471	0	0	0
b	0,1357	0,0031	—0,0185	0,0021	0,1367	0	—0,0187	0
c	0,1125	0,0044	—0,0264	0,0006	0,1133	0	—0,0267	0
d	0,0852	0,0046	—0,0273	—0,0002	0,0857	0	—0,0277	0
e	0,0591	0,0041	—0,0243	—0,0007	0,0593	0	—0,0247	0
f	0,0371	0,0033	—0,0196	—0,0009	0,0370	0	—0,0198	0
g	0,0202	0,0024	—0,0144	—0,0008	0,0198	0	—0,0145	0
h	0,0082	0,0016	—0,0097	—0,0007	0,0077	0	—0,0097	0
i	0,0005	0,0010	—0,0058	—0,0006	0	0	—0,0058	0

Der beidseitig unendlich lange Balken

Auflagerkräfte B_{ik} bzw. $a \cdot B_{ik}^{\,)}$

Auflagereinspannmomente D_{ik}/a bzw. $D_{ik}^{\,)}$

z	500				500			
z_T	0,001				0,003			
	B_{ak}	D_{ak}/a	$a \cdot B_{ak}^{\,)}$	$D_{ak}^{\,)}$	B_{ak}	D_{ak}/a	$a \cdot B_{ak}^{\,)}$	$D_{ak}^{\,)}$
$k=a$	0,0158	0	0	0,9957	0,0164	0	0	0,9871
b	0,0153	0,4834	0	0,0016	0,0159	0,4809	0	0,0048
c	0,0149	0,4693	0	−0,0004	0,0153	0,4683	0	−0,0010
d	0,0144	0,4547	0	−0,0003	0,0149	0,4532	0	−0,0010
e	0,0139	0,4406	0	−0,0003	0,0144	0,4386	0	−0,0010
f	0,0135	0,4268	0	−0,0003	0,0139	0,4244	0	−0,0009
g	0,0131	0,4135	0	−0,0003	0,0135	0,4108	0	−0,0009
h	0,0127	0,4007	0	−0,0003	0,0130	0,3975	0	−0,0009
i	0,0123	0,3882	0	−0,0003	0,0126	0,3847	0	−0,0008

z	500				500			
z_T	0,1				0,3			
	B_{ak}	D_{ak}/a	$a \cdot B_{ak}^{\,)}$	$D_{ak}^{\,)}$	B_{ak}	D_{ak}/a	$a \cdot B_{ak}^{\,)}$	$D_{ak}^{\,)}$
$k=a$	0,0284	0	0	0,7257	0,0423	0	0	0,5066
b	0,0274	0,3994	−0,0010	0,0895	0,0407	0,3112	−0,0022	0,1260
c	0,0260	0,4350	−0,0010	−0,0024	0,0378	0,3768	−0,0027	0,0149
d	0,0245	0,4189	−0,0010	−0,0150	0,0347	0,3717	−0,0027	−0,0163
e	0,0231	0,3964	−0,0010	−0,0160	0,0317	0,3477	−0,0025	−0,0237
f	0,0218	0,3741	−0,0009	−0,0154	0,0290	0,3199	−0,0023	−0,0243
g	0,0206	0,3530	−0,0008	−0,0145	0,0265	0,2929	−0,0021	−0,0230
h	0,0194	0,3330	−0,0008	−0,0137	0,0242	0,2677	−0,0019	−0,0212
i	0,0183	0,3141	−0,0008	−0,0129	0,0221	0,2445	−0,0018	−0,0195

z	500				500			
z_T	10				30			
	B_{ak}	D_{ak}/a	$a \cdot B_{ak}^{\,)}$	$D_{ak}^{\,)}$	B_{ak}	D_{ak}/a	$a \cdot B_{ak}^{\,)}$	$D_{ak}^{\,)}$
$k=a$	0,1056	0	0	0,0478	0,1128	0	0	0,0171
b	0,1008	0,0368	−0,0088	0,0266	0,1076	0,0133	−0,0096	0,0099
c	0,0893	0,0556	−0,0133	0,0117	0,0951	0,0204	−0,0147	0,0045
d	0,0750	0,0621	−0,0149	0,0019	0,0792	0,0230	−0,0165	0,0009
e	0,0601	0,0607	−0,0146	−0,0041	0,0627	0,0226	−0,0163	−0,0014
f	0,0461	0,0547	−0,0131	−0,0074	0,0471	0,0204	−0,0147	−0,0028
g	0,0339	0,0465	−0,0112	−0,0087	0,0334	0,0173	−0,0125	−0,0033
h	0,0237	0,0377	−0,0090	−0,0087	0,0222	0,0139	−0,0100	−0,0034
i	0,0157	0,0292	−0,0070	−0,0080	0,0133	0,0106	−0,0077	−0,0031

auf elastisch senk- und drehbaren Stützen

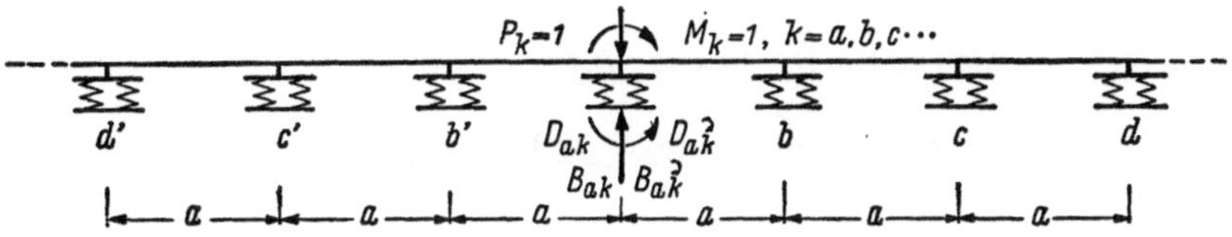

z	500				500			
z_T	0,01				0,03			
	B_{ak}	D_{ak}/a	$a \cdot B_{ak}^2$	D_{ak}^2	B_{ak}	D_{ak}/a	$a \cdot B_{ak}^2$	D_{ak}^2
$k = a$	0,0176	0	0	0,9589	0,0205	0	0	0,8896
b	0,0170	0,4731	−0,0001	0,0152	0,0199	0,4530	−0,0003	0,0399
c	0,0164	0,4658	−0,0001	−0,0028	0,0191	0,4589	−0,0003	−0,0054
d	0,0158	0,4499	−0,0001	−0,0031	0,0183	0,4416	−0,0003	−0,0075
e	0,0153	0,4343	−0,0001	−0,0030	0,0176	0,4237	−0,0003	−0,0073
f	0,0148	0,4193	−0,0001	−0,0029	0,0169	0,4065	−0,0003	−0,0071
g	0,0143	0,4048	−0,0001	−0,0028	0,0162	0,3900	−0,0003	−0,0068
h	0,0138	0,3907	−0,0001	−0,0027	0,0155	0,3741	−0,0003	−0,0065
i	0,0133	0,3772	−0,0001	−0,0026	0,0149	0,3589	−0,0003	−0,0062

z	500				500			
z_T	1				3			
	B_{ak}	D_{ak}/a	$a \cdot B_{ak}^2$	D_{ak}^2	B_{ak}	D_{ak}/a	$a \cdot B_{ak}^2$	D_{ak}^2
$k = a$	0,0655	0	0	0,2764	0,0885	0	0	0,1310
b	0,0628	0,1911	−0,0046	0,1110	0,0845	0,0972	−0,0070	0,0658
c	0,0570	0,2598	−0,0062	0,0312	0,0755	0,1416	−0,0102	0,0253
d	0,0502	0,2705	−0,0065	−0,0056	0,0646	0,1541	−0,0111	0,0015
e	0,0436	0,2552	−0,0061	−0,0212	0,0535	0,1483	−0,0107	−0,0114
f	0,0376	0,2298	−0,0055	−0,0264	0,0432	0,1332	−0,0096	−0,0175
g	0,0322	0,2019	−0,0048	−0,0267	0,0341	0,1143	−0,0082	−0,0193
h	0,0275	0,1749	−0,0042	−0,0248	0,0265	0,0949	−0,0068	−0,0187
i	0,0234	0,1504	−0,0036	−0,0222	0,0202	0,0767	−0,0055	−0,0169

z	500				500			
z_T	100				∞			
	B_{ak}	D_{ak}/a	$a \cdot B_{ak}^2$	D_{ak}^2	B_{ak}	D_{ak}/a	$a \cdot B_{ak}^2$	D_{ak}^2
$k = a$	0,1157	0	0	0,0053	0,1170	0	0	0
b	0,1103	0,0041	−0,0099	0,0031	0,1116	0	−0,0101	0
c	0,0974	0,0063	−0,0152	0,0014	0,0985	0	−0,0155	0
d	0,0809	0,0072	−0,0172	0,0003	0,0817	0	−0,0175	0
e	0,0637	0,0071	−0,0170	−0,0004	0,0642	0	−0,0172	0
f	0,0474	0,0064	−0,0154	−0,0009	0,0476	0	−0,0155	0
g	0,0332	0,0054	−0,0130	−0,0011	0,0331	0	−0,0131	0
h	0,0215	0,0043	−0,0104	−0,0011	0,0212	0	−0,0105	0
i	0,0123	0,0033	−0,0079	−0,0010	0,0118	0	−0,0080	0

Auflagerkräfte B_{ik} bzw. $a \cdot B_{ik}^{\prime}$

Auflagereinspannmomente D_{ik}/a bzw. $D_{ik}^{\prime}$

z	1000				1000			
z_T	0,001				0,003			
	B_{ak}	D_{ak}/a	$a \cdot B_{ak}^{\prime}$	$D_{ak}^{\prime}$	B_{ak}	D_{ak}/a	$a \cdot B_{ak}^{\prime}$	$D_{ak}^{\prime}$
$k=a$	0,0107	0	0	0,9957	0,0116	0	0	0,9874
b	0,0104	0,4885	0	0,0017	0,0113	0,4856	0	0,0051
c	0,0102	0,4791	0	−0,0003	0,0111	0,4773	0	−0,0007
d	0,0100	0,4690	0	−0,0003	0,0108	0,4664	0	−0,0007
e	0,0098	0,4591	0	−0,0003	0,0106	0,4556	0	−0,0007
f	0,0096	0,4494	0	−0,0003	0,0103	0,4452	0	−0,0007
g	0,0094	0,4399	0	−0,0002	0,0101	0,4350	0	−0,0007
h	0,0092	0,4306	0	−0,0002	0,0099	0,4250	0	−0,0007
i	0,0090	0,4216	0	−0,0002	0,0096	0,4152	0	−0,0006

z	1000				1000			
z_T	0,1				0,3			
	B_{ak}	D_{ak}/a	$a \cdot B_{ak}^{\prime}$	$D_{ak}^{\prime}$	B_{ak}	D_{ak}/a	$a \cdot B_{ak}^{\prime}$	$D_{ak}^{\prime}$
$k=a$	0,0202	0	0	0,7313	0,0305	0	0	0,5163
b	0,0197	0,4072	−0,0005	0,0949	0,0297	0,3221	−0,0012	0,1353
c	0,0190	0,4502	−0,0005	0,0025	0,0281	0,3979	−0,0014	0,0232
d	0,0182	0,4406	−0,0005	−0,0106	0,0265	0,4016	−0,0014	−0,0091
e	0,0175	0,4241	−0,0005	−0,0120	0,0249	0,3851	−0,0014	−0,0177
f	0,0168	0,4072	−0,0005	−0,0118	0,0233	0,3637	−0,0013	−0,0193
g	0,0161	0,3907	−0,0005	−0,0114	0,0219	0,3419	−0,0012	−0,0189
h	0,0155	0,3750	−0,0004	−0,0109	0,0205	0,3209	−0,0012	−0,0180
i	0,0148	0,3598	−0,0004	−0,0105	0,0192	0,3010	−0,0011	−0,0169

z	1000				1000			
z_T	10				30			
	B_{ak}	D_{ak}/a	$a \cdot B_{ak}^{\prime}$	$D_{ak}^{\prime}$	B_{ak}	D_{ak}/a	$a \cdot B_{ak}^{\prime}$	$D_{ak}^{\prime}$
$k=a$	0,0856	0	0	0,0548	0,0935	0	0	0,0201
b	0,0828	0,0437	−0,0052	0,0333	0,0904	0,0162	−0,0058	0,0127
c	0,0758	0,0688	−0,0083	0,0175	0,0826	0,0259	−0,0093	0,0070
d	0,0667	0,0805	−0,0097	0,0064	0,0722	0,0307	−0,0111	0,0028
e	0,0568	0,0829	−0,0100	−0,0010	0,0609	0,0320	−0,0115	−0,0002
f	0,0470	0,0794	−0,0095	−0,0057	0,0495	0,0307	−0,0111	−0,0021
g	0,0378	0,0722	−0,0087	−0,0083	0,0389	0,0280	−0,0101	−0,0032
h	0,0296	0,0631	−0,0076	−0,0095	0,0294	0,0244	−0,0088	−0,0038
i	0,0226	0,0535	−0,0064	−0,0096	0,0213	0,0205	−0,0074	−0,0039

auf elastisch senk- und drehbaren Stützen

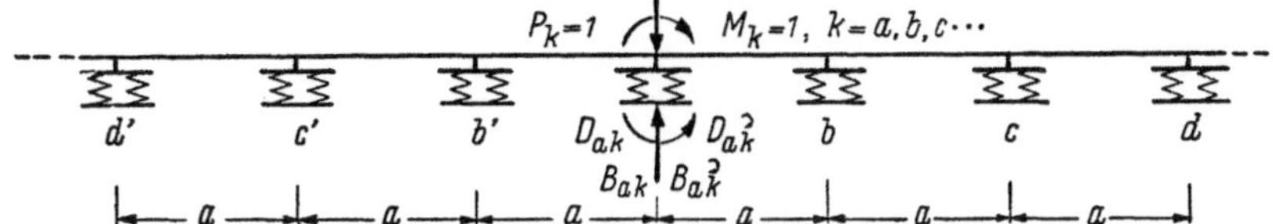

| z | 1000 | | | | 1000 | | | |
| z_T | 0,01 | | | | 0,03 | | | |
	B_{ak}	D_{ak}/a	$a \cdot B_{ak}^2$	D_{ak}^2	B_{ak}	D_{ak}/a	$a \cdot B_{ak}^2$	D_{ak}^2
$k=a$	0,0124	0	0	0,9599	0,0146	0	0	0,8920
b	0,0122	0,4781	—0,0001	0,0162	0,0142	0,4588	—0,0002	0,0423
c	0,0119	0,4755	—0,0001	—0,0019	0,0138	0,4702	—0,0002	—0,0032
d	0,0116	0,4640	—0,0001	—0,0022	0,0134	0,4579	—0,0002	—0,0055
e	0,0113	0,4526	—0,0001	—0,0022	0,0130	0,4447	—0,0002	—0,0055
f	0,0110	0,4414	—0,0001	—0,0021	0,0127	0,4319	—0,0002	—0,0053
g	0,0107	0,4306	—0,0001	—0,0021	0,0123	0,4194	—0,0002	—0,0051
h	0,0105	0,4200	—0,0001	—0,0020	0,0119	0,4073	—0,0001	—0,0050
i	0,0102	0,4096	0	—0,0020	0,0116	0,3955	—0,0001	—0,0049

| z | 1000 | | | | 1000 | | | |
| z_T | 1 | | | | 3 | | | |
	B_{ak}	D_{ak}/a	$a \cdot B_{ak}^2$	D_{ak}^2	B_{ak}	D_{ak}/a	$a \cdot B_{ak}^2$	D_{ak}^2
$k=a$	0,0486	0	0	0,2899	0,0685	0	0	0,1435
b	0,0472	0,2050	—0,0025	0,1240	0,0663	0,1097	—0,0039	0,0777
c	0,0440	0,2866	—0,0034	0,0427	0,0612	0,1656	—0,0060	0,0358
d	0,0402	0,3081	—0,0037	0,0037	0,0547	0,1876	—0,0068	0,0098
e	0,0364	0,3014	—0,0036	—0,0140	0,0477	0,1891	—0,0068	—0,0055
f	0,0327	0,2824	—0,0034	—0,0212	0,0410	0,1788	—0,0064	—0,0139
g	0,0294	0,2589	—0,0031	—0,0234	0,0348	0,1625	—0,0058	—0,0178
h	0,0263	0,2345	—0,0028	—0,0231	0,0292	0,1436	—0,0052	—0,0190
i	0,0235	0,2111	—0,0025	—0,0218	0,0243	0,1245	—0,0045	—0,0186

| z | 1000 | | | | 1000 | | | |
| z_T | 100 | | | | ∞ | | | |
	B_{ak}	D_{ak}/a	$a \cdot B_{ak}^2$	D_{ak}^2	B_{ak}	D_{ak}/a	$a \cdot B_{ak}^2$	D_{ak}^2
$k=a$	0,0968	0	0	0,0062	0,0984	0	0	0
b	0,0936	0,0051	—0,0061	0,0040	0,0950	0	—0,0062	0
c	0,0854	0,0082	—0,0098	0,0022	0,0868	0	—0,0100	0
d	0,0746	0,0097	—0,0117	0,0009	0,0757	0	—0,0119	0
e	0,0625	0,0101	—0,0122	0	0,0633	0	—0,0124	0
f	0,0505	0,0098	—0,0117	—0,0007	0,0510	0	—0,0119	0
g	0,0393	0,0089	—0,0107	—0,0010	0,0394	0	—0,0108	0
h	0,0292	0,0078	—0,0093	—0,0012	0,0291	0	—0,0094	0
i	0,0206	0,0065	—0,0078	—0,0013	0,0203	0	—0,0079	0

F. Tafeln der Biegemomente

M_{ak} und M_{ak}^{λ} vom Balken auf unendlich vielen elastisch senk- und drehbaren Stützen.

Biegemomente des beidseitig unendlich langen Balkens auf elastisch senk- und drehbaren Stützen

Der beidseitig unendlich lange Balken auf elastisch senk- und drehbaren Stützen

Biegemomente des Balkens M_{ak}/a bzw. $M_{ak}^{\circlearrowright}$

(Momente unmittelbar links von Punkt a)

z	0,1		0,1		0,1		0,1		0,1		0,1	
z_T	0,001		0,003		0,01		0,03		0,1		0,3	
	M_{ak}/a	$M_{ak}^{\circlearrowright}$	M_{ak}/a	$M_{ak}^{\circlearrowright}$	M_{ak}/a	$M_{ak}^{\circlearrowright}$	M_{ak}/a	$M_{ak}^{\circlearrowright}$	M_{ak}/a	$M_{ak}^{\circlearrowright}$	M_{ak}/a	$M_{ak}^{\circlearrowright}$
$k = a$	0,0658	−0,0073	0,0571	−0,0180	0,0632	−0,0626	0,0598	−0,1448	0,0562	−0,2830	0,0533	−0,3955
b	0,0094	−0,0007	0,0061	−0,0014	0,0047	−0,0045	−0,0019	−0,0029	−0,0124	0,0168	−0,0207	0,0484
c	0,0013	−0,0001	0,0007	−0,0001	0,0003	−0,0003	−0,0004	0,0006	−0,0005	0,0032	0,0006	0,0033
d	0,0002	0	0	0	0	0	0	0	0,0001	−0,0002	0,0003	−0,0010
e	0	0	0	0	0	0	0	0	0	0	0	0
f	0	0	0	0	0	0	0	0	0	0	0	0
g	0	0	0	0	0	0	0	0	0	0	0	0
h	0	0	0	0	0	0	0	0	0	0	0	0
i	0	0	0	0	0	0	0	0	0	0	0	0

z	0,1		0,1		0,1		0,1		0,1		0,1	
z_T	1		3		10		30		100		∞	
	M_{ak}/a	$M_{ak}^{\circlearrowright}$	M_{ak}/a	$M_{ak}^{\circlearrowright}$	M_{ak}/a	$M_{ak}^{\circlearrowright}$	M_{ak}/a	$M_{ak}^{\circlearrowright}$	M_{ak}/a	$M_{ak}^{\circlearrowright}$	M_{ak}/a	$M_{ak}^{\circlearrowright}$
$k = a$	0,0516	−0,4626	0,0510	−0,4868	0,0507	−0,4959	0,0507	−0,4986	0,0507	−0,4995	0,0507	−0,5000
b	−0,0255	0,0733	−0,0271	0,0833	−0,0278	0,0872	−0,0279	0,0884	−0,0280	0,0888	−0,0281	0,0890
c	0,0017	0,0013	0,0022	0,0002	0,0024	−0,0002	0,0024	−0,0004	0,0025	−0,0004	0,0025	−0,0005
d	0,0003	−0,0016	0,0003	−0,0018	0,0002	−0,0018	0,0002	−0,0018	0,0002	−0,0019	0,0003	−0,0019
e	0	0,0001	0	0,0002	0	0,0002	0	0,0002	0	0,0002	−0,0001	0,0003
f	0	0	0	0	0	0	0	0	0	0	0	0
g	0	0	0	0	0	0	0	0	0	0	0	0
h	0	0	0	0	0	0	0	0	0	0	0	0
i	0	0	0	0	0	0	0	0	0	0	0	0

z	0,2		0,2		0,2		0,2		0,2		0,2	
z_T	0,001		0,003		0,01		0,03		0,1		0,3	
	M_{ak}/a	$M_{ak}^{\circlearrowright}$	M_{ak}/a	$M_{ak}^{\circlearrowright}$	M_{ak}/a	$M_{ak}^{\circlearrowright}$	M_{ak}/a	$M_{ak}^{\circlearrowright}$	M_{ak}/a	$M_{ak}^{\circlearrowright}$	M_{ak}/a	$M_{ak}^{\circlearrowright}$
$k = a$	0,0840	−0,0055	0,0901	−0,0177	0,0932	−0,0572	0,0907	−0,1369	0,0865	−0,2731	0,0831	−0,3887
b	0,0164	−0,0006	0,0179	−0,0024	0,0151	−0,0073	0,0049	−0,0109	−0,0123	−0,0001	−0,0267	0,0244
c	0,0032	−0,0001	0,0036	−0,0005	0,0026	−0,0012	−0,0001	−0,0003	−0,0028	0,0056	−0,0030	0,0120
d	0,0006	0	0,0007	−0,0001	0,0004	−0,0002	0	0	0	0,0004	0,0007	−0,0004
e	0,0001	0	0,0001	0	0	0	0	0	0	0	0,0001	−0,0003
f	0	0	0	0	0	0	0	0	0	0	0	0
g	0	0	0	0	0	0	0	0	0	0	0	0
h	0	0	0	0	0	0	0	0	0	0	0	0
i	0	0	0	0	0	0	0	0	0	0	0	0

Der beidseitig unendlich lange Balken auf elastisch senk- und drehbaren Stützen

Biegemomente des Balkens M_{ak}/a bzw. $M_{a\hat{k}}$

(Momente unmittelbar links von Punkt a)

z	0,2		0,2		0,2		0,2		0,2		0,2	
z_T	1		3		10		30		100		∞	
	M_{ak}/a	$M_{a\hat{k}}$	M_{ak}/a	$M_{a\hat{k}}$	M_{ak}/a	$M_{a\hat{k}}$	M_{ak}/a	$M_{a\hat{k}}$	M_{ak}/a	$M_{a\hat{k}}$	M_{ak}/a	$M_{a\hat{k}}$
$k = a$	0,0812	−0,4597	0,0805	−0,4857	0,0802	−0,4956	0,0801	−0,4985	0,0801	−0,4995	0,0801	−0,5000
b	−0,0352	0,0455	−0,0383	0,0543	−0,0394	0,0578	−0,0398	0,0589	−0,0399	0,0592	−0,0400	0,0594
c	−0,0022	0,0155	−0,0018	0,0165	−0,0016	0,0169	−0,0016	0,0170	−0,0016	0,0170	−0,0016	0,0171
d	0,0012	−0,0018	0,0014	−0,0025	0,0015	−0,0028	0,0015	−0,0028	0,0015	−0,0029	0,0016	−0,0029
e	0	−0,0005	0	−0,0005	0	−0,0005	0	−0,0005	0	−0,0005	0	−0,0006
f	0	0	0	0,0001	0	0,0001	0	0,0001	0	0,0001	0	0,0001
g	0	0	0	0	0	0	0	0	0	0	0	0
h	0	0	0	0	0	0	0	0	0	0	0	0
i	0	0	0	0	0	0	0	0	0	0	0	0

z	0,5		0,5		0,5		0,5		0,5		0,5	
z_T	0,001		0,003		0,01		0,03		0,1		0,3	
	M_{ak}/a	$M_{a\hat{k}}$	M_{ak}/a	$M_{a\hat{k}}$	M_{ak}/a	$M_{a\hat{k}}$	M_{ak}/a	$M_{a\hat{k}}$	M_{ak}/a	$M_{a\hat{k}}$	M_{ak}/a	$M_{a\hat{k}}$
$k = a$	0,1551	−0,0070	0,1389	−0,0166	0,1370	−0,0502	0,1355	−0,1228	0,1332	−0,2546	0,1316	−0,3752
b	0,0684	−0,0022	0,0504	−0,0040	0,0425	−0,0108	0,0276	−0,0211	−0,0001	−0,0250	−0,0256	−0,0152
c	0,0304	−0,0009	0,0186	−0,0014	0,0141	−0,0034	0,0063	−0,0045	−0,0049	0,0031	−0,0120	0,0176
d	0,0135	−0,0004	0,0069	−0,0005	0,0047	−0,0011	0,0015	−0,0010	−0,0012	0,0016	−0,0008	0,0041
e	0,0060	−0,0001	0,0025	−0,0002	0,0015	−0,0003	0,0003	−0,0002	−0,0001	0,0003	0,0004	−0,0001
f	0,0026	0	0,0009	0	0,0005	−0,0001	0	0	0	0	0,0001	−0,0002
g	0,0011	0	0,0003	0	0,0001	0	0	0	0	0	0	0
h	0,0005	0	0,0001	0	0	0	0	0	0	0	0	0
i	0,0002	0	0	0	0	0	0	0	0	0	0	0

z	0,5		0,5		0,5		0,5		0,5		0,5	
z_T	1		3		10		30		100		∞	
	M_{ak}/a	$M_{a\hat{k}}$	M_{ak}/a	$M_{a\hat{k}}$	M_{ak}/a	$M_{a\hat{k}}$	M_{ak}/a	$M_{a\hat{k}}$	M_{ak}/a	$M_{a\hat{k}}$	M_{ak}/a	$M_{a\hat{k}}$
$k = a$	0,1308	−0,4538	0,1306	−0,4835	0,1305	−0,4949	0,1305	−0,4982	0,1304	−0,4994	0,1305	−0,5000
b	−0,0420	−0,0033	−0,0481	0,0021	−0,0505	0,0043	−0,0512	0,0050	−0,0514	0,0052	−0,0516	0,0054
c	−0,0152	0,0296	−0,0161	0,0345	−0,0164	0,0364	−0,0165	0,0370	−0,0165	0,0372	−0,0166	0,0373
d	0,0004	0,0048	0,0010	0,0047	0,0013	0,0047	0,0014	0,0047	0,0014	0,0046	0,0015	0,0047
e	0,0010	−0,0012	0,0012	−0,0017	0,0013	−0,0019	0,0014	−0,0020	0,0014	−0,0020	0,0014	−0,0021
f	0,0001	−0,0005	0,0001	−0,0005	0	−0,0006	0	−0,0006	0	−0,0006	0,0001	−0,0006
g	0	0	0	0	0	0	0	0	0	0	−0,0001	0
h	0	0	0	0	0	0	0	0	0	0	0	0
i	0	0	0	0	0	0	0	0	0	0	0	0

Der beidseitig unendlich lange Balken auf elastisch senk- und drehbaren Stützen

Biegemomente des Balkens M_{ak}/a bzw. $M_{a\overset{\backslash}{k}}$

(Momente unmittelbar links von Punkt a)

z	1		1		1		1		1		1	
z_T	0,001		0,003		0,01		0,03		0,1		0,3	
	M_{ak}/a	$M_{a\overset{\backslash}{k}}$	M_{ak}/a	$M_{a\overset{\backslash}{k}}$	M_{ak}/a	$M_{a\overset{\backslash}{k}}$	M_{ak}/a	$M_{a\overset{\backslash}{k}}$	M_{ak}/a	$M_{a\overset{\backslash}{k}}$	M_{ak}/a	$M_{a\overset{\backslash}{k}}$
$k = a$	0,1732	−0,0053	0,1654	−0,0142	0,1667	−0,0445	0,1671	−0,1108	0,1689	−0,2376	0,1716	−0,3620
b	0,0905	−0,0017	0,0781	−0,0040	0,0720	−0,0121	0,0547	−0,0259	0,0205	−0,0410	−0,0136	−0,0457
c	0,0475	−0,0009	0,0376	−0,0019	0,0328	−0,0053	0,0205	−0,0090	−0,0006	−0,0038	−0,0183	0,0130
d	0,0250	−0,0004	0,0181	−0,0009	0,0150	−0,0024	0,0078	−0,0034	−0,0013	0,0006	−0,0051	0,0081
e	0,0131	−0,0002	0,0087	−0,0004	0,0069	−0,0011	0,0030	−0,0013	−0,0004	0,0004	−0,0003	0,0017
f	0,0069	−0,0001	0,0041	−0,0002	0,0031	−0,0005	0,0011	−0,0005	−0,0001	0,0001	0,0002	0,0001
g	0,0036	0	0,0020	−0,0001	0,0014	−0,0002	0,0004	−0,0001	0	0	0,0001	−0,0001
h	0,0019	0	0,0009	0	0,0006	−0,0001	0,0001	0	0	0	0	0
i	0,0010	0	0,0004	0	0,0003	0	0	0	0	0	0	0

z	1		1		1		1		1		1	
z_T	1		3		10		30		100		∞	
	M_{ak}/a	$M_{a\overset{\backslash}{k}}$	M_{ak}/a	$M_{a\overset{\backslash}{k}}$	M_{ak}/a	$M_{a\overset{\backslash}{k}}$	M_{ak}/a	$M_{a\overset{\backslash}{k}}$	M_{ak}/a	$M_{a\overset{\backslash}{k}}$	M_{ak}/a	$M_{a\overset{\backslash}{k}}$
$k = a$	0,1740	−0,4477	0,1751	−0,4811	0,1755	−0,4941	0,1756	−0,4980	0,1757	−0,4994	0,1757	−0,5000
b	−0,0374	−0,0449	−0,0467	−0,0440	−0,0504	−0,0436	−0,0515	−0,0435	−0,0518	−0,0434	−0,0521	−0,0435
c	−0,0289	0,0299	−0,0327	0,0375	−0,0341	0,0406	−0,0346	0,0416	−0,0347	0,0419	−0,0348	0,0421
d	−0,0053	0,0138	−0,0049	0,0160	−0,0047	0,0169	−0,0046	0,0171	−0,0046	0,0172	−0,0046	0,0173
e	0,0011	0,0013	0,0019	0,0008	0,0022	0,0006	0,0024	0,0005	0,0024	0,0005	0,0025	0,0005
f	0,0008	−0,0009	0,0011	−0,0014	0,0012	−0,0016	0,0012	−0,0017	0,0012	−0,0017	0,0012	−0,0018
g	0,0001	−0,0004	0,0001	−0,0005	0,0001	−0,0005	0,0001	−0,0005	0	−0,0005	0,0001	−0,0006
h	0	0	0	0	0	0	−0,0001	0	−0,0001	0	−0,0001	0
i	0	0	0	0	0	0	0	0	0	0	0	0

z	2		2		2		2		2		2	
z_T	0,001		0,003		0,01		0,03		0,1		0,3	
	M_{ak}/a	$M_{a\overset{\backslash}{k}}$	M_{ak}/a	$M_{a\overset{\backslash}{k}}$	M_{ak}/a	$M_{a\overset{\backslash}{k}}$	M_{ak}/a	$M_{a\overset{\backslash}{k}}$	M_{ak}/a	$M_{a\overset{\backslash}{k}}$	M_{ak}/a	$M_{a\overset{\backslash}{k}}$
$k = a$	0,1972	−0,0047	0,1896	−0,0125	0,1909	−0,0391	0,1940	−0,0990	0,2018	−0,2197	0,2120	−0,3467
b	0,1269	−0,0018	0,1116	−0,0040	0,1042	−0,0119	0,0865	−0,0274	0,0494	−0,0514	0,0087	−0,0716
c	0,0820	−0,0011	0,0666	−0,0023	0,0597	−0,0066	0,0438	−0,0128	0,0128	−0,0127	−0,0184	0,0013
d	0,0530	−0,0007	0,0398	−0,0014	0,0343	−0,0038	0,0225	−0,0065	0,0035	−0,0033	−0,0101	0,0083
e	0,0343	−0,0004	0,0238	−0,0008	0,0197	−0,0022	0,0116	−0,0033	0,0010	−0,0009	−0,0031	0,0040
f	0,0221	−0,0003	0,0142	−0,0005	0,0113	−0,0012	0,0059	−0,0017	0,0003	−0,0002	−0,0004	0,0011
g	0,0143	−0,0002	0,0085	−0,0003	0,0065	−0,0007	0,0030	−0,0008	0	0	0	0,0001
h	0,0092	−0,0001	0,0050	−0,0001	0,0037	−0,0004	0,0015	−0,0004	0	0	0,0001	0
i	0,0060	0	0,0030	−0,0001	0,0021	−0,0002	0,0008	−0,0002	0	0	0	0

Der beidseitig unendlich lange Balken auf elastisch senk- und drehbaren Stützen

Biegemomente des Balkens M_{ak}/a bzw. $M_{a\overset{2}{k}}$

(Momente unmittelbar links von Punkt a)

z	2		2		2		2		2		2	
z_T	1		3		10		30		100		∞	
	M_{ak}/a	$M_{a\overset{2}{k}}$	M_{ak}/a	$M_{a\overset{2}{k}}$	M_{ak}/a	$M_{a\overset{2}{k}}$	M_{ak}/a	$M_{a\overset{2}{k}}$	M_{ak}/a	$M_{a\overset{2}{k}}$	M_{ak}/a	$M_{a\overset{2}{k}}$
$k = a$	0,2208	−0,4402	0,2246	−0,4781	0,2261	−0,4932	0,2266	−0,4977	0,2268	−0,4993	0,2269	−0,5000
b	−0,0221	−0,0856	−0,0348	−0,0915	−0,0399	−0,0938	−0,0414	−0,0945	−0,0419	−0,0948	−0,0422	−0,0949
c	−0,0409	0,0190	−0,0500	0,0277	−0,0536	0,0314	−0,0547	0,0325	−0,0551	0,0329	−0,0553	0,0331
d	−0,0167	0,0209	−0,0186	0,0268	−0,0192	0,0293	−0,0194	0,0300	−0,0194	0,0303	−0,0195	0,0304
e	−0,0024	0,0074	−0,0013	0,0086	−0,0008	0,0090	−0,0006	0,0091	−0,0006	0,0091	−0,0006	0,0092
f	0,0011	0,0007	0,0021	0,0001	0,0025	−0,0002	0,0026	−0,0003	0,0027	−0,0003	0,0028	−0,0004
g	0,0008	−0,0006	0,0012	−0,0012	0,0013	−0,0014	0,0013	−0,0015	0,0013	−0,0016	0,0014	−0,0016
h	0,0002	−0,0004	0,0002	−0,0006	0,0002	−0,0006	0,0002	−0,0006	0,0002	−0,0007	0,0002	−0,0007
i	0	−0,0001	0	−0,0001	0	0	−0,0001	0	−0,0001	0	−0,0001	−0,0001

z	5		5		5		5		5		5	
z_T	0,001		0,003		0,01		0,03		0,1		0,3	
	M_{ak}/a	$M_{a\overset{2}{k}}$	M_{ak}/a	$M_{a\overset{2}{k}}$	M_{ak}/a	$M_{a\overset{2}{k}}$	M_{ak}/a	$M_{a\overset{2}{k}}$	M_{ak}/a	$M_{a\overset{2}{k}}$	M_{ak}/a	$M_{a\overset{2}{k}}$
$k = a$	0,2147	−0,0037	0,2116	−0,0104	0,2147	−0,0330	0,2214	−0,0853	0,2389	−0,1969	0,2637	−0,3249
b	0,1597	−0,0013	0,1500	−0,0033	0,1443	−0,0103	0,1286	−0,0253	0,0936	−0,0557	0,0512	−0,0944
c	0,1194	−0,0010	0,1078	−0,0023	0,1014	−0,0070	0,0838	−0,0150	0,0450	−0,0221	−0,0028	−0,0183
d	0,0892	−0,0007	0,0775	−0,0017	0,0713	−0,0049	0,0552	−0,0098	0,0235	−0,0107	−0,0095	0,0010
e	0,0667	−0,0005	0,0557	−0,0012	0,0502	−0,0034	0,0364	−0,0064	0,0126	−0,0056	−0,0062	0,0033
f	0,0499	−0,0004	0,0400	−0,0008	0,0353	−0,0024	0,0240	−0,0042	0,0068	−0,0030	−0,0029	0,0022
g	0,0373	−0,0003	0,0287	−0,0006	0,0248	−0,0017	0,0158	−0,0028	0,0037	−0,0016	−0,0011	0,0010
h	0,0278	−0,0002	0,0206	−0,0004	0,0174	−0,0012	0,0104	−0,0018	0,0020	−0,0008	−0,0003	0,0004
i	0,0208	−0,0001	0,0148	−0,0003	0,0123	−0,0008	0,0068	−0,0012	0,0010	−0,0004	0	0,0001

z	5		5		5		5		5		5	
z_T	1		3		10		30		100		∞	
	M_{ak}/a	$M_{a\overset{2}{k}}$	M_{ak}/a	$M_{a\overset{2}{k}}$	M_{ak}/a	$M_{a\overset{2}{k}}$	M_{ak}/a	$M_{a\overset{2}{k}}$	M_{ak}/a	$M_{a\overset{2}{k}}$	M_{ak}/a	$M_{a\overset{2}{k}}$
$k = a$	0,2872	−0,4284	0,2983	−0,4733	0,3030	−0,4916	0,3044	−0,4971	0,3049	−0,4991	0,3052	−0,5000
b	0,0153	−0,1317	−0,0006	−0,1499	−0,0072	−0,1578	−0,0092	−0,1602	−0,0099	−0,1611	−0,0103	−0,1615
c	−0,0452	−0,0089	−0,0647	−0,0034	−0,0729	−0,0010	−0,0754	−0,0003	−0,0763	0	−0,0768	0
d	−0,0346	0,0194	−0,0454	0,0298	−0,0497	0,0345	−0,0511	0,0360	−0,0515	0,0365	−0,0518	0,0368
e	−0,0155	0,0153	−0,0179	0,0217	−0,0187	0,0246	−0,0189	0,0254	−0,0189	0,0258	−0,0190	0,0259
f	−0,0041	0,0069	−0,0028	0,0088	−0,0020	0,0095	−0,0017	0,0097	−0,0016	0,0098	−0,0016	0,0099
g	0,0001	0,0019	0,0018	0,0015	0,0027	0,0012	0,0030	0,0011	0,0031	0,0010	0,0071	0,0011
h	0,0008	0	0,0019	−0,0008	0,0023	−0,0012	0,0025	−0,0014	0,0025	−0,0014	0,0026	−0,0015
i	0,0006	−0,0003	0,0009	−0,0009	0,0010	−0,0011	0,0011	−0,0012	0,0011	−0,0012	0,0011	−0,0013

Der beidseitig unendlich lange Balken auf elastisch senk- und drehbaren Stützen

Biegemomente des Balkens M_{ak}/a bzw. $M_{a\overset{2}{k}}$

(Momente unmittelbar links von Punkt a)

| z | 10 | | 10 | | 10 | | 10 | | 10 | | 10 | |
| z_T | 0,001 | | 0,003 | | 0,01 | | 0,03 | | 0,1 | | 0,3 | |
	M_{ak}/a	$M_{a\overset{2}{k}}$	M_{ak}/a	$M_{a\overset{2}{k}}$	M_{ak}/a	$M_{a\overset{2}{k}}$	M_{ak}/a	$M_{a\overset{2}{k}}$	M_{ak}/a	$M_{a\overset{2}{k}}$	M_{ak}/a	$M_{a\overset{2}{k}}$
$k=a$	0,2227	−0,0031	0,2232	−0,0092	0,2274	−0,0294	0,2367	−0,0768	0,2617	−0,1817	0,2999	−0,3085
b	0,1769	−0,0009	0,1741	−0,0027	0,1698	−0,0086	0,1567	−0,0220	0,1267	−0,0537	0,0890	−0,1026
c	0,1412	−0,0007	0,1375	−0,0021	0,1323	−0,0064	0,1157	−0,0144	0,0763	−0,0252	0,0213	−0,0311
d	0,1126	−0,0006	0,1087	−0,0016	0,1032	−0,0050	0,0862	−0,0107	0,0490	−0,0150	0,0021	−0,0078
e	0,0899	−0,0004	0,0859	−0,0013	0,0804	−0,0039	0,0642	−0,0079	0,0320	−0,0096	−0,0019	−0,0010
f	0,0717	−0,0003	0,0679	−0,0010	0,0627	−0,0030	0,0479	−0,0059	0,0209	−0,0063	−0,0020	0,0005
g	0,0572	−0,0003	0,0536	−0,0008	0,0489	−0,0023	0,0357	−0,0044	0,0137	−0,0041	−0,0013	0,0006
h	0,0456	−0,0002	0,0424	−0,0006	0,0381	−0,0018	0,0266	−0,0033	0,0090	−0,0027	−0,0007	0,0004
i	0,0364	−0,0001	0,0335	−0,0005	0,0297	−0,0014	0,0198	−0,0024	0,0059	−0,0017	−0,0003	0,0002

| z | 10 | | 10 | | 10 | | 10 | | 10 | | 10 | |
| z_T | 1 | | 3 | | 10 | | 30 | | 100 | | ∞ | |
	M_{ak}/a	$M_{a\overset{2}{k}}$	M_{ak}/a	$M_{a\overset{2}{k}}$	M_{ak}/a	$M_{a\overset{2}{k}}$	M_{ak}/a	$M_{a\overset{2}{k}}$	M_{ak}/a	$M_{a\overset{2}{k}}$	M_{ak}/a	$M_{a\overset{2}{k}}$
$k=a$	0,3402	−0,4183	0,3610	−0,4688	0,3703	−0,4901	0,3731	−0,4966	0,3742	−0,4989	0,3747	−0,5000
b	0,0554	−0,1580	0,0397	−0,1880	0,0331	−0,2015	0,0311	−0,2057	0,0303	−0,2073	0,0301	−0,2080
c	−0,0345	−0,0341	−0,0631	−0,0359	−0,0757	−0,0368	−0,0797	−0,0371	−0,0811	−0,0373	−0,0817	−0,0374
d	−0,0427	0,0088	−0,0653	0,0196	−0,0752	0,0248	−0,0783	0,0264	−0,0794	0,0270	−0,0800	0,0273
e	−0,0281	0,0157	−0,0394	0,0267	−0,0440	0,0320	−0,0454	0,0337	−0,0459	0,0343	−0,0462	0,0346
f	−0,0137	0,0113	−0,0164	0,0177	−0,0170	0,0208	−0,0172	0,0218	−0,0172	0,0221	−0,0173	0,0223
g	−0,0049	0,0058	−0,0035	0,0081	−0,0024	0,0090	−0,0019	0,0093	−0,0018	0,0094	−0,0018	0,0095
h	−0,0009	0,0022	0,0013	0,0022	0,0027	0,0020	0,0031	0,0019	0,0033	0,0018	0,0034	0,0019
i	0,0004	0,0005	0,0021	−0,0002	0,0030	−0,0008	0,0033	−0,0010	0,0034	−0,0010	0,0035	−0,0011

| z | 20 | | 20 | | 20 | | 20 | | 20 | | 20 | |
| z_T | 0,001 | | 0,003 | | 0,01 | | 0,03 | | 0,1 | | 0,3 | |
	M_{ak}/a	$M_{a\overset{2}{k}}$	M_{ak}/a	$M_{a\overset{2}{k}}$	M_{ak}/a	$M_{a\overset{2}{k}}$	M_{ak}/a	$M_{a\overset{2}{k}}$	M_{ak}/a	$M_{a\overset{2}{k}}$	M_{ak}/a	$M_{a\overset{2}{k}}$
$k=a$	0,2303	−0,0028	0,2327	−0,0084	0,2366	−0,0266	0,2482	−0,0701	0,2801	−0,1688	0,3325	−0,2931
b	0,1945	−0,0007	0,1958	−0,0022	0,1904	−0,0068	0,1800	−0,0183	0,1566	−0,0491	0,1278	−0,1045
c	0,1650	−0,0006	0,1669	−0,0018	0,1595	−0,0054	0,1451	−0,0128	0,1089	−0,0251	0,0532	−0,0392
d	0,1399	−0,0005	0,1422	−0,0016	0,1337	−0,0045	0,1178	−0,0102	0,0799	−0,0170	0,0243	−0,0159
e	0,1187	−0,0004	0,1212	−0,0013	0,1121	−0,0038	0,0957	−0,0083	0,0594	−0,0124	0,0121	−0,0070
f	0,1007	−0,0003	0,1033	−0,0011	0,0940	−0,0032	0,0778	−0,0067	0,0442	−0,0092	0,0065	−0,0034
g	0,0854	−0,0003	0,0881	−0,0009	0,0789	−0,0026	0,0632	−0,0055	0,0329	−0,0068	0,0036	−0,0018
h	0,0724	−0,0002	0,0750	−0,0008	0,0661	−0,0022	0,0513	−0,0044	0,0245	−0,0051	0,0021	−0,0010
i	0,0614	−0,0002	0,0640	−0,0007	0,0555	−0,0018	0,0417	−0,0036	0,0182	−0,0038	0,0012	−0,0005

Der beidseitig unendlich lange Balken auf elastisch senk- und drehbaren Stützen

Biegemomente des Balkens M_{ak}/a bzw. M_{ak}^{λ}

(Momente unmittelbar links von Punkt a)

z	20		20		20		20		20		20	
z_T	1		3		10		30		100		∞	
	M_{ak}/a	M_{ak}^{λ}	M_{ak}/a	M_{ak}^{λ}	M_{ak}/a	M_{ak}^{λ}	M_{ak}/a	M_{ak}^{λ}	M_{ak}/a	M_{ak}^{λ}	M_{ak}/a	M_{ak}^{λ}
$k = a$	0,3945	−0,4076	0,4302	−0,4637	0,4470	−0,4883	0,4524	−0,4960	0,4543	−0,4988	0,4552	−0,5000
b	0,1032	−0,1763	0,0924	−0,2194	0,0880	−0,2398	0,0866	−0,2464	0,0861	−0,2488	0,0860	−0,2499
c	−0,0104	−0,0578	−0,0465	−0,0708	−0,0634	−0,0775	−0,0688	−0,0797	−0,0707	−0,0805	−0,0716	−0,0809
d	−0,0397	−0,0068	−0,0771	−0,0002	−0,0949	0,0030	−0,1007	0,0041	−0,1027	0,0044	−0,1037	0,0047
e	−0,0362	0,0097	−0,0628	0,0228	−0,0752	0,0297	−0,0792	0,0319	−0,0806	0,0328	−0,0813	0,0332
f	−0,0244	0,0115	−0,0384	0,0231	−0,0443	0,0293	−0,0461	0,0313	−0,0467	0,0321	−0,0471	0,0325
g	−0,0137	0,0086	−0,0183	0,0159	−0,0194	0,0197	−0,0196	0,0209	−0,0197	0,0214	−0,0198	0,0217
h	−0,0066	0,0052	−0,0060	0,0086	−0,0046	0,0101	−0,0040	0,0105	−0,0038	0,0107	−0,0038	0,0108
i	−0,0026	0,0026	−0,0001	0,0035	0,0018	0,0035	0,0026	0,0035	0,0029	0,0035	0,0031	0,0035

z	50		50		50		50		50		50	
z_T	0,001		0,003		0,01		0,03		0,1		0,3	
	M_{ak}/a	M_{ak}^{λ}	M_{ak}/a	M_{ak}^{λ}	M_{ak}/a	M_{ak}^{λ}	M_{ak}/a	M_{ak}^{λ}	M_{ak}/a	M_{ak}^{λ}	M_{ak}/a	M_{ak}^{λ}
$k = a$	0,2430	−0,0029	0,2399	−0,0075	0,2450	−0,0239	0,2588	−0,0636	0,2983	−0,1555	0,3688	−0,2754
b	0,2272	−0,0008	0,2139	−0,0015	0,2106	−0,0049	0,2036	−0,0138	0,1890	−0,0418	0,1755	−0,1008
c	0,2132	−0,0008	0,1930	−0,0013	0,1882	−0,0040	0,1773	−0,0099	0,1484	−0,0219	0,1002	−0,0430
d	0,2001	−0,0007	0,1742	−0,0012	0,1684	−0,0036	0,1554	−0,0085	0,1220	−0,0163	0,0652	−0,0221
e	0,1879	−0,0007	0,1573	−0,0011	0,1507	−0,0032	0,1363	−0,0075	0,1012	−0,0133	0,0457	−0,0134
f	0,1764	−0,0006	0,1420	−0,0009	0,1348	−0,0029	0,1195	−0,0065	0,0841	−0,0110	0,0331	−0,0090
g	0,1655	−0,0006	0,1281	−0,0009	0,1206	−0,0026	0,1048	−0,0057	0,0698	−0,0091	0,0244	−0,0064
h	0,1554	−0,0005	0,1157	−0,0008	0,1079	−0,0023	0,0919	−0,0050	0,0580	−0,0076	0,0180	−0,0047
i	0,1459	−0,0005	0,1044	−0,0007	0,0965	−0,0020	0,0806	−0,0044	0,0482	−0,0063	0,0134	−0,0035

z	50		50		50		50		50		50	
z_T	1		3		10		30		100		∞	
	M_{ak}/a	M_{ak}^{λ}	M_{ak}/a	M_{ak}^{λ}	M_{ak}/a	M_{ak}^{λ}	M_{ak}/a	M_{ak}^{λ}	M_{ak}/a	M_{ak}^{λ}	M_{ak}/a	M_{ak}^{λ}
$k = a$	0,4657	−0,3931	0,5312	−0,4561	0,5654	−0,4855	0,5769	−0,4950	0,5811	−0,4985	0,5830	−0,5000
b	0,1736	−0,1894	0,1794	−0,2502	0,1842	−0,2817	0,1860	−0,2922	0,1867	−0,2960	0,1870	−0,2978
c	0,0390	−0,0815	0,0007	−0,1137	−0,0183	−0,1320	−0,0246	−0,1383	−0,0269	−0,1407	−0,0280	−0,1418
d	−0,0144	−0,0282	−0,0702	−0,0346	−0,0998	−0,0390	−0,1098	−0,0406	−0,1134	−0,0412	−0,1151	−0,0415
e	−0,0296	−0,0044	−0,0829	0,0042	−0,1117	0,0090	−0,1214	0,0107	−0,1251	0,0113	−0,1267	0,0116
f	−0,0286	0,0045	−0,0697	0,0187	−0,0915	0,0273	−0,0988	0,0303	−0,1016	0,0315	−0,1028	0,0321
g	−0,0224	0,0066	−0,0492	0,0203	−0,0623	0,0288	−0,0666	0,0319	−0,0682	0,0331	−0,0689	0,0336
h	−0,0157	0,0059	−0,0302	0,0165	−0,0359	0,0230	−0,0376	0,0253	−0,0381	0,0262	−0,0384	0,0266
i	−0,0102	0,0045	−0,0161	0,0113	−0,0166	0,0153	−0,0165	0,0167	−0,0164	0,0172	−0,0164	0,0175

Der beidseitig unendlich lange Balken auf elastisch senk- und drehbaren Stützen

Biegemomente des Balkens M_{ak}/a bzw. $M_{a\vec{k}}$

(Momente unmittelbar links von Punkt a)

z	100		100		100		100		100		100	
z_T	0,001		0,003		0,01		0,03		0,1		0,3	
	M_{ak}/a	$M_{a\vec{k}}$	M_{ak}/a	$M_{a\vec{k}}$	M_{ak}/a	$M_{a\vec{k}}$	M_{ak}/a	$M_{a\vec{k}}$	M_{ak}/a	$M_{a\vec{k}}$	M_{ak}/a	$M_{a\vec{k}}$
$k=a$	0,2443	−0,0025	0,2435	−0,0070	0,2492	−0,0225	0,2644	−0,0601	0,3083	−0,1481	0,3910	−0,2644
b	0,2309	−0,0005	0,2235	−0,0011	0,2215	−0,0037	0,2166	−0,0111	0,2079	−0,0367	0,2066	−0,0958
c	0,2190	−0,0005	0,2075	−0,0010	0,2045	−0,0031	0,1961	−0,0077	0,1732	−0,0185	0,1345	−0,0419
d	0,2078	−0,0004	0,1928	−0,0009	0,1891	−0,0028	0,1786	−0,0069	0,1506	−0,0142	0,0993	−0,0232
e	0,1971	−0,0004	0,1791	−0,0008	0,1747	−0,0026	0,1628	−0,0063	0,1320	−0,0122	0,0778	−0,0156
f	0,1870	−0,0004	0,1663	−0,0008	0,1615	−0,0024	0,1484	−0,0057	0,1158	−0,0106	0,0624	−0,0117
g	0,1775	−0,0004	0,1545	−0,0007	0,1493	−0,0022	0,1352	−0,0052	0,1016	−0,0093	0,0505	−0,0092
h	0,1684	−0,0003	0,1435	−0,0007	0,1380	−0,0021	0,1233	−0,0047	0,0892	−0,0082	0,0410	−0,0074
i	0,1597	−0,0003	0,1333	−0,0006	0,1275	−0,0019	0,1123	−0,0043	0,0782	−0,0072	0,0334	−0,0060

z	100		100		100		100		100		100	
z_T	1		3		10		30		100		∞	
	M_{ak}/a	$M_{a\vec{k}}$	M_{ak}/a	$M_{a\vec{k}}$	M_{ak}/a	$M_{a\vec{k}}$	M_{ak}/a	$M_{a\vec{k}}$	M_{ak}/a	$M_{a\vec{k}}$	M_{ak}/a	$M_{a\vec{k}}$
$k=a$	0,5167	−0,3825	0,6135	−0,4498	0,6692	−0,4831	0,6889	−0,4941	0,6963	−0,4982	0,6996	−0,5000
b	0,2279	−0,1927	0,2562	−0,2659	0,2756	−0,3067	0,2829	−0,3209	0,2857	−0,3262	0,2870	−0,3286
c	0,0852	−0,0924	0,0548	−0,1402	0,0400	−0,1700	0,0351	−0,1807	0,0333	−0,1848	0,0326	−0,1867
d	0,0189	−0,0409	−0,0438	−0,0612	−0,0798	−0,0755	−0,0925	−0,0809	−0,0972	−0,0830	−0,0994	−0,0840
e	−0,0086	−0,0154	−0,0805	−0,0159	−0,1237	−0,0173	−0,1392	−0,0180	−0,1451	−0,0183	−0,1478	−0,0185
f	−0,0176	−0,0035	−0,0836	0,0068	−0,1237	0,0135	−0,1383	0,0159	−0,1438	0,0168	−0,1463	0,0172
g	−0,0183	0,0014	−0,0712	0,0158	−0,1027	0,0260	−0,1141	0,0298	−0,1184	0,0313	−0,1203	0,0320
h	−0,0157	0,0030	−0,0540	0,0172	−0,0751	0,0275	−0,0826	0,0315	−0,0854	0,0331	−0,0866	0,0338
i	−0,0124	0,0032	−0,0374	0,0150	−0,0491	0,0236	−0,0529	0,0269	−0,0543	0,0282	−0,0550	0,0289

z	200		200		200		200		200		200	
z_T	0,001		0,003		0,01		0,03		0,1		0,3	
	M_{ak}/a	$M_{a\vec{k}}$	M_{ak}/a	$M_{a\vec{k}}$	M_{ak}/a	$M_{a\vec{k}}$	M_{ak}/a	$M_{a\vec{k}}$	M_{ak}/a	$M_{a\vec{k}}$	M_{ak}/a	$M_{a\vec{k}}$
$k=a$	0,2443	−0,0022	0,2464	−0,0067	0,2523	−0,0214	0,2684	−0,0575	0,3158	−0,1424	0,4087	−0,2555
b	0,2309	−0,0002	0,2313	−0,0008	0,2295	−0,0028	0,2263	−0,0089	0,2224	−0,0323	0,2323	−0,0904
c	0,2190	−0,0002	0,2197	−0,0007	0,2169	−0,0023	0,2106	−0,0059	0,1932	−0,0152	0,1648	−0,0391
d	0,2078	−0,0002	0,2087	−0,0007	0,2052	−0,0022	0,1971	−0,0054	0,1748	−0,0117	0,1318	−0,0221
e	0,1972	−0,0002	0,1983	−0,0006	0,1941	−0,0020	0,1846	−0,0050	0,1592	−0,0104	0,1108	−0,0156
f	0,1870	−0,0002	0,1884	−0,0006	0,1836	−0,0019	0,1729	−0,0047	0,1451	−0,0094	0,0949	−0,0125
g	0,1775	−0,0002	0,1789	−0,0006	0,1736	−0,0018	0,1619	−0,0044	0,1323	−0,0086	0,0819	−0,0105
h	0,1684	−0,0001	0,1700	−0,0005	0,1642	−0,0017	0,1516	−0,0041	0,1206	−0,0078	0,0708	−0,0090
i	0,1597	−0,0001	0,1615	−0,0005	0,1553	−0,0016	0,1420	−0,0039	0,1100	−0,0071	0,0613	−0,0077

Der beidseitig unendlich lange Balken auf elastisch senk- und drehbaren Stützen

Biegemomente des Balkens M_{ak}/a bzw. M_{ak}^{ζ}

(Momente unmittelbar links von Punkt a)

z	200		200		200		200		200		200	
z_T	1		3		10		30		100		∞	
	M_{ak}/a	M_{ak}^{ζ}	M_{ak}/a	M_{ak}^{ζ}	M_{ak}/a	M_{ak}^{ζ}	M_{ak}/a	M_{ak}^{ζ}	M_{ak}/a	M_{ak}^{ζ}	M_{ak}/a	M_{ak}^{ζ}
$k = a$	0,5633	−0,3728	0,6987	−0,4432	0,7860	−0,4803	0,8188	−0,4931	0,8315	−0,4978	0,8371	−0,5000
b	0,2795	−0,1923	0,3392	−0,2759	0,3833	−0,3264	0,4007	−0,3448	0,4076	−0,3518	0,4107	−0,3550
c	0,1339	−0,0980	0,1219	−0,1604	0,1201	−0,2031	0,1205	−0,2194	0,1208	−0,2258	0,1210	−0,2286
d	0,0602	−0,0490	0,0006	−0,0843	−0,0352	−0,1116	−0,0483	−0,1227	−0,0532	−0,1270	−0,0555	−0,1290
e	0,0238	−0,0238	−0,0587	−0,0368	−0,1136	−0,0487	−0,1345	−0,0539	−0,1426	−0,0560	−0,1463	−0,0571
f	0,0064	−0,0109	−0,0806	−0,0090	−0,1410	−0,0091	−0,1645	−0,0094	−0,1736	−0,0096	−0,1778	−0,0097
g	−0,0012	−0,0045	−0,0814	0,0055	−0,1377	0,0132	−0,1598	0,0161	−0,1684	0,0172	−0,1723	0,0178
h	−0,0042	−0,0015	−0,0719	0,0121	−0,1185	0,0234	−0,1367	0,0280	−0,1438	0,0299	−0,1471	0,0308
i	−0,0049	0	−0,0585	0,0138	−0,0932	0,0258	−0,1065	0,0310	−0,1117	0,0330	−0,1141	0,0340

z	500		500		500		500		500		500	
z_T	0,001		0,003		0,01		0,03		0,1		0,3	
	M_{ak}/a	M_{ak}^{ζ}	M_{ak}/a	M_{ak}^{ζ}	M_{ak}/a	M_{ak}^{ζ}	M_{ak}/a	M_{ak}^{ζ}	M_{ak}/a	M_{ak}^{ζ}	M_{ak}/a	M_{ak}^{ζ}
$k = a$	0,2489	−0,0023	0,2488	−0,0064	0,2550	−0,0205	0,2720	−0,0552	0,3227	−0,1371	0,4261	−0,2467
b	0,2439	−0,0003	0,2381	−0,0005	0,2369	−0,0019	0,2352	−0,0067	0,2363	−0,0278	0,2584	−0,0839
c	0,2400	−0,0003	0,2306	−0,0005	0,2286	−0,0015	0,2243	−0,0040	0,2129	−0,0114	0,1971	−0,0345
d	0,2361	−0,0003	0,2233	−0,0005	0,2207	−0,0015	0,2151	−0,0037	0,1994	−0,0086	0,1684	−0,0190
e	0,2323	−0,0003	0,2162	−0,0004	0,2130	−0,0014	0,2064	−0,0035	0,1879	−0,0077	0,1503	−0,0136
f	0,2286	−0,0003	0,2094	−0,0004	0,2057	−0,0014	0,1980	−0,0034	0,1772	−0,0073	0,1362	−0,0113
g	0,2249	−0,0003	0,2028	−0,0004	0,1985	−0,0013	0,1899	−0,0032	0,1672	−0,0068	0,1241	−0,0100
h	0,2213	−0,0003	0,1964	−0,0004	0,1917	−0,0013	0,1822	−0,0031	0,1577	−0,0064	0,1132	−0,0090
i	0,2177	−0,0003	0,1902	−0,0004	0,1851	−0,0012	0,1748	−0,0030	0,1488	−0,0061	0,1034	−0,0082

z	500		500		500		500		500		500	
z_T	1		3		10		30		100		∞	
	M_{ak}/a	M_{ak}^{ζ}	M_{ak}/a	M_{ak}^{ζ}	M_{ak}/a	M_{ak}^{ζ}	M_{ak}/a	M_{ak}^{ζ}	M_{ak}/a	M_{ak}^{ζ}	M_{ak}/a	M_{ak}^{ζ}
$k = a$	0,6158	−0,3618	0,8109	−0,4345	0,9593	−0,4760	1,0217	−0,4914	1,0469	−0,4973	1,0584	−0,5000
b	0,3396	−0,1884	0,4523	−0,2822	0,5489	−0,3452	0,5915	−0,3699	0,6089	−0,3796	0,6169	−0,3840
c	0,1950	−0,0994	0,2226	−0,1775	0,2580	−0,2380	0,2758	−0,2633	0,2834	−0,2735	0,2870	−0,2781
d	0,1180	−0,0536	0,0810	−0,1067	0,0630	−0,1541	0,0579	−0,1751	0,0561	−0,1837	0,0555	−0,1877
e	0,0759	−0,0298	−0,0018	−0,0599	−0,0583	−0,0910	−0,0811	−0,1057	−0,0902	−0,1119	−0,0943	−0,1148
f	0,0521	−0,0172	−0,0462	−0,0299	−0,1257	−0,0458	−0,1598	−0,0540	−0,1736	−0,0575	−0,1799	−0,0592
g	0,0380	−0,0106	−0,0664	−0,0113	−0,1552	−0,0149	−0,1944	−0,0175	−0,2105	−0,0186	−0,2179	−0,0193
h	0,0290	−0,0069	−0,0718	−0,0004	−0,1596	0,0046	−0,1990	0,0064	−0,2153	0,0071	−0,2228	0,0074
i	0,0230	−0,0048	−0,0690	0,0054	−0,1487	0,0159	−0,1847	0,0206	−0,1997	0,0226	−0,2066	0,0309

Der beidseitig unendlich lange Balken auf elastisch senk- und drehbaren Stützen

Biegemomente des Balkens M_{ak}/a bzw. $M_{a\overset{\curvearrowright}{k}}$

(Momente unmittelbar links von Punkt a)

z	1000		1000		1000		1000		1000		1000	
z_T	0,001		0,003		0,01		0,03		0,1		0,3	
	M_{ak}/a	$M_{a\overset{\curvearrowright}{k}}$	M_{ak}/a	$M_{a\overset{\curvearrowright}{k}}$	M_{ak}/a	$M_{a\overset{\curvearrowright}{k}}$	M_{ak}/a	$M_{a\overset{\curvearrowright}{k}}$	M_{ak}/a	$M_{a\overset{\curvearrowright}{k}}$	M_{ak}/a	$M_{a\overset{\curvearrowright}{k}}$
$k = a$	0,2502	−0,0024	0,2496	−0,0062	0,2564	−0,0200	0,2738	−0,0540	0,3263	−0,1343	0,4356	−0,2418
b	0,2477	−0,0004	0,2402	−0,0003	0,2407	−0,0015	0,2399	−0,0056	0,2436	−0,0253	0,2729	−0,0799
c	0,2462	−0,0004	0,2339	−0,0003	0,2346	−0,0011	0,2315	−0,0029	0,2236	−0,0091	0,2157	−0,0313
d	0,2447	−0,0004	0,2278	−0,0003	0,2288	−0,0011	0,2248	−0,0027	0,2131	−0,0065	0,1903	−0,0164
e	0,2432	−0,0004	0,2219	−0,0003	0,2232	−0,0010	0,2183	−0,0026	0,2043	−0,0060	0,1749	−0,0115
f	0,2417	−0,0004	0,2162	−0,0002	0,2177	−0,0010	0,2120	−0,0026	0,1960	−0,0057	0,1630	−0,0096
g	0,2403	−0,0004	0,2105	−0,0002	0,2123	−0,0010	0,2058	−0,0025	0,1881	−0,0054	0,1526	−0,0087
h	0,2388	−0,0004	0,2051	−0,0002	0,2071	−0,0009	0,1999	−0,0024	0,1805	−0,0052	0,1430	−0,0080
i	0,2374	−0,0004	0,1997	−0,0002	0,2020	−0,0009	0,1941	−0,0023	0,1732	−0,0050	0,1341	−0,0075

z	1000		1000		1000		1000		1000		1000	
z_T	1		3		10		30		100		∞	
	M_{ak}/a	$M_{a\overset{\curvearrowright}{k}}$	M_{ak}/a	$M_{a\overset{\curvearrowright}{k}}$	M_{ak}/a	$M_{a\overset{\curvearrowright}{k}}$	M_{ak}/a	$M_{a\overset{\curvearrowright}{k}}$	M_{ak}/a	$M_{a\overset{\curvearrowright}{k}}$	M_{ak}/a	$M_{a\overset{\curvearrowright}{k}}$
$k = a$	0,6479	−0,3550	0,8910	−0,4282	1,1024	−0,4725	1,2009	−0,4899	1,2427	−0,4968	1,2621	−0,5000
b	0,3772	−0,1846	0,5350	−0,2833	0,6889	−0,3546	0,7639	−0,3845	0,7962	−0,3966	0,8113	−0,4022
c	0,2353	−0,0980	0,3012	−0,1843	0,3832	−0,2576	0,4270	−0,2906	0,4464	−0,3043	0,4556	−0,3107
d	0,1588	−0,0538	0,1506	−0,1171	0,1651	−0,1799	0,1774	−0,2102	0,1835	−0,2231	0,1866	−0,2292
e	0,1159	−0,0310	0,0562	−0,0721	0,0161	−0,1194	0,0013	−0,1438	−0,0042	−0,1545	−0,0068	−0,1596
f	0,0904	−0,0191	−0,0007	−0,0423	−0,0796	−0,0735	−0,1151	−0,0909	−0,1299	−0,0987	−0,1367	−0,1025
g	0,0742	−0,0127	−0,0330	−0,0228	−0,1355	−0,0397	−0,1848	−0,0502	−0,2059	−0,0551	−0,2157	−0,0574
h	0,0629	−0,0092	−0,0494	−0,0104	−0,1628	−0,0158	−0,2193	−0,0201	−0,2438	−0,0223	−0,2553	−0,0234
i	0,0545	−0,0071	−0,0559	−0,0028	−0,1700	0,0003	−0,2282	0,0009	−0,2537	0,0010	−0,2658	0,0011